国 家 自 然 科 学 基 金 项 目
江 苏 省 自 然 科 学 基 金 项 目 资助出版
江苏省教育厅高校自然科学研究重点项目

废水生物处理新技术

——理论与应用

（第二版）

沈耀良 王宝贞 编著

中国环境出版集团 · 北京

图书在版编目（CIP）数据

废水生物处理新技术：理论与应用/沈耀良，王宝贞编著．—2 版．—北京：中国环境出版集团，2006.3
（2025.7 重印）

ISBN 978-7-80209-264-8

Ⅰ．废… Ⅱ．①沈 … ②王 … Ⅲ．废水处理—生物处理 Ⅳ．X703．1

中国版本图书馆 CIP 数据核字（2006）第 003540 号

责任编辑 史雯雅
责任校对 扣志红
封面设计 陈 莹

出版发行 中国环境出版集团
（100062 北京市东城区广渠门内大街 16 号）
网 址：http://www.cesp.com.cn
电子邮箱：bjgl@cesp.com.cn
联系电话：010-67112765（编辑管理部）
010-67113412（第二分社）
发行热线：010-67125803，010-67113405（传真）
印 刷 北京建宏印刷有限公司
版 次 1999 年 6 月第 1 版 2006 年 3 月第 2 版
印 次 2025 年 7 月修订第 8 次印刷
开 本 787×960 1/16
印 张 39
字 数 750 千字
定 价 98.00 元

第二版前言（修订）

自本书第一版出版至今已10年有余。其间，承蒙广大读者的厚爱，分别于2000年和2001年进行了第二和第三次印刷，并受到了来自高校和工程界的好评，同时被许多院校作为环境工程专业硕士研究生和本科生的指定参考书或教材，对编著者重新修订本书第二版起到了极大的鼓舞和推动作用。

本书第二版继承了第一版的编著风格。纳入本书的废水生物处理新技术仍为10种（包括AB污水处理生物技术、ABR污水生物处理技术、BAF污水生物处理技术、BN_uR污水生物处理技术、CW污水生物处理技术、MBBR污水生物处理技术、MBR污水生物处理技术、OD污水生物处理技术、SBR污水生物处理技术和UASB污水生物处理技术），以每种处理工艺技术为单元独立设章，从处理工艺的理论（原理、特点、设计、运行控制要求）及实际应用和今后的研究发展方向等各方面作了全面系统的介绍。同时，考虑到近十多年来在水污染控制工程领域废水生物处理工艺技术的快速发展及应用实际，将纳入本书的内容作了以下方面的调整：

（1）对编著内容做了较大幅度的增补与删除。补充了近几年来得到不断深入研究并逐步应用的“膜生物反应器（MBR）生物处理技术”及“曝气生物滤池（BAF）污水生物处理技术”两章，同时删除了在理论上已趋成熟的污泥膨胀控制技术一章。此外，在各章中分别补充了不同处理新技术的衍生新工艺。如在BN_uR污水生物处理新技术一章中补充了ANAMMOX、SHARON和CANON等新型废水生物脱氮技术；在SBR污水生物处理新技术一章中，补充了UNITANK、MSBR、DAT-IAT、IDEA等工艺；在UASB污水生物处理新技术一章中补充了在其基础上研究和开发应用的IC和EGSB工艺。

（2）对部分章节内容作了重新组合与调整。其中将第一版中独立设章分别介绍的“废水生物脱氮技术”和“废水生物除磷技术”两章合二为一，作了整体介绍；将第一版中的LINDE污水生物处理技术一章更名为“移动床生物反应器（MBBR）污水生物处理技术”，并补充了Kaldnes MBBR工艺的内容，使其更全面完整。

（3）对各章内容在工艺原理及设计等理论层次上作了深化和提高。对纳入本书的10种废水生物处理新技术的介绍，从内容的深度和广度及衍生新工艺作了比第一版更为深入、系统的分析与介绍，以利读者在理论层次上更系统和全面的了解不同工艺的原理及相应的工艺设计。

（4）规范了文献资料的来源及书写。本书仍以 20 世纪 90 年代中期以来的文献作为主要参考资料，虽其中仍有少数几章的参考文献来源于国外专家或公司提供的研究资料，但绝大部分为正式刊物发表的论文，并将编著过程中所参阅的绝大部分文献均列于各章之后，且以规范的格式书写。所列参考文献数量较之第一版有大幅度的增加，旨在利于读者在学习过程中进一步参阅有关文献的详细内容。

本书由第一版编著者苏州科技学院（原苏州城建环保学院）沈耀良教授进行全面修订、哈尔滨工业大学（原哈尔滨建筑大学）王宝贞教授统稿。

本书的修订和出版，无疑要对以下所有人员表示衷心感谢：苏州科技学院黄勇教授、哈尔滨工业大学马放教授、苏州科技学院李勇副教授、曹晓莹工程师、张维佳教授、赵丹博士、郭海娟硕士、袁煦硕士、苏州高新区第一污水厂陈长林总工程师及江苏省环境科学与工程重点实验室全体同仁的大力支持；吴鹏博士以及陈琰、王正兴、丁玲等硕士研究生为本书部分章节的文字编排和校核付出了劳动；英国皇家理工学院的 W. P. Barber 和 D. C. Stukey 教授，他们不仅提供了许多十分珍贵的文献资料，并通过电子邮件就 ABR 工艺目前的研究和应用情况进行了交流；美国 Notre Dame 大学 R. Boopathy 博士和 Arizona 大学 J. Cooper 教授提供了部分十分有用的文献资料；美国 Kentuky 大学 Y. T. Wang 教授在编著者作为高级访问学者在该校工作期间提供了十分便利的文献资料查阅及工作条件；本书所引用文献的所有作者；广大对本书第一版给予厚爱的读者。

此外，在本书的修订和出版过程中，中国环境出版社沈建副总编辑始终给予了极大的关心、支持和帮助；本书的出版得到国家自然科学基金、江苏省自然科学基金和江苏省教育厅高校自然科学研究重点项目基金等的资助，在此亦一并表示衷心的感谢。

本书的修订，前后历经近一年时间，编著者数易其稿并数次校核，但限于编著者水平，恐仍有疏漏与不足，欢迎读者不吝指教（可通过以下电子邮件 ylshen@mail.usts.edu.cn 或 0512-69379012 联系）。

编著者

2013 年 10 月

于苏州、哈尔滨

第一版前言

全球性水污染问题已对人类生存和社会经济发展构成越来越严重的威胁，防治水体的恶化、保护水资源，走可持续发展的道路已成为人类共同追求的目标。由于人口的快速增加、社会经济的不断发展，不仅对用水的需求量大大增加，而且污水的排放量亦与日俱增，从而使人类面临着更加紧迫的水量型和水质型水资源不足问题。废水生物处理作为水污染防治和走水资源可持续利用道路中的重要工程技术手段之一，对保护水环境和缓解水质型水资源短缺问题具有重要的作用。

活性污泥法是世界各国普遍采用的传统废水生物处理工艺，其在防治水体污染中已经并正在继续发挥其良好的作用。但由于废水排放量的急剧增加以及对废水处理要求的日益严格，传统工艺在处理的多功能性、高效稳定性和经济合理性方面已难以满足不断提高的要求。开发、研究和应用新型废水生物处理工艺和技术，已成为世界各国水污染控制工程领域研究的重要课题。

20 世纪 80 年代以来，废水生物处理新工艺新技术的研究、开发和应用，已在全世界范围内得到了长足的进展，并出现了许多新型的废水生物处理技术。这些新工艺有的已在国内外实际工程中得到了良好的应用，有的已显示出其良好的应用发展前景，得到广大研究者和工程技术人员的关注并正在得到不断深入的研究。它们的共同特点是高效、稳定、节能，并具有对污染物去除的多功能性。大多具有脱氮除磷等深度处理的良好效能，并正朝着自动化控制的方向发展。

为适应水污染控制技术的研究和应用不断发展的需要，编著者在总结分析大量国内外文献资料、研究报告和出国考察的基础上，结合实际工程和科研工作中所积累的经验，编写了本书。纳入本书的十种废水生物处理工艺技术均是近十多年来在水污染控制工程领域得到深入研究、在实际工程中得到推广应用并不断得到改进的新工艺新技术，包括 AB 处理生物技术、ABR 生物处理技术、SBR 生物处理技术、LINDE 生物处理技术、废水生物脱氮和除磷技术、人工湿地系统、污泥膨胀控制技术、氧化沟生物处理技术和 UASB 生物处理技术，以每种处理工艺技术为单元独立设章，从工艺的理论（原理、特点、设计、运行控制要求）及实际应用和今后的研究发展方向等各方面作了全面系统的介绍。

本书在内容组织方面作了如下考虑。本书名为“废水生物处理新技术——理论与应用”，故不仅应注重在理论上对不同处理工艺技术进行深入的介绍，而且还应在不同技术的实际应用和发展方面多花一定笔墨，尤其强调不同工艺的发展，突出“新”字。例如，在 AB 污水生物处理技术一章的介绍中，除对该工艺的基本理论作了较为系统的介绍外，还结合实际工程经验对该工艺在实际应用中应考虑的问题、局限性作了分析介绍，并介绍了 AB 工艺的改进型——ADMONT 工艺；在 SBR 污水生物处理技术一章的介绍中，笔者将在 SBR 工艺基础上发展起来的新型间歇运行工艺 ICEAS 和 CASS 工艺作了介绍，其中对 CASS 工艺的介绍占有相当的篇幅；ABR 工艺和 LINDE 工艺则是本书在国内首次介绍的新技术，对它们的工艺原理和应用研究作了较多的介绍，有利于国内对它们进行深入的研究；在实际应用中，废水生物除磷和生物脱氮技术往往是同时考虑的问题，且不少工艺同时具有脱氮除磷的功能，故此两部分的内容在较多专著中是合二为一进行介绍的，为便于深入和有重点地分析介绍且限于各章的篇幅，本书将除磷和脱氮技术单独立章。此外,为力求反映国内外废水生物处理技术的新进展，本书以 20 世纪 90 年代，尤其是 90 年代中期以来的文献作为主要参考资料，部分是国外专家或公司提供的研究资料。

在本书的编著过程中，得到苏州城建环保学院杨铨大教授、黄勇教授的支持帮助；哈尔滨建筑大学王琳副教授、苏州城建环保学院王承武讲师、曹晓莹工程师为本书部分章节的内容整理付出了劳动；在本书的编辑出版过程中，中国环境科学出版社责任编辑沈建同志给予了极大的支持和帮助；本书的出版得到江苏省“青蓝工程”跨世纪学术带头人科研基金和苏州城建环保学院科研基金的共同资助，在此一并表示衷心的感谢。

限于编著者水平，书中疏漏和不足之处在所难免，欢迎读者不吝指正。

编著者

1999 年 5 月

目　录

第1章

AB污水生物处理技术

青岛市海泊河污水处理厂（AB工艺）

Qingdao Haipohe WWTP (AB Process)

1.1 概述

AB工艺是吸附—生物降解（Adsorption-Biodegradation）工艺的简称。这项污水生物处理技术是由德国亚琛（Aachen）工业大学卫生工程学院的Botho Böhnke教授为解决传统二级生物处理系统，即预处理→初沉池→曝气池→二沉池系统存在的去除难降解有机物和脱氮除磷效率低及投资运行费用高等问题，在对两段活性污泥法（Z-A法）和高负荷活性污泥法进行大量研究的基础上，于20世纪70年代中期开发、80年代初开始应用于工程实践的一项新型污水生物处理工艺。前联邦德国国家专利局的废水处理专家称AB工艺为当时在废水生物处理系统方面所取得的重大进展。为此，B. Böhnke教授于1984年获得“马克斯—普吕斯奖章”，这是原联邦德国政府对有特殊贡献的废水处理专家的最高奖励。

AB工艺首先在德国的城市污水处理中得到推广应用，处理规模由1 000m^3/d至$2\times10^5m^3/d$不等，其中不乏对老工艺的改造和扩建。自该工艺应用于工程实践以来，国内外对其在污水处理中的应用研究日益重视，并使之成为20世纪80年代以来应用发展最快的城市污水处理工艺。德国、荷兰、奥地利、美国、瑞士、法国、前苏联、日本、丹麦、捷克、希腊、南斯拉夫及我国等都相继开展了有关的研究并将其应用于工程实际。目前，欧洲已有近100座城市污水处理厂采用此工艺，处理污水总人口当量超过1 000万，其中最大的污水厂处理规模为160万人口当量（单位人口当量BOD_5按60g/d计）。

AB工艺在我国的研究和应用经历了三个阶段。首先是对AB工艺的特性、运行机理及处理过程的稳定性等进行详尽的报道和研究；其次是较多单位对AB工艺处理城市污水、工业废水进行一定规模的（小试）研究。中国市政工程华北设计院、同济大学、清华大学、武汉工业大学、苏州科技学院（原苏州城建环保学院）以及东南大学等单位对城市污水、垃圾渗滤液、印染废水、炼油厂含碱废水、饮料废水及屠宰废水等进行了研究；最后是国内部分城市污水处理厂（如山东省青岛市海泊河污水处理厂、泰安污水处理厂、新疆乌鲁木齐市河东污水处理厂等）在引进德国AB工艺技术的基础上，已建成相当处理规模的AB法污水处理厂，标志着该技术已在我国进入实际应用阶段。

国内外的试验研究及实际工程应用表明，AB工艺与传统活性污泥（CAS）工艺相比，在处理效率、运行稳定性、工程投资和运行费用等方面均具有明显的优点，是一种非常有前景的污水生物处理技术。

1.2 AB 工艺的基本流程和原理

1.2.1 工艺流程

AB 工艺属于两段活性污泥法，即整个工艺分为 A 段和 B 段。其中 A 段为吸附段，B 段为生物氧化段。其工艺流程如图 1-1 所示。由图可见，AB 工艺中的主要处理构筑物有 A 段曝气池、中间沉淀池、B 段曝气池和二次沉淀池等。A、B 两段的活性污泥各自独立回流，自成体系。整个工艺中，A 段之前一般不设初沉池，以便充分利用原污水中存在的微生物和有机物，促进有效稳定的运行。

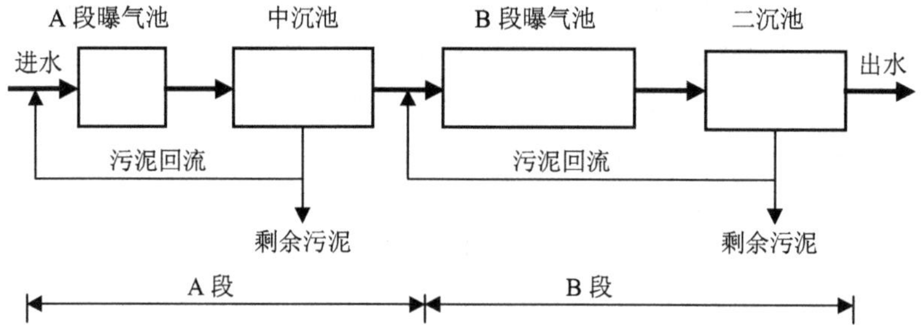

图 1-1　AB 工艺流程

在 AB 工艺的运行过程中，其 A 段曝气池通常在很高的有机负荷条件（污泥负荷 F_w>2kg/（kg·d））及缺氧（DO=0.2～0.5mg/L）环境下运行，其负荷率通常为 CAS 工艺的 50～100 倍，而水力停留时间（HRT）通常仅为 30～40min，污泥龄（SRT，θ_c）仅为 0.3～0.5d。在这种情况下，较高级的真核微生物难以在曝气池中有效生存，只有某些短世代的原核细菌才能适应生存并得以生长繁殖。这些微生物的世代期短、繁殖快，每繁殖一代的平均时间为 20min 左右，相当于每天繁殖 72 代。实践表明，A 段对于水质（pH 值和有毒物等）及水量的冲击负荷有很强的适应和缓冲作用，能为其后面的 B 段创造良好的进水条件。A 段产生的污泥量较大，约占整个处理系统污泥产量的 80%左右，这在一定程度上给污泥的处理和处置带来一定的困难，但由于 A 段主要通过生物吸附的途径去除污染物，因而其剩余污泥中的有机物含量较高，若考虑沼气回收利用而采用厌氧消化法对污泥进行处理，则可比对常规活性污泥法所产生的剩余污泥进行厌氧消化处理时多产 25%的沼气，可产生明显的经济效益。

AB 工艺中的 B 段多以 CAS 工艺的方式运行，也可根据处理目标和功能要求以不同的方式运行（如要求脱氮除磷时，可以 A/O 或 A^2/O 的方式运行），但其运行中 BOD_5 的负荷（F_w）一般很低，通常为<0.15kg/（kg·d），水力停留时间（HRT）一般为 2～4h，污泥龄较长，一般为 15～20d。B 段曝气池中的溶解氧（DO）含量可根据运行方式的不同而加以控制，好氧条件下一般为 2～3mg/L。在 B 段曝气池中生长的微生物除菌胶团微生物外，有相当数量的高级真核类生物，如原生动物和后生动物等。其中原生动物的数量明显多于相同负荷下的一段活性污泥法。这些微生物的世代期比较长，并适宜在有机物含量比较低的情况下生存和繁殖。根据生物学的观点，高级生物的内源呼吸作用要比低级生物强。试验证明，在相同的运行有机负荷条件下，AB 工艺中 B 段所产生的剩余污泥量只有传统一段法活性污泥工艺的 1/4～1/3，即在污泥浓度相同时，B 段污泥的泥龄比一段活性污泥法长。

1.2.2 基本原理

AB 工艺的开发及其在实际工程中的应用被认为是污水生物处理技术的重大突破。AB 法运行的基本原理是建立在科学的理论和大量的试验研究及实际应用的基础之上的。AB 工艺的三大最明显的特征是：①不设初次沉淀池；②A 段和 B 段的污泥回流系统单独分开，互不相混；③A 段和 B 段分别在相差悬殊的负荷条件下运行。AB 工艺的这些特征是建立在以下理论基础之上的。

1.2.2.1 开放系统原理

我们知道，污水的收集、输送系统和污水处理系统是城市污水系统的两个子系统（如图 1-2 所示）。

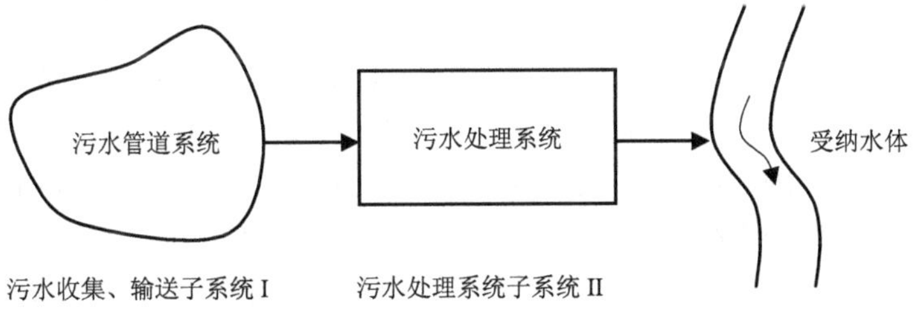

图 1-2　城市污水的收集与处理系统组成

城市污水一般包括生活污水和工业废水两部分。根据水质分析，城市污水中除含有非生命的物质外，还含有许多具有生命力的微生物，这些微生物通常来自人和动物（如饲养场、屠宰厂等）的排泄物和一些发酵工业排出的废液。人类连续排泄的微生物约有 5%～10%能在好氧或兼氧（甚至在厌氧）条件下存活并增殖，从而在原污水中会不断诱导出活性很强的微生物群落。监测分析表明，城市污水中存在着大量的微生物，污水流经的沟渠和管道中也存在着大量的微生物。一般污水排放点到污水处理厂的连接管道（或沟渠）长达几千米至几十千米，这实际上是一个中间反应器，在此中间反应器中即进行着有机物的分解及微生物的适应、选择和生长繁殖过程。在污水输送过程中形成的适应性强的微生物大多附着在污水中的固体物质上，而目前大多数的传统法污水处理工艺都忽视了这一点。在原生污水中存在的微生物群落基本上与高负荷活性污泥法运行阶段的相同。如泰安市污水处理厂所进行的试验及观察到的现象表明，原污水中存在大量已适应其水质特性的微生物，这些微生物具有自发絮凝性，当它们进入 AB 工艺 A 段曝气池后，在 A 段原有菌胶团的诱导促进下很快絮凝在一起，絮凝物的结构与菌胶团类似。在絮凝的同时，絮凝物与原有的菌胶团结合在一起而成为 A 段中污泥的组成部分，并具有较强的吸附能力和极好的沉降性能。被絮凝的微生物量与 A 段的污泥浓度有关。在 CAS 工艺中，由于设置了初沉淀池，使得存在于城市污水的收集、输送子系统中的这部分活性和适应能力很强的微生物还未能在污水处理系统中发挥其应有的作用时就被去除了。而在 AB 工艺中，由于其不设初沉池，使系统 I 中的微生物进入系统 II 的 A 段，因而 A 段中的生物相组成与原污水的生物相组成基本相同，从而使污水中的微生物在 A 段中得到充分的利用，并连续不断地更新，使 A 段形成一个开放性的、不断由原污水中生物补充的生物动态系统。如果 A 段中的微生物量以 100%计，经测定表明，恒定的由污水管道（或沟渠）系统进入 A 段的微生物量可达到全部微生物量的 15%以上。由此可知，AB 法污水处理工艺实际上是一个由城市污水收集、管道系统和污水处理系统组成的一个开放性系统。在此系统中，A 段中的微生物除在处理过程中增殖的生物量以外，有相当一部分是直接利用了污水收集、输送系统中经适应、选择和生长繁殖的微生物。

AB 工艺的生物净化效能与 CAS 不同，它通过发挥 A 段在优化边界条件下发挥的优势，而使其生物降解效能即污泥负荷（以 g/（g • d）计）比常规的低负荷活性污泥法高上百倍。因此，AB 工艺中 A 段运行的稳定性及其强的抗冲击负荷能力，可由微生物群落的如下特征来解释：①存在着有效的存活机理，这取决于其短的世代时间和高的适应能力；②存在着广泛分布的生物降解潜能，这与不同微生物种群的生物降解性能的明显分工有关；③充分利用了污水收集管道系统原生污水中具有良好适应性的混合微生物种群，从而大大强化了其对由偶然负荷变化所引起的进水冲击负荷及其对环境变化影响的适应能力，一旦消除冲击负荷即可迅速恢复原初状态。

以上也是 AB 工艺中不设初次沉淀池的基本出发点。

1.2.2.2 反应动力学原理

传统的完全混合式（CSTR）活性污泥法处理工艺中，在一定时段内，曝气池内的基质浓度（S）、溶解氧（DO）含量以及有机物的降解反应速率（r）等可认为定值。其物料衡算关系可表示为如式（1-1）所示的形式。假定曝气池（反应器）内的基质的降解符合一级动力学反应，即 $r=-kS$，且反应过程处于稳定状态（$\mathrm{d}S/\mathrm{d}t=0$），则上式可表示为式（1-2）的形式。

$$V/(\mathrm{d}S/\mathrm{d}t)=qS_0-qS_\mathrm{e}+rV \tag{1-1}$$

$$S_\mathrm{e}=S_0/(1+kt) \tag{1-2}$$

式中：q——污水流量，$\mathrm{m^3/h}$；

V——曝气池有效容积，$\mathrm{m^3}$；

S_0——进水中有机物（基质）质量浓度，mg/L；

S_e——出水中有机物（基质）质量浓度，mg/L；

r——基质的降解速率，mg/（L • h）；

t——水力停留时间（HRT），h；

k——基质降解速率常数，$\mathrm{h^{-1}}$。

如果 n 个容积相同的 CSTR 反应器串联运行，则各反应器的基质质量浓度变化规律可表示为式（1-3），并可得到式（1-4）、（1-5）、（1-6）和（1-7）的表达式。

$$S_{\mathrm{e}(n)}=S_{\mathrm{e}(n-1)}/(1+kt)\ （n=1，2，3，\cdots，n） \tag{1-3}$$

$$S_{\mathrm{e}(n)}=S_0/(1+kt)^n \tag{1-4}$$

$$V=Q[(S_0/S_{\mathrm{e}(n)}{}^{1/n}-1]/k \tag{1-5}$$

$$V_{总}/(Q/k)=n\{[1/(1-\eta)]^{1/n}-1\} \tag{1-6}$$

$$t=[(S_0/S_{\mathrm{e}(n)}{}^{1/n}-1)]/k \tag{1-7}$$

式中：$V_{总}$——实现一定处理效果所需的反应器总容积，$\mathrm{m^3}$；

η——系统的处理效率，%；

n——串联反应器个数。

由上述简要分析及式（1-5）可知，当 $n=1$ 时，则 V 即为单个反应器达到一定处理效果时所需的反应器容积；当 n 大于 1 时，则 V 为 n 个反应器串联运行时单个反应器达到一定处理效果时所需的反应器容积。同时，根据式（1-6）计算，可从理论上计算达到不同处理效率、不同反应器串联数与所需的相应反应器总容积之间的关系（处理规模 Q 一定），计算结果如表 1-1 所列。图 1-3 为相应的曲线。

由表 1-1 或图 1-3 可知，所需的处理率越高，则所需反应器的容积就越大；处理效率相同时，随串联反应器数 n 的增加，所需的反应器总容积则随之减小。而当 n 大于 4 时，总容积的减小趋势已不明显，因而以反应器数小于 4 为好。同时，只有当两个反应器串联运行时，反应器容积的节省最为显著。例如，当处理工艺的 COD_{Cr} 去除率为 80%时，反应器由一个改为两个时，总容积可节省 38%；改为 3 个时，则其总容积将节省 47%。此外，所需达到的处理效率越高时，则以串联方式运行的处理系统所需反应器总容积的节省更为显著。据资料介绍，AB 工艺处理城市污水时的 BOD_5 去除率均在 90%以上，COD_{Cr} 的去除率均在 80%以上。从运转管理和容积节省等方面综合分析，由一个反应器改为两个反应器串联运行，可取得明显的环境经济效益。这便是 AB 工艺采用两段法的动力学基础。

表 1-1 串联反应器数、处理效率和所需反应器总容积间的关系

处理效率/%	反应器总容积（以 $V_总/(Q/k)$ 计）				
	n=1	n=2	n=3	n=4	n=5
50	1.00	0.82	0.78	0.76	0.75
60	1.50	1.16	1.08	1.04	1.00
70	2.33	1.64	1.47	1.40	1.35
80	4.00	2.48	2.13	2.00	1.90
85	5.67	3.16	2.64	2.43	2.31
90	9.00	4.32	3.45	3.12	2.90
95	19.00	6.94	5.13	4.44	4.10
98	49.00	12.14	8.04	6.64	5.95

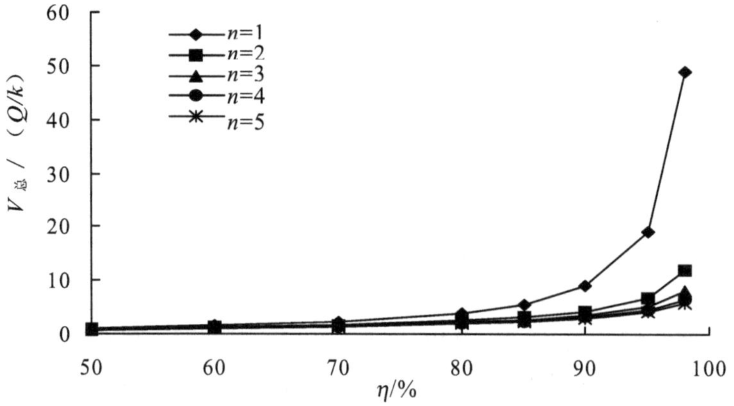

图 1-3 反应器容积与处理效率间的关系曲线

1.2.2.3 微生物的生物相及其特性

污水生物处理过程中，微生物对有机污染物的去除作用是通过初期的快速吸附和紧接着的生物代谢作用而完成的。活性污泥对有机物的吸附作用是一个动态过程，即吸附和脱附是同时进行的。当吸附达到饱和时，吸附量达到最大值，只有通过再生才能恢复其吸附能力，这通常是借助于微生物的代谢作用来实现的。微生物的代谢过程是其去除有机物的第二步。它将部分有机物氧化分解，同时进行生物体的合成过程。这种氧化和合成过程，都能从污水中去除有机物。当然，处理过程中还必须保证污泥有良好的沉降性能，这是保证处理出水水质的关键之一。

AB 法中 A 段的水力停留时间仅为 30～40min，它充分利用了活性污泥的初期吸附作用，但 AB 工艺中的这种吸附作用及其吸附能力的保持与吸附—再生活性污泥工艺不同，后者在接触池内进行吸附，而在再生曝气池中恢复其吸附能力，其能耗并没有减少。AB 工艺中的 A 段则无再生池，其吸附能力的保持取决于两个因素。其一是污水收集、输送系统中随污水进入 A 段的微生物源源不断地在 A 段中得到“活化”；其二是由于在 A 段中的泥龄较短（仅为 0.3～0.5d），因而快速增殖的微生物即新生的微生物具有很强的吸附能力。也就是说在 A 段内的微生物主要是由活性强、世代期短的生物相组成，这是其在高负荷、短停留时间和短泥龄条件下运行的依据。此外，A 段的运行方式是可以根据具体运行要求加以调整的。当 A 段以兼氧的方式运行时，由于供氧较低，这种高活性的微生物为了满足自身的代谢能量的需求，被迫对那些在好氧条件下不易分解的有机物进行初步的分解，使其转化为易降解的有机物，从而在后续的 B 段中易于被去除。由此可知，在 AB 工艺中保持 A 段的短泥龄对于其污泥有机物吸附能力的发挥是非常重要的。但需注意在实际运行操作过程中，应及时排泥（A 段的剩余污泥产量较大，约占整个处理系统的 80%左右）。

AB 工艺中 B 段的生物相与 A 段中的微生物明显不同，主要由世代期长、较高等的真核微生物组成。但其生物相不是固定不变的，它将根据具体的工艺设计和运行状况而有所变化。如若考虑对污水的脱氮除磷问题，则水力停留时间及污泥龄都将延长，此时 B 段中的原生动物和后生动物种群的比例将会提高。

AB 工艺根据微生物生长繁殖及其基质代谢的关系，并充分考虑了污水收集、输送系统中的高活性微生物的作用，维持 A 段在极高负荷下，使微生物处于快速增长期以发挥其对有机物的快速吸附作用；维持 B 段在很低的负荷下运行，利用长世代期的微生物的作用，保证处理出水水质。这也是 AB 工艺中基于上述原理，为使不同类型和特性的微生物处于其适宜的生长繁殖环境、充分发挥其各自的优势，而将A段和B段的污泥回流系统单独设立、互不相混及两段各在负荷相差比较悬殊的条件下运行的工艺出发点。

综上所述，AB工艺利用了系统工程的基本理论，省去了传统污水生物处理工艺中的初次沉淀池，使A段成为一个不断由外界补充具有高度活性的微生物的开放性动态系统；从生物反应动力学和实用经济的角度出发，采用了合理的两段处理工艺流程，适于对传统工艺的改造和降低工程投资；根据微生物的生长、繁殖规律及其对有机基质的代谢关系，使A段和B段分别在两种不同且相差较为悬殊的负荷条件下运行，并使两段的污泥回流系统分开而保证处理过程中生物相的稳定性。

1.3 AB工艺的性能特点

AB污水生物处理工艺之所以成为目前众多研究者所关注并在实际工程中得到迅速和广泛应用的一项新技术，是它具有许多优良的性能特点所决定的。它不仅具有优良的污染物去除效果，而且具有抗冲击负荷能力强、脱氮除磷效果良好和投资及运转费用低等特点。

1.3.1 污染物去除效果

1.3.1.1 A段的除污机理

城市污水是由溶解性、不溶性和胶体状的有机物、无机物等多种成分构成的分散体系，其中的COD_{Cr}有60%～80%来源于不溶性和胶体状态的有机物。研究表明，A段对废水中污染物的去除主要以生物吸附、吸收作用为主，其去除量可达A段总去除量的80%～90%。A段对有机物的去除机理主要以絮凝及吸附为主，以吸收和氧化为辅。

（1）絮凝及吸附机理　污水中存在的已适应污水环境的微生物具有自发絮凝性作用，当其随污水进入A段与活性污泥絮体混合接触时，可作为一种“自然絮凝剂”而起到有效的絮凝沉淀功效，同时A段曝气池中快速增长繁殖的微生物在这种“自然絮凝剂”的诱导下发生变异而具有类似的特性，并形成沉降性能良好的菌胶团，从而有效地促进了对进水中呈悬浮和胶体状态的污染物的絮凝作用。同时由于废水中大部分的SS具有可作为絮凝体核心的作用，可有效地改善活性污泥絮体的沉降性能，而在沉淀池进行良好的沉淀分离和污泥浓缩。此外，高负荷运行的环境条件，促使A段中的细菌快速繁殖，并具有较高的活性。根据微生物生长和对有机物氧化降解的动力学原理，在此条件下，由于微生物的能量水平较高，活性污泥絮体将较分散而不利于沉淀分离，因而往往易导致污泥沉降性能的下降。但由于 A 段的水力停留时间（HRT）和污泥龄（θ_c）均很短，不足以发生微生物对有机的成分的氧化作用，且 A 段在缺氧状态下运行，因而其能量水平要远低于传统工艺；此外，由于进水中的适应性微生物对反应器中快速繁殖的个体小、比表面积大的原核微生物的诱导和变异，不仅使其具有良好自絮凝作用，同时具有更强的吸附能力。此外，废水中适应性微生物的不断接种和 A 段中微生物的快速增殖，为其保持持续不断的絮凝和吸附能力提供了有效的保障。

（2）吸收与生物氧化机理　污水中被活性污泥吸附的有机物，首先在微生物外酶的作用下变成低分子可溶性物质，然后通过扩散传输，在其内酶的作用下被细菌细胞吸收，同时氧化降解。需要指出的是，A 段在高负荷下运行，在实际工程应用中，其负荷的选择范围较宽。研究认为，当 A 段的污泥（BOD_5）负荷为 5～6kg/（kg・d）以上时，A 段的运行可以按零级反应考虑。由于其特殊的运行方式和除污机理，AB 工艺中 A 段的表观生物反应动力学常数与理论值将有较大的差别，同时与传统工艺有一定的差别。如其表观污泥产率系数将明显高于传统工艺。如对北京市某污水处理站 AB 工艺运行数据的分析表明，其 A 段的污泥产率系数（MLSS/COD_{Cr}）为 0.924kg/kg，高于传统活性污泥工艺的 0.5～0.65kg/kg。由此也说明，AB 工艺 A 段对污染物的去除过程中，生物吸附的作用是十分重要的。

要进一步说明的是，AB 工艺中活性污泥持续保持其良好而快速的吸附能力，得益于 A 段沉淀池对活性污泥良好的再生作用。德国的一些研究者曾进行了将 AB 工艺中 B 段的剩余污泥回流到 A 段的试验研究，但发现 A 段对有机物的去除率并无明显提高，由此说明 A 段沉淀池污泥经历了与 B 段沉淀池污泥相同的再生过程，只是 A 段活性污泥的再生主要是兼性微生物作用的结果。

研究表明，活性污泥在厌/兼氧条件下具有大量吸收和贮存有机物的能力。在厌氧条件下，兼性微生物可利用细胞内储存的糖原通过糖酵解（EMP）途径产生吸收和储存有机物所需要的还原能，能将吸附于菌体表面的大分子有机物水解酸化成溶于水的小分子有机酸，并在好氧时吸收有机物而合成新的糖原。污泥内的糖原降解与其厌氧吸收能力密切相关，一定量的糖原可保证污泥在厌氧条件下全部吸收其所吸附的有机物。当 A 段以好氧方式运行时，其曝气池和沉淀池可分别视作好氧段和厌氧段，为兼性菌的糖原好氧再生和厌氧降解创造了条件。图 1-4 所示为兼性菌在 A 段曝气池和沉淀池中的作用。

AB 工艺中，A 段通常处于微氧或兼氧环境（DO=0.5～0.7mg/L），且该段进水中不断接种大量的肠道原核微生物（变形细菌、双螺旋形细菌及肠细菌等）。因此，可认为 A 段的再生为短程再生，即主要通过兼性菌的厌氧呼吸将吸附于菌体表面的大分子有机物转化为溶于水的小分子有机物。由于 A 段活性污泥包埋了大量的细菌及其胞外酶、渗透酶，因而大大提高了水解速度和小分子有机物输入细胞内的传递速度，使这些小分子有机物能迅速从菌体表面传递入菌体内而进行厌氧降解。当污泥在沉淀池中的停留时间为 1.5h 时，其将有足够的时间完成将水中大分子有机物“水解—传递—厌氧降解”的过程，从而使 A 段污泥能在较短时间内得到再生，并由此有效地保证了 A 段活性污泥对进水中污染物持续的吸附降解功能。

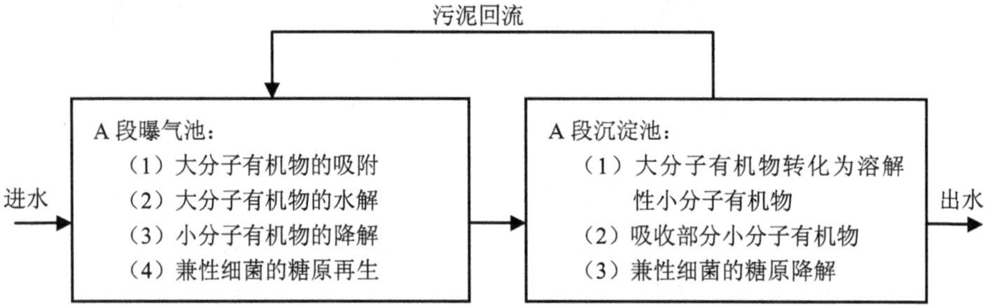

图 1-4　有机物在 A 段中的转化过程

1.3.1.2 与 CAS 工艺的比较

国内外的众多试验研究和实际运行表明，AB 工艺的 BOD_5 和 COD_{Cr} 去除效果要远高于传统的一段法处理工艺，特别是 COD_{Cr} 去除率的提高更为明显。图 1-5 是 B.Böhnke 等在广泛研究的基础上所得出的 AB 工艺中的 B 段与传统一段法的污泥负荷（F_w）与处理出水中 BOD_5 及 COD_{Cr} 的关系的统计数据比较。

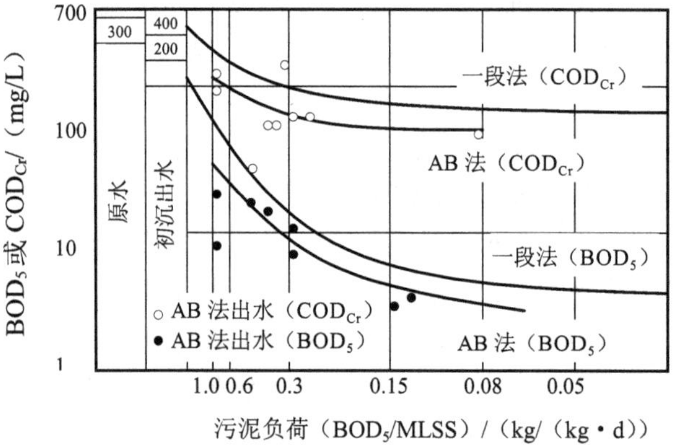

图 1-5　AB 工艺与传统一段工艺处理效果的比较

图 1-5 中，一段工艺的曲线是 54 家污水处理厂运行数据的统计结果；AB 工艺的曲线是对两家 AB 法污水处理厂的生产性试验数据和 7 个中试设备的实际测定值。

由图 1-5 可见，AB 工艺的出水水质明显优于一段法。AB 法出水水质好的原因可以从以下两个方面加以说明：一是 B 段内原生动物对游离微生物的吞噬作用；二是 A 段在极高负荷条件下处理后，一部分结构复杂的难分解有机物变成了易分解的物质。这可从 A 段处理出水中的 BOD_5/COD_{Cr} 的比值来进一步加以说明。经 A 段处理后，城市污水中的 BOD_5 去除效率可达 50%～60%，而 BOD_5/COD_{Cr} 的比值却只有微小的降低或者基本保持不变。当 A 段在兼氧条件下运行时（BOD_5 去除率为 20%～40%），BOD_5/COD_{Cr} 的比值有所提高。这说明通过 A 段的处理，借助于其生物絮凝和极强的吸附作用，可为 B 段的微生物提供良好的进水水质条件。AB 工艺发明者 B．Böhnke 教授等通过对 16 种不同的城市污水进行的 25 次中试研究、5 次生产性研究的结果表明，当 AB 工艺中 B 段的污泥负荷（F_W）为 0.3kg/（kg・d）时，其最终处理出水的 BOD_5 与一段法在污泥负荷为 0.15 kg/（kg・d）时相当；而当 B 段的污泥负荷（F_W）为 0.15 kg/（kg・d）时，与一段法污泥负荷为 0.05 kg/（kg・d）时相当。一般而言，AB 处理工艺的 BOD_5 去除率可达 90%～95%，COD_{Cr} 去除率可达 80%～90%。表 1-2 所列为 B．Böhnke 教授对不同污水处理厂运行的研究结果。

表 1-2　AB 工艺处理不同城市污水的效果

污水处理厂	污泥负荷*		原污水质量浓度**		总去除率/%	
	A 段	B 段	BOD_5	COD_{Cr}	BOD_5	COD_{Cr}
Aachen	3.44	0.14	104	244	96.2	81.6
Borken	8.68	0.30	301	585	96.3	81.5
Kreuztal	6.2	0.87	561	1 042	98.6	91.1
Neuenkirchen	5.6	0.15	240	505	96.7	81.8
Rotterdam	4.61	0.2	316	733	95.9	90.2
Rheinhausen	8.9	0.32	454	814	94.9	90.7
Rumeln	4.9	0.49	392	1 013	91.3	86.0

*单位为 kg/（kg · d）；**单位为 mg/L。

1.3.2 运行稳定性

AB 法处理工艺的运行稳定性主要表现在以下两个方面：

1.3.2.1 出水水质波动小

AB 工艺的运行稳定性首先表现在其出水水质波动小。考察一个污水处理系统的出水质量，不仅要看水质指标 BOD_5 或 COD_{Cr} 等的平均值，还应该考察这些指标的偏差情况。如果参数值比较分散，在相同的平均值下超标的次数就多，出水质量就差，反之则好。出水水质的偏差情况可用相对方差 $\gamma=\sigma/\mu$ 来表示（其中 σ 为方差，μ 为数学期望值）。图 1-6 是 AB 工艺中 B 段和一段活性污泥法的污泥负荷（F_W）与相对方差（γ）的关系曲线。图中一段法污泥负荷与相对方差的关系曲线是荷兰活性污泥法处理厂的 3 254 个实测数据统计得到的。AB 工艺的污泥负荷与相对方差曲线是对一个 AB 法污水处理厂和 15 个 AB 法试验设备测定数据的统计得到的。由该图可以清楚地看出，AB 法的 γ 值比相应的一段活性污泥法低得多。在 F_W=0.3kg/（kg・d）时，AB 工艺 γ 值的上限为 0.6，几乎是一段法的一半。当以城市污水作为进水，且污水的 BOD_5 质量浓度为 300mg/L 时，一段法污泥负荷 F_W=0.15kg/(kg・d) 和 AB 工艺中 B 段的污泥负荷 F_W=0.30kg/（kg・d）时的出水 BOD_5 质量浓度平均值都为 10mg/L。但是一段法的 γ 值为 1.0，而 AB 工艺的 γ 值为 0.6。这说明即使 AB 工艺中 B 段的污泥负荷为 0.3kg/（kg・d）时，出水 BOD_5 也不会超过 16mg/L；而一段法的负荷为 0.15kg/（kg・d）时，出水中的 BOD_5 也可能达到 20mg/L。显然，在同样的 BOD_5 平均值条件下，AB 工艺的出水水质要好于传统的一段处理工艺。图 1-7 为德国 Krefeld 市的最大 AB 法污水处理厂（设计处理量为 80 万人口当量，原污水含 40%的生活污水和 60%的工业废水，其中工业废水主要来自化工、纺织、金属加工、食品、化肥生产和制酒等行业）1984 年的实际运行效果，从中可见此工艺对进水负荷变化的极好适应性及运行的稳定性。

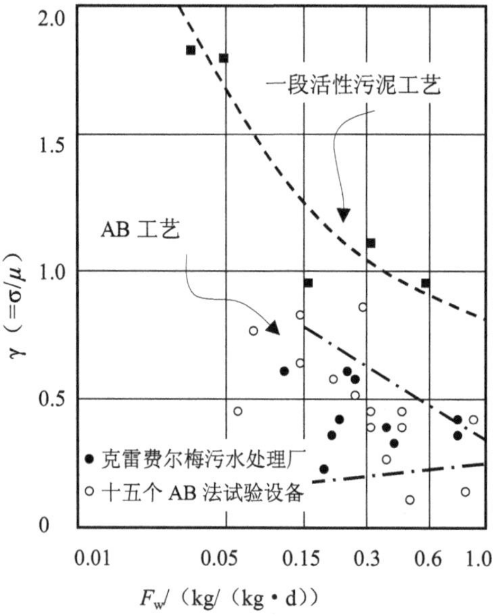

图 1-6　AB 工艺与传统一段工艺 γ 值的比较

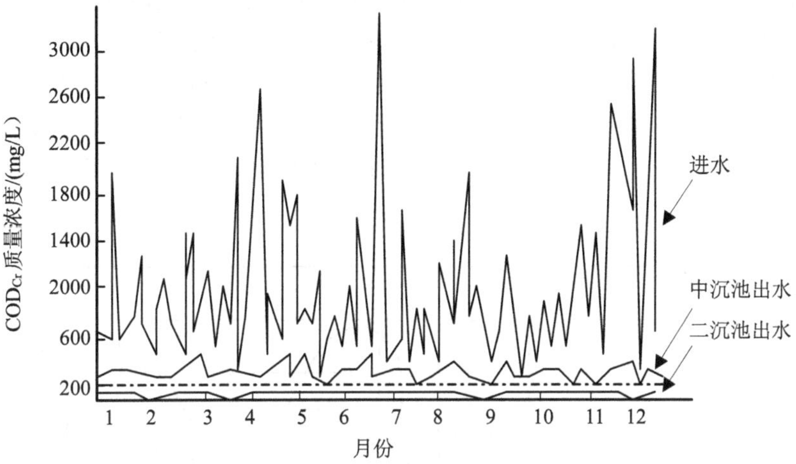

图 1-7　德国 Krefeld 市 AB 法污水处理厂 COD_{Cr} 去除效果变化情况

1.3.2.2 耐冲击负荷能力强

AB 工艺的运行稳定性还表现在其对各种冲击负荷的极强的抵抗能力方面。有关 pH 突变对 AB 工艺中 A 段和 B 段的冲击影响的研究表明，AB 工艺系统具有较强的适应能力。图 1-8 所示为研究的一例。从图中可以看出，无论是在短期内进水的 pH 值降低到 2，还是在较长时间段内 pH 值处于 3～4，由于 A 段曝气池和中间沉淀池的缓冲作用，B 段的微生物种群几乎没有受到影响，仍然处于稳定的运行之中，且没有观察到污染物去除率的下降和 pH 值的变化。而 A 段受到影响的微生物种群，也由于其泥龄短而很易在几个小时内得到恢复。

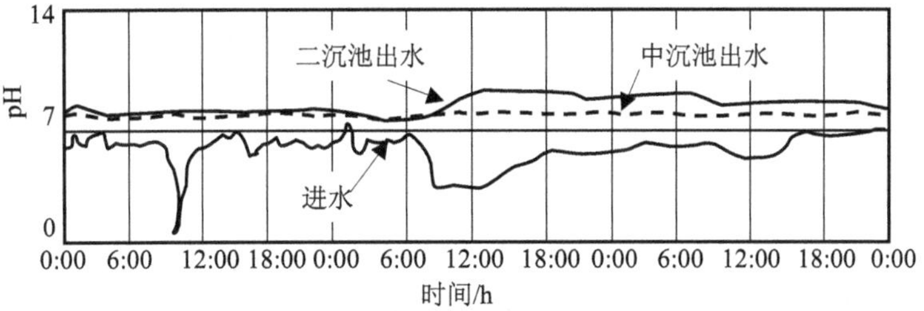

图 1-8　pH 值突变对 AB 工艺运行的影响

AB 工艺对有毒物质亦具有很强的缓冲能力。即使运行一旦遭到破坏，在解除毒物的影响后，该工艺能在几个小时内完全恢复正常运行。图 1-9 是德国克雷费尔德（Krefeld）AB 法污水处理厂 A 段被有机毒物破坏后的迅速恢复情况。由图可知，A 段内溶解氧（DO）的迅速增加表明 A 段内的微生物受到损害，即微生物数量的减少或活性下降，不能利用供给的氧量而使混合液中的 DO 量升高。当 17 点左右受到有毒物的严重影响时，微生物的呼吸受到抑制，A 段曝气池中的 DO 猛增，而 B 段却几乎不受影响。4 h 后，A 段微生物的呼吸恢复正常，溶解氧量又恢复到原来的水平。

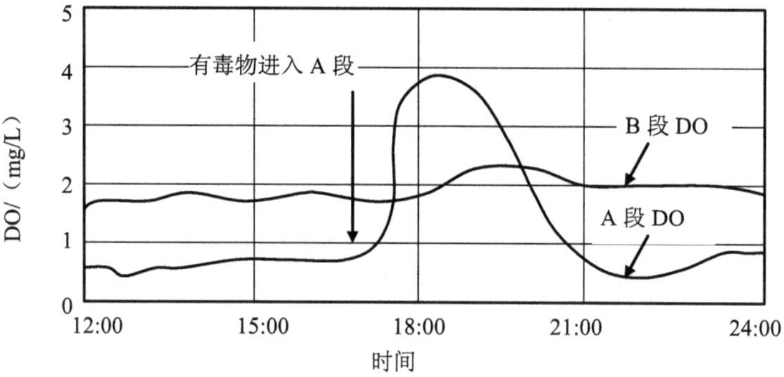

图 1-9 有毒物对 AB 工艺的影响

AB 工艺的运行稳定性还表现在 A 段和 B 段污泥的良好沉降性能。一般而言，A 段的污泥容积指数（SVI）小于 60ml/g，B 段的污泥容积指数小于 100ml/g。因而，AB 工艺系统的两个曝气池中均能始终保持足够的污泥量。表 1-3 所示为数家 AB 工艺污水处理厂污泥 SVI 的实测平均值。

表 1-3 国外数家 AB 法污水处理厂的 SVI*实测平均值

污水厂	Krefeld	Rheinhausen	Pulheim	Bad Honnef	Hann-Gruiten
A 段	50	60	40～58	40～60	50
B 段	100	93	50～70	70～100	65

*：SVI 的单位为 ml/g。

为考察 AB 工艺运行中污泥的沉降性能，B. Böhnke 教授分别对两个实验室规模的不同工艺，即 AB 工艺和传统的一段工艺进行了平行试验研究。研究分为三个阶段：第一阶段采用含高浓度、溶解性的可生物降解的人工配制废水进行试验；第二阶段采用经部分消化的废水进行试验；第三阶段采用城市污水和酿酒废水的混合废水进行试验。这些研究均表明，与一段法相比，AB 工艺可极为有效地避免污泥膨胀问题。图 1-10 所示为采用城市污水和酿酒废水的混合废水进行试验时所得的两种工艺运行过程中污泥沉降性能（SVI）的变化情况。对两种工艺中污泥形态（如图 1-11 所示）的镜检表明，AB 工艺对污泥沉降性能的改进及污泥膨胀的防止作用是其通过对丝状微生物生长的抑制而实现的。

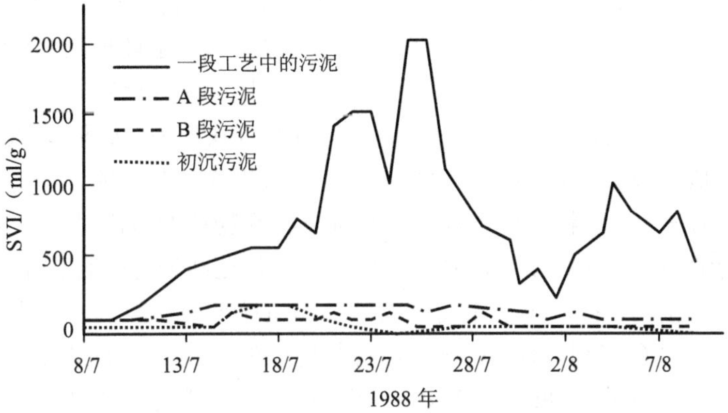

图 1-10　AB 工艺和传统一段工艺中污泥 SVI 的比较

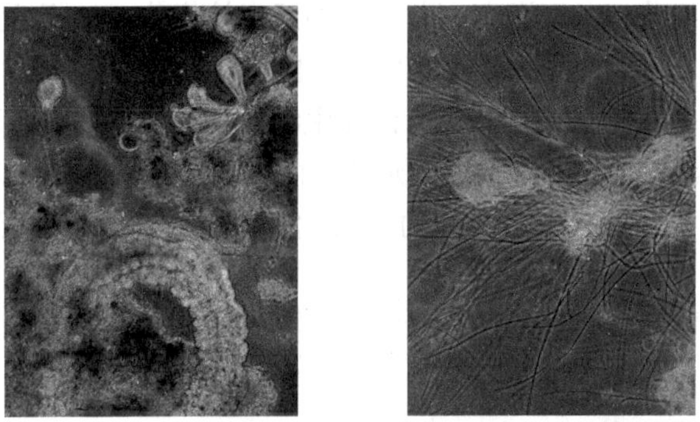

AB 工艺中 B 段活性污泥　　传统一段工艺中的活性污泥

图 1-11　AB 工艺和传统一段工艺中活性污泥形态的比较

上述 AB 工艺的抗冲击负荷能力除了与其 A 段中的絮凝吸附作用相关外，还与下面两种生物学过程密切相关。一是微生物的突变性。活性污泥中的任何细菌群体都能以各种各样的方式对环境变化作出反应。新环境形成的初期，不适应新环境的细菌死亡，随后从系统中消失。与此同时，新环境为其他细菌的优势增殖提供了有利的条件。适应性细菌的重要来源是突变，即其遗传物质发生变化。这些突变中仅十分之一是能存活的正突变，其余都是致死突变。有学者认为，考虑到 A 段内活性污泥中细菌数量很高，在每一人口当量中每日出现 7.5×10^5 个正突变是可能的。B．Böhnke 教授按每 1 000 次变异中有一次是有效突变进行计算，对 10 万人口的城市污水处理厂来说，A 段中可以出现 6×10^6 次有效突变。除 X 射线和 γ 射线外，亚硝酸盐等化学物质也是诱变物质。污水中普遍存在的酸、碱和有毒物质的长期影响也能诱发突变。突变为活性污泥适应新环境、去除难以降解的物质提供了生物学遗传基础。二是质粒的转移。这是 A 段污泥对有毒物质具有抗性的原因之一。AB 工艺中 A 段的环境特别有利于质粒的转移。质粒是环形的 DNA 分子，它们不受染色体的支配，能侵入菌体并利用菌体的复制系统自我复制增殖。质粒普遍携带抗性基因，有的质粒还携带一般细菌不具备的特殊基因，如降解 PCB 的基因。众多的质粒构成了细菌的抗性基因库和降解特殊有机物的基因库。在选择性工艺环境（如冲击负荷）中，质粒的抗毒性基因和降解特殊物质的基因赋予细菌明显的优势。在正常的细胞分裂中，质粒能传给子细胞。质粒还能通过接合作用将质粒细菌转移到无质粒细菌内，接合过程不受细菌种属和质粒来源的限制。A 段中高密度悬浮细菌的存在对接合有利。在 A 段中占优势地位的肠道细菌的接合过程需 1.5～2.0h。假设 A 段的泥龄为 8h（约 0.3d），那么在 A 段中微生物至少能发生 4～6 次接合。在此期间内约有 10%的细菌受到质粒侵入。质粒在活性污泥中的传播，提高了活性污泥对环境变化，特别是化学变化的抗性。B 段在低负荷条件下运行，其曝气池中的微生物除细菌以外，还存在着各种高级真核生物，如鞭毛虫、纤毛虫等原生动物。AB 两段的微生物组成不同，其生物活性和代谢能力也不尽相同。B. Böhnke 教授以遗传物质脱氧核糖核酸（DNA）作为生物活性的指标，比较了 AB 工艺和传统一段法系统中污泥的活性（如表 1-4 所列）。由表可知，AB 法中 A 段污泥的 DNA 含量要比 B 段高，而 A、B 两段污泥的 DNA 含量又均比传统一段法高。

表 1-4　AB 工艺与传统一段法中污泥 DNA 含量的比较

污泥类型	传统一段法	AB 法中 A 段	AB 法中 B 段
污泥负荷/（kg/（kg・d））	0.27	5.00	0.15
DNA 质量分数/%*	14.15	20.03	18.67

*与 MLVSS 的重量比。

1.3.3 脱氮除磷效果

由于水体富营养化和水资源短缺问题的日益严重，许多污水必须进行脱氮除磷处理后排放或回用。AB 工艺中 A 段对氮和有机物的去除比常规的处理高许多倍，并可通过合理控制 A 段和 B 段的运行条件和运行方式，明显改善 B 段中进水的水质而利于处理工艺的脱氮除磷效果。据资料报道，AB 工艺的总氮去除率可达 30%～40%，磷的去除率可达 50%左右。对 AB 法城市污水处理厂的改造亦表明，将 A 段的一部分（如 50%）关闭，使反硝化部分容积与总容积之比由 30%提高至 50%，即可将总氮的去除率由 57%提高到 72%。B. Böhnke 教授认为，对 AB 工艺而言，污水经 A 段的超高负荷运行，可保证反硝化的 BOD_5/N 比值。尤其是 A 段在缺氧（DO≤0.5mg/L）条件下运行时，其出水中的 BOD_5/COD_{Cr} 比值将有所上升。有研究者认为，为保证 B 段内良好的硝化和反硝化效果，应控制 A 段的 BOD_5 去除率。A 段的 BOD_5 去除率不宜过高以防 B 段进水中碳源的不足。研究表明，通过控制 A 段的运行方式，使其出水中的 BOD_5/TN 得到最优调节（一般将其控制在 3 以上），可使 B 段污泥中的反硝化菌比例比传统生物脱氮系统高出许多倍，反硝化率要高 2～3 倍。如德国 ARA-Krefeld AB 法污水处理厂的 B 段污泥（MLSS）在无外加碳源的情况下，其反硝化（NO_3^-—N）速率为 6.3mg/（g・h）。由于具有脱氮功能的 AB 工艺其硝化和反硝化速率高，工艺所需总有效容积可比传统生物脱氮工艺节省 20%～30%。

为考察 AB 工艺的脱氮效果，德国 Aachen 工业大学水技术研究所对含有 70%脂肪和造纸废水的城市混合污水进行了研究。结果表明，进水中的总氮为 48mg/L 时，出水中的总氮可降至 7mg/L 左右，氮的去除率达 85%。图 1-12 所示为氮在 AB 工艺中的迁移和转化去除过程实例。

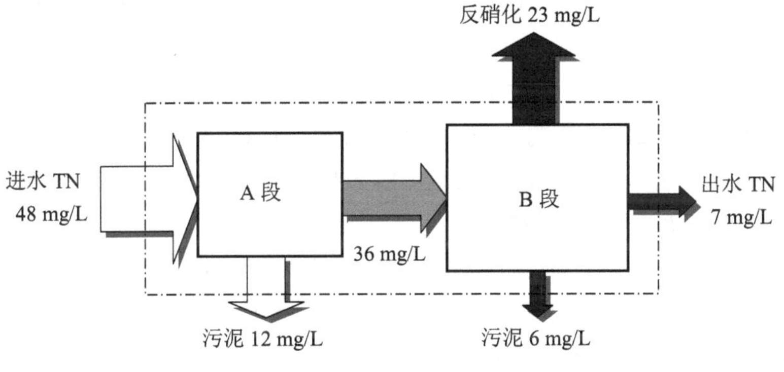

图 1-12　AB 工艺中氮的转化去除途径

AB 工艺中 A 段的产泥量很高。B. Böhnke 教授通过研究证实，A 段污泥中的含磷量高于传统处理工艺，这主要是因为 A 段中大量存在快速增殖的微生物对磷的有效作用实现的。此外，有报道指出，由于 A 段通常在缺氧条件下运行，存在一定数量的聚磷菌，亦对磷具有吸收作用。德国 Krefeld（AB）污水处理厂在正常运行、不投加化学药剂的情况下的运行表明，该工艺的除磷率可达 70%，如在 B 段中投加少量化学药剂（如铁盐等），则系统的总除磷率可提高到 90%以上。

1.3.4 经济性

AB工艺的特殊净化机理决定了其具有良好的经济性。这主要体现在明显节省工程投资和降低运转费用两个方面。表1-5是对处理城市污水的传统一段活性污泥法（CAS）与AB法主体构筑物设计的HRT比较。

表1-5 AB法与传统一段活性污泥法主体构筑物的HRT比较*

处理方法	AB法				CAS法		
构筑物	A段	中沉池	B段	终沉池	初沉池	曝气池	二沉池
HRT/h	0.5	1～1.5	2～4	1.5	1.5～2	4～6	2.0
总HRT/h	5～7.5				7.5～10		

*：处理城市污水。

由表1-5可知，AB法中的中沉池和终沉池的HRT比传统一段法中的初沉池和二沉池的HRT要短，其原因在于AB工艺中的污泥具有良好的沉降性能。就曝气池而言，AB工艺曝气池的总HRT要比CAS工艺低得多，这是因为AB工艺中借助于A段的絮凝及吸附作用去除有机物的速率很快，并由于在A段中可去除40%～70%的有机物量而使后续的B段的进水负荷大大减轻的缘故。从两种不同处理系统的总HRT比较而言，AB工艺的总HRT为5～7.5h，而CAS工艺的总HRT为7.5～10h。因而，AB工艺较传统一段法工艺可省去相当于二沉池的投资。据推算，AB工艺可节省15%～25%的基建投资。

AB工艺还具有运行费用低的优点。这主要体现在以下两个方面：一是耗电量低。研究表明，AB工艺中的A段可以在短期内达到40%～70%的BOD_5去除率（具体视工艺运行方式而定）。若以去除率为50%计，其中有2/3的有机物是通过絮凝和吸附作用从系统中去除的，而去除这部分BOD_5是不需耗氧的。若以传统一段活性污泥法的BOD_5曝气能耗1kW·h/kg计，则AB工艺去除每千克BOD_5可节省电耗为：$1\times50\%\times2/3\times1=0.33$ kW·h/kg。奥地利的Siggerwicson AB法污水处理厂其电耗为0.77 kW·h/kg。这就是说，日处理规模为10万t的AB法污水厂（设进水BOD_5为200mg/L）每年可节省用电240万kW·h。二是可回收沼气能源。由于AB工艺中A段的产泥量较高（占整个处理系统产泥量的80%左右），且污泥中有机物含量较高（一般可达65%以上），因而对正常运行的污泥消化系统而言，其产气率和产气量均必然增加。沼气用于发电和供热能使污水处理厂的能源得到部分或全部自给。如青岛市海泊河污水处理厂即实现了沼气热能的自给自足并有所富裕。综合以上两方面的因素，AB法工艺可较CAS工艺节省运行费用20%～25%。

我国某地拟建设一座规模为 20 000m^3/d 的城市污水处理厂，根据建设部《城市基础设施工程投资估算指标》对 AB 法与传统一段法进行了技术经济比较。在达到同样处理水平的前提下，通过对运行参数、投资费用、运转费用、运行管理、占地面积等项内容进行了分析比较。结果表明，采用 AB 工艺所需的工程总投资为 1 769 万元，可比 CAS 工艺节省工程投资 15.72%，节省占地面积 13.74%，并可节省运转费用（不含污泥消化产生沼气的收益）16.8%。

1.4 AB 工艺的设计

目前，AB 工艺已在国内外得到较广泛的应用。前已述及，与 CAS 法污水生物处理工艺相比，AB 法具有一系列的优良特性。但迄今为止仍缺乏对 AB 工艺设计的系统而深入的研究。B. Böhnke 教授对 AB 工艺进行了大量的研究工作，并提出了一系列有关的设计参数。但这些参数是根据德国的情况和方法提出的，故其选择范围很大。由于我国的实际情况与国外有一定的区别，虽然可以参照国外的有关资料进行设计，但尤其由于水质的较大差别，因而在进行 AB 工艺的具体设计时，应结合我国的实际情况作合理的考虑。

下面根据国内外有关资料的介绍及国内已有处理设施的设计经验，按具有脱氮功能的 AB 工艺流程（见图 1-13），介绍其设计考虑要点（图 1-14 所示为德国 Bozen 市某污水厂具有脱氮功能的 AB 工艺流程，供参考）。

1.4.1 水质水量的考虑

在德国，采用 AB 法处理工艺较多的是考虑城市污水的脱氮处理。按德国废水协会（ATV）的标准，每人每天排水量为 200L，BOD_5 为 60g，COD_{Cr} 为 120g，TN 为 12g。在应用于工业废水的处理时，一般将上述有机污染物折算成人口当量。我国城市污水处理厂的设计水质、水量则一般采用平均流量 Q，高峰流量以平均流量 Q 乘以总变化系数 K_z 计算；在确定进水水质时，若无参考资料或实测数据，则按每人每天 BOD_5 为 20～35g、SS 为 35～50g 计算。对于 AB 工艺而言，A 段和 B 段的曝气池应满足最大的有机污染物反应需要，沉淀池则需要满足最大水量时泥水分离的要求，这对于具有开放性特征的 AB 工艺而言是尤为重要的。在工艺方案的选择和具体的设计过程中，应考虑上述我国与德国的水质差别。

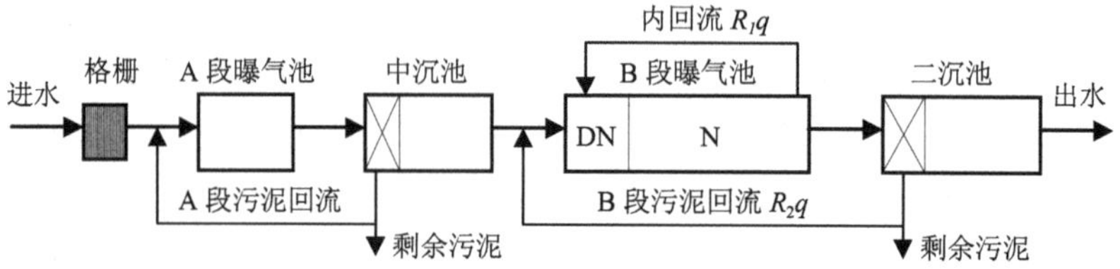

图 1-13 具有脱氮功能的 AB 工艺流程

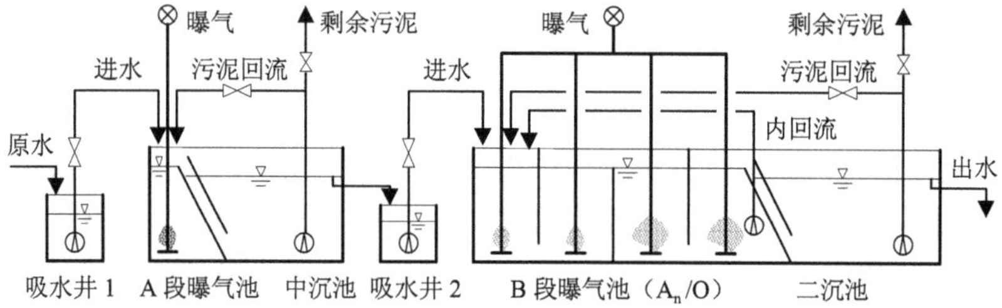

主要工艺 A 段：TS=1800mg/L，$F_w(BOD_5/TS)$=5.4kg/(kg·d)，SVI=70ml/g
设计参数 B 段：TS=4000mg/L，$F_w(BOD_5/TS)$=0.15kg/(kg·d)，SVI=126ml/g

图 1-14 德国 Bozen 市某 AB 工艺污水处理流程及主要设计参数

1.4.2 A 段的设计

1.4.2.1 主要设计参数

A 段的设计是至关重要的，它直接影响到整个处理工艺各方面的运行指标。但 A 段的设计宽裕度亦是较大的，可在很大的范围内选择设计参数。这些参数有：

污泥质量浓度：X（MLSS）=1.5～2.0g/L；

容积负荷：F_v（BOD_5）=4～12kg/（m^3·d）；

污泥负荷：F_w（BOD_5/MLSS）=2～6kg/（kg·d）；

停留时间：t（HRT）=20～40min；

污泥龄：θ_c（SRT）=0.3～1.0d；

溶解氧含量：DO=0.2～1.5mg/L。

图 1-15 所示为在不同负荷条件下，进水中 BOD_5 和 MLSS 质量浓度与停留时间的关系。根据进水水质情况，可以比较容易地从此图中选择各种运行参数。B. Böhnke 教授认为，在这样大的范围内选择这些参数，其 A 段和整个处理系统的处理效果不会有大的变动，而 A 段污泥处于高负荷快速增长期，严格控制是非常困难的。上海市政工程设计院的有关研究也证实了这一点。一般情况下，A 段的

去除率可取如表 1-6 所列的数据。有关研究表明，虽然 A 段曝气池可以在兼氧或好氧状态下运行，但从实际运行看，兼氧状态更容易控制，能耗亦低。对生活污水一般只需按 3∶1 的气水比即可。由于 A 段的污泥具有较好的沉降性能，其 SVI 值一般在 60～90ml/g 的范围内，所以回流污泥比按 60%已足够（一般控制在 70%以内）；另外，A 段出水中的 SS 对 B 段有一定影响，所以中沉池的设计水力停留时间宜采用高限（1.5h，有报道达 2h），以保证 A 段出水 SS 在 50～70mg/L 之间，利于 B 段的正常运行。

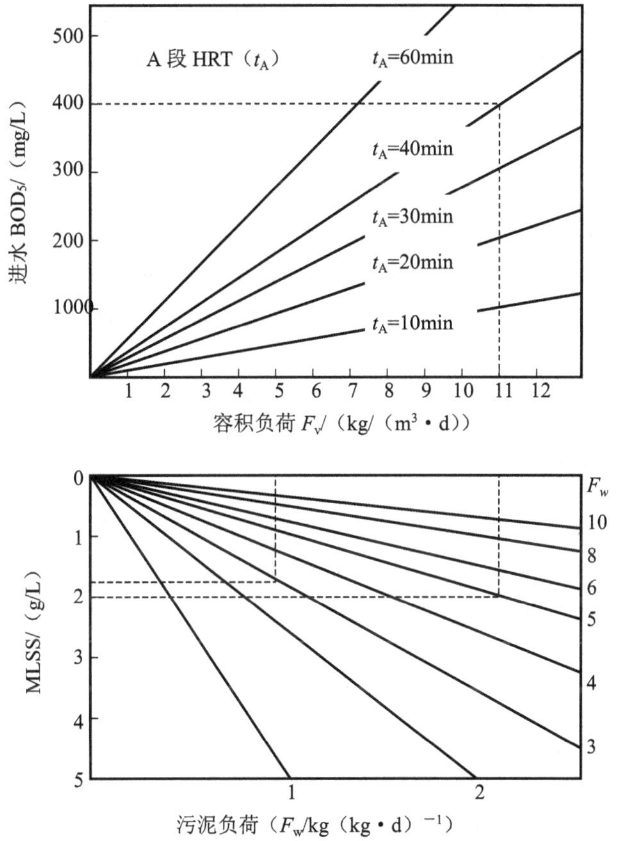

图 1-15　A 段在不同负荷条件下，进水中 BOD_5 质量浓度和 MLSS 质量浓度与 HRT 的关系

表 1-6　A 段的去除率选择范围

项目	COD_{Cr}	BOD_5	TN
A 段去除率	30%～40%	40%～60%	（TN-BOD_5）×15%×n%/TN*

*约有 15%的 BOD_5 是通过生物合成吸收作用去除的。活性污泥中含氮量（n%）一般取值范围为 4%～12%。

1.4.2.2 曝气池和沉淀池容积

可按有关设计手册和资料中的污泥负荷（或容积负荷）及表面负荷率等相关方法进行设计计算，在此不作重复介绍。

1.4.2.3 需氧量计算

鉴于A段曝气池在短泥龄、兼氧状态下运行，如前所述，其对有机物的去除以絮凝吸附为主，几乎不存在内源呼吸作用，同时NH_4^+—N的去除率也仅为10%左右，硝化需氧占的比重不大，可不作单独计算。故可根据BOD_5的去除量计算需氧量（O_2）。

$$q_m(O_2) = a'qS_r \tag{1-8}$$

式中：$q_m(O_2)$——A段曝气池每小时需氧量，kg/d；

a'——去除单位重量BOD_5所需的氧量，kg/kg。一般可按0.4～0.6计取值（如淄博市污水处理厂a'=0.4；北京市政院中试研究数据a'=0.567）；

q——曝气池进水设计流量，m^3/h；

S_r——进、出水BOD_5质量浓度差（S_0-S_e），kg/m^3。

1.4.2.4 剩余污泥量计算

由于AB工艺系统不设初沉池，因此A段中沉池的沉淀污泥应包括由SS转化的污泥及微生物氧化分解有机物细胞增殖所产生的剩余污泥（未考虑减去微生物自身氧化所减少的活性污泥）两个部分，即ΔX为：

$$\Delta X = Q\mathrm{SS}_r + YQS_r \tag{1-9}$$

式中：ΔX——A段中沉池剩余污泥量，kg/d；

SS_r——A段进、出水SS质量浓度差，kg/m^3；

Y——BOD_5的污泥产率系数，kg/kg，可取0.3～0.5；其余符号同前。

1.4.3 B段的设计

1.4.3.1 主要设计参数

AB工艺中B段可根据不同的处理要求按不同的方式运行，因而在设计过程中，应根据不同的运行和控制方式选择合理的处理工艺参数，其可供选择的范围也是很大的。一般而言，AB工艺是基于改善传统工艺的脱氮效果等考虑提出的，因而B

段的设计大多按脱氮运行方式考虑。据此，提出以下处理城市污水的 AB 工艺 B 段设计的主要工艺参数。

污泥质量浓度：X（MLSS）=3.5～4.0g/L；

容积负荷：F_v（BOD_5）=0.3～0.9kg/（m^3·d）；

污泥负荷：F_w（BOD_5/MLSS）=0.15～0.25kg/（kg·d）；

停留时间：t（HRT）=2.5～5h；

污泥龄：θ_c（SRT）=15～25d；

溶解氧：DO=0.5～2.5mg/L（根据需氧要求控制）。

对于具有脱氮功能的 AB 工艺而言，合理确定污泥龄是极为重要的。其 B 段应满足自养型硝化菌的世代期，即需据此合理控制污泥龄。污泥龄与温度有关。德国的研究表明，温度为 10°C 时，污泥龄一般取 10～16d 为宜。有资料指出，对硝化菌而言，亚硝化菌的最大增殖速率为 0.3～0.36d^{-1}，而硝化菌的最大增殖速率为 0.14～0.25d^{-1}，因而当用于反硝化的有效容积（V_{DN}）与 B 段曝气池的总有效容积（V_T）之比为 0.2 时，此时污泥龄宜取 10d，而当 V_{DN}：V_T=0.5 时，污泥龄宜采用 16d。此外，A 段出水中的 TN/BOD_5 比值越低，则所需的反硝化池容积越小，可适当取较短的污泥龄；反之，所需的反硝化区容积越大，宜取较长的污泥龄。

1.4.3.2 基于脱氮考虑的工艺设计

B 段的设计除考虑去碳外，还要考虑脱氮。但目前设计中一般都未考虑每天氮负荷的变化。氮负荷的变化一般用氮负荷变化系数表示，其定义为每天最大进水氮浓度与每天平均进水氮浓度之比。德国则在考虑氮变化系数的同时，还考虑了处理工艺进、出水氮（NH_4^+-N）的变化，并由此采用氮硝化系数（N_n）作为具有脱氮功能的 AB 工艺 B 段的基本设计依据。德国采用的氮硝化系数 N_n 定义为：

$$N_n=\frac{\left[\rho_L(N)-\rho_{eL}(NH_4^+\text{-}N)\right]q_L}{\left[\rho_m-\rho_{em}(NH_4^+\text{-}N)\right]q_{24}} \tag{1-10}$$

式中：q_L——最大 2h 的进水流量，m^3/h；

q_{24}——每天（24h）平均进水流量，m^3/h；

$\rho_L(N)$——最大进水氨氮质量浓度，mg/L；

$\rho_m(N)$——平均进水氨氮质量浓度，mg/L；

$\rho_{eL}(NH_4^+\text{-}N)$——最大氮负荷时的氨氮出水质量浓度，取 5mg/L；

$\rho_{em}(NH_4^+\text{-}N)$——平均氨氮出水质量浓度，取 2mg/L。

据德国的有关资料，当污水处理厂的规模大于 20 000 人口当量时，N_n 取 1.7；小于 20 000 人口当量时，N_n 取 2。

当 B 段的主要功能是脱氮时，考虑 N_n 是有实际意义的，尤其在确定 NH_4^+—N 的出水浓度和计算好氧段硝化的理论泥龄时，都应考虑氮负荷的变化。为了保证脱氮效果和系统中硝化菌的正常生长，合理确定 B 段的泥龄是非常重要的。众所周知，$\theta_c=1/\mu_T$（其中 μ_T 为硝化菌的比增长速率，单位为 d^{-1}），它与温度（T）和基质质量浓度有关。可表示为：

$$\mu_T=\mu_{max}\rho_{em}(NH_4^+-N)f_1/(K_n+\rho_{em}(NH_4^+-N))-b_Af_2 \qquad (1\text{-}11)$$

式中：μ_{max}——硝化菌最大比增长速率（可取 0.52 d^{-1}）；

K_n——半速率常数（可取 1mg/L）；

f_1——比增长速率的温度变化系数（$f_1=1.103^{T-15}$）；

f_2——比衰减速率的温度变化系数（$f_2=1.09^{T-15}$）；

b_A——比衰减速率（取 0.5d^{-1}）。

考虑到进水氮负荷变化对硝化菌增长的影响，需将式（1-11）改写如下式（1-12）的形式。由式（1-12）确定的泥龄只是 B 段的最低泥龄要求。

$$\mu_T=\mu_{max}\rho(NH_4^+—N)f_1/\{N_n(K_n+\rho_{em}[NH_4^+—N])-b_Af_2\} \qquad (1\text{-}12)$$

具体设计时，除考虑要满足最低泥龄要求外，还需要核算硝化速率与反硝化速率所要求的脱氮停留时间。

经过 A 段的处理，废水的 BOD_5/TN 降低了，所以活性污泥中的硝化菌比例（f_n）将升高。活性污泥中的硝化菌比例为活性污泥中硝化菌的增殖量与活性污泥总增殖量之比。可用式（1-13）表示。

$$\begin{aligned} f_n&=\Delta N\,Y_n/(\Delta S_r\,Y_b+\Delta N\,Y_n)\\ &=1/[(\Delta S_r/\Delta N)(Y_b/Y_n)+1]\\ &=1/[3.67(BOD_5/TN)+1] \end{aligned} \qquad (1\text{-}13)$$

式中：Y_b——异养菌的增殖系数（一般取 0.55）；

Y_n——硝化菌的增殖系数（一般取 0.15）；

ΔN——进、出水总氮变化量。

德国 CAS 工艺的 BOD_5/TN 控制值为 4.5，而 AB 法 B 段的此值为 3。根据式（1-13）计算，前者的 f_n 为 5.7%，后者的 f_n 为 8.3%，两者的硝化速率之比（8.3/5.7）为 1.46。即 AB 法中 B 段的硝化速率比传统一段法提高了 46%。但这里要指出的是，并非 BOD_5/TN 越低越好，若此比值过低，则会因碳源不足而影响反硝化作用。有报道指出，此比值应控制在 3 左右或大于 3 为好，但对此尚有争议，目前正在深入研究之中。

据报道，AB法B段的反硝化与传统的一段法没有什么区别。在考虑具有脱氮功能的AB工艺的设计计算中，有研究者建议采用的反硝化速率（r_{DN}）为60g/（kg·d）（15°C时），硝化速率（r_N）为86.4g/（kg·d）（15℃时）；而传统一段法的硝化速率（r_N'）一般为72g/（kg·d），即r_N/r_N'=1.2。硝化速率和反硝化速率与温度有密切的关系，可分别用式（1-14）和（1-15）表示。

$$r_{DN(T)}=60\times1.09^{(T-15)} \tag{1-14}$$

$$r_{N(T)}=86.4\times1.103^{(T-15)} \tag{1-15}$$

根据每天需要硝化及反硝化的氮数量分别除以硝化速率和反硝化速率，就可以算出B段的好氧区和厌氧区的容积，并由此计算出BOD_5的F_v和F_w，而由F_w计算出产泥率。需要指出的是，B. Böhnke教授报道B段的产泥率是传统法的1/3～1/2，但国内则有报道两者的产泥率是基本相同的（因而建议根据传统法估算泥龄更为可靠）。

在考虑脱氮的AB工艺中，B段的回流有两部分。一是污泥回流（R_2q），二是内回流（R_1q）（见图1-13）。所以，在脱氮区有三部分入流，即R_1q、R_2q和进水q，其中（R_1+R_2）q具有反硝化作用，故反硝化效率（η_{DN}）可用式（1-16）表示。在实际设计过程中，η是根据具体处理要求而定的。

$$\eta_{DN}=(R_1+R_2)q/[(R_1+R_2)q+q] = (R_1+R_2)/(R_1+R_2+1) \tag{1-16}$$

B段考虑反硝化脱氮时，还需考察进水碱度，并应保持B段出水剩余碱度≮100mg/L（以$CaCO_3$计）。硝化1g的NH_4^+—N需消耗7.14mg/L的碱度，而脱去lmg/L的NO_3^-—N可产生3.57mg/L的碱度。若碱度不够，需要适当投加。

1.4.3.3 需氧量的计算

B段的需氧量（$q(O_2)$，kg/d）可采用经验公式（1-17）进行计算：

$$q(O_2)=a'qS_r+bVX+4.6N_r-2.8q_r(NO) \tag{1-17}$$

式中：b——微生物内源呼吸速率常数（取0.1 d^{-1}）；

N_r——需要硝化的氮量，kg/d；

$q_r(NO)$——需要反硝化的氮量，kg/d；

VX——B段曝气池中的污泥量，kg。

其余符号同前。

AB工艺的设计在国外已有一定的经验，但由于我国的污水特性和水质环境与国外有明显的不同，即使在国内各地的情况也不尽相同，因此有必要深入研究，开发出适用于不同污水水质和不同处理要求的 AB 工艺及设计参数。表 1-7 所列为国内外 AB 工艺设计参数对比及推荐设计参数。

表 1-7 AB 法的主要工艺参数对比及推荐值

项 目	工段	设计参数		推荐设计参数
		国内	国外	
BOD_5容积负荷/[kg/(m^3·d)]	A	～10	1～5	6～10
	B	～0.5	0.5～1.0	≤0.9
污泥负荷（BOD_5/MLSS）/[kg/(kg·d)]	A	3～4	3～6	2～5
	B	0.15～0.37	0.15～0.3	≤0.3
污泥龄（θ_c）/d	A	0.3～0.5	0.3～0.5	0.3～0.5
	B	15～20	15～20	15～25
曝气时间/h	A	～0.8	0.5～0.7	0.5～0.75
	B	～4.2	2.0～3.5	2～4
沉淀时间/h	A	～1.3	1.5～2.0	1～2
	B	～3.9	2.0～2.5	2～4
BOD_5去除率/%	A	40～65	40～70	45～55
	AB	～95	90～98	90～95

1.5 AB 工艺的应用

AB 工艺在欧洲已经得到较大规模的推广应用。如前所述，AB 工艺的提出是一项重大突破，但对其的研究则必须根据各地的实际情况开展，也就是说任何一项新技术的提出及其应用研究都与其所处的环境、经济条件和各地的实际情况密切相关的。AB 法作为一种污水生物处理新技术，其在不同国家和地区的应用、研究也如此。有关 AB 法污水生物处理工艺在国外的研究和应用，已有很多报道。现就国内外对 AB 工艺的主要研究及应用情况和应用过程中应考虑的问题加以介绍。

1.5.1 国内外研究和应用情况

1.5.1.1 污水处理厂建设情况

AB 法污水生物处理工艺开始是为生活污水的处理而开发的，但实际上它也适用于含有大量工业废水的城市污水处理，对于多种工业废水也适用，国内外的许多研究表明了这一点。如前所述，目前全世界已有超过 100 座的 AB 法污水处理厂在运行。表 1-8 所列为部分国家已在运行之中的 AB 工艺污水处理厂的数量和处理规模情况。

国内目前运行中的 AB 法污水处理厂已达数十家，其有天津威阳路污水处理厂、山东淄博污水处理厂、青岛海泊河污水处理厂以及山东泰安污水处理厂等，这些污水处理厂主要由奥地利 SGP/SPF 等公司提供技术和贷款。表 1-9 列出了国内采用 AB 工艺的部分城市污水处理厂的基本情况。

表 1-10 列出了国内采用 AB 工艺的部分城市污水处理厂的主要工艺设计参数。

表 1-8　国外部分 AB 法污水处理厂情况

国　家	污水处理厂数量	处理人口当量
德　国	34 座	5 000～1570 000
荷　兰	3 座	60 000～470 000
奥地利	2 座	350 000～470 000
丹　麦	1 座	37 000
希　腊	1 座	100 000
捷　克	1 座	120 000
南斯拉夫	1 座	1 600 000

表 1-9　国内部分 AB 法污水处理厂情况

污水处理厂	处理规模/（m^3/d）	备注
青岛海泊河污水处理厂	80 000	一期，工业废水占 60%
淄博污水处理厂	140 000	一期，工业废水占 85%
泰安市污水处理厂	50 000	—
上海市嘉定污水处理厂	200 000	扩建，工业废水占 85%
上海市松江污水处理厂	68 000	改造扩建，工业废水占 70%
乌鲁木齐市河东污水处理厂	200 000	工业废水占 40%
滕州市污水处理厂	80 000	利用德国政府赠款建设

1.5.1.2 国内的主要研究情况

国内在 20 世纪 80 年代中期至 90 年代中期有关 AB 工艺报道较多，尤其是将 AB 工艺应用于不同废水处理的研究日趋广泛，主要集中在工艺机理、运行稳定性和对不同种类废水的处理效果等方面，但公开报道的研究成果却较少。目前，随研究的深入，更多的是在结合国外环保项目贷款的基础上，将 AB 工艺应用于实际工程的设计和运行。表 1-11 所示为国内对 AB 工艺的有关研究情况。

表 1-10 国内部分 AB 法污水处理厂的主要工艺设计参数

厂名	进出水水质情况	A 段曝气池设计参数	B 段曝气池设计参数
青岛海泊河污水处理厂	设计进水水质： COD_{Cr}=1 000～1 500mg/L BOD_5=530～800mg/L 实际出水水质： COD_{Cr}=66～94mg/L BOD_5=8～20mg/L	$F_W(BOD_5/MLSS)$=4.0kg/(kg·d) θ_c=0.4～0.7d HRT=0.8h MLSS=2 000～3 000mg/L R（污泥回流比）=50%～80% SVI=50ml/g DO=0.5mg/L	$F_W(BOD_5/MLSS)$=0.37kg/(kg·d) MLSS=2 500～5 000mg/L SVI=70ml/g DO=1.5mg/L
淄博市污水处理厂	设计进水水质： COD_{Cr}=500～600mg/L BOD_5=200～250mg/L 实际出水水质： COD_{Cr}=97.4mg/L BOD_5=10.6mg/L	$F_W(BOD_5/MLSS)$=4.5kg/(kg·d) θ_c=4.0～5.5h HRT=36min MLSS=1 500～2 000mg/L R（污泥回流比）=50%～70% DO=0.3～0.5mg/L	$F_W(BOD_5/MLSS)$=0.125kg/(kg·d) θ_c=21d HRT=6.26h MLSS=3450mg/L R（污泥回流比）=100% SVI=150ml/g DO=0.2～2.0mg/L
泰安市污水处理厂	设计进水水质： COD_{Cr}=500mg/L BOD_5=225mg/L 实际出水水质： COD_{Cr}≤80mg/L BOD_5≤20mg/L	$F_W(BOD_5/MLSS)$=4.7kg/(kg·d) MLSS=2000mg/L R（污泥回流比）=50%～70% DO=0.3～1.0mg/L	$F_W(BOD_5/MLSS)$=0.1kg/(kg·d) θ_c=15～25d HRT=3.63h MLSS=3000～4000mg/L R（污泥回流比）=100% R_1（混合液回流比）=300%
上海市松江污水处理厂	设计进水水质： COD_{Cr} =500～600mg/L BOD_5=200～225mg/L 实际出水水质： COD_{Cr}≤150mg/L BOD_5≤30mg/L	$F_W(BOD_5/MLSS)$=4.3kg/(kg·d) θ_c=5.52h HRT=37.2min MLSS=2000mg/L	$F_W(BOD_5/MLSS)$=0.13 kg/(kg·d) θ_c=21d HRT=5～6h MLSS=3450mg/L

表 1-11 国内对 AB 工艺的主要研究情况*

研究单位	废水类型	污泥负荷（A/B）	去除率（C/B）/%
清华大学	印染废水	3.8～5.1/0.5～0.6	73～82/ 88～95
北京市政设计院	城市污水	1.3～4.9/0.1～0.3	—/ 93.88
中科院成都生物所	屠宰废水	2.2/0.2～0.3	87.2/ 94.3
东南大学	饮料废水	6.09/2.09**	—

*A/B 为（A 段污泥负荷）/（B 段污泥负荷）；C/B 为（COD_{Cr}去除率）/（BOD_5去除率）；

**BOD_5容积负荷[kg/（m^3·d）]。

1.5.2 AB 工艺应用中应考虑的几个问题

在 AB 工艺的应用过程中需要考虑以下几个问题：

1.5.2.1 关于 AB 工艺的适用性问题

AB 工艺中的 A 段是该工艺的最关键的主体组成部分。A 段是以开放系统的原理，即充分利用污水收集管道系统中源源不断地接种的适应性微生物及其有效诱导、絮凝作用作为有效而稳定运行的前提，亦即 A 段对有机物通过吸附和絮凝的途径去除的效率与进水中微生物的接种数量及其特性密切相关。在城市污水处理中，这些微生物基本上来自人类的排泄物，但在工业废水或以工业废水为主的污水（如目前许多地区建设的服务于工业开发区的污水处理厂）中，所含有的已良好适应污水环境的微生物浓度很低或微生物的絮凝能力很差，因而 A 段曝气池得不到原污水微生物的接种，生物絮凝和吸附能力很弱，导致 A 段的功能难以有效发挥。

此外，未经有效预处理的工业废水直接进入处理系统，也将影响 AB 工艺的正常运行。如在工业废水基本上未经有效预处理或高浓度废水直接排入下水道，通常可导致混合污水的 BOD_5/COD_{Cr} 值偏低，或色度过高且 pH 值发生连续的大幅度波动，由此而易导致污水管道系统中微生物的死亡并降低其适应性。因而，对于上述情形的污水，一般不宜采用 AB 工艺。

1.5.2.2 关于水质问题

首先，我国城市污水水质与欧洲相差较大，主要体现在城市污水 BOD_5 的差异。对欧洲 24 个 AB 法城市污水处理厂进水 BOD_5 浓度的统计表明，进水中 BOD_5 浓度在 300mg/L 以上的污水厂数近 46%，而我国城市污水中的 BOD_5 大多在 100～150mg/L 之间，南方许多城市的 BOD_5 在 100mg/L 左右。这使得进水中的微生物占 A 段曝气池中微生物总量的百分比也存在差异，同时亦将对 A 段的正常运行和保证足够的有机负荷产生一定的影响。由于 A 段的微生物相及处理效果是决定 AB 工艺处理效果的主要影响因素，因而在应用中须对此加以考虑。著者之一在对德国一些 AB 法污水厂考察的基础上认为，对低有机物浓度下 AB 工艺特性的研究应仍将是我国研究的主要方向之一，并认为对我国许多城市 BOD_5 浓度在 60～150mg/L 的低浓度污水采用一段活性污泥法可能更加经济和实用。其次，尽管在工业废水和城市污水中，已经适应污水环境的微生物浓度较低或微生物的絮凝性较差，但能否通过维持 A 段内一定的污泥浓度来保证 A 段在较短的时间内仍具有合适的处理效果，同样是需要研究的课题。

1.5.2.3 关于反硝化所需的 BOD_5/TN 比问题

对于反硝化所需的 BOD_5/TN 比值问题，Böhnke 教授认为此比值在 3 左右足以保证反硝化的效果。他认为，如果需要精确计算，则进水的 BOD_5/TN 值并不重要，重要的是去除 BOD_5 量与反硝化去除氮量之比（即 $\Delta BOD_5/\Delta N$）的比值。因为很少要求达到 100%的硝化和反硝化作用，而且一部分氮是通过微生物有机体的合成而不是通过反硝化作用去除的。因此，实际上 $\Delta BOD_5/\Delta N$ 要比进水 BOD_5/N 值更大些。迄今为止，对于 BOD_5/N 值为 3 就足以保证反硝化要求的问题尚有争议，因为上述比值仅是理论值，要实现充分的反硝化，就需要足够的 BOD_5 量作为反硝化的碳源，而且其组分应主要是溶解性的 BOD_5。不少学者认为，实现反硝化所需的 BOD_5/N 值不宜<4～5。有人则认为此值不是一个定数，而要根据不同水质，尤其是 BOD_5 和 COD_{Cr} 的组成情况而定。在设前置反硝化的系统中，内回流的混合液中会带进不少溶解氧，这部分溶解氧将首先消耗一部分 BOD_5，不利于反硝化的进行，对这一不利因素需要加以考虑。至于通过改变 A 段的负荷和溶解氧含量来调节反硝化所需的 BOD_5/TN 比值问题，虽然 Böhnke 已通过有关的生产性试验得出结论，但如前所述，我国城市污水的水质与国外有很大的差别，城市污水中工业废水的比重很大，一般都在 2/3 左右（见表 1-9），水质复杂多变、所含难降解物质较多，有些城市污水虽能在兼氧运行条件下改善 BOD_5/COD_{Cr} 的比值，但有些组分复杂的污水即使在这样的条件下仍较难对 BOD_5/COD_{Cr} 的比值有良好的改善。华北院在某市进行的 AB 法处理城市污水的研究业已发现了这一问题。因此，在实际应用中，为安全起见，除加强对工业废水的预处理外，需对 A 段的 BOD_5 去除率加以控制，去除率不宜过高，否则容易导致 B 段（如采用 A/O 法）的碳源不足，影响反硝化的效果。由于影响 BOD_5/TN 比值的因素较多，因而对于某种特定的城市污水宜通过实际的试验研究和分析加以确定。总之，应用 AB 工艺进行脱氮除磷处理时，在充分硝化的前提下，反硝化的效果是保证整个处理工艺正常运行的关键所在。反硝化效果不好，不仅影响氮的去除率，而且还会进一步影响磷的去除效果，对此亦应有足够的考虑。如果 AB 工艺与 A^2/O 工艺相结合（如 B 段采用 $A/A_n/O$，即厌/缺/好氧工艺），则在合适的 BOD_5/TN 条件下，不但能达到良好的脱氮除磷效果，而且可以使工艺的运行稳定性和节能效果得到提高。

1.5.2.4 关于污水厂的建设

首先是超负荷污水厂的改造。目前，已建的许多二级污水处理厂存在着超负荷的问题。如果把它们改造成 AB 处理工艺，则可较大幅度地提高其处理能力。德国和奥地利的生产实践业已证明此法是行之有效的，而且具有投资小、经济效益高的优势。对原有城市污水处理厂的改造一般只要把原曝气沉砂池稍加改造成为A段曝气池，将原有初沉池作为中沉池，再另建一套污泥回流系统即可。对工业废水处理站而言，只要在原有生化处理工艺的基础上，再建一套小规模的A段曝气池和中沉池，便可大大缓和因污水水质波动和水量增加所造成的问题。如德国 Eitner 等在一个处理水量为1 470m^3/d 的小型污水处理厂中，将原有容积为49m^3的曝气沉砂池改建成A段曝气池，将容积为266m^3的初沉池改为中沉池，另建一套污泥回流系统构成A段，其污泥（BOD_5）负荷为4.2kg/（kg·d），污泥浓度为1 450mg/L。同时将原有的曝气池和二沉池作为B段，其污泥（BOD_5）负荷为0.2kg/（kg·d），污泥浓度为2 500mg/L。实际运行表明解决了超负荷问题。

其次是新建AB法污水厂的分期建设问题。目前，我国建设大型污水处理厂往往因资金不足而需分期建设。为此，建议下述分期实施方案：第一期建设具有半生物效应的处理设施（包括机械处理和A段）；第二期再续建AB工艺的B段，这样就构成了完整的AB工艺。在实施该方案的过程中，先建AB工艺的A段既能缓和建设资金的不足，又能使大量的污水得到较大程度的处理。这是因为虽然A段的BOD_5去除率仅为60%左右，但由于A段的HRT短、电耗低，故去除单位数量BOD_5的运行费用和基建费用都很低，分别为传统一段活性污泥法的50%左右。这样，待资金充足时，再建B段，一方面很容易实施，另一方面也可带来巨大的环境经济效益，比较符合我国国情。此外，实践表明，对整体污水处理系统进行分期建设，亦将比采用传统工艺的分期建设运行更具有良好的经济效益。如青岛海泊河污水处理厂的总处理规模为$32\times10^4m^3$/d，一期规模为$8\times10^4m^3$/d（图1-16为该厂全貌和A段曝气池）并在这一运行的基础上建设了一套日处理能力为3 000m^3/d 的三级回用处理系统；淄博市张店区污水处理厂的总设计规模为$25\times10^4m^3$/d，一期规模为$14\times10^4m^3$/d。泰安污水处理厂是泰安市第一座处理生活污水与工业废水的中型城市污水处理厂，也是我国自1987年开始的首批使用奥地利政府贷款的城市污水厂建设项目，其设计能力为$5\times10^4m^3$/d，最高日流量为$6.9\times10^4m^3$/d。其中有$2\times10^4m^3$/d 的处理出水经三级处理后回用于城市工业冷却水和景观用水。该厂采用德国A+B（A^2/O）工艺和集散型控制系统，关键设备、仪表及控制装置均由国外引进。图1-17为泰安污水处理厂的工艺流程图。

于1974年建成并投产的德国 Neuss-Ost 污水处理厂，原采用传统的一段活性污泥处理工艺，并以城市生活污水为主要处理对象，但1981年由于处理水量猛增且有大量工业废水（约占70%）的进入，使得进水中的有机负荷增加至原来的2倍，BOD_5/TN之比提高至10，而水温即便在冬季也可保持在15℃以上。根据这些情况，该厂于1988年将原有工艺改建为AB工艺（如图1-18所示）。改造后的AB工艺不仅满足了处理水量增加和水质变化的要求，而且通过对B段运行方式的改进，使其实现了良好的脱氮和除磷功能。

厂区全貌　　　　A 段曝气池

图 1-16　青岛海泊河污水处理厂 A 段曝气池

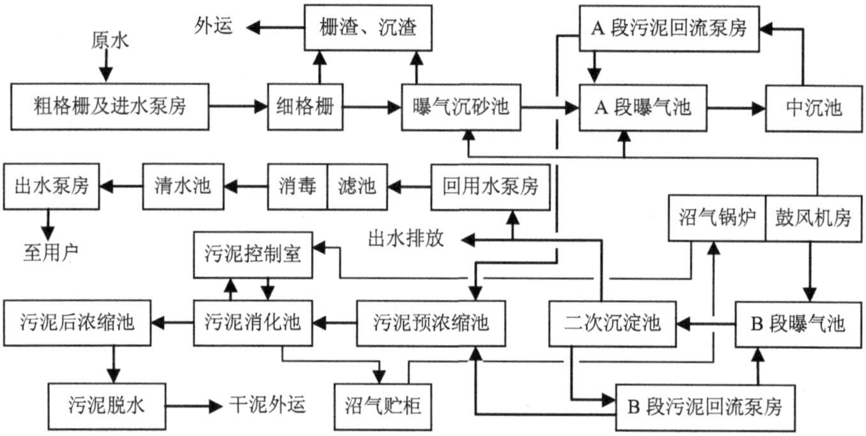

图 1-17　泰安市污水处理厂工艺流程

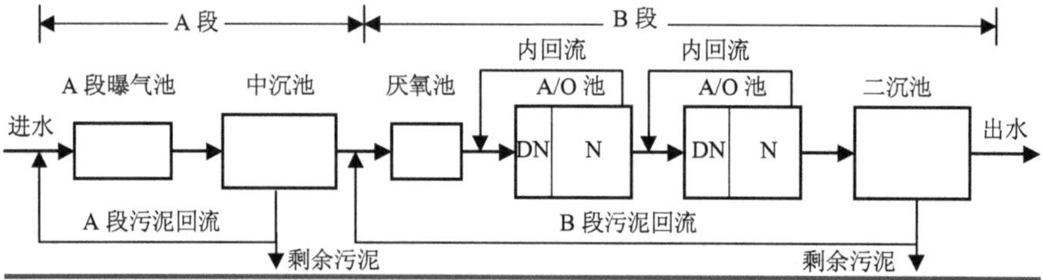

参数	A 段曝气池	中沉池	厌氧池	A/O 池	A/O 池	二沉池
容　积/m^3	925/1 315	5 656	4 469	3 225/6 225	3 225/6 225	380m^2
HRT/h	0.8	2.0	1.6	1.2/1.2	1.2/1.2	
F_w/（kg/（kg・d））	3.6				0.12	
F_V/（kg/（m^2・d））	9.0				0.48	
BOD_5/（mg/L）	400		180			10
NH_4^+-N/（mg/L）	40		34			<15

图 1-18　德国 Neuss-Ost 污水处理厂 AB 工艺及设计参数

1.5.3 AB 工艺的局限性及存在的问题

编著者之一在德国考察多座 AB 法污水处理厂时，发现一个普遍存在的问题是 A 段在运行时出现恶臭，影响附近的环境卫生，这主要是由于 A 段在超高有机负荷下工作，使 A 段曝气池在缺氧、甚至厌氧条件下运行，导致产生硫化氢、大粪素等恶臭气体，附近居民反映强烈。因此 A 段曝气池大多加设封盖，并将其中的污染空气用通风机抽送至生物过滤器中进行净化后再排放大气。生物过滤器通常由树皮和木片组成，经一定时间运行后其表面上生长和形成生物膜，当污染空气流经其中时，恶臭物质与生物膜中的细菌群落接触，在好氧条件下氧化降解而消除恶臭。

第二个问题，是在要求脱氮除磷时，A 段一般不宜按 AB 法的原来去除有机物的分配比去除 BOD_5 50%～60%，因为这样 B 段曝气池的进水含碳有机物含量的碳氮比偏低，不能有效地脱氮。现以德国莱茵豪逊（Rheinhausen）污水处理厂对此进行实例说明。

该厂的设计服务人口当量为 135 000（1990 年），旱季设计流量为 20 500m^3/d，雨季设计流量为 26 020m^3/d。进水水质为：BOD_5=258～392mg/L，COD_{Cr}=608～890mg/L，NH_4^+—N=33.4～41.0mg/L，有机氮 18.0～28.0mg/L，总氮 56.0～69.3mg/L，总磷 85～13.0mg/L。其污水处理流程为：格栅→雨水调节池→沉砂池→A 段曝气池→中间沉淀池→B 段曝气池→最后沉淀池→出水。其处理构筑物设计的特点之一是 A 段曝气池与中间沉淀池合建在一起，如同心圆池体，内圆为 A 段曝气池，外环为中间沉淀池。其优点是污泥回流容易，运行可靠。A 段曝气池容积为 1 540m^3，HRT 为 37min，MLSS 为 1 000mg/L，容积 BOD_5 负荷 F_v 为 7.5kg/（m^3・d），污泥 BOD_5 负荷 F_w 为 4.7kg/（kg・d），中间沉淀池容积为 4 100m^3，HRT=1.7h。B 段曝气池为 A/O 两段式氧化沟型曝气池，用以脱氮，其容积为 4×3 500=14 000m^3，停留时间 HRT=5～7h，污泥质量浓度 MLSS=2 800mg/L，容积 BOD_5 负荷 F_v=0.42kg/（m^3・d），污泥 BOD_5 负荷 F_w=0.15kg/（kg・d）；终沉池容积为 4×3 125=12 500m^3，HRT=5h。其 1989 年 1 月至 1991 年 6 月的运行结果示于表 1-12 和图 1-19。

由图 1-19 可见，B 段出水的 NH_4^+—N 质量浓度比 A 段出水低得多，即从后者质量浓度范围 12.1～64.5mg/L（平均值 39.0mg/L）降至 0.2～11.2mg/L（平均值 3.0mg/L），但 NO_3^-—N 却从后者的 0 增至 13.5～67.6mg/L（平均值为 39.7mg/L）。另外，由表 1-12 可见，TN 平均值从原水的 60.0mg/L 降至 B 段出水的 46.9mg/L，去除率仅为 21.8%。这说明，A 段按去除 50%～60%的 BOD_5 运行，使 B 段进水 BOD_5 偏低，相应使 BOD_5/NO_3^-—N 和 BOD_5/TN 比值都偏低，分别为 3.3 和 2.6。在这样的条件下，B 段曝气池即使设置 A/O 两段，也只能发生硝化，而不能有效地进行反硝化和脱氮。

表 1-12 德国莱茵豪逊污水处理厂运行效果（1989.1—1991.6）*

项目	BOD_5	COD_{Cr}	氨氮	NO_3^-—N	有机氮	TN	TP
进水	334.0	694.0	37.9	0	21.9	60.0	8.7
A 段出水	156.0	305.0	39.0	0	15.3	57.7	5.5
A 去除率段	53.3	56.1	-3.0	0	30.1	3.8	43.3
B 段出水	6.6	47.0	3.0	39.7	2.1	46.9	-
B 段去除率	95.8	84.6	92.3	-	86.3	18.7	-
总去除率	98.0	93.2	92.0	-	92.5	21.8	41.0**

* 表中浓度单位为 mg/L，去除率单位为%；

** 用同步化学法除磷。

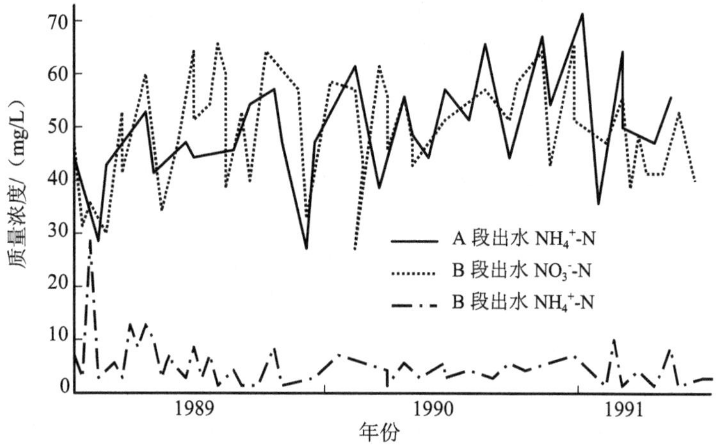

图 1-19 德国莱茵豪逊污水处理厂 A、B 段出水 NH_4^+—N 和 NO_3^-—N 的变化曲线

因此，AB 工艺用于处理低浓度的城市污水和工业废水是值得进行研究的。我国许多城市的污水，由于种种原因，如绝大多数建筑物或建筑群在其污水排入城市下水道之前都设置化粪池、城市下水管道内渗、与雨水下水道混接、用水浪费漏失等等，其城市污水的有机物含量偏低，许多城市污水的 BOD_5 质量浓度小于 150mg/L，甚至有些城市污水的 BOD_5 质量浓度低于 100mg/L，但同时发现污水中的氨氮质量浓度并不低，大都在 25～50mg/L。因此，我国一些城市在新建、扩建或改建污水处理厂时，如果对出水的 TN 和 TP 质量浓度有要求时，即需要防止受纳水体发生富营养化，亦即需要脱氮除磷，但原水的 BOD_5<200mg/L 时，一般不宜采用 AB 法，而宜采用 A/O 或 A^2/O 工艺。当 BOD_5≥300mg/L 时，采用 AB 法比采用 A/O 或 A^2/O 法更为经济和有效，但在原水 BOD_5 为 300mg/L 左右时，A 段 BOD_5 的去除率不宜超过 50%，而以 30%～40%为宜。这样可保证 B 段有较多

的含碳有机物供反硝化之用，以达到较高的 TN 去除率。

AB 工艺中 A 段对污水中有机物的去除率一般要高于其对氨氮的去除率，因而其出水中 BOD_5/N 值将降低，利于硝化菌在 B 段活性污泥中的比例和硝化速度的提高。这对于促进和提高系统的硝化及脱氮作用是有利的。但以经典方式运行的 AB 工艺仅具有硝化功能，其对 TN 的去除率约为 30%～40%。但当考虑脱氮处理时，以经典方式运行的 AB 工艺对 TN 的去除率尚难以达到处理目标，因为一是进入 B 段曝气池污水中的有机物含量过低，难以满足反硝化菌对营养底物的需求，不利于反硝化的正常进行。根据反硝化方程式的平衡计算可知，每去除 1g 的氮至少需要 2.86g 氧，因而反硝化所需的 BOD_5 应满足 $BOD_5/N \geqslant 2.86$ 的要求。Botho Böhnke 教授通过对德国多家 AB 法污水处理厂的研究后认为，上述比例对于传统的两段活性污泥工艺可能是合适的，但对 AB 工艺而言，污水经过 A 段处理后，大部分的不溶解性物质通过吸附、絮凝和沉淀而被去除，因而残留在 A 段出水中有机物大多为相对容易降解的溶解性物质。尤其当 A 段在兼氧条件下运行时，由于存在水解作用，使污水中存在的长链、难分解的基质通过水解而变成溶解性的小分子物质，即某些难生物降解的有机物能在兼氧条件下转化成易降解物，从而改善了 A 段出水的可生化性，提供 B 段反硝化菌易于利用和吸收的有机底物，因而 A 段出水 BOD_5/N 比值在 3 左右就足以保证反硝化效果。

Botho Böhnke 教授得出的上述结论在对多家德国 AB 工艺污水处理厂调研的基础上得出的。该结论是否适用于我国城市污水的水质，需要进行研究，并视具体情况而定。对于我国绝大部分城市污水的有机物浓度远低于许多发达国家的实际情况，为实现 AB 工艺稳定有效的脱氮功能，适当控制 A 段对有机物去除率（一般应控制在 50%以内）是十分必要的。

报道表明，AB 工艺的除磷效果明显高于传统一段活性污泥法。当 A 段在好氧状态下运行时，A 段对磷的去除率可达 35%～50%或更高，为传统一段活性污泥法的两倍以上，而 AB 工艺的整体除磷率可达到 50%～70%。一般认为，该工艺对磷的去除主要依靠 A 段的絮凝、吸附作用获得。一般而言，城市污水中约 30%的 TP 是以悬浮（胶体）状态存在的，可通过生物絮凝吸附作用而去除；同时，有学者认为，A 段中存在着聚磷菌，其对磷的过量摄取也对工艺的除率效果发挥了重要作用。提出这种看法的理论依据是由于该工艺取消了初沉池，原污水直接进入 A 段曝气池，因而使原废水中的适应性微生物实际上分别在污水收集管道系统和 A 段经历了厌氧/缺氧和好氧的选择性环境，而这种环境非常适于聚磷菌的生长。但目前对 A 段是否存在聚磷菌过量吸磷作用及其作用程度如何还有待进一步研究。

与 AB 工艺对氮的去除效果类似，虽然其对磷的去除率高于传统活性污泥法，但其最终处理出水磷含量一般亦难以达到国家《污水综合排放标准》（GB8978—

1996）中一级标准（0.5mg/L）的要求（注：我国《城镇污水处理厂污染物排放标准》GB18918—2002 中已将 TP 的排放标准放宽到 1.0～1.5mg/L）。因而，为使该工艺的除磷率达到相应的排放标准，一般应将 B 段按 A/O 或 A^2 /O 或其他具有生物脱氮除磷工艺的方式运行，或辅以必要的物化处理措施。

1.5.4 AB 工艺运行方式的改进

目前，AB 工艺以其投资省、运行费用低、处理效率高及运行稳定等优良特性而成为近二十年来在污水处理领域中发展很快的城市污水处理工艺。与此同时，随着对处理出水中氮、磷含量要求的日趋严格，国内外对污水脱氮除磷技术的研究正方兴未艾。AB 法作为一种具有脱氮除磷功能的新型污水生物处理技术，也正得到越来越深入的研究。如奥地利的 Salzburg 污水厂在 A 段和 B 段的污泥 BOD_5 负荷分别为 4～7kg/（kg·d）和 0.1～0.4kg/（kg·d）的条件下，将 B 段以 A/A_n/O/A_n、A/A_n/O 及 UCT 等方式运行，均使处理出水达到氮排放要求。因此，通过对 AB 工艺的 B 段作改进即可达到脱氮的目的和要求。但不足的是尚难达到磷的出水要求，即使在进水中投加经厌氧发酵的污泥上清液以增加短链挥发性脂肪酸（VFA）也不能得到满意的结果。为此，奥地利维也纳技术大学的科技人员通过对 AB 工艺的研究，提出了一种实现充分脱氮除磷效果的 AB 法改进工艺，称为 ADMONT 工艺。

1.5.4.1 ADMONT 工艺流程

奥地利的 ADMONT/HALL 污水处理厂规模为 1 065m^3/d，原先采用传统活性污泥法工艺。为满足处理出水中 NH_4^+—N＜5mg/L、TP＜1.0mg/L 的要求，马歇尔等将该厂原有工艺改造为 AB 工艺，同时发现，改造后的 AB 工艺 B 段中因中间池水力负荷较高而使中沉池污泥进入 B 段并与二沉池回流污泥混合，形成一种具有很强的硝化和反硝化能力的混合污泥，导致 B 段发生高效的反硝化作用。在此基础上，他们将 B 段的部分污泥回流到 A 段，同时也将 A 段的污泥部分输送到 B 段，以在 A、B 两段中均形成一定程度的混合微生物群体，即在 A 段和 B 段中均有硝化和反硝化菌同时存在，从而实现高效的脱氮效果。这种由奥地利能源及环境 SGP 公司和维也纳技术大学在 ADMONT 污水厂开发的新工艺，也称混合型 ADMONT 工艺，如图 1-20 所示。ADMONT 工艺与 AB 工艺的明显不同之处在于，该系统中有两个污泥循环。为使 AB 工艺的 A 段和 B 段中生物体主种群的基本特征不被破坏，这两个循环的污泥量是比较少的，一般约为进水量的 3%。图 1-20 中循环 I 将 A 段污泥输入 B 段以提供反硝化菌和碳源，因而 B 段的脱氮能力可通过循环污泥量来控制，而其所需的碳源则不受 A 段对碳去除率的影响；循环 II 将 B 段污泥输入 A 段以向其提供硝化菌。这种向 A 段连续接种硝化菌的过程可使得在短泥龄（高负荷）条件下发生硝化作用，同时在高负荷条件下实现良好的反硝化作用。若将 A 段控制在缺氧条件下运转，则还可获得优良的除磷效果。此外，为防止进水水质及水温的过大变化而影响工艺的处理效果，还采取了将污泥处理过程中排出的污水贮存起来，在低负荷时进入处理工艺的措施。与传统的单级活性污泥法相比，ADMONT 工艺可节省 30%的总容积和 50%的曝气池容积。

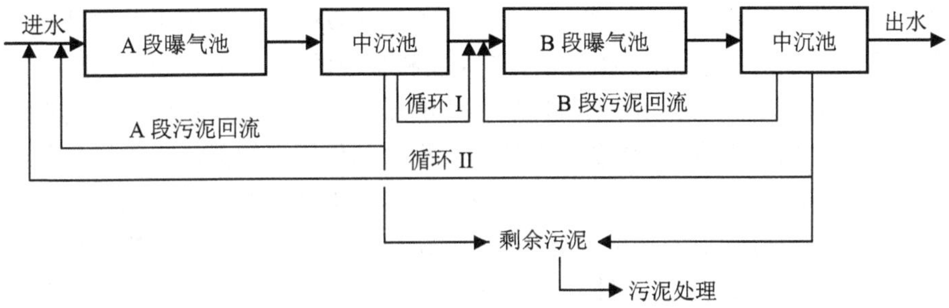

图 1-20　ADMONT 工艺流程

1.5.4.2 工艺分析

由上述可知，虽然 ADMONT 工艺是在 AB 工艺的基础上加以改进而提出的，且其在利用 A 段高负荷的吸附絮凝作用去除 BOD_5，利用 B 段低负荷氧化及硝化去除 BOD_5 和氮、磷等方面的机制是一致的。但由于它打破了 AB 工艺中 A 段和 B 段污泥回流系统严格分开的特征要求，使得其在脱氮和除磷方面优于 AB 工艺，因而它是一种更为先进的两段工艺。

优良的脱氮除磷效果是 ADMONT 工艺的明显特点。首先，此工艺通过两个污泥循环系统强化了脱氮效果。虽然传统的单级和多级污水处理工艺在理论上都可通过工艺设备构造上的合理考虑和设计而实现脱氮的目的，但往往要通过控制适当的污泥龄和污泥负荷以维持处理设备中一定数量的硝化菌、反硝化菌及脱氮所需的工艺运行条件，因而曝气池容积往往较大、造价较高。AB 工艺借助于 A 段的高负荷、短泥龄的快速吸附及絮凝作用，为 B 段的硝化创造了有利的条件，并可大大缩小 B 段曝气池的容积。但 AB 工艺中 B 段的硝化作用在一定程度上受 A 段 BOD_5 去除率的制约，反硝化作用也不十分理想。ADMONT 工艺通过如图 1-20 中所示的循环 I 为 B 段连续不断地补充硝化和反硝化菌以及一定量的碳源，为其硝化和反硝化创造了有利条件，通过循环 II 向 A 段补充硝化菌而使其在 A 段中产生硝化和反硝化作用，从而实现 A、B 两段同时具有脱氮功效，进一步减少了处理单位体积污水所需的反应器容积。奥地利 ADMONT 污水处理厂几年的运行资料表明，

ADMONT 工艺的 NH_4^+—N 去除率可高达 99.8%，出水 NH_4^+—N 质量浓度＜0.2mg/L，处理单位体积污水所需的容积仅为 $0.43m^3$。其次，ADMONT 工艺根据生物除磷的基本原理，通过循环Ⅱ实现了活性污泥在处理系统中交替经历厌氧（或缺氧）和好氧过程，从而利用了系统中聚磷菌在厌氧条件下释磷、在好氧条件下过量摄磷的除磷功能，使整个系统的除磷效果大大提高，这无疑对于受纳水体的富营养化控制是十分有利的。对由于循环 I 和循环 II 而改变原有 AB 工艺中 A 段和 B 段生物相特征的问题，这是研究者所关心的。由于 ADMONT 工艺中的这两个循环所输送的污泥量仅占进水量的 3%左右，与 A 段和 B 段的污泥回流量相比是很小的，其对 A 段中短世代期、高吸附絮凝性生物相的影响是很小的。虽然对上述循环所形成的混合微生物体组成、性质及其在处理过程中的作用还缺乏深入的微生物学的研究，但从有关的研究及实际的运行结果来看，该工艺不仅投资省，而且可同时实现脱氮除磷功能而达到更为严格的处理出水水质要求。奥地利 ADMONT/HALL 污水厂的研究和实际运行充分表明了这一点。此外，从工艺本身而言，该工艺仅比 AB 工艺多设两套污泥输送管道，不必增加污泥泵的容量，因而不仅在工艺设计上极易做到，而且对已有 AB 工艺或传统工艺进行改造也是十分方便的。表 1-13 所列为 ADMONT/HALL 污水厂 ADMONT 工艺的实际运行监测数据。

表 1-13　ADMONT 工艺运行监测数据

指标	COD_{Cr}	BOD_5	NH_4^+—N	SS	温度/℃
去除率/%	89.2～98	98.3～99.6	99.3～99.8	96.5～99.7	5.2～16.6

除 ADMONT 改进型 AB 工艺外，有研究者还提出了基于优化该工艺脱氮除磷功能的另一种改进型式—A/O-B 工艺。该工艺在 A 段前增设一个 HRT 约为 1h 的厌氧池，而 A 段曝气池以好氧方式运行，以实现有效的除磷；同时 B 段以具有脱氮效能的 A_n /O 方式运行。这种改进型 AB 工艺，由于磷的去除和氮的脱除是在两个独立的系统中完成的，因而可有效地解决传统 A^2/O 等脱氮除磷工艺中存在的聚磷菌（PAO）和反硝化菌对碳源的竞争问题以及在同一系统中脱氮和除磷所需的不同泥龄之间的矛盾，为聚磷菌和脱氮菌（硝化和反硝化菌）创造了理想的生长环境，利于系统的稳定运行。但以此种方式运行时，须合理选择 A 段剩余污泥的处理方法。

1.6 结语

AB 工艺作为一种高效而稳定的新型污水生物处理技术，具有高效低耗、运行稳定、使用灵活和对旧工艺改造方便等优点，并可根据不同的处理功能要求，将 B 段采用不同的运行方式而形成 A-B（A/O）、A-B（A^2/O）、A-B（氧化沟）等不同的工艺运行方式。此工艺是适合于我国国情的一种经济有效的废水处理技术，尤其在对超负荷工艺的改造中有广阔的应用前景。但在实际应用过程中，应结合我国污水水质的实际情况，通过进一步的深入研究，开发和设计出适合不同污水水质和处理要求的工艺设计参数，以合理地改造旧厂和建设新厂，使其在我国的污水处理领域中发挥良好的作用。

在 AB 工艺的设计和运行管理等实际应用过程中，需根据 AB 工艺的运行特性，综合考虑设计的方法和具体工艺技术路线，以满足和实现所需达到的处理功能要求。尤其要注意根据所处理的废水的水质特征，合理确定是否采用 AB 工艺。实际的运行经验表明，由于我国许多地区的城市污水中有机污染物的浓度普遍较低，尤其在城市污水收集管道系统为雨污合流制的地区，废水中的 COD_{Cr} 和 BOD_5 质量浓度均仅为 200～300mg/L 和 100～200mg/L，而 TN 质量浓度则往往较高，有时超过 50mg/L。对此，应用 AB 工艺时，则将因进水质量浓度较低，为保证较高的运行负荷，将导致 A 段出水中 BOD_5/N 比例的失调，从而影响 B 段脱氮功能的发挥。一般而言，当废水中的 BOD_5 质量浓度≥300mg/L 和 TN 质量浓度≤50mg/L 时，采用 AB 工艺是比较合适的，但同时需将 A 段的有机物去除率控制在 50%以内。

目前，有关 AB 工艺的研究和发展主要表现在两个方面：一是对该工艺中 A 段的运行特性的深入研究，包括根据生物反应动力学理论，对污泥特性及其在不同条件下除磷的效能、污泥的沉降及其对有机物的再生作用等研究，以拓展 A 段的除污功能，从而提高整体工艺的综合功能；二是对 AB 中剩余污泥处理方法的研究。由于该工艺的产泥量较传统工艺高，且大部分来自 A 段，其污泥的挥发分含量较高，因而如何合理地处理和处置所产生的污泥，将成为经济合理和有效地应用 AB 工艺所必须考虑的问题。为此，青岛海泊河污水处理厂通过多年的研究，已初步获得了污泥处理和利用的成功经验，在实现了污泥沼气化、回收能量的同时，将剩余污泥应用于农业生产和城市绿化，为进一步推进该工艺成功应用树立了良好的典范。

总之，AB 工艺作为一种废水生物处理新技术，具有诸多优良的特性，但同时亦具有一些应用的限制条件，需要在不断研究的同时，根据实际情况进行合理的设计和运行控制，以发挥其应有的除污功效。

参考文献

[1] 安静，李献文．AB 法缓冲机理初探．中国给水排水，1993，9（1）：48～49.

[2] 陈锦焕．AB 法在淄博污水厂的应用．给水排水，1995，21（6）：5～9.

[3] 丁亚兰主编．国内外废水处理工程设计实例．北京：化学工业出版社，2000.

[4] 杜英豪．浅议 AB 工艺中 A 段的作用．给水排水，2000，26（3）：6～8.

[5] 杜红，邹利安，王宝贞．深圳罗芳污水处理厂 AB 工艺的运行控制与维护管理．给水排水，2004，30（10）：13～16.

[6] 范文漪．泰安污水处理厂工程简介．给水排水，1993，19（11）：26～30.

[7] 华光辉，张波．采用间歇式曝气工艺改进 AB 法工艺氮磷脱除功能的实验研究．环境工程，2001，19（1）：15～18.

[8] 龚辉，陈忠正．AB 工艺经济性及其应用．环境科学与技术，1992，（3）：32～34.

[9] 郭茜，熊建英，瞿永彬．AB 法污水处理工艺概况．环境保护科学，1998，24（5）：13～15.

[10] 何国富，华光辉，张波等．AB 法工艺的水处理能及其局限性．青岛建筑工程学院学报，2001，22（1）：69～72.

[11] 刘学功．A-B 工艺处理城市污水的计算方法与设计参数．给水排水，1996，22（7）：21～25.

[12] 刘文海，佘宗莲，王琳．AB 法工艺在河东污水处理厂的应用．环境工程，2004，22（6）：22～25.

[13] 龙腾锐，周健．AB 法 A 段工艺的机理探讨．中国给水排水，2002，18（9）：20～22.

[14] 毛俊琦．AB 活性污泥法工艺浅析．给水排水，1992，18（18）：31～33.

[15] 年跃刚．AB 工艺的运行机理．给水排水，1995，20（10）：5～7.

[16] 年跃刚．AB 工艺 A 段耐（低 pH 值）冲击的试验研究．上海环境科学，1996，15（5）：20～23.

[17] 牛克胜，魏伟，蒋延梅．AB 工艺处理以高浓度有机废水为主的城市污水．环境工程，2004，22（4）：21～23.

[18] 牛克胜，蒋延梅，魏伟等．淄博市污水处理公司 AB 工艺运行问题及对策．给水排水，2004，30（2）：27～29.

[19] 牛克胜，朱淑玲，魏伟．污水中含硫化合物对 AB 工艺的影响及对策．给水排水，2005，31（3）：13～15.

[20] 牛学义．德国克艾费尔德污水处理厂改进 AB 工艺及其运行．中国给水排水，1999，15（5）：49～51.

[21] 钱易，米祥友编著．现代废水处理新技术．北京：中国科学技术出版社，1993.

[22] 邱慎初．AB 污水处理工艺．中国给水排水，1991，7（1）：25～29.

[23] 沈耀良．AB 工艺原理的系统分析．环境科学，1996，17（6）：81～83.

[24] 沈耀良．AB 工艺的应用及其改进．污染防治技术，1997，10（2）：79～82.

[25] 沈耀良．一种改进的 AB 工艺．江苏环境科技，1997，10（1）：20～22.

[26] 施万胜，李燕，张雁秋．AB 法工艺优化脱氮除磷的探讨．中国环保产业，2005，（3）：29～31.

[27] 孙力平等编著．污水处理新工艺与设计计算实例．北京：科学出版社，2001.

[28] 万秀林．兼氧——AB 活性污泥法处理屠宰废水的工程性试验研究．重庆环境科学，1992，14（5）：18～20.

[29] 万秀林．兼氧——AB 工艺处理屠宰废水的研究．重庆环境科学，1993，15（5）：8～12.

[30] 王宝贞，王琳主编．水污染治理新技术——新工艺、新概念、新理论．北京：科学出版社，2004.

[31] 王国华，任鹤云．A-B 法设计参数的选择．中国给水排水，1992，8（6）：15～19.

[32] 汪慧贞．欧洲除磷脱氮技术发展趋向．给水排水，1993，19（12）：22～25.

[33] 王凯军，贾立敏编著．城市污水生物处理新技术开发与应用．北京：化学工业出版社，2001.

[34] 王建龙，易红星，曾杰．AB 工艺在乌鲁木齐河东污水厂的应用．石河子大学学报（自然科学版），2003，7（4）：323～326.

[35] 杨宝林编译．AB 法两级曝气系统及其应用情况．化工给水排水，1990，（1）：45～52.

[36] 员小峰．AB 法机理探讨．中国给水排水，1992，8（2）：30～32.

[37] 张荣辉，刘学功，何彪名等．AB 法处理城市污水研究．给水排水，1993，19（11）：20～23.

[38] 张统，傅国伟，刘存礼等．AB 法处理印染废水．中国给水排水，1993，9（1）：47～48.

[39] 张统，傅国伟，刘存礼等．生物吸附氧化法（AB）的理论和实践．环境污染与防治，1993，15（4）：28～32.

[40] 张亚雷，年跃刚，顾国维．AB 工艺 A 段动力学性能研究．环境保护，1998，（2）：33～35.

[41] 张志斌，张波，毕学军．改进 AB 工艺脱氮除磷功能试验研究．环境工程，2005，23（1）：14～16.

[42] 张志刚，孟广明，刘志强等．AB 法污水处理工艺的特点及技术管理．青岛建筑工程学院学报，2003，24（3）：57～60.

[43] 张忠祥，钱易主编．废水生物处理新技术．北京：清华大学出版社，2004.

[44] 郑丹丹，陈玉谷，万秀林．兼氧——ABF 工艺处理屠宰废水工程性试验及其微生物特性研究．环境科学，1993，14（4）：66～70.

[45] 郑兴灿．AB 工艺的运行原理与特性．中国给水排水，1989，5（6）：40～43.

[46] 周健，龙腾锐．AB 法 A 段机理及动力学研究现状．重庆建筑大学学报，1999，21（6）：39～44.

[47] 周健，程吉建，龙腾锐．采用脱氢酶进行 AB 工艺 A 段细菌增殖及污泥产生规律的研究．给水排水，2004，30（8）：45～49.

[48] Antheunisse J，Koene J I A. Alternation of the aerobic and facultative anaerobic bacterial flora of the A/B purification process caused by limited oxygen supply. *Water Res.*，1987，20（1）：129～131.

[49] Böhnke B. Vergleichende betrachtung von rersuchsund betriebsergebnissen der zweistufigen AB-Techniek unter besonderer Berücksichtigung mikro-biologischer reactions mechanismen. *Korresp. Abwass*，1983，30（2）：530～536.

[50] Böhnke B. Das AB Verfahren zur Biologischen Abwasserreinigung. Institut fuer Siedlungswasserwirtschaft der RWTH Aacchen，Aachen，1987.

[51] Böhnke B. Das Adsorptions-Belebungsverfahren（AB-Verfahren）. Das ab～verfahren zur biologis -chen ab wasser～reinigung ausgabe，1992，4～43.

[52] Gamperer T. New two-stage activated sludge process for nutrient removal. *IAWQ*，Year book，1995～1996，pp723.

[53] Garcia-Olivares A，Becares E. Calibration of a model for an A+B activated sludge pilot plant treating industrial wastewater. *Water Res.*，1995，29（12）：2673～2680.

[54] Grady C P Jr，Daigger G T，Lim H C. Biological wastewater Treatment，Second Edition，New York：Marcel Dekker，Inc.，1999.

第 2 章

ABR 污水生物处理技术

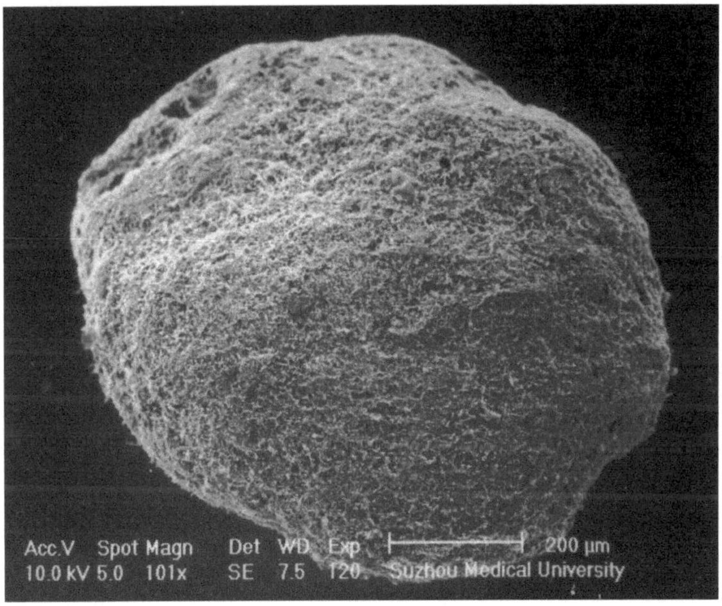

ABR 反应器中的颗粒污泥

Granular Sludge in ABR

2.1 概述

厌氧生物处理技术利用厌氧微生物的代谢作用和特性，在无需提供外源能量（即厌氧）的条件下，以被还原的有机物作为受氢体，在降解有机物的同时产生有利用价值的能源——沼气，因而是目前有效、经济、节能的解决高浓度有机废水处理问题的重要途径之一。1997 年由德国联邦经济合作和发展部开展的为期两年的“城市和工业废水厌氧处理技术的发展”调查表明：全世界有 1 066 座厌氧处理装置在运行之中，其中：956 座用于工业废水的处理，占 89.7%；78 座用于城市生活污水的处理，占 7.3%；32 座用于有机固体废物的处理，占 3.0%。1996 年 11 月和 12 月分别在哥伦比亚 Bucaramanga 市和越南胡志明市召开的厌氧处理国际研讨会，对厌氧处理技术的发展进行了回顾和总结。总结指出，与好氧处理相比，厌氧处理技术的优点正日益为发展中国家和工业化国家所重视，具有广阔的潜在应用市场，并提出了厌氧技术今后六个方面的发展方向，其中有：①从环境和资源保护的角度，需要对现有厌氧消化系统进行改善，包括反应器系统（单级或多级）的设计及其在高低温条件下应用的可能性；②厌氧反应器的设计及运行需要显著改善，以稳定和优化处理效率。由此，许多国家围绕提高厌氧处理工艺的效果、运行稳定性及处理的多功能性等，或者从厌氧处理工艺系统或者从单个反应器的工艺构造等方面开展了研究改进工作。

厌氧生物处理技术发展至今已有 100 多年的历史。早在 1860 年 Mouras 就采用厌氧的方法处理经过沉淀的固体物质，1904 年德国的 Karl Imhoff 发明了沿用至今的 Imhoff 双层沉淀池（腐化池）。20 世纪 70 年代以来，废水厌氧生物处理技术因其具有投资省、运行费用低及能产生可资回收利用的能量（沼气）等优点，由主要应用于污泥的厌氧消化处理而逐步在高浓度废水处理中得到应用，其工艺亦由传统的低负荷工艺发展成为高负荷工艺，并通过不断的研究开发，出现了一批以升流式厌氧污泥床反应器（UASB）、厌氧生物滤池和厌氧流化（或膨胀）床为代表的、能滞留大量微生物固体的第二代厌氧反应器生物处理技术。这些反应器工艺所具有的较强的对微生物体的截留能力使得反应器的容积大大缩小，处理能力和处理效果得到大幅度地提高，为解决高浓度有机废水的污染及其控制问题发挥了日益显著的作用。这些反应器的共同特点是将污泥停留时间（SRT，θ_c）和水力停留时间（HRT）相分离，使得厌氧处理高浓度有机废水所需要的 HRT 由原来的数十天缩短到几天乃至十几或几小时，反应器所需的容积大大缩小，在保证处理要求的前提下，处理能力大大提高，因而它们的应用日趋广泛。截至目前，全世界已有超过 1 500 座各种类型的厌氧处理装置在运行之中，图 2-1 所示为不同反应器工艺型式的大致比例。

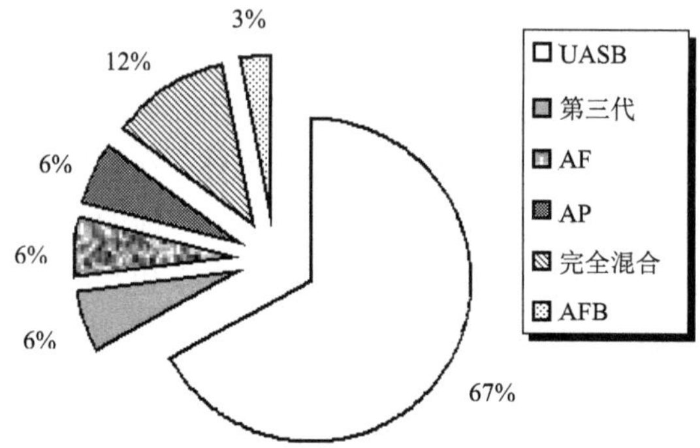

图 2-1 世界范围内应用不同厌氧处理工艺的比例

但目前，这些处理技术在某些方面还存在一定的问题或尚待进一步的深入研究。例如，目前得到较多研究和正在逐步应用之中的厌氧生物滤池（AF），其运行的技术关键是高效、稳定、易操作管理的填料的使用。高效的填料成本较高，而廉价的填料则易造成反应器的堵塞问题，致使运行过程不能正常进行。同样，目前在我国得到越来越多地研究和较多应用的升流式厌氧污泥床反应器（UASB）工艺的技术关键是三相分离器的合理设计和成功地培养出性能良好的颗粒污泥。三相分离器的设计在国内尚无成熟的方法；颗粒污泥的培养虽然在荷兰等国家已有较成功的经验和实际应用，国内则尚处于探索和不断深入研究的阶段，已有一定在实际工程中成功应用的先例。此外，颗粒污泥的形成、生物相的特征、其性能的好坏及颗粒污泥的结构特征等均受到诸多因素的影响，运行过程中操作管理要求严格。升流式厌氧污泥床反应器的另一个问题是受进水中悬浮固体（SS）含量的限制，一旦进入反应器中的污水中所含的总固体（TS）质量浓度超过 4 000～5 000mg/L，则整个处理工艺就难以甚至无法正常运行，因而此工艺一般不宜直接应用于含高浓度悬浮固体的废水的处理（即应用时，常需对进水进行预处理以去除原水中的过量 SS）。以上所述第二代厌氧反应器处理工艺所存在的问题，在一定程度上影响了它们的推广应用。为此，20 世纪 80 年代以来，人们在充分认识到第二代厌氧反应器，尤其是 UASB 反应器处理工艺所独具的优点及所存在的不足的基础上，研究、研制并开发了厌氧折流板反应器（ABR，Anaerobic Baffled Reactor）处理工艺。此工艺具有结构简单、运行管理方便、无须填料及对生物量具有优良的截留能力和运行性能稳定可靠等特点。经过 10 多年的研究和开发，业已表明 ABR 工艺在不同种类的中、高浓度有机废水处理中的有效性，目前已开始得到逐步的应用。

由于 ABR 工艺是一种 20 世纪 80 年代中期开发的最新型厌氧处理工艺，目前尚无系统的有关其设计和运行控制方面的资料报道。但近十年来，国内外对该工艺从不同角度进行了日趋增多的研究，其中美国斯坦弗大学的 McCarty 教授、英国皇家理工学院的 Barber 和 Stuckey 等进行了许多开创新的研究，韩国、俄罗斯以及我国也于 20 世纪 90 年代中期相继开展了研究，从该反应器工艺的水力学特征、处理不同废水的运行效能和稳定性、污泥颗粒化及其特征、污泥的相分离等方面开展了研究。国内清华大学、苏州科技学院、浙江大学及天津大学等单位均在上述各方面进行了卓有成效的研究。苏州科技学院沈耀良教授通过对 ABR 反应器的水力流态特征、处理高浓度有机废水、难降解复杂废水（如垃圾渗滤液）、低浓度污水的运行效能和稳定性及其对难降解污染物的水解酸化作用、反应器中污泥的相分离特性、颗粒污泥特性及其形成机理等方面较全面系统的研究，初步提出了 ABR 反应器的工艺设计思路和要点，并据此成功地将其应用于工程实践，取得了良好的效果。

2.2 ABR 工艺的构造及其理论基础

厌氧折流板反应器工艺首先由美国斯坦佛大学的 McCarty 等在总结了各种第二代厌氧反应器处理工艺特点性能的基础上开发和研制的一种高效新型厌氧污水生物技术。1985 年，Bachmann 等通过研究，表明了该工艺在处理低、中浓度有机工业废水方面的可行性及运行的可靠性。1987 年，Tilch 和 Yang 等通过研究观察到 ABR 反应器中能生成生长良好的微生物颗粒污泥；此外，Yang 和 Moengangonge 还成功地对 ABR 工艺进行了改进并成功地将其应用于经稀释后的屠宰废水的处理；1988 年，Boopathy 等成功地将该工艺应用于制酒废水的处理，并表明了此工艺在处理高浓度有机废水方面的高效能。近几年来，ABR 处理工艺已不断在酒精废水及高浓度糖浆废水等方面得到越来越多的研究和应用。

2.2.1 ABR 工艺的构造及其改进

2.2.1.1 ABR 反应器工艺的基本构造

随着厌氧反应器处理工艺技术的不断改进和提高，反应器工艺的设计已由原来的简单推流型或完全混合型水力流态发展到现在的复杂混合型水力流态的厌氧反应器，ABR 即为其中的一种。ABR 反应器使用一系列垂直安装的折流板使被处理的废水在反应器内沿折流板作上下流动，借助于处理过程中反应器内产生的气体使反应器内的微生物固体在折流板所形成的各个隔室内作上下膨胀和沉淀运动，而整个反应器内的水流则以较慢的速度作上下流动。由于污水在折流板的作用下，水流绕折流板流动而使其在反应器内流经的总长度增加，使进入其中的废水以上向流和下向流的方式流经整个反应器，有效提高了反应器的有效容积。此外，由于折流板的阻挡及污泥的沉降作用，生物固体可被有效地截留在反应器内，同时ABR 反应器不同隔室中的污泥将随进水的流动和所产生的沼气而沉降或膨胀。在较低的水流速度或产气率的情况下，则可处于沉淀状态，而在处理高浓度废水时则可由产气而获得强烈的顶托和翻滚作用。ABR 反应器有多种不同的构造型式。如图 2-2 所示为改进前的 ABR 反应器构造型式。这种反应器中的折流板是等间距均匀设置的，折板上不设转角。这种构造型式的 ABR 所存在的不足是，由于均匀地设置了上、下折流板，加之进水一般为下向流形式的，因而较容易产生短流、死区及生物固体的流失等问题。

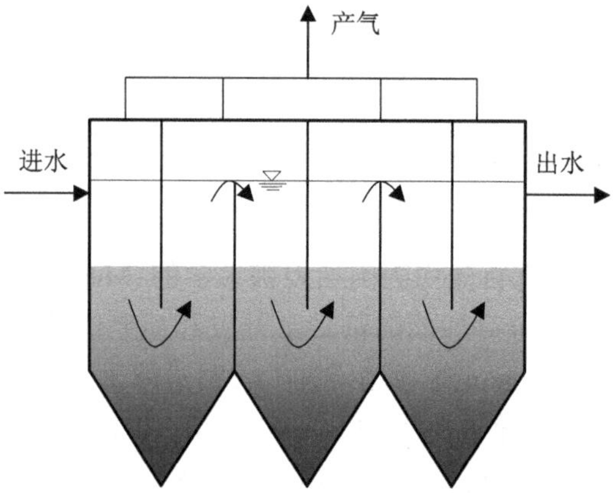

图 2-2 早期的 ABR 反应器工艺构造

2.2.1.2 ABR 反应器工艺的改进

图 2-3 所示为 ABR 反应器的不同构造形式和运行方式。图中（c）所示为较早开发的 ABR 反应器构造型式，（a）为目前多采用的构造型式，（b）和（d）至（j）则是在（a）的基础上加以改进而开发的适用于不同处理要求和废水水质的构造型式。各种改进后的 ABR 反应器中，其折流板的设置间距是不均等的，且每一块折流板的末端都带有一定角度（通常为 40°～45°）的转角，如图 2-3 中的（a）、（b）、（e）、（g～j）。它与原有反应器构造的不同之处还在于，改进后的 ABR 反应器一方面采用了上向流室加宽、下向流室变窄的结构形式，由于上向流室中水流的上升流速较小而可使大量微生物固体被截留在各上向流室内，这种构造形式的反应器能在

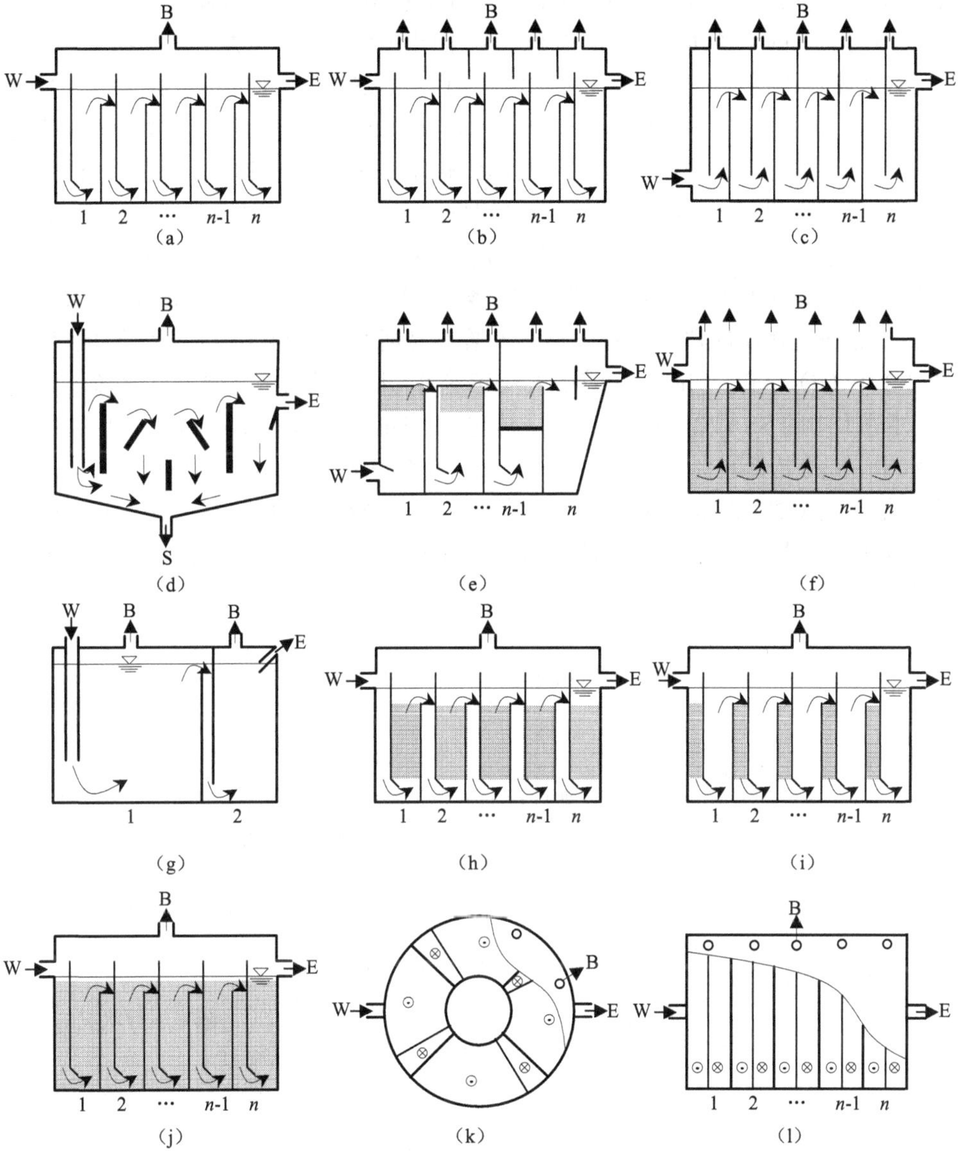

图 2-3　ABR 反应器的不同构造型式及其改进

（a）统一集气；（b）单独设置集气室；（c）等间距折流板；（d）混合折流板；
（e）设置填料和沉淀区的复合型；（f）等间距敞开式；（g）扩大第一隔室；
（h）（i）（j）在不同区域增设填料；（k）圆形平面布置；（l）矩形平面布置；
W—进水；B—产气；E—出水；S—污泥；⊗—下向流；⊙—上向流

各个隔室（主要是上向流室）中形成性能稳定、种群配合良好的微生物链，以适应于流经不同隔室的水流水质情况，有机物被不同隔室中的不同类型微生物降解。同时，可有效防止下向流隔室中污泥因水流作用而导致的泥水接触不良甚至造成死区的问题；另一方面在上向流室的进水一侧折流板的下部设置转角可有效避免水流进入各隔室时产生的冲击作用，起到缓冲水流和均匀布水的作用，从而利于对微生物固体的有效截留利用、利于微生物与进水的良好混合和生长，促进并保证处理效果。

此外，为进一步强化反应器对生物量的截留能力，尤其是防止在高负荷条件下因大量产气所导致的剧烈混合作用（如气体的顶托和污泥的翻滚）而可能导致的污泥流失，还通过在反应器各隔室或整体安装不易堵塞的填料（如立体弹性填料），如图 2-3 中（e）、（f）、（h～j），或增大反应器第一隔室的容积（降低其水流上升速度），使进水中的 SS 截留在第一隔室（这也是 ABR 反应器比 UASB 具有更强的适应进水中 SS 的显著区别），如图 2-3 中（g）。将 ABR 反应器第一隔室放大的另一个优点是通过将进水中的 SS 绝大部分截留在第一隔室，可保证其后续各隔室中污泥的有效成分，即污泥中挥发分的含量（VSS/TSS）将提高，利于污泥除污功能的有效发挥。

表 2-1　ABR 反应器的不同改进内容及其实现的目标

图 2-3 中的编号	改进内容	实现目标
（c）	在推流式反应器中增设垂直折流板	提高污泥在反应器中的停留时间，促进基质与微生物的良好接触，实现厌氧转化过程的相分离
（a, b, e, g～j）	缩小下向流隔室的宽度；在折流板的底端设置转角	促进均匀布水，减少死区，使废水在上向流室中更均匀地分布而促进良好的泥水混合
（e, f, h～j）	在反应气内部设置一沉淀区；在各隔室不同部位设置填料	延长污泥停留时间；防止污泥流失
（b，c，e）	将反应气各隔室的集气室隔开	便于气体的分析测定及对各隔室运行状况的了解和控制，使反应器稳定运行
（g）	放大第一隔室	增强对高 SS 的适应性，提高后续隔室污泥的 VSS 比例

由于 ABR 反应器是一个具有相分离特性的多段串联运行工艺，因而前端隔室将以产酸为主，其产气中多含有 H_2 和 CO_2，而后端隔室则主要以产甲烷为主，其产气中多含有 CH_4、CO_2，以及部分 H_2S 和 NH_3 等，因而将 ABR 反应器各隔室的产气设置独立的集气室，进行单独收集，不仅利于对产气成分的分析，及时了解和掌握反应器的运行状况，同时可以有效减少各隔室中的 H_2 分压和 CO_2 分压，利于

pH 的控制，防止反应器酸化，削弱 H_2 分压对有机物转化过程的不利影响，如图 2-3 中（b）、（c）、（e）（g）。图 2-3 中（k）、（l）为 ABR 反应器的两种不同平面布置形式。

表 2-1 归纳列出了对 ABR 反应器的不同改进内容及其实现的目标。

与 UASB 处理工艺一样，ABR 工艺中上向流室中的产气及上向流室中底部较高的水流上升流速，使隔室中的微生物群体与基质之间产生良好的混合接触效果，从而一方面有利于颗粒污泥的形成，另一方面大大提高了反应器的处理效率。由此可见，ABR 反应器是一种由多个隔室组成的结构，被处理废水依次流经每个隔室（隔室 1→ 隔室 2→ 隔室 3→…）且水流的流动在反应器中呈上、下交替进行，在每个隔室中进行着由不同种群微生物参与的对有机基质的生物降解过程。其工艺结构构造比 UASB 更为简单，不需要结构较为复杂的三相分离器，每个隔室的产气可单独收集以分析各隔室的降解效果、微生物对有机物的分解途径、机理及其中的微生物种群类型，亦可将反应器内的产气一起集中收集。通过对不同隔室的合理设计，可使反应器内的微生物体避免不同种群间生态幅的过多重叠，必要时甚至可以实现生态幅的分离，以使它们分别适应流经不同隔室的废水水质，稳定运行工况，提高处理效果。也就是说，ABR 工艺可在一个反应器内实现一体化的两相或多相处理过程。而对其他厌氧处理工艺（如 UASB 反应器等）而言，要实现两相或多相厌氧处理，则需要两个或两个以上的反应器。因而 ABR 污水生物处理技术的运行更为灵活、方便，投资费用更低。

2.2.2 ABR 工艺的理论基础

实践表明，理想的厌氧反应器工艺应至少满足以下要求：①良好的污泥截留能力，以保证反应器内足够的生物量；②具有生物污泥与进水基质充分接触的条件，以充分发挥微生物对有机物的降解能力；③具有提供微生物适宜的生长环境条件的功能，以使不同种群的厌氧微生物在其最优环境条件下发挥功能、稳定运行。为此，必须根据有机物厌氧降解的途径、反应动力学及反应器的混合流态等分析提高处理效果和保持反应器运行稳定性的措施，并与反应器的工艺设计相结合，全面提高反应器的性能。Lettinga 教授在展望未来厌氧反应器工艺发展方向时指出，在厌氧反应器工艺的研究和应用中，尚需对改进颗粒污泥的机械强度及沉降性能、通过工艺构造的合理设计以创造不同种群微生物的适宜生长环境条件及合理控制反应器的流态以进一步提高和稳定处理效果等进行深入的研究，并提出了分阶段多相厌氧反应器工艺技术（SMPA，Staged Multi-Phase Anaerobic Reactor）的新概念。应该说，SMPA 将是今后厌氧工艺技术研究和应用发展的主导方向。

SMPA 的基本点为：①在各级分隔的空间中培养适宜的厌氧微生物种群，以适应相应的底物组分及环境因子（如 pH、H_2 分压等）；②防止在各个单独空间中独立发展形成的污泥相互混合；③各个单独空间所产生的气体相互隔开；④各个单独空间的流态趋于完全混合而工艺流程更接近于推流（即具有复合流态），使系统具有更高的处理效果，提高出水水质。

如前所述，ABR 反应器通过内设竖向折流板使其分隔成一系列串联的数个反应隔室，每个隔室都是一个相对独立的上流式污泥床（USB）系统，水流在上下折流板的作用下沿其流动方向前进而逐级通过各反应隔室并与其中的污泥接触。ABR 虽在构造上类似于多个无三相分离器的 UASB 反应器的简单串联，但在工艺上却与单个 UASB 有显著的不同，后者可近似地看作一个 CSTR（若保证均匀进水），而前者则不仅具备良好的复合流态的特性，而且是一个多相运行的反应器。此外，ABR 是一个一体化的设备，不需要结构复杂、设计难度大的三相分离，因此结构更为简单。与 Lettinga 教授的 SMPA 工艺对比可见，ABR 几乎完美地实现了该工艺的思路要点。首先，由于在反应器内设置折流板而形成数个相对独立运行的隔室，利于各隔室生长与该室环境条件相适应的微生物种群，实现相的多级分离而提高处理效果和运行稳定性。其次，多隔室的构造利于各隔室产气单独排出而削弱 H_2 分压对后续隔室运行的影响，利于产乙酸阶段产乙酸菌在 H_2 分压较低的环境中利用丙酸和丁酸顺利地产乙酸，从而可避免它们的积累对产甲烷菌的不利影响。再次，ABR 工艺中单隔室的完全混合及整体上推流的复合流态，不仅利于污泥降解作用的充分发挥，也使运行更为稳定，具有更强耐冲击负荷能力。ABR 工艺的上述特征是建立在以下理论基础之上的。

2.2.2.1 厌氧转化过程的相分离理论

废水中有机污染物的厌氧生物转化过程实际是在一定条件下通过一系列复杂的生化反应完成的。废水中的有机物经大量起不同功能的微生物种群的共同作用，由底物转化为中间产物再进一步转化为沼气、水和氨等终产物。其中各种群微生物的代谢过程相互影响、彼此制约，形成一个类似于宏观生态的复杂的微生态系统，各类微生物间通过营养底物的代谢产物形成共生或共营关系。因而，为使处于此微生态系统中的各类微生物正常生长繁殖、使其中物质的转化和能量的流动高效畅通而获得稳定高效的处理效果，必须根据厌氧反应过程的机理，对厌氧反应器工艺进行合理设计。

从生物化学和微生物学的角度，厌氧生物处理过程中有机物（尤其是复杂有机物——在废水中以悬浮物或胶体形态存在的高分子有机物）的降解途径可分为水解、发酵产酸、产乙酸产氢和产甲烷四个阶段（图 2-4）。

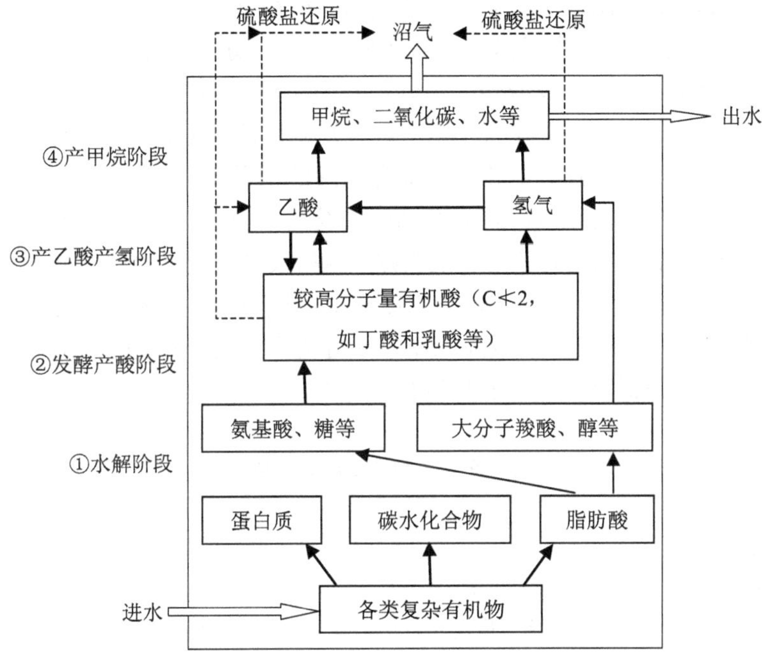

图 2-4　厌氧处理过程中有机物的转化途径

水解酸化阶段是利用微生物的胞外酶对不能通过细胞膜为微生物直接利用的大分子有机物分解为小分子的过程，这些小分子的水解产物能够溶于水并透过细胞膜而为微生物利用。例如淀粉通过淀粉酶的作用而被水解为麦芽糖和葡萄糖，蛋白质被蛋白酶水解为短肽和氨基酸，纤维素被纤维素酶水解为纤维二糖和葡萄糖等。发酵产酸阶段则在发酵菌（酸化菌）的作用下将上述水解产物转化为更简单的化合物并分泌到细胞外，其主要产物有挥发性脂肪酸（VFA）、醇类、乳酸、二氧化碳、氢、氨、硫化氢等。同时，酸化菌亦利用部分基质以合成新的细胞物质（因而未酸化废水进行厌氧处理时将产生较多的剩余污泥）。上述发酵产物将在产乙酸阶段进一步被转化为乙酸、氢、碳酸及新的细胞物质，这些产物最后通过产甲烷作用而被最终转化为沼气等终产物和新的细胞物质。

根据所处理废水中所含污染物类型的不同，上述厌氧分解的阶段有所不同，但总是一个环环相扣的连续的微生物反应过程，不同微生物仅能利用某些特定的底物、具有不同的生长繁殖速度并需要不同的环境条件。其中产酸菌（包括酸化和产乙酸菌）种类较多，代谢能力强，繁殖速度快，世代期最短仅需十几分钟，它们对环境条件的适应性亦较强（如可在 pH 为 5～8 的环境中发挥作用），可利用的底物种类较多；产甲烷菌的种类则较少，可利用的底物较有限，繁殖速率慢，世代期最长可达 4～6 天，而且对环境条件如温度、pH（最适 pH 为 6.8～7.2）及有毒物质的影响十分敏感。由于这两大类微生物对环境条件的要求存在很大的差异(表 2-2)，因而在一个具有单一空间的反应器中要维持它们在数量、对基质的利用速度等方面的协调平衡，即保证微生态系统的长期正常有效运行是很困难的，经常发生的问题是由于产酸速度与产甲烷速度的不平衡而导致酸的积累，并从而使反应器的 pH 降低至超出产甲烷菌的适宜范围而抑制其功能的发挥，使反应器的处理能力和效果大大降低，甚至导致整个工艺处理过程的失败。两相或多级厌氧处理的概念正是针对此问题而提出的。通过将一个反应器分隔成一定数量的空间或采用一定数量串联的反应器，使废水依次流经各空间或反应器而创造利于分别培养发酵产酸菌和产甲烷菌的环境条件，从而提高处理效能和运行稳定性。

表 2-2 产酸菌和产甲烷菌的特性

参 数	发酵产酸菌	产甲烷菌
种 类	多	相对较少
生长速率	快	慢
对 pH 的敏感性	不太敏感，最优 pH5.5～7.0	敏感，最优 pH6.8～7.2
氧化还原电位 Eh	一般低于－150～200mV	一般低于－350mV～－560mV
对温度的敏感性	最佳温度 20～35℃	中温 30～38℃，高温 50～55℃
对毒物的敏感性	一般性敏感	敏感
对 H_2 的敏感性	敏感	不太敏感
特殊辅酶	没有特殊辅酶	含有特殊辅酶

20 世纪 70 年代初，Ghosh 和 Pohland 教授根据厌氧微生物分解机理和微生物类群的理论研究，开发了适应两大类微生物种群生理生化及生态特性的两相厌氧处理工艺，20 世纪 90 年代中期 Lettinga 教授则进一步提出了分阶段多相厌氧反应器技术（SMPA）的概念。

两相工艺包括以下含义：在厌氧处理过程中水解与酸化过程不可能单独进行，因这两个过程是由同种群的微生物完成，而产乙酸和产甲烷过程因产乙酸过程需要嗜甲烷菌的活动才能保持较低的氢分压而不能分开进行。这意味着厌氧降解过程的相分离只有一种情况，即发酵产酸和产乙酸阶段的分离。由此产生了进行水解和发酵产酸的酸化相与产乙酸和产甲烷的产气相分别在不同反应器或反应器不同空间完成的两相工艺。通过相的分离，不仅可大大削弱传统工艺中因酸的积累而导致的反应器“酸化”问题，同时因各相可在各自适宜的条件下运行，因而处理系统中污泥的比酸化活性和比产甲烷活性均高于单相工艺，从而运行的稳定性和处理效果均可得到有效的提高。同时，多级工艺则从微生物的生态和反应器或反应器空间的混合要求将厌氧处理过程在控制在一个反应器的多个空间隔室或多个反应器中依次完成的工艺过程，它不仅利于创造和保证不同微生物所需要的生理生态条件，而且可利于提高处理过程中基质的推动力及泥水的混合接触，从而可有效提高设备的处理能力和处理效果，增强处理过程对废水水质（如高的 SS 和有害有毒物冲击等）和水量变化的适应性。

传统的单相厌氧处理工艺将产酸菌和产甲烷菌这两类生长特性极为不同的菌群置于同一空间，因而难以发挥各自的最优效能。两相工艺则可较好地解决这个问题，因而该工艺自 20 世纪 70 年代问世以来，已在欧洲广泛应用于酿酒、制糖、淀粉加工、饮料生产和造纸等工业废水的处理。该工艺具有处理效率高、运行稳定及处理能力高等一系列优点。

产酸菌和产甲烷菌分开培养可避免不同种群微生物间的相互干扰和代谢产物转化不均衡而造成的抑制作用，从而易获得不同微生物生长所需的最优环境条件，提高处理效果；产酸相对进水水质或负荷变化较强的适应能力和缓冲作用，可大大削弱运行条件变化对产甲烷菌的影响，因而可提高系统的运行稳定性；由于产酸速率快，产酸阶段所需的容积小（HRT 短），其对 COD_{Cr} 的去除率通常在 10%～25%，因而不仅因进入产甲烷阶段的有机负荷减少而使处理所需的总容积减小，而且因相的分离使不同分隔空间或串联反应器内的传质推动力及混合状况得到有效改进，使所需反应器总容积减小。

由于两相工艺具有上述特性，使其具有比单相工艺更广的适用范围。

（1）适于处理富含碳水化合物而有机氮含量低的高浓度有机废水，如制糖、酿酒、淀粉加工及柠檬酸等工业废水。在单相厌氧反应器中，产酸菌和产甲烷菌的数量大体相等，但两者的生长速率相差悬殊（通常产酸速率为产甲烷速率的 14 倍），因而单相工艺中往往易在高进水负荷下因过快的产酸速率使产甲烷菌完全处于低 pH 值的酸性环境中受到抑制而出现需要较长时间才能恢复的“酸败”问题，但在两相工艺中，因产酸和产甲烷菌分别处于反应器或同一反应器的不同空间，因而一旦负荷升高，产酸阶段出水 pH 较低并含有高浓度的 VFA，但由于产甲烷阶段主体溶液的 pH 较高而 VFA 相对较低，因而具有良好缓冲能力，必要时也可采取将产甲烷段出水回流至其进水等措施在短期内得到恢复，而不至于发生“酸败”现象。

（2）适用于含高浓度 SS 废水的处理。含高浓度 SS 的有机工业废水难以直接用 AF 或 UASB 等第二代厌氧处理工艺处理，废水中较多的 SS 易引起 AF 的堵塞，而 UASB 虽然允许进水中含有一定数量的 SS，但当污泥床中积累大量的原废水中的 SS 时，将影响颗粒污泥的絮凝和沉淀性，降低污泥的产甲烷活性，降低混合液的 pH，而使反应难以正常进行。采用两相或多级工艺处理这类废水时，废水中的 SS 一方面经污泥床的截留作用并在产酸相的水解和酸化作用下，使其大大降低，从而可保证其后续产甲烷相的正常运行。

（3）适用于处理含难降解有机物废水的处理。造纸、焦化工业废水及城市垃圾卫生填埋场渗滤液中多含有难生物降解的芳香族物质，采用相分离工艺处理这些废水时，可通过水解产酸菌的作用使这些物质裂解为易降解的小分子有机物并从中获得能源和碳源，为后续产甲烷反应创造有利的条件。沈耀良教授采用 ABR 处理城市污水与渗滤液的研究表明，将 ABR 控制在产酸阶段，处理后出水的 BOD_5/COD_{Cr} 得到明显的改善。

（4）适用于处理有毒有害工业废水。工业废水往往含有如硫酸盐、苯甲酸、氰、酚、重金属、吲哚、萘等对产甲烷菌有毒害作用的物质，若直接进入单相反应器处理，则会因这些物质直接与产甲烷的接触而使其中毒，抑制其功能的发挥。在两相工艺中，废水首先与产酸菌接触，而有很多种类的产酸菌本身或通过其产生的产物具有通过多种途径改变毒物结构或将其分解并削弱或消除毒性的功能。如产酸反应的产物 H_2S 可以与废水中的重金属离子形成不溶性的金属硫化物沉淀，解除重金属离子对产甲烷菌的毒害作用。

2.2.2.2 反应器的混合流态理论

生物反应器的设计和运行性能除与参与反应过程的微生物（或酶）类群特性有密切的关系外，还与反应物料在反应器内的流动与混合状况有极大的关系。反应器中物料的流动与混合状况不仅影响反应或处理过程中底物的转化效率，而且与工艺的运行稳定性、所需的反应时间及设备的投资有关。

反应器内反应物系（废水厌氧处理中进水基质与污泥及分解的中间产物等）的流动与混合状态常以反应器内流体的流动类型表示。不同流型的反应器内各组分的浓度等状态参数的分布各不相同，而流动类型（或流态）是决定反应器运行状况的重要工程因素。

废水厌氧生物处理反应器通常都是以连续的方式运行，因而其中物料的混合状况反映了进水基质在反应器内停留时间（HRT）的分布状况，常将这种具有不同 HRT 的物料之间的混合称为返混（以区别于通常所指的混合）。理论上把反应器内完全不存在物料间返混的流态称作推流（PF），并将该反应器称为推流式反应器（CPFR）；把反应器内不同物料间存在最大限度返混的流态称作完全混合流，该反应器被称之为完全混合反应器（CSTR）。显然，理想推流和理想完全混合是反应器内返混情况的两个极端，实际生物反应器内流体的返混状况往往介于上述两种极端情况之间，为非理想流态。

连续运行的 CPFR 中，在空间—浓度分布上沿着反应器的轴向有一定的浓度分布，但在稳态条件下，其空间上任一点的浓度则不随时间变化，且由于反应器内的轴向不存在返混，因而所有微元体在反应器内的 HRT 均相等。对连续运行的 CSTR 而言，其空间浓度和时间浓度分布均为单一值，且反应器出口的基质浓度与其在反应器内的浓度相等。此外，由于反应器内各微元体具有最大程度的返混，因而造成各微元体在反应器内的 HRT 各不相同。图 2-5 所示为两种流态的基本反应器的浓度分布及其变化情况。

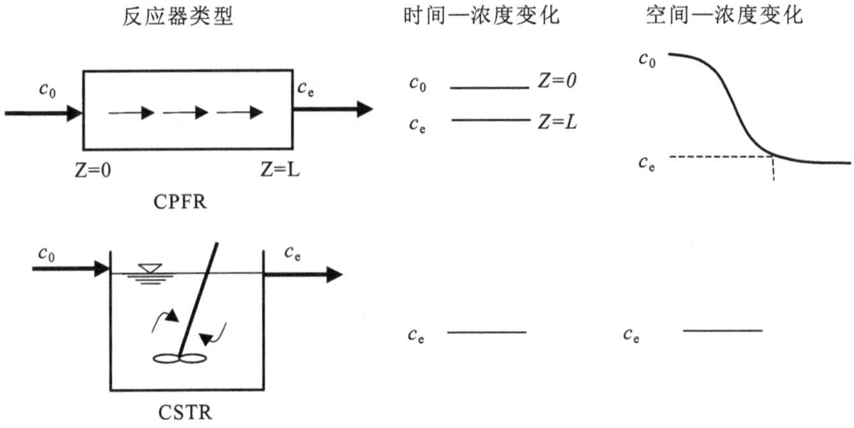

图 2-5　两种流态基本反应器的浓度分布

由以上分析可知，CSTR 和 CPFR 是理想流态生物反应器的两种典型代表。这两种不同的流动特性，孰优孰劣，与反应器中所进行的反应本身的动力学密切相关。由生物反应动力学米—门（M-M）方程可知，对于无抑制单一底物的生化反应，在相同反应条件下达到相同的有机底物去除率时，CSTR 和 CPFR 两者所需的反应器容积比可用式（2-1）表示。

$$\frac{V_{\mathrm{CSTR}}}{V_{\mathrm{CPFR}}}=\frac{\mu_{\mathrm{CSTR}}+\dfrac{K_{\mathrm{m}}}{S_0}\left(\dfrac{\mu_{\mathrm{CSTR}}}{1-\mu_{\mathrm{CSTR}}}\right)}{\mu_{\mathrm{CPFR}}+\dfrac{K_{\mathrm{m}}}{S_0}\ln\dfrac{1}{1-\mu_{\mathrm{CPFR}}}} \tag{2-1}$$

式中：V_{CSTR}——CSTR 所需的容积，m^3；

V_{CPFR}——CPFR 所需的容积，m^3；

μ_{CSTR}——CSTR 中底物最大降解速率（BOD_5/MLSS），kg/（kg • d）；

μ_{CPFR}——CPFR 中底物最大降解速率（BOD_5/MLSS），kg/（kg • d）；

K_{m}——饱和常数，mg/L；

S_0——有机底物初始质量浓度，mg/L。

由式（2-1）可知，为达到相同有机底物降解效果，CSTR 所需的容积比 CPFR 所需的大，或前者比后者需要更多的生物量（污泥），并且所要求达到的去除率越高，两者所需的容积差异越大。这说明，所要求的处理率越高，则返混作用的影响愈明显。因而为获得既经济合理又良好的处理效果，应采用 CPFR 流态的反应器运行方式及相应的构造形式。此外，随着 K_m/C_{s0} 值由零逐渐向无穷大过渡时，反应速率与反应物浓度的关系由零级变为一级，相应两种反应器所需的容积比增大，反之则减小。这说明，在低的底物浓度下，返混作用对处理效果的影响将变得十分明显，而在高的底物浓度下，返混的影响将削弱。

以上分析的反应器的流态是两种理想状况，实际工程反应器中的流态则多为非理想流态。因而对非理想流态的考察对研究生物反应器的运行特性及其控制以及研究开发新型高效的厌氧反应器工艺就具有重要的实际意义。

实际反应器中混合流态可通过寿命停留时间分布（Retention Time Distribution —RTD）的方法加以研究。物料粒子在反应器中的 RTD 是一个随机过程，通常可用概率分布的方法，即 RTD 密度函数 $E(t)$ 来加以描述。$E(t)$ 的含义为：在同时进入反应器的 N 个流体粒子中，其中停留时间在介于 t 和 $t+\mathrm{d}t$ 之间的流体粒子所占的百分率 $\mathrm{d}N/N$ 定义为 $E(t)\,\mathrm{d}t$（如图 2-6 所示）。根据 $E(t)$ 的定义，有：

$$E(t)=0\ (t<0) \tag{2-2}$$

$$E(t)\geqslant 0\ (t\geqslant 0) \tag{2-3}$$

$$\int_0^\infty E(t)\mathrm{d}t=1 \tag{2-4}$$

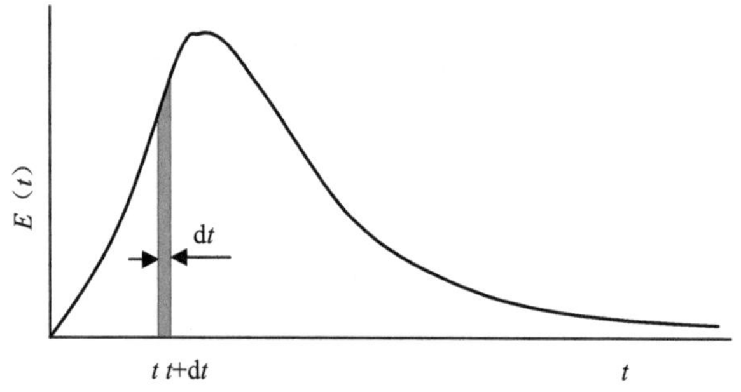

图 2-6　反应器的 RTD 密度函数

RTD 通常采用示踪应答实验方法进行测定。其中最常用的是脉冲法。测定过程中所使用的示踪剂应满足以下条件：①对流体流动状况无影响；②不参与反应、不挥发、不沉淀；③易于检测。

通过 $E(t)$ 的实验测定，可对表征反应器混合流态特性的特征值—数学期望和方差进行分析。数学期望即均值，对 RTD 而言，即平均停留时间（$\bar{t}$）。方差（δ_t^2）表示均值的离散程度，即 RTD 的分散程度。δ_t^2 愈小，则 RTD 分布愈窄，愈趋向于 $\bar{t}$，表明流体的流动愈接近于 PF，反之则愈接近于完全混合。对于脉冲实验法，t 和 δ_t^2 可分别用式（2-5）和式（2-6）进行计算。

$$t = \frac{\sum_0^\infty tc(t)\Delta t}{\sum_0^\infty c(t)\Delta t} \tag{2-5}$$

$$\delta_t^2 = \frac{\sum_0^\infty t^2 c(t)\Delta t}{\sum_0^\infty c(t)\Delta t} - (\bar{t})^2 \tag{2-6}$$

式中：$c(t)$——时间 t 时测定的示踪剂质量浓度，mg/L；

Δt——示踪剂测定取样时间间隔，h。

实际工程运行中，根据废水厌氧处理的要求，往往有数个反应器或将一个反应器分隔为数个隔室串联运行，因而为研究串联系统中流体或生物处理反应器中的混合状况并由此对处理工艺进行优化设计和运行控制，需要了解各反应器的混合状况及最优的反应器数或分隔数，因而常需要对系统的混合模式指标加以考察。其中模型参数 n 和反映反应器轴向混合的毕克列（*Peclet*）准数是两个重要的参数。n 是表示用 n 个串联的完全混合反应器来模拟一个实际反应器的混合流态，n 为 1 时为完全混合流，n 值趋于∞时则为 PF。*Peclet* 准数（P_{ez}）表示了反应器中对流流动和轴向扩散传递的相对大小，即返混程度。当 P_{ez} 趋于 0 时，对流扩散速率较之扩散传递速率要慢得多，为完全混合流；当 P_{ez} 趋于∞时，扩散传递速率相对于对流扩散速率可忽略不计，为 PF。因而 P_{ez} 是一个重要的反应器轴向扩散模型参数。n 和 P_{ez} 及其计算可用式（2-7）、（2-8）和（2-9）表示。

$$n = \frac{1}{\delta_t^2} \tag{2-7}$$

$$P_{ez} = \frac{uL}{Dz} = \frac{\text{对流传递速率}}{\text{扩散传递速率}} \tag{2-8}$$

$$\delta_t^2 = 2(\frac{1}{P_{ez}}) - 2(\frac{1}{P_{ez}})^2 \cdot (1 - e^{-\frac{1}{Pez}}) \tag{2-9}$$

目前，混合流态的研究对反应器工艺优化设计的重要性在新型废水处理反应器，尤其是厌氧处理反应器工艺的研究开发中正得到日益的重视。如前所述，废水厌氧处理的相分离技术是从微生物生理生态角度出发提高处理效果及运行稳定性的重要发展方向和研究课题。因而，将产酸和产甲烷阶段分别控制在不同的反应器或同一反应器的不同空间内是厌氧处理工艺设计的必然选择。与此同时，由两个或多个反应器组成的工艺系统中泥水的混合流态，对系统的处理效果也有着十分重要的影响。由于在反应器中保持高浓度的生物量（污泥）是废水厌氧工艺获得有效处理的重要前提，而泥水的接触混合程度将直接影响处理效果。因而对厌氧处理反应器混合流态的研究就具有更重要的实际意义。

如前所述，推流混合流态的反应器在同样的条件下可获得比完全混合流态的反应器更好的处理效果。其原因在于推流反应器中具有比完全混合流反应器更大的传质推动力，而后者因存在返混而一方面降低了传质推动力，另一方面因反应器的“宏观均匀混合”导致了进水基质的“微观短路”（RTD）而影响了对有机物的去除速率。但对厌氧反应器而言，良好的泥水混合（宏观混合）是必需的，只有这样，大量的生物体才能与进水中的基质良好接触而发挥其降解功能，否则泥水接触不良，则易造成反应器的大量死区而不仅严重影响处理效果，而且会大大降低反应器的容积利用率。事实上，厌氧反应器中的混合作用除可通过人工措施实现外，目前大多是通过合理设计反应器中水流的方向及其流速以及通过产气作用而实现的，因而不仅是需要的而且也是不可避免的。

为此，具有复合流态（即局部完全混合，整体趋于推流）的反应器工艺已开始成为第三代新型高效厌氧工艺研究和开发的发展主流。其原理在于利用局部空间或单个反应器的混合而提高微生物与进水基质的良好均匀接触，利于其降解功能的充分发挥、提高反应器的容积利用率；利用整体推流所具有的高传质推动力及反应速率而利于处理效果和处理能力的提高。在工程上实现具有此流态特性的工艺乃是将一定数量（n）的 CSTR 串联。动力学分析表明，当将一个反应器分隔为 n 个容积相等的完全混合小反应器时，达到一定有机物去除率所需要的反应器总容积将随 n 的不同而相应地减小，且所要求的处理率及分隔数越多，容积的节省越为显著。式（2-10）为根据动力学分析所建立的上述情况下所需的串联反应器的总容积 V_T。由式可知，当反应器由 1 个改为 2 个时，达到 80%和 95%有机物去除所需的 V 总可分别节省 38%和 63%，改为 4 个时，则可分别节省 50%和 77%。

$$V_{\mathrm{T}}/(q/k)=n(\frac{1}{1-\eta})^{1/n}-1 \qquad (2\text{-}10)$$

式中：V_{T}——N 个串联反应器达到一定处理率所需的反应器总容积，m^3；

η——处理率，%；

q——废水处理规模，m^3/d；

k——基质降解速率常数，d^{-1}。

SMPA 是 Lettinga 教授提出的分阶段多相厌氧反应器工艺技术，它将以厌氧处理过程中不同种群微生物对基质利用的不同生理和生态原理及反应动力学为基础的相分离和反应器中物料流态的水动力学为基础的复合流态概念相结合，代表了高效新型厌氧处理工艺研究和开发的主导方向。据此，目前多采用如图 2-7 所示的两相处理工艺。

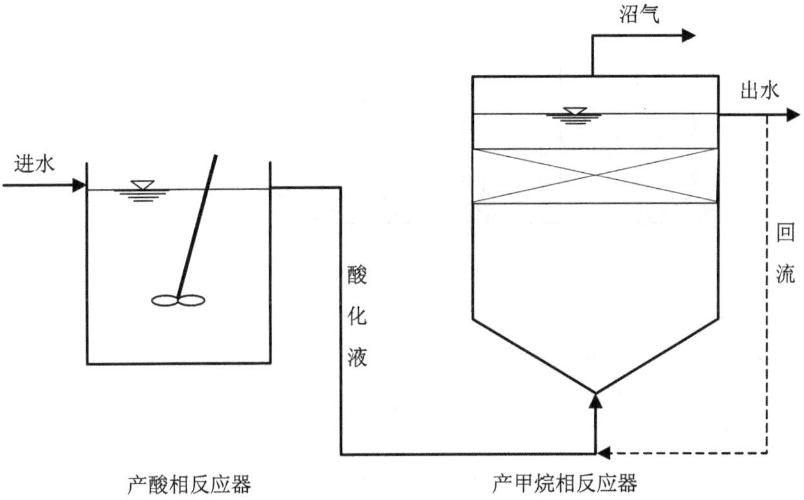

图 2-7　两相厌氧工艺流程

目前所采用的两相厌氧工艺多以建造两个容积不等的反应器串联而成的工艺为主。这种工艺形式虽然基本符合上述 SMPA 的工艺发展思路，但往往因建造两个反应器而带来设计和施工上的困难。此外，由于产酸和产甲烷分别在单独的反应器中进行，往往易因污泥混合不良，为此必须考虑处理出水的回流或进行机械搅拌，不仅增加了操作管理的复杂性，还由此而因缺乏 PF 流态所具有的良好的推动力而难以得到满意的处理效果。因而，在相分离的基础上，尽量使产酸相和产甲烷相均具有复合流态是 SMPA 选择的一个重要原则。此外，反应器的构造简单、结构紧凑、易均匀配水、低的工程投资等亦是 SMPA 选择中不可缺少的考虑因素。

2.2.2.3 ABR 反应器的相分离和混合流态分析

ABR 是 Bachman 和 McCarty 等于 20 世纪 80 年代中期在对厌氧生物转盘改进的基础上提出的一种新型高效厌氧处理工艺（图 2-8 所示沈耀良教授提出的改进型 ABR 的构造）。

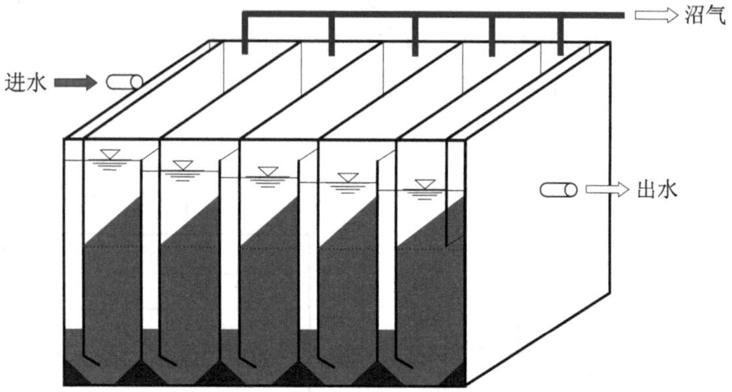

图 2-8　改进型 ABR 反应器构造示意图

该反应器通过内设竖向折流板使其分隔成一系列串联的数个反应隔室，每个隔室都是一个相对独立的上流式污泥床（USB）系统，水流在上下折流板的作用下沿其流动方向前进而逐级通过各反应隔室并与其中的污泥接触。ABR 虽在构造上类似于多个无三相分离器的 UASB 反应器的简单串联，但在工艺上却与单个 UASB 有显著的不同，后者可近似地看作一个 CSTR，而前者则不仅具备良好的复合流态的特性，而且是一个多相运行的反应器。此外，ABR 是一个一体化的设备，不需要结构复杂、设计难度大的三相分离，因此结构更为简单。与 Lettinga 教授的 SMPA 工艺对比可见，ABR 几乎完美地实现了该工艺的思路要点。首先，由于在反应器内设置折流板而形成数个相对独立运行的隔室，利于各隔室生长与该室环境条件相适应的微生物种群，实现相的多级分离而提高处理效果和运行稳定性。其次，多隔室的构造利于各隔室产气单独排出而削弱 H_2 分压对本隔室及后续隔室运行的影响，利于产乙酸阶段产乙酸菌在 H_2 分压较低的环境中利用丙酸和丁酸顺利地产乙酸，从而可避免它们的积累对产甲烷菌的不利影响。再次，ABR 工艺中单隔室的完全混合及整体上推流的复合流态，不仅利于污泥降解作用的充分发挥，也使运行更为稳定，具有更强的耐冲击负荷能力。因而，ABR 作为第三代厌氧处理反应的典型代表，受到了美国、英国及我国有关单位的关注，并开展了有关研究。

2.3 ABR 工艺的主要性能特点

为了了解 ABR 反应器处理工艺的运行性能，目前正在开展不断深入的研究工作。ABR 工艺主要有如下性能特点：①工艺构造设计简单；②不需要特殊考虑的气固液三相分离器；③反应器内水流的多次上下折流作用，提高了污泥微生物体与被处理废水间的混合接触，稳定了处理效果，促进了颗粒污泥的形成和生长；④反应器内的微生物相有明显的种群配合和良好的沿程分布；⑤可长期运行而不需要排泥；⑥能在高负荷条件下有效地截留活性微生物固体。由于下向流室中较高的水流流速及上向流室中较低的上升流速，使活性污泥絮体及在运行过程中形成的污泥床集中在上向流隔室中，且混合充分，利于污泥的颗粒化作用、具有良好的污泥沉降性能和很长的固体停留时间，能在高负荷条件下进行有效的处理。另外，ABR 反应器属于多隔室串联的反应器，虽然整个反应器内的水流型式属于推流式，但每个隔室内的水流则由于上升水流及产气的搅拌作用而表现为完全混合型的水流形态，即属于 CSTR 型反应器。这种整体上为推流式（PF），局部区域内为完全混合式（CSTR）的多个反应器串联的工艺对有机物的降解速率和处理效果无疑高于单个 CSTR 反应器。同时，在一定处理能力下所需的反应器容积也较 CSTR 低得多（参见第 1 章 1.2.2.2 “反应动力学原理”一节）。

表 2-3 列出了 ABR 工艺的主要优点。具体而言，ABR 的主要工艺性能表现在以下几个方面。

表 2-3 ABR 工艺的优点

指 标	主要优点
反应器结构	结构简单、无运动部件、无需机械混合装置、造价低、容积利用率高、不易堵塞、污泥床膨胀程度较低而可降低反应器的总高度、投资成本和运转费用低
生物量特性	对生物体的沉降性能无特殊要求、污泥产率低、剩余污泥量少、泥龄（θ_c）长、污泥无需在载体表面生长、不需后续沉淀池进行泥水分离
工艺的运行	水力停留时间（HRT）短、可以间歇的方式运行、耐水力和有机冲击负荷能力强，对进水中的有毒有害物质具有良好的承受力、可长时间运行而无需排泥

2.3.1 良好的水力条件

反应器的水力条件是影响处理效果的重要因素。反应器内的水流状况一般通过采用示踪剂跟踪的方法加以测定。通过示踪剂在反应器内的停留时间分布（RTD）情况的测定，可以分析反应器的有效容积利用率或反应器内死区容积百分率（V_d/V）、扩散或混合程度（一般以 *Peclet* 数表示）及反应器内的水力流态。有关对 ABR 反应器的水力流态的研究（清洁反应器的研究：以自来水作进水、荧光素或其他离子作示踪剂，研究反应器水力停留时间分布 RTD 情况；接种污泥反应器的研究：以污水作进水、分析纯氯化锂作示踪剂，研究反应器内不同污泥浓度对混合程度即混合液水力停留时间分布的影响。其中氯化锂不会在污泥表面吸附，也不会被微生物吸收，研究过程中锂的平均回收率可达 99.4%）表明：在不同污泥浓度和不同水力停留时间（HRT）且稳态运行的条件下，ABR 反应器中的死区容积分数（V_d/V）与 HRT 无明显的相关性，也就是说清洁反应器中的水力停留时间分布（RTD）状况与接种污泥的反应器中的 RTD 是基本一致的，污泥浓度对反应器的 RTD 没有多大的影响。此外，在不同的反应器运行负荷条件下，上述 RTD 分布曲线形式也基本一致，但负荷较高时，反应器的整体混合程度增强（如图 2-9 所示）。

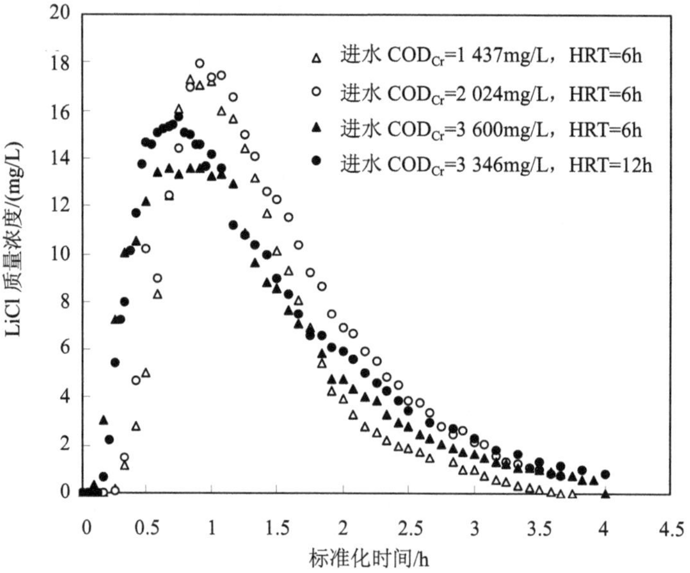

图 2-9 ABR 反应器的 RTD 曲线（污泥床质量浓度为 45～50g/L）

有关研究还表明，ABR 反应器中的死区容积分数要比其他类型的厌氧反应器低得多，亦即 ABR 具有比其他厌氧反应器更高的容积利用率。分析表明，ABR 的 V_d/V 值仅为 7%～20%，平均值为 9.8%。表 2-4 列出了 ABR 反应器的死区容积分数值与其他类型厌氧反应器工艺的死区容积分数值的比较数据。由表可见，厌氧滤池和传统厌氧消化池的 V_d/V 值分别为 50%～93%和 82%，均远高于 ABR 反应器的 V_d/V 值。究其原因在于，ABR 反应器相当于把一个反应器内的污泥分配到了多个隔室的反应小区内，每个反应小区内的污泥浓度虽然与整个反应器的污泥浓度基本一致，但每个隔室内的污泥量则被分散了，因而提高了污泥与被处理污水的接触和混合程度。假若反应器的分隔数为 n，则每个隔室内的污泥量为反应器内污泥总量的 $1/n$，这样一方面强化了污水与污泥的接触，从而提高了反应器的容积利用率；另一方面也使得反应器内污泥的生物相根据隔室位置的不同而呈现出不同的微生物组成特性，使其具有更好的运行稳定性。

表 2-4　ABR 反应器与其他类型反应器的 V_d/V 比较

反应器类型	死区容积分数/（V_d/V）
厌氧滤池（AF）	50%～93%
传统消化池	～82%
ABR 反应器	7%～20%*

*平均为 9.8%。

此外，随 ABR 反应器中进水量的增加，即水力停留时间的缩短，各隔室内的返混程度将提高（$\mu l/D$ 值增高），而 V_d/V 值的变化幅度则并不大。这一方面说明随处理水量的增加，由于反应器内水流速度的提高和产气量的增加而促进了每个隔室内的混合程度，另一方面则表明 ABR 反应器的死区容积确实是比较低的，不会因 $\mu l/D$ 的增加而降低反应器有效容积的利用率。从整个 ABR 反应器来看，反应器内的折流板阻挡了各隔室间的返混作用，强化了各隔室内的混合作用，因而 ABR 反应器内的水力流态是局部为 CSTR 流态、整体为 PF 流态的一种复杂水力流态型反应器。随着反应器内分隔数的增加，整个反应器的流态则趋于推流式（如图 2-10 所示）。

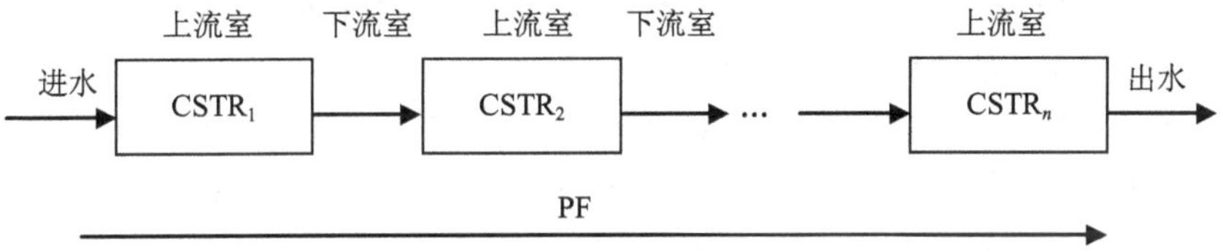

图 2-10　ABR 反应器的水力流态特征

2.3.2 稳定的生物固体截留能力

ABR 反应器对微生物固体具有良好而稳定的截留能力，同时对进水中高浓度的悬浮固体（SS）具有很强的适应性和处理效能。应用 ABR 工艺处理含 SS 质量浓度在 3 400～68 900mg/L 的制酒废水的研究表明，该工艺对进水中的 SS 的波动具有很强的适应能力，出水 SS 去除率可高达 91%左右，出水中 SS 的浓度波动小。Boopathy 等应用 ABR 工艺处理高浓度制糖废水的研究结果表明，该反应器对 SS 具有很好的截留能力，出水中无污泥流失问题，即使在高负荷条件下亦如此。郭静等对人工合成葡萄糖废水的处理研究结果亦表明，ABR 反应器内的折流板对污泥起到良好的阻滞作用，并可在反应器的各隔室内维持一定的污泥浓度（污泥浓度可高达 79g/L 以上）。

ABR 反应器工艺之所以具有如此良好的污泥截留性能，不外乎有以下两个主要方面的原因：一是如前所述，ABR 反应器内的污泥与被处理废水间的良好混合接触，有效容积利用率高（即死区容积分数低），因而利于污泥絮体及颗粒污泥的形成和生长，使反应器内厌氧微生物在自然地形成良好的种群配合的同时，可在较短的时间内形成具有良好沉淀性能的絮凝性污泥和颗粒污泥。由于良好的混合接触，使微生物得到充足的食物（基质），具有较强的竞争能力而抑制其他微生物的生长。二是反应器内的折流板的阻挡作用及折流板间距的合理设置，为污泥的沉降和截留创造了一个良好的条件。亦即沿反应器内水流方向，上向流隔室比下向流隔室的宽度大，水流在上向流隔室中的上升流速相对较小，利于污泥的沉降。而在升流式厌氧污泥床反应器中，一方面大量污泥聚集在 UASB 反应器的底部（污泥质量浓度高达 60～120g/L），虽然污泥质量浓度高可提高反应器的处理能力，但过高的污泥质量浓度及污泥床高度易造成污泥区（污泥床）内的短路现象，不利于污泥与废水的充分接触，反应过程中所产生的微小的沼气气泡不能得到及时的释放而在污泥颗粒表面聚集成大气泡，因而易将污泥突发性地带至反应器的上部或造成污泥的流失问题。另一方面，当 UASB 反应器的水力负荷过高时，该反应器内的水力流态将由推流态向完全混合态转化，这样反应器中基质的浓度梯度将变得最小，微生物对有机质的降解速率将下降，同时过高的水力负荷亦将造成反应器内污泥的流失问题。与此相反，当反应器的水力负荷过低时，则易使反应器内污泥与进水间不能得到良好的混合效果，造成污泥床的堵塞，甚至导致反应器运行的失败，这种情况在处理含有高质量浓度 SS 的废水时尤其容易发生。这也是 UASB 反应器处理工艺对运行过程中水力负荷控制要求严格的原因所在。如前所述，当应用 UASB 工艺处理废水时，一般要求进水中的 SS 控制在 4 000～5 000mg/L 以内，而应用 ABR 工艺处理含高质量浓度 SS 的废水时，即便 SS 质量浓度高达数万 mg/L 也不会造成反应器的堵塞问题。Lettinga 等的研究充分证实了上述分析。笔者在应用 UASB 工艺处理高浓度味精废水的研究过程中亦曾遇到上述问题。因而，ABR 工艺对生物固体不仅具有良好的截留能力，而且对进水中的 SS 具有良好的去除作用。研究表明，ABR 反应器中生物固体的最小停留时间 $\theta_{c\,\min}$ 可达 65d，表明 ABR 工艺的运行是稳定可靠的。

2.3.3 良好的颗粒污泥形成及微生物种群的分布

目前，为提高污水生物处理工艺的处理效果及处理能力，正在不断深入地研究和开发应用微生物固定化处理技术。厌氧生物处理工艺中微生物的固定化过程（即颗粒化污泥的形成）属于污泥絮体中微生物的自身固定化过程。它是目前 UASB 污水生物处理工艺的关键之一。对 ABR 处理工艺而言，虽然颗粒污泥的形成并不是其处理效能的主要决定性因素，但该反应器中存在颗粒污泥的形成过程，而且其生长速度是较快的，其原因已在前面的有关分析中阐明，在此不再赘述。一般情况下，该反应器在运行初期（30～45d），容积 COD_{Cr} 负荷为 3.0～5.0kg/（m^3·d）时，即可出现粒径为 0.2～0.5mm 的颗粒污泥。此后，颗粒污泥的粒径不断增大，可达 2～3mm。颗粒污泥中有类似于甲烷丝菌属（*Methanthrix*）和甲烷八叠球菌属（*Methanosarcina*）的优势甲烷菌（以制糖废水处理为例），此外还有异养甲烷菌和脱硫弧菌等。重要的是，在 ABR 反应器中不同隔室内的厌氧微生物的种类分布呈现出良好的种群配合，不同的隔室中存在适应流入该隔室的废水水质的优势微生物种群。例如在位于反应器前端的隔室中，主要以水解及产酸菌为主，而在较后面的反应器隔室中，则以甲烷菌为主。就甲烷菌而言，随隔室的推移，其种群由八叠球菌属为主逐渐向甲烷丝菌属、异养甲烷菌和脱硫弧菌属等转变，这样逐室的变化，使优势微生物种群得以良好的生长繁殖，废水中的污染物分别在不同的隔室中得到降解，因而具有良好的处理效能和稳定的处理效果。这也是目前正在研究之中的实现两相处理或多相处理的理论基础之一。

2.3.4 良好而稳定的处理效果

自 ABR 工艺得到开发研究以来，国内外的有关研究者（如 Bachmann、BoopathY、Orozco、Polprasert 和江南大学、天津大学、清华大学和苏州科技学院等已对其进行了较多的研究。编著者将不同类型的厌氧反应器的研究数据总结于表 2-5。表中列出了 ABR 处理工艺与升流式厌氧污泥床反应器（UASB）、厌氧生物滤池（AF）以及其他固定生物膜反应器（实验室规模和一些工业化处理设施）在处理不同高浓度有机废水时运行性能方面的比较数据。

表 2-5　ABR 反应器与其他反应器的性能比较

反应器类型	废水类型	反应器容积/L	容积 COD_{Cr} 负荷/[kg/（m^3·d）]	COD_{Cr} 去除率/%
AFBR*	制酒废水	—	5	72
AF	糖浆废水	—	18	29
UASB	木釜馏废水	10	16	86
UASB	屠宰废水	33	11	85
UASB	糖浆废水	85	23	77
ABR	制酒废水	6.3	3.5	91
ABR	糖浆废水	165	20	77

*厌氧流化床反应器。

由表 2-5 可以看出，ABR 反应器处理工艺能很有效地处理不同高浓度有机废水。例如，在处理糖浆废水时，AF 在处理 COD_{Cr} 容积负荷达 18kg/（m^3 • d）时，COD_{Cr} 的去除率仅为 29%；升流式厌氧污泥床反应器在处理 COD_{Cr} 负荷达 23kg/（m^3 •d）时，COD_{Cr} 的去除率达 77%；ABR 反应器在处理 COD_{Cr} 容积负荷达 20kg/（m^3 • d）时，COD_{Cr} 的去除率可达 77%。这说明 ABR 处理工艺的运行效能并不亚于 UASB 处理工艺，同时优于其他处理工艺。目前，通过对 ABR 反应器工艺运行过程中微生物的相分离特性的研究亦表明，由于折流板的作用，使进入 ABR 反应器不同隔室中的有机底物特性随水流方向发生明显的变化，其相应的环境要素使反应器不同隔室中生长的微生物满足其水质情况的变化（如水解菌、产酸菌和产甲烷菌），由此可有效地提高其处理效能。表 2-6 和 2-7 所列分别为 ABR 工艺处理不同高浓度有机废水和 ABR 反应器及其他反应器处理屠宰废水时的性能比较数据。

表 2-6 国外应用 ABR 反应器处理不同废水的研究运行数据

废水类型	反应器容积/L	隔室数	污泥质量浓度/（g/L）	进水 COD_{Cr}/（mg/L）	COD_{Cr} 容积负荷/[kg/（m^3 • d）]	COD_{Cr} 去除率/%	HRT/h	温度/℃
未稀释含藻水	9.8	5	—	6 000～36 000	0.4～2.4	—	360	35
经稀释含藻水	10	4	—	67 200～89 600	1.6	—	288～336	35
含烃-蛋白质废水	6.3～10.4	4～8	8.5～30	4 000～8 000	2.5～36	52～98	4.8～84	25～35
猪粪废水	15～20	2～3	—	5 000～6 000	1.8～4	62～75	360	35～37
城市污水	350	3	—	264～906	2.17	90	4.8～15	18～28
城市污水	394 000	8	—	315	0.85	70	10.3	15
屠宰废水	—	—	—	510～730	0.67～4.73	75～89	2.5～26	—
糖蜜废水	75～150	3	4.01	100 000～990 000	4.3～28	49～88	138～850	37
蔗糖废水	75	11	—	344～500	0.7～2	85～93	6～12	13～16
精馏废水	6.3	5	—	51 600	2.2～3.5	90	360	30

废水类型	反应器容积/L	隔室数	污泥质量浓度/（g/L）	进水 COD_{Cr}/（mg/L）	COD_{Cr} 容积负荷/[kg/（m^3·d）]	COD_{Cr} 去除率/%	HRT/h	温度/℃
制药废水	10	5	—	20 000	20	36～68	24	35
含酚废水	—	5	20～25	2 200～3 192	1.67～2.5	83～94	～24	21
葡萄糖废水	6	5	—	1 000～10 000	2～20	72～99	12	35

表 2-7　ABR 反应器与其他反应器处理屠宰废水的性能

反应器类型	反应器体积/L	COD_{Cr} 负荷/[g/（L·d）]	COD_{Cr} 去除率/%	COD_{Cr} 质量浓度/（mg/L）	温度/℃
UASB	30	6	91	1 500～2 200	20
UASB		10	87		30
UASB	21 000	2.7	77	930	25
UASB	33.5	7	55（85）	1 500～2 200	20
UASB		11	55（85）		30
流化床		3	70	1 250	—
厌氧接触床		2.6	86	25 830	—
厌氧填料床	32	2	85	800	25
ABR	5.16	0.9	89	450～550	25～30
ABR	—	4.7	75	—	25～30

注：括号里数字表示过滤后 COD_{Cr}。

2.4 ABR 工艺的应用研究

目前，国内外将 ABR 反应器应用于处理各种中、高浓度的有机废水的研究日趋增多，同时对不同水质条件下 ABR 反应器的运行效能及 ABR 反应器中污泥的特性（在不同隔室中的分布及颗粒污泥的形成机理等）的研究亦在不断深入之中。此外，对 ABR 反应器的工艺设计等也在进行深入研究之中。有关研究表明，ABR 反应器的 COD_{Cr} 容积负荷可达 10～30kg/（m^3·d），甚至更高，其 COD_{Cr} 去除率可达 70%～90%

2.4.1 高浓度有机废水处理的研究

2.4.1.1 屠宰废水的处理

屠宰废水是一种高浓度有机废水。Polpraert 等的研究表明，当采用容积为 5.16L、分三个隔室的 ABR 反应器处理经气浮处理后的屠宰废水（进水 COD_{Cr} 为 4 900～7 300mg/L，水力停留时间为 2.5～26.4h）时，经 ABR 一次厌氧处理可达到良好的效果。如当 COD_{Cr} 容积负荷为 0.67kg/（m^3 • d）时，COD_{Cr} 的去除率达 90%；COD_{Cr} 容积负荷为 4.73kg/（m^3 • d）时，COD_{Cr} 的平均去除率为 75%。ABR 反应器不同隔室中的 COD_{Cr} 浓度变化如图 2-11 所示。由图可见，当 COD_{Cr} 容积负荷在 0.87kg/（m^3 • d）时，污水中的有机物主要在第一隔室中得到去除，随 COD_{Cr} 容积负荷增大至 1.82～4.73kg/（m^3 • d）时，前两个隔室的 COD_{Cr} 去除率有所下降。与 UASB 反应器相比，ABR 工艺在低负荷条件下运行、污水在各隔室污泥层中的上升流速为 1～17cm/h 时，相当于 UASB 的水力负荷。而在高负荷条件下，水流的上升速度为 24cm/h 时，相当于厌氧膨胀床的上升速度。由于 ABR 反应器中的上升水流速度较之其他厌氧工艺大，因而反应器中污泥与废水之间的混合较好，同时使有机物的生物絮凝体的扩散速度加大，使污水中的有机物具有更好的降解条件，从而使 COD_{Cr} 容积负荷为 4.73kg/（m^3 •d）时的出水 COD_{Cr} 低于 COD_{Cr} 负荷为 2.14kg/（m^3 • d）时的出水 COD_{Cr}。

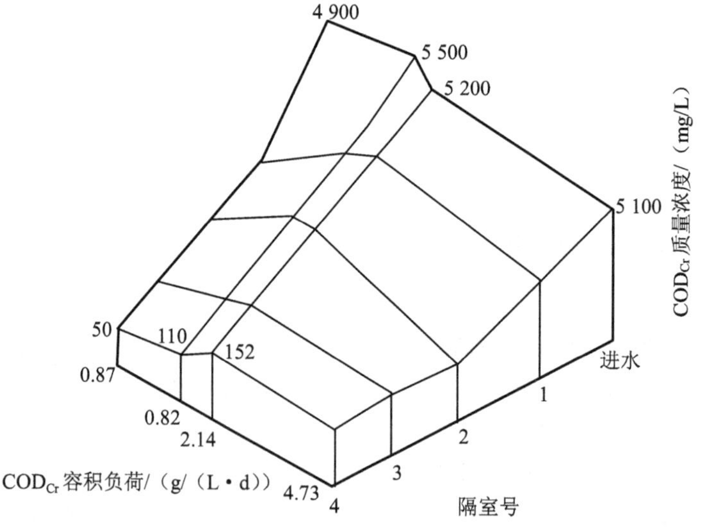

图 2-11 ABR 处理屠宰废水时不同负荷、不同隔室出水 COD_{Cr} 变化规律

ABR 工艺处理屠宰废水时所产生的气体中，CO_2 的体积分数为 20%～27%、CH_4 的体积分数为 70%～75%、氨的体积分数为 2%～4%，这与进水 COD_{Cr} 在 1 000mg/L 以下时的其他厌氧处理法所得结果是基本相似的。根据碳平衡计算，ABR 工艺处理屠宰废水时，可将 31%～55%的 COD_{Cr} 转化为甲烷。去除 1kgCOD_{Cr} 有 0.44～0.78kg 转化为甲烷，COD_{Cr}污泥活性（每单位 VSS 的甲烷形成速率）与 UASB 工艺相似，约为 0.066～0.293kg/（kg・d）。

2.4.1.2 制酒废水的处理

江南大学（原无锡轻工业学院）伦世仪教授等应用 ABR 反应器处理制酒废水取得了满意的结果。首先是 ABR 反应器对 SS 具有良好的去除能力和良好的耐受能力。对逐渐提高进水中 SS 质量浓度对 ABR 反应器运行情况的影响的研究表明，当进水中 SS 由 2 500mg/L 上升至 21 300mg/L 时，反应器出水中的 SS 在 40mg/L 以下，而 SS 的沉降去除率在 99%以上。研究还表明，运行过程中的污泥沉降性能要明显优于未接种污泥时反应器中污泥的沉降性能（如图 2-12 所示）。图 2-13 所示为 ABR 反应器中不同隔室中污泥的去除情况（反映了 ABR 反应器对 SS 的多级截留作用）。

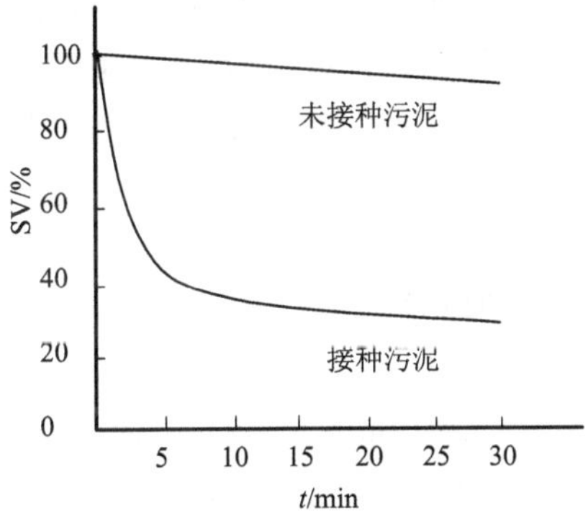

图 2-12 未接种污泥和接种污泥的 ABR 反应器中污泥的沉降性能

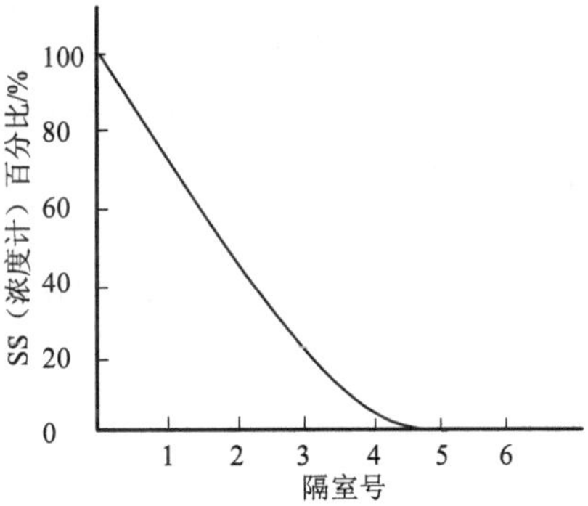

图 2-13 ABR 反应器中不同隔室对 SS 的去除效能

此外，通过对反应器中各隔室内污泥浓度及污泥 F_{420}（产甲烷菌所特有的、可以用来衡量污泥活性的微生物学指标）的分析测定表明，污泥浓度的变化呈随隔室而下降的趋势，而污泥的 F_{420} 则随隔室而提高（如图 2-14 所示）。也就是说，在第一个隔室内的污泥浓度虽然较高，但其中惰性成分占的比例较高而污泥的活性成分却较低，而位于后面的隔室中的污泥的浓度虽然较低但其活性成分比例却较高，在这些隔室中能形成活性较高的污泥床，这些高浓度、高活性的污泥对 SS

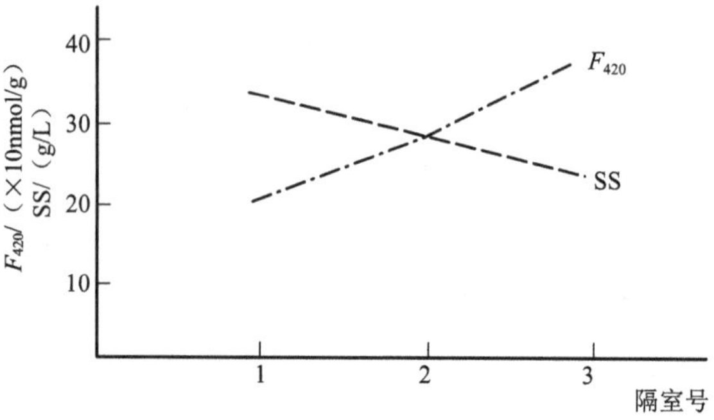

图 2-14 ABR 反应器各隔室中 SS 和 F_{420} 的变化

具有较强的分解能力。因而，对于 ABR 反应器的运行而言，应尽量考虑从前面的隔室中排除剩余污泥，而若过多地从后面的隔室中排除剩余污泥则将造成活性生物量的流失，对 SS 及 COD_{Cr} 的降解都是不利的。其次是 ABR 对 COD_{Cr} 具有良好的去除效能。研究表明，当反应器的水力停留时间为 7.7～14 h、COD_{Cr} 容积负荷为 58～110g/（L·d）时，COD_{Cr} 的去除率稳定在 84.9%～87.2%之间，通过物料衡算可知甲烷产率（CH_4，STP/进水 COD_{Cr}）为 0.28L/g 或为 0.3321L/g。反应器内 COD_{Cr} 的降解呈现出逐级降解的趋势，各隔室对 COD_{Cr} 的单独去除量随隔室而逐渐降低，而累积去除率在前面的 4 个隔室中占主要地位。后面的隔室虽然对 COD_{Cr} 去除的贡献较小，但对稳定出水水质仍具有重要的作用。表 2-8 列出了 ABR 反应器中各隔室对 COD_{Cr} 的去除效果情况。

表 2-8 ABR 各隔室中 COD_{Cr} 的去除

隔室号	COD_{Cr} 去除率/%			
	各隔室单独去除率	各隔室累计去除率	各隔室单独去除率占总去除率的百分数	各隔室实际去除率
1	35.2	35.2	39.5	35.2
2	27.6	62.8	31.0	42.6
3	17.0	79.8	19.1	45.5
4	4.2	84.0	4.7	20.5
5	2.5	86.5	2.8	15.4
6	2.6	89.1	2.9	18.8

注：1 平均进水 COD_{Cr}=300mg/L，HRT=8h；

2 各区单独、累积 COD_{Cr} 去除率是相对反应器总进水质量浓度而言，各区实际去除率是相对各区实际进水质量浓度而言。

浙江大学对 ABR 的研究亦表明，ABR 处理酒精废液时，对进水中 COD_{Cr} 的变化有很强的耐冲击能力。当进水 COD_{Cr} 在 13 400～89 000mg/L 之间变化时，出水 COD_{Cr} 基本保持稳定。如 COD_{Cr} 容积负荷在 17～29kg/（m^3·d）时，COD_{Cr} 的平均去除率可达 95.3%。同时表明了该反应器对 SS 的适应性和去除能力要比 AF 和 UASB 更好。

2.4.1.3 制糖废水的处理

Boopathy 等采用在改进后的 ABR（混合折流板厌氧反应器，HABR，如图 2-15 所示）对高浓度制糖废水进行了研究并将 HABR 投入实际应用。反应器由三个隔室和一个沉淀池组成。每个反应隔室的有效容积为 50L，包括沉淀池在内的总有效容积为 165L。在前两个隔室的顶部设置了一层 10cm 厚的塑料填料（Φ38mm 的鲍尔环，比表面积为 143m^2/m^3，孔隙率为 94%），在第三个隔室的上部设置了定型波纹板填料（比表面积为 200m^2/m^3，孔隙率为 98.5%），每个隔室分别设置集气室以分别测定产气量和产气成分。对该反应器的研究和实际运行结果表明，HABR 反应器可成功地在 COD_{Cr} 容积负荷为 20kg/(m^3·d)时处理高浓度的复杂糖浆废水，其 COD_{Cr} 去除率可达 77%以上，而且表现出很好的污泥截留性能。污泥的颗粒化速度快，因而此反应器的设计是适宜于微生物的积累和颗粒污泥的形成的。此外，反应器的日产气量可达反应器容积的 5 倍，其中甲烷含量在 75%以上。研究还表明，HABR 的运行与 UASB 一样，也经历了初期 COD_{Cr} 负荷阶段（1～4.33kg/（m^3·d）），COD_{Cr} 负荷提高阶段（10～15kg/（m^3·d））及高 COD_{Cr} 负荷运行阶段（20kg/（m^3·d））等三个启动和运行阶段。通过利用 165L 的小型 HABR 装置的中试研究，成功地将其应用于糖浆废水的实际处理中。

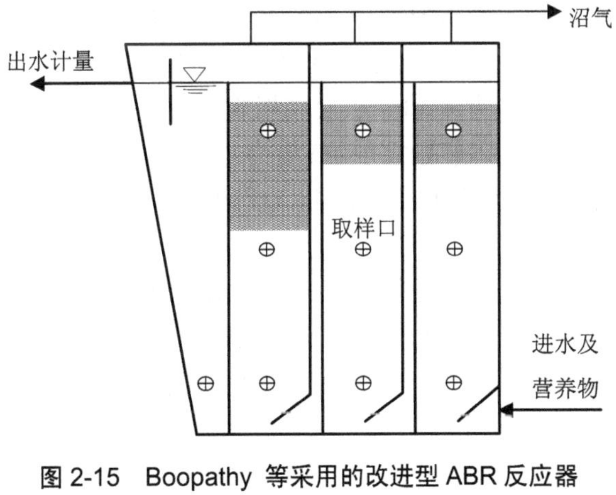

图 2-15　Boopathy 等采用的改进型 ABR 反应器

天津大学郭静等用人工合成的高浓度葡萄糖贮备液对ABR的处理效能进行了研究。研究中所采用的ABR反应器的容积为12.6L，在常温条件下进行研究。结果表明，当COD_{Cr}容积负荷达10.96kg/（m^3·d）、水力停留时间为12h时，COD_{Cr}的平均去除率为82.85%，高达86.67%。同时还表明，反应器内形成了具有良好沉降性能的颗粒污泥。ABR反应器经6周的接种启动运行期后，即有粒径为0.2～0.3mm的细小颗粒污泥出现，运行2个多月后在第一个隔室内出现粒径为2～3mm的颗粒污泥。正式运行期间，各隔室内的污泥SS质量浓度平均值达到79g/L，并在各隔室内出现较为明显的污泥床与污泥悬浮层之间的界面，而且后面的隔室更为清楚。研究过程中，ABR出水中的SS一般在100mg/L左右，最大值为300mg/L。根据Ramalho介绍的反应器内污泥停留时间（θ_c）的计算方法（反应器内SS的平均量除以出水中SS的日平均流失量），可估算出ABR的最小污泥停留时间为68d。

2.4.1.4 城市垃圾填埋场渗滤液的处理

垃圾填埋场渗滤液是一种高浓度有机废水，其水质成分复杂且随填埋场使用时间和季节而变化。使用5年以上的“中、老年”填埋场所产生的渗滤液，难生物降解有机物量多，可生化性差，其BOD_5/COD_{Cr}低达0.1～0.2。我国目前多将渗滤液与城市污水进行混合处理，因而为获得稳定而有效的处理效果，有必要对渗滤液的处理工艺做深入研究。著者采用如图2-8所示的ABR反应器对渗滤液与城市污水的混合废水进行了研究。其中将ABR反应器控制在水解酸化阶段，对其在改善和提高混合废水的可生化性作用进行了考察并获得了良好的效果。

研究所用垃圾渗滤液水样和城市污水分别取自苏州七子山垃圾填埋场和苏州城西污水处理厂。它们的水质情况如表2-9所列。ABR反应器由4个隔室组成，总有效容积为13.2L，第一隔室的容积为3.0L，其余隔室容积均为3.4L。反应器上流室和下流室的水平长度比为4∶1，折流挡板底部转角为45°。由蠕动泵（供水）在ABR的进水端均匀进水。研究期间的气温为18～27.5°C（反应器未进行温度控制）。ABR反应器的（HRT）为13.2～26.4h，反应器各上流室中的污泥质量浓度为10～15g/L。

图2-16所示为ABR反应器运行期间进、出水的BOD_5/COD_{Cr}变化。由图可见，混合废水经ABR处理后，其BOD_5/COD_{Cr}比明显提高。当进水BOD_5/COD_{Cr}较低时，效果更为显著。如进水为0.665时，出水达0.68，进水为0.2～0.3时，出水可提高至0.4～0.6。

表 2-9　渗滤液和城市污水水质

水质指标	质量浓度/（mg/L）	
	渗滤液	城市污水
COD_{Cr}	3 700～8 885	165～305
BOD_5	1 900～3 180	106～248
BOD_5/COD_{Cr}	0.25～0.358	0.61～0.81
NH_4^+—N	630～1 800	25～35
NO_3^-—N	1.25～3.34	—
NO_2^-—N	0.06～1.52	—
TP	7.1～7.7	6.4～12.3
SS	328～400	255～348
pH	7.4～8.5	7.1～8.5

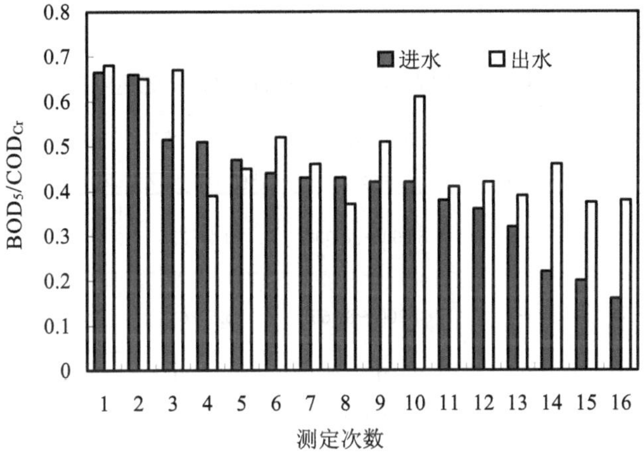

图 2-16　ABR 反应器进、出水 BOD_5/COD_{Cr} 的变化

BOD_5/COD_{Cr} 的提高反映了 ABR 反应器良好的水解酸化作用。研究表明，在不同的混合比及原渗滤液浓度和 HRT 时，ABR 反应器可获得不同程度的水解酸化作用。原渗滤液浓度和混合比较低时，产甲烷作用较弱，表观水解程度与实际水解程度接近；而当原渗滤液浓度和混合比较高时，甲烷发酵加强，表观水解酸化度与实际情况存在较大的差别。研究还发现，当原渗滤液浓度及混合比均较低时，水解酸化作用与 HRT 呈正相关（图 2-17，其中 ΔBOD_5 表示进出水浓度之差）。

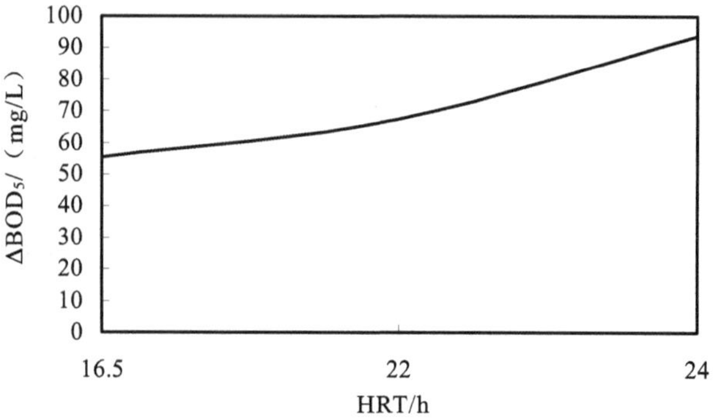

图 2-17　ABR 反应器 HRT 与水解酸化程度的关系

（渗滤液与城市污水体积比为 2∶8）

表 2-10 和表 2-11 分别列出了国内外有关 ABR 处理不同高浓度有机废水研究的运行数据。

表 2-10　ABR 处理高质量浓度有机废水的研究运行参数

废水类型	容积/L	隔室	污泥质量浓度/（g/L）	进水 COD_{Cr}/（mg/L）	容积负荷/[kg/（m^3·d）]	COD_{Cr} 去除率/%	HRT/h	温度/℃
原海藻浆水	9.8	5	—	6 000～36 000	0.4～2.4	—	360	35
稀释海藻浆水	10	4	—	67 200～89 600	5.6～6.4	—	288～336	35
A*	6.3	5	—	7 100～7 600	2～20	79～82		35
A	6.3	5	—	8 000	2.5～3.6	55～93	4.8～71	35
稀释养猪废水	20	—	—	＜5 000	1.8	75	60	30
糖蜜废水	150	3	5.3	5 000～10 000	5.5	98		37
蔗糖废水	75	11	—	344～500	0.7～2	85～93	6～12	13～16
酿酒废水	6.3	5	—	51 600	2.2～3.5	90	360	30
A	10	8	—	4 000	1.2～4.8	99	20	35
A	7.8～10.4	4～8	30	4 000	1.2～4.8	95	20～80	35
养猪场粪便	15	2-3	—	58 500	4	62～69	360	35
A	10	4～8	0～8.5	4 000	—	—	1～80	35
糖蜜废水	150	3	4.11 和 7.21	115 771～990 000	20	＞70	～140	37
A	10	8	18	4 000	1.2～4.8	98.93	29.80	35

废水类型	容积/L	隔室	污泥质量浓度/（g/L）	进水 COD_{Cr}/（mg/L）	容积负荷/[kg/（m^3·d）]	COD_{Cr}去除率/%	HRT/h	温度/℃
制药废水	10	5		20 000	20	36～68	24	35
含酚废水	—	5	20～25	2 200	3 192	1.67～2.5	83～94	24
葡萄糖废水	6	5	—	1 000～10 000	2～20	72～99	12	35
A	10	8	18	1 000～4 000	1.2～4.8	98	20～80	35
A	10	8	18	4 000	4.8～9.6	90～98	20	35

* A——碳水化合物/蛋白质废水。

表 2-11　不同研究所得到的 ABR 反应器的甲烷产率系数

废水类型	OLR/[kg/（m^3·d）]	甲烷产率/[m^3/（kg·d）]
养猪粪便	4～8	0.76～1.28
养猪粪便	1.8	0.27
碳水化合物-蛋白质	4.8	0.11
碳水化合物-蛋白质	4.8	0.22
海藻浆	2.4	0.35
糖蜜废水	20	1.25
豆制品废水	7.56	9.41*
苯酚废水	1.67～2.5	0.26～0.34
屠宰废水	1.82～4.73	0.13～0.18

*单位为 m^3/（m^3·d）。

表 2-12　低质量浓度废水的运行参数

废水	HRT/h	COD/（mg/L）		COD 去除率/%	OLR/[kg/（m^3·d）]	气体每大的体积分数/%
		进水	出水			
洗涤水	84	438	109	75	0.13	0.025
洗涤水	48	492	143	71	0.25	0.05
洗涤水 [a]	84	445	72	84	0.13	0.025
蔗糖废水 [b]	6.8	473	74	74	1.67	0.49
蔗糖废水 [b]	8	473	66	86	1.42	0.43
蔗糖废水 [b]	11	441	33	93	0.96	0.31
屠宰废水	26.4	730	80	89	0.67	0.72
屠宰废水	7.2	550	110	80	1.82	0.33
屠宰废水	2.5	510	130	75	4.73	0.43

注：a 温度为 25℃；b 温度低于 16℃。

2.4.2 低质量浓度有机废水的处理

近几年来，应用 ABR 工艺处理低质量浓度废水的研究日趋增多，国内亦已有一定研究报道。

表 2-12 所列数据为国外采用 ABR 处理低质量浓度废水的研究结果。根据 Monod 酶促反应动力学理论，由于厌氧微生物生长速度较慢，因而厌氧生物处理工艺大多仅应用于高质量浓度有机废水的处理，因为低质量浓度废水中有机底物质量浓度较低，不利于在微生物与底物之间形成较大的传质推动力，生物活性会大大降低，因而处理效果往往并不理想。应用 ABR 处理低质量浓度废水的研究表明，反应器中的优势甲烷菌为发酵甲烷细菌（如甲烷螺旋菌）。Hassouna 和 Stuckey 未发表的研究表明，处理低质量浓度牛奶废水的 ABR 中，在整个反应器池长方向上均以产酸菌为优势菌群。这表明该反应器用于处理低质量浓度废水时，无明显的生物菌群选择性分布。在低质量浓度废水的处理过程中，由于产气率较低，ABR 反应器内的混合程度较低，由此而导致的生物体的流失量极少，因而可采用较短 HRT。Orozco 的研究表明，随 HRT 的增加，反应器的产气量减少，这是在 HRT 较长的情况下所造成的 ABR 反应器后部反应隔室中污泥底物不足、微生物处于饥饿状态造成的。与此相反，当 HRT 较短时，由于反应器隔室内的水力紊动程度加剧，可显著降低 K_s 值，从而增强处理效果。

有研究发现，在低负荷和长 HRT 条件下利用 ABR 处理经稀释的低质量浓度合成灰水（不包括卫生间废水的生活污水）时，其对 COD_{Cr}的去除率有较大的波动。其原因在于因反应器的水力负荷低、反应器中的污泥经长时间的沉淀（因产气少和隔室内水流上升速度低所致），污泥床紧密且其中活性部分（VSS）较低（最低达 3 000mg/L），由此而产生沟流现象，导致泥水接触均匀性的大大降低，致使产气量下降（导致混合程度降低），并进一步导致上述恶性循环，甚至严重影响处理效果。因而，利用 ABR 处理低浓度废水时，应注意采用短 HRT 的运行方式启动反应器，并尽可能地提高反应器各隔室中的污泥浓度，利于泥水的均匀接触。笔者利用 4 隔室和 6 隔室的 ABR 分别处理高、低浓度葡萄糖废水和垃圾渗滤液与城市污水的混合废水的研究表明，HRT 较短时，可利用水力紊动作用改进污泥与进水的混合，从而有利于隔室内微生物处于同一的环境条件下对进水基质起到降解作用。但 HRT 不宜过短，过短的 HRT 也易造成沟流现象，不仅影响处理效果，而且将使污泥流失。因而，对处理低浓度废水时 ABR 反应器内上流隔室中的水流上升速度的控制是较为重要的，且其重要程度要高于高浓度废水处理的情形。

2.4.3 特殊废水的处理

2.4.3.1 低温废水的处理

目前对 ABR 的研究大多是在中温条件下进行的，但为数不多的在低温或常温条件下的研究表明，ABR 反应器作为一种 SMPA 工艺，具有在低温和常温下获得有效处理的优势。Van Lier 等对多级 UASB 工艺（实际上，ABR 是一种将多个 UASB 集于一个反应器、构造比 UASB 更为简单的多级 UASB—MUASB）和完全混合反应器（CSTR）在不同温度运行的比较研究表明，阶段反应器在运行上有着明显的优势。表 2-13 所列为 Nachaiyasit 和 Stuckey 的研究结果。

表 2-13　ABR 处理低温废水的效果

温度/℃	进水 COD_{Cr}/（mg/L）	反应器容积/L	COD_{Cr} 去除率/%	每天产气率/%	相对反应速率*
35	4 000	10	96	2.87	1
25	4 000	10	93～97	2.36	0.676
15	4 000	10	75～87	1.74	0.391
13～16	500	75	84～92	0.31～0.50	0.391

*相对反应速率是指相对于 35℃时的速率。

根据范霍夫定律可知，在一定范围内，温度每增加 10℃，生化反应的速度便增加一倍。但 Nachaiyasit 的研究则表明（表 2-13），当 ABR 反应器的温度从 35℃下降到 25℃时，COD_{Cr} 的总去除率仅在头两周内有所下降，但此后即很快恢复，并达到了原有处理效果且运行稳定。所不同的是，温度较低时，ABR 反应器前端隔室中微生物因 K_s 值的增高使得其代谢速率降低，并使产酸过程向反应器的后部转移，而就整个反应器而言，前面隔室的产酸作用使产气中的氢含量增高，后面隔室产气的氢含量快速下降，从而可防止后面隔室 pH 的过度下降；同时由于酸类向后面隔室的转移，使得后面隔室中微生物所接触的底物量增加，甲烷菌生长速率提高，产气量增加，从而保证其总体的 COD_{Cr} 去除效率。研究还表明，当温度进一步降至 15℃后，发现一个月后总去除率下降了 20%，但与 CSTR 反应器相比，沿 ABR 各隔室中的仍表现出不同的处理和反应特性的变化，这对其运行稳定性起到了良好的促进作用，表明 ABR 比其他反应器具有更强的抗冲击负荷能力。研究表明，随温度的下降，处理出水 COD_{Cr} 中 VFA 的含量大大下降。如 15℃时，VFA 占约 COD_{Cr} 的 1/3，而 25℃时则却约为 2/3。其主要原因是在低温下微生物的代谢速率下降，使 VFA 的半饱和常数 K_s 增大，同时可溶性细胞代谢产物（SMPs）

增加所致。Nachaiyasit 的研究尚没有考虑温度对离子平衡的影响，而在较高温下，微生物对某些物质的毒性具有更强抵抗力。对此，有待开展深入的研究。

2.4.3.2 高 SS 浓度废水的处理

高 SS 浓度废水是指形态上介于固体废弃物和液体之间的流动或半流动的废水（如养猪场废水等）。处理这类废水的传统工艺是 CSTR 反应器，目前也有将 UASB 用于此类废水的研究，但当废水的 COD_{Cr}/SS 低于 0.5 时，则不仅将影响颗粒污泥的形成而影响处理效果，还将造成反应器的堵塞。与此相比，由于废水中的高 SS 主要截留在前端隔室，并不影响后面隔室的处理，因而 ABR 比 UASB 具有对进水中 SS 更强的适应性。

ABR 反应器最早由 Chynoweth 等用于从海藻浆液（一种粉碎性固体含量高达 15%的极高 SS 浓度的液体）提取能源而加以应用的。1991 年 Boopathy 等开展了应用两隔室和三隔室 HABR 处理高浓度养猪废水（其固体含量达 51.7g/L）的研究。当 COD_{Cr} 容积负荷为 4kg/（m^3 • d）及水力停留时间为 15d、泥龄为 20d 时，两隔室和三隔室反应器的 COD_{Cr} 去除率分别为 70%和 80%，SS 的去除率分别为 60%和 74%。研究发现，固体中的蛋白质部分仍大量留在反应器里，而植物纤维和动物纤维的含量却大大降低。

2.4.3.3 含硫化物废水的处理

废水中硫酸盐（SO_4^{2-}）对厌氧处理的影响已有较多研究。由于 ABR 反应器在构造上以及由此而引起的微生物种群在不同隔室中的分布特性，使其比其他厌氧工艺具有对含硫废水处理更强的适应性。由于 SO_4^{2-} 在厌氧条件下被还原为硫化物，而在微氧环境中被转化为单质硫。据此，Fox 等应用厌氧（ABR）—好氧工艺对 COD_{Cr} 进水质量浓度高达 20 000mg/L 的含硫［$m(COD_{Cr})$：$m(SO_4^{2-})$=8：1］制药废水进行了研究。研究表明，当 HRT=1d 且运行稳定时，COD_{Cr} 去除率为 50%，SO_4^{2-} 的去除率可达 95%，且 SO_4^{2-} 在第一隔室中几乎被完全转变成硫化物，沿池长方向硫化物含量逐步增加而 H_2S 含量降低，从而利于甲烷化作用。但当将进水 COD_{Cr} 质量浓度从 20 000mg/L 提高至 80 000mg/L 而保持 $m(COD_{Cr})$：$m(SO_4^{2-})$ 不变并持续 100d 后，最终出水中总硫浓度达 200mg/L，产生了抑制作用，使 COD_{Cr} 去除率下降了 20%，出水中 VFA 质量浓度增至 4 500mg/L（占出水 COD_{Cr} 的 35%）。出水中 VFA 的主要成分为乙酸，这表明产甲烷菌受了抑制，同时表明缺少分解乙酸的硫细菌。通过将出水回流（回流比为 10）后，出水中总硫下降到 75mg/L（调整 pH 后为 30mg/L），COD_{Cr} 去除率提高到 50%，在一定程度上缓解了对产甲烷菌的抑制。

2.4.4 ABR 反应器运行特性的研究

2.4.4.1 出水回流对 ABR 工艺运行的影响

将反应器出水进行回流是提高反应器水力负荷（隔室内水流上升速度）的常用方法，可以解决反应器池首因产生较多挥发酸引起的 pH 降低给后续隔室所带来的问题，并可在处理某些含高蛋白质废水时抑制丝状菌的生长，还可稀释进水中的有毒有害物质，降低进水的底物的浓度，以提高处理效果。有研究表明，当回流比达 20%时，可使甲烷产量比无回流时增加 30%。但另有研究则表明，不仅应对回流比加以适当的控制，而且最好不进行回流。表 2-14 所列为不同回流比对 ABR 处理效果的影响。

表 2-14　不同的出水回流对 ABR 反应器处理效果的影响

回流比/%	容积/L	进水 COD_{Cr}/(mg/L)	容积负荷/（kg/(m^3 • d)）	COD_{Cr} 去除率/%
0	13	8 000	2.70	93
0.1	10	4 000	4.80	98
0.25	10	4 000	4.81	97
0.5	10	4 000	4.87	97
1	10	4 000	4.94	97
2	10	4 000	5.18	96
3	13	8 000	3.42	91
5	13	8 000	5.76	77
6	13	8 000	6.83	75
9.6	13	8 000	11.01	68
11.7	13	8 000	16.92	55
13.8	13	8 000	17.62	60

由表 2-14 可见，由于回流，不仅 COD_{Cr} 去除率下降，而且回流比越高，下降幅度越大。其原因在于：①不适当的回流将加剧反应器的混合程度并因此而使固体流失，影响反应器内水力条件，增加死区容积。Nachaiyasit 的研究表明，当回流比增加到 2 时，死区容积可高达 40%，而回流比达 4 时，导致了突发性的严重的污泥流失问题；②出水回流将使反应器恢复到单相状态，破坏产酸菌和产甲烷菌各自的良好运行环境及其相互协同作用功能，因此而失去 ABR 所特有的在一个反应器内实现产酸和产甲烷相分离的优点。Bachmann 等的研究发现，由于回流而使甲烷菌的活性在整个反应器内的分布趋于均匀，并由于回流而使位于反应器后端隔室中的诸如 *Methanosaeta* 等产甲烷菌进入含有高基质浓度、高 H_2 分压及低 pH

的酸性不利环境条件及产酸菌同时向基质浓度较低而得不到足够底物的反应器末端隔室的转移而影响处理效果。Nachaiyasit 等的研究也发现，增加回流比将使产气量和气体中甲烷的含量沿反应器各隔室而下降。目前，有关出水回流对 ABR 反应器效能的影响尚无定论，是否采用回流要视所处理的废水水质而定。如果原水 pH 过低或酸化作用过烈、原水含有高浓度的有毒物质或运行需要在高负荷下进行，则可考虑回流。表 2-15 列出了 ABR 反应器出水回流的优缺点。由表 2-15 可知，对出水回流应持以谨慎的态度，因而不到万不得已则尽量不要进行回流。

表 2-15　ABR 反应器出水回流的优缺点

优　点	缺　点
（1）提高反应器前端的 pH； （2）可降低进水有毒的浓度、削弱基质对微生物的抑制作用； （3）提高反应器的运行负荷、改善基质与生物体的混合接触	（1）降低反应器的整体处理效果； （2）增加生物体的流失； （3）增加水力死区； （4）破坏生物相的分离，影响不同微生物种群功能的有效发挥

2.4.4.2 生物种群分布特征

ABR 的特殊结构可使不同种群的厌氧微生物在不同的隔室内生长，并使其呈现出良好的种群分布，实现处理功能的协调配合，利于稳定运行。反应器内微生物的种类决定于底物、pH 及温度等条件，不同的隔室中生长适应流入该隔室废水水质的优势微生物种群。例如，在位于反应器前端的隔室中，主要以水解和产酸菌为主（Nachaiyasit 等的研究表明，在 ABR 的第一个隔室中以产丁酸菌为主），而在较后的隔室中则以适宜在较高 pH（6.5～8.5）条件下生长的甲烷菌为主。其中随隔室的推移，由甲烷八叠球菌为优势种群逐渐向甲烷丝菌属、异养甲烷菌和脱硫弧菌属等转变。这种微生物种群的逐室变化，使优势种群得以良好地生长，并使废水中污染物得到逐级转化并在各司其职的微生物种群作用下使有机物得到稳定的降解。表 2-16 列出了不同研究者在 ABR 反应器中观察到的不同微生物种群及其分布情况。由表可见，ABR 反应器中不同隔室内存在着不同的优势微生物种群，而且沿反应器的长度（水流程方向）污泥的活性（即微生物的生长速度）逐步下降，这种趋势与有机底物在反应器中的逐步转化和降解过程相一致。有关研究表明，底物浓度较高时，甲烷八叠球菌的生长速度比甲烷丝菌属快一倍；而在低底物浓度时，情形则相反。沈耀良教授采用容积为 15L、6 个隔室的 ABR 反应器处理高浓度人工葡萄糖废水时对各隔室中微生物种群进行的镜检结果如表 2-17 所列。

表 2-16　ABR 中观察到的微生物种群

废水类型	观察结果	研究者
蔗糖废水	污泥中活性产甲烷菌的含量由前端至末端逐步降低	Bachmann 等，1985；Orozco，1988
糖蜜废水	在反应器前端甲烷八叠球菌占优势，而在反应器的后端则甲烷丝菌属占优势	Boopathy&Tilche，1991，1992；Tilche&Yang，1987；Garuti 等，1992
糖蜜废水	观察到类似于 *Methanobrevibacter*，产甲烷球菌属和脱硫弧菌属的细菌	Boopathy&Tilche，1992
糖蜜废水	几乎所有活性生物体（活性＞85%）集中在位于反应器高度 1/3 以内的高浓度区，第一隔室底部污泥的活性最高（活性达 92%）	Xing 等，1991
糖蜜废水	反应器前端的颗粒污泥主要由甲烷八叠球菌和甲烷杆菌组成，而末端则主要由甲烷丝菌属组成	Tilche&Yang，1987
蔗糖-胨废水	发现颗粒污泥含有丙酸杆菌属、*Syntrophobacter*，*Methanobrevibacter* 菌属的细菌，并还发现有甲烷丝菌属和 *Syntrophomonas* 菌属	Grobicki，1989
屠宰废水	以 *Methanosaeta* 为主，同时含有部分球菌，未观察到甲烷八叠球菌属	Polprasert 等，1992
含酚废水	观察到被单杆细菌包裹的含有气孔且形状不规则的颗粒污泥，未观察到优势菌种	Holt 等，1997
糖蜜和蔗糖废水	反应室前端存在多种细菌	Boopathy&Tilche，1991；Barber&Stuckey，1997
渗滤液与城市污水	前端甲烷八叠球菌占优势，后端甲烷丝菌属占优势	沈耀良等，1999
淀粉制品废水	污泥中活性产甲烷菌的含量由前端至末端逐步降低，第一隔室颗粒污泥表面有大量碳水化合物，内部多杆菌；产甲烷菌呈现出由球菌向丝状菌过渡的趋势	沈耀良等，2001

表 2-17　ABR 反应器中各隔室内微生物种群的分布与 COD_{Cr} 去除率

指标	隔室号					
	1	2	3	4	5	6
微生物种群	多有丝状体及杆菌属	少量八叠球菌及丝状体	大量八叠球菌及多叠球菌	八叠球菌及多叠球菌	较多八叠球菌及丝状菌	少量球菌及丝状菌
COD_{Cr} 去除率/%	4	24	62.4	88.8	97.6	97.6
出水 COD_{Cr} 质量浓度/ (mg/L) *	4664.6	3692.8	1827.0	544.2	116.6	116.4

*（1）原水 COD_{Cr} 质量浓度为 4 860 mg/L；（2）HRT=24h。

Tilche 和 Yang 等人分别用中试规模的 HABR 和 AF 处理蜜糖废水的研究表明，ABR 反应器中，池首微生物种群以甲烷八叠球菌为主，而后则以甲烷丝菌属为主，在 AF 中则以甲烷丝菌属为优势菌群，其原因在于 ABR 进水中乙酸浓度高达 1 000mg/L，此值与甲烷八叠球菌的表观 K_s 接近，故而利于其生长，而 AF 反应器中的乙酸浓度仅为其 1/10，故甲烷丝菌属具有生长动力学的优势并成为 AF 的优势菌群。研究还发现，ABR 的前端有甲烷杆菌存在，而且尽管第一隔室中的 VSS 仅占总量的 10%，但 70%的产气来自该室。Bachmann 在进行厌氧反应毒性机理研究时发现，利用乙酸的甲烷细菌中的活性部分占总 VSS 的 1.8%～5.7%，反应器前端的活性成分最高而反应器末端最低。Orozco 在低温下（13～16℃）对 11 隔室的敞口 ABR 处理 COD_{Cr} 为 500mg/L 的蔗糖废水的研究表明，前 7 个隔室的污泥活性（COD_{Cr}-CH_4）为 1.43g /m^3，而后 7 室仅为 0.72 g/m^3。

Xing 等人通过 ATP 分析测定了 ABR 反应器中大部分活性细菌的相对组分。他们从 ABR 反应器（COD_{Cr} 容积负荷为 20kg/（m^3 • d)、容积为 150L、处理糖蜜废水）的各隔室上、中、底部分别取样分析的结果显示，各隔室底部的活性组分占 85%以上，而第一隔室达 92%。此结果与处理屠宰废水时的情形相反。其原因可能是进水中底物或反应器前端的中间产物的不同。研究发现，在高活性的反应室前端，乙酸的浓度相对较高，因而给甲烷八叠球菌提供了最有利的生存条件，这种细菌在 pH 降至 6 时仍能快速有效增殖。甲烷的另一个来源是来自利用氢的细菌，如甲烷杆菌和甲烷丝菌属，它们在氢浓度高时被激活，这样总体上就表现为很高的甲烷菌活性。与此相反，反应器前端乙酸含量较低时，甲烷丝菌属将成为优势菌种。但与甲烷八叠球菌相比，这类细菌不仅生长速度要慢得多，并且对环境条件也敏感得多，如低 pH 时不利生长。这样就会使产酸菌过量繁殖而削弱产甲烷作用。

Hassouna 和 Stucky 对八个隔室的 ABR 反应器中产酸菌活性沿池长变化的研究表明，以葡萄糖为底物时，能很快地在数小时内在前面的几个隔室内被有效地转化为 VFA，而此后的各隔室几乎无降解效果。笔者在应用 ABR 处理以葡萄糖为底物的人工配水时的启动阶段研究结果也得到了同样的结果（如图 2-18 所示）。

2.4.4.3 污泥颗粒化及粒径分布

ABR 工艺与 UASB 不同，形成颗粒污泥并非其获得最佳运行效果的必要条件，但仍有不少研究发现 ABR 中有颗粒污泥存在。Boopathy 等在以 0.97kg/（kg • d）的初始（COD_{Cr}/VSS）负荷启动 ABR 并保持上升流速低于 0.46m/h 以促进絮状

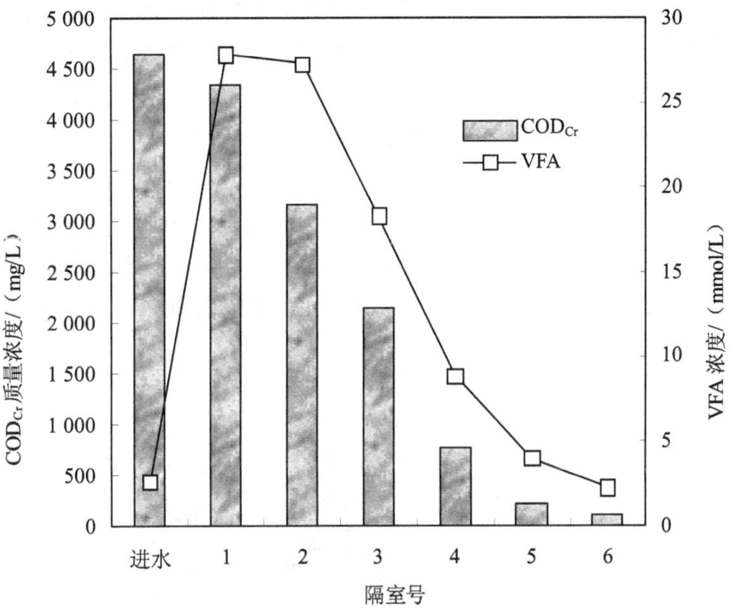

图 2-18　ABR 反应器中各隔室中 COD_{Cr}和 VFA 的变化

体的形成的研究过程中发现，1 个月后，每一反应隔室都出现了粒径为 0.5mm 的稳定的颗粒污泥，3 个月后颗粒污泥长大至 3.5mm 左右。镜检发现颗粒由分解乙酸的甲烷菌组成，颗粒污泥有两种明显不同的类型。一类外观呈白色，其主要成分为具有长菌丝体的丝状菌；二类外观呈深绿色，主要由金属硫化物的沉积而形成，其主要成分同样是丝状菌，但结构要比前一类紧密得多，形状类似于所谓的棒状颗粒。沈耀良等的研究亦表明，ABR 启动 4 周可达到稳定运行，6 周左右出现沉淀性能良好的颗粒污泥。采用 6 个隔室的 ABR 处理高浓度葡萄糖人工配水的研究发现，反应器经启动运行 1 个月后，在第二和第三隔室中即观测到有粒径为 0.3～0.5mm、最大达 4mm 的颗粒污泥。其中第二隔室中多棒状颗粒污泥，而第三隔室中则多为椭球状。表 2-18 列出了反应器各隔室中颗粒污泥的粒径分布情况。

表 2-18　ABR 反应器中颗粒污泥的粒径　　单位：mm

隔室号	1	2	3	4	5	6
OLR（COD_{Cr}）≤5kg/（m^3·d）	0.3（2）5	0.2（1.5）3	0.2（1）3	0.2（0.7）2	0.1（0.5）1.5	0.1（0.4）1.3
OLR（COD_{Cr}）＞5kg/（m^3·d）	0.5（3）5	0.5（3）5	0.2（2）4	0.2（1.5）3	0.2（0.75）2	0.1（0.6）1.5

注：表中数字的意义：最小粒径（平均粒径）最大粒径。

Tilche 和 Yang 也发现了甲烷八叠球菌和类似于甲烷丝菌属的丝状菌颗粒污泥絮体。颗粒污泥的粒径与底物种类有关。当处理蜜糖酿造废水时，整个反应器内颗粒污泥的粒径及数量大致相同。但将底物改成蜜糖原液两周后（COD_{Cr}浓度上升了10 倍），颗粒污泥粒径沿反应器的长度方向逐步减少。此外，第一隔室中的污泥数量显著增加。Orozco 在用 ABR 处理稀释后的碳水化合物也发现了类似的结果，颗粒污泥粒径从第一隔室的 5.4mm 下降到最后一隔室的 1.5mm。此外发现，在反应器中部的颗粒污泥总体粒径较大、数量最多。前、中和末端的典型颗粒污泥粒径分别为 100、230、175μm。较多研究表明，ABR 反应器中的颗粒污泥呈现出如图 2-19 所示的变化规律。

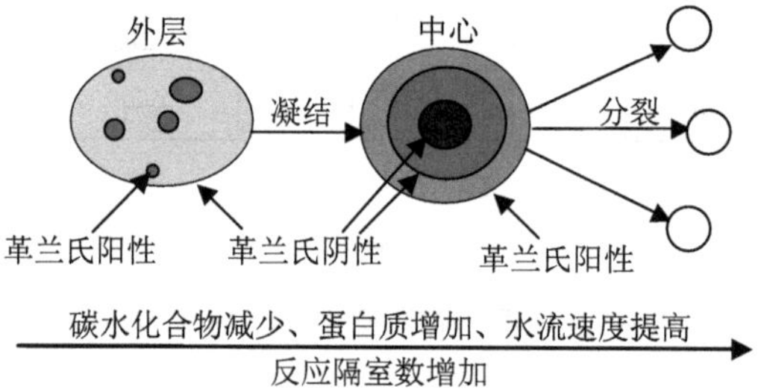

图 2-19　ABR 中颗粒污泥的结构变化

Boopathy 等人采用如图 2-15 所示的 HABR 反应器对该工艺在处理高浓度强酸性糖浆废水过程中污泥的颗粒化进行了深入的研究。对 ABR 反应器中的污泥成分的分析监测（镜检）表明，不同隔室中的微生物种类是不同的，第一个隔室中所发现的甲烷菌主要是 *Methanosarcina* sp.菌属，而在其余隔室中的甲烷菌主要是 *Methanothrix* sp.菌属。研究过程中，HABR 反应器的初始 COD_{Cr} 负荷为 0.97kg/（m^3 • d），经过 4 个多月的运行后，将 COD_{Cr} 负荷提高到 28kg/（m^3 • d）（其中前 50d 内的 COD_{Cr} 负荷为 4.33kg/（m^3 • d）），51～78d 内的 COD_{Cr} 负荷为 12.25kg/（m^3 • d），78～103d 内的 COD_{Cr} 负荷为 20.0kg/(m^3 •d)，104～125d 内的 COD_{Cr} 负荷为 28.0kg/(m^3 •d)。在反应器运行的第 30d 左右已观察到颗粒污泥的形成，颗粒污泥的平均粒径约为 0.5mm，外观呈灰白色，并几乎均匀分布在整个反应器中，但在第一个隔室中颗粒污泥处于污泥床的上部，而在第二和第三个隔室中颗粒污泥则位于下部。同时发现，颗粒污泥的尺寸随运行而逐渐增大，到第 90d 时，反应器底部的颗粒污泥粒径达 3～3.5mm。镜检表明，颗粒污泥有两种明显不同的类型。第一类外观呈灰白色，其主要成分为具有长菌丝体的丝状菌，结构较为松散。第二类外观呈深绿色，主要由金属硫化物的沉积而形成，其主要成分同样是丝状菌，结构要比前一类紧密得多，形状类似于所谓的棒状颗粒。除这些颗粒污泥外，还观察到一些在颜色和紧密度方面介于上述两者之间的颗粒污泥。此外，不同隔室中颗粒污泥中的主要微生物种属是有差别的。第一个隔室中主要是甲烷八叠球菌属（*Methanosarcina* sp.），它们被类似于甲烷丝菌属（*Methanothrix* sp.）的丝状菌所包裹。第二隔室中主要是由类似于 *Methanococcus* 菌属、*Methanobrevibacter* 菌属和类似于 *Desulfovibrio* 菌属的硫酸还原菌的混合菌群组成。这些菌属在第一隔室中仅占少数。

沈耀良教授等对 ABR 反应器处理高、低浓度废水时污泥的颗粒化及其微生态特性进行了研究。研究表明，反应器各隔室中颗粒污泥的结构特征随进水负荷的变化而变化。高 COD_{Cr} 负荷条件下（OLR＞5kg/（m^3·d）），反应器前端隔室处于产酸阶段，其颗粒污泥结构较松散、并因大量吸附进水中的 SS 及有机基质，其表面粗糙不规则且呈白色或浅灰色，并有显著的基质积累（图 2-20），中间隔室处于产甲烷阶段的旺期，其颗粒污泥因强烈的产气混合作用其外观结构紧密、表面光滑规则，颜色为灰黑色及黑色（图 2-21），后端隔室的颗粒污泥则为深黑色，且结构较松散，已经处于或即将发生颗粒的解体。因而长期在低 OLR 条件下运行不利于污泥颗粒化或可使污泥因“饥饿”而粒径减小甚至解体。同时可发现，颗粒污泥是由许多粒径更细小的细颗粒通过大量的丝状体（菌）的自身固定化而形成的（如图 2-22 所示）。在低 COD_{Cr} 负荷条件下（OLR≤5kg/（m^3·d）），ABR 反应器中颗粒污泥均为黑色，但第一隔室颗粒污泥粒径明显较其他隔室大，形状较规则，有球形、杆形、米粒形等（图 2-23）。此外，位于前端隔室的颗粒污泥表面多有多聚物及微丝，而位于后段隔室的颗粒污泥表面则多有丝状网络，这些微丝或丝状网络是污泥颗粒化并保持其颗粒状的重要结构。颗粒污泥表面有丰富的通向颗粒内核、起传输基质和产物作用的通道，在前段和后段隔室的这些通道中，分别生长丝状菌和球菌。

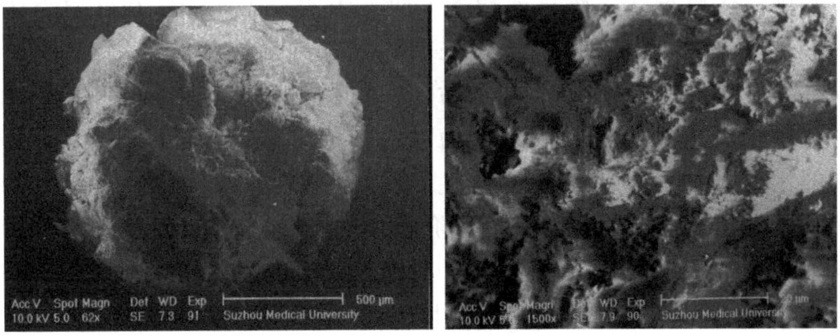

图 2-20　高负荷条件下前端产酸隔室中的颗粒污泥（SEM 照片）

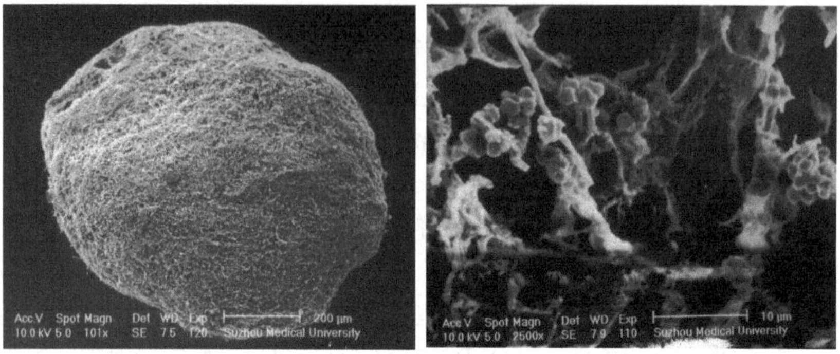

图 2-21 高负荷条件下产甲烷隔室中的颗粒污泥（SEM 照片）

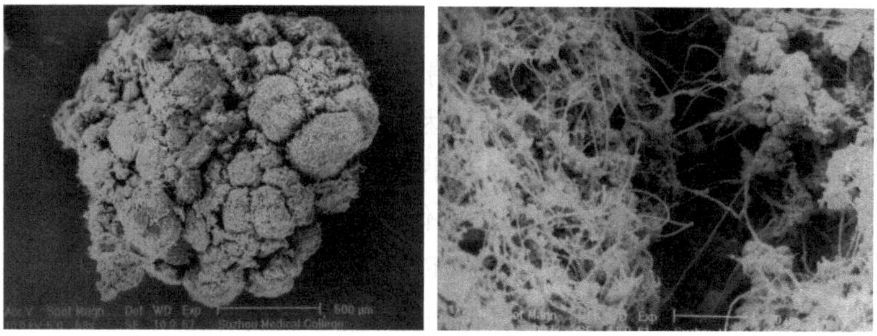

图 2-22 低负荷条件下隔室中颗粒污泥的外观特征（SEM 照片）

污泥颗粒化是高效厌氧处理工艺的技术关键之一，颗粒污泥的形成使得水力停留时间（HRT）与固体停留时间（SRT）分离，从而为反应器截留大量的生物量及反应的稳定高效运行创造了条件。

对污泥颗粒化机理（沈耀良教授等）研究表明，污泥的颗粒化有五个阶段：第一为核心体形成阶段。在此阶段，主要通过水力筛选及产气气泡在上升过程中对絮凝性污泥床的切割作用，去除污泥中质轻体微的成分，并初步形成作为污泥颗粒化核心的大比重颗粒；第二为微粒形成阶段。在此阶段，污泥床中具有絮凝性的污泥絮体在适当的上升速度下逐步在核心体表面附着，形成颗粒污泥雏形——微颗粒；第三为微颗粒固定阶段。在此阶段，微颗粒依靠在前期低负荷下生长的大量丝状体（菌）的缠绕，相互结合而形成大尺寸颗粒状污泥，因而颗粒污泥并非仅有一个核心体，而由一个主核心和多个次核心组成（如图 2-23 所示）。此时适当提高进水有机负荷（OLR）可加速颗粒化的进程；但此阶段所形成的颗粒状污泥结构尚较松散，抵御水流或气泡的剪切作用的能力较弱，因而宜以在维持必要的进水 OLR 的前提下，适当调整 HRT 及相应的进水浓度；

第四为颗粒污泥形成阶段。此时随着颗粒尺寸的增大，其对颗粒外部的水力和产气气泡切割的能力增强，颗粒内部形成良好的厌氧微生物生长平稳环境，除其他功能菌（如球菌、杆菌等）在内部生长或通过传质在颗粒表面不断附着固定外，丝状体（菌）亦大量生长繁殖，从而在尺寸增大的同时，其结构更加紧密，强度更大。第五为颗粒化污泥的成熟阶段。此阶段内颗粒化污泥由核心向外表逐步开始形成甲烷丝菌属→甲烷球菌（及杆菌）较为稳定的微生态系统（如图 2-24 所示）。

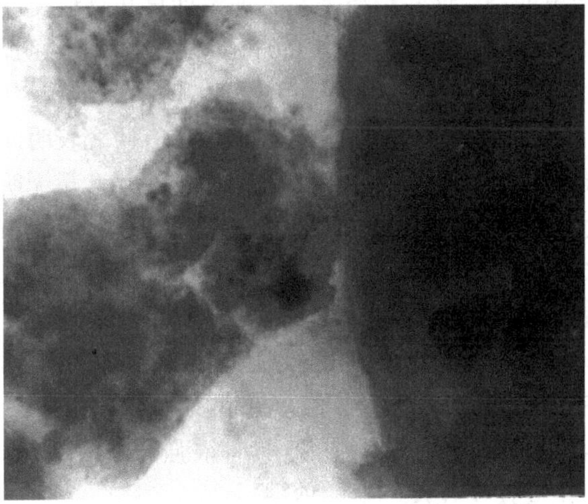

图 2-23　颗粒污泥的多核形态（40×16 倍）

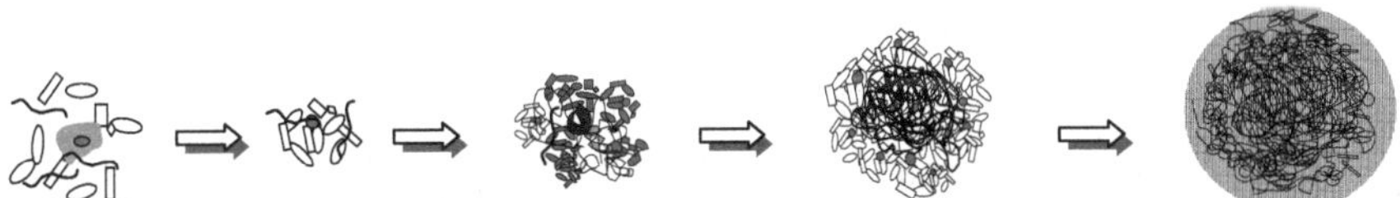

图 2-24　污泥颗粒化的五阶段机理

2.4.4.4 ABR 反应器对污泥截留能力

Boopathy 和 Sievers 等人用 CrO_3 作示踪剂分别对三隔室和两隔室、HRT 为 15d、处理含高 SS 质量浓度（51 000mg/L）的养猪场废水的两个 HABR（其中三隔室反应器的 SRT 为 25d，两隔室的则为 22d）的污泥龄（SRT）研究表明，两隔室反应器的第一隔室的容积大于第二隔室，其对进水 SS 起到了良好的过滤截留作用并减少了出水中的污泥量。但三隔室 ABR 对废水中的纤维素、酯类和蛋白质等高分子复杂有机物的降解效果明显高于两隔室 ABR。

Oroczo 和 Crobicki 等对 UASB 和 ABR 达到某一相同处理效果所需的最小 SRT 进行了计算（假设各隔室处于完全混合状态）。结果表明，UASB 所需的最小 SRT 须比 ABR 高出 40%，SRT 从 7d 到 700d 以上不等，并与污泥的颗粒化程度密切相关。他们认为，由于上述数据是在完全混合的条件下得到的，但由于 SRT 与 HRT 有密切的关系，因而对此尚需进一步研究。Caruti 的研究（ABR 反应器容积 350L，HRT=15d）所报道的 SRT 则为 300d，其值在同样条件下要比 Crobicki 和 Stuckey 的数据高得多。要指出的是，这些结果是基于理论计算和物料衡算而得到的，其采用的污泥产率（VSS/COD_{Cr}）极低，约为 0.03kg/kg。因而可说明，ABR 反应器中可长时间地保持较恒定的生物量浓度。

ABR 对生物体的截留能力还与负荷的高低有关。有研究表明，将 COD_{Cr} 负荷从 2.2kg/（m^3·d）提高到 3.5kg/（m^3·d）时，出水中的污泥含量无明显变化，启动阶段出水中 SS 的最大质量浓度为 500mg/L；容积 COD_{Cr} 负荷从 6kg/（m^3·d）变到 12.5kg/（m^3·d）后，出水中 VSS 浓度极低。但当容积 COD_{Cr} 负荷达 28kg/（m^3·d），出水中 VSS 呈直线趋势，并高达 17 000mg/L。Barber 等人的研究发现，如进水基质浓度相同，则在启动期间，反应器的 HRT 越短，污泥流失越严重。如 HRT 为 20d 时污泥流失量为 HRT=80 或 40d 时的 2 倍。伦世仪等人采用 HABR-UASB 工艺处理酒糟废水的研究表明，HABR 对进水中 SS 具有很强的截留能力，去除率可达 95% 以上，且 SS 的去除主要发生在反应器的前端。

2.4.4.5 ABR 反应器的启动

启动是反应器投入运行的关键，其最主要目的是通过研究获得适宜运行操作方式，以在尽可能短的时间内驯化和培养微生物。启动结束后，无论以颗粒状或是絮状形式存在，反应器的运行都将十分稳定。有关不同厌氧反应器启动的方式及其控制已有大量的研究。表 2-19 列出了有关 ABR 启动的研究数据。

与其他厌氧反应器一样，ABR 反应器启动阶段的负荷应控制在较低的水平，以使生长缓慢的微生物不致超负荷，并应严格控制反应器隔室中的上升速度，以利于絮状或粒状污泥的形成。如表 2-20 所列，大多研究的初始 COD_{Cr} 负荷在 1.2kg/（m^3·d）左右，但也有在相当高的容积负荷下启动成功的例子。Nachaiyasit 等曾通过采取适当启动方式以 13kg/（m^3·d）的 COD_{Cr} 负荷成功地启动了反应器，但终因运行过程由于中间产物的积聚导致反应器酸化而使系统在运行两周后失败。为此，为刺激产甲烷细菌的生长，在提高容积负荷前，直接向反应器

表 2-19 ABR 启动研究数据

初始 COD_{Cr} 容积负荷/（kg/（m^3·d））	最终 COD_{Cr} 容积负荷/（kg/（m^3·d））	启动时间/d	出水 VSS/（g/L）
1	4	57	—
2	20	＞60	—
0.4	0.8	＞60	—
4.33	12.25	62	4.01
1.2	4.8	77	8.77
0.97	12.25	78	4.01
2.2	3.5	90	—
1.2	4.8	＞95	18
1.2	4.8	128	18

内投加乙酸或乙酸与甲酸的混合物这类甲烷菌易于利用底物，可有效缓解由于有机负荷突然增加而带来的冲击负荷。Barber 等人的研究指出，在反应器运行的初期，保持较长的 HRT 并随运行然后逐步缩短，同时保持进水底物浓度不变，将比短 HRT 且逐步提高进水浓度的启动运行方式获得更好的运行稳定性和更佳的处理效果。因为启动期间长的 HRT 有利于生长速率较慢的甲烷菌的生长积累，增强对水力冲击负荷的抵抗力，且一旦受到冲击也可在较短的时间恢复运行。沈耀良教授的研究指出，ABR 反应器的启动，应以负荷适中原则为依据，在处理高浓度废水时，应以长 HRT 的方式启动，而在处理低浓度废水时，则应以短 HRT 为启动方式。

2.5 ABR 反应器的设计

ABR 反应器由于其构造简单，因而其设计与 UASB 相比，无特殊要求。对改进型的 ABR 而言，其工艺设计所需考虑的主要问题是反应器的分隔数（n）和隔室内的上升流速（u_s）。

2.5.1 ABR 反应器分隔数（n）和平面布置

在具体设计中，除应在反应器的细部构造上注意创造良好的水力流态条件外，应注意所处理废水的特征和所需达到的处理程度，合理地设计反应器的分隔数。一般而言，在处理低浓度废水时，不必将反应器分隔成很多隔室，而以 3～4 个隔室为宜；而在处理较高浓度废水时，宜将分隔数控制在 6～8 个，以保证在高负荷条件下，保证反应器具有复合流态特性。此外，反应器隔室的平面布置的优劣将对反应器的运行有较大的影响，研究表明，反应器上流室沿水流前进方向的长宽比宜控制在 1∶1～1∶2 之间，上流室与下流室的长度之比宜控制在 10∶1～5∶1 之间。表 2-20 列出了 ABR 处理不同废水时，不同研究推荐考虑的构造形式、相应的运行方式及应注意的问题。

表 2-20 处理不同废水时 ABR 的设计、运行方式及应注意的问题

启　动	（1）建议采用低的初始负荷，以利于污泥颗粒或絮体的形成； （2）以脉冲方式投加乙酸不仅可促进甲烷菌的生长，并可缓解容积负荷率增高带来的影响； （3）以较长的 HRT 启动，因其上升流速小而可减少污泥的流失，并可增加各隔室内甲烷菌属的含量
回　流	回流可稀释进水中的有毒物质，提高反应器前段的 pH，减少泡沫和 SMP 产物，须注意回流所造成的问题（见表 2-6）
低浓度废水	（1）建议采用较短的 HRT，以增强传质效果，促进水流混合，缓解反应器后部污泥的基质不足问题； （2）反应器中主要由异养菌（甲烷丝菌属）完成甲烷化作用
高浓度废水	（1）建议采用较长的 HRT，以防止因产气的作用而造成的污泥流失，否则须加填料以减少污泥流失； （2）反应器中主要由甲烷八叠球菌和氢利用细菌完成甲烷化作用
高 SS 含量废水	建议增大第一隔室的容积，以有效地截留进水中的 SS
温　度	（1）对易降解废水而言，温度从 35℃降低到 25℃时，对处理效果的影响不大，但温度过低则影响运行，这是因为潜在毒性和营养负荷的影响及 K_s 降低的缘故； （2）反应器启动后可以在低温下保持持续良性运行

2.5.2 ABR 反应器隔室的上升流速（u_s）

上升流速 ABR 反应器设计中另一个重要参数。为保证良好的泥水混合接触条件，必须合理控制反应器上升流隔室的流速（u_s）。但在确定值 u_s 时，应根据处理高浓度有机废水和低浓度有机废水两种不同情况加以区别对待。处理高浓度废水时，其产气对促进泥水混合的作用占主导地位，因而对上升流速的控制范围较宽，且可在很低的 u_s 值下运行。一般而言，当进水 COD_{Cr} 质量浓度在 3 000mg/L 以上时，可将 u_s 值控制在 0.1～0.5m/h；当处理低浓度废水时，流速对泥水混合的促进作用就显得较为重要，宜将其控制在 0.6～3.0m/h。

表 2-21　ABR 与其他型式反应处理不同废水时效果的比较

废水类型	工艺类型	进水 COD_{Cr} 质量浓度/（mg/L）	反应器容积/L	有机 COD_{Cr} 负荷/（kg/（m^3・d））	COD_{Cr} 去除率/%
含碳水化合物废水	ABR	7 100	6.3	1.0	79
	ABR	1 000～10 000	6.0	2～20	72～99
	ABR	4 400～4 700	75	0.96～1.66	84～93
	UASB	1 000～10 000	4.8	2～20	50～97
	UASB	4 900～5 500	—	1～2.2	77～86
	AF	8 000	0.4	1	92
	USSB	60 000～80 000	4.2	75	75～89
	AAFEB	500～6 000	～0.4	0.8～4.8	40～95
屠宰废水	AAFEB	4 800～7 300	5.16	0.9～4.7	75
	ABR	7 300	—	2.7	77
	UASB	15 000～22 000	—	7	85
	UASB	15 000～22 000	30	6～10	87～91
	UASB	8 000	2	1～6.5	90
	UASB	8 000	2	1～6.5	～90
糖蜜废水	AF	115 000～990 000	150	20	77
	ABR	11 500～990 000	150	28	50
	ABR	5 000～10 000	150	5.5	98
	ABR	100 000	85	24	75
含酚废水	UASB	2 200～3 200	—	1.67～2.5	83～94
	ABR	5 200	—	2	90
	UASB	～1 800	69 000	5.67	54
养猪场废水	AF	58 500	15	4～8	62～69
	ABR	5 500	7	2.83	60～80
	UASB	4 800	8	0.4	63～84
洗溶废水	ABR	4 800	8	0.4	64～89
	AF	20 000	10	20	50
含硫废水	ABR	45 200	2.7	—	85
	两相工艺	7 000～20 000	5.75	～5	90～95
	UASB	49 800	1	11～18.6	2～36

2.6 ABR 工艺的应用

目前，有关 ABR 工艺的研究正在不断深入之中，主要针对 ABR 工艺的优化设计及其处理低浓度有机废水处理的效能。通过研究，ABR 工艺已逐步在实际废水处理工程中得到应用，与其他工艺相比，已显示出其优良的处理性能（表 2-21 列出了 ABR 工艺与其他工艺在处理不同废水中的效能）。

2.6.1 处理城镇污水应用实例

Tenjo 是美国哥伦比亚市人口不到 2 500 的小镇，其生活污水采用 HABR 反应器作厌氧前处理工艺（其后接氧化塘）。表 2-22 所列为该镇污水厂中 ABR 反应器的工艺设计和运行参数。该厂根据低浓度废水厌氧处理特点进行了 ABR 的启动，并经实验得到最佳的水流上升速度为 3m/h。反应器在早期运行中遇到了不少实际问题，如因水力负荷冲击而加剧固体流失及塑料填料随产气而上浮等。但两个月后，反应器运行良好，COD_{Cr}去除率达 70%，SS 去除率达 80%，容积 COD_{Cr}负荷从 0.4 提高到 2.0kg/（m^3 • d）时，处理效果始终稳定。并已将此工艺应用于另一个处理规模更大的城镇污水的处理。该厂的实际运行表明，采用 ABR 在常温下处理低浓度废水，其投资费要比 UASB 节约 20%，为比传统活性污泥法的 20%。

表 2-22 Tenjo 镇污水处理厂 ABR 的生产性运行数据

主要指标	设计值
废水特征	技术参数
（1）组成	城市废水
（2）BOD_5 质量浓度/（mg/L）	314
（3）TSS 质量浓度/（mg/L）	900
（4）VSS 质量浓度/（mg/L）	250
运行参数	
（1）OLR（BOD_5）/kg/（m^3 • d）	0.85
（2）去除率/%	～70
（3）HRT/h	10.3
（4）出水 BOD_5/（mg/L）	～100
反应器设计参数	
（1）池形	敞口
（2）个数	2
（3）容积/m^3	394（每个 197）
（4）尺寸（m）	2.7×17×4.3（长宽高）
（5）反应室数目	8
（6）液体上升流速/（m/h）	3.0
（7）填料	箱体塑料
（8）沉降室	内部气液分离
（9）温度/℃	15

2.6.2 处理工业废水应用实例

上海某生化厂是一家专门生产草甘膦除杂草剂的企业，其排放的废水量为 $600m^3/d$（其中生活污水占 20%）。为防止该污水直接排入城市下水道对城市污水处理厂的冲击，采用了调节—厌氧反应器—氧化塘处理工艺，以使处理出水达到接管标准。表 2-23 列出了该废水的水质特征及所需达到的处理要求。

表 2-23　草甘磷生产废水水质及所需达到的处理要求

指标	测定值	处理要求
COD_{Cr}/（mg/L）	6 410～7 840	≤450
BOD_5/（mg/L）	3 000～4 340	≤200
NH_3—N /（mg/L）	9～35	≤25
温度/℃	≥30（35～40）	—
TP/（mg/L）	1.5～8.5	—
pH	6～8	6～9

在开展本项目工艺设计之前，首先进行了实验室试验，并在取得良好处理效果的基础上，确定了主要工艺设计参数。生产性 ABR 反应器的设计 ABR 反应器的 HRT 为 18h，COD_{Cr}负荷为 11kg/（m^3·d），有效容积为 $450m^3$，其吨水投资费仅为 400 元。

运行结果表明，ABR 反应器对该废水具有极好的处理效果。当进水的 COD_{Cr} 和 BOD_5 分别在 6 000～7 000 和 3 000～3 500mg/L，不同条件下处理出水的 COD_{Cr} 和 BOD_5 分别在 288～480 和 120～180mg/L，污染物去除率超过 90%，而且运行稳定，出水的 pH 始终在 6.5～8.0 之间，完全符合厌氧所需达到的处理目标。

2.7 结语

厌氧折流板反应器是 20 世纪 80 年代中期开发研究的新型、高效污水厌氧生物处理工艺，具有构造简单、能耗低、运行稳定可靠等优点，在水力流态、对微生物固体的去除和截留能力及生物固体种群的分布方面亦具有其独特的优越性，运行稳定，管理简便。该工艺首先以厌氧生物处理中微生物的作用特性和去污机理及先进的 SMPA 理念为依据，通过对反应器空间的分割，有效实现了厌氧微生物作用及其除污过程的相分离，为产酸和产甲烷菌的生长和充分发挥其各自的降污功能创造了十分有利的微生态环境，增强了不同微生物的对有机物降解的原动力，实现了其良好的运行稳定性；同时，由于这种空间分割而显著改善了反应器内水流的流态特性，使其成为一种整体推流、各隔室趋于完全混合的复合型流态，其中由于水流上升及污泥床产气所导致的各隔室内的独特的混合作用（即气泡释放区产生负压而急剧卷吸上层液以及暂时的非气泡释放区因污泥整体比重大于气泡释放区污泥而下沉所产生的泥床定期上下交换混合作用）促进了泥水均匀混合接触，提高了其容积的有效利用率。而由各隔室串联运行所获得的推流流态，则提高了反应器中生物降解过程的传质推动力，加快了生物反应的速率。

目前，虽然ABR工艺在实际工程中的应用尚不多见，但对其的研究已较深入，不仅涉及其处理不同废水的效能以及其启动和污泥颗粒化的研究，在基于相分离的颗粒污泥微生态及其生理特征的研究、反应器构造的设计、运行方式的优化及耐冲击性等方面亦已取得了良好的进展，为其工程化应用打下了良好的基础。但目前尚缺乏较大规模的中试研究和实际运行的经验，因而仍需在以下方面作进一步的研究。①由于ABR反应器具有生物相良好分离及不同隔室具有不同运行环境（如DO等）的特性，因而是否可通过运行方式的变更而是其获得良好的脱氮效能、增强其对有毒有害物质的更好的抵抗能力等。目前，已有人采用厌氧/好氧折流板反应器进行含氮废水脱氮的研究。这种研究思路事实上源于A/O工艺，因而通过回流及反应器中好氧及厌氧的交替设置，实现脱氮。但研究重点是如何保证反应器中硝化作用。②对ABR反应器的相分离及其有关的控制条件的研究以及相间各种中间产物的生成过程及代谢机理等的研究，有利于该工艺针对不同废水的特性和处理目标进行合理的控制。③与其他工艺组合，在难降解有机废水的处理中充分发挥其水解酸化作用改善废水可生化性及其控制的研究，将有利于ABR处理功能的扩展。④对ABR工艺处理低浓度废水的运行方式及间歇和季节性运行的可行性的研究，将利于促进其城市污水处理中的应用。

参考文献

[1] 曹晓莹，沈耀良．ABR反应器处理草甘膦废水的研究．工业水处理，2004，24（7）：28～30.

[2] 陈洪斌．厌氧折流板反应器处理豆制品废水的研究．中国沼气，1999，17（1）：12～16.

[3] 戴友芝，冀静平，施汉昌等．厌氧折流板反应器对毒有机物冲击负荷的适应性．环境科学，2000，21（1）：94～97.

[4] 戴友芝，施汉昌，冀静平等．厌氧折流板反应器处理有毒废水及其污泥特性的研究．环境科学学报，2000，20（3）：284～289.

[5] 郭静．厌氧折流板反应器处理高浓度有机废水的研究．中国给水排水，1993，9（5）：4～8.

[6] 郭静. 李清雪，马年华等，ABR 反应器的性能及水力特性研究. 中国给水排水，1997，13（4）：17～20.
[7] 何连生，朱迎波. 高效厌氧生物反应器研究动态及趋势. 环境工程，2004，22（1）：7～11.
[8] 贺延龄编著. 废水的厌氧生物处理. 北京：中国轻工业出版社，1998.
[9] 胡纪萃编著. 废水厌氧生物处理理论与技术. 北京：中国建筑工业出版社，2003.
[10] 黄永恒，王建龙，文湘华等，折流板厌氧反应器的工艺特性及应用. 中国给水排水，1999，15（7）：18～20.
[11] 李克勤，徐智华，张振家. 水力作用对颗粒污泥形成的影响. 中国沼气，2003，21（1）：12～14.
[12] 李宗义，王海磊，王鸿磊等. 强化反应器中厌氧颗粒污泥的形成过程. 水处理技术，2004，30（2）：92～94.
[13] 刘大银，毕亚凡，李庆新. ABR 反应器处理生活污水的研究. 华中师范大学学报（自然科学版），2003，37（4）：514～517.
[14] 伦世仪，卢自金. 多段折流板厌氧反应器处理高悬浮固体有机废水的研究. 中国沼气，1990，8（1）：6～10.
[15] 戚以政，汪叔雄编著. 生化反应动力学与反应器. 北京：化学工业出版社，1996.
[16] 沈耀良. 厌氧折流板反应器处理垃圾渗滤液混合废水，中国给水排水. 1999，15（5）：10～12.
[17] 沈耀良，王宝贞. 水解酸化——好氧工艺处理渗滤液与城市污水混合废水的研究. 哈尔滨建筑大学学报，1999，32（1）57～61.
[18] 沈耀良，王宝贞. 水解酸化工艺及其应用研究. 哈尔滨建筑大学学报，1999，32（6）：35～38.
[19] 沈耀良. 厌氧折流板反应器（ABR）的水力流态及其处理高浓度有机废水效能的研究. 河海大学博士后报告，2001.
[20] 沈耀良，赵丹. 厌氧折流板反应器的水动力学及污泥特性. 环境工程，2001，19（2）：12 ～15.
[21] 沈耀良. 厌氧折流板反应器处理淀粉废水及污泥特性. 上海环境科学，2002，21（3）：139～142.
[22] 沈耀良，赵丹，王惠民. ABR 处理高浓度淀粉制品加工废水运行特性的研究. 给水排水，2002，28（9）：33～35.
[23] 沈耀良. 厌氧折流板反应器在废水处理中的研究与应用. 苏州科技学院学报，2003，16（2）：9～17.
[24] 沈耀良. ABR 反应器的水力特征. 中国给水排水，2003，19（11）：1～3.
[25] 沈耀良，束琴霞，孙立柱等. 负荷及金属离子对 ABR 颗粒污泥及运行特性的影响. 苏州科技学院学报（工程技术版），2004，17（4）：1～5.
[26] 沈耀良，孙立柱，管闻等. ABR 处理低浓度废水的研究. 江苏环境科技，2004，17（4）：1～3.

[27] 沈耀良，曹晓莹．草甘膦生产废水及其厌氧处理技术．工业用水与废水，2005，36（1）：29～31.

[28] 沈耀良．ABR 反应器中颗粒污泥的微生态特性，中国沼气，2005，23（1）：13～16.

[29] 束琴霞，沈耀良．ABR 反应器运行稳定性的研究．环境工程，2004，22（5）：16～18.

[30] 孙剑辉，张波，彭云辉．新型高效生物处理技术——厌氧折流板反应器．工业水处理，2002，22（4）：5～7.

[31] 童昶，沈耀良，赵丹．厌氧反应器技术的发展及 ABR 反应器的工艺特点．江苏环境科技，2001，14（4）：9～11.

[32] 王宝贞，王琳主编．水污染治理新技术——新工艺、新概念、新理论．北京：科学出版社，2004.

[33] 王凯军，王晓惠，柯建明等．厌氧处理技术发展现状与未来发展领域．中国沼气，1999，17（4）：14～17.

[34] 王建龙，韩英健，钱易．折流式厌氧反应器（ABR）的研究进展．应用与环境微生物学报，2000，（6）：379～381.

[35] 王显胜，黄继国，邹东雷等．ABR——接触氧化——化学氧化组合工艺处理垃圾渗滤液方法研究．环境污染与防治，2005，27（1）：53～55（69）.

[36] 武桐，付军，刘翔．ABR-SBR 法处理草浆造纸中段废水试验研究．环境污染治理技术与设备，2004，5（1）：72～76.

[37] 徐金兰，黄廷林，王志盈．ABR 中厌氧颗粒污泥的微生物学特性．中国给水排水，2004，20（10）：49～51.

[38] 徐金兰，王志盈，刘可等．ABR 系统中酸解过程的污泥特性及分析．环境污染治理技术与设备，2004，5（2）：46～51.

[39] 徐金兰，黄廷林，王志盈．厌氧折流板反应器处理 PVA 废水．中国环境科学，2005，25（1）：65～69.

[40] 张希衡等编著．废水厌氧生物处理工程．北京：中国环境科学出版社，1996.

[41] 张忠祥，钱易主编．废水生物处理新技术．北京：清华大学出版社，2004.

[42] Akunna J C，Clark M. Performance of a granular-bed anaerobic baffled reactor（GRABBR）treating whisky distillery wastewater. *Bioresource Technology*，2000，74（1）：257～261.

[43] Angenent L T，Zheng D，Sung S. et al. Microbial community structure and activity in a compartmentalized，anaerobic bioreactor. *Water Environ. Res.*，2002，74（5）：450～461.

[44] Arcand Y，Guiot S R，Desrochers M，et al. Impact of the reactor hydrodynamics and organic loading on the size and activity of anaerobic granules. *The Chemical Engineering Jour.*，1994，56（1）：B23～B35.

[45] Bachmann A，Beard V L，McCarty P L. Performance characteristics of the anaerobic baffled

reactor. *Water Res.*，1985，19（1）：99～106.

[46] Bae J，Song K B，Cho K M. Comparison of operational characteristics of UASB and ABR: organic removal efficiency and the variations of PH_2 and Pco，. *Proc. of the 8th international conference on anaerobic digestion*，*Vol.1*，Sendai，Japan，pp.164～171.

[47] Barber W P，Stuckey D C. Start-up strategies for anaerobic baffled reactors treating a synthetic sucrose feed. *Proc. of the 8th International Conference on Anaerobic Digestion*，*Vol.2*，Sendai，Japan，1997，pp.32～39.

[48] Barber W P，Stuckey D C. The use of the anaerobic baffled reactor（ABR）for wastewater treatment：a review. *Water Res.*，1999，33（7）：1559～1578.

[49] Barber W P，Stuckey D C. Metal bioavailability and trivalent chromium removal in ABR. *Jour. of Environ. Eng.*，2000，126（7）：649～656.

[50] Barber W P，Stuckey D C. Nitrogen removal in a modified anaerobic baffled reactor（ABR）：1，denitrification. *Water Res.*，2000，34（9）：2413～2422.

[51] Barber W P，Stuckey D C. Nitrogen removal in a modified anaerobic baffled reactor（ABR）：2，nitrification. *Water Res.*，2000，34（9）：2423～2432.

[52] Barber W P，Stuckey D C. The influence of start-up strategies on the performance of an anaerobic baffled reactor. *Environ. Technol.*，1998，19（2）：489～501.

[53] Barker D，Salvi S M L. Langenhoff A A M，Soluble microbial products in ABR treating low-strength wastewater. *Jour. Environ. Eng.*，2000，126（3）：239～249.

[54] Bell J，Buckley C A. Treatment of a textile due in the anaerobic baffled reactor. *Water SA*，2003，29（2）：129～134.

[55] Boopathy R，Larsen V F，Senior E. Performance of anaerobic baffled reactor（ABR）in treating distillery waste-water from a Scotch Whisky factory. *Biomass*，1988，16（2）：133～143.

[56] Boopathy R，Sievers D M. Performance of a modified anaerobic baffled reactor to treat swine waste. *Trans. ASAE*，1991，34（6）：2573～2578.

[57] Boopathy R，Tilche A. Anaerobic digestion of high strength molasses wastewater using hybrid anaerobic baffled reactor. *Water Res.*，1991，25（7）：785～790.

[58] Boopathy R. Pelletization of biomass in a hybrid anaerobic baffled reactor（HABR）treating acidified wastewater. *Bioresource Technol.*，1992，40（2）：101～107.

[59] Fox P，Pholand F G. Anaerobic treatment applications and fundamentals：substrate specificity during phase separation. *Water Environ. Res.*，1994，66（5）：716～724.

[60] Fox P. Coupled anaerobic/aerobic treatment of high-sulphate wastewater with sulphate reduction and biological sulphide oxidation. *Water Sci. and Technol.*，1996，34（5-6）：359～366.

[61] Grobicki A，Stuckey D C. Performance of the anaerobic baffled reactor under steady-state and

shock loading conditions. *Biotechnol. And Bioeng.*, 1991, 37 (2) : 344~355.

[62] Grobicki A, Stuckey D C. Hydrodynamic characteristics of the anaerobic baffled reactor. *Water Res.*, 1992, 26 (3) : 371~378.

[63] Grover R, Marwaha S S, Kennedy J F. Studies on the use of an Anaerobic baffled reactor for the continuous anaerobic digestion of pulp and paper mill black liquors. *Process Biochemistry*, 1999, 34 (6/7) : 653~657.

[64] Holt C J. A comparative study using the anaerobic baffled reactor to treat a phenolic wastewater. *Proc. of the 8th International Conference on Anaerobic Digestion*, *Vol.2*, Sendai, Japan, 1997, pp.40~47.

[65] Hutňan M, Drtil M, Mrafková L, et al. Comparison of startup and anaerobic wastewater treatment in UASB, hybrid and baffled reactor. *Bioprocess Eng.*, 1999, (21) : 439~445.

[66] Ince O. Performance of a two-phase anaerobic digestion system when treating dairy wastewater. *Water Res.*, 1998, 32 (9) : 2702~2713.

[67] Langenhoff A A M, Intrachandra N, Stuckey D C. Treatment of diluted soluble and colloidal wastewater using an anaerobic baffled reactor: influence of hydraulic retention time. *Water Res.*, 2000, 34 (4) : 1307~1317.

[68] Langenhoff A A M, Stuckey D C. Treatment of diluted wastewater using an anaerobic baffled reactor: effect of low temperature. *Water Res.*, 2000, 34 (15) : 3867~3875

[69] Lettinga G, Field J, van Lier J. Advanced anaerobic wastewater treatment in the near future. *Water Sci. and Technol.*, 1997, 35 (10) : 5~12.

[70] McCarty P L, Bachmann A. Bioconversion reactor. *United States Patent*, 5091315, Feb. 25, 1992.

[71] Nachaiyasit S, Stuckey D C. Microbial response to environmental changes in an anaerobic baffled reactor (ABR). *Antonie van Leeuwenhoek*, 1995, 67 (1) : 111~123.

[72] Nachaiyasit S, Stuckey, D C. Effect of low temperature on the performance of an anaerobic baffled reactor (ABR). *Jour. Of Chem. Tech. Biotechnol.*, 1997, 69 (2) : 276~284.

[73] Nachaiyasit S, Stuckey D C. The effect of shock loads on the performance of an anaerobic baffled reactor (ABR): 1. Step changes in feed concentration at constant retention time. *Water Res.*, 1997, 31 (11) : 2737~2746.

[74] Nachaiyasit S, Stuckey D C. The effect of shock loads on the performance of an anaerobic baffled reactor (ABR): 2. Step and transient hydraulic shocks at constant feed strength. *Water Res.*, 1997, 31 (11) : 2747~2754.

[75] Polprasert C, Kemmadamrong P, Tran F T. Anaerobic baffled reactor (ABR) process for treating a slaughterhouse wastewater. *Environ. Technol.*, 1992, 13 (2) : 857~865.

[76] Setiadi T，Husaini，Djajadiningrat A. Palm oil mill effluent treatment by anaerobic baffled reactors：recycle effects and biokinetic parameters. *Water Sci. and Technol.*，1996，34（11）：59～66.

[77] Sharma V K，Testa C，Castelluccio G. Anaerobic treatment of semi-solid organic waste. *Energy Conversion &Management*，1999，40（2）：369～384.

[78] Skiadas I V，Lyberatos G. The periodic anaerobic baffled reactor. *Water Sci. and Technol.*，1998，38（8/9）：401～408.

[79] Speece R E. Anaerobic biotechnology for industrial wastewater treatment. *Environ. Sci.&Technol.*，1983，17（9）：416A～427A.

[80] Wang B，Shen Y. Performance of the Anaerobic Baffled Reactor（ABR）as a hydrolysis acidogenesis unit in treating landfill leachate mixed with municipal sewage. *Water Sci. and Technol.*，2000，42（12）：115～122.

[81] Xing J，Boopathy R，Tilche A. Model evaluation of hybrid anaerobic baffled reactor treating molasses wastewater. *Bio-mass and Bioenergy*，1991，1（5）：267～274.

[82] Yang P Y，Moengangongo T H. Operational stability of a horizontally baffled-anaerobic reactor for diluted swine waste-water in the tropics. *Trans. ASAE*，1987，30（4）：1105～1110.

[83] Yu H，Tay J，Wilson F. A sustainable municipal wastewater treatment process for tropical and subtropical regions in developing countries. *Water Sci. and Technol.*，1997，35（9）：191～198.

第3章

BAF 污水生物处理技术

德国 Stammheim 污水处理厂（BAF 工艺）

Stammheim WWTP, Germany (BAF Process)

3.1 概述

生物膜工艺在废水处理中的应用具有悠久的历史。其实早在1914年由Arden和Lockett发明活性污泥废水处理工艺之前，即已应用借助于生物载体使微生物附着生长的废水生物技术——滴滤池（Trickling Filter）。自该工艺开发与应用以来，一直受到各国研究者的重视，并通过不断的研究，由低负荷生物滤池、高负荷生物滤池、生物转盘、塔式生物滤池（第一代生物膜法工艺）等逐步发展到生物接触氧化法、淹没式生物滤池、生物流化床（第二代生物膜法工艺）等各种工艺，直到20世纪80年代末90年代初，开发了最新型的第三代生物膜法处理工艺——曝气生物滤池（Biological Aerated Filter—BAF），并成为一种日趋成熟的废水生物处理技术而得到日益广泛的应用。该工艺由法国OTV（L′ Omnium de Traitements et de Valorisation）公司的研究中心在对单一均匀轻质填料研究的基础上首先开发并提出，命名为Biocarbon BAF工艺，并很快被应用于废水的深度（三级）处理，后直接应用于废水的二级生物处理，同时也适用于受污染水体微污染物的处理。应用表明，该工艺具有运行功能强、占地面积小、运行稳定性好、处理能力高（BOD_5容积负荷可达5.0～10.0kg/（m^3・d）或更高）等特点。该工艺不仅可应用于富营养化微污染水体的处理，而且已较广泛应用于生活污水、生活杂排水、食品加工废水、屠宰废水、制药废水以及造纸和酿造等行业废水的处理。目前，全世界已有数百座污水处理厂采用了此工艺。其最大的特点是集有机物的生物氧化降解与悬浮固体的截留于一体，不仅可有效地去除BOD_5及SS，还可实现有效的脱氮除磷功能，对有害物质（AOX）亦有良好的去除效果，并可根据废水水质及处理要求的不同，选用合适的工艺形式，并在无特殊要求的情况下，一般可省去后续泥水分离设施（二沉池）。

自20世纪80年代在法国巴黎的Soissons市建成世界上第一座以BAF为主体工艺的污水处理厂（最大处理规模为$24\times10^4m^3/d$）以来，已有100余座Biocarbon BAF工艺污水处理厂在法国、德国、英国、奥地利、澳大利亚、美国以及日本等发达国家得到应用，并已有较成熟的技术和设备产品。随着研究的深入，曝气生物滤池已从功能和运行方式均较单一的工艺型式发展成具有不同处理功能和多种运行方式的系列综合性工艺。如20世纪90年代以来，丹麦的OTV/GWP-Krüger公司通过研究，使用密度比水轻的聚苯乙烯小球状滤料（Biostyrene），开发了具有脱氮功能的Biostyr BAF工艺，应用该工艺的污水处理厂亦已超过百座；法国Dégremont水务公司开发了Biofor BAF系列工艺。该工艺使用特制的、有7种不同类型的膨胀硅铝酸盐滤料（Biolite），根据废水水质及处理要求，将这些填料组合使用，可同时实现对有机物、SS 和氮、磷的去除。此外，瑞士的 VATA TECH WABAG Winterthur 公司以规整波纹板和颗粒载体作为滤料，开发了 Biopur 系列工艺。

BAF 工艺是在综合了传统生物膜法工艺及用于水处理的快滤池工艺运行特征的基础上，为适应不断提高的排放标准及废水的资源化回用率而研究开发和应用的，而其工艺的研究、开发与应用的关键则是新型填料的研制，它不仅仅以有机物去除为主要目标、功能单一的 BAF 的最初工艺型式——Biocarbon BAF 的开发、更为具有多重处理功效的新的 BAF 工艺型式的开发提供了有利条件。

第三代生物膜法——BAF 在我国的研究与应用始于 20 世纪 90 年代中后期，并被列入“九五”国家科技攻关项目，中国市政工程西南设计研究院、清华大学环境科学与工程系、北京市环境保护科学研究院等单位先后开展了该技术的研究和推广应用工作，并分别完成了日处理规模为 900～1 000m^3/d 的城市污水和工业废水处理装置的研制与设计，为该工艺在我国的应用奠定了良好的基础。此外，许多高校和研究机构对 BAF 的滤料、除污机理、运行控制与优化、以及在不同废水处理中的效能开展了日趋深入的研究，取得了一批成果，进一步促进了该工艺的应用。

3.2 BAF 工艺的构造及工艺原理

曝气生物滤池（BAF）也称作淹没式曝气生物滤池（SBAF，Submerged Biological Aerated Filter），该工艺充分借鉴了生物接触氧化工艺和给水处理中快滤池的基本设计思路，通过使用特殊的过滤介质，使其集曝气供氧、快速过滤、定期反冲于一体，并以不同的运行方式实现对有机物、SS 和氮磷的去除。

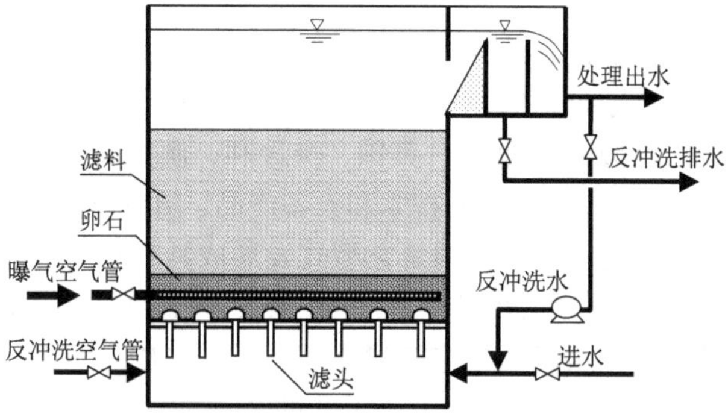

图 3-1 BAF 工艺的典型构造

3.2.1 BAF 工艺的构造与组成

曝气生物滤池的构造与普通快滤池基本相同，但增设了曝气系统，其所使用的填料与普通生物滤池有根本性的区别，与普通快滤池所使用的滤料基本接近，但粒径稍大，并具有很大的孔隙率，因而比表面积更高，且比重较小。

曝气生物滤池由布水系统、曝气布气系统、承托层、生物滤料层、反冲洗系统（包括反冲洗空气和反冲洗水）等五个部分组成。图 3-1 所示为典型的 BAF 工艺构造。

3.2.1.1 BAF 工艺的布水和布气系统

曝气生物滤池的布水系统包括进水布水和反冲洗布水及过滤出水收集两个方面。对进水布水而言，根据曝气生物滤池运行时水流方向的不同，其布水系统可分别设在上部或下部。由于 BAF 始终处于曝气状态，因而对其运行期间布水均匀性有较大影响的是以降流式方式运行、设在上部的布水设施。即由于曝气的作用，对设在下部的布水系统而言，持续的曝气所产生的紊动均化作用将利于其布水的均匀性。相对而言，BAF 工艺的反冲洗布水系统的布水均匀性将对其正常运行产生更为重要影响。为保证在反冲洗过程中及时有效地将运行过程中截留在滤料层中的 SS 及微生物新陈代谢过程中脱落的生物膜等杂质加以洗脱，一方面反冲洗系统必须有足够的水头，同时反冲洗水必须在 BAF 的整个过水断面上均匀分布。

图 3-2　BAF 的集水和布气管道系统

目前，BAF 的布水方式基本采用与普通快滤池相同的方式，即采用大阻力配水系统，以确保布水的均匀性（见图 3-2）。表 3-1 列出了大阻力布水系统的有关设计参数。

表 3-1 BAF 反冲洗大阻力布水系统的设计参数

干管进口流速	支管进口流速	支管间距	开孔比	孔口尺寸	孔口间距
1～1.5m/s	1.5～2.5m/s	0.2～0.3m	0.2%～0.3%	9～12mm	10～300mm

BAF 的曝气多采用穿孔管布气，管道的设置通常有三种方式。一是将曝气管设置在滤料下层（滤层曝气式）。此种布置方式因承托层无气体的冲刷，而易导致出现厌氧状态，且当采用升流式运行方式时，易使承托层内过快积累进水中的 SS；二是将曝气管设置在承托层内（承托层曝气式）。此种布置方式一方面因气体的冲刷，不易过快积累 SS，另一方面卵石层对气体的分割作用而利于曝气在滤层中的均匀性。三是将曝气管道设置在滤池底部集水空间（承托层下曝气式），与反冲洗空气管道合二为一设置（其特性见下述）。要指出的是，曝气管道设置位置的确定首先应根据滤池的运行方式考虑。如当考虑 BAF 的脱氮处理要求时，则应采用第一种布置方式。

BAF 的出水收集系统通常有两种方式。一是采用滤头（见图 3-3）布水的方式，如图 3-4a 所示。这种方法为目前标准的布置方法，其布水均匀性好，利于 BAF 的长期正常运行，适用于处理规模较大的应用场合（见图 3-2），但其成本较高，对安装的精度要求高，施工较复杂；二是采用按尺寸大小（级配）铺设厚为 0.4～0.6m 的卵石层（其规格与普通快滤池基本相同）方式，如图 3-4b 所示。这是一种较简易的出水收集方法，成本较低，施工亦较简单，但易产生短路，仅适用于小规模处理的场合。上述两种布水方法的基本特征是将曝气管道和反冲洗管道单独设置，同时曝气管道安装在卵石层内，借助于曝气的作用，防止承托层中因 SS 等的积累而导致的堵塞问题。

图 3-4c 所示为 BAF 工艺的另一种出水布水方法，其特征是将曝气管道与反冲洗空气管道合二为一，即将曝气装置下移至 BAF 下部进水（或出水）空间，并利用滤头作为曝气布气装置，这样可简化系统的操作复杂性，便于运行控制。这种布水、布气方法由于曝气管设于底部空间，扩大了对整个卵石层的紊动冲刷作用，因而可有效延长滤池相应的反冲洗周期。目前，对此种布水布气联合使用的方法仍在深入研究之中，需要解决的关键问题是如何提高滤头的强度及使用寿命，以及如何使曝气和反冲洗空气使用同一管道的相互匹配。

图 3-3　BAF 工艺使用的曝气滤头

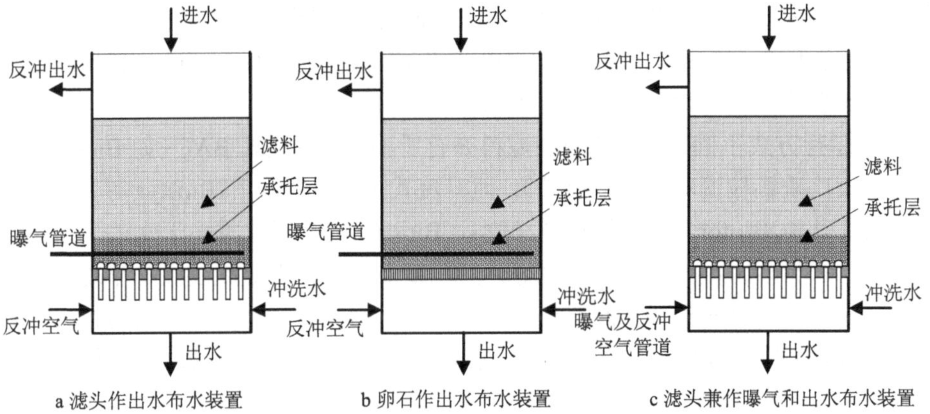

图 3-4　BAF 不同的出水布水方式（以降流式为例）

就工艺类型而言，BAF 属于附着生长型的好氧生物处理工艺，因而维持其足够的溶解氧（DO）是保证其生物膜的高活性及其有效处理功能发挥的前提。由于 BAF 在运行过程中，其滤料的存在方式与普通快滤池基本相同，处于固定状态，因而曝气和反冲洗空气布气的均匀性将对滤料中微生物的生长特性、处理效果及冲洗效果、运行周期等产生重要影响。同时，布气装置的选择还需考虑对氧的利用率以及对滤料层足够的冲刷作用，以降低运行费用和对生物膜的有效冲刷，使其及时更新，防止堵塞。目前所使用的空气布气方式有曝气和反冲洗空气管分别设置及将两者用一套管道设置的形式，其布气装置主要有大、中孔口穿孔管和滤头两种。其中穿孔管布气造价较低，并因其具有良好的冲刷作用，可延缓堵塞，但对氧的利用率较低。此外，当采用曝气管道和反冲洗空气管道合二为一的方式时，由于正常曝气时的供气量远低于反冲洗空气的强度，因而虽然可节省投资费用，减少操作步骤，但较难以保证曝气布气的均匀性；滤头作为布气装置时，亦可省却曝气管道，但同样存在上述问题。因而，在实际应用中，多将曝气管道和反冲洗空气管道独立设置。

3.2.1.2 BAF 工艺的承托层与滤料

承托层的主要功能是支撑滤料，防止其流失，同时要求其具有良好的布水均匀性和一定的承载强度及化学稳定性。BAF 中所使用的承托层材料主要以卵石为主，其厚度一般为 0.4～0.6m，并由下至上按级配大小分层填铺，具体可参照普通快滤池的设计要求。

滤料是 BAF 工艺的关键和核心组成部分，对其处理功效有直接影响，同时也与 BAF 的构造形式密切相关。BAF 以采用单质均一滤料为特征，同时除普通快滤池对作为滤料使用的介质所有的性能要求外，还要求表面粗糙、有良好的孔隙率，以利于微生物的附着生长和实现快速的挂膜，同时为不同微生物的生长、丰富滤料内的生物相提供有利的条件。目前，常用的 BAF 滤料主要有石英砂、轻质陶粒及塑料颗粒（合成纤维、聚苯乙烯小球）等。

BAF 运行方式不同，则所使用的滤料亦有所不同。降流式 BAF（如 Biocarbon）一般使用大比重颗粒滤料（如石英砂）；而升流式（如 Biofor 和 Biostyr 等）则采用轻质滤料，其中 Biofor 采用轻质陶粒滤料，Biostyr 则使用比重小于水的聚苯乙烯球形颗粒。石英砂比重大，机械强度好，但粒度小，其比表面积及孔隙率均小，因而其滤料层中的生物量较少、滤料层的阻力较大，因此其运行负荷不宜过高，且对进水中的 SS 有严格的要求。与此相反，轻质陶粒滤料和聚苯乙烯球形颗粒滤料的粒度、比表面积及孔隙率均较大，表面较粗糙，其生物量亦大，运行时负荷高，水头损失较小。对常用的 7 种 BAF 滤料物理化学性能的研究表明，由膨胀页岩加工生产的陶粒滤料是最适于 BAF 的生物滤料。

轻质陶粒滤料（图 3-5a）是目前国内外研究和应用较多的一种，其材料价廉易得，尤其是以黏土（主要成分为偏铝硅酸盐）为材料加工生产的球形陶粒滤料（其主要性能参数见表 3-2），具有一系列优良的特性（如含有多种具有良好吸附功能的化学成分），而且形状规则、表面粗糙，粒径可大可小，克服了不规则粒状滤料阻力大、易引起堵塞及所需反冲洗强度大的问题。以球形陶粒作为 BAF 的滤料处理生活污水的研究表明，在滤速达 6.5～8.0m/h 时不仅仍可获得高质量的处理出水（满足国家生活杂用水水质标准），而且所需气水比仅为 3.3∶1，水头损失增加缓慢，运行周期长达 48h 至 1 周。

表 3-3 列出了可用于 BAF 工艺的几种滤料的物理性质比较。此外，国内已有单位利用优质高岭土，通过添加适量的黏结剂、成孔剂和稀土抗腐剂，经高温烧制，生产了稀土瓷砂滤料（如图 3-5b），其外观呈白色，质地坚硬，颗粒均匀，微孔发达，孔隙率大且具有良好的表面吸附性及化学稳定性。同时具有截污量大，滤速快，

运行周期长的特点。据报道，在相同条件下，该滤料产水量可比石英砂、无烟煤滤料提高 50%，水头损失则比它们低 20%～30%，反冲洗耗水量可比石英砂节约 30%～40%。

表 3-2　球形轻质陶粒的主要性能参数

指标	粒径/mm	堆积密度/（g/cm^3）	密度/（g/cm^3）	比表面积/（m^2/g）	颗粒孔隙率/%	堆积孔隙率/%
数值	2～6	0.89	1.56	3.99～4.11	40	75.6

表 3-3　适用于 BAF 工艺的几种滤料的物理性质比较

滤料种类	比表面积/（m^2/g）	总孔体积/（cm^3/g）
陶粒	3.99～4.11	0.103
石英砂	0.76	0.0165
炉渣	0.91	0.0488
焦炭	1.27	0.063
沸石	0.46	0.0269

a 轻质陶粒滤料　　b 稀土瓷砂滤料

图 3-5　适用于 BAF 的两种滤料

滤料的粒径主要与 BAF 的功能和运行方式有关。不同粒径滤料对 BAF 处理效果影响的研究表明，小粒径滤料（1.5～3.5mm）利于提高处理效果和脱氮，但不适应高水力负荷，容易堵塞，运行周期较短，滤料不易清洗，所需反冲洗水量较大；大颗粒滤料（2.5～4.5mm）可克服上述问题，但其脱氮效能和对 SS 的去除能力有所下降。目前，根据 BAF 的处理功能，所采用的滤料粒径普遍为 2.0～8.0mm。

滤料级配对曝气生物滤池的运行有重要影响。滤料级配不但影响出水 BOD_5 和 TSS（总悬浮固体）的浓度，而且影响水头损失的增长速度和运行周期。滤料粒径越小，水头损失越大，且运行周期越短。有研究者提出了滤料级配与出水水质关系（见表 3-4）。由表 3-4 可知，滤料粒径越小，出水水质越好。但较小的滤料粒径，其纳污能力也越小（见表 3-5）。因此，在所处理废水的 SS 浓度较高时，不宜使用粒径小于 2.0～4.0mm 的滤料。

表 3-4 滤料级配与出水水质的关系

填料级配/mm	出水水质	
	BOD_5/（mg/L）	TSS 质量浓度/（mg/L）
2～4	10	10
3～6	20	20
4～8	30	30

表 3-5 填料级配与截污能力的关系

填料级配/mm	固体容量/（kg/m^3）
2～4	1.0～1.5
3～6	2.2～2.7
4～8	3.0～3.5

3.2.1.3 BAF 工艺的反冲洗系统

在 BAF 的运行过程中，随着过滤的进行，填料表面微生物数量不断增加，生物膜逐渐变厚，同时滤床被截留的 SS 及滤料表面脱落的生物膜量不断增加，由此导致其过滤阻力和水头损失不断增加，当固体物质积累达到一定程度后，将发生滤床的堵塞，阻止气泡的释放，并可使水头损失很快达到极限。此时，需对滤床进行反冲洗，以去除滤床内过量的生物膜及 SS，恢复处理能力。

BAF 的反冲洗通常采用水-气联合反冲洗的方式。其反冲洗用水为经处理后的出水，反冲洗空气管道通常设于 BAF 底部空间。由于大多 BAF 均采用轻质滤料，因而所需反冲洗强度并不高，通常可达到较好的冲洗效果。反冲洗所需的强度应以使滤层有轻微的膨胀为原则，以使滤料在气、水的冲刷作用下，通过水流的剪切作用及滤料间相互的摩擦作用，促进老化生物膜和被截留的 SS 与填料的分离。若冲洗强度过大，则不仅易导致滤料的流失，亦易过度冲刷而使滤料表面的生物膜完全脱落，这是不允许的。

BAF 的反冲洗水由反冲洗水泵提供，反冲洗空气则通常由空压机提供。对于规模较大的污水处理厂，宜为其专设反冲洗用水泵和空压机；对于处理规模较小的污水处理厂（站），可根据实际情况考虑是否将水泵和空压机与其他用途共用。反冲洗过程中，首先关闭进水和曝气管道阀门，后交替开启反冲洗水、气管道阀门，以空气反冲→（停止 30s～1min）→水反冲（清洗）或空气反冲→空气-水共同反冲

→（停止 30s～1min）水反冲（清洗）的顺序和方式进行 1～2（或数次）次的交替运行，最后用水洗。一般情况下，BAF 所需的反冲洗时间较普通快滤池长，通常为 20～30min。反冲洗频率一般为 1 次/d，所需反冲洗用水量为其处理水量的 20%左右。表 3-6 所列为不同反冲洗方式时所需的反冲洗强度和时间（供参考）。BAF 的反冲洗一般由微机自动控制。

此外，为保证反冲洗的效果，反冲洗系统还应有相应的流量计量装置，以准确地掌握反冲洗空气和反冲洗水量。

表 3-6　BAF 工艺不同反冲洗方式的反冲洗强度和所需的时间

反冲洗方式	反冲强度/（$m^3/m^2 \cdot min$）	反冲时间/min
空气反冲	0.8～1.2	3～10
空气与水 共同反冲	空气：0.8～1.2 水：0.5～1.0	1～4
水反冲	0.5～1.0	3～10

3.2.2 BAF 工艺的运行方式

根据水流流向的不同，BAF 工艺有两种运行方式：①升流式（UBAF）；②降流式（DBAF）。

当 BAF 以升流方式运行时，其水流从 BAF 的底部由下而上流过滤料层，与自下而上的空气同向接触。以此种方式运行的 BAF 因其较大的截污能力，运行水力负荷较高（较高的流速），但其出水水质略差，SS 含量高于下向流运行方式，因而在处理要求较为严格时，应设置后续沉淀分离设备。此种运行方式以丹麦 OTV/GWP-Krüger 公司的 Biostyr BAF 和法国 Dégremont 水务公司开发的 Biofor BAF 系列工艺为代表。根据所使用滤料比重的不同，升流式 BAF 又可分为两种运行方式。如 Biostyr BAF 采用 Biostyrene 滤料（聚苯乙烯小球），其比重小于水（图 3-6a），而 Biofor BAF 采用 Biolite 滤料（如硅铝酸盐、陶粒等），其比重则大于水（图 3-6b）。

当 BAF 以降流方式运行时，其水流从 BAF 的顶部由上至下流过滤料层，与自下而上的空气逆向接触。以此种方式运行的 BAF 水力负荷较低（较低的流速），但对进水中 SS 具有良好的截留作用，出水中 SS 含量较低，一般不需设置后续沉淀分离设备。该种运行方式以法国 OTV 公司的 Biocarbon BAF 为代表（图 3-6c）。

以降流式运行的 BAF，因其进水中的 SS 主要被截留在滤床的顶层，因而其纳污能力较低，运行周期较短。在升流式 BAF 中，其曝气和水流方向相同，可获得更好更均匀的气水分布。同时，升流式工艺在水流和气流的同向上升过程的冲刷作用下及经反冲洗后滤料自然形成的滤料粒径分布（虽然 BAF 中所使用的滤料为单一均质的滤料，但其粒度实际上不可能完全相同，因而会在反冲洗过程中形成从上至下的粒径筛分作用），可把废水中的 SS 带至滤池的中部，因而其纳污能力较强，可有效延长滤池的工作周期。同时，升流式较降流式更易于通过曝气管道设置位置的变化实现更强的处理功能。因此，目前多采用升流式。

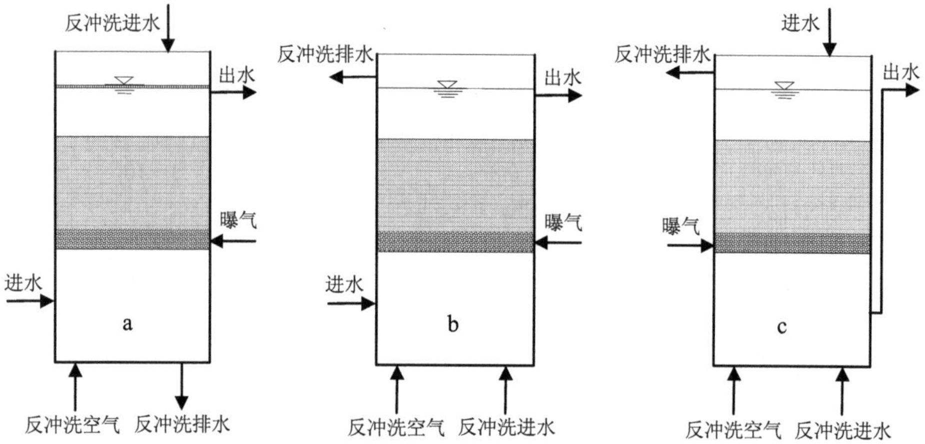

a 升流式（Biostyr，滤料相对密度小于 1）b 升流式（Biofor，滤料相对密度大于 1）c 降流式（Biocarbon）

图 3-6　BAF 工艺的不同运行方式

另外，根据处理功能的不同，BAF 可分为以下几种运行方式：①以有机物去除为目标的运行方式（C-BAF）；②以硝化为目标的运行方式（N-BAF）；③以脱氮为目标的运行方式（DN-BAF）；④具有脱氮除磷功能的运行方式（NP-BAF）。实现不同功能的运行方式的主要区别在于曝气管道在滤层中布置方式的不同、过滤出水回流的设置以及工艺设计负荷的不同。

对于 C-BAF 运行方式，其曝气管道设置在滤层的底部及以下（包括设置在承托层或与反冲洗空气管联合设置在底部集、配水空间），通过曝气作用使整个滤床处于好氧状态，不必设置出水回流系统，其设计有机负荷较高，工艺操作和运行管理较为简单。

对于 N-BAF 运行方式，其曝气管道的设置与 C-BAF 运行方式基本一致，整个滤床亦处于好氧状态，亦不必设置出水回流系统，但其设计有机负荷较低或所需的运行停留时间（HRT）较长，以满足硝化菌生长繁殖所需要的环境条件。具有以上两种处理功能的 BAF 均可以升流式或降流方式运行。

对于 DN-BAF 运行方式，其曝气管道则设置在滤层内部（包括滤层的中部或中下部，视所使用的滤料类型而定）。由于曝气管道将整个滤床分割成好氧和缺氧（厌氧）两个区域，因而可通过将部分出水回流至滤池的底部空间，使整个 BAF 以 A^n/O 的脱氮工艺系统方式运行，使其在好氧区充分实现有机物的氧化降解和氨氮的硝化，而通过出水回流及进水中所输入的有机底物在缺氧区进行反硝化，从而实现对废水的脱氮功能。该运行方式仅适用于升流式 BAF 工艺。

对于 NP-BAF 运行方式，该工艺同时具有脱氮和除磷之功能，其曝气管道同样设置在滤层内部（包括滤层的中、下部）。其对氮的去除过程与 DN-BAF 运行方式相同，但其所使用的滤料应具有对磷具有良好吸附能力，同时一般需与其前处理工艺相结合，在其前面增设必要的物化强化处理措施，以使形成的磷的化合物在滤床中得到充分的截留和吸附去除。

但要指出的是，无论 BAF 以上述何种方式运行，实际上各种运行方式均具有比传统活性污泥处理工艺或生物接触氧化工艺更高的脱氮功能。其原因在于，在 BAF 的运行过程中，作为过滤滤料和微生物载体的介质表面附着生长的生物膜在成熟时具有一定的厚度，存在从生物膜外表至内部 DO 浓度梯度的分布，由此形成由表面依次至内部的好氧、缺氧和厌氧区，废水中的污染物通过生物膜的吸附、吸收向其内部传递，并依次经历相应的有机物好氧降解、氨氮的好氧硝化、硝态氮的缺氧反硝化等生物转化过程，实现对有机物和氮的转化和去除。

3.2.3 BAF 工艺的工作原理

BAF 反应器按周期运行，一个周期由曝气过滤和反冲洗两个阶段构成。其具体运行过程与普通快滤池基本类似。经预处理后的废水首先进入 BAF 的布水系统，经生物滤料床→承托层→出水布水及收集装置（降流式）或承托层→生物滤料床→出水布水及收集装置（升流式）而完成过滤过程。在此过程中，曝气空气由下而上与废水以逆向流（降流式 BAF）或同向流（升流式 BAF）的方式接触，通过 DO、污染物等在液相（废水）、气相（空气）与固相（生物膜）间的传质作用，实现其净化效能。

在 BAF 的运行过程中，废水通过其布水装置（滤头、滤水板或穿孔管等）进入滤料床，通过人工强化的曝气作用，使空气流与废水形成同向流或逆向流，比传统生物滤池具有更强的对滤料表面的冲刷作用，并可获得更大的气-水接触表面，有利于氧的转移及滤料表面生物膜的氧化降解作用的发挥，亦有利于提高整个曝气生物滤池的贮污能力，延长反冲周期。同时，由于 BAF 采用了均质的小颗粒滤料，具有与普通快滤池相同的对进水 SS 的截留作用，完成固液分离的过程。由于生物膜生长、固着在比表面积较大的滤料表面上，这就使得池中容纳着大量微生物，从而体现出容积负荷高、停留时间短的特点，又能保证滤池在较低的污泥负荷下运行，为进一步降解污水中的有机污染物提供了可靠的保证，进而获得了优良的处理效果，保证了出水的稳定性。处理水由底部出水系统收集到出水渠，进入集水池。当滤池运行到一定时期，随着生物量和滤料中截留杂质的增加，滤料中水头损失增大，水位上升，需对滤料进行反冲洗，反冲洗废水通过排水管回流到一级处理设施。

BAF 无论采用升流式还是降流式方式运行时均有显著的过滤作用，这是保证其优质出水、无需二沉淀的关键之一。其过滤作用主要基于以下几个方面的原理：①机械截留作用。以生物陶粒滤池为代表的 BAF 滤料其颗粒平均粒径大小一般为 5mm，填料高度为 1.5～2.0m，因而对进水中大尺度的 SS 具有良好的截留作用；②絮凝接触作用。由于颗粒滤料表面生长有大量微生物，而微生物新陈代谢作用中产生的黏性物质如多糖类、酯类等可起吸附架桥作用，与悬浮颗粒及胶体粒子黏结在一起，形成细小絮体。因而根据絮凝过滤的原理，可将废水中微小尺度的絮凝去除；③由于微生物作用，能使进水中胶体颗粒的 Zeta 电位降低，使部分颗粒脱稳形成较大颗粒而被去除。

但由于 BAF 采用小颗粒的均质滤料，因而对其进水中的 SS 有一定的要求，一般要求控制在 50～60mg/L，否则将因滤料床中 SS 的快速积累而造成堵塞，使反冲洗频率提高，影响其处理能力，不利于生物膜的稳定生长。当 BAF 应用于三级深度处理时，其进水中的 SS 浓度一般不会影响生物滤床的效率。但当将其作为二级处理工艺应用时，那么采用常规的初沉池处理很难保证生物滤床进水 SS 浓度在 50mg/L 以下，因而其反冲洗周期将相应缩短，否则需对其进水先进行一级强化预处理。

3.3 BAF 工艺与传统工艺的比较及主要特点

3.3.1 BAF 工艺与普通生物滤池的比较

如前所述，曝气生物滤池是在传统生物膜法工艺的基础上开发和应用的第三代膜法生物处理工艺，虽然其工艺构造和运行方式与普通快滤池基本相同，并亦具有优良的对进水中 SS 的截留过滤作用，但其本质上仍属于生物处理的范畴。现以普通生物滤池（CBF—Conventional Biological Filter）为例，将 BAF 与 CBF 的工艺性能作主要方面的比较。

CBF 作为一种传统的生物处理工艺，比传统的悬浮生长型（如活性污泥法）

工艺具有一定的优势，如借助于自然通风供氧而无需人工曝气；微生物以生物膜的形式附着生长在以碎石、焦炭、波纹 PVC 板等为填料（注：由于 BAF 中所使用的介质不仅具有微生物生长载体的功能，同时具有较严格的过滤功能，而 CBF 中所使用的介质其功能主要作为微生物的载体，因而本书将前者所用介质统称为滤料，后者统称为填料，以示区别）的载体表面而无污泥膨胀之虞；由于其不同部位填料表面微生物的多相性、较低的运行负荷及生物膜内部 DO 的梯度分布而具有良好的硝化功能；作为附着生长型处理工艺之一，无需设污泥回流系统等。但在实际运行中，CBF 则存在较多的缺陷。与 CBF 相比，BAF 主要有以下两方面的优势。

一方面，CBF 易堵塞，通风供氧得不到有效保障，处理能力低，受环境条件影响大，而 BAF 则与此相反。如，CBF 工艺以降流式的方式运行，其供氧依靠自然通风实现，在运行中由于供气在整个滤床高度和水平截面上的气体量及气压难以实现完全均匀分布，且其所产生的冲刷作用较小，同时由于空气气流与进水水流呈逆向接触（应该说这种接触方式可获得较高的氧利用率），一方面容易在滤床内部形成沟流或短流现象，以及局部的气堵现象，从而进一步影响滤池的通风，使滤池供氧不足，导致其内部出现缺氧或厌氧现象，甚至严重影响处理效果；另一方面则由于其较弱的对生物膜的冲刷作用，易使生物膜老化、活性较低，为防止其过度积累而需限制进水中 BOD_5 的质量浓度一般不超过 300mg/L，并同时需通过出水回流以提高水力负荷，强化对生物膜的冲刷作用。与此相比，由于 BAF 多采用升流式的运行方式，同时通过人工强化的曝气手段（当然，其运行费用将有所增加），水、气同向流动，并借助于穿孔管的均匀布气，不仅可有效保证滤床内部供氧的可靠性和均匀性，同时可有效地强化对滤料表面的冲刷，利于生物膜的更新及其厚度的控制，并始终保持较高的活性，因而具有更高的处理能力和更好的处理效果；在 BAF 中，水、气的同向流及由于空压机所提供的气流的较高正压头，有效地克服了滤料床中的堵塞问题，同时利于发挥滤料床对进水中 SS 的截留能力。此外，由于 CBF 采用的填料均为大尺度（如 2～5cm 碎石或焦炭）的材料，而 BAF 则使用小尺度（2～8mm 的）颗粒做滤料，因而前者所提供的生物生长的表面积远低于后者。研究表明，CBF 的运行 BOD_5 负荷一般为 0.2～0.5kg/（m^3·d），并当进水中 COD_{Cr} 质量浓度大于 400～500mg/L 时，将由于供氧的不足而产生厌氧现象，影响处理效果，因而也限制了其在较高浓度废水处理中的应用；而 BAF 的运行 BOD_5 负荷一般可达到 5.0～6.0kg/（m^3·d），进水 COD_{Cr} 质量浓度则允许达到 1 000～1 500mg/L。

另一方面，CBF 无反冲洗系统，因而其滤床堵塞后必须进行较彻底的“翻池”作业，将填料翻出池外进行清洗或更换，其劳动强度大，滤池停止工作时间长，并需要进行重新挂膜。而在 BAF 中，则通过设置反冲洗系统，可及时保证滤池的通畅，消除死区和堵塞现象。但客观而言，反冲洗系统的增设在一定程度上增加了工艺操作运行管理的复杂性，这也是一种必需的牺牲。

第三方面，通过在 BAF 中增设强化曝气系统，使得该工艺的运行更加灵活。如前所述，可通过曝气管道在滤床中设置高度的变化，以不同的方式运行，使其具有更强的硝化和反硝化脱氮功能，获得更好的处理出水水质，满足不同的处理要求。

表 3-7 所列为 BAF 与 CBF 的工艺性能的综合比较。

表 3-7 BAF 与 CBF 工艺性能的综合比较

项 目	BAF 工艺	CBF 工艺
工艺组成	滤料，布水、布气及排水系统、反冲洗系统	填料、布水、排水系统
布水方式	采用大阻力（滤头）或滤板布水	在滤池表面均匀布洒
供氧方式	人工曝气，不受环境条件影响	自然通风，受环境条件影响大
载体介质	均质单一小颗粒球形滤料	不规则碎石或焦炭等大尺度填料
除污功能	生物降解+高效过滤	生物氧化为主
运行方式	多样化	较单一
处理能力	水力负荷 4～10m^3/（m^2·d），BOD_5 负荷 5～6kg/（m^3·d）	水力负荷 0.5～2.0m^3/（m^2·d），BOD_5 负荷≤1.0kg/（m^3·d）
系统启动	利用废水中微生物接种，初次启动时间 2～3 周	利用废水中微生物接种，初次启动时间 4～6 周
适用条件	用于二级和深度处理、受污水体的强化处理，进水 COD_{Cr} 可达 1 000～1 500mg/L，进水 SS≤60mg/L，可满足硝化、脱氮等处理功能要求	一般用于二级处理，进水 COD_{Cr}≤300～400mg/L，进水 SS≤100mg/L，一般多级串联运行
处理效果	BOD_5 去除率≥90%，NH_3—N 去除率≥90%，出水 NH_3—N 可控制在 1.0mg/L 以下，出水 BOD_5≤10mg/L	BOD_5 去除率 70%～75%，NH_3—N 去除率 50%～60%，出水 BOD_5≮30mg/L
主要优缺点	缺点：有动力消耗；运行管理稍复杂。优点：环境影响小，运行稳定；环境卫生好；不易堵塞；生物膜活性高；负荷高，占地小；出水水质好，可实现深度处理	缺点：受环境影响大；易堵塞；处理负荷低，相对占地较大；难以达到深度处理要求；环境微生物较差。优点：无动力消耗；运行管理较简单

3.3.2 BAF 工艺与其他工艺的比较

如前所述，BAF 工艺本质上属于生物膜工艺，但同时按照处理水量大、停留时间短、截污能力强、具有深度处理功能的快滤池的构造及运行方式设计，因而它具有与其他悬浮生长型的活性污泥不同的特点。表 3-8 列出了德国 Philip Muller 公司对传统推流活性污泥法（CPFP）、完全混合活性污泥法（CSTRP）和 Biofor BAF

三种不同污水处理工艺占地、投资和运行费用等经济指标的相对比较数据(以 CPFP 为基准)。表 3-9 所列为法国 OTV 公司对处理规模大于 5 000m^3/d 的 A^2/O、SBR 和 Biostyr BAF 三种污水处理工艺的特性比较的整理结果。

表 3-8　CPFP、CSTRP 和 Biofor BAF 工艺的经济比较

工艺方法	占地	投资	运行费
CPFP	1.0	1.0	1.0
CSTRP	0.6	0.95	0.85～0.95
Biofor BAF	0.25	0.75	0.8

表 3-9　BAF 与 A^2/O 和 SBR 工艺的特性比较

项目	Biostyr BAF	A^2/O	SBR
工程投资	一般无需二沉池；自控系统费用较高；占地小，为传统工艺的 1/10～1/5。总投资最低	土建量最大；占地最大。单元构筑物多。总投资最大	无需二沉池；池体深；系统单元少；设备闲置率高；自控较多。总投资较大
运行费用	水损失 3～3.5m；无污泥回流；氧利用率高；电耗少。总成本较低	水损失 1～1.5m；100%～150%污泥回流；曝气量大，电耗高。总成本最高	水损失 3～4m；无污泥回流；氧利用率与 A^2/O 基本相同；电耗较高。总成本较高
处理效果	SS≤15mg/L BOD_5≤10mg/L COD_{Cr}≤40mg/L TKN≤15mg/L	SS≤30mg/L BOD_5≤15mg/L COD_{Cr}≤100mg/L TKN≤15mg/L	SS≤30mg/L BOD_5≤15mg/L COD_{Cr}≤100mg/L TKN≤15mg/L
污泥特性	产泥量稍大，稳定性稍差；无膨胀问题	产泥量一般，相对稳定；易发生膨胀	产泥量一般，相对稳定；可有效控制污泥膨胀
运行管理	自动控制；无堵塞；设备紧凑，巡视方便	设备分散，巡视工作量大	自动控制高，工艺紧凑，巡视方便
规模扩建	模块化结构，易扩建；工期短	非模块化结构，工作量大	模块化结构，易扩建

3.3.3 BAF 工艺的主要特点

综上所述，BAF 工艺具有一系列相对突出的优点。可概括为以下几个方面：

（1）通过使用小尺寸球形滤料，大大提高了滤床可供微生物生长的表面积，提高了滤池单位体积内保持的生物量浓度；由于充足的曝气和较高水力负荷的不断冲刷作用，滤料上生物膜可始终保持在较薄的范围，因而具有较高的生物活性和对进水中污染物的适应性及降解能力。因此，该工艺的有机物容积负荷和去除率都较高。BAF 的 BOD_5 容积负荷可达到 5.0～6.0kg/（m^3·d），为传统活性污泥工艺和接触氧化工艺的 6～12 倍。

（2）该工艺的处理设施结构布置紧凑，将生化氧化降解和过滤截留两种处理功能在一个单元中进行，一般不需要设置二沉池，可有效节省占地面积，其占地面积为传统活性污泥工艺和接触氧化工艺的 1/5～1/10。

（3）运行方式灵活多变，可根据处理要求及废水水质，选择合适的运行方式，以实现不同的处理目标，因而具有较强的适用性和处理功能。同时，借助其高效而稳定的对废水中 SS 及脱落生物膜的截留作用，可获得比其他工艺质量更高的处理出水水质（参见表 3-7）。

（4）BAF 工艺也存在一定的不足。主要是其对进水预处理有较高的要求。第一，为保证合理的运行周期，BAF 一般要求其进水中的 SS 浓度低于 100mg/L，最好控制在 50～60mg/L 以下。因而通常需对其进水进行必要的强化处理（如考虑混凝沉淀或采用斜板沉淀等方式）或降低初沉池表面负荷率（延长 HRT）；第二，BAF 的水头损失较大，一般每级 BAF 的水头损失为 1～2m，因而所需的总提升高度大；第三，BAF 反冲洗操作时间较短，反冲洗期间水力负荷大，因而若将反冲洗出水直接回流入初沉池，则将对初沉池造成较大的冲击负荷而影响其沉淀效率，因而在工艺中往往需设置缓冲池以减轻此种影响。由此导致其工艺的复杂性；第四，由于其在较高的负荷条件下运行，进水中有机物的去除是以生物氧化降解和滤料的截留去除的，由于其较短的 HRT 和较高的负荷，使微生物具有较快的增殖速度，加之截留在滤床中的 SS，使其具有比其他工艺更高的污泥产量，且污泥的稳定性较差，需要进行合理处理。这与 AB 工艺中 A 段的污泥特性有相似之处。

3.4 BAF 的工艺类型及运行特性

自法国 OTV 公司在 20 世纪 90 年代开发并应用世界上第一座 BAF 以来，引起了废水处理领域对其的广泛研究，该工艺亦取得了长足的发展，工艺不断成熟，功能逐步扩展，运行更加可靠，效能日益显著。作为一种新技术，它不仅可实现有效的有机物氧化降解，截留进水中的 SS，还可获得优良的氮磷脱除效果，既可应用于废水的二级和深度处理，也可应用于微污染水体的处理。BAF 的这些功能和作用的发挥，是与其具有多种灵活的运行方式和不同的工艺组合形式密不可分的。

3.4.1 Biocarbon BAF 工艺

3.4.1.1 Biocarbon BAF 工艺的基本特征

Biocarbon BAF 工艺是 BAF 工艺的基本形式，分别由英国水研究中心（WRC）和法国 OTV 公司开发，并对世界废水生物处理的发展产生了重要的促进作用。该工艺的构造如图 3-4a 和 3-4b 所示。Biocarbon BAF 最初以降流方式运行，一般采用比重大于水的陶粒滤料。经预处理的废水由滤池的顶部进入反应池，在滤池中下部进行曝气，使气水以逆流的方式接触，无滤池出水回流系统。该工艺主要以有机物的去除为目标，但同时利用小颗粒滤料层有效的截留作用可获得高效的 SS 去除效果，并利用滤料表面生物膜内部与表层不同的 DO 环境及曝气管道位置的变换而实现有效的硝化与部分脱氮作用。但在不同的处理要求下，该工艺的设计和运行条件将有所不同。如，当无硝化或脱氮要求时，滤池的运行 COD_{Cr} 负荷可以达到 7.0kg/（m^3 •d）以上（即 BOD_5 负荷达 3.5kg/（m^3 •d）以上），其处理出水 BOD_5≤20mg/L，NH_3—N≤15mg/L，SS≤20mg/L。而当有硝化处理要求时，其工艺设计 COD_{Cr} 负荷一般宜小于 4.0kg/（m^3 • d），相应的硝化效率可达到 90%以上。一般情况下，单个 Biocarbon BAF 不能同时取得理想的硝化和脱氮效果。

3.4.1.2 Biocarbon BAF 工艺的运行特性

Biocarbon BAF 工艺由于采用降流式的运行方式，并采用小颗粒、比重大于水的材料作滤料，在其一个周期的运行过程中，滤料层对废水中污染物的去除作用，与传统的生物膜处理工艺有显著的区别，而其运行特性主要表现在污染物的去除及转化规律和滤床的纳污能力方面。下面以降流式为例说明其运行特性。

Biocarbon BAF 对污染物的去除及转化规律。Biocarbon BAF 对污染物的去除及转化规律与废水流经滤料床的高度呈现出显著的变化规律（如图 3-7 所示）。由图可见，BiocarbonBAF 工艺中，废水中有机物和 SS 的去除主要发生在滤料床顶部的区域。与 SS 去除不同的是，COD_{Cr} 的去除在经过一定的滤床深度后，即可达到显著的去除率，此后其进一步的去除率已不明显，而 SS 的去除在经过一定的深度并达到良好的去除率后，在废水继续沿滤床向下流动的过程中，滤床对 SS 仍有良好的去除作用。对 NH_3—N 而言，在相应的 COD_{Cr} 和 SS 高效去除段，其浓度呈逐步下降的趋势，而在此后的阶段则出现较快的下降趋势，说明其硝化作用主要发生在滤床的中下部，与有机物的去除规律相一致。

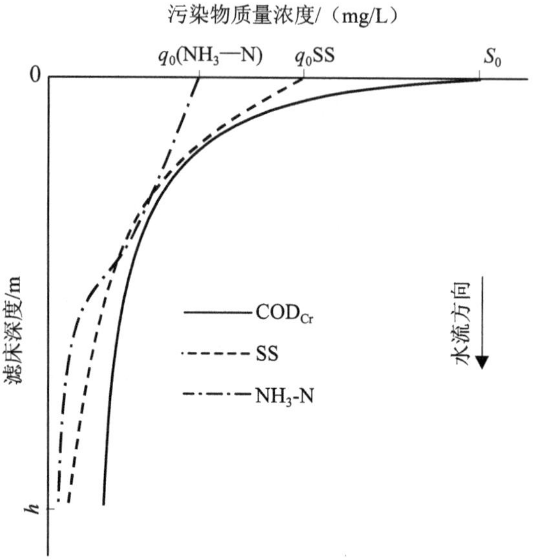

图 3-7　Biocarbon BAF 中污染物去除的特征曲线

上述变化规律与 BAF 所使用的滤料及在滤料表面所生长的生物膜的特性与数量是密切相关的。首先，小颗粒的陶粒滤料（粒径一般为 2～6mm）对进水中的 SS 具有良好的截留作用，这种截留作用不仅导致有效的 SS 去除，同时也去除了大部分的有机物。所截留 SS 中的有机物通过生物膜的吸附、吸收和氧化降解而去除，与此同时废水中溶解性的有机物亦通过传质作用传递至生物膜内部得以去除。其次，在上部滤料层内获得高效去除率的原因除废水首先与滤料接触而充分发挥其截污功能外，还与滤池因反冲洗而自然形成的滤料粒径自上而下由小至大的粒度分布有关，这种自然的粒径分布使进水中 SS 等物质首先与滤床上部小粒径的滤料接触，从而获得高的 SS 去除率。第三，COD_{Cr}的去除与生物膜的生物相和生物量在不同滤层中的分布有更密切的关系。

Boller 等对处理城市污水的 Biocarbon BAF 的研究表明，滤床进水端所生长的生物膜数量远大于出水端，在一个运行周期内，整个滤床中平均积累的生物膜数量约为 2 500～3 000g/m^3，而其上部可达 6 000～7 000g/m^3。图 3-8 所示为 BAF 滤床内生物膜的数量沿滤床深度的变化。滤料层上部相对数量更大的生物膜不仅对进水中有机物的变化具有良好的适应性，同时其中微生物主要以生长速度快、繁殖能力强的异养细菌为主，在快速吸收溶解性有机物并进行氧化降解的同时，对进水中不溶性的有机物（以 SS 形态存在）具有强烈的吸附作用，这种吸附作用与滤料对 SS 的有效截留作用相结合，不仅强化了其对有机物的表观处理效果（即以 SS 形式去除的有机物），同时也由于生物膜内外更高的浓度梯度而加快了有机物通过水解、吸收向生物膜内部的传质速率，促进了其对溶解性有机物的去除。因而，可把 Biocarbon BAF 滤料层上部的区域称之为其微生物生长和污染物去除的活跃区或主区。经活跃或主区后，不溶性的物质，尤其是有机物浓度已较低并多以溶解性为主，因而进入滤床中下部时，其传质速率明显下降，生物膜数量亦相应减少，故 COD_{Cr} 去除速率明显降低并趋于稳定；但对 SS 而言，虽然下层滤料层中所生长的生物膜数量较少，但由于上层滤料脱落的生物膜所具有的絮凝、吸附作用，具有对 SS 的进一步去除效能，因而呈现出持续的去除效果，其浓度继续下降。

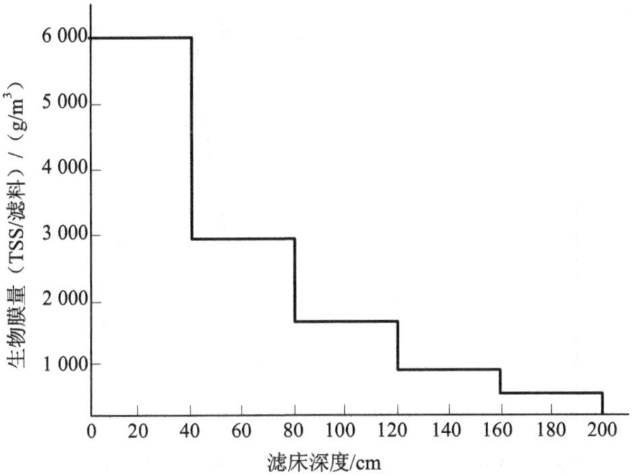

图 3-8　BAF 滤床中生物膜相对数量随滤床深度的变化

Biocarbon BAF 对废水中 NH_3—N 去除的变化规律则是由滤床中上下不同部位所生长的适应性微生物种类决定的。如前所述，上部主要以异养型细菌为主，而下部生物膜中则生长有大量的硝化菌。异养型细菌在对有机物降解的同时，将有机氮转化为 NH_3—N，同时作为其生长繁殖所需的营养而吸收部分 NH_3—N，使其浓度呈现出逐步降低的趋势；随有机物的有效去除，废水进入中下层滤床后，则在硝化菌的作用下发生硝化作用，使其显著下降。但其下降的幅度与速率与进水的有机负荷有关。

李汝琪等对 Biocarbon BAF 分别在水力负荷为 $0.53m^3/(m^2 \cdot d)$ 和 $1.1m^3/(m^2 \cdot d)$ 的条件下处理生活污水的研究表明：①在两种负荷条件下，对 SS 和 COD_{Cr} 的最大去除速率均发生在滤床上部约 40cm 的高度内，其浓度分别由 75mg/L 和 170mg/L 左右降低至 20mg/L 和 30mg/L 左右，去除率分别为 64.2～70%和 82.5%；而在此高度以下至滤床底部，SS 由 20mg/L 继续降低至 2.5～5.2mg/L，COD_{Cr} 由 30mg/L 降低至 10.3～12.5mg/L，总去除分别达到 87.1%～96.7%和 82.2%～92.6%；②水力负荷对有机物和 SS 去除的影响不大，但对 NH_3—N 的去除有较大的影响。如当水力负荷由 $0.53m^3/$

（m^2·d）提高为 1.1m^3/（m^2·d）时，NH_3—N 的去除率由 92%降低至 79%。

Biocarbon BAF 滤床的纳污能力。由于 Biocarbon BAF 以降流方式运行，其过滤过程相对于滤料的粒径分布而言，属于正粒度过滤，因而其对废水中不溶性污染物的纳污能力具有与普通快滤池相同的运行特性。即由于绝大部分 SS 均截留在滤床的顶层上部，而下部滤层对 SS 的截留能力难以得到有效利用，因而其纳污能力较反粒度过滤低。同时，截污区域过分集中，往往易使滤床的水头损失引起突发性的增加，同时将缩短滤池的运行周期，影响其处理能力。图 3-9 为 Biocarbon BAF 一个运行周期内的水头损失随运行时间的变化。

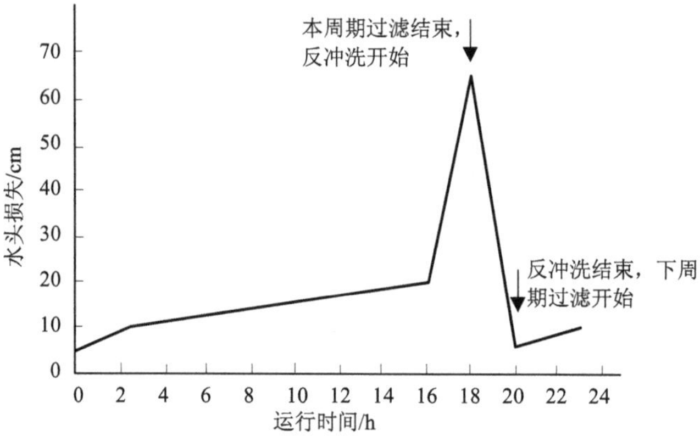

图 3-9 Biocarbon BAF 水头损失随运行时间的变化

3.4.2 Biostyr BAF 工艺

3.4.2.1 Biostyr BAF 工艺的基本特征

Biostyr BAF 工艺是法国 OTV 公司在 Biocarbon BAF 工艺的基础上开发并获得专利的、具有脱氮效果的淹没式曝气生物滤池。该工艺采用聚苯乙烯为主要成分、比重小于水的 Biostyrene 型轻质悬浮小球作微生物的载体和过滤滤料。

图 3-10 和图 3-11 所示分别为 Biostyr BAF 的工艺构造示意及单元构造透视图。如图所示，该滤池底部设有进水和排泥管，中上部是其厚度一般为 2.5～3m 的滤料层，在滤料顶部装有挡板以防止轻质滤料的流失，在挡板上均匀安装出水滤头，起到均匀集水的作用。挡板上部空间用作反冲洗水的储水区，其高度根据反冲洗水头而定，该区内设有回流泵用以将滤池出水泵至配水廊道，继而回流到滤池底部实现反硝化。在滤料层底部与滤池底部留有一定的空间，以作为反冲洗时填料膨胀之用。

Biostyr BAF 滤池曝气供气和反冲洗空气管道分别设置成两套系统，其中曝气管设于滤料层内，并将滤料层分为上下两个区：曝气管道上部的区域为好氧区，而下部的区域为缺氧区。滤填料层的总体高度以及好氧区和缺氧区所占比例可根据废水水质及处理目的和要求的不同而确定。反冲洗空气管则设在滤池底部。

3.4.2.2 Biostyr BAF 工艺的运行过程

Biostyr BAF 反应器按过滤—反冲洗的循环操作的方式周期运行，从开始过滤至反冲洗完毕为一完整周期。具体过程如下：

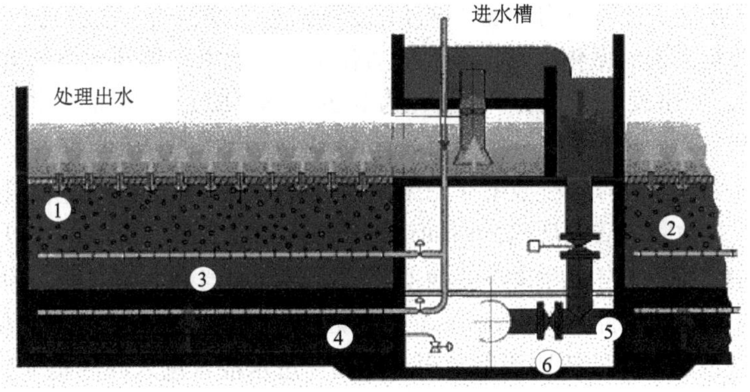

1—布水滤头；2—滤料层；3—曝气管；4—空气冲洗管；5—滤池进水与排泥管；6—反冲洗阀

图 3-10 Biostyr BAF 工艺构造及运行示意图

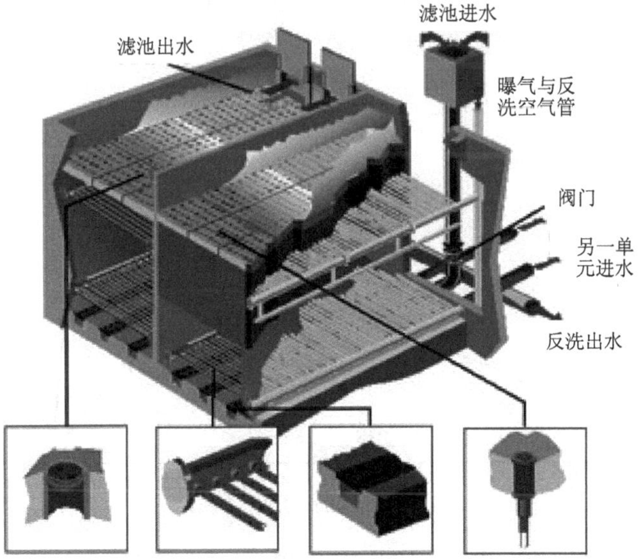

图 3-11 Biostyr 型 BAF 单元构造图

（1）过滤阶段。经预处理的污水（主要是去除进水中的 SS 以避免滤池频繁反冲洗，保证正常和较长的运行周期）与经过硝化后的滤池出水按一定的回流比混合后通过滤池进水管进入滤池底部，并向上首先流经填料层的缺氧区。此时反冲洗空气管处于关闭状态。在缺氧区内，一方面，反硝化细菌利用进水中的有机物作为碳源将滤池进水中的 NO_3^-—N、NO_2^-—N 转化为 N_2，实现反硝化脱氮，同时去除进水中的部分有机物。另一方面，在该区域内由于无曝气，因而可起到有效的对进水中 SS 的吸附和截留作用。经过缺氧区处理的污水流经滤料层内的曝气管后即进入了好氧区，并与空气气泡均匀混合继续向上流经整个滤料层。在水气上升过程中，生长在该区滤料表面的微生物利用通过传质作用从气泡中转移到水中的溶解氧进一步降解 BOD_5，并将废水中 NH_3—N 转化为 NO_3^-—N、NO_2^-—N 而发生硝化，同时滤床进一步截留废水中的 SS 及由滤料表面脱落的生物膜，起到良好的过滤作用。需要指出的是，以 SS 形态被截留在滤床内的可降解污染物以及被生物膜吸附的难降解有机物，其被降解吸收所需的时间可接近一个运行周期，对此应予以足够的重视。经滤料床处理后的出水经设在滤池上部的挡板及在挡板上均匀安装的出水滤头兵分两路排出滤池，一路直接排出 BAF 进入贮水池，在此排放或进入后处理单元。另一路则按进水的一定回流比例回流至进水槽与进水混合进入滤池实现反硝化。

随着过滤的进行，由于填料层内生物膜逐渐增厚，以及 SS 的不断积累，滤层的水头损失逐步增大，并可发生堵塞现象，因而在一定进水压力条件下，其过滤能力和过滤速率将下降或将导致滤床的穿透而影响出水水质，此时即应进入反冲洗阶段以去除滤床内过量的生物膜及 SS，恢复滤池的处理能力。图 3-12 为 Biostyr BAF 水头损失随运行时间的变化。

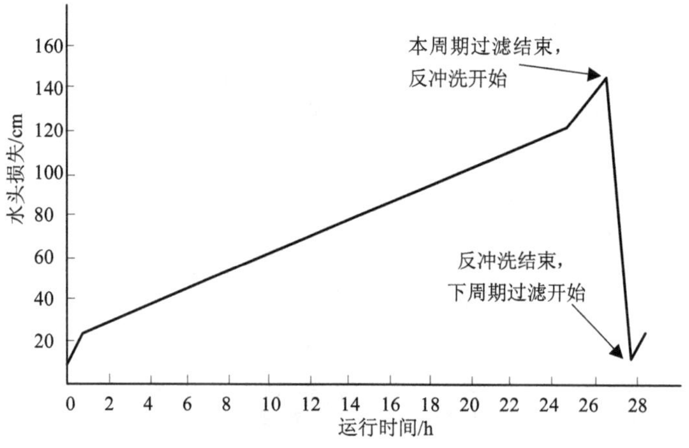

图 3-12　Biostyr BAF 水头损失随运行时间的变化

（2）反冲洗。Biostyr BAF 一般采用气、水交替反冲洗方式。反冲洗水即为贮存在滤池顶部的过滤出水，反冲洗所需空气来自滤池底部的反冲洗气管。在反冲洗过程中，首先关闭进水和曝气空气，并按单独的水反冲洗→空气单独冲洗→水、气交替反冲洗（重复数次）→水漂洗的程序对滤池进行反冲洗。反冲洗水自上而下，滤料层受下向水流作用发生膨胀，滤料层在单独的水反冲或空气反冲的过程中，不断膨胀和压缩，同时在水、气对滤料的冲刷和滤料颗粒间互相碰撞和摩擦的双重作用下，老化的生物膜、被截留吸附的 SS 与滤料分离，并随水流出 BAF 池。含有大量污泥的反冲洗出水回流至整个处理工艺的预处理单元。由于正常过滤与反冲时水流方向相反，填料层底部的高浓度污泥不经过整个滤床，而是以最快的速度通过池底反冲洗水排出管离开滤池。反冲洗结束后，滤池即进入下一个周期运行。

3.4.2.3 Biostyr BAF 工艺的运行特性

如上所述，Biostyr BAF 工艺通过曝气管道设置在滤料层内而将滤料层分割成好氧（曝气管上部区域）和缺氧（曝气管下部区域）两个区，并通过处理出水的回流，而形成 A_n/O 的脱氮工艺运行方式，从而使其具有脱氮功能。同时，在运行过程中，作为滤料的聚苯乙烯小球表面附着生长的生物膜在成熟时具有一定的厚度，从其外表至内部存在 DO 的浓度梯度，由此形成由表面至内部的好氧、缺氧和厌氧区，废水中的污染物通过生物膜的吸附、吸收向其内部传递，并依此经历相应的好氧降解、缺氧和厌氧转化等过程，实现对有机物和氮的转化和去除。

Biostyr BAF 工艺最初是根据 A_n/O 的脱氮工艺思路、以脱氮为目的而开发的，并通过采用适宜的滤料而实现其功能的 Biobarbon BAF 的改进型曝气生物滤池。除具有前述 BAF 的共同特点外，还具有其特殊的工艺特性。

首先，该工艺采用了轻质的新型滤料。滤料技术的改进是改进反应器内部构造、强化传质、改善水力和生化反应条件的基本手段，也是提高反应器运行负荷和处理能力的根本途径。在 BAF 工艺中，滤料既担负作为微生物附着生长载体并为生物膜生长提供良好的生长环境的作用，也起着对进水中 SS 有效过滤的作用。因而，BAF 运行性能的优劣很大程度上取决于滤料的特性。Biostyr BAF 所采用的是比重小于水、粒径为 2.5～3m 的球形有机颗粒（Biostyrene），具有较好的机械强度和化学稳定性，在为微生物提供生长环境、截留 SS、促进气水均匀混合等方面有一定优势。与 Biofor BAF 工艺中所使用的沉没滤料（sunken media）Biolite 膨胀硅铝酸盐相比，Biostyrene 更易于反冲洗，并结合其具体的运行方式，为 Biostyr BAF 拥有更高的处理能力、更长的运行周期及较少的反冲洗用水量创造了条件。资料表明，悬浮滤料在截留 SS、有机物降解等方面要优于沉没滤料。

其次，该工艺滤池内微生物浓度大，活性高，处理负荷高，出水水质优且运行稳定，具有更强的处理功能。运行过程中，废水先流经缺氧区，不但利用废水中的有机物（内碳源）直接为反硝化提供了所需的碳源，同时因部分有机物在该区的降解而可降低滤床好氧区的污染物负荷，减少好氧区需氧量，并为硝化创造了有利的条件。表 3-10 为 Rogalla 等人应用 Biostyr BAF 工艺作为经斜板沉淀池处理后的城市污水二级处理工艺的研究数据。

表 3-10 Biostyr BAF 处理城市污水（二级处理）的研究数据

检测指标	进水	出水	备注
总 COD_{Cr}/（mg/L）	324	44	1. HRT 小于 2h； 2. 在满足脱氮的前提下，COD_{Cr} 负荷可达 10kg/(m^3·d)； 3. 17℃、NH_3—N 负荷为 1kg/(m^3·d)时，NH_3—N 去除率达 95%；NO_3^-—N 负荷为 1.5kg/(m^3·d)（以缺氧区计）时，NO_3^-—N 去除率为 75%
溶解性 COD_{Cr}/（mg/L）	172	32	
SS/（mg/L）	105	12	
TKN/（mg/L）	40	5	
NO_x—N /（mg/L）	—	9	

此外，与 Biocarbon BAF 工艺相比，该工艺具有较长的运行周期（源于其更大的纳污能力）。但由于该工艺以脱氮为运行的主要目标，因而为了使硝化和反硝化菌有足够的繁殖和生长时间及长期良好的环境，需要有足够长的运行周期，以尽量减少反冲洗次数，因而须对滤池进水进行更严格的预处理以降低进水中的 SS，尤其是该工艺应用于二级处理时，往往需投加化学药剂进行混凝沉淀处理。由此，药剂的使用不仅将增加整个处理工艺的运行费用，许多药剂还将降低进水的碱度，从而进一步影响硝化过程。但当该工艺应用于废水的三级（深度）处理时，则由于滤池进水 SS 浓度已很低，这一问题并不突出。对此，如何利用自控系统有效合理地控制投药量，是目前 BAF 研究的一个重要课题。

3.4.3 Biofor BAF 工艺

3.4.3.1 Biofor BAF 工艺的基本特征

Biofor（Biological Filtration Oxygenated Reactor）BAF 由法国 Dégremont 水务公司开发。该工艺使用特制的、有 7 种不同类型的膨胀硅铝酸盐颗粒（Biolite）作滤料，采用升流式、水、气同向运行方式，曝气装置采用高强度的空气扩散器（Oxazur）。图 3-13 为该工艺的构造和工作原理图。

该工艺的曝气系统设在滤料层的内部，滤料层底部设有支撑垫板，一般采用安装支撑垫板长柄滤头（图 3-3）配水，同时在支撑垫板上铺设厚为 10～20cm 的卵石承托层，以防止滤头的堵塞。有的则不用滤头而用沙砾层取而代之进行配水。滤料上部为贮水区，其出水和反冲洗水均由该区输出。滤料层表面与上部出水堰之间设有一定的空间，以满足反冲洗时滤料膨胀之需。

与Biostyr BAF工艺相同，Biofor BAF设有两套空气管路系统。曝气管路一般位于滤料层底部，使整个滤料层处于好氧状态，但亦可将其设在滤料层的中部，使滤料层分为上部好氧区和下部缺氧区。滤料层高一般为2～4m，宜根据池形、废水水质、处理要求和目标及HRT等确定。与Biostyr BAF 工艺不同的是，Biofor BAF采用比重大于水的膨胀硅铝酸盐颗粒（Biolite）作滤料。

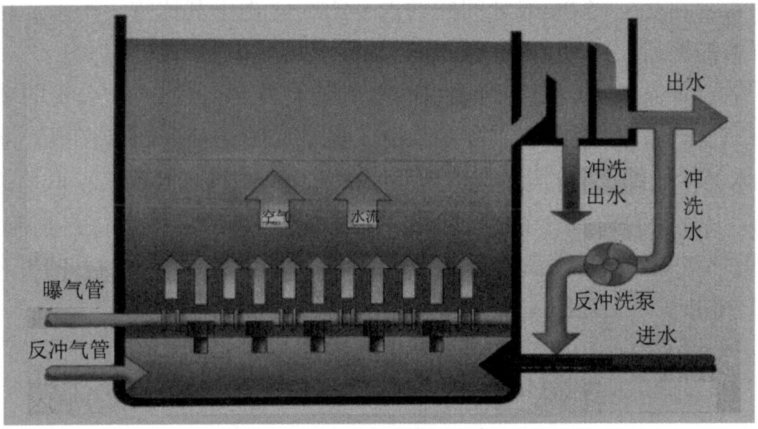

（a）剖面

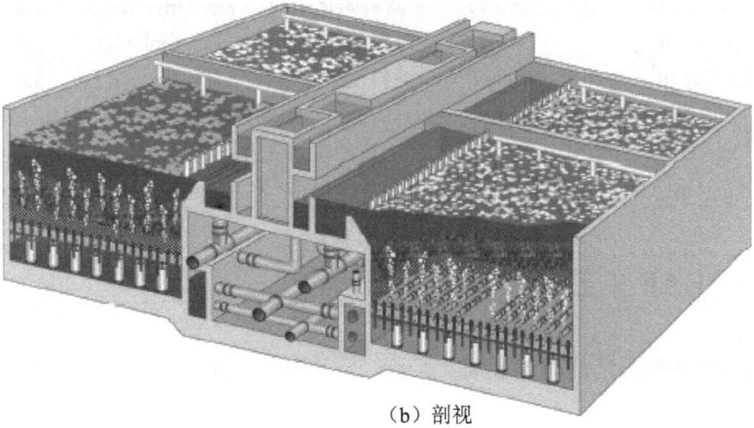

（b）剖视

图3-13 Biofor BAF工艺构造及工作原理

3.4.3.2 Biofor BAF工艺的运行特性

Biofor BAF工艺在运行方式、处理功能和整体构造等运行特性方面亦与Biostyr BAF 工艺基本相同。但对滤料的使用、曝气装置的采用等方面则有所区别。

滤料的使用。该工艺使用的由 Pillip Müller 公司研制生产的膨胀硅铝酸盐颗粒（Biolite）滤料其密度大于水，与其他滤料相比，具有一些良好的特性：①其硬度更高，使用寿命更长，可使用多年而可保持其原有的颗粒大小和形状；②具有较高的耐腐蚀性和耐磨损性，可有效避免其在反冲洗过程中的磨损；③具有良好的颗粒化特性，可根据具体的工艺要求加工成不同大小的颗粒，提高滤料床对 SS 的截留能力，创造更好的有机物降解环境。目前正在应用中的Biolite的粒径尺寸一般为1～6mm，其中粒径在 2.5～5.0mm 之间的约占 94%。④由于其比重大于水，且质地坚硬，因而可增加滤料层高度，减少其占地面积。

空气扩散装置。Biofor BAF 所使用的曝气装置为 Pillip Müller 公司的专利产品——Oxazur 空气扩散器。此种扩散器由柔性多孔隔膜制成，将其安装在配气板上，空气经该膜输入滤池底部空间的进水中（使其底部成为一个气水混合室），其氧的利用率可高达 25%，从而可有效减少运行过程的供气量，节省动力消耗。此外，Oxazur 空气扩散器还可通水冲刷，以便及时进行必要的清洗，防止堵塞，保证运行的可靠性。

表 3-11 列出了该工艺的主要特性参数

表 3-11　Biofor BAF 的工艺特性参数。

指标	数值	指标	数值
过滤滤速/（m/h）	2～11	滤料硝化负荷/（kg/（m^3·d））	1.5（20℃）
空气流速/（m/h）	4～15	滤料反硝化负荷/（kg/（m^3·d））	2.5（20℃）
TSS 负荷/（kg/m^3）	4～7	滤料反硝化负荷/（kg/（m^3·d））	6.0（20℃）
COD_{Cr}负荷/（kg/（m^3·d））	12	氧利用率/%	20～30
BOD_5负荷/（kg/（m^3·d））	6	反冲洗水（占处理水量%）	3～8
硝化负荷/（kg/（m^3·d））	1（10℃）	污泥产率/（kg/kg）	0.75

3.4.4 Biopur BAF 工艺

3.4.4.1 Biopur BAF 工艺的基本特征

Biopur BAF 是瑞士 VATA TECH WABAG Winterthur（原苏尔寿环境技术部）于 20 世纪 80 年代研究开发的一种曝气生物滤池，采用几何形状规整、呈波纹状的 Sulzer 填料，该填料具有三维结构，比表面积为 125～500m^2/kg。此外，还同时使用颗粒载体作滤料，并可根据废水类型及其水质情况、处理要求和功能，将不同的填料类型组合使用。

该工艺可以降流式或升流式两种方式运行，曝气空气管道的布置与其他型式的 BAF 基本相同，亦可根据处理要求设置在滤料床的不同高度处，以实现不同的处理目标。但由于该工艺采用过滤性能较粒状滤料差的填料，因而需使用滤头作过滤装置，以保证其对出水中SS的处理要求。图3-14为该工艺构造和运行示意图。

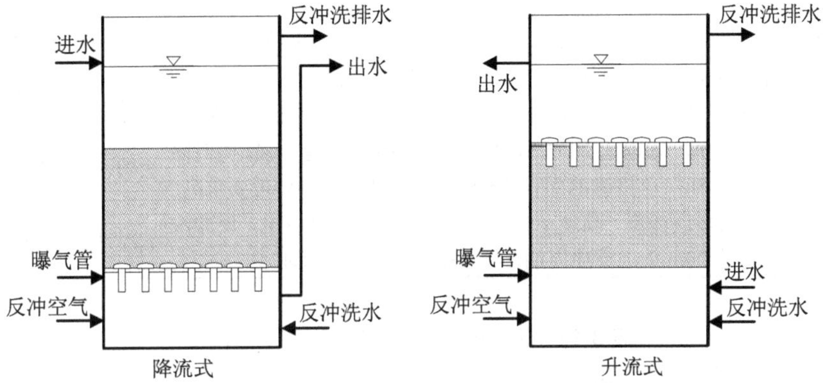

图3-14 Biopur BAF工艺构造与运行原理

3.4.4.2 Biopur BAF工艺的运行特性

Biopur BAF工艺与其他型式的最大不同在于其使用了非粒状过滤介质，同时可根据不同的处理要求与其他粒状滤料组合使用，由此体现出其与其他工艺不同的运行特性。

填料类型及其组合。①使用规整波纹板填料。该工艺使用此填料时，一般采用降流式运行方式，被处理废水由填料顶部向下流动，与底部曝气形成气水对流，借助于填料的很大孔隙率而可获得高的底物吸收和氧化降解速率及氧的利用率，同时由于规整波纹板固定在反应池中，其对水气的剪切作用使气水分布均匀，而高的孔隙率则不易造成堵塞，对其进水中SS的预处理要求较低；此外，运行过程中的水头损失小，因而运行周期较长，适用于处理进水浓度较高的废水。但由于填料对废水中SS及脱落的生物膜的截留能力较差，因而需要的出水端安装滤头以均匀布水和截留SS；②采用粒径为2～8mm的陶粒填料。采用粒状陶粒滤料时，Biopur BAF工艺可以升流式或降流式运行，但多采用升流运行方式。由于陶粒填料具有比规整波纹板高得多的比表面积（600～1 200m^2/kg），从而能达到更高的SS和有机物的去除率，同时其出水亦无需进一步过滤处理。③当对处理出水的氮、磷及SS有严格要求，特别需将处理出水回用时，则可采用石英砂作滤料，以获得高质量的出水。表3-12所列为上述不同滤料的基本特性及其主要处理功能。

工艺组合。Biopur BAF工艺可根据进水水质特征及出水水质要求，选择不同的滤料及相应的工艺运行组合方式，实现所需的处理目标。表3-13所列为该工艺的上述不同组合及运行特性数据（表中不同组合工艺的进水均为沉淀处理的出水）。

表 3-12 Biopur BAF 工艺使用的不同滤料的特性与功能

填料类型	基本特性	主要特点	应用范围
规整波纹板	高 3～6m，滤速可达 25 m/h，反冲周期 24～72h，单格滤池面积 1～80m²	水头损失小，运行周期长，对预处理要求低	去碳、硝化和反硝化
陶粒填料	高 3～6m，滤速达 20 m/h，反冲周期 24～48h，单格滤池面积 1～80m²	SS 截留能力强，同时除磷，对预处理要求高	去碳、硝化和预反硝化
石英砂	单层或多层滤料，高度 1.2～2.5m，滤速达 20 m/h，反冲周期 24～48h	运行可靠稳定，反冲洗耗水少	絮凝过滤、后续反硝化

表 3-13 Biopur BAF 工艺组合工艺流程

组合流程	出水水质
进水→Biopur BAF（C）→出水 填料：规整波纹板，功能：去碳	BOD_5：10～25mg/L SS：10～30mg/L
进水→Biopur BAF（C）(1)→Biopur BAF（N）(2)→出水 （1）填料：规整波纹板，功能：去碳；（2）填料：陶粒，功能：硝化	BOD_5：5～15mg/L SS：10～15mg/L
进水→Biopur BAF（DN）(1)→Biopur BAF（N）(2)→出水（出水回流至进水） （1）填料：规整波纹板，功能：反硝化；（2）填料：陶粒，功能：硝化	BOD_5：5～15mg/L SS：10～15mg/L P：0.5～0.8mg/L NH_3—N：1～2mg/L
进水→Biopur BAF（DN）(1)→Biopur BAF（N）(2)→砂滤→出水（回流至进水） （1）填料：规整波纹板，功能：反硝化；（2）填料：陶粒，功能：硝化	BOD_5：5～10mg/L P：0.2～0.5mg/L NH_3—N：1～2mg/L

主要工艺运行参数。Biopur BAF 工艺适用于城市污水、工业废水的处理，并可通过不同运行参数的合理选择，实现深度处理（硝化、脱氮、除磷）功能。其主要工艺运行参数见表 3-14 所列。

表 3-14 Biopur BAF 工艺的主要运行参数

参数	指标	参数	指标
BOD_5 负荷	2～10kg/（m³·d）	运行操作	可自控
停留时间	0.5～1.0h	对周围环境影响	小
气水比	（2～3）：1（城市污水）	维修管理	简单
除磷脱氮	较强	施工难易	简单
反应器体积	活性污泥工艺的 1/20	适应性	强
出水水质	高且稳定性好	滤料污泥量	3～5kg/m³

与其他生物处理工艺一样，Biopur BAF 工艺的设计负荷需根据其所需达到的处理功能和效果（硝化、反硝化和除磷）而确定，表 3-15 所列为不同运行要求时，有关资料报道的 BOD_5 负荷设计参数（供参考）。

表 3-15 Biopur BAF 工艺的不同运行要求时的 BOD_5 负荷指标

处理功能及工艺组合条件		负荷/（kg/（m^3·d））	备注	
去除有机物	BOD_5/COD_{Cr}＞0.6	6～10	二级曝气生物滤池	
	BOD_5/COD_{Cr}＜0.6	3～6		
去除有机物+硝化	第一级去除有机物	3～6	去除有机物	
	第二级硝化	0.5～1	BOD/TKN=2～3	
硝化和反硝化	第一级硝化	1.5～3	BOD_5/TKN=5～6	回流比 100%～300%
	第二级反硝化	0.5～1	BOD_5/TKN=5～6	
除磷	出水 TP＜1mg/L	—	BOD_5/TP＞10	需加 $FeCl_3$
	出水 TP＜0.5mg/L	—	BOD_5/TP＞20	

污泥产量。Biopur BAF 工艺运行时，为 CAS 工艺 3～5 倍以上，特别是采用波纹板填料时，其污泥浓度可高达 10g/L。因而该工艺的 BOD_5 负荷可高达 CAS 工艺的 3～5 倍。同时，由于反应池中填料表面的生物膜具有丰富的生物相（除真菌、丝状菌和菌胶团外，还有多种捕食细菌的原生动物和后生动物）和沿水流方向的分布，形成了稳定的食物链，因而其污泥产量较少，一般为 CAS 工艺的 50%～60%。表 3-16 所列为不同 BOD_5 负荷时该工艺的产泥量的研究数据。

表 3-16 不同 BOD_5 负荷下 Biopur BAF 工艺的污泥产率

BOD_5 负荷/（kg/（m^3·d））	1.0	1.5	2	2.5	3	3.6	3.9
污泥产率/（kg/kg）	0.18	0.37	0.45	0.52	0.58	0.70	0.75

反冲洗。与其他 BAF 工艺相比，Biopur BAF 工艺的运行周期较长，其反冲洗频率一般为 2～3 天 1 次。反冲洗水量为处理水量的 5%～10%，冲洗水的 SS 质量浓度为 1 500～2 000mg/L。其所需的反冲洗强度见表 3-17 所列。

表 3-17 Biopur BAF 工艺的反冲洗强度

气 反 冲 洗		水 反 冲 洗	
强度/（m^3/（m^2·h））	60～150	强度/（m^3/（m^2·h））	70～120
气量/（m^3/m^2）	25～50	气量/（m^3/m^2）	波纹板：8.0～10.0；陶粒：6.0～8.0；砂粒：6.0

3.4.5 Biobead BAF 工艺

3.4.5.1 Biobead BAF 工艺的基本特征

Biobead BAF 亦称 BAFF（Biological Aerated Flooded Filter），是一种采用特制轻质滤料的升流式曝气生物滤池，其构造形式与上述工艺基本一致（图 3-15）。所使用的滤料（Biobead）粒径与陶粒等粒状滤料相仿，但它是由泥炭颗粒所包埋的聚砜悬浮颗粒状塑料介质（图 3-16 为 Biobead 的扫描电镜 SEM 照片）。此种滤料的比重小于水，含有大量的碱金属离子基团，内部具有较大的空隙，比表面积大且具有很好的传质效果，尤其对废水中磷及金属离子等有较强的作用，同时适用于含较高盐分废水的处理（见第 7 章 7.4.1 节）。

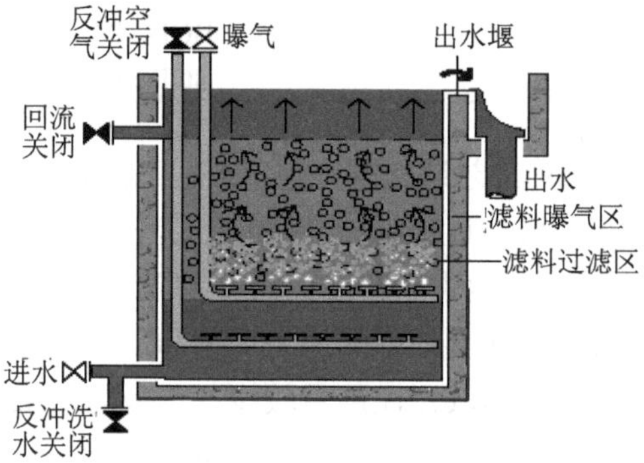

图 3-15　Biobead BAF 的构造及运行

图 3-16　Biobead 的 SEM 照片

3.4.5.2 Biobead BAF 工艺的运行特性

该工艺以升流式运行。运行过程中，废水由底部上向流经滤料，在滤料床的底部及顶部设置格栅以拦截滤料，进水中的 SS 首先与位于底部的滤料接触而被吸附，因而在滤床中自然形成两个区域：一是过滤区。即由于底部滤料比上部滤料吸附更多的 SS 及金属离子，致使其比重大于上部滤料而处理"沉着"状态，强化其过滤作用；二是悬浮区。此区内的滤料由于接纳较少的 SS，因而可在曝气和水流的作用下处于悬浮态，从而使其具有更高的氧利用率，其生长的生物膜量更多，并可通过在短期内适当提高过滤速度（一般为正常滤速的 8 倍），使滤料产生流化作用而促进老化生物膜的脱落，保持生物膜的活性。

该工艺可通过曝气管位置设置的不同，以不同的方式运行，如 C-biobead、N-biobead、DN-biobead 等，而实现不同的处理目标和处理功能。当应用于处理城市污水时，该工艺的典型的运行 BOD_5 负荷为 2.5～5kg/（m^3 • d），通常可达传统工艺的 4～10 倍。当 NH_3—N 负荷为 0.6 kg /（m^3 • d）时，处理出水 BOD_5、SS、NH_3—N 可分别达到 10、10 和 3mg/L。有报道表明，当采用该工艺以两段方式（C-Biobead+N-Biobead）运行时，其最优出水水质可达到：BOD_5≤5mg/L、SS≤10mg/L、NH_3—N≤0.5mg/L。

该工艺具有较强的深度处理功能，适用于用地紧张的场合，同时由于其滤料所具有的良好的对废水中金属离子及其他污染物的吸附作用，也较其他 BAF 工艺更适用于工业废水的处理及以回用为目的的深度处理。由于其对氧的高效利用率，其动力消耗一般为传统工艺的一半。此外，该工艺具有较强的抗冲击负荷能力。目前，在全世界范围内已有超过 50 座采用 Biobead BAF 的污水处理厂在运行和建设之中。图 3-17 所示为正常过滤和反冲洗阶段的 Biobead BAF 工艺。

a 正常过滤　　b 反冲洗

图 3-17 运行中 Biobead BAF 工艺

3.5 BAF的典型工艺流程及其选择

3.5.1 BAF工艺的典型流程

BAF作为一种新的废水生物处理工艺单元技术，集有机污染物生化降解的生物处理原理、对不溶性SS吸附吸收的物化原理及对SS的机械截留的分离原理于一体，是一种综合性的处理技术，同时可通过运行方式的改变而实现多种处理功能，有着易受人理解和接受的理论基础，因而其一经开发便得到广泛的认可，并得到迅速的推广应用。但其作为一种处理工艺单元，必须置身于具体的工艺系统，才能发挥有效的作用。为便于理解，编著者将各种形式（Biocarbon、Biostyr、Biofor和Biopur）的曝气生物滤池统称为BAF，同时各种形式的BAF均可通过确定曝气管道在滤池中不同位置，而实现相应的处理功能。如前所述，把仅以有机物去除为主要目标的BAF以C-BAF表示，把同时实现有机物去除及硝化功能的BAF以N-BAF表示，把同时实现有机物去除及脱氮功能的BAF以DN-BAF表示，把同时实现有机物去除和脱氮除磷功能的BAF以NP-BAF表示。此外，不同X-BAF（X—C、N、DN或NP之一）的处理功能可由同类型或不同类型的单个单元、两个单元（或多个单元）共同组成的串联或并联系统而实现（即X_n-BAF，n=1，2，…，n）。

由此，可根据该工艺的运行特性、应用场合及处理对象，提出以下BAF工艺的典型处理工艺流程。

3.5.1.1 由运行特性确定的BAF处理工艺流程

BAF工艺最关键的运行特性是由其所使用的滤料类型所确定的。当以小尺度颗粒介质作为滤料时（如Biocarbon、Biostyr、Biofor），为确保其有合理的运行周期，需严格控制进水中的SS，从而对进水的预处理有较高的要求；当以规整波纹板为填料时（如Biopur），由于其较大的空隙率，而对进水的预处理要求较低。因而有两种典型的处理工艺（图3-18）。

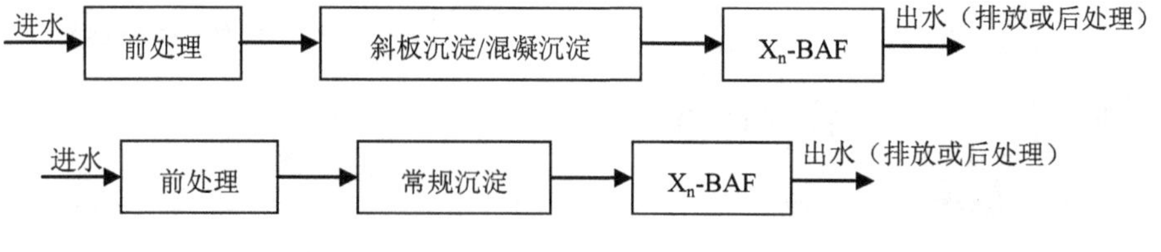

图3-18 由运行特性确定的BAF处理工艺流程

由图3-18可见，对于使用小颗粒为滤料的BAF工艺而言，为使其进水SS控制在100mg/L（适宜质量浓度为60mg/L）以下，需采用强化的沉淀预处理工艺，而以规整波纹板为填料时，则仅需进行常规的沉淀处理即可。对此，在选择具体工艺时应对症下药。图中BAF可根据不同处理功能，采用不同的运行方式及单元组合（见下述）。

3.5.1.2 由应用场合确定的BAF处理工艺流程

BAF工艺研究和开发之初衷，是作为深度处理工艺应用的，但目前该工艺不仅作为深度（三级）处理工艺应用（图3-19a），也可应用于废（污）水的二级处理以及微污染水体的强化预处理。因而，依据其应用场合的不同，BAF工艺的地位和作用亦不尽相同。作为深度处理工艺，BAF的作用是实现处理出水的回用；作为二级处理工艺，BAF是传统二级生物处理工艺的革新替代技术，并可通过不同运行方式的组合，而实现其不同的处理功能（图3-19b）；作为微污染水体的强化预处理工艺，则是水体生态修复的人工措施之一或饮用水处理工艺的有机组成部分（图3-19c）。

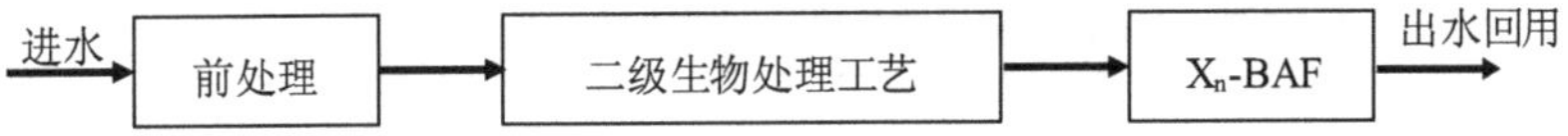

a. 应用于深度处理场合

b. 应用于二级处理场合

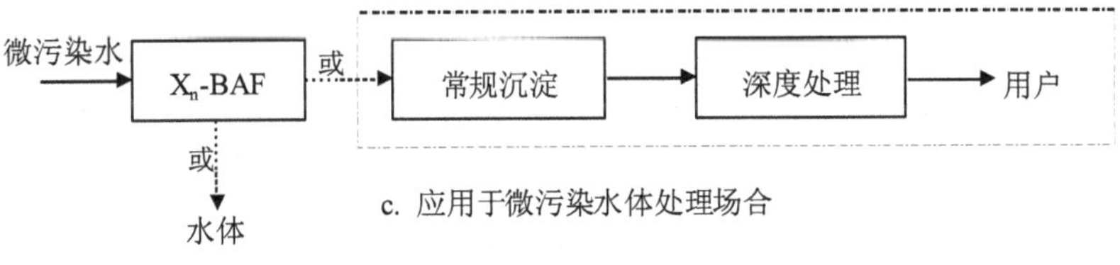

c. 应用于微污染水体处理场合

图3-19 由处理场合确定的BAF处理工艺流程

3.5.1.3 由处理对象确定的BAF处理工艺流程

根据各BAF工艺型式及运行方式的不同，当将其应用于实现不同处理对象的功能时，有以下各典型的工艺流程（以应用于二级处理场合为例），见图3-20。其中除C-BAF仅指Biocabon BAF外，其余X-BAF则指包括Biostyr BAF、Biofor BAF和Biopur BAF在内的任何一种。X_n-BAF则指所有BAF工艺型式不同组合（图3-21为一例）。

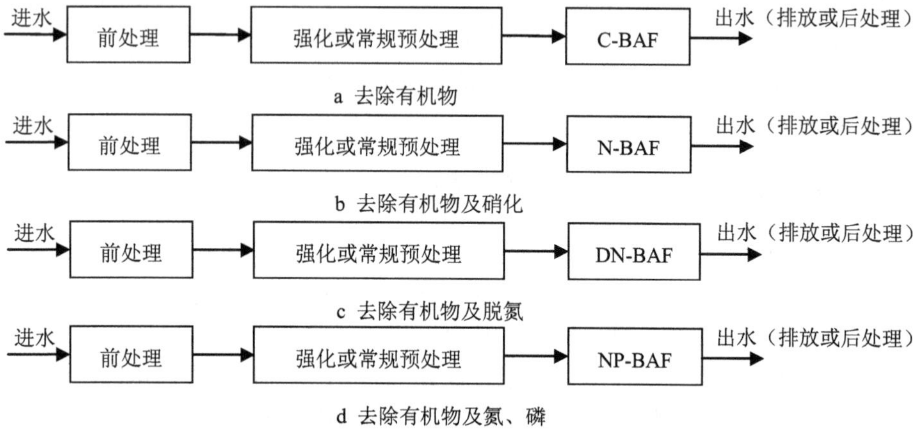

图 3-20　由处理对象确定的 BAF 处理工艺流程

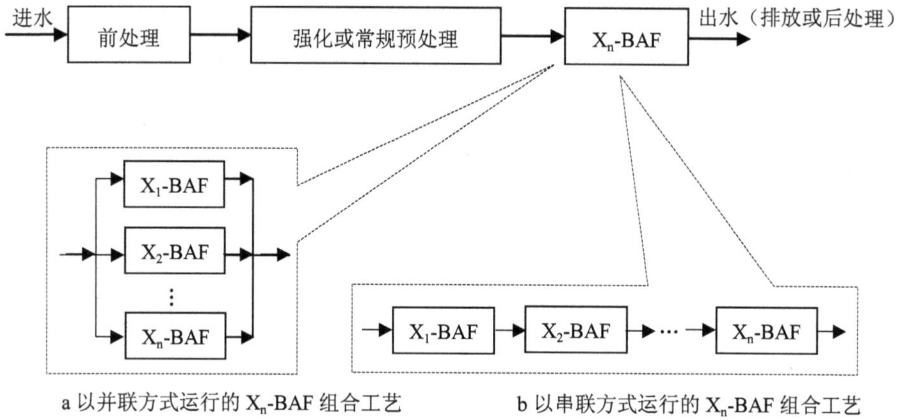

图 3-21　由处理对象确定的 BAF 组合处理工艺流程

要指出的是：①根据运行特性、应用场合及处理对象三方面所确定的上述各 BAF 的典型处理工艺流程，并非 BAF 工艺应用的全部，它无疑可与其他处理工艺技术（如传统生物滤池等）结合应用，以获得相应的处理效能。②上述各典型工艺流程仅表现了主体工艺，在工艺的设计和实际应用中应根据相应的工艺处理目标和组合方式，考虑其必需的辅助系统（如曝气、反冲洗气、反冲洗水及回流等）或设施。

3.5.2 BAF 工艺处理流程的选择

如前所述，采用 BAF 作为废水处理工艺的单元操作时，可根据处理对象和处理要求的不同，选择并确定具体的处理工艺流程。目前，通常采用的工艺流程主要由一段法、两段法和三段法三种，它们各具特点，并有其相应的适用范围和应用要求。

3.5.2.1 一段法工艺

该工艺主要应用于对废水中氮、磷排放浓度无特殊要求的城市污水和可生化性较好废水的处理，其主要去除对象为废水中的有机物，同时具有高效截留废水 SS 的功能。因而，该工艺中采用的 BAF 均以 C-BAF 的方式运行。一段工艺的适应进水 COD_{Cr} 质量浓度一般可高达 1 500mg/L，其有机物负荷较高，滤料床中生物反应的速度较快，微生物及生物膜的增殖速度亦较快。因而当采用粒状滤料时（可省去二沉池），由于生物膜的脱落及进水中 SS 的垃料床中的积累亦较快，其运行周期较短。

一段法的工艺流程如图 3-20a 所示。原废水经预处理（对于城市污水，其预处理工艺一般为格栅、沉砂和初沉等；对于工业废水，其预处理工艺一般有格栅、调节、沉淀及水解酸化等处理单元）后，进入 C-BAF 工艺单元。C-BAF 的整个滤床均处于好氧状态（曝气管道设置在滤料床的底部或与反冲洗空气管使用同一布气系统），依靠异养细菌对有机物进行氧化降解，同时依靠吸附、截留等作用去除废水中的 SS，其后一般不需设置二次沉淀池。当所处理的工业废水的 COD_{Cr} 质量浓度超过 1 500mg/L 时，可在 BAF 单元前设置厌氧处理单元，以缓解其处理负荷，保证适当的运行周期。

当采用一段法工艺实现硝化、脱氮和脱氮除磷要求时，则其中的 BAF 单元应分别以 N-BAF、DN-BAF 和 NP-BAF 的方式运行，同时应较严格地控制进水中的 SS 和有机物浓度，因而需要对进水进行强化预处理，以将进水 COD_{Cr} 和 SS 质量浓度分别控制在 200～300 mg/L 和 60～100mg/L 以下，以确保功能的有效发挥。

3.5.2.2 两段法工艺

该工艺主要应用于对废水中有机物和氮的硝化处理，由预处理→C-BAF→N-BAF 组成（如图 3-21b 所示，n =2。其中第一段 X 为 C，即 C_1-BAF；第二段 X 为 N，即 N_2-BAF）。如上所述，实现硝化处理可采用 BAF 以 N-BAF 方式运行的一段法工艺，但当将有机物的去除和氮的硝化分别在 C-BAF 和 N-BAF 两个单元中分别实现时，则有利于在不同的 BAF 中培养性能相对稳定的优势微生物，各司其职，缩短有机物氧化降解的时间，提高处理效率和处理能力，尤其是充分发挥 C-BAF 在较高的负荷下运行的优势（若采用一段法，则其进水的有机负荷控制较严格，影响了其处理能力的发挥）；同时，由于 C-BAF 单元处理水质得到保证，COD_{Cr}和 SS 浓度均已较低，第二段 N-BAF 单元的进水负荷较低，其运行周期较长，利于长世代期硝化微生物的生长及其稳定性的保持，从而利于硝化功能的充分发挥。二段法中 C-BAF 和 N-BAF 可共用一个反冲洗供水系统，并可将 C-BAF 段的处理出水作为反冲洗水源。二段法所需要的预处理单元与一段法相同。

若对废水进行脱氮处理时，亦可采用由预处理→C-BAF→DN-BAF 组成的两段工艺，其中 DN-BAF 多采用 Biostyr 或 Biofor BAF 的工艺型式。但为实现有效的反硝化脱氮，需要在 DN-BAF 的缺氧区补充必要的碳源，或可将部分经强化预处理后的废水直接输入 DN-BAF 的进水。

3.5.2.3 三段法工艺

该工艺主要应用于对废水中有机物和脱氮除磷的处理，由预处理→C-BAF→N-BAF→DN-BAF 组成（如图 3-21b 所示，n =3。其中第一段 X 为 C，即 C_1-BAF；第二段 X 为 N，即 N_2-BAF；第三段 X 为 DN，即 DN_3-BAF）。其中 C-BAF 和 N-BAF 的运行方式和进水要求与其在上述一段和两段工艺中的应用相同。而其 DN-BAF 的运行则更接近于普通的快滤池，为保证其良好的缺氧运行环境，一般不需要进行曝气，同时需在其进水（N-BAF 的出水）中投加必要的铁盐或铝盐以进行化学除磷，以及必要的碳源以供反硝化所需。为节省运行费用，亦可将 DN-BAF 置于 N-BAF 之前，组成预处理→C-BAF→DN-BAF→N-BAF 工艺（图 3-22），但 N-BAF 出水需向 DN-BAF 进行大比例的回流，因而将显著增加其水力负荷。

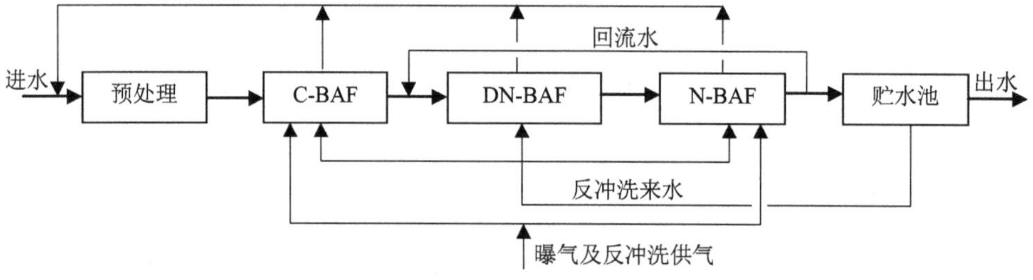

图 3-22　DN-BAF 段前置的 BAF 三段工艺流程

上述三种工艺各有其适用条件，难以一概而论。一般而言，当以废水中有机物去除为目的时，可采用一段法；以硝化处理为目的或脱氮时，可用两段法；需脱氮或同步脱氮除磷时，可用三段法。但在实际应用中，还应结合工程投资和运转费用，综合考虑处理工艺方案，以确定经济合算、效果满意的处理工艺流程。

3.6 BAF 工艺的设计及运行控制要点

BAF 工艺由滤池池体（滤料、承托层及布水布气装置）、曝气系统和反冲系统等组成。其中滤池池体部分与普通快滤池构造基本相同，并有其自身较为固定的布置要求，与工艺设计的运行条件具有相对的独立性。因而，BAF 的设计包括滤池池体的构造设计和工艺设计两个方面的内容。

3.6.1 BAF 的构造设计

BAF 的构造设计主要包括其池体、滤料、承托层及布水、布气装置等内容。

3.6.1.1 滤池池体的设计

与普通快滤池一样，BAF 滤池池体的基本作用是容纳被处理水量及固定池内滤料床等。BAF 的平面形状多以正方形或矩形为主（少有圆形），其单池面积一般以不超过 50m^2 为宜，以利于过滤和反冲洗布水的均匀性，减小反冲洗水贮水池的容积等。其数量一般不宜少于两座（并联运行），最多不宜超过 8～12 座（其相应的日处理规模为 10 000～15 000m^3/d），以便于操作和运行管理。滤池的总面积（A）可由下式（3-1）计算。

$$A=\frac{q}{vT} \tag{3-1}$$

式中：q——设计处理废水量，m^3/d；

v——过滤速度，m/h（其数值与滤池的水力负荷相等，可按不大于滤料的初始流化速度的原则设计，同时与滤料的类型有关。使用陶粒滤料时，滤速一般为 2～8m/h）；

T——BAF 每天的实际运行时间，h。$T=T_0-t_0-t_1$。其中 T_0 为 BAF 的运行周期，t_0 为反冲洗时的停运历时（如反冲洗方式由气冲变为水冲所需的切换时间），t_1 为实际反冲洗历时。

BAF 总高度（以升流式为例）一般为 5～7m，其中滤料层高度（h）1.5～4m，承托层高度 0.3～0.4m，顶部集水空间（清水区）高度 0.8～1.0m，底部配水区高度 1.2～1.5m，超高 0.3～0.5m。

有关滤料、承托层和布水、气装置等内容已在本章 4.2 中作了介绍，在此不再赘述。

3.6.1.2 曝气及反冲洗系统的设计

BAF 一般采用鼓风曝气的形式曝气，其曝气装置多采用穿孔管布置。目前，德国 Pillip Müller 公司研制的由柔性多孔隔膜制成的空气扩散专利产品——Oxazur 空气扩散器对氧的利用率可高达 20%～30%，已作为 Biofor BAF 的专用曝气扩散装置使用，具有便于清洗，无堵塞、运行可靠的特点。

BAF 的反冲洗系统由反冲洗水贮存池、反冲洗水泵、空压机及管道系统组成。反冲洗时的反冲强度需根据滤料的类型及运行方式确定，其基本设计参数是冲洗时滤料层的膨胀率（e），一般应以在冲洗时滤料层稍有松动为原则，并将膨胀率控制在 e =10%左右为宜。在冲洗过程中，反冲洗强度不仅要满足防止滤料流失的要求，同时要满足适度冲刷的要求。所谓适度冲刷，即其反冲洗强度不宜大至滤料颗粒间产生强烈的摩擦而使活性生物膜（厚度一般为 300～400μm）脱离滤料。其计算可参照有关设计资料，有关数据可参阅表 3-6。反冲洗水贮存池的容积应至少满足一次反冲洗所需的用水量，在可能有数个滤池同时反冲洗的情况下，则应满足其同时用水量之需。BAF 通常运行 24～72h 需反冲洗一次，取决于工艺运行方式、处理对象和废水水质。

3.6.2 BAF 的工艺设计

BAF 工艺设计的主要内容包括滤料体积的确定、曝气需氧的确定等内容。

3.6.2.1 滤料体积的确定

BAF 工艺滤料的体积一般根据其不同的运行方式及处理目标（包括处理对象和处理程度），可根据生物反应动力学模式进行计算。其中处理目标是确定滤料体积的最重要的依据。目前尚无完整的 BAF 工艺设计的参数指标，但通过对不同的 BAF 工艺实际工程的运行情况分析总结，有关研究者已从多个方面提出了相关的设计参考值。

当 BAF 工艺应用于城市污水或工业废水的二级生物处理，并以有机物去除为主要目标时（C-BAF 工艺），滤料床的体积一般应以 BOD_5 体积负荷（F_V）进行设计，F_V 一般为 2～7kg/（m^3・d）。对处理出水要求越高，则 F_V 取值越低。国内的报道指出，当要求 BAF 工艺出水的 BOD_5 质量浓度分别低于 30mg/L 和 10mg/L 时，其 F_V 取值分别为 4～5kg/（m^3・d）和≤2kg/（m^3・d）。国外的研究者则建议，应用于城市污水二级处理的 BAF 工艺，当其主要考察出水水质指标为 BOD_5 时，则

其 F_V 可高达 5～6kg/（m^3 • d）。而采用 Biopur BAF 工艺时，由于该工艺采用非颗粒状规整波纹板作填料，其 F_V 则可高达 7～8kg/（m^3 • d）。

当 BAF 工艺应用于硝化（N-BAF 工艺）及脱氮（DN-BAF 工艺）处理时，其滤料床的体积应分别以硝化氮体积负荷（F_N）和反硝化脱氮体积负荷（F_{DN}）进行设计，其中 BOD_5F_N 一般为 0.1～1.5kg/（m^3 • d），BOD_5F_{DN} 一般为 0.8～4.0kg/（m^3 • d）。

当 BAF 工艺应用于深度处理或微污染水体的处理时，其滤料床的体积应根据处理目标的不同，宜将其容积 BOD_5 负荷控制在 0.1～0.2kg/（m^3 • d）。

表 3-18 所列为根据不同处理目标所提出的有关体积负荷设计等参数值。需要指出的是，当 BAF 采用不同的工艺型式运行时，其相关的设计负荷参数应作相应的调整。如采用 Biofor BAF 工艺时，其设计参数可参见表 3-11，采用 Biopur BAF 工艺时，可参见表 3-15。

表 3-18　BAF 工艺运行负荷设计参数（推荐值）

运行指标	数值
水力负荷 q_S/（m^3/（m^2 • h））	1.5～8
曝气强度 q_A/（m^3/（m^2 • h））	4～15
BOD_5 负荷 F_V/（kg/（m^3 • d））	2～7
硝化 NH_3—N 负荷 N_V/（kg/（m^3 • d））	0.1～1.5
反硝化 NO_3^-—N 负荷 D_V/（kg/（m^3 • d））	0.8～4.0

根据生物处理反应动力学模式（一级反应 Monod 模式）可分别计算不同处理目标时所需的 BAF 工艺滤料的体积（式 3-2，3-3，3-4）。

（1）C-BAF 工艺
$$V=\frac{q(S_0-S_e)}{F_V} \tag{3-2}$$

（2）N-BAF 工艺
$$V=\frac{q([NH_3—N]_0-[NH_3—N]_e)}{N_V} \tag{3-3}$$

（3）DN-BAF 工艺
$$V=\frac{q([NO_3^-—N]_0-[NO_3^-—N]_e)}{D_V} \tag{3-4}$$

式中：V——滤料体积，m^3；

S_0——BAF 进水 BOD_5 质量浓度，mg/L；

S_e——BAF 出水 BOD_5 质量浓度，mg/L；

F_V——BOD_5 体积负荷，kg/(m^3 • d)；

N_V——硝化氮 BOD_5 体积负荷，kg/(m^3 • d)；

D_V——反硝化氮 BOD_5 体积负荷，kg/(m^3 • d)；

$[NH_3—N]_0$——BAF 进水氨氮质量浓度，mg/L；

$[NH_3—N]_e$——BAF 出水氨氮质量浓度，mg/L；

$[NO_3^-—N]_0$——BAF 进水硝酸盐质量浓度，mg/L；

$[NO_3^-—N]_e$——BAF 出水硝酸盐质量浓度，mg/L。

目前，国内应用 BAF 处理城市污水时，所采用的 BOD_5 容积负荷通常为 2～4kg/（m^3·d），水力负荷一般为 1.5m^3/（m^2·h）（即滤速为 1.5m/h），HRT 为 1～2h。

3.6.2.2 曝气需氧量的计算

研究表明，BAF 对氧的利用率为 CAS 的 2 倍以上，其原因在于：①使用小粒度的均匀滤料，其丰富的空隙和对气泡的阻挡作用，使空气气泡在滤料层中有更长的停留时间，并通过滤料对空气气泡的分割作用，有效促进了氧向生物膜的传递，提高了氧的利用率；②BAF 通常在比传统工艺更高的负荷条件下运行，其生物膜更新快，污泥龄短（以生物膜生长至从滤料表面脱落而离开滤料表面为基准），因而其所进行的生物氧化作用并不彻底，而主要通过吸附的作用实现对有机物的去除；同时，由于其运行负荷较高，因而其微生物的内源呼吸作用可忽略；③BAF 所使用的小粒径的滤料对进水中以 SS 形态存在的有机物具有十分有效的截留作用，而其中大部分 SS 中的有机物并未经生物氧化、而是在一个运行周期内通过滤料层的截留作用经反冲洗而去除的。因而，BAF 工艺中去除单位重量有机物的需氧量要低于传统工艺。目前，有研究者提出如下 BAF 需氧率（q_R(O)）的计算模式（式 3-5）。

$$q_R(\mathrm{O}) = 0.82 \times \Delta S(\mathrm{BOD_5}) / \mathrm{BOD_5} + 0.32X_0 / \mathrm{BOD_5} \tag{3-5}$$

式中：q_R(O)——去除单位重量的 BOD_5 所需的氧量，kg/kg；

$\Delta S(BOD_5)$——单位时间内去除的溶解性 BOD_5 的量，kg/h；

BOD_5——单位时间内进入 BAF 的总 BOD_5 量，kg/h；

X_0——单位时间内进入 BAF 的 SS 的量，kg/h。

研究表明，BAF 中的$\Delta S(BOD_5)/BOD_5$通常为 0.2，而 X_0/BOD_5 则一般为 1.3。由此可算得去除单位重量的有机物的需氧量系数为 q_R（O）=0.58。对不同研究结果的统计，q_R（O）取值范围为一般 0.42～0.8，平均为 0.51。由此可根据 BAF 对氧的利用率（20%～30%）等计算所需的曝气空气量。BAF 处理城市污水时，其所需曝气量通常按气水比为 5～10∶1 设计。

3.6.2.3 反冲洗周期及反冲洗强度的确定

BAF 工艺的周期应根据实际运行经验、通过进水指标的监测由自动控制系统控制运行。反冲洗周期的长短及反冲洗用水和用气量与其运行负荷、进水中 SS 的浓度、使用的滤料类型及处理对象及应用场合（预处理工艺）等因素有关。如对于 N-BAF 和 DN-BAF 而言，由于其中硝化菌和反硝化菌的生长速率较慢，同时往往位于 C-BAF 之后，因而其进水中的 SS 浓度较低，因而其运行周期较长，所需的反冲洗水或气的用量较少，而 C-BAF 工艺则相反。一般情况下，运行 24～72h 需反冲洗一次。目前，有研究者根据 BAF 处理对象的不同，提出了 BAF 运行周期（T）的计算模式（式 3-6）。

$$T = \frac{X_b h}{(S_0 - S_e)aq_s + y_1(\rho_o(\mathrm{NH_3—N}) - \rho_e(\mathrm{NH_3—N}))q_s + y_2\rho_o(\mathrm{SS})q_s} \tag{3-6}$$

式中：T——BAF 运行周期，h；

X_b——BAF 中生长的生物膜（微生物）量，g/m^3；

h——BAF 滤料层高度，m；

a——异养菌产率系数（$\mathrm{TSS/COD_{Cr\,去除}}$），g /g。一般为 0.4～0.5；

q_s——BAF 的水力负荷，m^3（m^2 • h）；

y_1——硝化菌产率系数（$\mathrm{TSS/NH_3—N}_{去除}$），g /g。一般为 0.15～0.16；

y_2——BAF 对 SS 的截留效率。降流式 BAF 为 0.6，升流式 BAF 为 0.4；

ρ_o(SS)——BAF 进水中 SS 质量浓度；

其余符号同前。

根据 BAF 的处理功能（对象），可根据上式估算其运行周期。如对 C-BAF 而言，可不考虑其对 NH_3—N 的去除率，则式（3-6）中分母的中间项可不计。而对于 N-BAF 或 DN-BAF，则式（3-6）中分母的第一项，即其对有机物的去除远低于 C-BAF 工艺，同时其进水中 SS 亦低于 C-BAF，因而其 T 值将较 C-BAF 工艺长。

如前所述，BAF 的反冲洗强度对于其反冲洗效果有较大的影响，在实际应用中应加以足够的重视。一般而言，当 BAF 运行过程中，整个滤床的水头损失达到 0.6～0.8m（UBAF）和 0.7～2.0m（DBAF）时，应及时进行反冲洗，以恢复其过滤截留及生物处理的功能。对于粒状滤料，其反冲洗（包括水反冲洗和空气反冲洗）强度可参照表 3-6 取值，并可根据 BAF 的面积确定反冲洗所需的水和空气用量，但同时须注意其反冲洗强度应以使滤床有所松动即可，应严格掌握将反冲洗过程中滤料床的膨胀率（e）控制在 10%～20%。反冲洗所需的用水量一般为 BAF 处理水量的 20%～30%，其排水中的 SS 质量浓度一般为 800～1 200mg/L。

3.6.2.4 污泥产率的计算

BAF 工艺的污泥产量以去除单位重量的总 BOD_5 所产生的 TSS 量计，与进水的 TSS/BOD_5 比值有密切的关系。进水 TSS/BOD_5 的比值越大，则污泥产量也越多。污泥产率（Y）可用下式（3-7）计算：

$$Y=(0.6\times\Delta S(\mathrm{BOD_5})+0.8X_0)/\Delta q(\mathrm{BOD_5}) \qquad (3\text{-}7)$$

式中：Y——污泥产率，kg /kg；

ΔS（BOD_5）——单位时间内去除的可溶性 BOD_5 量，kg/h；

Δq（BOD_5）——单位时间内去除的总 BOD_5 量，kg/h；

X_0——单位时间内进入 BAF 的 SS 的量，kg/h。

如前所述，BAF 工艺进水中的 SS 是通过滤料的截留作用而使其一个周期的运行期内“固定”在滤料床中的，其中有小部分通过生物膜的吸附、吸收和氧化降解作用转化为溶解性有机物而被去除，但大部分 SS 难以通过上述作用而被去除，难以如其在活性污泥系统中有适宜的条件和足够的时间与活性污泥充分混合接触而被氧化降解。尤其是被截留的 SS 充满了滤料的空隙以及滤料颗粒间的孔隙，而阻止了氧的传递和水的流动，从而限制了悬浮物的降解，使它们直至运行周期末通过反冲洗离开滤料床而被去除。因而与传统工艺相比，BAF 具有更高的污泥产率（产泥量）。

BAF 工艺的污泥产率与其运行的负荷有较大的关系，负荷越高，其污泥产率越大（可参照表 3-19 进行估算）。

表 3-19　BAF 工艺的污泥产率与有机负荷的关系

BOD_5 负荷 F_W/(kg/(m^3 • d))	1.0	1.5	2.0	2.5	3.0	3.6	3.9
污泥产率 Y/（kg/kg）	0.18	0.37	0.45	0.52	0.58	0.70	0.75

3.6.3 BAF 工艺的运行控制

BAF 工艺作为一种新型的废水生物处理技术，是在传统生物膜法和普通快滤池的基础上发展起来的，因而其运行兼备上述两种工艺的基本特性，同时具有其自身的一系列运行特性。在该工艺的设计和运行管理中必须充分考虑其基础工艺的特性，同时须结合自身的特点，选择合理的工艺设计参数和运行方式。为此须注意以下方面的问题。

3.6.3.1 关于容积负荷

BAF 工艺的有机物容积负荷与所处理的废水的类型有较大的关系。被处理废水的类型不同，其水质成分往往很大的差别，由此将导致滤料床中微生物生长及生物膜状态的变化。因而，对于 BAF 处理城市污水时，可根据其处理目标参照相关的运行资料确定，而对于工业废水的处理，在无资料可借鉴的情况下，宜在充分了解其水质的基础上合理的确定。如资料表明，BAF 应用于城市污水的二级处理时，当进水 BOD_5≤200mg/L 时，其 BOD_5 容积负荷可达 4～7kg/（m^3 •d），而应用于城市污水的三级处理，并当进水 BOD_5≤25mg/L 时，其 BOD_5 容积负荷为 0.2～0.3kg/（m^3 • d），两者有很大的差异。如应用于处理纸板厂废水，并当进水 BOD_5 为 150～200mg/L 时，其 BOD_5 容积负荷为 2.8～4.0kg/(m^3 •d)；应用于处理印染废水，并当进水 BOD_5 为 70～150mg/L 时，其 BOD_5 容积负荷为 1.3～2.5kg/（m^3 • d）。

此外，容积负荷的确定与处理目标及处理对象有密切的关系。实践表明，在一定范围内，C-BAF 的 BOD_5 容积负荷越高，则其处理出水 BOD_5 亦越高。如当要求城市污水处理厂二级处理的出水 BOD_5 质量浓度为 5～10mg/L 时，其 BOD_5 容积负荷宜控制在 2.5～3.5kg/（m^3 • d），而当要求城市污水处理厂二级处理的出水 BOD_5 质量浓度为 10～20mg/L 时，则其 BOD_5 容积负荷可控制在 3.5～5.5kg/（m^3 • d）。对 N-BAF 或 DN-BAF 而言，当 BOD_5 容积负荷高于 3.0～4.0kg/（m^3 • d）时，硝化作用将受到限制，因而当采用 N-BAF 或 DN-BAF 时，其 BOD_5 容积负荷应控制在较低的水平，一般为 2.0kg/（m^3 • d）。

此外，对 N-BAF（DN-BAF）工艺而言，为获得良好的处理效果，宜根据其 NH_3—N 负荷进行设计。Boller 等通过中试研究，对不同 NH_3—N 负荷与硝化效果关系进行了分析，并提出了以细粒状颗粒为滤料时的适宜的表面 NH_3—N 负荷值为 0.4g/（m^2 • d）（出水 NH_3—N≤2mg/L，水温 10℃）。而 Barnes 等则提出以规整波纹板等塑料作填料时，适宜的 NH_3—N 表面负荷为 0.5～1.0g/（m^2 • d）（水温 10～20℃）。图 3-23 所示为有关氮负荷与硝化效果关系的研究结果。

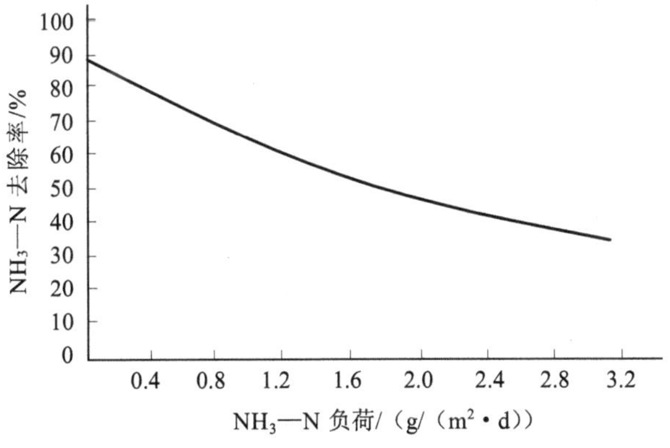

图 3-23　BAF 工艺中氮负荷与氮去除率的关系

3.6.3.2 关于进水水质

BAF 工艺对进水中的有机物和 SS 质量浓度有较严格的要求，这是该工艺运行时同时具有高负荷生物滤池和普通快滤池的运行特性所决定的，也是 BAF 工艺的不足之处。它决定了该工艺适用于处理有机废物和 SS 浓度均较低的废水。对于采用小颗粒滤料的 BAF（如 Biocarbon、Biostyr、Biofor）工艺而言，须采用有效的预处理工艺（如高效沉淀、混凝及其他生物处理工艺等），提高了对预处理的要求，并在一定程度增加了其整体工艺的处理费用。

对废水中的有机物而言，进入 BAF 的 BOD_5 质量浓度一般应控制在 150～200mg/L 以下。由于进入 BAF 的水流基本上以推流方式流经整个滤料床，因而如进水中的 BOD_5 过高，则易使进水端微生物及生物膜生长过快，而造成滤料层的堵塞，从而影响 BAF 的运行周期及其有效处理能力。对此，可通过处理出水回流稀释进水和在其之前首先进行其他生物处理的方法解决。

对废水中的 SS 而言，进入 BAF 的 SS 质量浓度应控制在 60～100mg/L 以下（应用于二级处理时，取高限；应用于深度处理或硝化处理时，取低限），以确保 BAF 足够长的运行周期，防止频繁的反冲洗而降低其处理能力。Boller 等人对 BAF 滤床不同断面中 SS 的分布特性的研究表明（图 3-24），滤床对 SS（粒径≥30μm）的截留多发生在沿水流方向进水端的 40cm 处，其去除率可达 95%。因而，若进水中的 SS 质量浓度过高，则可能很快造成滤床局部区域的堵塞，而使运行无法正常进行。

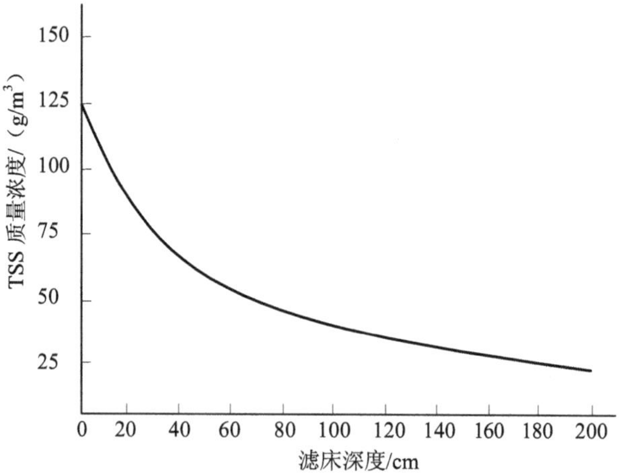

图 3-24 BAF 滤床中不同断面中 TSS 质量浓度的变化

表 3-20 所列为资料报道的 BAF 工艺的进水水质指标要求。

表 3-20　BAF 工艺进水水质指标

水质指标	质量浓度/（mg/L）	水质指标	质量浓度/（mg/L）
BOD_5	50～150	TKN	15～30
COD_{Cr}	100～300	NH_3—N	10～25
TSS	50～150		

3.6.3.3 关于反冲效果

反冲洗是维持 BAF 工艺正常运行和处理功能的关键，其与普通快滤池反冲洗的目的基本相同，但由于处理功能和除污机理的不同，其对反冲洗过程的控制要求亦不同。BAF 工艺反冲洗的目的是在较短的时间内，通过水、气的反冲洗，将滤料层中截留的 SS 及脱落的生物膜洗脱，而同时必须保留适当的生物膜，这对保持和尽快恢复其处理效能是至关重要的。因而，若反冲洗强度过大，则不仅将 SS 及脱落的老化生物膜洗脱，亦可将生物膜从滤料表面冲刷殆尽，而影响处理效果，反之则其运行周期将大大缩短。

研究表明：对降流式 C-BAF，反冲洗后滤料层中保留的生物膜量应控制在 200～300g/m^3；对升流式 C-BAF，反冲洗后滤料层中保留的生物膜量应控制在 500～600g/m^3；对 N-BAF，其降流式在反冲洗后，滤料层中保留的生物膜量应控制在 700～800g/m^3；其升流式在反冲洗后，滤料层中保留的生物膜量应控制在 2 000～2 500g/m^3；而 DN-BAF 在反冲洗后，滤料层中保留的生物膜量应控制在 1 600g/m^3。此外，在确定反冲洗强度时，应以滤料床膨胀高度作为重要的控制指标，一般应控制在 10%左右，最大不超过 20%，视具体滤料类型而定。

3.6.3.4 关于除磷途径

一般认为，BAF 中不存在同种微生物经历厌氧和好氧的环境条件，因而难以实现有的除磷功能。但有关研究和实际工程的运行结果表明，由于滤料表面所生长的生物膜本身存在好氧、厌氧的 DO 梯度分布，使其在周期运行期内存在一定的除磷作用，同时通过反冲洗，而使生物膜在不同的周期运行期间存在好氧和厌氧的交替过程（对 DN-BAF 和 NP-BAF 而言），从而亦使其具有一定的除磷效果。如我国马鞍山钢铁设计研究总院环境工程公司对 N-BAF 的研究发现其除磷率达到 40%。但目前，尚未有该工艺具有显著除磷效率的研究和报道。因而，对 BAF 中的 NP-BAF 工艺，目前大多采用投药除磷的方式。但工艺设计和运行控制中，必须注意投药点的位置及投药量的控制。

BAF 的同步化学除磷药剂投加点通常为 BAF 的进水口处，通过进水端水流的混合作用及滤料诱发的絮凝和过滤作用实现除磷。这种投加法比在强化预处理的混凝沉淀过程中投加具有产泥量少的优点（一般增加 15%～50%的产泥量，而在混凝沉淀过程中投加，则将增加 40%～75%的产泥率），但易造成 BAF 的堵塞。为此，采用同步除磷方法时，须合理控制药剂的投加量。以铁盐为例（$FeSO_4 \cdot 7H_2O$），其投加量与废水中磷含量的比例一般为 9～10∶1（采用混凝沉淀法除磷时，其比例为 13～15∶1），可使处理出水中的磷含量减低至 0.1mg/L 以下。

3.6.3.5 关于 BAF 的启动

BAF 工艺的启动与传统的生物膜法工艺基本相同。目前，国外一般采用三种启动方式：①先间隙培养，后连续运行并逐步提高过滤速度；②连续培养，在过滤速度不变或逐步提高的条件下进行连续培养；③接种培养，用活性污泥进行接种，在稳态条件下运行。在此三种启动培养方式过程中，生物膜的生长速率、分布特征及对污染物的去除速率等变化规律各不相同，但达到稳态运行所需的时间则是大致相同的。Mann 等通过研究表明，以 BAF 的设计过滤速度进行连续培养启动可获得更稳定的生物量，利于该工艺的稳定运行，但所需时间较长。国内对 BAF 的启动则大多采用快速排泥法，一般采用活性污泥进行接种，通过供气闷曝、排出上清液，然后通入待处理废水进行闷曝，之后连续进水，直至稳态运行。此方法具有挂膜快的特点。

根据 BAF 工艺处理对象和运行方式的不同及不同启动方式的特点，建议：C-BAF 采用污泥接种、间隙闷曝的方式进行培养，可在较短时间完成启动过程；N-BAF（DN-BAF）则宜采用以设计过滤速度连续运行的方式进行启动，以利于在滤料床的不同部位生长具有不同功能的微生物，较快形成稳定的生物相及其分布，加快稳定运行，有效实现其处理功能。

3.7 BAF 工艺的研究与应用

BAF 工艺已得到日趋深入的研究和较广泛的应用。目前，对该工艺的研究主要包括不同运行方式的效能、滤料的截污性能、滤料的特性及其研制、滤料床中微生物的分布特点及生物膜的生长规律、BAF 的启动以及应用于处理不同废水的效果等方面。通过研究，已将其应用于废水的二级处理、深度处理和微污染水体水强化预处理等。

3.7.1 国内的研究和应用情况

自 20 世纪 90 年代以来，我国对 BAF 的研究有了快速的发展。特别是我国将

BAF 工艺的研究列入“九五”国家科技攻关项目以来，更加速了对该工艺的研究。国内许多科研机构、高等院校分别从 BAF 的滤料特性、脱氮效能、工艺优化、除污机理等各方面进行了研究，不少环保企业相继开展了 BAF 设备产品化和轻质陶粒滤料研制和生产的生产性研究工作，并在较短的时间内将其应用于工程实际。虽然目前的相关研究尚缺乏系统性，研究的对象尚不全面（主要集中在对 Biocabon BAF 和 Biofor BAF 的研究，并多以降流式 BAF 为主），但无疑已为 BAF 工艺的实际应用打下了良好的基础，并积累了较多的经验。表 3-21 列出了国内有关 BAF 的研究概况。表 3-22 列出了国内有关 BAF 的应用概况。

表 3-21 国内有关 BAF 的研究概况

工艺型式	废水性质	主要参数	处理效果
C-Biofor+N-Biofor 陶粒滤料	城市污水 COD_{Cr}=120～340mg/L NH_3—N =30～54 mg/L	THRT=50min q_S=6m³/(m² • h) $F_V(COD_{Cr})$=8.3kg/(m³ • d)	COD_{Cr}≤50mg/L NH_3—N =0.38 mg/L
N-Bifor，沸石滤料（2～3mm）	生活污水 COD_{Cr}=52mg/L NH_3—N =30～54 mg/L	THRT=1～1.4h q_S=1～1.5m³/(m² • h)	NH_3—N 去除率 80%～95%
N-Biofor，陶粒滤料	二级处理出水 COD_{Cr}=110mg/L NH_3—N =11 mg/L	THRT=8h	COD_{Cr}=9.5 mg/L NH_3—N =1.0 mg/L
Biocarbon，陶粒滤料	卷烟厂废水 COD_{Cr}=400～1000mg/L	$F_V(COD_{Cr})$=6.4kg/(m³ • d)	COD_{Cr}≤70mg/L
Biocarbon，陶粒滤料	地表水源水 COD_{Mn}=4.75～7.7mg/L NH_3—N=0.05～0.4mg/L 浊度=33～154NTU Fe =0.4～7.5mg/L	THRT=22min q_S=5.5m³/(m² • h)	浊度去除 41%～70% Fe 去除 50%～97% COD_{Mn} 去除 5%～40% NH_3—N 去除率 40%～86%
C-Biofor，陶粒滤料	啤酒废水 COD_{Cr}=750～950mg/L BOD_5=400～500mg/L	q_S=7.5m³/(m² • h)	COD_{Cr}=70～100mg/L BOD_5=20～30mg/L
C-Biofor+N-Biofor	养猪场粪便污水	THRT=1.5h+2.5h q_S=3.0m³/(m² • h)	COD_{Cr}=120mg/L BOD_5=20mg/L NH_3—N =150 mg/L
C-Biofor	印染废水 COD_{Cr}=542mg/L BOD_5=195mg/L 色度=66 倍	—	COD_{Cr}=153mg/L BOD_5=19mg/L 色度=36 倍
C-Biocarbon，陶粒滤料	医院污水 COD_{Cr}=230mg/L NH_3—N =25 mg/L	q_S=4.5～7.6m³/(m² • h)	COD_{Cr}≤80mg/L NH_3—N≤10 mg/L

表 3-22 国内有关 BAF 的应用概况

项目名称	处理规模/（m^3/d）	BAF 型式
广东新会市东郊污水处理厂	40 000	C-Biofor+N-Biofor
青岛啤酒（徐州金波）有限公司废水处理工程	2 500	C-Biofor
上海东方种畜猪厂粪便污水处理工程	360	C-Biofor+N-Biofor
北京三元乳品公司废水处理工程	900	Biocabon
北京东方国际交流中心中水回用工程	100	Biocabon
重庆铁路职工医院污水处理工程	250	Biocabon
大连马栏河污水处理厂	120 000	Biofor
沈阳仙女河污水处理厂	320 000	C-Biofor+N-Biofor
上海周家渡水厂	10 000	Biocabon
安徽芜湖正宇畜产品集团公司肠衣废水处理工程	200	Biofor

我国于 1998 年首次引进法国 Dégremont 水务公司开发的 Biofor BAF 技术，并应用于日处理规模为 $12\times10^4m^3/d$ 的大连马栏河污水处理厂。该厂于 2000 年下半年投产运行。图 3-25 为该厂的处理工艺流程。

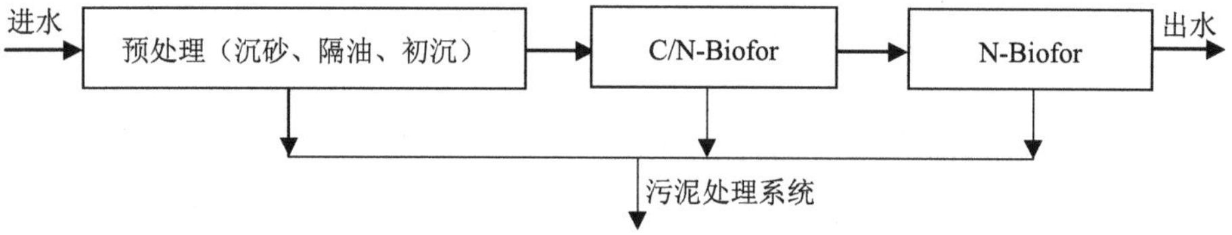

图 3-25 大连马栏河污水处理厂工艺流程

3.7.2 国外的应用情况

3.7.2.1 Biocarbon BAF 应用实例

BAF 在欧洲已广泛应用于污水处理，在美国则将 BAF 作为二级生物处理设施的更新换代工艺。在法国已有数十座处理规模为 750～7 $570m^3/d$ 的生产性 BAF。其中 OTV 公司在法国的第一座用于处理城市污水的 BAF 污水处理厂位于 Soissons 市。该厂 BAF 工艺采用 Biocarbon 型式，其布置形式为环状结构，中心为清水池，用于贮存出水和反冲洗用水。该处理设施的服务人口为 4×10^4。表 3-23 列出了其运行数据（平均值）。图 3-26 所示为该厂运行中的 BAF 工艺。图 3-27 所示为日处理规模为 $14.5\times10^4m^3/d$ 的法国 Grenoble 污水处理厂的 Biocarbon BAF 工艺。

表 3-23　法国 Soissons 市 BAF 工艺污水处理厂 BAF 工艺的运行数据

指　标	数　值	指　标	数　值
水力负荷/（m^3/（m^2·d））	0.69	出水 COD_{Cr} 质量浓度/（mg/L）	61
处理规模/（m^3/d）	3 460	废水温度/℃	13.7
BOD_5 负荷/（kg/（m^3·d））	1.74	反冲洗水量与进水量的比/%	33.2
COD_{Cr} 负荷/（kg/（m^3·d））	3.22	进水 TSS/（mg/L）	111
NH_3—N 负荷/（kg/（m^3·d））	0.32	出水 TSS/（mg/L）	10
进水 BOD_5 质量浓度/（mg/L）	161	进水 NH_3—N /（mg/L）	30
出水 BOD_5 质量浓度/（mg/L）	10	出水 NH_3—N /（mg/L）	8
进水 COD_{Cr} 质量浓度/（mg/L）	299		

图 3-26　法国 Soissons 市污水处理厂的 Biocarbon BAF 工艺

图 3-27　法国 Grenoble 污水处理厂的 Biocarbon BAF 工艺

表 3-24　丹麦 Biostyr 工艺污水处理厂的运行实例

处理厂		Nyborg	Hobro	Frederikshavn
处理目的		硝化-反硝化	硝化-反硝化	硝化-Biostyr 反硝化
污水性质		城市污水（50%工业废水）	城市污水（40%工业废水）	城市污水（20%工业废水）
设计流量/（m^3/d）		13 000	9 100	10 100
滤速/（m/h）		1.1	2.2	1
COD_{Cr}负荷/（kg/（m^2・d））		2.4	2.2	2.3
滤池面积/m^2		504	168	441
好氧区/缺氧区高度/m		1.5/1.0	2.4/0.6	2.1/0.9
回流比/%		300	100	200
反硝化碳源		甲醇	乙醇-甲醇	甲醇
出水水质/（mg/L）	NH_3—N	1.8	0.35	0.9
	NO_x^-—N	4.6	—	3.9
	TN	6.5	6.34	—
	TP	0.8	0.06	—
	COD_{Cr}	7（BOD_5）	38	58.5
	SS	11	7	5.9

注：①Hobro 和 Frederikshavn 处理厂的 Biostyr BAF 只部分地完成反硝化，其余的反硝化由另外的 DN-BAF 完成。②所有处理厂的预处理工艺中均投加 $FeCl_3$，用于除磷。

3.7.2.2 Biostyr BAF 应用实例

Biostyr 目前在国内尚无工程应用，但在欧美应用较为普遍。表 3-24 所列为丹麦的部分污水处理厂 Biostyr 工艺的运行实例。

英国曼彻斯特 Davyhulme 污水处理厂是英国西北地区最大的污水处理厂，其服务人口达 135×10^4。该厂最初采用传统的活性污泥处理工艺，20 世纪 90 年代在原有工艺基础上增加了 Biostyr BAF 工艺，以满足对处理出水水质的要求（$BOD_5\leqslant20$mg/L，TSS $\leqslant30$mg/L，NH_4^+—N$\leqslant5$mg/L）。经改造后，该工艺处理出水中 NH_4^+—N 质量浓度始终保持在 1mg/L 左右（进水 NH_4^+—N 质量浓度为 5～25mg/L）。

法国 Colombes 污水处理厂的服务人口为 100×10^4，其日平均处理规模为 $24\times10^4m^3/d$（雨季为 $73\times10^4m^3/d$，暴雨时为 $103.7\times10^4m^3/d$）。该厂设有 65 座面积为 $104m^2$ 的 BAF，其中有 24 座 C-Biofor BAF（用于有机物的去除），有 29 座 N-Biostyr BAF（用于硝化处理），有 12 座 DN-Biofor BAF（用于脱氮处理）。该厂的设计进水水质为：COD_{Cr}=600mg/L，BOD_5=240mg/L，SS=360mg/L，TKN=60mg/L，NH_3

—N =40mg/L，TP=16mg/L。出水水质指标为：BOD_5≤20mg/L，TKN≤10mg/L，TP≤1mg/L。目前，欧洲已有 50 多座采用 Biostyr BAF 工艺的污水处理厂在运行之中。表 3-25 所列为法国、英国、德国、意大利、瑞士、土耳其等国家采用的 Biostyr BAF 工艺概况。

表 3-25　欧洲部分国家采用的 Biostyr BAF 工艺的概况

污水处理厂	处理规模/（m^3/d）	工艺型式	建设年份
Blagnac（法国）	7 000	硝化—反硝化	1995
Colombes（法国）	240 000	硝化—反硝化	1998
Cergy（法国）	40 000	去碳—硝化	1992
Evreux（法国）	20 000	硝化—反硝化	1993
Rambouillet（法国）	10 800	去碳—硝化	1995
St.Jeand′ Illac（法国）	2 100	去碳—硝化	1990
Toulouse（法国）	75 000	硝化—反硝化	1998
Davyhulme（英国）	360 000	去碳—硝化	1998
Ericlas（葡萄牙）	97 000	去碳—硝化	1998
Frielas（葡萄牙）	97 000	去碳—硝化	1998
Assens（丹麦）	2 000	去碳—硝化	1995
Frederikshavn（丹麦）	10 000	去碳—硝化	1994
Mariager（丹麦）	2 800	去碳—硝化	1995
Nyborg（丹麦）	13 000	去碳—硝化	1992
Geneva（瑞士）	360 000	去碳—硝化	1997
Neuchatel（瑞士）	12 000	去碳—硝化	1997
Henford（德国）	33 000	硝化—反硝化	1996
Rome（意大利）	190 000	去碳—硝化	1997
Saragosse（西班牙）	200 000	去碳—硝化	1993
Roanake（美国）	100 000	去碳—硝化	—
Ananya（土耳其）	29 000	去碳—硝化	1997

3.7.2.3 Biofor BAF 应用实例

目前，全世界已有超过 100 座规模为 5 000～500×10^4m^3/d 的污水处理厂采用 Biofor 工艺。其中，美国南新泽西州 Neptune 镇日处理规模为 7 500m^3/d 的 Woodstream 污水处理厂于 1997 年采用了 Biofor 工艺，2002 年该厂规模扩大至 37 500m^3/d。扩建工程同样采用 Biofor 工艺，其总投资（包括 BAF 池及内部处理、滤料、风机、水泵、控制系统和管理等）为 3 150 000 美元，仅为同样处理能力的传统活性污泥工艺的一半。图 3-28 为该厂的 Biofor 工艺。

图 3-28 美国南新泽西州 Neptune 镇污水厂的 Biofor BAF

图 3-29 德国 Stammheim 污水处理厂 N-Biofor BAF 工艺

法国巴黎 Achéresh Seire Aval 污水处理厂采用的 Biofor ABF 工艺，其单个 BAF 单元的面积为 144m^2，滤床深度为 3.9m，设计过滤速度为 4～9m/h，COD_{Cr}和 BOD_5 负荷分别为 15kg/（m^3·d）和 6.0kg/（m^3·d），NH_3—N 负荷为 1.5～2.5kg/（m^3·d），NH_3—N 的硝化效率达 80%～100%。该厂的设计进水水质为：COD_{Cr}=75mg/L，BOD_5=25mg/L，SS=26mg/L，TKN=25mg/L，NH_3—N =24mg/L；出水水质指标为：COD_{Cr}≤38mg/L，BOD_5≤6mg/L，SS≤8mg/L，NH_3—N≤1.5mg/L。

图 3-29 为日处理规模为 37×10^4m^3/d 的德国 Stammheim 污水处理厂的 N-Biofor BAF 工艺（由 48 个单元组成，每个单元面积为 250m^2）。表 3-26 所列为不同国家应用该工艺的基本情况。

3.7.2.4 Biopur BAF 应用实例

目前，世界范围内应用 Biopur 工艺的污水处理厂已超过 100 座，处理规模由几千 m^3/d 至数十万 m^3/d。现将瑞士 Sierre—Noës 市城市污水处理厂 C-Biopur 的主要设计参数介绍如下。

该厂日处理规模为：旱季 1 250m^3/h，雨季 4 320m^3/h。于 1994 年投入生产运行。

采用 8 座 C-Biopur BAF 池（以规整 Sulzer 波纹板作填料）。每座 BAF 池的单元面积为 27m^2（9m×3m），填料高为 6.0m，总高 8.6m。其水力负荷为 4.7m^3/（m^2·h），HRT=1.4h，BOD_5负荷为 3.13kg/（m^3·d）（COD_{Cr}负荷 6.62kg/（m^3·d）），曝气强度为 12m^3/（m^2·h）（气水比为 2.5），反冲洗周期为 48h，反冲洗时间 65min，反冲洗空气强度为 80m^3/（m^2·h）。

此外有 N-Biopur BAF8 座。每座 BAF 池的单元面积为 72m^2（12m×6m），填料高为 5.4m，总高 8.0m。其水力负荷为 2.7m^3/（m^2·h），HRT=2.22h，有机负荷为

0.44 kg BOD_5/（m^3 • d）（1.68 kg COD_{Cr}/（m^3 • d）），曝气强度为 10m^3/（m^2 • h）（气水比为 3.7），反冲洗周期为 72h，反冲洗时间 65min，反冲洗空气强度为 200m^3/（m^2 • h），反冲洗水强度为 80m^3/（m^2 • h）。

表 3-26 不同国家应用 Biofor 工艺的基本情况

国家（城市）	处理规模/（m^3/d）	数量/座	面积/（m^2/座）	建设年份
澳大利亚（Vogl 制革厂）	420	1	6	1992
加拿大（魁北克市）	41.6×10^4	12	49	1992
英国（Poole 市）	2.8×10^4	26	73	1995
法国（Guerimand-Voiron 造纸厂）	8 200	4	23	1992
法国（Toulouse 市）	3.2×10^4	6	41	1991
法国（Perrigueux）	2.5×10^4	6	52	1992
法国（巴黎市）	$100\times10^{4*}$	12	104.3	—
法国（Colombes 市）	24×10^4	24	104.3	1998
法国（Bordeaux 市）	43 200	6	73	1993
德国（Neidenfels 造纸厂）	28 800	6	32	1989
德国（Haind 造纸厂）	19 000	5	22	1990
德国（Mannhein 市）	17×10^4	32	87	1987
德国（Cloppenbury 市）	14 500	13	41	1990
德国（Porz-Walhn 市）	20 600	8	42	—
德国（Klarwerk Koln Stammhein）	311 918	48	73	—
意大利（Pocari 造纸厂）	40 800	41	10	1992
挪威（奥斯陆市）	35.6×10^4	32	87	1996
荷兰（海牙市）	2 500	2	2.15	1992

* 人口当量。

该工艺共使用 3 台鼓风机用于曝气（每台供风量为 750～1 700m^3/h），2 台鼓风机用于反冲洗（每台供风量为 1 350m^3/h），2 台反冲洗水泵（每台输水能力为 1 350m^3/h）。运行过程中，根据污水流量及处理要求，按比例在 BAF 的进水中投加三氯化铁（$FeCl_3$）进行同步除磷处理，出水通过可调节多层滤池过滤后排入莱茵河。其处理出水所需达到的排放标准为：BOD_5＜10mg/L，SS＜10mg/L，TP＜0.3mg/L。

3.8 结语

BAF 是一项构造新颖、具有综合功能的废水生物处理新技术，其发展的思路源于传统的生物膜工艺和快滤池工艺，并经不断完善而于 20 世纪 80 年代末 90 年初成为一种日趋成熟的第三代生物膜处理工艺，进而得到快速推广应用。

BAF 具有一系列优良的性能特点。其基本特点主要表现在同时具有有机物的吸附和氧化降解及对 SS 的高效截留作用。由于微生物的生长，固着在小粒径、大比表面积滤料表面的生物膜，不仅数量大，而且具有显著的相分布特性，从而体现出其负荷高、停留时间短的运行特点，并可在较低的负荷条件下有效地工作，因而具有较强的应用适应性；由于使用小尺寸的颗粒状滤料，具有显著的 SS 过滤作用，一方面由于生物膜中微生物新陈代谢作用所产生的多糖类、脂类等黏性物质的吸附架桥作用，形成细小絮体，通过接触絮凝作用而有效地将 SS 截留；同时，BAF 所截留的 SS 中的部分有机成分则在生物膜微生物的作用下，被转化为溶解性物质而被吸收降解，从而这种“富集—吸收的微生态协同作用”在一定程度上提高了滤料床的截污能力，并由此体现出其处理能力强、去污效果好、截留容量大的特点，不仅适用于城市污水的二级处理、深度处理和受污水体的处理，也适用于不同工业废水的处理。

此外，BAF 在其基本工艺型式 Biocarbon 的基础上，通过使用不同比重和形式的滤料、水流方向的改变及曝气点位的变化，而有不同的运行方式和工艺型式，从而使其不仅具有 COD_{Cr} 和 SS 的处理功能，同时可实现对氮和磷的去除，因而具有较强的处理功能，可满足更严格的处理出水水质要求。除上述介绍的各种 BAF 型式外，尚有 Colox（采用石英砂作滤料，UBAF 或 DBAF）、B2A（集初沉、生物处理及二沉于一体）和 Safe 等不同的工艺型式。

但须注意到，BAF 工艺同时也存在污泥产量较大且稳定性较差的不足，以及对反冲洗运行控制要求较高的问题。此外，在应用该工艺时，仍需要设置出水贮存池以供反冲洗之用，而对于城市污水处理而言，其反冲洗出水有必要先经反冲洗水贮存池后逐步进入初沉池以缓解对其的冲击影响。

随着土地资源的日益紧张及对处理出水水质要求的不断提高，寻求占地小、功能强、效果好的处理工艺技术已成为摆在世界各国水污染控制研究者面前的一大课题。正因为 BAF 具有满足上述要求的特性而得到广泛的关注和研究及应用。目前，对 BAF 的进一步研究主要在进一步延长其运行周期，降低反冲洗频率、减小滤料最小流化速度以及增大滤料床截污能力等方面，而其中质轻、价廉、性能好的新型滤料开发研究则是重中之重，并由此可进一步降低其运转成本，取得比传统生物膜工艺更强的技术和经济优势。

参考文献

[1] 曹文平，张永明，钱鲁泓淹没式曝气生物滤池脱氮除磷工艺的运行调试．江苏环境科技，2005，18（1）：10～12.

[2] 郭天鹏，汪诚文，陈吕军等．升流式曝气生物滤池深度处理城市污水的工艺特性．环境科学，2002，23（1）：58～61.

[3] 李汝琪．污水处理新技术——BAFs^R 曝气生物滤池．中国环保产业，1999，（12）：38～39.

[4] 李汝琪，钱易，孔波等．曝气生物滤池去除污染物的机理研究．环境科学，1999，20（6）：49～52.

[5] 李亚新，华玉妹．生物曝气滤池处理生活污水工艺也行研究．给水排水，2001，27（9）：31～33.

[6] 梁彦秋，张显龙，邵红等．两段曝气生物滤池工艺在沈阳仙女河污水处理厂的应用．环境工程，2005，23（2）：11～13.

[7] 刘长荣．曝气生物滤池技术应用与设计计算．给水排水，2002，28（7）：15～18.

[8] 马军，邱立平．曝气生物滤池及其研究进展．环境工程，2002，20（3）：7～11.

[9] 聂军，王珊珊．第三代生物膜反应池 BIOFOR．给水排水，1998，24（10）：26～27.

[10] 牛学义．生物滤床污水处理工艺的应用范围和效率．给水排水，1999，25（7）：26～29.

[11] 齐兵强，王占生．曝气生物滤池在污水处理中的应用．给水排水，2000，26（10）：4～8.

[12] 邱立平，马军．曝气生物滤池的短程硝化反硝化机理研究．中国给水排水，2002，18（11）：1～4.

[13] 曲波，张景成，李玉华．曝气生物滤池工作性能与滤层高度的相关性．北京理工大学学报，2003，35（7）：850～852.

[14] 桑军强，王占生，BAF 在微污染源水生物预处理中的应用．中国给水排水，2003，19（2）：21～23.

[15] 沈耀良，黄勇，赵丹等编著．固定化微生物污水处理技术．北京：化学工业出版社，2002.

[16] 沈耀良．曝气生物滤池（BAF）工艺及运行控制．水处理技术，2005，31（7）.

[17] 孙志国，陈季华，陈思贫．曝气生物滤池废水深度处理净化工艺研究．工业水处理，2003，23（4）：35～38.

[18] 田文华，文湘华，钱易．沸石滤料曝气生物滤池去除 COD 和氨氮．中国给水排水，2002，18（12）：48～50.

[19] 田文华，文湘华，崔燕平等．滤料粒径对曝气生物滤池硝化性能的影响．中国给水排水，2003，19（5）：13～15.

[20] 万平，陈建军，钟理．新型污水处理工艺——曝气生物滤池．工业水处理，2004，24（5）：1～5.
[21] 王宝贞，王琳主编．水污染治理新技术——新工艺、新概念、新理论．北京：科学出版社，2004.
[22] 王春荣，王宝贞，王琳．两段曝气生物滤池的同步硝化反硝化特性．中国环境科学，2005，25（1）：70～74.
[23] 王劲松，胡勇有．曝气生物滤池填料的研究进展．工业用水与废水，2002，33（5）：7～9.
[24] 王凯军，贾立敏编著．城市污水生物处理新技术开发与应用．北京：化学工业出版社，2001.
[25] 王立立，刘焕彬，胡勇有等．填料高度对曝气生物滤池工作性能的影响．中国沼气，2002，20（4）：11～16.
[26] 肖文胜，徐文国，杨桔才．曝气生物滤池中生物膜的活性研究．北京理工大学学报，2003，23（5）：655～657（664）.
[27] 肖文胜，徐文国，杨桔才．UBAF 处理炼油厂含油废水．工业水处理，2005，25（3）：66～68.
[28] 谢曙光，张晓健，王占生．曝气生物滤池最新发展和运用．水处理技术，2004，30（1）：4～7.
[29] 许保玖著．给水处理理论．北京：中国建筑工业出版社，2000.
[30] 徐丽花，李亚新．一种好氧生物处理有机废水的新工艺设备——生物曝气滤池．给水排水，1999，25（1）：1～4.
[31] 徐亚明，蒋彬．曝气生物滤池的原理及工艺．工业水处理，2002，22（6）：1～5.
[32] 岳敏，胡九成，赵海霞．国产轻质陶粒用于厌氧滤池的特性研究．环境污染与防治，2004，26（1）：22～24.
[33] 张杰，曹相生，孟雪征．曝气生物滤池的研究进展．中国给水排水，2002，18（8）：26～29.
[34] 张杰，陈秀荣．曝气生物滤池反冲洗的特性．环境科学，2003，24（5）：86～91.
[35] 张自杰主编，废水处理理论与设计．北京：中国建筑工业出版社，2003.
[36] 张忠波，陈吕军，胡纪萃．新型曝气生物滤池——Biostyr．给水排水，2000，26（6）：15～18.
[37] 张忠祥，钱易主编．废水生物处理新技术．北京：清华大学出版社，2004.
[38] 郑俊，程赛飞，王晓炎．上流式曝气生物滤池工艺处理生活污水．中国给水排水，2001，17（1）：51～53.
[39] 郑俊，吴浩汀，程寒飞编著．曝气生物滤池污水处理新技术及工程实例．北京：化学工业出版社，2002.
[40] 周云，戴婕，王占生等．曝气生物滤池在上海周家渡水厂的应用．中国给水排水，2002，18（10）：6～8.
[41] 朱乐辉．污水处理新工艺——曝气生物滤池．世界环境，2000，（1）：34～37.
[42] 朱乐辉，朱衷榜．水处理滤料——球形轻质陶粒的研制．环境保护，2000，（1）：35～39.

[43] 朱正齐，姜佩华，陈季华．曝气生物滤池（BAF）的研究进展．净水技术，2005，24（1）：57～59.

[44] 邹伟国，陆嘉竑，张辰等．曝气生物滤池在脱氮除磷工艺中的应用．环境工程，2004，22（5）：27～29.

[45] Aesϕy A，Degaard H，Bach K，et al. Denitrification in a packed biofilm reactor（BIOFOR）experiments with different carbon sources. *Water Res.*，1998，32（5）：1463～1470.

[46] Arden E，Lockett W T. Experiments of the oxidation of sewage with the aid of filters. *Jour. Soc. Chem. Ind.*，1914，33（2）：523～529.

[47] Bacquet G，Joret J C，Rogalla F. Biofilm start-up and control in aerated filter. *Environ. Technol.*，1991，12（3）：747～756.

[48] Boller M，Kobler D，Koch G. Particle separation，solid budgets and headloss development in different biofilters. *Water Sci. and Technol.*，1997，36（4）：239 ～247.

[49] Canler J P，Perret J M. Biological aerated filters：assessment of the process based on 12 sewage treatment plants. *Water Sci. and Technol.*，1994，29（10/11）：13～22.

[50] Chang W，S，Hong S W，Park J. Effect of zeolite media for the treatment of textile wastewater in a biological aerated filter. *Process Biochemistry*，2002，（37）：693～698.

[51] Chen J J，McCarty D，Slake D，et al.，Full scale case studies of a simplified aerated filter（BAF）for organics and nitrogen removal，*Water Sci. and Technol.*，2000，41（4/5）：1～4.

[52] Gilmore K R. Influence of organic and ammonia loading on nitrifer activity and nitrification performance for a two-stage biological aerated filter. *Water Sci. and Technol.*，1999，39（7）：227 ～234.

[53] Hidaka T，Tsuno H. Development of a biological filtration model applied for advanced treatment of sewage. *Water Res.*，2004，38（2）：335～346.

[54] Hodkinson B，Williams J，Butler J E. The development of BAF reactor：a review. *Water Environ. Manage.*，1999，13（4）：250～255.

[55] Kent T D，Fitzpatrick C S B，Williams S C. Testing of biological aerated filter（BAF）media. *Water Sci. and Technol.*，1996，34（3/4）：363～370.

[56] Kun M L，Stensel H D. Aeration and substrate utilization in a sparged packed-bed biofilm reactor. *Water Pollution Control Federation*，1986，58（11）：1066～1073.

[57] Lacamp B. Wastewater nutrient removal with advanced biofilm reactor. *Water Sci. and Technol.*，1993，23（5，6）：263～267.

[58] Lazarova V，Perera J，Bowenand M，etal. Application of aerated biofilters for production of high quality water for industrial reuse in West Basin. *Water Sci. and Technol.*，1996，41（4/5）：417～424.

[59] Mann A T，Stephenson T M. Modelling biological aerated filters for wastewater treatment. *Water Res.*，1997，31（10）：2443～2448.

[60] Mann A T，Mendoza-Espinosa L，Stephenson T M. Performance of floating and sunken media biological aerated filters under unsteady state conditions. *Water Sci. and Technol.*，1999，33（4）：1108～1113.

[61] Moore R，Quarmby J，Stephenson T. The effects of media size on the performance of biological aerated filters. *Water Res.*，2001，35（10）：2514～2522.

[62] Park J W，Granczar C，Czyk J J. Gravity separation of biomass washed out from aerated submerged filter. *Environ. Technol.*，1994，15（5）：945～955.

[63] Payraudeau M，Paffoni C，Gousailles M. Tertiary nitrification in an up flow biofilter on floationg media：influence of temperature and load. *Water Sci. and Technol.*，2000，41（4/5）：21～27.

[64] Polanco F F，Mendez E，Auruena M，et al. Spaial distribution of heterotrophs and nitriers in a submerged biofilter for nitrification. Water Res.，2000，34（10）：4081～4089.

[65] Pujol R. Process improvement for upflow submerged biofilters. *Water 21*，2000，（4）：25～29.

[66] Rogalla F，Bourbigot M M. New development in complete nitrogen removal with biological aerated filters. *Water Sci. and Technol.*，1990，22（1/2）：273～280.

[67] Rogalla F. High rate aerated biofilters for plant upgrading. *Water Sci. and Technol.*，1994，29（12）：207～216.

[68] Seguret F，Racault Y. Hydrodynamic behavior of a full-scale submerged biofilter and its possible influence on performance. *Water Sci. and Technol.*，1998，38（8/9）：249～256.

[69] Thogersen T，Hansen R. Full scale parallel operation of a biological aerated filter（BAF）and activated sludge（AS）for nitrogen removal. *Water Sci. and Technol.*，2000，41（4/5）：159～168.

[70] Tschui M，Boller M，Gujer，et al. Tertiary nitrification in aerated pilot biofilters. *Water Sci. and Technol.*，1994，29（10/11）：53～60.

[71] Vesilind P A（ed.）. Wastewater treatment plant design. London：IWA Publishing，2003.

[72] Watanabe Y. Study on the performance of up-flow aerated biofilter（UAB）in municipal wastewater treatment. *Water Sci. and Technol.*，1994，30（11）：25～33.

[73] Weale G，Cooper-Smith G D. Operational experience with biological aerated filters. *IWEM*，1995，（9）：109～118.

[74] Wijeyekoon S，Mino T，Satoh H. Fixed bed biological aerated filtration for secondary effluent polishing-effect of fitration rate on nitrifying biological activity distribution. *Water Sci. and Technol.*，2000，41（1）：187～195.

第 4 章

BN_uR 污水生物处理技术

青岛市团岛污水处理厂（UCT 工艺）

Qingdao Tuandao WWTP (UCT Process)

4.1 概述

氮（N）、磷（P）是植物的重要无机营养源，但它们在水体中的含量过高则将导致水体的富营养化污染问题。由于化肥、洗涤剂等，尤其是大量城市污水的排放，使天然水体（尤其是滞流性水体）中 N、P 的含量持续升高，导致藻类大量繁殖，使水体缺氧并产生毒素，从而进一步导致水体质量的恶化，不仅影响了水体的使用功能，同时对用水处理及人体健康也产生了很大的危害。

为此，欧洲各国对废水的脱氮除磷要求已日趋严格。如德国已于 1995 年要求 85%的污水处理厂出水达到三级处理标准，并于 1999 年要求污水厂出水每 2h 取样的混合水样中至少有 80%（5 个水样中至少有 4 个）满足 TN≤5mg/L 的要求，否则就需交纳排污费；奥地利于 1990 年颁布了“污水排放法”，其中要求人口当量大于 5×10^4 的污水处理厂出水 24 h 混合水样的 80%达到：NH_3—N≤5mg/L，TN 去除率≥60%。此外，欧共体于 1991 年 5 月颁布了有关污水处理的法令，其中不仅对污水处理厂出水中的 COD_{Cr}、BOD_5 和 SS 作了严格的定量规定，还对排入“敏感”水体（如已经或将要发生富营养化的水体、用作水源的水体）的处理厂出水中的 N、P 作了严格的规定，如对于人口当量在 10 000～10×10^4 的污水处理厂，其出水中的 TN 不得超过 15mg/L；对人口当量超过 10×10^4 的污水处理厂，其出水中的总氮不得超过 10mg/L。同时，对处理出水中 TP 也提出了≤0.5mg/L 的严格要求。

目前，我国的水体富营养化问题尤为突出，特别是太湖、滇池及巢湖等重要的水源地水体的污染更为严重。据资料报道，太湖的 101 个监测点位中有 22 个点位的 TN 和 TP 指标超过国家标准，整体处于富营养化状态；巢湖的 12 个监测点位中有 54%属于 V 类水体，46%劣于 V 类，TN 和 TP 严重超标，整体处于中富营养化状态；而滇池的 13 个监测点位均劣于 V 类水质，海草污染尤其严重，整体处于重富营养化状态。此外，据报道，1999 年，我国排放的城市污水中，工业废水及其 COD_{Cr} 所占的比例首次低于生活污水，表明我国目前城市污水排放的特性已经发生了质的变化。表 4-1 所列为我国 1995 年和 2000 年全国城市污水排放及其变化情况。由表 4-1 可知，我国工业废水的排放已得到良好的控制，城市生活污水排放已成为水环境问题的主要控制目标，而其中 N、P 的控制已成为城市污水处理和水环境保护的重要控制指标。我国于 1996 年 10 月 4 日颁布、1998 年 1 月 1 日实施的《污水综合排放标准》（GB 8978—1996）和于 2002 年 12 月 24 日颁布、2003 年 7 月 1 日实施的《城镇污水处理厂污染物排放标准》（GB 18918—2002）均对 N、P 的排放标准作了明确而严格的规定。由于传统的废水生物处理工艺多以 BOD_5 和 SS 为主要处理目标，因而为实现上述标准中所规定的 N、P 要求，意味着在污水处理厂的规划和建设过程中必须充分考虑脱氮除磷问题，并采用具有脱氮除磷功能的废水处理工艺，即 BN_uR（Biological Nutrient Removal）工艺。

表 4-1 我国 1995 年/2000 年废水排放的变化情况

项　目	1995 年		2000 年		增长率/%
	排放量	比例/%	排放量	比例/%	
废水排放总量/（$10^8 m^3/a$）	415.3	100	415.1	100	0
其中：工业废水	281.6	67.8	194.2	46.8	－31.0
其中：生活污水	133.7	32.2	220.9	53.2	65.2
COD_{Cr} 排放总量/10^4t	2 233.2	100	1 445.0	100	－35.3
其中：工业废水	1 622.9	72.7	705.0	48.8	－56.1
其中：生活污水	610.3	27.3	740.5	51.2	21.3

国际上开展废水生物脱氮除磷技术的研究始于 20 世纪 70 年代，20 世纪 80 年代初国际水污染控制协会（IAWPRC，IAWQ 的前身，现已并入国际水协会 IWA）在哥本哈根召开的第一次脱氮除磷国际研讨会是废水脱氮除磷技术研究和应用取得重大进展的重要标志，并由此极大地推动和促进了该技术在世界各国广泛和深入的研究及其在废水生物处理中的实际应用，出现了前所未有的快速发展局面。

近十多年来，废水 BN_uR 的理论日臻成熟，新工艺不断出现，除以经典的 BN_uR 理论为基础提出的 A_n/O 脱氮、A/O 除磷及 A^2/O 脱氮除磷等 BN_uR 工艺外，还提出了 Phostrip、Bardenpho、UCT、Johannesburge、Phoredox、Rotanxo、AP、VIP 及 BCFS 等一系列具有 BN_uR 功能的废水生物处理新工艺。近几年来，废水生物脱氮技术更是取得了突破性进展，通过对脱氮微生物的深入研究，提出了同步硝化-反硝化（SND—Simultaneous Nitrification and Denitrification）、氨厌氧氧化（ANAMMOX—Anaerobic Ammonium Oxidation）、短程硝化—反硝化（如荷兰 Delft 技术大学开发的 SHARON—Single Reactor for High Activity Removal Over Nitrite 工艺、比利时 Gent 微生物生态实验室开发的 OLAND—Oxygen Limited Autotrophic Nitrification Denitrification 工艺）等工艺，对它们的研究方兴未艾。与此同时，为满足对处理出水 N、P 指标日益严格的要求，世界各国均广泛采用 BN_uR 废水生物处理技术对现有污水厂进行升级改造及新建污水处理厂的建设。

我国自“七五”以来，一直将 BN_uR 工艺技术的研究和开发作为国家及省市的重要科研攻关项目，包括研究机构、高校及相关企业在内的数十家单位先后从理论、工艺和工程应用等多方面开展了广泛的研究，取得了一大批具有良好实用价值的研究成果，积累了较为丰富的实际工程经验。尤其是近十多年来，随我国社会经济及城市化进程的快速发展，城市污水处理厂的建设如雨后春笋，并结合对国外先进工艺技术和设备的引进消化，建设了青岛李村河污水处理厂、青岛市团岛污水处理厂、昆明市第二污水处理厂、广州大坦沙污水处理厂、苏州工业园区污水处理厂等相当数量的 BNuR 污水处理厂，使该项污水生物处理技术在我国城市污水处理及水体富营养化问题控制方面发挥了良好的作用，也为对其更深入的研究和进一步推进其应用打下了坚实的基础。

4.2 废水生物脱氮除磷（BNuR）的基本原理

城市污水中的 N、P 主要来自生活污水以及部分含 N、P 的工业废水。废水中的氮一般以有机氮、氨氮、亚硝酸盐氮和硝酸盐氮等四种形态存在。生活污水中氮的主要存在形态是有机氮和氨氮，其中有机氮占 40%～60%，氨氮占 50%～60%，亚硝酸盐氮和硝酸盐氮仅占 0～5%。典型生活污水中的氨氮质量浓度一般在 20～50mg/L。在废水生物处理过程中，废水中的部分有机氮可在初沉池中随 SS 的沉淀而去除，大部分则进入生物处理过程被转化为氨氮和其他无机氮。

废水中的磷主要来源于各种洗涤剂、工业原料、农业肥料的生产及人体的排泄物。根据废水来源和类型的不同，磷有不同的存在形态，最常见的有磷酸盐（$H_2PO_4^-$、HPO_2^-、PO_4^{3-}）、聚磷酸盐和有机磷。目前，随着人们绿色消费观的增强，无磷化工产品的推广应用，城市污水中的含磷量普遍下降，一般在 4～5mg/L，其中有 70%是可溶性的。传统的二级生物处理出水中有 90%左右的磷以磷酸盐的形式存在。

在传统的废水生物处理工艺中，N、P 作为微生物正常生长所必需的营养元素而用于其自身合成外，由于缺乏良好的具有脱氮除磷功能的微生物的生长和繁殖条件，因而其对 N、P 的去除效果往往较低，常难以达到处理出水的水质要求。

4.2.1 废水生物脱氮的原理

废水的生物脱氮处理过程，实际上是将氮在自然界中循环的基本原理应用于废水生物处理，并借助于不同微生物的共同协调作用以及合理的人为运行控制，而将生物去碳过程中转化而产生及原废水中存在的氨氮转化为氮气而从废水中脱除的过程。在此过程中，首先在好氧（Oxic）条件下，通过好氧硝化菌的作用，将废水中的氨氮氧化为亚硝酸盐氮或硝酸盐氮；然后在缺氧（Anoxic）条件下，利用反硝化菌（脱氮菌）将亚硝酸盐和硝酸盐还原为氮气（N_2）而从废水中逸出。因而，废水的生物脱氮通常包括氨氮的硝化和亚硝酸盐氮及硝酸盐氮的反硝化两个阶段。只有当废水中的氮以亚硝酸盐氮和硝酸盐氮的形态存在时，仅需反硝化（脱氮）一个阶段。

4.2.1.1 硝化和反硝化反应过程

废水生物脱氮是在硝化和反硝化菌参与的反应过程中，将氨氮最终转化为氮气而将其从废水中去除的过程。硝化和反硝化反应过程中所参与的微生物种类不同、转化的基质不同、所需的反应条件也不相同。

4.2.1.1.1 硝化反应过程

硝化反应是将氨氮转化为硝酸盐氮的过程。它包括两个基本反应步骤：由亚硝酸菌（*Nitrosomonas*）参与的将 NH_4^+—N 转化为亚硝酸盐（NO_2^-—N）的反应；由硝酸菌（*Nitrobacter*）参与的将 NO_2^-—N 转化为硝酸盐（NO_3^-—N）的反应。其中亚硝化菌有亚硝酸单胞菌属、亚硝酸螺杆菌属和亚硝酸球菌属等；硝化菌有硝酸杆菌属、硝酸螺菌属和硝酸球菌属等。亚硝化菌和硝化菌都是化能自养菌，它们利用 CO_2、CO_3^{2-}和 HCO_3^-等作为碳源，通过与 NH_3、NH_4^+或 NO_2 的氧化还原反应获得能量。硝化反应过程需在好氧（Aerobic 或 Oxic）条件下进行，并以氧作为电子受体。其反应过程可用下式表示：

$$NH_4^+ + O_2 + HCO_3^- \rightarrow NO_2^- + H_2O + H_2CO_3 + (240 \sim 350\text{kJ/mol}) \quad (4\text{-}1)$$

$$NO_2^- + NH_4^+ + HCO_3^- + O_2 \rightarrow NO_3^- + H_2O + (65 \sim 90\text{kJ/mol}) \quad (4\text{-}2)$$

$$NH_4^+ + O_2 + HCO_3^- \rightarrow NO_3^- + H_2O + H_2CO_3 + (305 \sim 445\text{kJ/mol}) \quad (4\text{-}3)$$

在将 NH_4^+—N 转化为 NO_2^-—N 和 NO_3^-—N 的（氧化）反应过程中，亚硝化菌和硝化菌同时利用其氧化过程中产生的能量，进行下列同化代谢（合成）过程：

$$CO_2 + NH_4^+ \rightarrow NO_2^- + C_5H_7NO_2\text{（亚硝化菌）} + H_2O + H^+ \quad (4\text{-}4)$$

$$CO_2 + NH_4^+ + NO_2^- + H_2O \rightarrow NO_3^- + C_5H_7NO_2\text{（亚硝化菌）} + H^+ \quad (4\text{-}5)$$

通过对上述反应过程的物料衡算可知，在硝化反应过程中，将 1g 氨氮氧化为硝酸盐氮需耗氧 4.57g（其中亚硝化反应需耗氧 3.43g，硝化反应需耗氧 1.14g），同时约需耗 7.07g 重碳酸盐（以 $CaCO_3$ 计）碱度。亚硝化菌和硝化菌分别增殖 0.146g 和 0.019g。

在硝化反应过程中，氮元素的转化及其价态的变化如图 4-1 所示。其中 NH_4^+—N 向 NO_2^-—N 的转化过程经历了 3 步反应及 6 个电子价态的变化，而由 NO_2^-—N 向 NO_3^-—N 的转化过程则经历了 1 步反应及 2 个电子价态的变化。

表 4-2 列出了亚硝化菌和硝化菌的基本特征。由表可见，亚硝化菌和硝化菌的特性基本上相似，但亚硝化菌的生长速率较快、世代期较短，较易适应水质水

量的变化和其他不利环境条件。水质水量的变化或出现不利环境条件时较易影响硝化菌的生长，因而当硝化菌的生长受到抑制时，易在硝化过程中发生 NO_2^-—N 的积累。

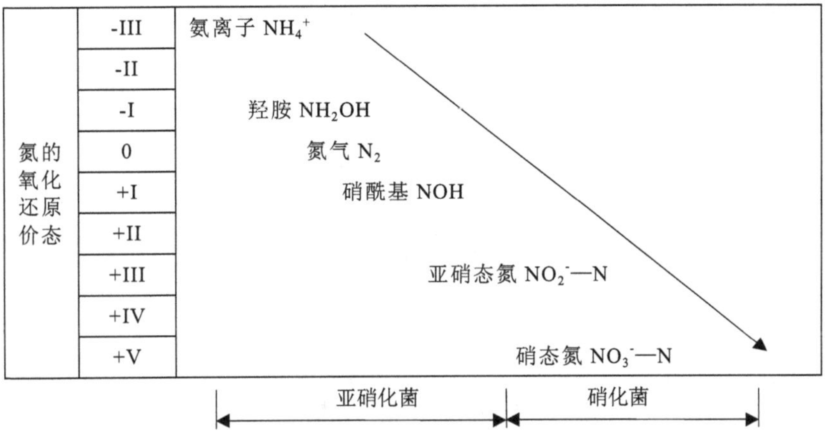

图 4-1 硝化反应过程中 N 形态及其价态的变化

表 4-2 亚硝化菌和硝化菌的基本特征

特征指标	亚硝化菌	硝化菌
细胞形态	椭球或棒状	椭球或棒状
细胞尺寸/μm	1.0×1.5	0.5×1.0
革兰氏染色	阴性	阴性
世代期/h	8～36	12～59
自养性	专性	兼性
需氧性	严格好氧	严格好氧
最大比增长速率 μ_{max}/h^{-1}	0.04～0.08	0.02～0.06
产率系数 *Y*/（mg/mg）	0.04～0.13	0.02～0.07
饱和常数 K/（mg/L）	0.6～3.6	0.3～1.7

4.2.1.1.2 反硝化反应过程

反硝化反应是将硝化过程中产生的硝酸盐或亚硝酸盐还原成 N_2 的过程。反硝化菌（包括假单胞菌属、反硝化杆菌属、螺旋菌属和无色杆属等）是一类化能异养兼性微生物。在有分子态氧存在时，它们以有机物为底物对其进行氧化分解，并以氧作为最终电子受体，而在缺氧（DO=0.2～0.5mg/L）条件下，则利用废水中各种有机基质作为碳源和电子供体，以 NO_2^-—N 和 NO_3^-—N 作为电子受体而进行缺氧呼吸，通过异化和同化作用完成反硝化脱氮过程。反硝化异化（还原）过程中，反硝化菌将 NO_3^-—N 还原为 N_2 的过程经历了一系列连续的 4 步反应过程，如图 4-2 所示。在同化（合成）过程中，反硝化菌将 NO_3^-—N 还原为 NH_4^+—N 供新细胞合成之用。图 4-3 所示为反硝化过程中单氮的形态及其价态的变化。

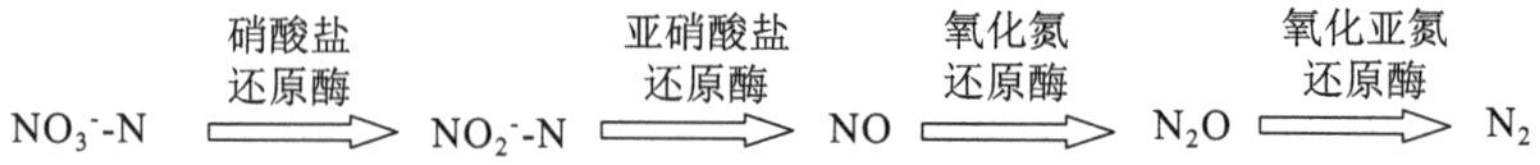

图 4-2　氮的反硝化还原过程

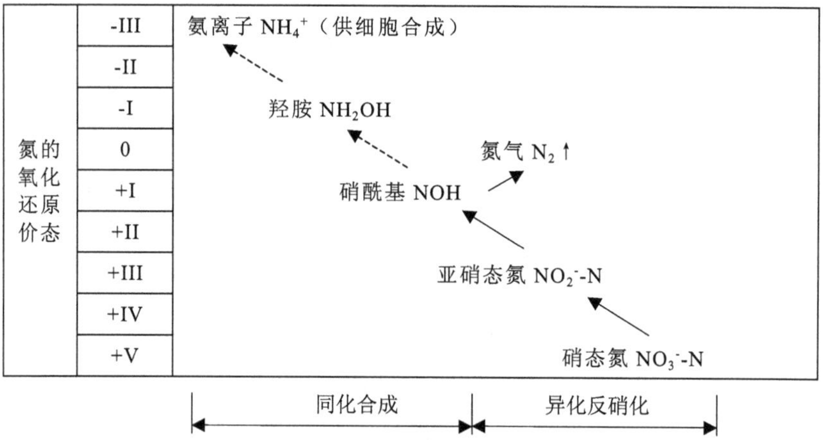

图 4-3　反硝化反应过程中 N 形态及其价态的变化

反硝化过程中，部分反硝化菌只含有硝酸盐还原酶时，NO_3^-—N 只能还原至 NO_2^-—N，硝酸盐还原酶是一种含有钼辅基的蛋白质复合物，它在催化反硝化时有如下电子转移过程：

$$NADH_2 \rightarrow FAD \rightarrow \text{醌} \rightarrow \text{细胞色素 b} \rightarrow Mo \rightarrow NO_3^- \text{—N} \tag{4-6}$$

由上式可见，反应过程中，首先由黄素蛋白（FAD 或 FMN）接受从还原型烟酰胺腺嘌呤二核苷酸（$NADH_2$）转移来的电子，并将它转移给醌和细胞色素 b，然后将电子转移给含钼的硝酸盐还原酶，使 Mo^{6+} 还原为 Mo^{5+}，而 Mo^{5+} 再将电子转移给 NO_3^-—N 而使其还原为 NO_2^-—N。

硝酸盐还原酶通常是一类诱导酶，在缺氧和存在 NO_3^-—N 的条件下才会诱发合成，它们大部分只能在缺氧条件下对反硝化反应起催化作用。有一部分以硝酸盐还原酶作为其结构酶的反硝化菌也可在好氧或不存在 NO_3^-—N 的条件下合成。这部分反硝化菌在好氧—厌氧交替运行的生物脱氮工艺中具有重要的作用。Krul 等从生物脱氮系统污泥中分离到 24 株反硝化菌，其中有 5 株可在好氧和缺乏 NO_3^-—N 的条件下合成硝酸盐还原酶，7 株在好氧和缺乏 NO_3^-—N 的条件下仅能合成部分硝酸盐还原酶，而其余 12 株则不能合成硝酸盐还原酶。上述还原产生的 NO_2^-—N 在亚硝酸盐还原酶的作用下进一步被还原为 NO，并接着在氧化氮还原酶和氧化亚氮还原酶的作用下还原为 N_2。在 NO 向 N_2 转化的过程中，有时会出现一定数量的 N_2O 中间产物。Verhoever 的研究表明，当 NO_3^-—N 浓度远远超过可被利用的氢供体时（如在废水中碳源不足时），反硝化过程中所生成的 N_2 量将减少，并致使反硝化反应大量生成 N_2O。

反硝化过程中，反硝化菌需要有机碳源（如甲醇）作电子供体，利用 NO_3^-—N 中的氧进行缺氧呼吸。其反应过程可表示如下（式 4-7 和 4-8）：

$$NO_3^- + CH_3OH + H_2CO_3 \rightarrow N_2\uparrow + H_2O + HCO_3^- + C_5H_7NO_2 \quad (4\text{-}7)$$

$$NO_2^- + CH_3OH + H_2CO_3 \rightarrow N_2\uparrow + H_2O + HCO_3^- + C_5H_7NO_2 \quad (4\text{-}8)$$

对上述反应式通过物料衡算后可知，反硝化过程中每还原 1gNO_3—N 将消耗 2.47g 甲醇，同时产生 3.57g 左右的重碳酸盐碱度（以 $CaCO_3$ 计）和 0.45g 新细胞。反硝化过程中，每转化 1g NO_3^-—N（NO_2^-—N）约需要 2.6g 的 BOD_u（约为 3.7g COD_{Cr}），即相当于在反硝化过程中“产生”了 2.6g 的氧。通过物料衡算，反硝化过程中所需的碳源（C_{dn}，以甲醇计）及相应的反硝化菌细胞产量（C_{pdn}）可分别用式 4-9 和式 4-10 计算。

$$C_{dn} = 2.47\rho_0(NO_3^-) + 1.53\rho_0(NO_2^-) + 0.87\rho_0(DO) \quad (4\text{-}9)$$

$$C_{pdn} = 0.45\rho_0(NO_3^-) + 0.32\rho_0(NO_2^-) + 0.19\rho_0(DO) \quad (4\text{-}10)$$

式中：C_{dn}——所需的碳源（以甲醇计），mg/L；

C_{pdn}——反硝菌细胞的产量，mg/L；

$\rho_0(NO_3^-)$——初始 NO_3^-—N 质量浓度，mg/L；

$\rho_0(NO_2^-)$——初始 NO_2^-—N 质量浓度，mg/L；

$\rho_0(DO)$——初始 DO 质量浓度，mg/L。

4.2.1.2 硝化和反硝化反应动力学

4.2.1.2.1 硝化反应动力学

由硝化反应过程可知，由 NH_4^+—N 转化为 NO_2^-—N 时所产生（释放）的能量约为由 NO_2^-—N 转化 NO_3^-—N 时所产生能量的 4～5 倍，即意味着为使硝化过程中不发生 NO_2^-—N 的积累，单位时间内硝化菌对 NO_2^-—N 的氧化速率须 4 倍于 NH_4^+—N 的量。在实际运行过程中，一般是通过培养数量匹配的硝化和反硝化菌的数量而获得稳态运行的，因而在处理系统一般不会也不应该出现 NO_2^-—N 的积累。

研究表明，在温度低于 20℃的条件下，亚硝化和硝化反应符合 Monod 方程，

且其中的饱和常数 K_n 均小于 1.0mg/L。因此，由 NH_4^+—N 转化为 NO_2^-—N 的亚硝化过程是整个硝化反应过程的速率限制步骤，其亚硝化微生物的比增长速率（μ_N）可用下式 4-11 表示。

$$\mu_N = \mu_{N\max} \frac{[NH_4^+ — N]}{K_N + [NH_4^+ — N]} \qquad (4\text{-}11)$$

式中：μ_N——亚硝化菌的比增长速率，d^{-1}；

$\mu_{N\max}$——亚硝化菌的最大比增长速率，d^{-1}；

K_N——亚硝化菌氧化 NH_4^+—N 的饱和常数，mg/L；

$[NH_4^+$—N$]$——NH_4^+—N 质量浓度，mg/L。

NH_4^+—N 的氧化速率（r_N）直接与亚硝化菌的增长速率有关，而亚硝化菌的增长速率与亚硝化菌的产率系数（Y_N）有关。r_N 与 Y_N 间的关系可用下式 4-12 表示：

$$r_N = \frac{\mu_N}{Y_{N\text{obs}}} = r_{N\max} \frac{[NH_4^+ — N]}{K_N + [NH_4^+ — N]} \qquad (4\text{-}12)$$

式中：r_N——MLVSS 中 NH_4^+—N 的氧化速率，kg /（kg • d）；

$r_{N\max}$——MLVSS 中 NH_4^+—N 的最大氧化速率，kg /（kg • d）；

$Y_{N\text{obs}}$——亚硝化菌的表观产率系数（kg/kg）。

由于硝化菌的增长速率低于亚硝化菌（见表 4-2），前者约为后者的 1/3～1/2，因而在废水生物处理工艺中，为实现亚硝化和硝化的稳态运行及反硝化过程的充分进行，通常须控制足够长的污泥龄 SRT（θ_C），并使设计 SRT（θ_N^d）大于硝化菌所需的最小污泥龄（θ_N^m）增长。实际设计和运行中，一般可按下式 4-13 确定。

$$\theta_N^{\ d} \geqslant 3\theta_N^{\ m} = \frac{1}{\mu_N} \qquad (4\text{-}13)$$

4.2.1.2.2 反硝化反应动力学

反硝化过程中，反硝化菌的增长速率（μ_D）与 NO_3^-N 质量浓度之间的动力学关系同样符合 Monod 方程，并用式 4-14 表示：

$$\mu_D = \mu_{D\max} \frac{[NO_3^- — N]}{K_D + [NO_3^- — N]} \qquad (4\text{-}14)$$

式中：μ_D——反硝化菌的比增长速率，d^{-1}；

$\mu_{D\max}$——反硝化菌的最大比增长速率，d^{-1}；

K_D——反硝化菌还原 NO_3^-—N 的饱和常数，mg/L；

$[NO_3^-$—N$]$——NO_3^-—N 质量浓度，mg/L。

反硝化过程中，由于反硝化菌的比增长速率与一般的好氧异氧菌的比增长速率接近，且远高于硝化菌，因而其所需污泥龄较短。NO_3^-—N 的还原去除速率（r_{DN}）反硝化菌的比增长速率（μ_{DN}）及其产率系数（Y_{DN}）之间的关系可用式 4-15 表示。式 4-16 为其表观产率系数与反硝化菌污泥龄（θ_{DN}）之间的关系（其中美国 EPA 建议的 b_{DN} 值为 $0.04d^{-1}$，Y_{DNobs} 值（MLVSS/NO_3^-—N）为 0.6～1.2 kg/kg）。

$$r_{DN}=\frac{\mu_{DN}}{Y_{DNobs}}=r_{DN\max}\frac{[NO_3^- — N]}{K_DN+[NO_3^- — N]} \tag{4-15}$$

$$\frac{1}{\theta_{DN}}=Y_{DNobs}q_{DN}-b_{DN} \tag{4-16}$$

式中：r_{DN}——MLVSS 中 NO_3^-—N 的还原去除速率，kg /(kg · d)；

r_{DNmax}——MLVSS 中 NO_3^-—N 的最大还原去除速率，kg /(kg · d)；

Y_{DNobs}——反硝化菌的表观产率系数，kg/kg；

b_{DN}——反硝化菌的内源呼吸速率常数，d^{-1}。

此外，反硝化过程中，废水中有机碳源的浓度将对 NO_3^-—N 的反硝化速率产生一定的影响，因而其综合反硝化速率可表示为（式 4-17）：

$$r_{DN}=r_{DN\max}\frac{[NO_3^- — N]}{K_{DN}+[NO_3^- — N]}\times\frac{S}{K_S+S} \tag{4-17}$$

式中：S——废水中有机物质量浓度，mg/L；

K_S——有机物降解饱和常数，mg/L；

其余符号同前。

上式中 K_{DN} 的值较低，约为 0.1～0.2mg/L，对反硝化速率几乎不构成影响，因而可以认为当废水中的 NO_3^-—N 质量浓度高于 0.1～0.2mg/L、且反硝化过程中有充足的有机碳源存在时，反硝化速率与 NO_3^-—N 的质量浓度成零级反应，即此时的反硝化速率与 NO_3^-—N 的质量浓度无关，而只与反硝化菌的数量有关。因而，在缺氧反硝化过程中，NO_3^-—N 的去除速率及稳态条件下的运行关系可用式 4-18 和式 4-19 表示：

$$\frac{d[NO_3^- — N]}{X_v dt}=r_{DN} \tag{4-18}$$

$$\frac{Q([NO_3^- — N]_0-[NO_3^- — N]_e)}{X_vV}=r_{DN}=F_{WDN} \tag{4-19}$$

式中：X_v——反硝化菌污泥质量浓度，mg/L；

F_{WDN}——反硝化运行的污泥负荷（NO_3^-—N/MLVSS），kg /(kg · d)；
其余符合同前。

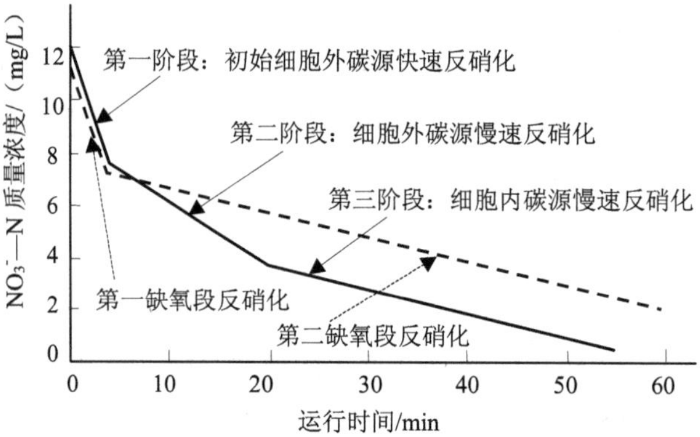

图 4-4　不同碳源时的反硝化速率

需指出的是，上述动力学表达式适用于单一、易降解有机底物的情况。当废水中所含底物的类型不同，其被反硝利用的难易程度将存在差异，由此导致其反硝化速率的不同。如 Barnard 等在处理城市污水的研究中发现，反硝化过程存在三种不同的反硝化反应速率（如图 4-4 所示）。在反硝化反应开始的 5～15min 内为反应速率最快的第一阶段，其反应速率为 50mg /(L • h)。此阶段中，反硝化菌利用挥发性脂肪酸和醇类等易被降解的厌氧发酵产物作为碳源，因而其反应速率较快；第二阶段自第一阶段结束一直延续至全部外碳源利用完止，此阶段的反应速率较第一阶段慢，约为 16mg /(L •h)，这是因为在此阶段中易降解的碳源已在第一阶段被消耗尽，因而只能利用颗粒状和复杂的有机物作为其碳源的缘故；在第三阶段，由于外碳源的耗尽，反硝化菌便通过内源呼吸作用进行反硝化，此时反应速率更低，仅为 5.4mg /(L •h)。若将第一、第二和第三阶段中被反硝化菌利用的有机基质分别称作第一类、第二类和第三类基质，则反硝菌利用第三类基质进行反硝化的速率仅为第一类基质的 10%。有研究者提出如下反硝化菌利用一、二、三类有机底物时的反硝化速率常数（20℃）为：

$$r_{DN1}=0.031\,8\ \text{mg/(mg} \cdot \text{h)} \tag{4-20}$$

$$r_{DN2}=0.004\,5\ \text{mg/(mg} \cdot \text{h)} \tag{4-21}$$

$$r_{DN3}=0.003\,2\ \text{mg/(mg} \cdot \text{h)} \tag{4-22}$$

此外，当采用 Bardenpho 脱氮工艺时，第一、第二缺氧池所提供的碳源种类发生明显的变化，因而其反硝化速率也不同（图 4-4 中虚线）。第一缺氧池利用进水中的有机碳源进行反硝化脱氮，而第二缺氧池则主要利用内碳源进行反硝化。有研究表明，其反硝化速率可分别表示为（式 4-23 和式 4-24）：

$$r_{DNr1} = 0.3F_w + 0.0029 \tag{4-23}$$

$$r_{DNr2} = 0.12\theta_{DN}^{-0.706} \tag{4-24}$$

式中：r_{DNr1}——第一缺氧池的反硝化速率（NO_3^-—N/MLVSS），kg /(kg • d)；
r_{DNr2}——第二缺氧池的反硝化速率（NO_3^-—N/MLVSS），kg/(kg • d)；
F_w——第一缺氧池的有机负荷（BOD_5/MLVSS），kg/(kg • d)；
θ_{DN}——处理工艺的基于反硝化设计的污泥龄，d。

由此可见，当废水中的 BOD_5 浓度较高、且多为易降解的有机基质时，反硝化过程可利用第一类基质，并可获得较快的反硝化速率，其水力停留时间（HRT）一般为 0.5～1.0h；如果废水中的第一类基质（BOD_5）浓度较低，则为获得一定的反硝化效果，反硝化菌便要利用第二类基质进行反硝化，此时水力停留时间需 2～3h。表 4-3 列出了几种不同碳源的反硝化速率。

表 4-3　不同碳源的反硝化速率

碳源种类或来源	反硝化速率（NO_3^-—N/MLVSS）/(kg /(kg • d))	温度/℃
甲醇	0.12～0.90	20
啤酒废水	0.2～0.22	20
挥发酸（VFA）	0.36	20
生活污水	0.03～0.11	15～27
内碳源	0.017～0.048	12～20

4.2.2 废水生物除磷的原理

废水中的含磷化合物除少部分用于微生物自身生长繁殖的需要外，在常规的生物处理工艺中大部分难以去除而以磷酸盐的形式随二级处理出水排入受纳水体，其出水中磷的质量浓度常超过 0.5～1.0mg/L。根据 Liebig 最低定律，水体中磷含量的高低是水体发生富营养化污染的限制因子。

在传统的活性污泥（CAS）工艺中，污泥中的磷含量一般占污泥干重的 1.5%～2.0%。但研究表明，在厌氧一好氧交替运行的条件下，某些微生物种群能够以比普通活性污泥高 3～7 倍的水平摄取积累或释放出磷，这些微生物被称为聚磷菌（PAO—Phosphorus Accumulating Organism）。活性污泥中的 PAO 在好氧、厌氧交替条件下运行时，在好氧条件下可超出其生理需要而从废水中过量摄取磷，形成多聚磷酸盐作为贮藏物质。PAO 的这种过量摄磷能力不仅与在厌氧条件下磷的释放量有关，而且与被处理废水中有机基质的类型及数量有关。其处理系统中所排放的剩余污泥中的含磷量一般为污泥干重的6%～10%。目前，有关PAO在废水中的除磷作用机制，正在得到不断深入的研究。

4.2.2.1 聚磷菌及其作用机理

4.2.2.1.1 PAO的过量聚磷作用

对废水生物处理过程中微生物对磷的去除机理曾有两种不同的代表性观点，即：①生物诱导化学沉淀作用；②生物过量聚磷作用。前种观点认为，在废水生物处理过程中，由于微生物所处的环境因素（CO_2、DO以及pH）的变化而导致废水中磷的存在形态发生变化，通过化学沉淀作用而获得除磷效果。如在传统的推流式曝气池中，其进水端废水与回流污泥混合，此时有机负荷较高，污泥利用废水中有机质的代谢活力也强，此时耗氧速率快而使DO下降，同时CO_2产量较高，从而导致废水的pH值下降。在酸性条件下，污泥中积累的磷酸盐发生部分溶解，同时废水中的有机磷被降解，致使溶液中的溶解性磷酸盐浓度升高；随着废水中有机基质的不断降解，到曝气池的出水端附近，微生物可资利用的有机基质减少，导致污泥的代谢活力下降，耗氧速率降低而DO浓度升高，同时CO_2产量减少，此时废水的pH值将升高，从而产生磷酸盐（主要以磷酸钙的形式）的沉淀。但这种解释存在磷酸盐沉淀作用与pH升高程度在理论上相矛盾的问题。因而，一般认为废水中磷的去除是一种生物作用过程，即上述的第二种解释。

生物过量摄磷作用可解释为，处于厌氧一好氧交替变化的生物处理工艺中的PAO，在厌氧条件下其生长受到抑制，因而为了其生长便释放出其细胞中的聚磷酸盐（以溶解性的磷酸盐形式释放到溶液中），同时产生其利用废水中简单的溶解性有机基质所需的能量。此时表现为磷的释放，即磷酸盐由微生物体内向废水的转移。当上述微生物继而进入好氧环境中后，则它们的活力将得到充分的恢复，并在充分利用基质的同时，从废水中大量摄取溶解态的正磷酸盐，在PAO细胞内合成多聚磷酸盐，如具有环状结构的三偏磷酸盐和四偏磷酸盐$M_nP_nO_{3n}$、具有线状结构的焦磷酸盐和不溶性结晶聚磷$M_n^{2+}P_nO_{3n}$、具有横联结构的过磷酸盐等，并加以积累。这种对磷的积累作用大大超过一般微生物正常生长所需的磷量，可达细胞重量的6%～10%。这一阶段表现为微生物对磷的过量吸收，即磷酸盐由废水向聚磷菌体内的转移。

4.2.2.1.2 除磷机理与聚磷菌的生长

研究表明，废水生物处理过程中除磷的机理为，在严格厌氧，即氧化还原电位（ORP—Oxidation-Reduction Potential）在－200～－300mV之间的条件下，PAO将其细胞内的有机磷转化为无机磷而释放，并利用此过程中产生的能量摄取废水中的溶解性有机基质以合成聚-β-羟基丁酸盐（PHB）颗粒；而在好氧条件下，PAO 则将 PHB 降解以提供其从废水中摄取磷所需的能量，从而完成聚磷的过程。图 4-5 所示为上述除磷机理的概化图。由此可见，PHB 的合成与降解，作为一种能量的贮存与释放过程，在 PAO 的摄磷和释磷过程中起着十分重要的作用，即 PAO 对 PHB 的合成能力的大小将直接影响其摄磷能力的高低。研究表明，在严格厌氧条件下，微生物细胞内的 PHB 含量随时间呈线性增加，并与细胞中聚磷酸盐含量的减少呈现出较为明显的线性关系。而在好氧条件下，PAO 微生物细胞内的 PHB 则呈指数减少，且同样与聚磷酸盐的增加呈良好的线性关系。可见，PHB 的合成与降解是与 PAO 的释磷和摄磷过程密切相关的。这种相关性可用于解释 PAO 的生长过程。图 4-6 所示为除磷过程中不同物质的转化过程。

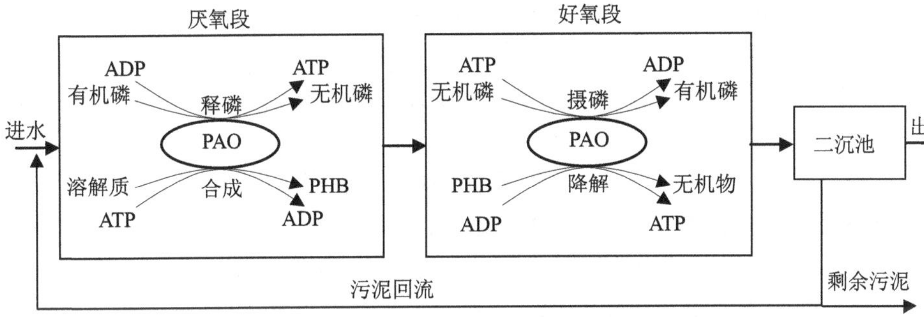

图 4-5 PAO 在厌氧—好氧环境中的作用机理

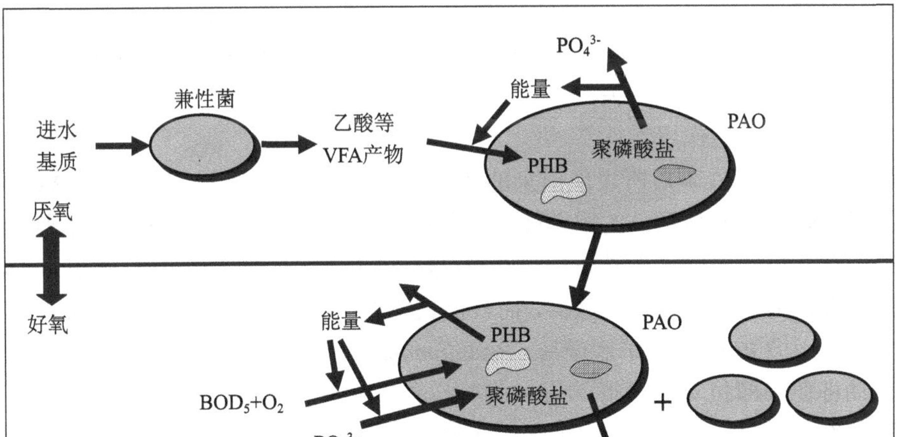

图 4-6 生物除磷过程中不同物质的转化

众所周知，在废水生物处理系统中，存在着多种微生物。那么，为什么 PAO 能在厌氧—好氧交替运行的系统中得到良好的生长并发挥其过量摄磷的作用呢？其原因在于 PAO 能在厌氧条件下过量释磷，合成并贮存 PHB，并利用其在释磷过程中产生的 ATP 以维持其在厌氧的不利条件下生存并将积累于体内的多聚磷酸盐水解而将磷释放于水环境中，同时产生大量的能量，这也使其具有与活性污泥中大多数其他微生物进行竞争的能力。Senior 等认为，PAO 在厌氧条件下贮存 PHB，其作用是减少葡萄糖在厌氧发酵时产生的氢离子和电子，如式 4-25、式 4-26 和式 4-27 所示。PAO 在厌氧区内贮存 PHB，似乎提供了一个“氢的仓库”，使葡萄糖发酵产物 H^+和 e^-减少，使其发酵过程得以继续。

$$C_6H_{12}O_6 \rightarrow 2CH_3COOH+4H^++4e^- \quad (4\text{-}25)$$

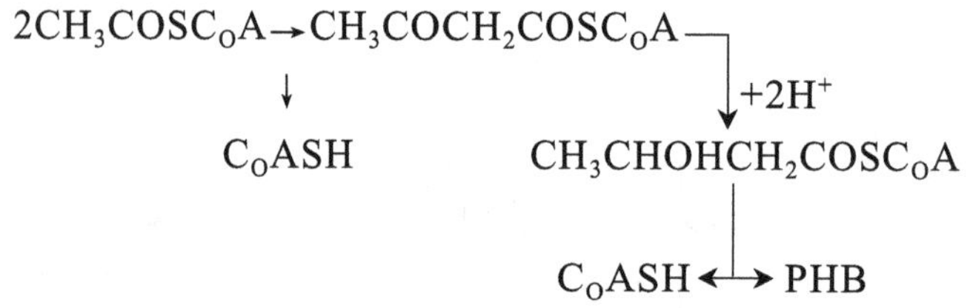

（4-26）

$$\text{乙酰辅酶 A}+ADP+P_i \rightarrow ATP+\text{乙酸}+C_oA \quad (4\text{-}27)$$

需要指出的是，大多数 PAO 一般只能以低级的脂肪酸（VFA）类小分子有机基质作为利用的对象并将其合成 PHB，以能量的形式贮存在 PAO 体内。在好氧条件下，PAO 将贮存的 PHB 进行好氧分解，同时释放出大量的 ATP 供其自身生长所需。此时，一部分 ATP 用于 PAO 对废水中溶解态磷的摄取，同时将其转化为有机聚磷酸盐而贮存。因而，由于 PAO 的高能过量摄磷作用，可使其得到足够的有机基质及磷酸盐。但在厌氧—好氧交替运行的条件下，聚磷菌的生长并不总处于优势地位，这与运行控制状况有关。

4.2.2.1.3 聚磷菌及其作用特性

PAO 可通过其聚磷后所表现出来的特殊的异染现象来识别，即聚集于 PAO 细胞内的多聚磷酸盐能与蓝色的甲苯胺蓝和某些其他蓝色碱性染料（如次甲基蓝）结合而染上红紫色，并称其为异染粒（图 4-7）。对于废水生物除磷工艺中的 PAO，早期的研究认为主要是莫拉氏菌群，而目前较多的研究则认为，废水生物除磷过程中起主要作用的 PAO 是假单胞菌属（*Pseudomonas*）和气单胞菌属（*Aerodomonas*），而非不动杆菌（即拉莫氏菌群，*Acinetobactor*）。此外，国内研究者还通过对序批式间歇活性污泥法（SBR）除磷工艺中 PAO 的研究，分离出了其他具有除磷功能的 PAO 菌株，如棒状菌群和肠杆菌科等。Brodisch 等认为，不动杆菌仅占 PAO 的 1%～10%，而假单胞杆菌和气单胞菌则占 15%～20%。此外，还发现诺卡氏菌（*Nocardia*）体内具有聚磷颗粒。目前，有关 PAO 中哪种或几种

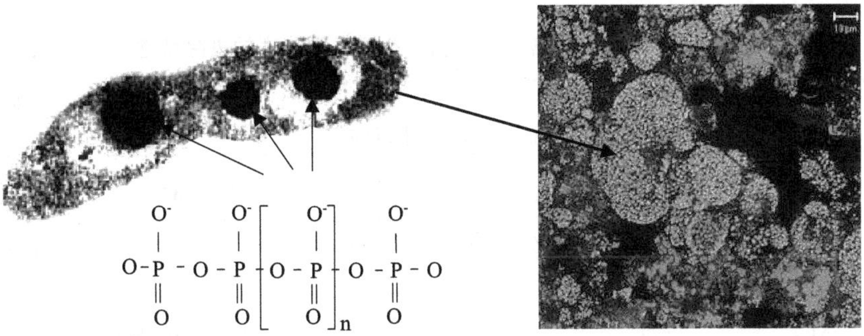

PAO 中的多聚磷酸盐　　　　污泥混合液中的 PAO

图 4-7 聚磷菌 PAO 及其摄取的多聚磷酸盐

菌群占主要地位的问题，仍有待深入研究。

在废水生物除磷工艺系统中，一般存在着三种各具不同功能的微生物，即 PAO、发酵产酸菌和异养好氧菌。异养好氧菌属于非 PAO，对生物除磷所作的贡献不大。而 PAO 和发酵产酸菌两者在除磷方面是互不可分、密切相关的。它们各司其职而达到除磷的目的。如前所述，PAO 一般只能利用低级的低分子脂肪酸（如乙酸等），而不能直接利用和分解大分子有机基质。这就要依靠发酵产酸菌的作用将大分子物质降解为小分子物质。因此，如果没有发酵产酸菌的作用或这种作用受到抑制（如当存在 NO_3^-—N 时），则 PAO 便难以利用磷释放过程中产生的能量来合成 PHB，因而也难以在好氧阶段通过分解 PHB 来获得足够的能量进行对磷的过量摄取和积累，从而影响整个系统的处理效果。有研究表明，在除磷工艺中，气单胞菌除具有聚磷作用外，其主要功能是发酵产酸，为其他 PAO 提供可资利用的基质；而假单胞杆菌和不动杆菌则主要起聚磷作用。有关这两种菌的作用特性已有较多的报道。此外，有资料表明，棒状杆菌和肠杆菌属亦具有聚磷作用。Nicholls 和 Osborn 等认为，不动菌属类微生物在厌氧条件下，能通过细胞壁输送乙酸盐，并在细胞中积累 PHB，作为贮存多磷酸盐的能量来源。

目前，对生物除磷的机理尚存在不同的观点。例如有研究者认为，在厌氧过程中，不动杆菌属微生物利用其体内贮存的聚合磷酸盐中的高能键为能源将醋酸盐或其他基质通过细胞壁吸收到体内，以 PHB 的形式加以贮存而将磷释放出来。在好氧阶段，通过贮存 PHB 的同化作用合成新的细胞，并在体内贮存多聚磷酸盐，即磷的摄取。最后，污水中的磷则随剩余污泥的排放而被去除。必须强调的是，在生物除磷过程中磷的去除必须是系统中同种污泥在厌氧—好氧的条件下交替运行，通过厌氧条件下磷的释放和好氧条件下 PAO 的增殖及其对磷的过量摄取而实现的。表 4-4 所列为不同状态下各类微生物对有机基质和磷的去除特性。

表 4-4 不同状态下各类微生物对有机基质和磷的去除特性

状态		主要参与微生物	呼吸类型	最终电子受体	主要生化反应	主要产物	典型工艺
厌氧	绝对厌氧	M_1，M_2/M_1，M_2	厌氧	低分子有机物	S_{bp} 水解成 S_{bs}，S_{bs} 酸化并甲烷化	M，H_2O，CO_2，H_2，CH_4，有机酸	污泥厌氧消化
	兼性厌氧	M_2，M_1/M_2，M_1	厌氧	低分子有机物	S_{bp} 水解成 S_{bs}，S_{bs} 酸化并甲烷化	M，CO_2，H_2O，有机酸，H_2，CH_4	厌氧好氧处理
	厌氧	M_3，M_1，M_2/M_3，M_4，M_2	厌氧	进入电子库（PHB）	S_{bs} 酸化，聚磷菌吸收有机酸并释磷	有机酸，CO_2，PO_4^{3-}，聚磷菌合成贮存 PHB	生物除磷
缺氧	缺氧	M_3，M_2，M_4/M_3，M_2，M_1	厌氧	硝态氮	S_{bp}，S_{bs} 完全降解（聚磷菌吸收、或释放磷）	M，H_2O，CO_2，N_2	脱氮除磷
好氧	微氧	M_3，M_4，M_2/M_3，M_4，M_2	混合	溶解氧硝态氮低分子有机物	S_{bp}，S_{bs} 不完全降解	M，H_2O，CO_2，N_2，有机酸	好氧处理
	无硝化好氧	M_3，M_4，M_2，$/M_3$，M_4，M_2	好氧	溶解氧	S_{bp}，S_{bs} 完全降解、有机氮氨化（聚磷菌吸磷）	M，CO_2，H_2O，NH_4^+	好氧处理
	有硝化好氧	M_1，M_3，M_2/M_4，M_3，M_2	好氧	溶解氧	S_{bp}，S_{bs} 完全降解、氨氧化（聚磷菌吸磷）	M，CO_2，H_2O，NO_3^-	脱氮或硝化

注：M_1：专性厌氧菌；M_2：兼性厌氧菌；M_3：兼性好氧菌；M_4：专性好氧菌；M：菌体增殖；S_{bp}：颗粒性可生物降解有机物；S_{bs}：溶解性易降解有机物。

4.2.2.2 生物除磷动力学

有关生物除磷过程中 PAO 对磷在厌氧条件下的释放和在好氧条件下的摄取速率及其动力学的研究，近十多年来已有一定的报道。有研究提出，在厌氧和好氧环境下，PAO 中磷的释放及对废水中磷的过量摄取及其对废水乙酸（HAC）的利用和降解关系可用式 4-28 和式 4-29 表示：

厌氧条件下，PAO对有机物的降解及对磷的释放：

$$2C_2H_4O_2（有机物）+HPO_3(PAO)+H_2O \rightarrow（C_2H_4O_2）（贮存的有机物）+PO_4^{3-}+3H^+ \quad (4\text{-}28)$$

好氧条件下，PAO对有机物的降解和对磷的过量摄取：

$$C_2H_4O_2+0.16NH_4^++1.2O_2+0.2PO_4^{3-} \rightarrow 0.16C_5H_7NO_2+1.2CO_2+0.2HPO_3(PAO)+0.44OH^-+1.44H_2O \quad (4\text{-}29)$$

丹麦技术大学的Henze等提出了在厌氧和好氧条件下，PAO体内磷的释放（r_{PR}）和摄取（r_{PU}）速率可分别用如下Monod方程（式4-30和式4-31）表示：

$$r_{PR}=\gamma_{HAC,PO_4^3}\ K_{HAC}\frac{S_{HAC}}{S_{HAC}+K_{S,HAC}}X_{PAO} \quad (4\text{-}30)$$

$$r_{PU}=\frac{\mu_{max,PO_4^{3-}}}{Y_{max,PO_4^{3-}}}\times\frac{S_{PO_4^{3-}}}{S_{PO_4^{3-}}+K_{S,PO_4^{3-}}}X_{PAO} \quad (4\text{-}31)$$

式中：$\gamma_{HAC,PO_4^{3-}}$——乙酸盐与磷酸盐的化学计量系数（HAC/P），为2mol/mol；

K_{HAC}——乙酸利用速率常数，（HAC/PAO），kg/（kg·d）；

S_{HAC}——乙酸质量浓度，mg/L；

$K_{S,HAC}$——乙酸去除的饱和常数，mg/L；

X_{PAO}——PAO浓度质量，mg/L；

$\mu_{max,PO_4^{3-}}$——PO_4^{3-}的最大比降解速率（PO_4^{3-}/PAO），kg/（kg·d）；

$Y_{max,PO_4^{3-}}$——PAO的最大产率系数（PAO/PO_4^{3-}），kg/kg；

$S_{PO_4^{3-}}$——磷酸盐中磷的质量浓度，mg/L；

$K_{S,PO_4^{3-}}$——磷酸盐中磷的饱和常数，mg/L。

除上述PAO在厌氧条件下释磷、好氧条件下过量摄取磷而实现除磷的理论外，尚有研究表明，在缺氧条件下，部分PAO（如*Acinetobacter spp.*等）在对有机底物利用转化过程中，既能利用游离态氧（如DO）、亦可利用结合态氧（如NO_x^-—N）进行反硝化脱氮，同时对磷具有过量摄取能力，可同时实现除磷，并将此类具有聚磷功能的反硝化称为反硝化除磷菌（DPB—Denitrifying Phosphorus removal Bacteria），以此原理而提出的BN$_u$R工艺则称为反硝化除磷工艺。但研究同时表明，在缺氧条件下，反硝化除磷的效果要低于在好氧条件下PAO对磷的摄取能力。

荷兰Delft科技大学对这种反硝化除磷现象作了一定的研究，并发现DPB的代谢机理与好氧PAO非常类似，DPB在缺氧条件下以NO_x^-—N而非游离态氧作电子受体，利用有机底物合成PHB，其除磷效果可达磷总去除率的50%。研究同时表明，DPB的存在并不意味着生物脱氮除磷工艺中可以省去厌氧段，若省去厌氧段将使 DPB 的功能由反硝化除磷向传统反硝化转变。目前，虽仍需对此理论进行深入研究，但荷兰已基于此理论，开发了 Dephanox 和 BCFS 工艺，并建设了两座采用该工艺的污水处理厂，获得了良好的效果。

4.3 废水生物脱氮除磷（BN_uR）工艺

如前所述，随着研究的不断深入，废水 BN_uR 的理论日臻成熟，新的 BN_uR 工艺不断出现。对废水生物脱氮工艺（BN_iRP—Biological Nitrogen Removal Process）而言，在经典氨化→硝化→反硝化多级工艺的基础上，通过改进提出了 A_n/O 及 Bardenpho 等脱氮新工艺。20 世纪 90 年代中期以来，随新的氨氮转化途径的发现，出现了 SND、ANAMMOX、SHARON 和 OLAND 等一系列更具经济性和发展前景的新型脱氮工艺；对废水生物除磷工艺（BPRP—Biological Phosphorus Removal Process，或称 BEPR—Biological Excess Phosphorus Removal 工艺）而言，则在经典的 A/O 工艺基础上，提出了与污泥浓缩上清液化学除磷相结合的 Phostrip 工艺以及具有改进进水基质功能的 AP 工艺等。在实际应用中，通常将 BN_iRP 和 BPRP 通过有机结合而组成同时具有脱氮和除磷功能的 BN_uR（Biological Nutrient Removal）工艺，并在经典的 A/O+A_n/O→A^2/O 工艺基础上，提出了许多改进型 BN_uR 工艺，如 Bardenpho、UCT、Johannesburge、Phoredox、Rotanxo、VIP、Dephanox 及 BCFS 等。此外，通过不同处理工艺运行方式的合理设计，亦可实现有效的 BN_uR 功能，如 AB 工艺、SBR 工艺及其变型、氧化沟（OD—Oxidation Ditch）工艺、人工湿地（CW—Constructed Wetland）工艺等。

4.3.1 废水生物脱氮工艺（BN_iRP）

根据硝化和反硝化过程的基本原理，要实现废水脱氮处理，须先在好氧（Oxic）条件下进行硝化，将 NH_4^+—N 转化为 NO_x^-—N，然后在缺氧（Anoxic）条件下进行反硝化，将 NO_x^-—N 转化为 N_2 而脱除。因而，生物脱氮工艺是由硝化和反硝化两个阶段组成的工艺，同时结合有机物的去除（包括氨化）则将成为一个由去碳（氨化）→硝化→反硝化组成的多级处理工艺。在此基础上，通过技术改进，进而提出了 A/O 和 Badenpho 等新工艺。这些新工艺不仅大大简化了工艺流程，同时亦有效地利用了废水中的内碳源，而使其更为经济合理。

4.3.1.1 传统多级 BN$_i$RP 工艺

图 4-8 所示为几种传统的多级 BN$_i$RP 流程。

图 4-8（a）为传统的三级生物脱氮工艺流程。此工艺中，分别将有机物去除（氨化）、硝化及反硝化反应在三个独立反应器中进行，并分别设置污泥回流系统。在反硝化脱氮反应器中借助于机械搅拌使污泥处于悬浮状态以获得良好的泥水混合效果。处理过程中向反硝化反应器中投加甲醇等外碳源（亦可投加其他碳源，但甲醇最易为反硝化菌所利用）。此工艺将具有不同功能的微生物在各自的生长环境中生存，因而可同时获得良好的 BOD_5 去除和脱氮效果，但其流程长、处理构筑物多，基建费用高，同时需外加碳源，因而其运转费用亦较高。为此，提出了如图 4-8（b）所示的去碳和硝化作用在一个反应器中进行，以及如图 4-8（c）所示的将部分原水引入反硝化脱氮池以节省外碳源用量的改进工艺。图 4-8（c）所示工艺中，通过将部分原水作为脱氮池的碳源（即利用了内碳源），不仅降低了去碳硝化池的负荷，也节省外碳源使用的费用，但由于原水中的碳源多为复杂的有机物，因而反硝化菌利用这些碳源进行脱氮反应的速度将无疑有所下降，同时出水中的 BOD_5 将有所升高。此外，这些工艺仍存在流程长、操作较复杂的问题。

为保证处理出水中的 BOD_5 浓度控制在较低的水平，可在反硝化池后增设一个（HRT＜60min 的）曝气池，如图 4-8（d）所示。此工艺虽能保证处理出水中的 BOD_5，但由于流程的加长，使其工程造价及运行管理更不具竞争性。

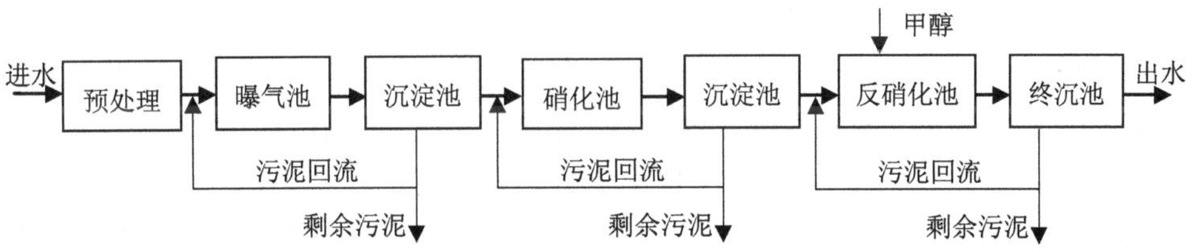

a. 传统的三级生物脱氮处理工艺

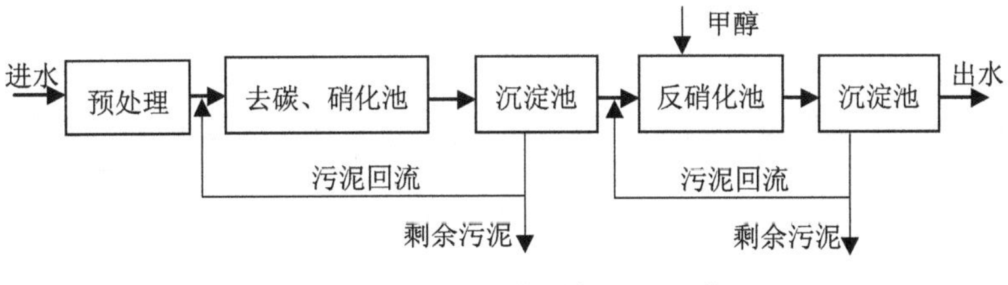

b. 改进的二级生物脱氮处理工艺

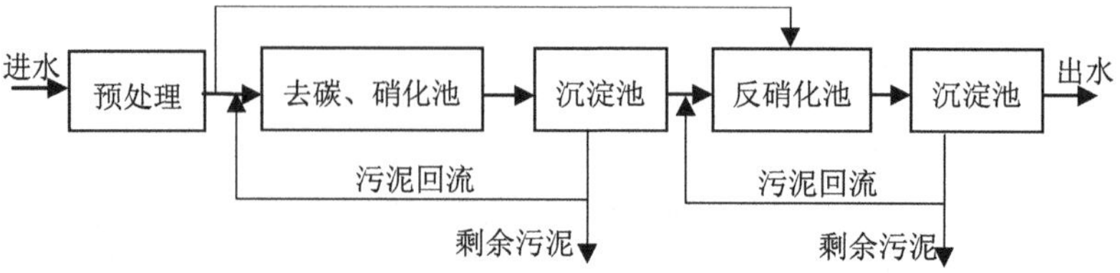

c. 内碳源生物脱氮处理工艺

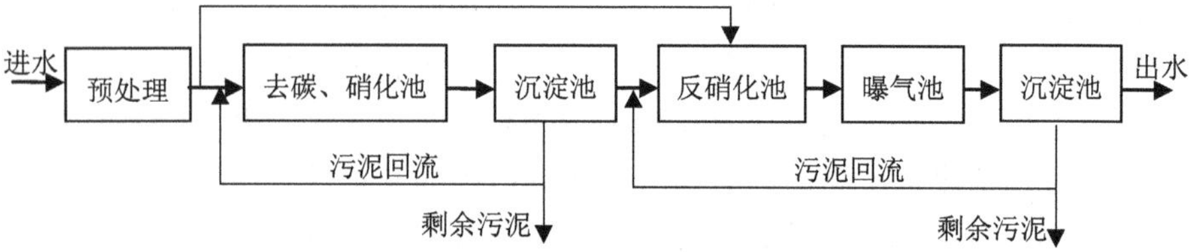

d. 增设后曝气的生物脱氮处理工艺

图 4-8 传统的多级 BN_iRP 工艺流程

4.3.1.2 A_n/O BN_iRP 工艺

A_n/O（Anoxic/Oxic）生物脱氮工艺是一种前置反硝化工艺，其流程如图 4-9 所示。该工艺亦称改进型 Ludzack-Ettinger（前置）脱氮工艺，由 Barnard 于 20 世纪 80 年代初提出，是目前研究和实际工程中应用较多的一种较为简单实用的生物脱氮工艺。

该工艺的主要特征是：将反硝化脱氮池（A_n 池）设置在去碳硝化（O 池）之前，以直接利用进水中的有机内碳源，并通过 O 池混合液向 A_n 池的大量（200%～400%）回流（称内回流）而使其 NO_x^-—N 在脱氮池中进行反硝化。此工艺中内回流比的控制较为重要，若内回流比过低，则将导致脱氮池中 BOD_5/NO_x^-—N 过高，从而使反硝化菌无足够的 NO_x^-—N 作电子受体而影响反硝化速率；如内回流比过高，则将导致 BOD_5/NO_x^-—N 过低，同样将因反硝化菌得不到足够的碳源作电子供体而抑制反硝化菌的作用。

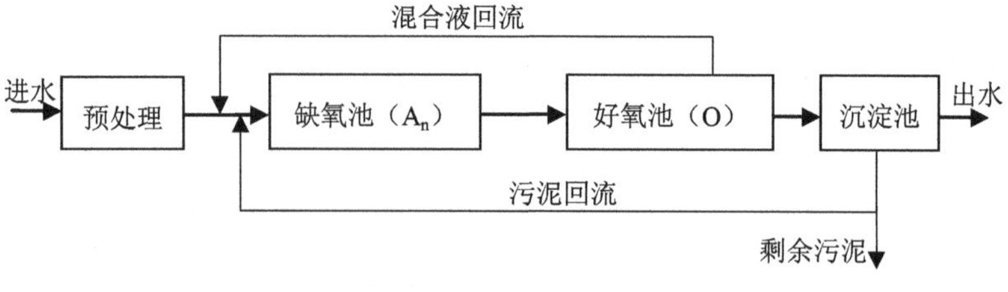

图 4-9 A_n/O 生物脱氮工艺

图 4-10 所示为 A_n/O 脱氮工艺的运行特性曲线。由图可见，在脱氮反应池（A_n 段）中，其进水中的 COD_{Cr}、BOD_5 和 NH_4^+—N 浓度在反硝化菌的作用下均有所下降（其中 COD_{Cr} 和 BOD_5 的下降是由反硝化菌在反硝化反应过程中对碳源的利用所致，而 NH_4^+—N 的下降则主要是由反硝化菌的微生物细胞合成作用所致），NO_x^-—N 浓度则因反硝化作用而有大幅度的下降；在硝化反应池（O 段）中，随硝化作用的进行，NO_x^-—N 浓度呈明显上升趋势，COD_{Cr} 和 BOD_5 则在异养菌的作用下不断下降。NH_4^+—N 浓度的下降速率并不与 NO_x^-—N 浓度的上升相适应，这是由于异养菌对有机物的氨化作用而产生的补偿作用造成的。

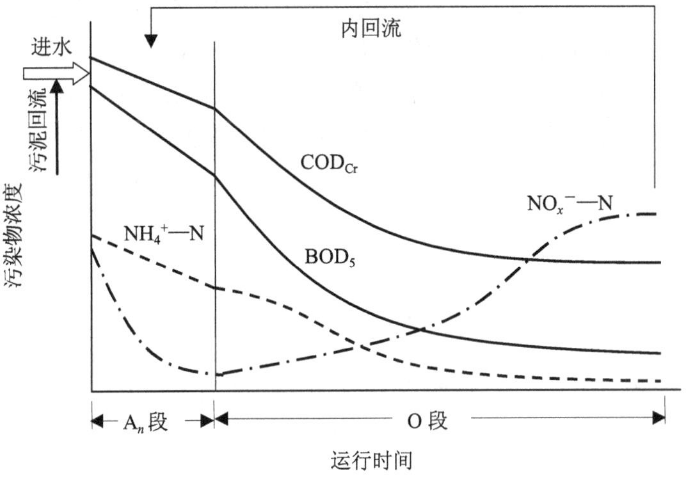

图 4-10　A_n/O 脱氮工艺的运行特性曲线

与传统的生物脱氮工艺相比，A_n /O 脱氮工艺具有流程短、造价低的优点。将反硝化过程前置的另一个优点是可以借助于反硝化过程中产生的碱度来实现硝化过程中对碱度消耗的内部补充。该工艺中因只有一个污泥回流系统（外回流），因而使好氧异养菌、反硝化菌和硝化菌均处于缺氧—好氧交替的环境中，其混合液为由多菌种构成的混合菌群系统，虽可通过运行条件的控制，使不同菌属在不同的条件下发挥各自的处理功能，但由于相互竞争的作用，在一定程度上削弱各自的优势，因而其脱氮效率低于传统多级工艺，一般为 70%～80%（城市污水）。

4.3.1.3 Bardenpho BN$_i$RP 工艺

Bardenpho 脱氮工艺是在 A_n /O 工艺基础上，增设了一个缺氧段及一个好氧段，如图 4-11 所示。该工艺中，各段反应池均独立运行，混合液自第一好氧池回流至第一缺氧段（A_{n1}池），而第二好氧池（O_2池）无混合液回流（因而须注意，第二缺氧池（A_{n2}池）和O_2池并非组成一级A_n/O工艺）。所增设的缺氧段和好氧段起强化脱氮和提高处理出水水质的功能。运行过程中，第一好氧池（O_1池）的内回流混合液、原水中的有机基质及回流污泥进入A_{n1}池，进行反硝化脱氮。由于A_{n1}池进水中含有较多的内碳源可资利用，因而具有较高的反硝化速率，但与其进水中的食料比（F/M）有关（见式4-23）。O_1池的容积一般可按F/M为0.25考虑；在A_{n2}池中，由于O_2池出水中有机底物的浓度较低，同时亦无外碳源投加，因而反硝化菌主要通过内源呼吸作用，以细胞内碳源进行反硝化，因而其反硝化速率较低（图4-4），并与处理系统的污泥龄有关（式4-24）。但这种反硝化作用可有效地提高整个处理系统的反硝化程度，从而利于提高脱氮效率。必要时，可将少部分进水引入A_{n2}池以适当补充碳源，提高其反硝化速率。该工艺中O_2池的主要功能是进一步降低废水中的有机物浓度，同时改善出水的表观性状。由于增设了A_{n2}池和O_2池的强化处理作用，该工艺的脱氮效率可高达90%～95%（城市污水）。

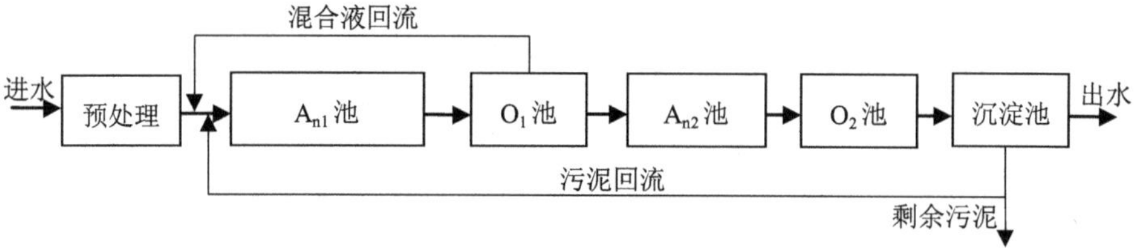

图4-11 Bardenpho生物脱氮工艺

4.3.1.4 同步硝化反硝化（SND）BN_iRP工艺

当将生物脱氮过程中的硝化（N）和反硝化（DN）两个阶段通过不同运行条件和工艺操作方式的合理设计而使其在同一处理构筑物内同时实现时，此过程被称之为同步硝化反硝化（SND）。实现SND的方式主要有两种，一是通过硝化和反硝化过程在处理构筑物不同区域的设计，即通过控制处理构筑物内不同区域曝气强度、混合液循环流动及进水点位的合理设计，在同一时间、不同区域进行硝化和反硝化而实现脱氮（如图4-12）。在实际应用中，如CW、OD等工艺（请参见第5和第8章）是SND的典型代表；二是在同一处理构筑物内按时间序列运行，控制不同时间段的供氧（使活性污泥或生物膜同时存在好氧和缺氧环境，图4-13）和有机基质而实现的SND，如SBR及其变型工艺（请参见第9章）等。

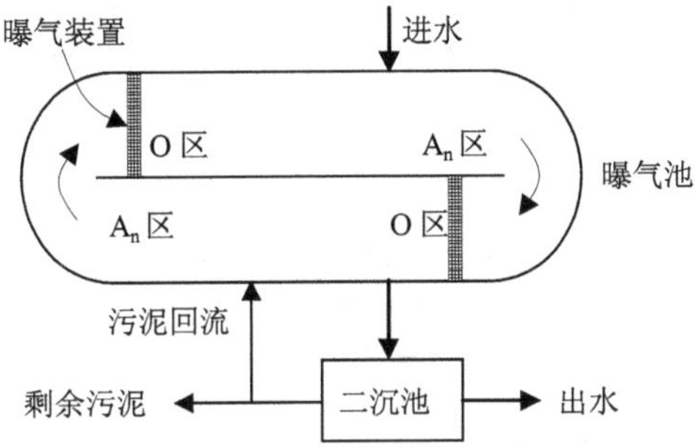

图 4-12 具有 SND 功能的工艺运行方式

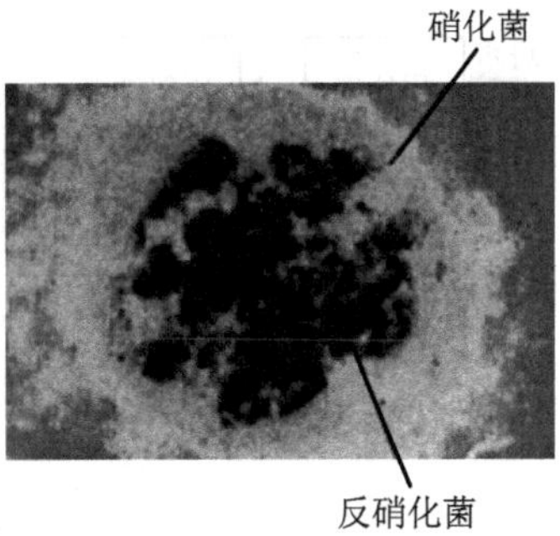

图 4-13 具有 SND 功能的污泥

SND 工艺具有流程简单，操作运行管理方便的特点。在运行过程中，硝化和反硝化分别在同一个处理构筑物的不同区域或不同时段进行，无须进行混合液的体外内回流，可省所需的混合液回流设备；同时，对以区域运行的 SND 工艺，可通过将进水点设在反硝化区而省去外碳源投加，因而其运行费用较低。

4.3.1.5 BABE BNiRP 工艺

在通常的废水生物处理工艺中，其污泥经浓缩的上层液或厌氧消化处理后脱水滤液均需返回至主处理工艺进行处理。由于污泥浓缩上层液或脱水滤液中富含氮，因而其向主体工艺的返回将增加其氮的处理负荷，从而影响处理出水中氮的指标。

BABE（Bio Augmentation Batch Enhanced）工艺是荷兰 Delft 科技大学和荷兰 DHV 咨询公司研究开发的、旨在改进生物处理系统脱氮效能的最新型工艺。该工艺流程见图 4-14。运行过程中，将以 A_n /O 方式运行的处理工艺主流程中回流污泥的一部分分流入 BABE 间歇曝气池，BABE 所处理的对象为含有较高浓度 TN 的污泥浓缩上层液或污泥脱水滤液。通过 BABE 池的间歇曝气运行，不仅有效地延长了处理工艺的污泥龄，并可对其进液中的氮实现充分的硝化作用，同时由于 BABE 池的良好硝化条件，即较低的有机负荷及良好的温度控制（一般将温度控制在 30℃），有效地提高了污泥中硝化菌的数量。BABE 池经间歇曝气后富含硝化菌的混合液、内回流与进水一起进入 A_n /O 工艺主流程，可实现充分的反硝化脱氮，强化了系统对氮的去除作用。

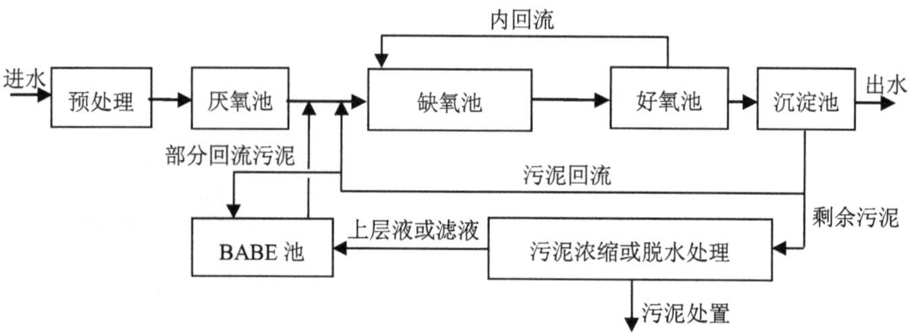

图 4-14 BABE 工艺

荷兰‘s-Hertogenbosch 污水处理厂（处理规模为 350 000 人口当量）是世界上第一个应用 BABE 工艺的污水处理厂。该厂于 2000 年对其 CAS 工艺进行了改造，在 CAS 曝气池中增设了厌氧和缺氧区以强化该处理厂的脱氮效能并使其处理出水的 TN 达到年均 TN≤12mg/L 的标准。但改造后的处理工艺仍在较多时间内难以达到上述标准。为此，该厂于今年上半年进一步对其污泥处理的上层液采用了 BABE 强化工艺进行了处理，实现了 TN 达标排放的要求，并使其处理出水的 TN 由≥12mg/L 降低至 8.8mg/L。经济分析表明，采用该工艺后，其去除每 kgTN 所需的运行费为 1.75 欧元，此值略高于采用 Sharon-Anammox 联用工艺和 Canon 工艺，但比未采用 BABE 工艺时为达到 TN 排放标准而所需的其他处理工艺的运行费（4.4 欧元）低得多。

4.3.1.6 其他 BN_iRP 工艺

目前，在废水生物处理新技术的研究与开发中，特别注重拓展各工艺技术的处理功能，并使以较为单一的以有机底物去除为主要处理功能的 CAS 工艺逐渐向以多重处理功能（如脱氮除磷等）的工艺技术方向发展，其中包括 AB、BAF、CW、MBR、OD 及 SBR 等工艺。这些工艺或通过其特有的运行控制方式或通过其特有的微生物生长方式及作用途径而实现脱氮功能。对于上述各工艺而言，其脱氮的功能可分为工艺强化型脱氮功能和工艺特征型脱氮功能。如 AB 工艺中依靠 A 段高负荷的快速生物吸附及 B 段运行方式的合理组合、SBR 工艺中通过进水方式及运行周期的供氧和混合控制、BAF 中借助于细颗粒滤料使微生物附着生长及曝气点位的合理设计等等，根据脱氮的基本原理，为硝化与反硝化菌生长繁殖提供了适宜的环境条件，由此而实现的脱氮效果可认为是工艺强化型脱氮功能。而如 CW 和 OD 工艺中，则由于其特有的供氧方式（CW 中通过植物根系提供 DO 并在其周围自然形成好氧、缺氧和厌的环境条件；OD 工艺中因其长渠推流的运行方式而在反应器中形成交替的缺氧和好氧环境条件）而使其具有良好的脱氮效果，而这种脱氮效果亦充分体现了其工艺自身的固有特征，属于工艺特征型脱氮功能。

有关上述各处理工艺的强化型脱氮和特征型脱氮效能及其特点和运行控制等，请参见本书有关章节或其他文献资料。

4.3.2 废水生物除磷工艺（BPRP）

根据废水生物除磷的基本原理，其工艺中须分别创造厌氧（Anaerobic）释磷和好氧（Oxic）摄磷的环境条件，同时须使富含 PAO 的污泥依次处于厌氧—好氧交替运行的条件下，并通过 PAO 在上述条件下的增长繁殖（见图 4-6），而实现有效的废水除磷处理。因而，BPRP 一般由厌氧池（A 池）和好氧池（O 池）串联运行而构成。目前，A/O 工艺是 BPRP 的典型代表性工艺，同时在其基础上，并根据 PAO 的特性，通过运行操作方式的改进，提出了 Phostrip 和 AP 等工艺。

4.3.2.1 A/O BPRP 工艺

A/O（Anaerobic/Oxic）工艺是最基本的废水生物除磷工艺（如图 4-15 所示）。该工艺系统是 Spector 在 1975 年研究活性污泥膨胀控制问题时，发现以厌氧—好氧运行的工艺不仅可有效防止污泥的丝状菌膨胀，同时亦具有明显的除磷效果，由此研究而开发的工艺，并于 1977 年获得专利，并转让给美国空气和化学产品公司。

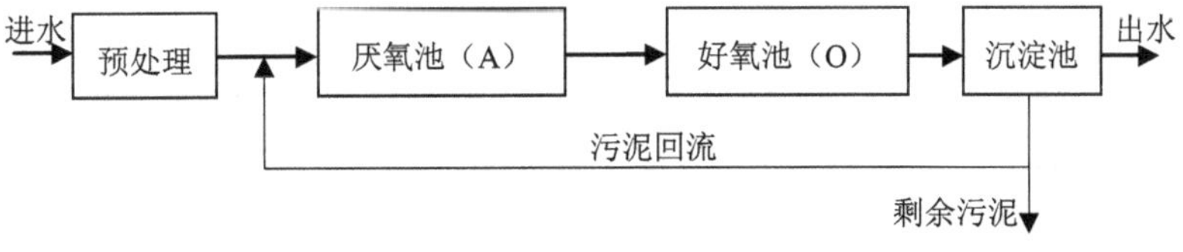

图 4-15　A/O 生物除磷工艺

在 A/O 工艺系统中，PAO 在厌氧条件下将细胞中的磷释放，然后进入好氧状态，在好氧条件下通过 PAO 的增殖及其过量摄磷能力，摄取比在厌氧条件下所释放的更多的磷，并最终以富含磷的剩余污泥的方式排出处理系统之外，从而降低处理出水中磷的含量（图 4-16 为该工艺的运行特性曲线），图 4-17 为该工艺运行概化模型。

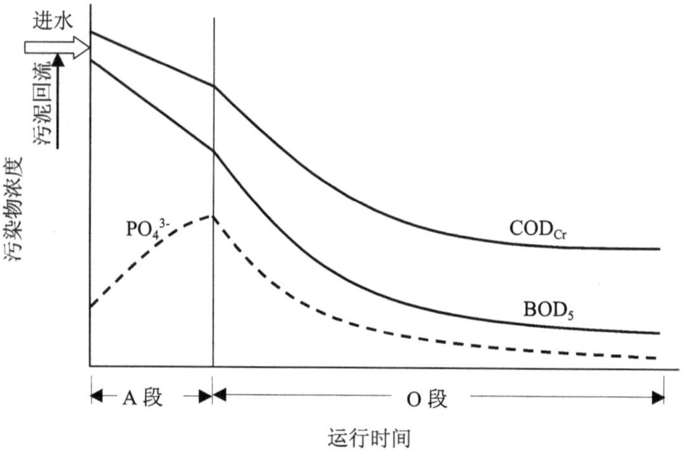

图 4-16 A/O 除磷工艺的运行特性曲线

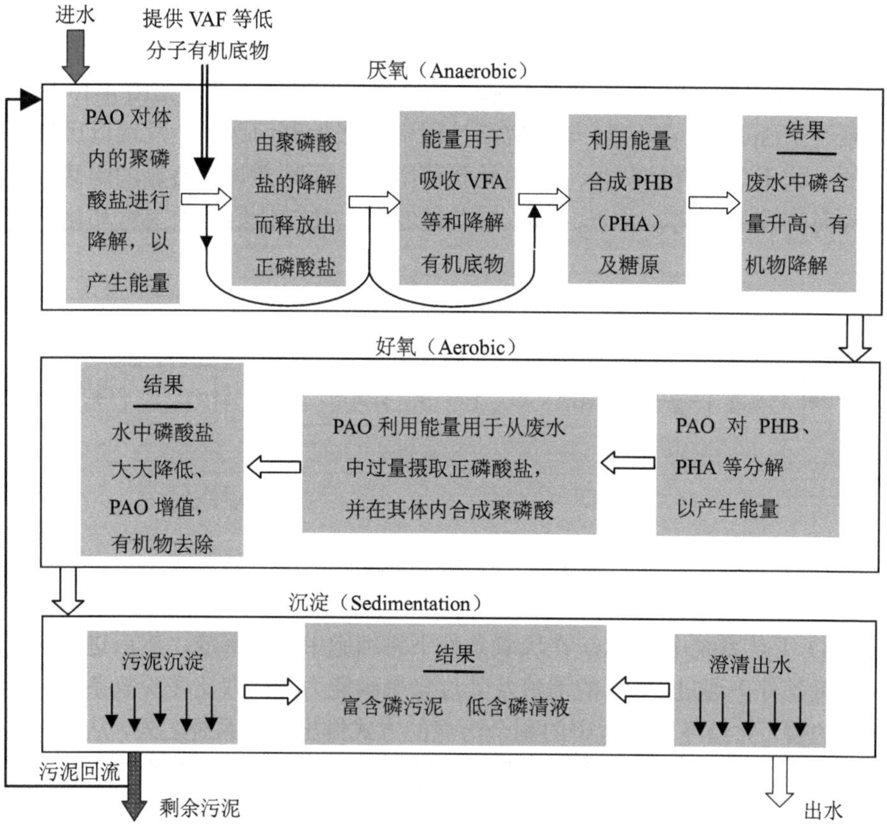

图 4-17 A/O BPRP 工艺的概化模型

该工艺尤其适用于进水中 TP/BOD_5 较低的情况。在 TP/BOD_5 较高的情况下，往往由于 BOD_5 负荷较低，导致剩余污泥量较少，因而比较难以达到理想的处理效果，或当处理出水中含有较多细小的悬浮颗粒（SS）时，将使其出水磷含量难以达到出水水质（如 PO_4^{3-}≤0.5～1.0mg/L）要求。A/O 工艺有以下运行特点：①系统中磷的去除是通过对富含磷的剩余污泥的排除而实现的，因而该工艺适宜在高负荷、短泥龄的条件下运行，其相应的污泥产率较高，剩余污泥量大而相应的除磷能力较高。相反，当在低负荷条件下运行时，因 PAO 新陈代谢活动的下降，增长繁殖能力较低，以及处理系统较少的剩余污泥排放量，将导致除磷效果的下降。但由于 PAO 并非属于快速增长型微生物，因而控制适当的泥龄是必要的，过长或过短的泥龄均不合适（详见 4.4 节内容）。②当进水中易降解的低分子量有机底物较少时，因 PAO 不易直接利用大分子复杂基质，而将影响其对磷的有效释放，从而将影响其在好氧段对磷的有效（过量）摄取。因而，通过适宜的改进措施，改善进水中有机底物的类型，可有效提高除磷效果。③由于 A/O 工艺剩余污泥中的含磷量远高于 CAS 工艺，因而在污泥的浓缩和消化过程中，污泥所摄取的磷将重新释放到上清液中。而上清液一般要返回处理工艺，因而经过一定时间的运行，对系统的总体除磷效果将产生一定的影响。为此，须对该工艺中剩余污泥的采取合理的处理方式。④当 A/O 工艺的进水水质波动较大时，其中磷的释放将受到一定的影响，从而将影响系统的除磷效果和运行的稳定性。以上对 A/O 工艺特征的分析，对于合理选择和应用该工艺，具有重要的指导意义。如，我国目前较多城市或地区，或因污水收集管道系统建设不完善、或采用合流制收集系统、或由于南方地区地下水位较高而存在污水管的内渗等问题，常使城市污水的 BOD_5 浓度过低或 TP/BOD_5 偏高，而影响处理效果。现作实例分析如下：

当采用以活性污泥法运行的 A/O 工艺时，其剩余污泥产量（ΔX）可用式 4-32 表示。

$$\Delta X = aq\left(S_0 - S_e\right) - bVX_V = aqS_r - bVX_V \qquad (4\text{-}32)$$

式中：ΔX——剩余污泥产量（以 MLVSS 计），kg/d；

q——日废水处理量，m^3/d；

S_0——进水 BOD_5 质量浓度，mg/L；

S_e——出水 BOD_5 质量浓度，mg/L；

S_r——进、出水 BOD_5 质量浓度，mg/L；

qS_r——日 BOD_5 去除量，kg/d；

V——反应器有效容积，m^3；

X_V——MLVSS，mg/L；

VX_V——系统中 MLVSS 的总量，kg；

a——污泥产率系数（$MLVSS/BOD_5$，城市污水一般为 0.5～0.6），kg/kg；

b——污泥内呼吸速率常数（城市污水一般为 0.05），d^{-1}。

假定该工艺的运行条件为：HRT=8h，X_V为 2 000mg/L。同时假定进水中的 PO_4^{3-}质量浓度为 $\rho(PO_4^{3-})$，要求处理出水中的 PO_4^{3-}质量浓度小于 1.0mg/L。则污泥的含磷量为：

$$q\left(\rho(PO_4^{3-})-1\right)/\Delta X = q\left(\rho(PO_4^{3-})-1\right)/\left(aqS_r - bVX_V\right)$$

$$= q\left(\rho(PO_4^{3-})-1\right)/\left(0.6qS_r - 33.3q\right) \qquad (4\text{-}33)$$

有：
$$\frac{\rho(PO_4^{3-})-1}{\Delta X} = \frac{\rho(PO_4^{3-})-1}{0.6S_r - 33.3} \qquad (4\text{-}34)$$

一般而言，剩余污泥中磷的含量限值为 7%～8%（以干重计）。则有：

$$\frac{\rho(PO_4^{3-})-1}{0.6S_r - 33.3} \leqslant 0.08 \qquad (4\text{-}35)$$

$$S_r \geqslant \frac{\rho(PO_4^{3-})-1}{0.048} + 55.5 \qquad (4\text{-}36)$$

设处理工艺的 BOD_5 的去除率为 85%，则有：

$$S_0 \geqslant \frac{\rho(PO_4^{3-})-1}{0.038} + 69.4 \qquad (4\text{-}37)$$

目前，我国城市污水的含磷量一般在 3～8mg/L。若取 5mg/L 代入式 4-37，则可得：$S_0 \geqslant 173.5$mg/L。由此说明：①当城市污水的 BOD_5 浓度低于此值时，在正常运行的工况下，亦将难以保证出水 PO_4^{3-}质量浓度低于 1.0mg/L；②为达到出水中 PO_4^{3-}质量浓度低于≤1.0mg/L 的处理目标，废水的 BOD_5/PO_4^{3-}应≥173.5/5（34.8）。

4.3.2.2 Phostrip BPRP 工艺

Phostrip 工艺系统（如图 4-18 所示）是在以除磷方式运行的 CAS 工艺的污泥回流管线上增设一个用于污泥浓缩上清液除磷池的化学处理单元而构成。与 A/O 工艺相同，其除磷机理同样是利用 PAO 对磷的过量摄取作用而实现的，不同之处在于将回流污泥的一部分（30%～40%）直接回流至曝气池，而将另一部分（10%～30%）输入厌氧除磷池（停留时间一般为 8～12h）使之充分释磷，经释磷的污泥亦回流至曝气池，而其富含磷（20～50mg/L）的上层液则进入投加化学药剂（如石灰）的混合反应池，通过化学沉淀作用除磷，因而此工艺亦称为生物化学除磷工艺。

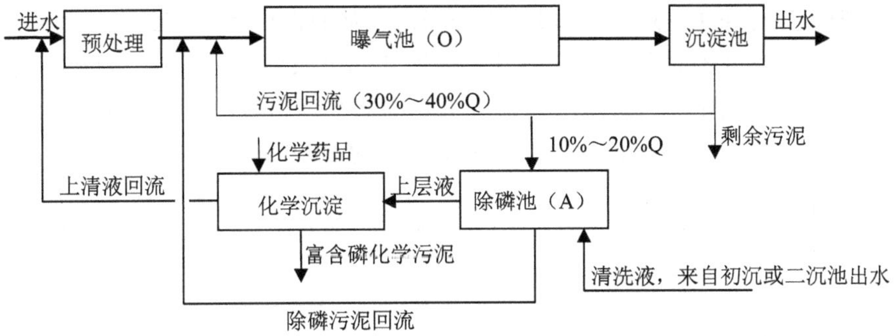

图 4-18 Phostrip 生物除磷工艺

与 A/O 工艺相比，Phostrip 工艺具有如下特点：①该工艺由于采用了化学沉淀使磷排出处理系统之外，可使其回流污泥中的磷含量降低至 2%～5%，低于 A/O 等工艺的 7%～10%，因而对进水水质波动具有较强的适应性，并可使处理出水中的 PO_4^{3-} 浓度低于 1.0mg/L；②该工艺采用廉价的石灰对少量的富含磷上清液进行沉淀处理，因而石灰用量少、泥量也较少（与全流程化学除磷处理相比）；③该工艺比较适合于对现有工艺的改造。如对现有的活性污泥处理厂，只需在污泥回流管线上增设小规模的处理单元即可，且在改造过程中不必中断处理系统的正常运行。总之，Phostrip 工艺与 A/O 或其他工艺相比，其除磷效果受外界条件（如温度）的影响较小，工艺操作较灵活，对碳、磷的去除效果好且稳定。因而，在低温低有机基质浓度的条件情况下，采用此工艺是比较合适的。

假设该工艺中，在厌氧除磷池中所释放到其上层液中的磷全部由化学沉淀工艺去除，则其除磷量（ΔP）可计算如下（式 4-38）：

$$\Delta P = \alpha\beta Q X_R P_X \tag{4-38}$$

式中：ΔP——由化学沉淀去除的磷，kg/d；

α——污泥中的磷在除磷池中的释放率，%；

β——进入除磷池的污泥量与处理水量之比，%；

Q——系统的处理水量，m^3/d；

X_R——回流污泥浓度，mg/L；

P_X——污泥中的磷含量（PO_4^{3-}/MLVSS），kg/kg。

4.3.2.3 AP BPRP 工艺

图 4-19 所示为 Bernard 于 1984 年提出的 AP（Activated Primary）工艺。此工艺基于 PAO 在厌氧环境下释磷所需利用的底物为低分子（如乙酸）的基本要求而在 A/O 的基础上作的改进，其特点是通过对初沉污泥的发酵产生乙酸等利于 PAO

利用的基质，以促进PAO在厌氧段的充分释磷，从而促进A/O系统的良好运行。通过将初沉池污泥进行浓缩发酵并将其上清液和部分浓缩污泥回流，可增加初沉池中污泥的浓度，并强化其对进水中复杂有机底物的水解和酸化，从而为其后续厌氧段工艺提供有效的低分子有机底物，可使厌氧段的HRT缩短至1h以内。

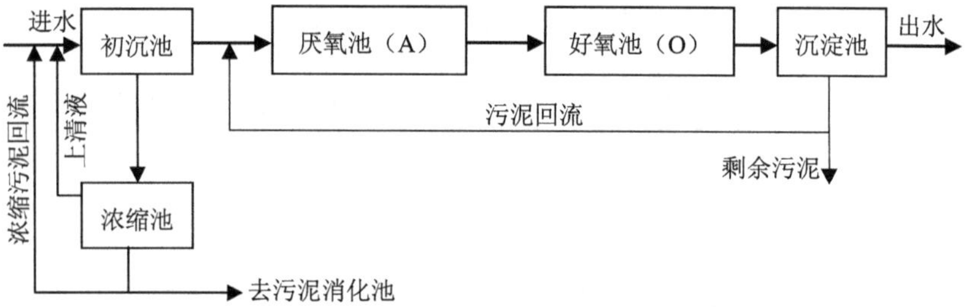

图4-19 AP生物除磷工艺

4.3.3 同步生物脱氮除磷工艺（BN_uR）

废水同步生物脱氮除磷工艺是建立在生物脱氮和生物除磷基本原理的基础上，通过将上述生物脱氮A_n/O工艺和生物除磷A/O工艺的有机组合。而发展起来的综合工艺。其工艺中须分别创造满足PAO和硝化及反硝化菌对运行的厌氧（Anaerobic）、缺氧（Anoxic）和好氧（Oxic）的环境条件，并通过混合液及污泥的回流，提供不同微生物对进水基质的要求，从而实现N、P的同时去除。其典型的工艺有A^2/O工艺，及在其基础上发展起来的改进型Bardenpho工艺（亦称Phoredox工艺）、UCT（University of Cape Town，南非）工艺及其改进型、VIP（Virginia Initiative Plant）工艺、Johannesburge工艺、Rotanxo工艺、Dephanox工艺及BCFS等。

4.3.3.1 A^2/O BN_uR工艺

A^2/O（Anaerobic/Anoxic/Oxic）工艺（如图4-20所示）。该工艺是在A/O除磷工艺的基础上增设一个缺氧区，并使好氧区中的混合液回流至缺氧区使之反硝化脱氮，因而具有同时除磷和脱氮的功能。由图可见，废水首先进入厌氧区，兼性厌氧发酵菌在厌氧环境下将废水中可生物降解的大分子有机物转化为分子量较低的中间发酵产物（如VFA），PAO将其体内贮存的聚磷酸盐分解，同时释放出能量供专性好氧PAO在厌氧的“压抑”环境中维持生存，剩余部分的能量则可供PAO从环境中吸收VFA等易降解的有机基质之需，并以PHB的形式在其体内加以贮存。随后，废水进入缺氧区，反硝化菌利用来自好氧区回流液中

的 NO_x^-—N 以及废水中的有机基质进行反硝化，达到同时去除废水中 BOD_5 和脱氮的效果。在好氧区中，PAO 在利用废水中有机基质的同时，主要通过分解其体内贮存的 PHB 所放出的能量进行增殖，同时过量摄取环境中的溶解态磷。好氧区中的有机物经厌氧、缺氧段分别被 PAO 和反硝化菌利用后，浓度已较低，利于自养硝化菌的生长繁殖，并可发挥其有效的硝化功能。但异养型好氧微生物由于在厌氧和缺氧环境中受到一定的抑制及其在好氧段得不到足够的营养，而难以与其他微生物竞争，并处于相对劣势的地位。该工艺剩余污泥中的磷含量一般可达污泥干重的 6%～7%。

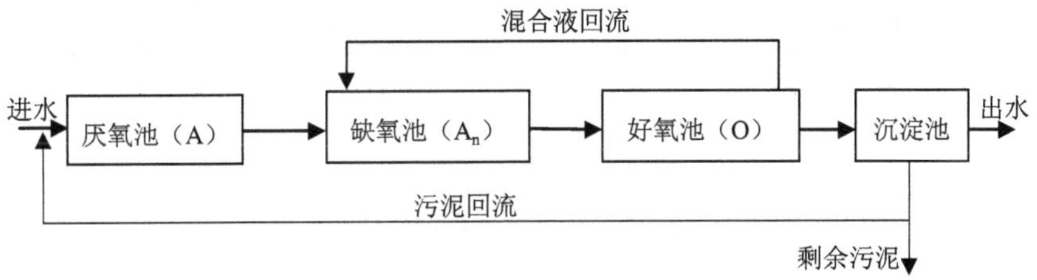

图 4-20　A^2/O BN$_u$R 工艺

图 4-21 为 A^2/O 工艺的特性曲线。由图可知，在厌氧池中，废水中 BOD_5 和 COD_{Cr} 会有一定的下降，NH_4^+—N 也会由于细胞的合成而被部分去除，但 NO_x^-—N 的含量基本保持不变，而磷的含量因 PAO 在厌氧环境中的释磷而上升；在缺氧池中，反硝化菌利用废水中的碳源进行脱氮，NO_x^-—N 的含量急剧下降，同时 BOD_5 或 COD_{Cr} 也有所下降，磷的含量则变化不大（稍有下降）；在好氧池中，由于硝化作用和 PAO 的过量摄磷的作用，NH_4^+—N 和磷的含量下降，而 NO_x^-—N 的含量则升高。

由于其具有除磷和脱氮的功能，须在保证良好的除磷效果的同时，还要保证良好的脱氮效果，因而其工艺运行条件比较严格。研究表明，当处理系统的 BOD_5 负荷在 0.2kg/(kg・d)以上且进水中的 BOD_5 与总氮之比（BOD_5/TN）＞4～5 时，采用该工艺可获得良好的脱氮除磷效果。

A^2/O 工艺的优点是，工艺流程简单，所需总 HRT 短于相应的其他工艺，且不需外加碳源，并由于其混合液在厌氧、缺氧和好氧的环境中交替运行，发生污泥膨胀的几率较小。其不足是由于受脱氮和除磷双重功能的要求，其两种功能间对运行要求（如污泥龄、NO_x^-—N 浓度及混合液回流比等）存在一定的矛盾，因而必须对此加以合理协调，由此而影响了它们最佳状态的发挥，脱氮和除磷效果均不及分别运行的 A_n/O 和 A/O 工艺。

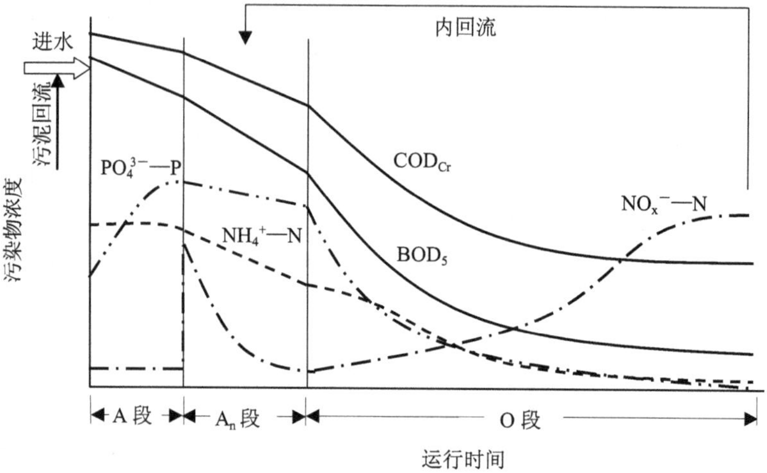

图 4-21 A^2/O BN_uR 工艺的运行特性曲线

4.3.3.2 M-Bardenpho（Phoredox）BN_uR 工艺

图 4-22 所示为 Bardenpho 工艺的改进型——M-Bardenpho 工艺。该工艺首先由南非提出，是 EIMCO 工艺设备公司的专利技术。该工艺在生物脱氮 Bardenpho 工艺之前增设一个厌氧段，而使其在脱氮的同时具有除磷功能。

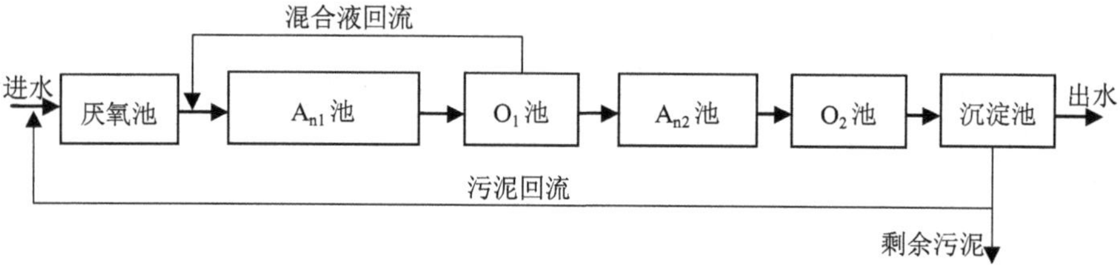

图 4-22 M-Bardenpho BN_uR 工艺

与其他工艺相比，该工艺的主要特征是 HRT 和 SRT 均较长（其中 SRT 可长达 20～30d），剩余污泥中的磷含量为 4%～6%。据报道，该工艺各单元的 HRT 依次为 3、7、4、1h 的情况下，对进水 COD_{Cr} 为 340mg/L、TKN 为 81mg/L 的废水进行处理时，可获得出水 COD_{Cr} 为 35mg/L、TKN 为 1.6mg/L 和 PO_4^{3-}-P 小于 1.0mg/L 的良好处理效果。

4.3.3.3 UCT BN_uR 工艺

UCT 工艺（如图 4-23 所示）是南非开普敦大学在 A^2/O 工艺的基础上，通过改进混合液的回流方式而开发的 BN$_u$R 工艺，也是至今较为广泛应用的生物脱氮除磷工艺。其与 A^2/O 工艺的不同之处在于，其污泥首先回流至缺氧池，再通过缺氧池的混合液回流至厌氧池，这样就削弱由于污泥直接回流至厌氧池而随污泥进入其中的 NO_x^-—N 对 PAO 利用进水底物及释磷的影响。该工艺在运行过程中，当进水中的总凯氏氮（TKN）与 COD_{Cr} 的比值较高时，应减少由缺氧池至厌氧池的混合液回流比，以防止 NO_x^-—N 进入厌氧池。但同时，为保证系统中污泥的良好沉淀性能，须对回流比进行合理控制，如回流比过低，将导致污泥在缺氧池中的 HRT 过长而影响其沉降性能及 PAO 在厌氧池中对磷的有效释放。对此，开普敦大学提出了改进型 UCT 工艺——MUCT（图 4-24）。

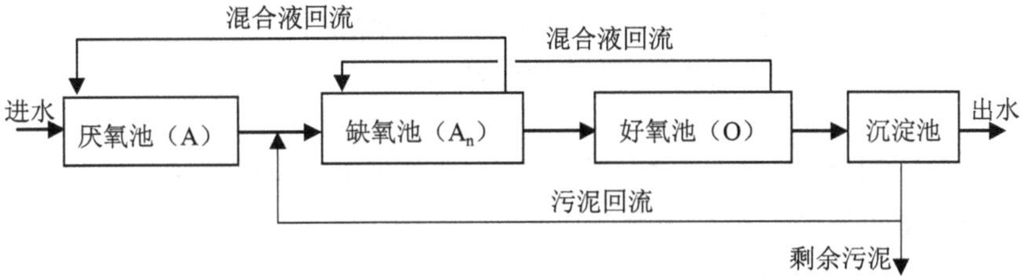

图 4-23 UCT BN$_u$R 工艺

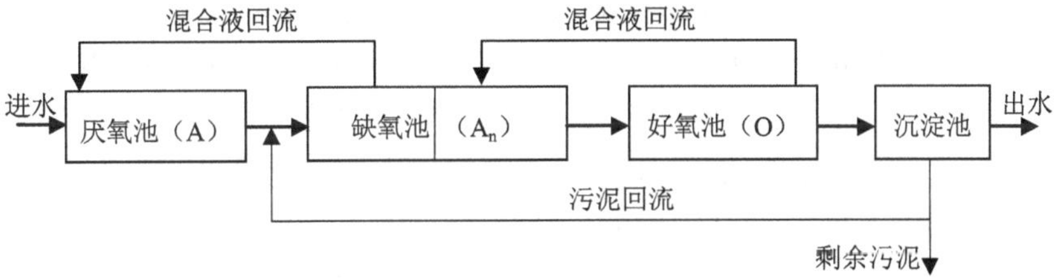

图 4-24 MUCT BN$_u$R 工艺

在 MUCT 工艺中，将缺氧池分隔为两个独立的区域，来自沉淀池的回流污泥和好氧区的混合液分别回流至缺氧区的第一和第二区域，使其中的 NO_x^-—N 在第二缺氧区经反硝化而去除。进入第一缺氧区的污泥则以混合液的形式回流至厌氧池，从而有效地解决了上述存在的问题。该工艺在进水 TKN/BOD_5 较适当的情况下，可实现完全反硝化，使缺氧区出水中的硝酸盐浓度近于零，从而最大限度地减少由缺氧区向厌氧段回流的混合液中 NO_x^-—N 的浓度，并可保持厌氧池严格的厌氧环境而利于磷的有效释放。图 4-25 为加拿大 Penticton MUCT 污水处理厂的平面。

图 4-25　加拿大 Penticton 污水处理厂
（MUCT 工艺，处理规模 18 200m^3/d）

与前面介绍的 Phoredox 工艺相比，UCT 工艺可最大限度地消除向厌氧段回流液中的硝酸盐量对释磷的不利影响。但由于其增加了缺氧段向厌氧段的回流，其运转费用要略高于 Phoredox 工艺。

4.3.3.4 VIP BN_uR 工艺

VIP 工艺是美国的 Randall 教授提出的一种生物脱氮除磷工艺，因首先应用于美国 Virginia 州的 Lamberts Point 污水处理厂的名为 Virginia Initiative Plant 的改造扩建工程而得名。其流程类似于 UCT 工艺，但与 UCT 工艺有两点明显的不同之处：①厌氧段、缺氧段和好氧段的每一部分都有两个以上的池子组成，其放磷和摄磷的速率很快；②其污泥龄比 UCT 工艺短、负荷比 UCT 工艺高，因而运行速率高，除磷效率高，所需反应设备容积小。其设计污泥龄一般为 5～10d，而 UCT 工艺的污泥龄则为 13～25d。该工艺通过将每个阶段的反应池分隔为一系列容积较小、以串联的方式运行的 CSTR 池，可借助于污染物的浓度梯度作用，一方面促进有机物的去除，同时利于 PAO 对有机底物的摄取和对磷在厌氧条件下的释放，并可有效降低由缺氧池向厌氧池的回流混合液中的 NO_x^-—N 浓度。该工艺如图 4-26 所示。

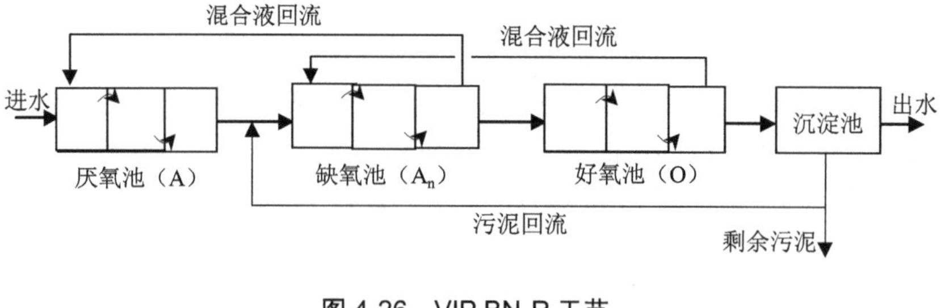

图 4-26　VIP BN_uR 工艺

4.3.3.5 Johannesburg BN$_u$R 工艺

图 4-27 所示为 Johannesburg 生物脱氮除磷工艺。该工艺整体上与 A^2/O 工艺基本一致，所不同的是其在污泥回流管线上增设了一个缺氧反硝化池，通过污泥中所携带的反硝化菌利用内源呼吸作用所获得的内碳源进行进一步反硝化脱氮，以使回流污泥在进入厌氧段之前，有效地降低其 NO_x^-—N 的含量，降低污泥回流至厌氧段后反硝化菌与 PAO 对进水中基质的竞争，利于 PAO 的充分释磷。

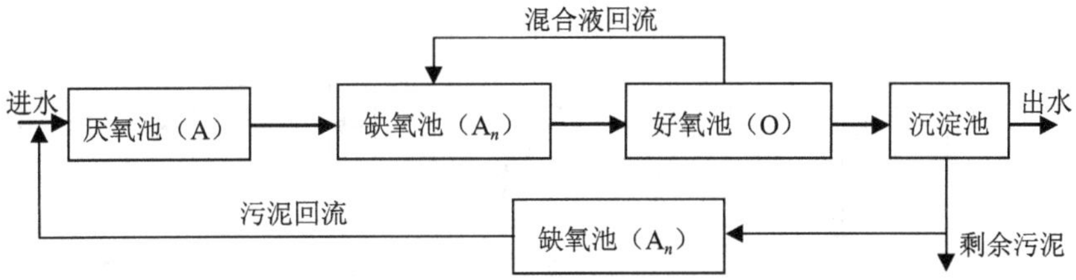

图 4-27 Johannesburg BN$_u$R 工艺

4.3.3.6 Rotanox BN$_u$R 工艺

图 4-28 所示为 Rotanox 生物脱氮除磷工艺。该工艺最初是以脱氮处理为主要目标而设计，其运行方式与具有脱氮功能的 A_n/O 工艺基本相同（实际上更类似于氧化沟工艺），在整体上仅为一个反应器，将其分隔成厌氧、缺氧和好氧不同区域，废水在其中循环流动而实现脱氮和除磷功能。该工艺将厌氧段设置在整个反应器水流的出水口处，因而其脱氮功能更优于除磷效果。该工艺的特点是系统布置紧凑，对进水水质波动的适应性比较强，同时对进水中的 TP/BOD_5 比值无严格要求。由此可见，该工艺更使用于对脱氮要求较高而对除磷要求较低的场合，其处理出水的 PO_4^{3-} 含量一般较难以达到 1.0mg/L 以下。

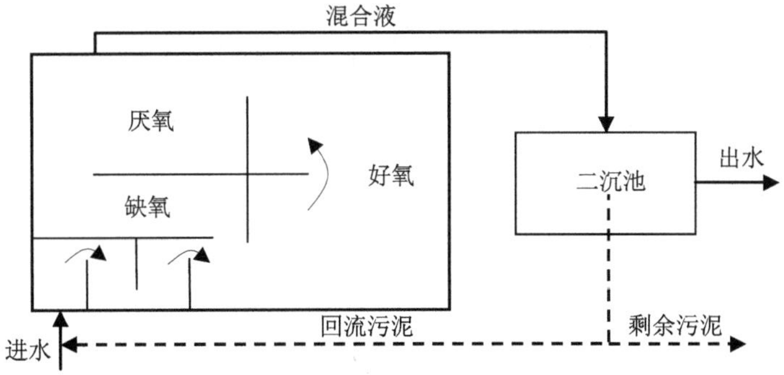

图 4-28 Rotanox BN$_u$R 工艺

4.3.3.7 OWASA BN_uR 工艺

图 4-29 所示为 OWASA 工艺流程。该工艺由美国 OWASA（Orange Water and Sewerage Authority）开发，其思路类似于具有脱氮功能的 AP 工艺将初沉池污泥首先进行发酵处理，并将其含有较高浓度 VFA 等低分子物质的上层液输送至厌氧段或同时按一定比例分配至厌氧池和缺氧池。此工艺特别适用于进水中 BOD_5/TP 或 BOD_5/TN 较低的场合。

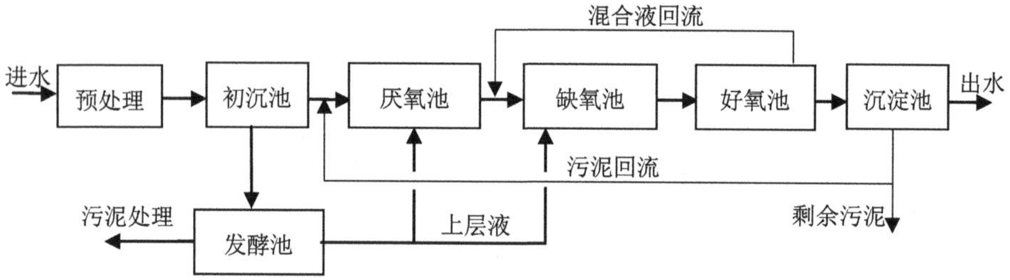

图 4-29　OWASA BN_uR 工艺

4.3.3.8 OCO BN_uR 工艺

OCO 工艺流程如图 4-30 所示。该工艺为丹麦 Puritek A/S 公司开发的一体化 BN_uR 工艺，因其由两个同心圆间设一半圆导流板，而由此命名。

该工艺实际上是 A^2/O 工艺的另一种布置形式。运行过程中，分别在厌氧区、缺氧区和好氧区设置水下搅拌装置推动水流及泥水的混合，并使水流在缺氧和好氧区形成环流，使好氧区的混合液进入缺氧区而实现反硝化。

该工艺集厌氧、缺氧和好氧运行环境于一体，具有占地面积小（比 CAS 工艺节省占地 25%～30%）、无需专设污泥回流系统以及运转费用低的特点。

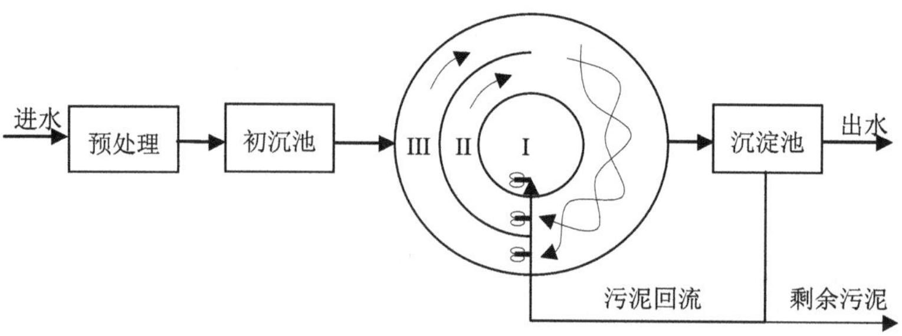

I 厌氧区　II 缺氧区　III 好氧区

图 4-30　OCO BN_uR 工艺

4.3.3.9 Dephanox BN$_u$R 工艺

该工艺是目前正得到深入研究的典型反硝化除磷工艺。反硝化除磷是通过一种在兼性条件下利用 NO_3^-—N 或 NO_2^-—N 作为电子受体、通过氧化其贮存的 PHB 作为碳源和能源的兼性反硝化菌除磷（DPB）从环境中过量吸收 PO_4^{3-}实现除磷并同时进行反硝化实现脱氮的一种新型工艺。由于其上述两个过程合二为一，因而可最大限度地减少对碳源的需求量，不必严格控制进水中的 BOD_5/TP，可分别节省 COD_{Cr}和氧 50%和 30%，同时可减少近 50%的剩余污泥产量。

图 4-31 为 Dephanox 工艺流程。该工艺在厌氧和缺氧池之间增加了沉淀池和生物膜反应器。生物膜反应器的设置可避免由于氧化作用而造成的有机碳的损失并可稳定系统的 NO_x^-—N 浓度。废水在厌氧池中释磷，在沉淀池中进行泥水分离，其上清液进入生物膜反应器进行硝化反应，其沉淀污泥则输入缺氧池，在此完成反硝化和除磷。

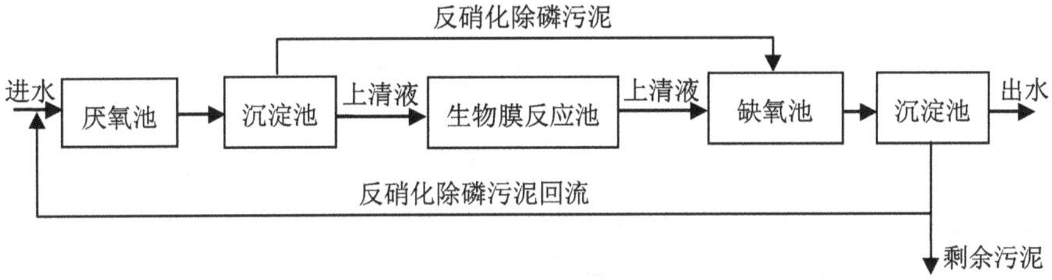

图 4-31　Dephanox BN$_u$R 工艺

但目前，该工艺在实际应用中尚存在一些需要深入研究的问题。如研究表明，在缺氧条件下的除磷效果要比在好氧条件下低，而且在很大程度上与缺氧段的 NO_x^-—N 浓度有关。当缺氧段 NO_x^-—N 浓度较低时，磷的过量摄取将受到限制，而 NO_x^-—N 浓度过高时，则又将因反硝化不彻底而随回流污泥返回厌氧池，干扰厌氧池中磷的释放及 DPB 的 PHB 合成。因而尽管其对进水中的 BOD_5/TP 要求不高，但对进水中 NH_4^+—N/TP 的比例要求较高。即由于 DPB 在反硝化过程中，需要消耗一定量的有机底物（BOD_5），否则其反硝化效果将受到抑制，而有机物的存在将形成与 DPB 对 NO_x^-—N 的竞争而影响除磷效果。因而，为获得有效稳定的脱氮和除磷效果，必须严格控制进水中 NH_4^+—N/TP 的比例。但在实际工程应用中，NH_4^+—N/TP 的比例很难满足缺氧摄磷之要求，因而较难以获得稳定的处理效果。对此，有待深入研究。

4.3.3.10 BCFS BN$_u$R 工艺

BCFS（Biologisch Chemische Fosfaat Stickstof）工艺是荷兰 Delft 科技大学 Kluyver 生物技术实验室 Mark 教授研究、荷兰 BDG 咨询公司在 Pasveer 氧化沟和 UCT 工艺的基础上开发的、利用 DPB 实现脱氮除磷新工艺（图 4-32）。该工艺充分利用 DPB 在缺氧条件下的反硝化除磷作用而实现高效的 N、P 去除效果。

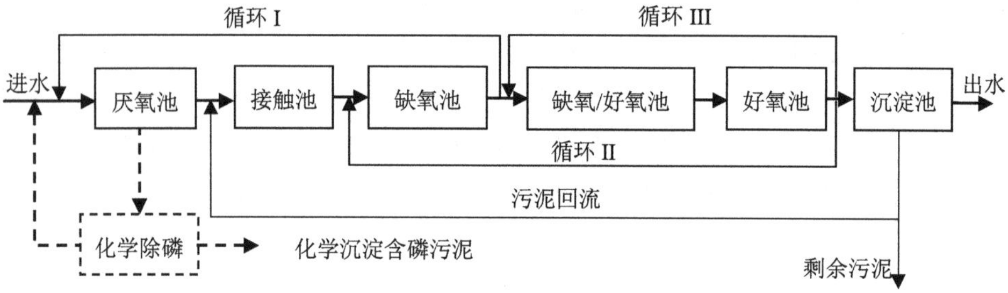

图 4-32　BCFS BN$_u$R 工艺

与 UCT 工艺相比，该工艺在 UCT 工艺的基础上增设了两个反应器，即在厌氧池和缺氧池之间增设一个（厌氧）接触池，在缺氧池和好氧池之间增设一个缺氧/好氧池。其中厌氧池不仅起到良好的磷释放作用，同时由于其以推流的方式运行，因而可同时具有选择器的作用以保持良好的污泥沉降性能（保持污泥较低的 SVI 值）；厌氧池后增设的（厌氧）接触池具有对来自厌氧池中的有机物进行降解，并利用有机底物对回流污泥中的 NO_x^-—N 进行反硝化；缺氧池则利用 DPB 以 NO_x^-—N 作为电子受体进行反硝化除磷；增设的缺氧/好氧池具有硝化和反硝化的功能，为其后续好氧池创造良好的运行条件。如当好氧池中 DO 过低或缺氧/好氧池的 ORP 过低时，则需对缺氧/好氧池进行曝气以保持其池内维持 0.5mg/L 的 DO（故该池又称混合池）。此外，该工艺改变了系统中混合液的回流方式（各回流的作用见表 4-5）。

表 4-5　BCFS 工艺中各循环回流的主要作用

循环回流编号	主要作用	控制点	控制 ORP/mV
I	提供污泥释磷条件（使 NO_x^-—N 质量浓度低于 0.1mg/L）	厌氧池	−450～−300
II	提供硝化混合液	缺氧池	−150～0
III	按硝化脱氮	缺氧/好氧池	−100～50（或 0）

该工艺的平面布置与 Pasveer 氧化沟基本相似，由 5 个同轴圆环组成，依次构成功能相对专一的 5 个独立反应器。这种一体化的构造布置可有效节约建设用地及工程投资。其运行具有以下特点：①N、P 的去除率高，可使出水中总氮<5mg/L，而 PO_4^{3-}-P 浓度则可接近零；②具有稳定而良好的污泥沉降性能，其 SVI 值一般为 80～120mL/g（夏季为 80 mL/g，冬季为 100 mL/g，最大值为 120 mL/g）；③与 CAS 工艺相比，可降低 10%的污泥产量；④充分利用 DPB 实现脱氮除磷。测定结果表明，该工艺中约 50%的磷是由 DPB 去除的，从而得到有效的利用，使其在 BOD_5/（N+P）值相对低的情况下仍能保持较好的运行状态，一般情况下（如应用于城市污水处理时）无须进行化学除磷，但当进水中的 BOD_5/P 过低时，需增设对厌氧混合液的化学处理才能达到彻底除磷的目的（图 4-32 中虚线所示）。⑤其运行负荷与 Pasveer 氧化沟基本相同。

4.4 废水生物脱氮除磷（BN$_u$R）工艺的设计

由上述可知，废水生物脱氮除磷工艺有多种形式和不同的运行方式，并各有其特点和适用条件，因而在进行工艺设计时，应根据废水的具体特征及处理功能要求，首先选择适宜的处理工艺，并在此基础上进行具体的工艺设计。

4.4.1 废水生物脱氮除磷（BN$_u$R）工艺的选择

废水处理的功能（去除对象）要求决定了所应选择的处理工艺，而其所需达到的处理目标（出水指标）则与所选工艺的运行方式和操作控制条件密切相关。此外，废水水质特征也是工艺选择的重要依据。

（1）根据处理功能选择工艺。当仅要求进行去碳和脱氮处理时，可选用 A_n/O 或 Bardenpho 工艺，亦可采用以脱氮方式运行的其他工艺，如 SBR 和氧化沟工艺等，表 4-6 所列为达到不同脱氮要求时所宜采用的推荐工艺形式。当以去碳和除磷为处理目标时，则可选用 A/O 或 Phostrip 工艺；当要求同时进行去碳和脱氮除磷处理时，则应选择 A^2/O、UCT、改进型 Bardenpho、VIP、Dephanox 和 BCFS 工艺等。采用 A^2/O、UCT 和 VIP 工艺时，可使处理出水的 TP 达到 1.0mg/L 左右。

（2）根据废水特征选择工艺。对于具有除磷或同时脱氮除磷工艺而言，一般要求进水中的 BOD_5/TP 大于 20。当进水中的 BOD_5/TKN 不同时，宜根据表 4-7 所推荐的工艺进行选用。

表 4-6 达到不同脱氮要求时所宜采用的推荐工艺形式

处理出水中 TN 要求	推荐处理工艺
8～12mg/L	（所有单级活性污泥工艺）、氧化沟、SBR
6～8mg/L	A_n/O、三槽式氧化沟、强化 SBR 工艺
3～6mg/L	A_n/O、Bardenpho 工艺
≤3mg/L	Bardenpho、多级脱氮工艺

表 4-7 进水中不同 BOD_5/TKN 时的推荐工艺形式

处理功能	BOD_5/TKN	推荐处理工艺
脱氮	≤10	A_n/O
	>11	Bardenpho
除磷或脱氮除磷	>12～14	A/O，A^2/O
	>9	UCT
	>7～9	改进型 UCT

4.4.2 废水生物脱氮工艺（BN_iRP）的设计

废水生物脱氮工艺设计的主要内容包括缺氧反硝化池容积 V_{an} 和好氧硝化池容积 V_o、混合液回流比 R_n 及需氧量计算等。设计过程中，应根据所确定的处理工艺及运行方式，确定污泥龄 θ_c、混合液污泥浓度 MLSS（X）或 MLVSS（X_V）等参数，并通过处理工艺中氮的物料平衡进行计算。但需注意，由于脱氮对温度较之去碳处理更为敏感，因而为保证处理系统在不同的季节都能获得良好的处理效果，设计时所采用的硝化菌和反硝化菌的反应速率常数（r_N 和 r_{DN}）应取冬季水温时的数值。

4.4.2.1 缺氧池容积（V_{an}）

缺氧池容积可用式 4-39 确定：

$$V_{an}=\frac{Q([TN]_i-[TN]_e-0.12X_w)}{r_{DN}X_V} \tag{4-39}$$

式中：$[TN]_i$——进水 TN 质量浓度，mg/L；

$[TN]_e$——出水 TN 质量浓度，mg/L；

X_V——缺氧池混合液 MLVSS 质量浓度，mg/L；

X_W——剩余污泥质量浓度，mg/L；

0.12——MLVSS 中氮的质量分数，%；

r_{DN}——反硝化速率常数（NO_3^-—N /MLVSS），kg/（kg·d）。

4.4.2.2 好氧池容积（V_0）

好氧池容积可用式 4-40 确定：

$$V_0=\frac{Q(1+R_n)([\mathrm{TKN}]_\mathrm{i}-[\mathrm{TKN}]_\mathrm{e})}{r_\mathrm{N}X_V[\mathrm{TKN}]_\mathrm{e}} \quad (4\text{-}40)$$

式中：R_n——混合液回流比，%；

$[\mathrm{TKN}]_\mathrm{i}$——进水中 TKN 质量浓度，mg/L；

$[\mathrm{TKN}]_\mathrm{e}$——出水中 TKN 质量浓度，mg/L；

r_N——硝化速率常数（NO_4^+—N/MLVSS），kg /(kg · d)；

其余符号同前。

确定 V_an 和 A_0 后，需要对它们的容积比进行校核。一般而言，V_an/A_0 的比值应控制在 1∶2～5，应根据废水水质及硝化和反硝化速率，确定合理的比值。

4.4.2.3 需氧量（O_2）

为满足硝化菌的良好生长繁殖，生物脱氮工艺一般在长污泥龄、低负荷条件下运行，因而可假定，除用于微生物合成的有机物和氮外，其余部分均被氧化，同时反硝化过程中所利用的氧是硝态氮中的氧。因此，硝化过程中的需氧量 O_2 可用式 4-41 进行计算。

$$O_2=\frac{Q(S_0-S_\mathrm{e})}{1-\mathrm{e}^{kt}}-1.42fQ_\mathrm{W}X_\mathrm{W}+4.57Q([\mathrm{NH_4}^+—\mathrm{N}]_\mathrm{i}-[\mathrm{NH_4}^+—\mathrm{N}]_\mathrm{e})$$

$$-0.56fQ_\mathrm{W}X_\mathrm{W}-2.6Q([\mathrm{NO_3}^-—\mathrm{N}]_\mathrm{i}-[\mathrm{NO_3}^-—\mathrm{N}]_\mathrm{e}) \quad (4\text{-}41)$$

式中：S_0——进水的 BOD_5 质量浓度，mg/L；

S_e——出水的 BOD_5 质量浓度，mg/L；

k——BOD_5 降解速率常数（BOD_5/MLVSS），kg/(kg · d)；

Q_W——剩余污泥排放量，m^3/d；

t——时间（=5d）；

f——挥发分（MLVSS/MLSS，%）；

$[NH_4^+—N]_i$——进水 NH_4^+—N 质量浓度，mg/L；

$[NH_4^+—N]_e$——出水 NH_4^+—N 质量浓度，mg/L；

$[NO_3^-—N]_i$——进水 NO_3^-—N 质量浓度，mg/L；

$[NO_3^-—N]_e$——出水 NO_3^-—N 质量浓度，mg/L；

其余符号同前。

4.4.2.4 主要工艺设计参数

表 4-8 所列为脱氮工艺的主要设计参数（推荐取值范围）。

表 4-8 废水生物脱氮工艺的主要设计参数

设计参数	取值范围
水力停留时间 HRT/h	An/O：0.5～1.0/2.5～6
污泥龄 θ_C/d	3～15
污泥负荷/（$kgBOD_5$/kgMLSS·d）	0.1～0.7
MLSS（mg/L）	2 000～5 000
混合液回流比 R_n/%	200～500
污泥回流比 R_w/%	50～100

4.4.3 废水 BPRP 及 BN_uR 工艺的设计

在生物除磷工艺系统的设计过程中，为保证聚磷菌摄磷和放磷能力的良好发挥，须考虑进水中有足够的易生物降解碳源，并应将进水中的 BOD_5/TP 在 15～20 以上。A/O 系统中，应控制的厌氧段容积与好氧段容积之比在 1∶2.5～4，厌氧段的水力停留时间一般在 1.0h 左右；A^2/O 工艺中，厌氧、缺氧和好氧段的水力停留时间一般分别为 0.5～1.0h、0.5～1.0h 和 3.5～6.0h，污泥 BOD_5 负荷一般控制在 0.15～0.7kg/(kg·d)。有关工艺的设计计算方法基本与普通活性污泥法相同。表 4-9 所列为主要生物除磷工艺的推荐设计参数。表 4-10 所列为天津纪庄子污水处理厂扩建工程 A^2/O 工艺的设计参数。

表 4-9 主要生物除磷工艺的推荐设计参数

设计参数 \ 工艺类型		A^2/O	Phoredox	UCT
污泥 BOD_5 负荷/kg/(kg·d)		0.15～0.7	0.1～0.2	0.1～0.2
污泥龄 θ_C/d		5～10	10～40	10～30
MLSS/（mg/L）		3 000～5 000	2 000～4 000	2 000～4 000
水力停留时间 HRT/h	A	0.5～1.3	1.0～2.0	1.0～2.0
	A_n	0.5～1.0	2.0～4.0	2.0～4.0
	O	3.0～6.0	4.0～12.0	4.0～12.0
	A_n	—	2.0～4.0	2.0～4.0
	O	—	0.5～1.0	—
混合液回流比 R_n/%		100～300	400	100～600
污泥回流比 R_w/%		40～100	50～100	50～100

表 4-10 天津纪庄子污水处理厂扩建工程 A^2/O 工艺的设计参数

设计参数		取值
污泥 BOD_5 负荷/kg/(kg·d)		0.15～0.2
污泥龄 θ_C/d		2～30
MLSS（mg/L）		3 000～3 500
水力停留时间 HRT/h	A	0.65～1.0
	A_n	1.0～1.5
	O	3.0～8.5
混合液回流比 R_n/%		180～200
污泥回流比 R_w/%		100
污泥 TN 负荷/kg/(kg·d)		0.05～0.08
污泥 TP 负荷/kg/(kg·d)		0.003～0.006
温度/℃		13～30

4.5 废水 BN$_u$R 工艺的运行控制

废水生物脱氮除磷工艺是一种具有多重处理功能的综合性废水处理工艺，其中不仅涉及对生长和生存环境条件要求各不相同的异养好氧菌、自养硝化菌、兼氧异养反硝化菌和聚磷菌（PAO）等多种微生物，涉及厌氧、缺氧和好氧等不同运行方式，同时也涉及对进水水质的不同要求，因而在 BN$_u$R 工艺的应用过程中，不仅需根据上述特征选择合理的处理工艺和运行方式及合理的工艺设计参数，更需要在实际运行过程中对不同工艺运行条件进行合理的控制。根据脱氮和除磷功能的不同，其运行控制指标主要有溶解氧（DO）、污泥龄（θ_c）、混合液回流比（R_n）、污泥回流比（R_w）、BOD_5/TN、BOD_5/TP、酸碱度（pH）等。下面分脱氮和除磷两个方面分别加以论述。

4.5.1 废水生物脱氮工艺（BN$_i$RP）的运行控制

废水生物脱氮工艺中对氮的去除是通过硝化菌和反硝化菌共同的生物作用而实现的。因而，无论采用何种形式的处理工艺，一方面不同的环境因素都将对处理过程及处理效果产生影响，另一方面这些因素对工艺运行中硝化和反硝化菌作用的影响又是不尽相同的。因而，在废水生物脱氮工艺的设计和运行过程中，必须加以充分的考虑，并给予足够的重视。

4.5.1.1 溶解氧（DO）的控制

废水生物脱氮工艺运行过程中，对混合液中 DO 的控制是十分重要的。DO 的高低将直接影响处理工艺中好氧菌和兼氧菌的含量和分配比例，从而影响整个处理工艺对氮的去除效率。

如前所述，生物脱氮过程中的硝化反应必须在好氧条件下运行，其混合液中的DO质量浓度一般应维持在2～3mg/L，当DO质量浓度低于0.5～0.7mg/L时，氨转化为NO_x^-—N的硝化反应过程将受到抑制。对DO对硝化菌生物代谢影响的研究表明，较低的DO浓度将影响其代谢的产物。

DO对反硝化过程有很大的影响。当缺氧区中的溶解氧含量过高时，氧将会与硝酸盐竞争电子供体，并抑制硝酸盐还原酶的合成及其活性。尤其是当反硝化过程中氧化亚氮还原酶受抑制时，可使N_2O/N_2的比例增高，并可使N_2O作为反硝化的最终产物而积累。日本的有关研究表明，当反硝化过程中DO质量浓度上升时，将会产生对反硝化菌的简单竞争性抑制作用，使反硝化速率下降。一般而言，对悬浮型活性污泥工艺而言，反硝化过程中混合液的DO质量浓度应控制在0.5mg/L以下，才能保持正常的反硝化速度；而对附着型生物膜反应器来说，由于生物膜系统中氧的传递阻力较大，因而可以允许较高的溶解氧质量浓度。利用A_n/O系统（其中A_n段为生物膜缺氧反应器）处理垃圾填埋场渗滤液的研究表明，当反应器中的溶解氧质量浓度为0.5～1.0mg/L时，可获得良好的反硝化处理效果，而当DO质量浓度超过1.0～1.2mg/L时，反硝化效果将受到影响。

反硝化速率（r_{DN}）与活性污泥絮体内的缺氧分数有关。如式4-42所示，当溶解氧质量浓度DO从0mg/L增加到1.0mg/L时，反硝化速率将呈直线下降至零。在好氧条件下，反硝化速率为0.006g/(g·d)。因此，当混合液中的DO＞1.0mg/L时，实际的反硝化速率可低至忽略不计。

$$r_{DN(T)} = r_{DN(20)} k^{(T-20)} (1 - DO) \tag{4-42}$$

式中：$r_{DN(T)}$——温度为T℃时的反硝化速率（NO_x^-—N/MLVSS），kg/(kg·d)；

$r_{DN(20)}$——温度为20℃时的反硝化速率（NO_x^-—N/MLVSS），kg/(kg·d)；

k——反硝化温度系数（1.03～1.10）。

4.5.1.2 温度（T）的控制

与其他废水生物处理过程一样，温度是影响脱氮处理效果的重要因素。硝化反应的最适温度范围为30～35℃。当温度在5～35℃之间由低至高逐渐过渡时，硝化反应的速率将随温度的增高而加快，而当温度低于5℃时，硝化反应将几乎停止。对去碳和硝化在同一个反应器中完成的脱氮工艺而言，温度对硝化速率的影响则更为明显。当温度低于15℃时即发现硝化速率快速下降。低温状态将对硝化细菌有强烈的抑制作用，如温度为12～14℃时，反应器出水中常会出现NO_2^-—N的积累。温度对亚硝化菌和硝化菌硝化反应速率（r_N）的影响可用式 4-43 和 4-44 表示。

$$\text{亚硝化菌} \quad r_{NY(t)} = r_{NY(15)}\theta^{(t-15)} \tag{4-43}$$

$$\text{硝化菌} \quad r_{NX(t)} = 0.791\theta^{0.088(t-15)} \tag{4-44}$$

式中：$r_{NY(t)}$——t℃时亚硝化菌的反应速率（NO_2^-—N/MLVSS），kg/(kg • d)；
$r_{NY(15)}$——15℃时亚硝化菌反应速率（NO_2^-—N/MLVSS），kg/(kg • d)；
$r_{NX(t)}$——t℃时硝化菌的反应速率（NO_3^-—N/MLVSS），kg/(kg • d)；
θ——温度常数；
t——温度，℃。

反硝化反应的适宜温度范围为 15～35℃，当温度在此范围内变化时，反硝化速率（r_{DN}）的变化符合 Arrhenius 方程（式 4-45）。研究表明，当温度低于 10℃时，反硝化速率明显下降，而当温度低至 3℃时，反硝化作用完全停止。但当温度超过 30℃时，反硝化速率亦将开始下降，因而对于温度较高的工业废水来说，采用脱氮工艺进行处理时须注意这一问题。

$$r_{DN(T)} = r_{DN(20)}\theta^{(T-20)} \tag{4-45}$$

4.5.1.3 酸碱度（pH）的控制

pH 是影响废水生物脱氮处理工艺运行的一个重要因子。由于在脱氮处理过程中，硝化反应需要消耗废水中的碱度而使 pH 下降，而在反硝化阶段则由于产生一定量的碱度而使 pH 有所上升，但即便在前置反硝化的脱氮工艺中，反硝化阶段所产生的碱度也不能弥补硝化阶段对碱度的消耗，从而将导致处理系统 pH 的下降。由于硝化菌反应的最适 pH 为 8.0～8.4，而反硝化菌的适宜 pH 值为 6.5～8.0，因而应根据原废水中的碱度情况适当地调整，并适当地保持废水中一定的剩余碱度（以 $CaCO_3$ 计，一般宜控制在 100mg/L）。

对硝化过程而言，当 pH 值低于 6 或高于 9.6 时，其硝化反应将停止进行。Haltman 等通过研究，提出了 pH 对硝化菌比增长速率（μ_N）影响的关系式（式 4-46）；对反硝化过程而言，当 pH 低于 6.5 或高于 9.0 时，反硝化速率将很快下降，而当 pH 为 7.5 左右时，反硝化将处于最佳的状态。pH 过高时，将因亚硝酸盐还原酶的活性受到抑制而影响反硝化反应速率。图 4-33 所示为 pH 对反硝化过程的影响及适宜的 pH 值范围。

$$\mu_{N(pH)} = \frac{\mu_{N(pH_{opt})}}{\{1+0.04[10^{(pH_{opt}-pH)}-1]\}} \quad (4\text{-}46)$$

式中：$\mu_{N(pH)}$——在非最佳 pH 值运行时的硝化菌比增长速率，d^{-1}；

$\mu_{N(pH_{opt})}$——最佳 pH 值硝化菌的比增长速率，d^{-1}；

pH_{opt}——最佳 pH 值；

pH——实际运行 pH 值。

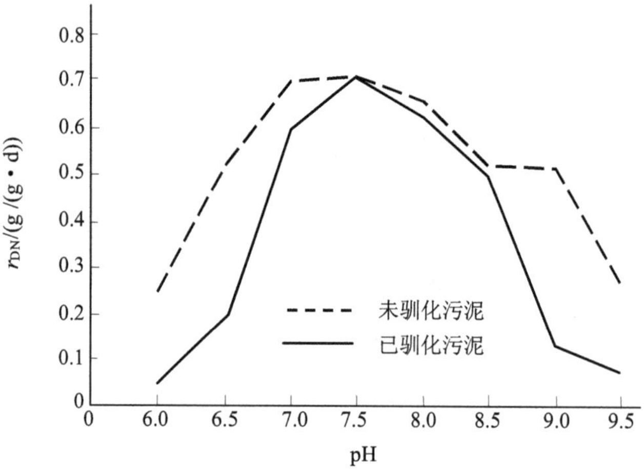

图 4-33　pH 对反硝化速率（NO_3^-—N /MLVSS）的影响（t=25℃）

4.5.1.4 碳氮比（C/N）的控制

生物脱氮的反硝化过程中，需要一定数量的碳源以保证一定的碳氮比而使反硝化反应能顺利地进行。碳源的控制包括碳源种类的选择、碳源的需求量及供给方式等几方面。

反硝化菌碳源的供给可通过外加碳源的方法（采用传统的脱氮工艺）或利用原废（污）水中有机碳（采用前置反硝化工艺等）的方法实现。如前所述，反硝化的碳源可分为三类。第一类是易于生物降解的溶解性有机物，如甲醇、乙醇及葡萄糖等；第二类为可慢速生物降解的有机物，如淀粉、蛋白质等；第三类为细胞物质，细菌利用细胞成分进行内源反硝化。以第一类有机物作为碳源时，反硝化速率最快，以细胞物质作为碳源时，反硝化速率最慢。甲醇是一种较为理想碳源，内源碳虽然也可作为碳源被微生物利用，但由于此时反硝化菌处于较低的能量水平，因而其反硝化速率是较低的，而原废水中的混合基质作为反硝化菌的碳源时，其反硝化速率则介于上述两者之间。一般认为，当废水中的 BOD_5/TKN 之比在 5～8 时，可认为废水中的碳源是足够的，此时不必考虑外加碳源的补充，反之则应考虑补充必要的外碳源（一般以甲醇为主）。

4.5.1.5 污泥龄（θ_C）的控制

污泥龄是生物脱氮工艺的又一个重要工艺设计参数。理论上讲，为保证连续流反应器中数量足够且性能稳定的硝化和反硝化菌，必须使微生物在反应器中的停留时间，即污泥龄 SRT（θ_C）大于硝化和反硝化菌的最小世代期（即它们最大比增长速率的倒数）。实际运行中，一般应使系统的污泥龄为硝化和反硝化菌世代期的两倍以上。根据理论分析可知，脱氮工艺（包括 SND）工艺中的 θ_C 主要由亚硝化菌的世代期控制，因而 θ_C 的确定应依据亚硝化菌的世代期来确定。一般而言，生物脱氮工艺的污泥龄应控制在 3～5d 以上，有的可高达 10～15d。较长的 θ_C 可增加硝化和反硝化菌在污泥中的比例，增强硝化和反硝的能力，并可减轻有毒物对其的抑制作用。但同时须注意，θ_C 亦不宜过长，过长的 θ_C 将降低污泥的活性而影响处理效果（有关 SND 工艺的 θ_C 控制，可参见相关工艺内容）。

4.5.1.6 混合液回流比（内回流比 R_n）的控制

对 A_n/O、A^2/O 等具有前置反硝化特征的各种脱氮工艺而言，混合液的回流（内回流）是使工艺获得脱氮效果的先决条件，而混合液回流比（R_n）的大小是直接影响脱氮效果好坏的重要因素。一般来说，在前置反硝化工艺中的混合液回流比越大，氮的去除率越高。以 A_n/O 工艺（图 4-9）为例，设全部氨氮在硝化阶段转化为硝态氮，而全部硝态氮在反硝化阶段转化为氮气，并忽略细菌合成细胞过程中所去除的 NH_4^+—N，则该系统的脱氮效率（η_N）可表示为（式 4-47）：

$$\eta_N = \frac{(R_W + R_n)Q}{(1 + R_W + R_n)Q} = \frac{R_W + R_n}{1 + R_W + R_n} \times 100\% \qquad (4\text{-}47)$$

式中：η_N——系统的脱氮效率，%；

R_n——混合液回流比（内回流比，即混合液回流量与处理水量之比）；

Q——处理水量，m^3/d；

R_W——污泥回流比，%。

由式 4-47 可知，氮的去除率是随混合液回流比的提高而提高的。图 4-34 所示为据此计算的总回流比（R_W+R_n）与脱氮效率之间的相互关系。由图可知，对 A_n/O 工艺而言，要保证 85%的脱氮率，总回流比须达到 600%；同时，随总回流比的继续增加，氮去除率的增加速率将减慢。

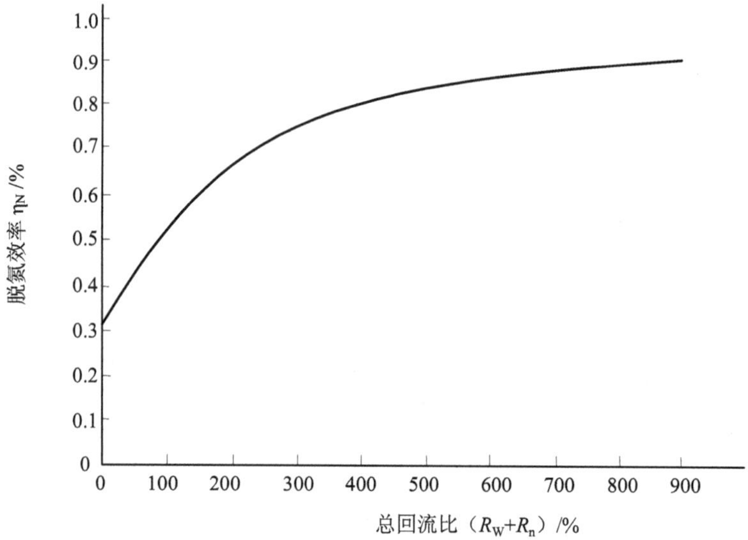

图 4-34 总回流比与脱氮的关系

脱氮效率除受 R_n 的影响外，还与反硝化菌的反硝化速率、反硝化区的环境条件等因素有关。若 R_n 过高，会造成缺氧池中的溶解氧过高，而过多的溶解氧将对反硝化产生抑制作用，影响反硝化反应的顺利进行。此外，过高的 R_n 无疑将增加系统的运转费用。因而应对 R_n 进行适当控制。一般认为，对于低氨氮浓度的废水，回流比宜控制在 200%～300%较为经济；对于高浓度氨氮的废水，回流比可适当高些。

4.5.1.7 有毒有害物的控制

在废水生物脱氮处理过程中，必须注意对有毒有害物的控制。表 4-11 和表 4-12 分别列出了对硝化过程有抑制作用的主要化合物及其抑制浓度。

表 4-11 对硝化具有抑制作用的主要化合物

化合物	抑制质量浓度/（mg/L）	化合物	抑制质量浓度/（mg/L）
丙酮	2 000.0	烯丙醇	19.5
烯丙基氯	180.0	异硫氰酸丙烯酯	1.9
二硫苯丙噻唑	38.0	二硫碳	35.0
哥罗芳	18.8	甲酚	12.8
二烯丙基酯	100.0	位腈二胺	250.0
二胍	50.0	2，4-二硝基酚	460.0

化合物	抑制质量浓度/（mg/L）	化合物	抑制质量浓度/（mg/L）
二硫代草酰胺	1.1	乙醇	2 400.0
碳酸胍	16.5	8-羟基喹啉	72.5
巯基苯丙噻唑	3.0	盐酸甲胺	1 550.0
异硫氰酸甲酯	0.8	硫脲硫酸甲酯	6.5
酚	5.6	硫氰酸甲	300.0
粪臭素	7.0	二硫代氨基甲酸钠	13.6
甲基二硫代氨基甲酸钠	0.9	四甲秋兰姆化二硫四甲酯	30.0
硫代乙酸氨	0.53	氨基硫脲	0.18
硫脲	0.076	三甲胺	118.0

表 4-12　主要有毒物对硝化作用的抑制程度

化合物	不同质量浓度时的抑制程度/%			抑制质量浓度/（mg/L）
	100mg/L	50mg/L	10mg/L	
十二烷胺	96	95	—	≤1
2-盐酸萘乙二胺	93	79	29	23
2,2’-二吡胺	91	81	23	23
n-次甲基苯胺	90	83	71	≤1
苯胺	86	—	—	≤1
二盐酸联苯胺	84	56	12	45
1-萘胺	81	81	45	15
对氨基苯酚	80	56	12	43
对硝基氨醛	76	32	29	87
对硝基苯胺	64	52	46	31
苯偶氨苯胺	54	47	0	72
乙二胺	52	—	43	17
三乙胺	35	—	—	127
（水合）茚三酮	30	26	31	≥100
对氨基苯酸乙酯	30	27	0	≥100
单宁酸	20	7	—	≥150
单乙醇胺	16	—	—	≥200

有机物对硝化反应的抑制作用表现在以下两个方面：①有机物浓度过高，将导致异养微生物的快速繁殖而使其在污泥混合液中的数量大大超过硝化菌，同时大量的异养菌的存在将对硝化菌获取足够的 DO 构成威胁，从而影响硝化反应速率。一般认为，

只有当系统中的 BOD_5 质量浓度低于 20～25mg/L 时，才能发生有效而明显的硝化作用，同时系统的 BOD_5 负荷也应控制在较低的水平（0.06～0.1kg/（kg·d））。②某些有机物对硝化菌具有直接的毒害或抑制作用（即与硝化菌体内的酶系统中的蛋白质竞争 Cu 或直接嵌入酶结构而抑制酶的作用）。

4.5.2 废水生物除磷工艺（BPRP）的运行控制

与化学除磷法相比，生物除磷法具有运行费用低、除磷效率较高、不产生化学污泥且其所排出的剩余污泥因富含磷而具有较高的肥效价值的特点。因而，生物除磷法已成为目前研究和应用的重点。在废水生物除磷工艺的实际应用中，应根据生物除磷的原理、特点及设计要求进行科学合理的操作管理和运行控制，以使其能实现长期高效而稳定的处理效果。

4.5.2.1 溶解氧（DO）的控制

控制生物除磷工艺中厌氧段（即释磷区）的严格厌氧条件极为重要，因为它直接影响到 PAO 在此段的生长状况、释磷能力及利用有机基质合成 PHB 的能力。厌氧段中溶解氧的含量一般宜用氧化还原电位（ORP）来度量，它是一个反映厌氧段"厌氧压抑"程度，即 PAO 性能特征的参数。当 ORP 为正值时，PAO 不释放磷，而 ORP 为负值且其绝对值越高时，则 PAO 的磷释放能力越强。研究表明，BPRP 工艺中厌氧段的 ORP 应控制在－200～－300mV。当厌氧段存在游离态 DO 时，则 DO 不仅将作为最终电子受体而抑制厌氧菌（如气单胞菌属）的发酵产酸作用，妨碍或抑制磷的释放，同时将导致好氧异养菌的生长而与 PAO 竞争进水中有机基质，使可供 PAO 和产酸发酵菌利用的有机基质减少，从而影响发酵产酸作用。而在实际工艺运行过程中，由于污泥的回流，常使厌氧段中含有一定的 DO，为此可不设初次沉淀池的方式以缓解基质的不足。初沉池中一般要去除 20%～40%的 BOD_5，因而不设初沉池可增加供给厌氧段的有机基质量，补充其对基质的需求而利于发酵产酸菌的作用；此外，亦可在厌氧段之前另设一个短 HRT 的厌氧区（选择区），将回流污泥或回流混合液与进水在厌氧区混合接触，使其中的溶解氧消耗后再进入释磷厌氧段，以保证发酵产酸菌功能的正常发挥。厌氧段中的 DO 应严格控制在 0.2mg/L 以下。

为最大限度地发挥 PAO 的摄磷作用，必须在好氧段供给足够的 DO，以满足 PAO 对其贮存的 PHB 进行降解（同时对废水中的低级脂肪酸进行降解）时对作为最终电子受体的 DO 的需求量，实现最大限度地转化 PHB 而释放出足够的 ATP，供其过量摄磷之需。一般将好氧段的溶解氧控制在 2.0mg/L 左右。

4.5.2.2 进水营养比（BOD_5/TP）的控制

废水生物除磷工艺厌氧段中有机基质的含量、种类及其与微生物营养物之间的比例关系（主要是指 BOD_5/TP）是影响 PAO 释磷及摄磷效果的一个不可忽视的控制因素。就厌氧段中有机基质的种类而言，PAO 将优先吸收分子量较小的低级脂肪酸类（VFA）物质。在有脂肪酸存在的厌氧系统中，PAO 将体内贮存的多聚磷酸盐（Poly-P）分解，释放出无机磷，并将 VFA 等易降解的有机物通过其细胞壁吸收到体内，合成 PHB 并加以贮存。废水中所含的有机物底物种类对磷的释放有较大的影响。PAO 在利用不同有机基质的过程中，其对磷的释放速度存在着明显的差异，如图 4-35 所示。

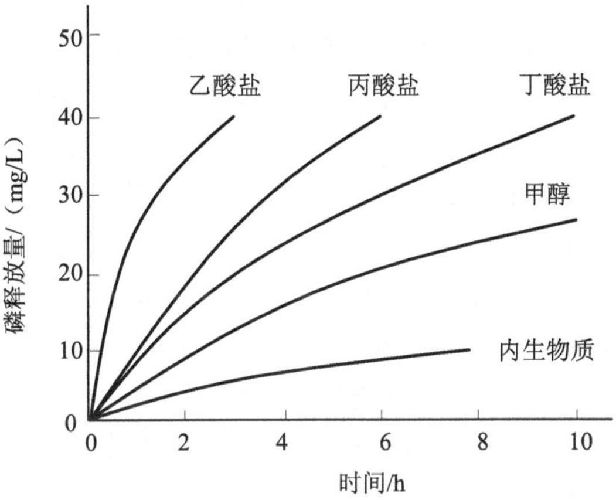

图 4-35 基质种类与磷的释放

就进水中 BOD_5/TP 的比例条件而言，PAO 在厌氧段中释放磷时产生的能量主要用于其吸收废水中可溶性低分子基质合成 PHB 并贮存在其体内，以作为其在厌氧压抑环境中生存的基础。因此，进水中有否足够的有机基质提供 PAO 合成足够的 PHB，是关系到 PAO 能否在厌氧压抑条件下顺利生存的重要因素。研究表明，若要使处理出水中的磷质量控制在 1.0mg/L 以下，进水中的 BOD_5/TP 应控制在 20～30。研究表明，只有当进水中的 BOD_5/TP 比值至少要高于 15 时才能保证 PAO 足够的基质需求而获得良好的释磷效果。为此，采取部分进水或（必要时）省去初沉池的方法，可提高上述比例，或可将初沉污泥初步发酵后输入厌氧段中，而利于稳定和提高除磷效果，此法业已成功地应用于生产性规模的废水脱氮除磷工艺系统中（如 AP 工艺）。

4.5.2.3 硝态氮含量（NO_x^-—N）的控制

在生物除磷工艺中，硝态氮的去除是除磷的先决条件。Brodisch 等的研究证实了气单胞杆菌具有将复杂高分子有机基质转化为简单低分子脂肪酸类物质的能力，在除磷过程中存在着气单胞菌→发酵产酸→聚磷之间的连锁关系。而其中气单胞菌（属兼性异养菌）是否能够充分发挥其以发酵中间产物为电子受体进行发酵产酸能力，是决定其他 PAO 能否正常发挥其功能的重要因素。资料表明，气单胞菌也是一种能利用 NO_x^-—N 作为最终电子受体的兼性反硝化菌，而且只要存在 NO_x^-—N，其对有机基质的发酵产酸作用就会受到抑制，从而也就抑制了 PAO 的释磷和摄磷能力及 PHB 的合成能力。这就从理论上解释了为什么在厌氧段中存在 NO_x^-—N 时，处理系统的除磷效果下降甚至被破坏的原因。这也是目前 A^2/O 等脱氮除磷工艺中需要加以研究和解决的一个难题。在城市（生活）污水处理的 BN_uR 工艺中，厌氧段中的 NO_x^-—N 主要来自回流污泥，当系统在较低负荷条件下运行时，尤其如此。目前，对于厌氧段中 NO_x^-—N 的含量应控制在什么水平，还存在不同的看法。这主要是因为不同研究者在研究中所涉及的气单胞杆菌及其他 PAO 的含量、种类及工艺运行参数（如 COD_{Cr}/TKN 或 $TBOD_5$/TP）存在较大的差别。例如，当厌氧段中气单胞杆菌的数量占大多数时，则对 NO_x^-—N 的存在敏感性较强；若那些不能以 NO_x^-—N 为基质进行反硝化作用的 PAO 含量较多时，则这种敏感性将减弱。因而，厌氧段中 NO_x^-—N 的适宜含量宜通过具体试验及具体工艺来确定。Ekema 等通过对 COD_{Cr}/TKN 比值对除磷过程影响的研究，提出了以下准则：①如果被处理水中的 COD_{Cr}/TKN 为 14 时，采用 A/O 或 A^2/O 工艺可全部去除 NO_x^-—N 而获得良好的除磷效果；②如果 COD_{Cr}/TKN 为 9～14 时，采用 UCT 工艺而有效地去除 NO_x^-—N，而采用 A/O 或 A^2/O 工艺则不能全部将其去除；③如果 COD_{Cr}/TKN 低于 7～9 时，采用生物除磷工艺则均难以获得良好的处理效果。但在实际应用中，许多工业废水的 COD_{Cr}/TKN 都低于 7～9，但采用生物法仍能获得有效的磷去除率，其原因在于通过水解酸化等强化处理手段而提高了生物除磷工艺进水中易降解的脂肪酸。有研究表明，在 SBR 工艺中，当 NO_x^-—N 的浓度为 1.65mg/L 时，经过 4h 的反应，PAO 的释磷量与不存在 NO_x^-—N 时接近，但随 NO_x^-—N 的增加，释磷量及释磷速度则明显下降。为充分保证高效释磷效果，一般应将厌氧段的 NO_x^-—N 浓度控制在 0.2mg/L 以下。

4.5.2.4 污泥龄（θ_C）的控制

BPRP 工艺中泥龄的长短亦对其除磷效果有直接的影响。泥龄越长，污泥含磷量越低，则去除单位重量的磷需消耗较多的 BOD_5。此外，还会由于有机底物的不足而使污泥发生“自溶”现象（产生 SMP），导致磷的溶解及排泥量的减少，降低除磷效果；泥龄越短，污泥含磷量越高，污泥的产率也越高，从而导致通过剩余污泥的排放而去除的磷量也就越多。短的泥龄还有利于好氧段控制硝化作用的发生而利于厌氧段的充分释磷。因此，在仅以除磷为目的的处理系统中，一般宜采用较短的泥龄。但泥龄的具体确定还应考虑整个处理系统出水中的 BOD_5 及 COD_{Cr} 要求，若泥龄过短，将影响污泥中 PAO 的含量，而同样影响处理效果。对仅以除磷为目的的生物处理工艺，其污泥龄一般应控制在 3.5～7d，对同时具有脱氮除磷功能的 BN$_u$R 工艺，其污泥龄则应结合脱氮要求综合考虑。

4.5.2.5 污泥沉降性能（SVI）及剩余污泥的处理

在生物除磷工艺的运行过程中，还应注意以下几点：

（1）维持良好的污泥沉降和泥水分离性能。废水生物除磷系统中污泥的含磷量比较高，若污泥的沉降性能不良，则将影响泥水的分离效果，从而增加出水中的磷含量（见图 9-20）。在实际应用中，厌氧段的 HRT 过长（将利于丝状菌的生长），往往是导致其污泥沉降性能不良的主要原因。此外，若二沉池排泥不及时或局部积泥，亦将造成污泥发生反硝化而影响沉降性能。为此，在工艺的设计和运行过程中，须确定合理的厌氧段 HRT 值，不宜过长（一般为 0.5～1.5h），同时需经常检查二沉池的运行情况，以保证其正常运行。此外，在生物除磷过程中，诸如 Mg^{2+}和 K^+等离子对 PAO 的性能有一定的影响，因而应定期对废水进行监测，如发现这些离子的含量不够，则须及时加以补充，以改善和保证良好的污泥沉降性能，控制较低的 SVI。

（2）选择合适的剩余污泥处理方法。生物除磷工艺中产生的剩余污泥中，一般含有 7%～8%（高达 10%）的磷，因而若剩余污泥的处理方法不合适，将对系统的除磷效果产生一定的影响。常规的剩余污泥处理大多采用重力浓缩法，污泥浓缩池的停留时间一般为 12～24h。由于浓缩池中呈厌氧状态而造成磷的释放，使浓缩池上层液和污泥脱水液中含有高浓度的磷。这部分水回流到处理系统，将增加处理过程的磷负荷，影响除磷效果。因此有必要采用合适的污泥处理方法，尽可能地避免剩余污泥在浓缩池中的释磷。为此，可采取以下措施。一是将二沉池富磷污泥与初沉池污泥分开单独处理，并进行直接的脱水处理；二是采用气浮浓缩法处理污泥；三是在污泥浓缩过程中，向污泥中投加一定量的混凝剂（如铁盐、铝盐及石灰等）使磷固定于污泥中而不向液体中释放。要注意的是，二沉池污泥不宜采用好氧消化或厌氧消化的方法加以处理。因为污泥在好氧或厌氧消化过程中，会由于微生物的死亡、解体而将其体内的磷重新释放到液体中。否则也须考虑投加无机盐类物质加以控制。

以上所述为生物脱氮和生物除磷工艺运行的控制要点。在实际应用中，大多将两者合二为一，以同时实现脱氮和除磷的目的。对此，应同时兼顾除磷和脱氮两方面的要求，合理确定其工艺运行参数和控制条件。

4.6 新型废水生物脱氮工艺

20 世纪 90 年代以来，荷兰 Delft 科技大学的研究者在流化床反应器中发现一种新的含高浓度氨废水脱氮反应过程，并由此提出了一系列新型脱氮工艺，其中包括 ANAMMOX、SHARON 和 OLAND 等。这些基于对氮生物循环机理的新发现，为废水生物脱氮处理提供了新的方法和途径。

4.6.1 厌氧氨氧化（ANAMMOX）工艺

厌氧氨氧化(Anammox—ANaerobic AMMoniu OXidation)工艺是荷兰 Delft 科技大学 Kluyver 生物技术实验室于 20 世纪 90 年代开发的一种新的工艺。该工艺在厌氧条件下以亚硝酸盐作为电子受体，由自养菌直接将氨转化为 N_2，因而不必额外投加有机底物。当该工艺与其前置的硝化工艺联用时，则可将硝化过程控制在亚硝化阶段，只需将部分而非全部氨氮都氧化为亚硝酸盐，可有效减少硝化阶段的供氧量和反硝化阶段的碳源量，因而是一种低能耗的处理技术。

4.6.1.1 Anammox 工艺的原理

Anammox 是在严格缺氧条件下，以 NO_2^-—N 作为电子受体，利用自养菌将 NH_4^+—N 直接氧化为 N_2 而实现脱氮处理的工艺。^{15}N 示踪研究表明，Anammox 过程中产生的一分子氮气中，其中一个氮原子来自 NO_2^-—N，而另一个氮原子则来自 NH_4^+—N，其最大去除速率可达 1.2mmoL/(L • h)，氧化 1moL NH_4^+—N 需要消耗 0.6moL 的 NO_2^-—N，并由此产生 0.8moL 的 N_2。羟胺（NH_2OH）和联氨(N_2H_4)是 Anammox 过程的中间产物，其产生量较少，经提纯的 *N. europaea* 的羟胺氧化还原酶（HAO）具有促进 N_2H_4 向 N_2O 转化的能力，且具有很高的 HAO 活性。采用负离子交换和凝胶过滤色谱法从 Anammox 的生物种群中分离出的一种新型 HAO 表明，Anammox 酶的分子量低于 *Nitrosomonas*，其肽键具有独特的氨基酸序列，各不相同，含有数种 C-细胞色素，并具有催化羟胺和联氨氧化的能力。NH_2OH 是一种比 N_2H_4 更好的基质，但后者在细胞（蛋白质）提取液中的氧化速率高达 150nmol/(mg • min)，而足以维持其 0.003 h^{-1} 的增长速率。由于 Anammox 反应受到氧的强烈而可逆的抑制，因而 NH_4^+—N 不可能被氧化酶氧化为 NH_2OH，可能的途径是 NO_2^-—N 在 C-细胞色素还原酶的作用下不完全还原而形成 NH_2OH，但目前尚无直接的证据。NH_2OH 是最易通过 Anammox 代谢的化合物，且尚未发现对其的选择性抑制。因而 NH_2OH 是最可能的电子受体，其本身则是由 NO_2^-—N 产生的。当反应系统中有过量的 NH_2OH 和 NH_4^+—N 时，将发生暂时的 N_2H_4 的积累。

目前，一般认为，N_2H_4 向 N_2 的转化是 NO_2^-—N 还原为 NH_2OH，同时产生等当量的电子而实现的，但该反应是在同种酶的不同部位发生 NO_2^-—N 的还原和 NH_2OH 的氧化，还是通过由电子转移链相连接的不同酶系统的催化反应实现，则尚待进一步研究。图 4-36 所示为 Anammox 可能转化途径。

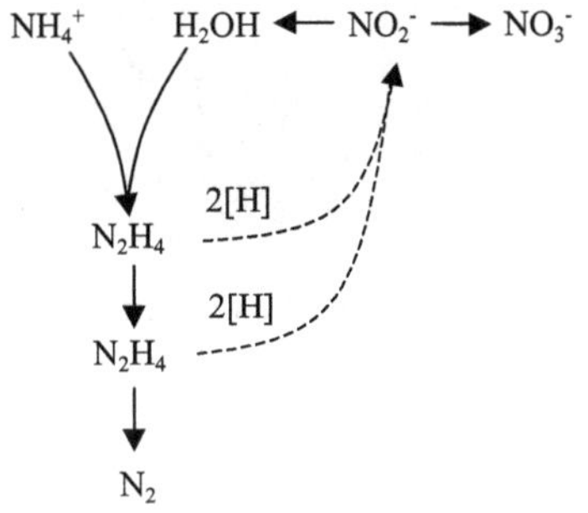

图 4-36 Anammox 的可能转化途径

研究表明，Anammox 是由 *Candidatus Brocadia anammoxidans* 自养菌完成的。该菌同时具有将 NO_2^-—N 氧化为 NO_3^-—N 的功能，但生长缓慢，在 pH=8、温度为 40℃时的生长世代期为 11d。Egli 等人对生物转盘处理含高浓度氨的垃圾填埋场渗滤液中所发现的 Anammox 菌的研究表明，污泥中 *Candidatus Brocadia anammoxidans* 占 90.9%，且对 NH_4^+—N 和 NO_2^-—N 均具有很高的抗性，最大承耐浓度分别达 20mmol 和 13mmol，在低浓度时具有高的活性，对 pH 的适应范围为 6.5～9，最适 pH 和温度分别为 8 和 37℃。研究表明，Anammox 菌的蛋白质成分为（生物量）(0.6±0.1)g/g，其主要成分为 $CH_2O_{0.5}N_{0.15}S_{0.05}$，分子量（以 C 计）为 25.7g/mol。根据化学计量和物料衡算所得的 Anammox 反应过程如下（式 4-48）：

$$NH_4^+ + 1.32NO_2^- + 0.066HCO_3^- + 0.13H^+ \rightarrow$$
$$1.02N_2 + 0.26NO_3^- + 0.066\ CH_2O_{0.5}N_{0.15}S_{0.05} + 2.03H_2O \qquad (4\text{-}48)$$

除 N_2 外，在 Anammox 的反应产物中仅检测到微量的其他气体，进水中的氮仅有 0.03%～0.06%转化为 N_2O，有 0.000 25～0.000 5%转化为 NO，有不足 0.000 05%转化为 NO_2。反应器液相中 N_2O 和 NO 的浓度仅分别为 60μmol/L±6μmol/L 和 7nmol/L±1nmol/L。蛋白质中 NH_4^+—N 的比转化速率为 20nmol/(L · mg · min) ±6nmol/(L · mg · min)，最大（过量 NO_2^-—N 存在时）为 45±5nmol/(L · mg · min)。Anammox 菌的最大增长速率为 0.002 7±0.000 5h^{-1}（即世代时间为 11d）。目前，尚未完全了解 Anammox 菌的特性，但已发现其具有不规则的细胞结构和外形（图 4-37）。

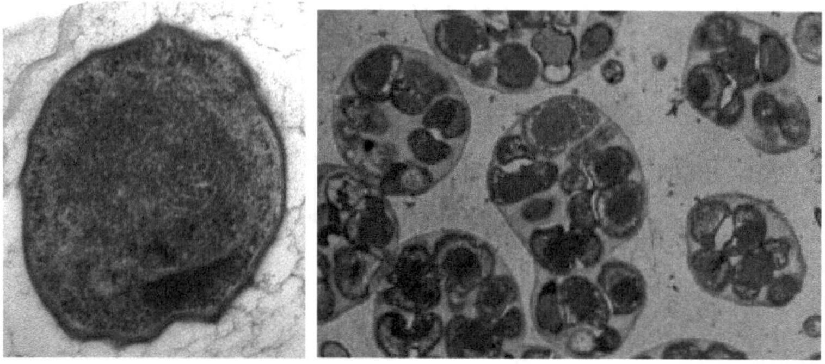

图 4-37 Anammox 菌的形态

4.6.1.2 Anammox 工艺的理论研究

在 Anammox 过程中，自养反硝化菌的电子受体是 NO_2^-—N 而不是 NO_3^-—N 硝酸盐，NH_4^+—N 则是电子供体。Strous 等人采用 20 个不同形式流化床反应器对合成基质的研究表明，反应器系统的基质（NH_4^+—N）转化速率可达 3.0kg/(m^3 · d)，NO_2^-—N 和 NH_4^+—N 的平均去除率分别达 99.5%和 84.6%，硫化床中生物量（Anammox 菌）的最大比活性干重约为 25nmol NH_4^+—N /(mg · min)，同化 1mol/L 的 CO_2 需要氧化 24mol/L 的 NH_4^+—N，增长速率为 0.001h^{-1}，相当于世代期 29d。同时发现，反应过程可否顺利进行，与反应器中 NO_2^-—N 和 NH_4^+—N 是否同时存在密切相关，其反应的主要产物为 N_2，同时 NO_2^-—N 有约 5%～17%转化为硝酸盐，NH_4^+—N、NO_2^-—N 和所产生的 NO_3^-—N 量的比例为 1∶1.31∶0.22。

Anammox 菌首先是在仅含 NH_4^+—N 和 NO_2^-—N 的无机底物作为进水的流化床反应器中发现的。在流化床内，微生物以生物膜的形式生长在砂粒载体的表面，但以流化床反应器作为培养 Anammox 菌的反应器效果并不十分理想，其原因是实验室规模的流化运行比较困难，其对生物体的截留量往往不足以维持 Anammox 所需的量。此外，由于 Anammox 菌的培养需要很长时间（一般在一年以上），而流化床反应器中生物膜的特性（包括膜的厚度、种群组成及膜的生长状况）往往发生很大的变化，且由于反应器内混合的不均，而易导致局部区域与底物接触不良而影响 Anammox 菌的生长及其活性，这是流化床反应器经常遇到的问题。

Strous 等的研究表明，采用 SBR 作为 Anammox 反应器，具有运行稳定、易启动的特点，并具有以下几方面的优点：①在沉淀阶段，絮凝体沉降迅速而高效，污泥截留率可达 90%，即具有很强的生物体截留能力，利于 Anammox 菌的生长。②SBR 反应器生物量中 Anammox 菌的比例高达 74%，而流化床反应器中则为 64%，表明 SBR 对 Anammox 的选择性要好于流化床，这可能是由于 SBR 反应器中因搅拌器的均匀而有力的搅拌和水力剪切，使污泥絮体处于不断的表面更新，利于污泥与废水中基质的充分而均匀的接触，避免了硫化床中所发生的上述问题。③SBR 反应器的运行条件稳定。

与传统的硝化—反硝化脱氮工艺相比，Anammox 工艺具有以下特点：①需氧量低，运转费用低（见图 4-38）。在 Anammox 过程中，NH_4^+—N 和 NO_2^-—N 同时存在的条件下直接转化为 N_2 而实现脱氮的，其中 NH_4^+—和 NO_2^-—N 比例为 1∶1.31，即在 Anammox 过程中，并不需要将 NH_4^+—N 彻底氧化为 NO_3^-—N，而仅需转化为 NO_2^-—N，因而所需的供氧量可大大降低；②不需要外加碳源。由于实现 Anammox 的微生物为自养菌，因而无须传统硝化—反硝化工艺中反硝化菌（异养菌）所必需的碳源。③要注意的是，如原水中无足够的 NO_2^-—N 可供利用，则需外加。

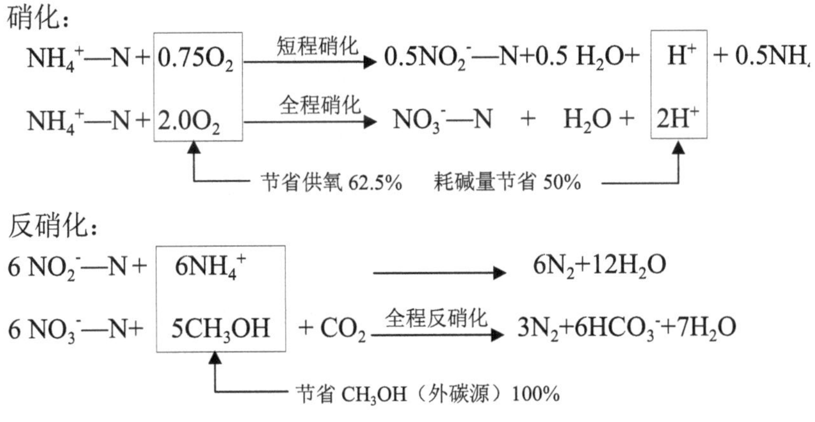

图 4-38　Anammox 工艺的基本反应过程

4.6.2 短程硝化—反硝化（SHARON）工艺

Sharon 工艺是一种基于短程反硝化原理实现脱氮的工艺，是基于 NO_2^-—N 高效脱氨反应器（Single reactor High activity Ammonium Removal Over Nitrite）工艺的简称。该工艺为理想的含高质量浓度氨（＞5 000mg/L）废水的处理工艺。实际上，它是一个无需污泥截留的单个 CSTR 反应器，在温度高于 25℃（一般 30～40℃）的条件下，可有效地通过种群筛选产生大量的亚硝化菌，并使硝化过程稳定地控制在亚硝化阶段，以 NO_2^-—N 为硝化终产物，可节省能耗及外加碳源（电子供体）。由于硝化菌（Nitrobacter）能快速地将 NO_2^-—N 氧化为 NO_3^-—N，而在传统工艺中很难将硝化控制在中间（即亚硝化）阶段。在 Sharon 工艺中，根据在高温条件下，硝化菌的生长速度明显低于亚硝化菌的特点（图 4-39），通过利用完全混合反应器，并控制短的停留时间（如 1d）及高温条件，可有效控制硝化菌的生长，通过间歇曝气可实现脱氮和 pH 的控制。

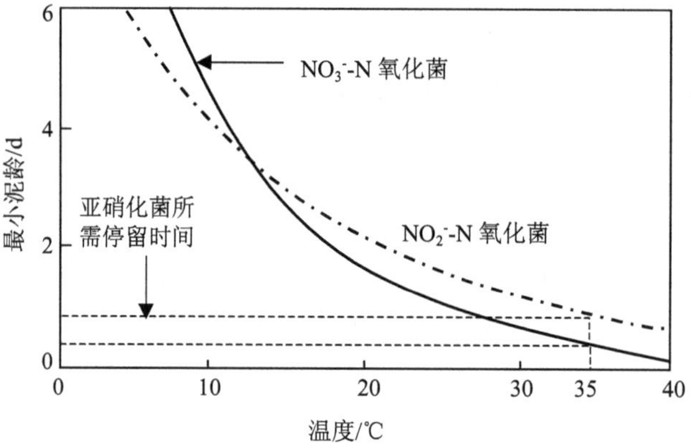

图 4-39　NO_3^-—N 和 NO_2^-—N 菌生长所需最小泥龄与温度的变化关系

图 4-40 所示为 Sharon 工艺实现脱氮的过程。由图表明，该工艺可节省 25%的供氧和 40%的碳源。该工艺可应用于具有脱氮要求场合的预处理或旁路处理，如污泥消化池上清液的处理。当该工艺与 Anammox 工艺联用时，仅需将 50%的氨转化为 NO_2^-—N，从而不仅不需外加 NO_2^-—N，而且由于大多数厌氧处理出水中含有以碳酸盐形式存在的碱度可补偿因完全硝化造成的碱度消耗而无需外加碱度物质。

Sharon 工艺中，为使亚硝化菌生长而实现运行过程终止于亚硝化阶段的目标，反应器在运行过程中不持留生物体，以将硝化菌有效清除出处理系统，为此，需通过调控环境和营养条件，抑制硝化菌的生长和繁殖，以培养生长速度较快的亚硝化菌，并通过合理的稀释率保留亚硝化菌。

Sharon 工艺的运行关键是通过停留时间和温度的控制以抑制 NO_3^-—N 氧化菌的生长。在处理过程中，可进行定期的反硝化以控制 pH 值。目前，已在 1.5L 反应器的试验研究的基础上，根据反应动力学和化学计量物料平衡关系原理，于 2002 年在荷兰的 Rotterdam（鹿特丹）Dokhaven 污水处理厂设计并投入运行了处理规模为 1 500m^3/d 的生产性 Shanron 处理工艺，其去除 1kg NH_4^+—N 的估计投资为 1.7 美元

（图 4-41）。

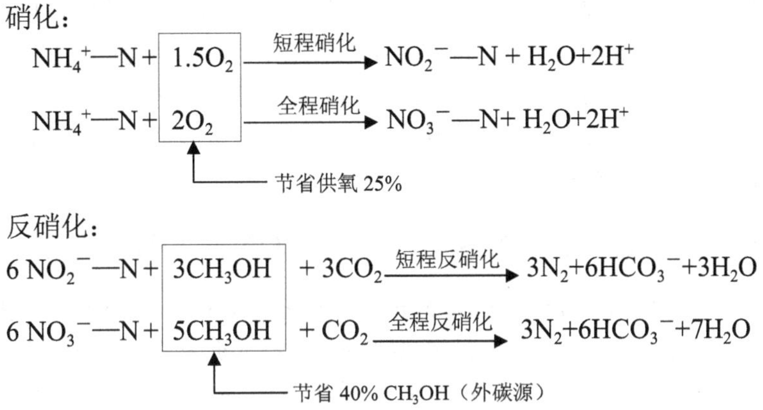

图 4-40 Sharon 工艺的基本反应过程

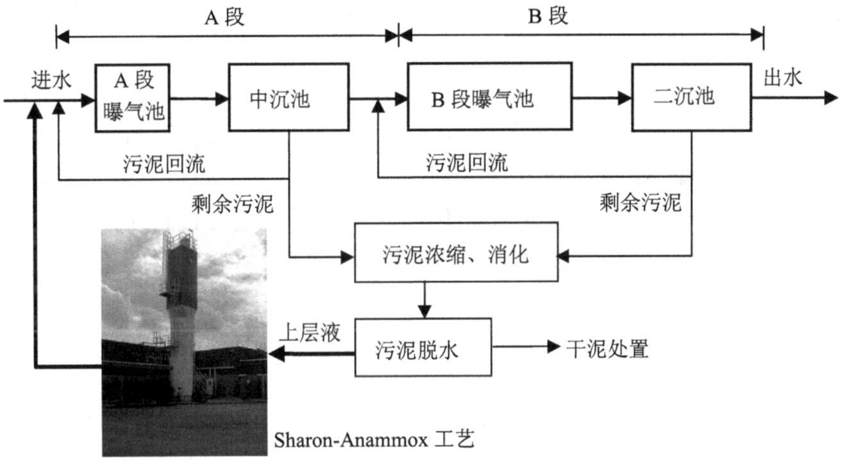

图 4-41 荷兰 Rotterdam Dokhaven（AB 工艺）污水处理厂的 Sharon-Anammox 工艺（1 500m^3/d）

4.6.3 氧控自养硝化—反硝化（OLAND）工艺

比利时 Ghent 大学微生物生态实验室于 1998 年培养了一种含高浓度氨废水处理的自养硝化菌。OLAND（Oxygen Limited Autotrophic Nitrifiaction Denitrification）即是由自养硝化菌作为生物催化剂所发生的氧化-还原除氮工艺，为氧控自养硝化—反硝化的简称，其关键特征是其通过其自身供氧而将硝化过程控制在亚硝化阶段，并由于电子受体的不足而消耗其自身（即消耗 NO_2^-—N）来氧化 1mol 的 NH_4^+—N。据报道，该工艺可比传统的硝化-反硝化工艺节省供氧 62.5%，节省电子供体（碳源）100%。在上述氧化还原反应中，亚硝化菌可获得足够的能量以维持其生长。控制该过程的关键参数是氧。目前存在的问题是，在连续运行混合菌群的条件下，尚难以对氧和污泥的 pH 进行良好的控制。若可通过化学计量方法实现合理的控制氧的供给，则可使污泥处于亚硝化阶段。实验室研究表明，该工艺可实现相当高的 TN 去除率，可达 50mg/(L・d)。

4.6.4 基于亚硝酸盐的全自养脱氮（CANON）工艺

Canon（Completely Autotrophic Nitrogen Removal Over Nitrite）工艺是荷兰 Delft 科技大学于 2002 年提出的新型脱氮工艺。研究表明，亚硝化菌（如 *Nitrisomonas europaea*）可在有氧的条件下将 NH_4^+—N 转化为 NO_2^-—N，而 Anammox 菌则可在无氧条件下，将 NO_2^-—N 转化为 N_2。据此，该工艺将上述两种功能通过协同作用（即组成 Canon 工艺）而实现脱氮。由于亚硝化菌和 Anammox 菌均为自养菌，因而 Canon 工艺无需外源有机底物而能够在完全自养的条件下进行。

该工艺中，由于亚硝化菌需在有氧的环境中生存，而 Anammox 菌则对氧极为敏感，因而该工艺必须在低氧的条件下运行。此外，由于亚硝化菌的基质是 NH_4^+—N 和氧气，而 Anammox 菌的基质是 NH_4^+—N 和 NO_2^-—N，在没有外源的情况下，而 Anammox 菌有赖于亚硝化菌提供基质。运行过程中，该工艺易受硝化菌的干扰，其原因是硝化菌的生长需要氧和 NO_2^-—N，因而不仅将与亚硝化菌竞争氧气，同时将与 Anammox 菌竞争 NO_2^-—N，从而将影响运行效果。在含有较高 NH_4^+—N 浓度的废水中，由于亚硝化菌和 Anammox 菌分别受氧和 NO_2^-—N 的制约，而硝化菌则同时受氧和 NO_2^-—N 的双重制约，因而可通过维持其中一个制约因子不利于硝化菌的生长，以维持该工艺的正常运行。Sliekers 等分别采用 SBR 反应器和气提式反应器对 Canon 工艺进行了研究，获得了令人满意的结果。

4.6.5 ANAMMOX 工艺的应用研究

目前，对 Anammox 工艺的研究已由反应原理、微生物特性及控制条件等方面转向处理人工和实际废水的处理效果方面，尤其对去除消化污泥上层液中氨的可行性进行了较多研究。由于消化池上清液的 pH 和温度分别为 7.0～8.5 和 30～37℃，均在 Anammox 微生物的最优生长条件范围内，其对消化池上层液具有良好适应性。Strous 等采用实验室规模的生物流化床反应器（2L）处理消化池上层液的研究表明，Anammox 可有效地去除废水中的 NH_4^+—N 和 NO_2^-—N，反应器的氮（TN）负荷由 0.46kg/(m^3·d)增加到约 2.6kg/(m^3·d)时，氮的转化率（TN/SS）由 0.05kg/(kg·d) 提高到 0.26kg/（kg·d），消化池上层液中 NH_4^+—N 和 NO_2^-—N 的去除率分别达到 88%和 99%（表 4-13）。该研究中，反应器中的 NO_2^-—N 是由人工投加的，而在实际应用中，NO_2^-—N 须通过合理的工艺设计，通过生物转化实现处理系统中 NO_2^-—N 的自给，而 Sharon 工艺与 Anammox 工艺的组合便是其中之一。

荷兰 Delft 科技大学 Kluyver 生物技术学院采用 Sharon-Anammox 联用工艺（图 4-42）处理污泥消化池上层液的研究表明，在不控制 Sharon 反应器 pH、进水 TN 负荷为 0.8 kg/(m^3·d)的条件下，上层液中的 NH_4^+—N 被转化为 NO_2^-—N，所产生的 NO_3^-—N 仅占总硝态氮的 11%（表 4-14），所产生的 NH_4^+—N 和 NO_2^-—N 的混合液适于 Anammox 工艺的脱氮处理。Sharon 反应器出水进入 Anammox 流化床反应器，因 NO_2^-—N 浓度有限而被彻底去除，并获得了 83%的 NH_4^+—N 总去除率。目前，有关联用工艺的优化及实际应用尚待进一步研究。

表 4-13 Anammox 流化床反应器和 Sharon 反应器处理污泥消化池上清液的运行数据

参 数	Sharon 工艺	Anammox 工艺
NH_4^+—N 负荷/(kg/(m^3·d))	0.63～1.0	0.24～1.34
NO_2^-—N 负荷/(kg/(m^3·d))	—	0.22～1.29
TN 负荷/(kg/(m^3·d))	0.63～1.0	0.46～2.63
出水 NH_4^+—N(以 N 计)/(mg/L)	199	27（±85）
出水 NO_2^-N(以 N 计)/(mg/L)	469	3（±3）
NH_4^+—N 去除率/%	76～90	88（±9）
NO_2^-—N 去除率/%	—	99（±2）
污泥负荷(TN/SS)/(kg/(kg·d))	10.3	0.05～0.26

表 4-14 Sharon-Anammox 联用工艺中氮的平衡

指标		Sharon 工艺/（mg/L）	Anammox 工艺/（mg/L）
	进 水	出水/进水	出水
NH_4^+—N	584（100%）	267（46%）	29（5%）
NO_2^-—N	<1	227（39%）	1.4
NO_3^-—N	<1	64（11%）	83（14%）
N_2O	<1	4	<1
N_2	<1	<1	476b（82%）

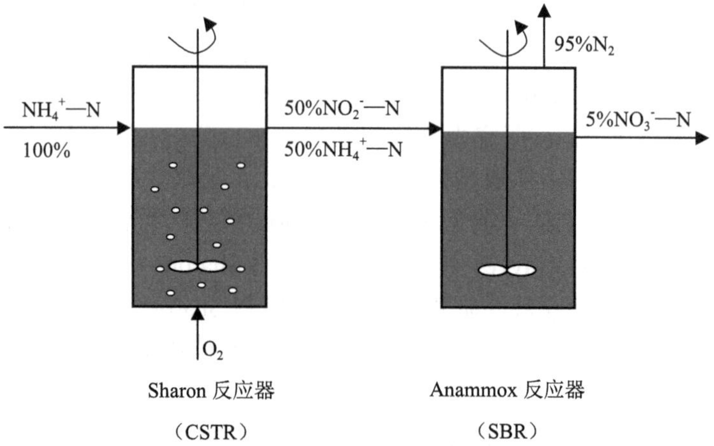

图 4-42　Sharon-Anammox 联用工艺及物料平衡关系

研究表明，以 Anammox 途径实现氨厌氧氧化的先决条件是在同一反应器中同时存在 NH_4^+—N 和 NO_2^-—N，且反应器处于无氧状态。产生 NO_2^-—N 的有效途径有二：一是在限制反应器的供氧，以利于 NO_2^-—N 的形成并抑制 NO_3^-—N 的生成；二是限制反应器中反硝化所需的电子供体（如硫化物或有机物等）的数量，以限制反硝化的发生。以上措施在废水处理厂中易于实现，由此可促进 Anammox 微生物的充分繁殖。此外，废水中高浓度的氨与限制供氧相结合，可有效地获得氨和 NO_2^-—N 在反应器中同时存在的条件。对采用生物转盘处理含氨质量浓度为 200～400mg/L 垃圾填埋场渗滤液的 Anammox 研究表明，氮的去除率可达 70%～90%。

Mulder 等采用流化床反应器以人工配水对 Anammox 工艺进行了研究。该研究的运行条件为：pH=7.7～8.2，温度 36℃。运行过程中，逐步提高进水 NH_4^+—N 和 NO_2^-—N 的浓度，分别由 5mmol/L 提高至 30mmol/L 和 35mmol/L。随氮负荷的提高，N_2 产量同步提高，混合液的颜色由黄棕色转变为红色。2～3 个月后，流化床载体（砂粒）表面出现一层新的生物膜。当进水 NH_4^+—N 浓度达到 30mmoL/L 时，反应器的 NH_4^+—N 和 TN 容积负荷分别达到 2.3kg/(m^3 • d)和 4.8kg/(m^3 • d)。经 900 多天的运行，NH_4^+—N 和 NO_2^-—N 的去除率分别达到 84.6%和 99.5%（图 4-43）。研究还表明，在进水 NH_4^+—N 浓度为 25mmol/L 的条件下，测得反应器中富集培养物（微生物）的 Anammox 活性为 700～800μmol/(g • h)，在负荷加倍后，运行仍稳定，Anammox 的最大活性可达 1 300～1 500μmol/(g • h)。

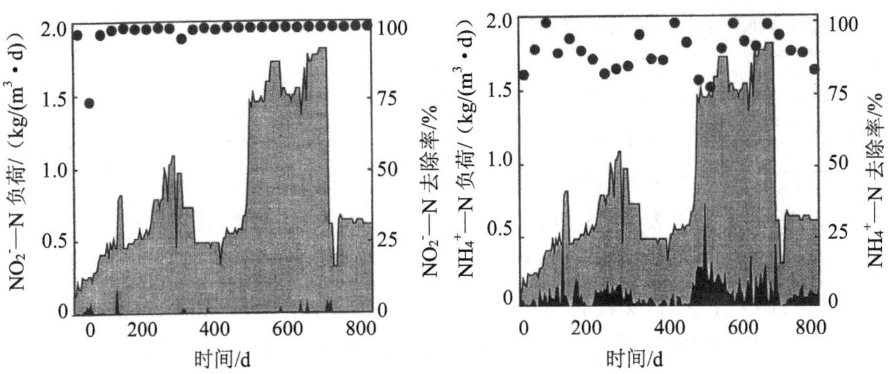

图 4-43　Anammox 流化床反应器的运行效果

（图中深黑色部分为出水中 NH_4^+—N 和 NO_2^-—N 的负荷）

上述介绍的脱氮新工艺为研究和应用更为节能有效的生物脱氮方法开辟了新的前景。但目前，这些工艺尚处于理论研究和初步的应用阶段，还有许多方面问题需要解决，包括：①如何在工程实际中合理控制运行条件，以实现这些工艺的实用化和长期稳定运行。②如何合理地组合工艺，以提供亚硝化菌生长所需的环境条件，获得所需的生物量；③由于亚硝酸盐是一种强活性物质，可与 α 和芳香胺及其他芳香类物质反应而产生有害的亚硝化和硝化副产物而可能引起的副作用，因而对此有必要作研究。④需对有关微生物的特性作进一步深入的研究。

4.7 废水生物脱氮除磷（BN$_u$R）工艺的应用

由于水体富营养化问题的日益突出及各国对处理要求的不断提高，废水生物脱氮除磷处理技术的研究也随之不断深入，其工艺的应用亦日趋广泛。目前，国内外在城市污水处理厂的建设中，正越来越多地采用 BN$_u$R 工艺，我国尤其如此。特别是自 1999—2000 年以来，我国的城市污水排放（包括污水量及污染物数量）由 1999 年之前的以工业废水为主开始转向以城市污水为主，大量生活污水所引起的水环境富营养化问题引起了广泛关注，由此不仅促进了对废水生物 BN$_u$R 工艺的研究，也加快了城市污水处理厂建设的步伐，而其中绝大部分污水厂均采用了 BN$_u$R 工艺或具有 BN$_u$R 功能的各种处理工艺，使我国城市污水处理的规模和等级都上了一个新的台阶。

4.7.1 国外 BN_uR 工艺的应用

20 世纪 80 年代以来，随着废水生物脱氮除磷技术研究的不断深入，世界各国，尤其是欧洲各国，对废水中氮、磷的处理提出了明确的要求，使 BN_uR 工艺成为污水处理厂建设中首先考虑采用的工艺。表 4-15 所列为国外部分 BN_uR 工艺污水处理厂及其应用情况。由表 4-15 可见，国外应用 BN_uR 工艺的形式较多。表 4-16 所列为国外部分 Phoredox 工艺和 A/O 工艺污水处理厂的运行情况。由表 4-16 可见，Phoredox 和 A/O 工艺不仅具有良好的 COD_{Cr}、BOD_5 和 TP 去除效果，还可去除 70%～90%以上的 TKN，系统出水水质相当好，污泥具有良好的沉降性能。

表 4-15　国外部分 BN_uR 工艺污水处理厂及其运行情况

污水厂/国家	处理规模/（m^3/d）	处理工艺	主要设计参数	出水 TN/TP/（mg/L）
Bulawayo/津巴布韦	11 350	Phoredox	—	≤1.0
Calgary/加拿大	5 000	3-Baedenpho	—	≤0.7
De City/美国	11 350	SBR	t=26h	≤5.4
Disney 乐园/美国	30 000 人口当量	A_n/O	—	≤0.6
Goudkoppies/南非	—	Phoredox	HRT=1.0，2.3，7.1，2.3，1.3h；R_n=4.0，R_W=0.7～1.6	≤5.9
Hookers Point/美国	36 300	Baedenpho	X=2.5～3.9g/L；R_n=1.75，R_W=1.0	≤3.0/
Kalowna/加拿大	22 500	3-Bardenpho	—	≤0.14/≤0.3
Kolowna/哥伦比亚	23 000	Phoredox	θ_C=30d	≤1.0
Lamberts Point/美国	151 400	VIP	R_W=0.5～1，R_n=1～2	≤10.0/
Largo/美国	37 100	A^2/O	HRT=0.8，0.5，2.9h R_n=2，θ_C=10d	≤8.0/
Palmetto/美国	5 300	Phoredox	HRT=1.0，2.7，4.7，2.2，1.0；R_n=4，θ_C=14～20d	≤3.0/
Penticon/加拿大	18 200	MUCT	—	≤1.0/≤0.3
Reno-Sparks/美国	100 300	Phostrip	—	≤4.6/
Skaevinge/丹麦	5 080	OCO	F_W=0.04kg/(kg·d)	3.0≤0.9
Tahoe-Truckee/美国	36 300	Phostrip	—	≤0.58
Tembisa/南非	36 000	A^2/O	θ_C=16d	≤0.8
Veenendaal/荷兰	125 000 人口当量	Carrousel -2000	—	≤3.1/
York River/美国	57 000	A^2/O，VIP	—	≤3.0

表 4-16 国外部分 Phoredox 工艺和 A/O 工艺污水处理厂的运行情况

工艺 \ 指标	BOD_5 去除率/%	TP 去除率/%	TKN 去除率/%	污泥含磷量
Phoredox①	95%～99%	70%～80%	82%～97%	5%～8%
A/O②	90%～95%	77%～95%	75%	—

注：① θ_C=15～20d; ②F_W（BOD_5/MLVSS）=0.24～0.48kg/（kg · d），θ_C=2.5～5.3d; SVI=41～75mL/g。

4.7.2 国内 BN$_u$R 工艺的应用

我国 BN$_u$R 工艺在我国的应用起步于 20 世纪 80 年代中期，快速发展于 20 世纪 90 年代中期，目前已得到较为广泛的应用。在逐步深入研究的基础上，我国于 20 世纪 80 年代末首先设计并建设了广州大沙坦污水处理厂（A^2/O 工艺），获得了 BOD_5 去除率 90%、TP 去除率为 80%～95%的良好处理效果，处理单位水量的电耗为 0.19kW • h。同期，在无锡市清扬污水处理厂开展了处理规模为 60m^3/d 的 A^2/O 工艺中试研究，天津市纪庄子污水处理厂应用 A^2/O 工艺在小试、中试及生产性规模的研究基础上，将原来的部分传统工艺（处理规模为 130 000m^3/d）改建为 A^2/O 工艺，取得了 BOD_5、COD_{Cr}、TP、TN 和 SS 去除率分别为 93%、88%、54%、61% 和 69%的良好处理效果。日处理能力规模为 50 000m^3 的泰安市污水处理厂采用 AB 工艺，其中 B 段以 A^2/O 工艺方式运行，该厂的主要设计参数和运行情况见表 4-17 和表 4-18。表 4-19 所列为我国部分城市污水处理厂采用的 BN$_u$R 工艺技术情况。由表 4-19 可见，我国目前所采用的 BN$_u$R 工艺仍较单一，绝大部分为 A_n/O 或 A^2/O 工艺，而少有其他工艺。但不可否认的是，国内在以 BN$_u$R 方式运行的其他工艺应用方面则有较大的进展，如 SBR 及其变型（CASS、UNITANK、ICEAS、MSBR 等）工艺及氧化沟（如三槽式氧化沟）工艺等（请见相关章节）。

表 4-17 泰安市污水处理厂 B 段 A^2/O 工艺的主要设计参数

HRT/h			R_W/%	R_n/%	θ_C/d	MLVSS (g/L)	F_W（BOD_5/MLVSS）/（kg/（kg • d））
A	A_n	O					
0.76	2.37	3.0	100	300	15~23	3~4	0.1

表 4-18 泰安市污水处理厂 B 段 A^2/O 工艺的出水水质 单位：mg/L

BOD_5	COD_{Cr}	SS	NH_4^+—N	TN	TP
≤20	≤80	≤20	≤5	≤10	≤1

表 4-19 我国部分城市污水处理厂采用的工艺技术情况

污水处理厂名称	处理工艺	处理规模/（$10^4m^3/d$）
保定市鲁岗污水处理厂	A_n/O	8
保定市银定庄污水处理厂	A_n/O	8
杭州七格污水处理厂	A_n/O	40
杭州四堡污水处理厂	A_n/O	60
青岛市李村河污水处理厂	改良 A_n/O	8
天津北仓污水处理厂	改良 A_n/O	10
昆明市第二污处理水厂	A^2/O	10
广州大坦沙污水处理厂	A^2/O	15
桂林市第四污水处理厂	A^2/O	10
苏州工业园区污水处理厂	A^2/O	10
无锡芦村污水处理厂（二期）	A^2/O	10
泰安市污水处理厂	A+B（A^2/O）	5
青岛市团岛污水处理厂	UCT	10

4.8 结语

废水生物脱氮除磷（BN_uR）技术的研究及其应用是随水体富营养化问题的出现及其所产生的危害应运而生的一项形式多样、功能综合的废水生物处理新技术。同时，随着研究的不断深入和新的微生物种类的发现，更新的工艺已经或将不断出现，并更具有良好的经济性和更好的处理效能。目前，BN_uR 工艺可根据其处理效能的实现方式，分为两大类型。

一是以生物脱氮和除磷微生物的作用机制为基础而建立起来的各种不同的处理工艺（经典工艺），包括 A_n /O、A/O 和 A^2/O。其中 A^2/O 工艺是 A_n /O 工艺和 A/O 通过有机组合而成的经典 BN_uR 工艺。在其基础上，通过不同方面的改进或强化，创造更利于硝化、反硝化菌和聚磷菌（PAO）的生长生存环境条件，而提出了各种改进型工艺，如 Phostrip、Bardenpho、Phoredox、UCT、VIP、AP、Johannesburg、Rotanox、OCO 等一系列工艺，它们各具特点。此外，通过研究，新的具有 BN_uR 功能的微生物不断发现，并由此而来建立了更新的具有不同功能的工艺形式，如同步硝化反硝化（SND）工艺、反硝化除磷工艺（Depahnox 和 BCFS 等）、氨厌氧氧化（Anammox）工艺、短程硝化反硝化（如 Sharon、Oland、Canon）工艺等。这些新工艺的开发与研究均是以具有不同功能的微生物作用的发现及其运用为基础的，虽然目前尚处于研究阶段而少有实际应用的实例，但由于它们比经典的工艺在能耗及对不同污染物的处理方面具有更大的优越性而受到广泛关注，并成为研究热点。

二是将 BN_uR 原理与不同处理工艺有机结合而获得脱氮除磷效能的处理工艺（组合工艺），这类工艺包括 SBR 及其各种变型（MSBR、CASS、IDEA、UNITANK、ICEAS 等）工艺、氧化沟（Carrousel-2000、三槽式等）工艺、AB 工艺、MBR 工艺、BAF 工艺等，它们的工艺特征与经典 BN_uR 工艺有显著的区别，但它们通过以具有 BN_uR 功能的运行方式，不仅可实现有效的脱氮除磷作用，同时可充分发挥其工艺本身的优势（如工艺流程简洁、占地面积小、操作灵活、污泥沉降性能好等）而已成为城市污水处理厂建设中受到更多青睐的工艺形式。

因而，BN_uR 是具有很强渗透性的生物处理技术，具有比其他废水生物处理技术更广的适用性。但在实际应用中，必须结合具体处理目标、功能要求及废水特征，加以合理的选择或组合，以发挥不同微生物和工艺形式的最大优势。对此，目前仍需要在不同微生物（如反硝化菌与 PAO）间功能的协调方面做深入研究，同时，在诸如反硝化除磷、短程或半程硝化及其与氨厌氧氧化（Anammox）等新型工艺方法及其微生物作用机制方面的研究，将有助于提高 BN_uR 工艺的处理效能及适用性，进一步降低处理成本。

参考文献

[1] 操家顺，杨雪冬，van Loosdrecht M．BCFS——生物除磷新工艺．中国给水排水 2002，18（3）：23～26.

[2] 高大文，彭永臻，王淑莹．短程硝化生物脱氮工艺的稳定性．环境科学，2005，26（1）：63～67.

[3] 郝晓地，汪慧贞，钱易等．欧洲城市污水处理技术新概念——可持续生物除磷脱氮工艺（上）．给水排水，2002，28（6）：6～11.

[4] 郝晓地，汪慧贞，钱易等．欧洲城市污水处理技术新概念——可持续生物除磷脱氮工艺（下）．给水排水，2002，28（7）：5～8.

[5] 胡宝兰，郑平，管丽莉．Anammox 反应器中氨氧化菌的分离鉴定及特性研究．浙江大学学报（农业与生命科学版），2001，27（3）：314～316.

[6] 黄翔峰，李春鞠，陈树斌．城市污水生物脱氮除磷技术的发展．中国沼气，2000，18（4）：9～15.

[7] 刘俊新，夏世斌，郑祥．经济高效的污水生物脱氮除磷新技术研究．世界科技研究与发展，2003，25（2）：37～41.

[8] 刘寅，杜兵，司亚安等．厌氧氨氧化菌的培养与推流式反应器氨厌氧工艺．环境科学，2005，26（2）：137～141.

[9] 刘秀红，王淑莹，高大文等．短程硝化的实现、维持与过程控制的研究现状．环境污染治理技术与设备，2004，5（12）：7～10.

[10] 娄金生，谢水波，何少华等编著．生物脱氮除磷原理与应用．长沙：国防科技大学出版社，2002.

[11] 沈耀良，王宝贞．废水生物除磷工艺中聚磷菌的作用机制及运行控制要点．环境科学与技术，1995，17（2）：11～16.

[12] 沈耀良．废水生物脱氮除磷工艺设计和设计中需考虑的几个问题．环境科学与技术，1996，18（2）：36～40.

[13] 沈耀良，赵丹，黄勇．废水脱氮新技术——氨的厌氧氧化．苏州城建环保学院学报，2002，15（1）：19～24.

[14] 沈耀良，王成国．高浓度含氨废水的厌氧脱氮研究进展．中国给水排水，2002，18（11）：26～29.

[15] 王宝贞主编．水污染控制工程．北京：高等教育出版社，1990.

[16] 王宝贞，王琳主编．水污染治理新技术——新工艺、新概念、新理论．北京：科学出版社，2004.

[17] 汪大翚，雷乐成编著．水处理新技术及工程设计．北京：化学工业出版社，2001.

[18] 汪慧贞，吴俊奇，高志明．半硝化—厌氧氨氧化脱氮新工艺．环境工程，2001，19（5）：7～11.

[19] 王建芳，涂宝华，陈荣平等．生物脱氮除磷新工艺的研究进展．环境污染治理技术与设备，2003，4（9）：70～73.

[20] 王建龙．生物脱氮新工艺及其技术原理．中国给水排水，2000，16（2）：25～28.

[21] 王少坡，王淑莹，彭永臻等．常温内源反硝化脱氮过程中 pH 和 ORP 变化规律．环境污染治理技术与设备，2005，6（3）：21～24.

[22] 王涛，熊艾玲，邓荣森．SHARON 工艺和 SHARON-ANAMMOX 组合工艺的节能特征．重庆建筑大学学报，2003，25（4）：59～63（113）.

[23] 王晓莲，彭永臻，王淑莹．生物脱氮工艺控制优化策略的研究进展．环境污染治理技术与设备，2004，5（11）：6～13.

[24] 徐亚同．废水的生物除磷．环境科学研究，1994，7（5）：1～6.

[25] 袁林江，彭党聪，王志盈．短程硝化—反硝化生物脱氮．中国给水排水，2000，16（2）：29～31.

[26] 袁林江，张小玲，韩玮等．同步反硝化聚磷的试验研究．环境科学，2004，25（6）：92～96.

[27] 张望军．OCO 工艺对城市污水的处理．给水排水，2003，26（3）：1～2.

[28] 张忠祥，钱易主编．废水生物处理新技术．北京：清华大学出版社，2004.

[29] 郑平，冯孝善，Jetten M S M，等．厌氧氨氧化基质转化特性的研究．浙江农业大学学报，1997，23（4）：409～413.

[30] 郑平，冯孝善，Jetten M S M，等．ANAMMOX 流化床反应器性能的研究．环境科学学报，1998，18（4）：367～372.

[31] 郑平，胡宝兰. 厌氧氨氧化菌混培物生长及代谢动力学研究. 生物工程学报，2001，17（2）：193～198.

[32] 郑平，Anatole P C，杜泽俊等. 气提式内循环反应器处理高浓度含氨废水的研究. 浙江大学学报（农业与生命科学版），2001，27（1）：23～27.

[33] 郑平，徐向阳，胡宝兰编著. 新型生物脱氮理论与技术. 北京：科学出版社，2004.

[34] 周岳溪，钱易，顾夏声. 废水生物除磷机理的研究（II）. 中国环境科学，1993，13（3）：8～11.

[35] 左剑恶，蒙爱红. 一种新型生物脱氮工艺——SHARON-ANAMMOX 组合工艺. 给水排水，2001，27（10）：22～27.

[36] 左剑恶，杨洋，蒙爱红. 厌氧氨氧化工艺在 UASB 反应器中的启动运行研究. 上海环境科学，2003，22（10）：665～669.

[37] Ahn J，Daidou T，Tsuneda S，et al. Metabolic behavior of denitrifying phosphate -accumulating organisms under nitrate and nitrite electron acceptor conditions. *Jour. Biosci. Bioeng.*，2001，92（5）：442～446.

[38] Antileo C，Roeckel M，Wiesmann U. high nitrite buildup during nitrification in a rotating disk reactor. *Water Environ. Res.*，2003，75（2）：151～162.

[39] Barker P S，Dold P L. Denitrification behavior in biological excess phosphorus removal activated sludge systems. *Water Res.*，1996，30（4）：769～780.

[40] Barnard J L，Stevens G M，White J. Kelowna demonstrates the art of optimization. *Water Quality International*，1995，（1）：17～19.

[41] Bonting C F C，Kortstee G J J，Boekestein A，et al. The elemental composition dynamics of large polyphosphate granules in *Acinetobacter* strain 210 A. *Arch Microbiol.*，1993，159（5）：428～434.

[42] Bortone G，Saltarelli R，Alonso V，et al. Biological anoxic phosphorus removal—the DEPHANOX process. *Water Sci. and Technol.*，1996，34（1/2）：119～128.

[43] Bortone G，Libelli S M，Tilche A，et al. Anoxic phosphorus uptanke in the dephanox process. *Water Sci. and Technol.*，1999，404/5）：177～185.

[44] Brodisch K E U，Joyner S J. The role of micrioorganisms other than *Acinetobacter* in biological removal in activated sludge process. *Water Sci. and Technol.*，1983，15（1）：117～125.

[45] Chae S，Jeong H，Lim J，et al. behaviors of intercellular materials and nutrients in biological nutrient removal process supplied with domestic wastewater and food waste. *Water Environ. Res.*，2004，76（3）：272～279.

[46] Chaparro S K，Noguera D R. Controlling biosolids phophorus content in enhanced biological phosphorus removal reactors. *Water Environ. Res.*，2003，75（3）：254～262.

[47] Carucci A，Ramadori R，Rossetti S，et al. Kinetics of denitrification reactions in single sludge systems. *Water Res.*，1996，30（1）：51～56.

[48] Chuang S H，Ouyang C F，Wang Y B. Kinetics competition between phosphorus release and denitrification on sludge under anoxic condition. *Water Res.*，1996，39（12）：2961～2968.

[49] Dapena-Mora A，Van Hulle S W H，Campos J L，et al. Enrichment of anammox biomass from municipal activated sludge：experimental and modelling results. *Jour. of Chemical Technol. And Biotechnol.*，2004，79（online）：1421～1428.

[50] de-Bashan L E，Bashan Y. Recent advances in removing phosphorus from wastewater and its future use as fertilizer（1997-2003）. *Water Res.*，2004，38（19）：4222～4246.

[51] Deinema M H，Habets L H A，Scholten J，et al. The accumulation of phosphate in *Acinetobacter* spp. *FEMS Microbiol. Lett.*，1980，9（4）：275～289.

[52] Egli K，Fanger U，Alvarez P J J，et al. Enrichment and characterization of an ANAMMOX bacterium from a rotating biological contactor treating ammonium-rich leachate. *Arch. Microbiol.*，2001，175（2）：198～207.

[53] Elmendorf H A，Tereault M，Dold P L. Process modeling of biological excess phosphorus removal：a basis for detailed design. *Water Environment Federation，67th Annual conference&Exposition*，Chicago，Illinois，Oct. 15～19，1994.

[54] Filipe C D M，Daigger G T，Grady C P L. Stoichiometry and kinetics of acetate uptake under anaerobic conditions by an enriched culture of phosphorus- accumulating organisms at different pHs. *Biotechnol. Bioeng.*，2001，76（1）：32～43.

[55] Fuhs CW，Chen M. Microbiological basis of phosphorus removal in the activated sludge process for the treatment of wastewater. *Microbiol. Ecology*，1975，2（2）：119～138.

[56] Güven D，Dapena A，Kartal B，et al. Propionate oxidation by and methanol inhibition of anaerobic ammonium-oxidizing bacteria. *Applied and Environ. Microbiol.*，2005，71（2）：1066～1071.

[57] Harper W Jr.，Jenkins D. The effect of an intial anaerobic zone on the nutrient requirements of activated sludge. *Water Environ. Res.*，2003，75（3）：216～224.

[58] Henze M. Biological phosphorus removal from wastewater：processes and technologies. *Water Quality International*，1996，（7/8）：32～36.

[59] Hesselmann R P X，von Rummell R，Resnick S M，et al. Anaerobic metabolismof bacteriaperforming enhanced biological phosphorus removal. *Water Res.*，2000，34（14）：3487～3494.

[60] Hooper A B，Vanelli T，Bermann D J，et al. Enzymology of the oxidation of ammonium to nitrite by bacteria. *Antonie van Leeuwenhoek*，1997，71（1）：59～67.

[61] Jardin N，Bode H. Nutrient upgrades to meet European requirements. *IWA，Yearbook 2003*，p53～55.

[62] Jeon C O，Park J M. Enhanced biological phosphorus removal in a sequencing batch reactor supplied with glucose as a sole carbon source. *Water Res.*，2000，34（7）：2160～2170.

[63] Jetten M S M，Strous M，van de Pas-Schoonen K T，et al. The anaerobic oxidation of ammonium. *FEMS Microbiology Reviews*，1999，22（5）：421～437.

[64] Jetten M S M，Schmid M C，Schmidt I，et al. Improved nitrogen removal by application of new nitrogen cycle bacteria. *Re/views Environ. Sci. Bio/technol.*，2002，（1）：51～63.

[65] Kim S，Jung H，Kim K，et al. Treatment of high nitrate-containing wastewaters by sequential heterotrophic and autotrophic denitrification. *JEE*，2004，130（12）：1475～1480.

[66] Kortstee G J J，Appeldoorn K J，Bonting C F C，et al. Biology of polyphosphate- accumulating bacteria involved in enhanced biological phosphorus removal. *FEMS Microbiology Review*，1994，15（2/3）：137～153.

[67] Kuai L，Verstraete W Y. Ammonium removal by the oxygen limited autotrophic nitrification-denitrification system. *Applied and Environ. Microbiol.*，1998，64（11）：4500～4506.

[68] Kuba T，van Loosdretcht M C M，Murnleitner E，et al. Kinetics and stoichiometry in the biological phosphorus removal process with short cycle time. *Water Res.*，1997，31（4）：918～928.

[69] Kuba T，van Loosdrecht M C M，Brandse F A，et al. Occurrence of denitrifying phosphorus removing bacteria in modified UCT-type wastewater treatment plants. *Water Res.*，1997，31（4）：777～786.

[70] Krühne U，Henze M，larose A，et al. Experimental and model assited investigation of an operational strategy for BPR under low influent concentrations. *Water Res.*，2003，37（8）：1953～1971.

[71] Leslie Grady C P，Daigger G T，Lim H C. Biological wastewater treatment（second edition）. New York：Marcel Dekker，Inc.，1999.

[72] Levin G V，Shapiro J. Metabolic uptake of phosphorus by wastewater organisms. *Jour. of Water Pollut. Control Fed.*，1965，37（3）：810～821.

[73] Lie E，Christensson M，Jönsson K，et al. Carbon and phosphorus transformations in a full-scale enhanced biological phosphorus removal process. *Water Res.*，1997，31（11）：2693～2698.

[74] Littleton H X，Daigger G T，Strom P f，et al. Simultaneous biological nutrient removal：evaluation of autotrophic denitrification，heterotrophic nitrification，and biological phosphorus removal in full-scale systems. *Water Environ. Res.*，2003，75（2）：138～150.

[75] Liu W T，Linning K D，Nakamura K，et al. Microbial community changes in biological phosphorus-removal systems on altering sludge P content. *Microbiology*，2000，146（5）：1099～1107.

[76] Maurer M，Gujer W，Hany R，et al. Intracellular carbon flow in phosphorus accumulating organisms fro activated sludge systems. *Water Res.*，1997，31（4）：907～917.

[77] McCue T，Naik R，Zepeda M，et al. Changes in anoxic denitrification rate resulting from prefermentation of a septic，phosphorus limited wastewater. *Water Environ. Res.*，2004，76（1）：23～28.

[78] Mino T，van Loosdrecht M C M，Heijnen J J. Microbiology and biochemistry of the enhanced biological phosphorus removal process. *Water Res.*，1998，32（11）：3193～3207.

[79] Miyake H，Morgenroth E. Optimization of enhanced biological phosphorus removal after periods of low loading. *Water Environ. Res.*，2005，77（2）：117～127.

[80] Momba M N B，Cloete T E. The relationship of biomass to phosphate uptake by *Acnetobacter junii* in activated sludge mixed liquor. *Water Res.*，30（2）：364～370.

[81] Moser-Engeler R，Udert K M，Wild D，et al. Products from primary sludge fermentation and their suitability for nutrient removal. *Water Sci. and Technol.*，1998，38（1）：265～273.

[82] Mudaly D D，Atkinson B W，Bux F. Microbial community profile of a biological excess phosphorus removal（BEPR） activated sludge system using a cultivation independent approach. *Water SA*，2000，26（3）：334～352.

[83] Mulder A，van de Graaf A A，Robertson L A，et al. Anaerobic ammonium oxidation discovered in a denitrifying fluidizaed bed reactor. *FEMS Micrbiology Ecology*，1995，16（3）：177～184.

[84] Mulder J W，van kempen R. N-removal by SHARON. *Water Quality International*，1997，（3/4）：30～31.

[85] Okunuki S，Kawaharasaki M，Tanaka H，et al. Changes in phosphorus removing performance and bacterial community structure in an enhanced biological phosphorus removal reactor. *Water Res.*，2004，38（9）：912433～2439.

[86] Φstgaard K，Christensson M，Lie E，et al. Anoxic biological phosphorus removal in a full-scale UCT process. *Water Res.*，1997，31（11）：2719～2726.

[87] Petersen B，Temmink H，Henze M，et al. Phosphorus uptake kinetics in relation to PHB under aerobic conditions. *Water Res.*，1998，32（1）：91～100.

[88] Piekema P G，Gaastra S B. Upgrading of a wastewater plant in the Netherland：combination of several nutrient removal process. *European Water Pollution Control*，1993，3（3）：21～26.

[89] Pynaert K，Smets B F，Wyffels S，et al. Characterization of an autotrophic nitrogen-removing biofilm from a high loaded lab-scale rotating biological contactor. *Applied and Environ. Microbiol.*，2003，69（6）：3626～3635.

[90] Rabinowitz B，Barnard J L，Crowther R，et al. Biological nutrient removal in western Canada. *IAWQ*，Yearbook 1995～1996，p22～28.

[91] Ruiz G，Jeison D，Chamy R. Nitrification with high nitrite accumulation for the treatment of wastewater with high ammonium concentration. *Water Res.*，2003，37（6）：1371～1377.

[92] Saito T，Brdjanovic D，van Loosdrecht M C M. Effect of nitrite on phosphorus uptake by phosphate accumulating organisms. *Water Res.*，2004，38（17）：3760～3768.

[93] Schalk J，Oustad H，Kuenen J G，et al. The anaerobic oxidation of hydrazine：a novel reaction in microbial nitrogen metabolism. *FEMS Microbiology Letters*，1998，158（1）：61～67.

[94] Schmid M C，Batstone D J，Angelidaki I. Improved nitrogen removal in upflow anaerobic sludge blanket（UASB） reactors by incorporation of Anammox bacteria into the granular sludge. *Water Sci. and Technol.*，2004，49（11/12）：69～76.

[95] Schmid M C，Maas B，Dapena A，et al. Biomakers for in situ detection of ananerobic ammonium-oxidizing（Anammox）bacteria. *Applied and Environ. Microbiol.*，2005，71（4）：1677～1684.

[96] Schuler A，Jenkins D. Enhanced biological phosphorus removal from wastewater by biomass with different phosphorus contents，part I：experimental results and comparison with metabolic models. *Water Environ. Res.*，2003，75（6）：485～498.

[97] Schuler A，Jenkins D. Enhanced biological phosphorus removal from wastewater by biomass with different phosphorus contents，part II：anaerobic adenosine triphosphate utilization and acetate uptake rates. *Water Environ. Res.*，2003，75（6）：499～511.

[98] Schuler A，Jenkins D. Enhanced biological phosphorus removal from wastewater by biomass with different phosphorus contents，part III：anaerobic sources of reducing equivalents. *Water Environ. Res.*，2003，75（6）：512～522.

[99] Sedlak R. Phosphorus and nitrogen removal from municipal wastewater principles and practice（second edition）. Lewis publishers，1991.

[100] Seyfried C F，Hippen A，Helmer C，et al. One-stage deammonification：nitrogen elimination at low cost. *Water Sci. and Technol：Water Supply*，2001，1（1）：71～80.

[101] Shivaraman N，Shivaraman G. Anammox—a novel microbial process for ammonium removal. *Current Science*，2003，84（12）：1507～1508.

[102] Slieker A O，Derwort N，Gomez J L C，et al. Completely autotrophic nitrogen removal over nitrite in on single reactor. *Water Res.*，2002，36（10）：2475～2482.

[103] Smolders G J F，van-der-Meij J，van Loosgrecht M C M，et al. Model of the anaerobic metabolism of the biological phosphorus removal process：stoichiometry and pH influence. *Biotechnol. Bioeng.*，1994，43（6）：461～470.

[104] Sotirakou E，Kladitis G，Diamantis N，et al. Ammonium and phosphorus removal in municipal wastewater treatment plant with extended aeration. *Global Nest. The Int. Jour.*，1999，1（1）：47～53.

[105] Stratful I，Brett S，Scrimshaw M B，et al. Biological phosphorus removal，its role in phosphorus recycling. *Environ. Technol.*，1999，20（7）：681～695.

[106] Streichen M，Golecki J R，Schon G. Polyphosphate-accumulating bacteria from different processes for biological P removal. *FEMS Microbiol. Ecol.*，1990，73（2）：113～129.

[107] Strous M，van Gerven E，Gijs Kuenen J，et al. Effects of aerobic and microaerobic conditions on anaerobic ammonium-oxidizing（Anammox） sludge. *Applied and Environ. Microbiol.*，1997，63（6）：2446～2448.

[108] Strous M，van Gerven E，Zheng P，et al. Ammonium removal from concentrated waste streams with the anaerobic ammonium oxidation（Anammox） process in different reactor configurations. *Water Res.*，1997，31（8）：1955～1962.

[109] Strous M，Fuerst J A，Kramer E H M，et al. Missing lithotroph identified as new planctonmycete. *Nature*，1999，400（6743）：446～449.

[110] Strous M，Kuenen J G，Jetten M S M. Key physiology of anaerobic ammonium oxidation. *Applied and Environ. Microbiol.*，1999，65（7）：3248～3250.

[111] Thamdrup B，Dalsgaard T. production of N_2 through anaerobic ammonium oxidation coupled to nitrate reduction in marine sediments. *Applied and Environ. Microbiol.*，2002，68（3）：1312～1318.

[112] van de Graaf A A，Mulder A，de bruijn P，et al. Anaerobic oxidation of ammonium is a biologically mediated process. *Applied and Environ. Microbiol.*，1995，61（4）：1246～1251.

[113] van der Zandt E，Claessen V，Hommel B，et al. First outing for the BABE process. *Water 21，2005*，（4）：36～37.

[114] van Dongen L G J M，Jetten M S M，van Loosdrecht M C M. The combined Sharon/Anammox process. London（UK）：STOWA，IWA publishing，2001.

[115] van Dongen U，Jetten M S M，Van Loosdrecht M C M. The SHARON-Anammox process for treatment of ammonium rich wastewater. *Water Sci. and Technol.*，2001，44（1）：153～160.

[116] van Loosdrecht M C M，Brandse F A，de Vries A C. Upgrading of wastewater treatment processes for intergrated nutrient removal—the BCFS process. *Water Sci. and Technol.*，1998，38（3）：12～23.

[117] van Loosdrecht M C M，Jetten M S M. Microbilogical conversions in nitrogen removal. *Water Sci. and Technol.*，1998，38（1）：1～7.

[118] van Loosdrecht M C M，Hao X，Jetten M S M，et al. Use of Anammox in urban wastewater treatment. *Water Sci. and Technol：Water Supply*，2004，4（1）：87～94.

[119] van Münch E P，Lant P，Keller J. Simultaneous nitrification and denitrification in bench-scale sequencing batch reactors. *Water Sci. and Technol.*，1996，20（2）：277～284.

[120] Verstraete W，Philips S. Nitrification-denitrification processes and technologies in new contexts. *Environ. Pollution*，1998，120（S1）：717～726.

[121] Wang B Z，Yang Q D，Liu R F，et al. A study on simultaneous organics and nitrogen removal by extended aerated submerged attached biofilm process. *Water Sci. and Technol.*，1991，24（5）：197～213.

[122] Yeoman S，Stephenson T，Lester J N，et al. The removal of phosphorus during wastewater treatment：a review. *Environ. Pollution*，1988，49（3）：183～233.

[123] Yoo H，Ahn K，Lee K，et al. Nitrogen removal from synthetic wastewater by simultaneous nitrification and denitrification（SND） via nitrite in an intermittently aerated reactor. *Water Res.*，1999，33（1）：146～154.

[124] Zeng R J，van Loosgrecht M C M，Yuan Z G，et al. Metabolicmodel for glycogen-accumulating organisms in anaerobic/aerobic activated sludge systems. *Biotechnol. Bioeng.*，2003，81（1）：92～105.

第 5 章

CW 污水生物处理技术

成都府（南）河活水公园（人工湿地）
Chengdu Fu (nan) River
Living-Water Park (Constructed Wetland)

5.1 概述

人工湿地（CW—Constructed Wetland）污水生物处理技术是 20 世纪 70 年代末开发的一种污水生物处理新技术，具有有机物去除效果好（BOD_5 去除率可达 85%～95%，COD_{Cr} 去除率可达 80%以上，处理出水中的 BOD_5<10mg/L、SS<20mg/L）、氮磷去除能力强（TN 和 TP 的去除率分别可达 60%和 90%）、运转维护管理方便、工程基建和运转费用低（基建和运转费用分别为传统二级活性污泥法处理工艺的 1/10 至 1/2）以及对负荷变化适应能力较强等主要特点，适用于技术管理水平较低、处理规模较小的城镇或乡村（生活）污水的处理。自 1974 年前联邦德国首先建造 CW 污水处理系统以来，这项技术在欧洲许多国家得到推广应用，并在美国和加拿大等国得到迅速发展。目前，欧洲已有 6 000 余座 CW 系统在运行之中（如丹麦、德国和英国等至少各有 200 多座潜流式 CW 系统），其处理规模有大有小，小至占地仅 $40m^2$（用于处理一家一户排放的生活污水的处理），大至占地高达上千公顷。北美有 1 000 多座 CW，其中自美国田纳西河流域管理局于 1985 年在美国东部建造了一系列的 CW 系统以处理该流域内的污水以来，至今已有 600 多座不同类型的 CW 应用于城市污水、工业废水和农业径流、暴雨径流等的处理。新西兰也有 80 多座 CW 在运行之中。

实际上，在很早以前，许多国家就已有将污水排入天然湿地（NW—Natural Wetland）进行处理的做法。但自觉地利用和合理地建设湿地系统（即 CW）进行污水处理则始于 20 世纪 70 年代。CW 污水处理技术主要经历了两个发展阶段。第一阶段始于 20 世纪 70 年代。20 世纪 70 年代的 CW 处理系统大都利用原有的 NW，既保持了 NW 的原有结构而以泥沼的形式存在，而且常将湿地系统与氧化塘处理结合起来以提高氧化塘系统的处理效果。美国、澳大利亚、德国、荷兰、丹麦、英国和日本等国都进行过这方面的尝试。第二阶段始于 20 世纪 80 年代。20 世纪 80 年代后，湿地系统发展到由人工建造的、以不同粒径的砾石和豆石为填料基质、种植一定类型有效植物（具有良好除污功能和经济、景观价值的）的处理系统，并开始进入了规模性的应用阶段。此外，CW 系统在最初主要用于生活污水和酸性矿废水的处理（如美国的 600 多座 CW 中，有 400 多座应用于煤矿废水的处理），而目前则已应用于纺织和石油工业等废水的处理。国际上曾就人工湿地污水处理系统分别在美国的田纳西（1988 年）和英国的剑桥（1990 年）等召开过数次研讨会，总结了各国 CW 污水处理的经验，提出了一些有关的机理和参考设计规范和数据，标志着其作为一种独具特色的新型污水处理技术正式进入水污染控制领域。

CW 在我国的研究和应用始于 20 世纪 80 年代后期。天津市环保所在实验室规模的 CW 系统研究的基础上，于 1987 年建成了我国第一座占地 $6hm^2$、处理规模为 1 400m^3/d 的芦苇湿地处理系统，1990 年国家环保局华南环保所在深圳市宝安区白泥坑建造了占地面积为 12.6hm^2、处理规模为 3 100m^3/d 的 CW 示范工程；北京市环保所在北京市昌平区建成了处理规模为 500m^3/d 的芦苇湿地处理系统示范工程。2002 年，江苏泗洪县建设了日处理规模为 50 000m^3 的 CW 系统，2003 年，深圳市建设了目前国内处理规模（15 000m^3/d）、占地面积（24 000m^2）均居首位的大型垂直流 CW 污水处理系统。此外，在我国北方，在吸取了采用表面流 CW 运行所存在的问题的基础上，于 2003 年在北京延庆县建设了用于处理乳品厂废水（规模为 200m^3/d）的潜流式 CW，并成功投入运行，其处理出水排入公园人工湖，并作为 2008 年北京奥运会森林公园湿地处理系统的研究基地。

5.2 CW 的基本构造与类型

5.2.1 CW 的基本构造

CW 系统是一种由人工建造和监督控制的、与沼泽地类似的地面，它利用自然生态系统中的物理、化学和生物的三重协同作用来实现对污水的净化作用。这种湿地系统是在一定长宽比及底面坡度的洼地中，由土壤和按一定坡度、充填一定种类及级配的填料（如砾石等）混合结构的填料床组成，废水可以在填料床的缝隙中流动，或在床体的表面流动，并在床体的表面种植具有处理性能好、成活率高、抗水性强、生长周期长及具有景观和经济价值的挺水性植物（Emergent Macrophyte，如芦苇、茳芏等），由此形成一个独特的动植物生态环境，实现对废水的有效处理。当床体表面种植芦苇时，则常称其为芦苇 CW 系统（如图 5-1）。

在湿地系统的设计过程中，应尽可能增加水流在填料床中流动的曲折性以增加系统的处理稳定性和处理能力。在实际设计过程中，常将湿地多级串联或并联运行，或附加一些必要的预处理、后处理设施而构成完整的污水处理系统。

CW 床的深度可根据具体的地形、污水水质及湿地所种植植物的类型及其根系的生长深度来确定，原则上应保证绝大部分污水在植物根系中流动。在美国，采用芦苇湿地系统处理城市污水时，湿地床的深度一般为 0.6～0.75m，而德国则多为 0.6m。湿地床的底坡坡降、填料表面坡降与水力坡降与所用填料的级配等有关，一般在 1%～8%。底部多设有防渗层，以防止对地下水可能造成的污染。

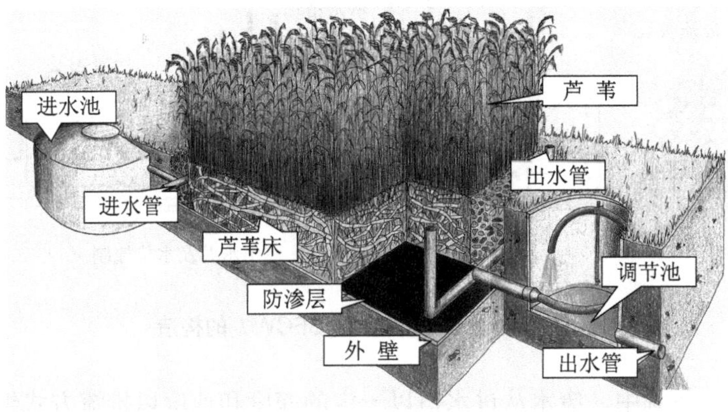

图 5-1 人工湿地（CW）的基本构造

5.2.2 CW 工艺的类型

CW 工艺系统可按污水在湿地床中流动方式的不同而分为三种不同的类型，即地表流湿地（SFCW—Surface Flow Constructed Wetland）、潜流湿地（SSFCW—Sub-Surface Flow Constructed Wetland）和垂直流湿地（VFCW—Vertical Flow Constructed Wetland）。

5.2.2.1 SFCW 系统

地表流湿地系统（SFCW）也称自由水面湿地系统（FWSCW—Free Water Surface Constructed Wetland）。在该湿地系统中，污水在湿地的表面流动，水位较浅，多在 0.1～0.6m 之间。这种系统与自然湿地最为接近，污水中绝大部分有机污染物的去除主要依靠植物生长在水下部分的茎、秆的吸收及其表面生长的生物膜的吸附以及沉降作用来完成。因而这种系统难以充分利用生长在填料表面的生物膜和生长丰富的植物根系对污染物的降解作用，其处理能力较低。同时，其卫生条件较差，易在夏季滋生蚊蝇、产生臭味而影响湿地周围的环境；在冬季或北方地区则易发生表面结冰问题而影响处理效果（如我国北方寿光市和胶南市的两个 SFCW 皆因冬季天气寒冷而很难发挥其有效的作用），因而在实际工程中应用较少。但这种湿地系统具有投资低的优点。图 5-2 所示为 SFCW 工艺系统的构造。

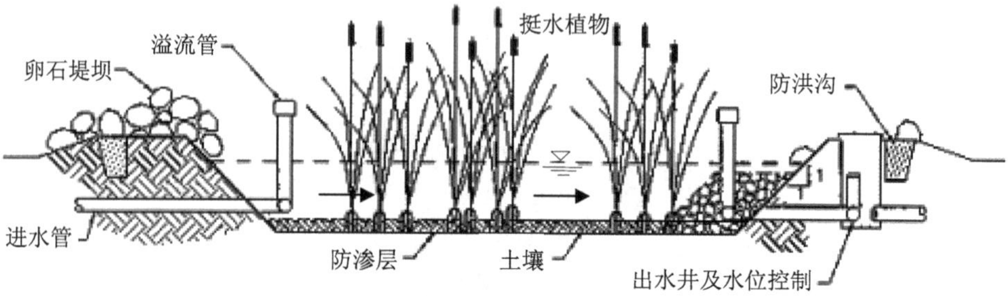

图 5-2 地表流人工湿地（SFCW）的构造

在 SFCW 系统中，废水从进水口以一定的深度和速度以推流方式缓慢流过湿地表面，部分废水蒸发或渗入湿地，出水经溢流堰或水位调节装置流出。在运行过程中，废水的上层处于好氧状态，较深的部分则处于缺氧或厌氧状态，因此其具有兼性氧化塘的某些特点。

根据 SFCW 中占优势的大型水生植物的不同，可以将其分为挺水植物系统、浮水植物系统和沉水植物系统三类。对污水处理而言，通常采用挺水植物系统，其主要挺水植物为芦苇（*Phragmites communis*）、香蒲（*Typha angustifolia*）、水葱（*Scirpus validus*）、美人蕉（*Canna indica*）、茳芏（*Cyperus malaccensis*）和灯芯草（*Juncus effusus*）等。

在 SFCW 中，污水一般呈推流的方式流动，因而湿地的长宽比一般大于 3，而且其长度也一般大于 20m。

5.2.2.2 SSFCW 系统

潜流湿地系统（SSFCW）也称渗滤湿地系统（Infiltration Wetland），是目前得到广泛研究和应用的湿地处理系统，主要形式为采用各种填料的芦苇床系统，它由德国 Kessel 大学的 Kickuth 教授于 1973 首先研究开发，目前已成功应用于城市污水、食品加工废水、造纸废水、化工废水和垃圾填埋场渗滤液的处理。

SSFCW 通常由上下两层组成，上层为复合土，下层为具有良好空隙、水流易于通过的、由填料介质组成的根系层（区）。所使用的填料一般由砾石、炉渣、沸石或沙等。在上层复合土中种植上述挺水性植物（如深圳白泥坑人工湿地系统除种植芦苇外，还种植了茳芏和大米草等），当其生长成熟时，其发达的根系将深入至填料层区而形成根系层或根系区。在填料床底部铺设防渗层或防渗膜，以防止向地下的渗漏和污染。

在 SSFCW 系统中，污水在湿地床的内部流动，因而不仅可充分利用填料表面生长的生物膜、丰富的植物根系及表层土和填料截留等的作用，获得更高的处理效能，同时由于水流在地表以下流动，故具有保温性较好、处理效果受气候影响小、卫生条件较好的特点。但这种湿地系统的投资要高于 SFCW 系统。图 5-3 所示为 SSFCW 工艺系统的构造。

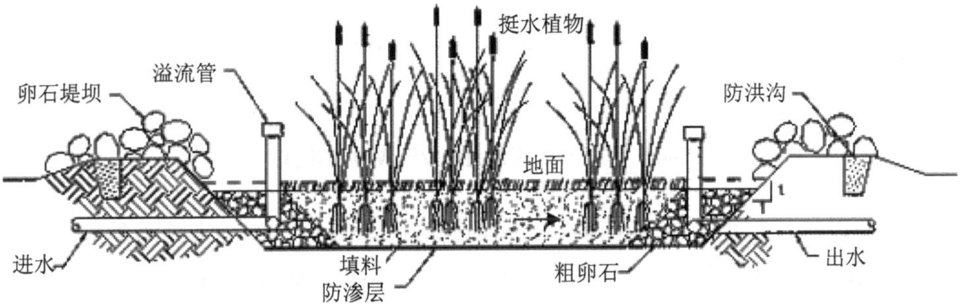

图 5-3 潜流人工湿地（SSFCW）的构造

在 SSFCW 系统的运行过程中，污水经配水系统（由卵石及配水管组成）在湿地的一端均匀地进入填料床植物的根区。湿地中所种植的挺水植物具有非常发达的根系，可以深入到表土以下 0.6～0.7m 的砾石等组成的填料层中，并交织成网与砾石一起构成一个透水性良好的系统（见图 5-1）。同时，这些植物根系具有较强的输氧能力，可使根系周围的水环境中保持较高的溶解氧（DO）浓度，供给生长在砾石等填料表面的好氧微生物的生长、繁殖及对有机污染物的降解所需。经过净化后的出水由湿地末端的集水区中铺设的集水管收集后排出处理系统。由于这种工艺利用了植物根系的输氧及对污染的生物降解、吸附、吸收及截留等多种作用，也将其称之为污水处理的根区系统（RZS—Root Zone System），而这种 CW 系统也称之为根区处理床。一般情况下，这种 CW 的出水水质优于传统的二级生物处理。SSFCW 系统的长宽比一般小于 3。

5.2.2.3 VFCW 系统

VFCW 系统中的水流综合了 SFCW 系统和 SSFCW 系统的特性，水流在填料床中基本上呈由上而下的垂直流，水流流经床体后被铺设在底部出水端的集水管收集而排出处理系统。图 5-4 所示为 VFCW 工艺系统的构造。

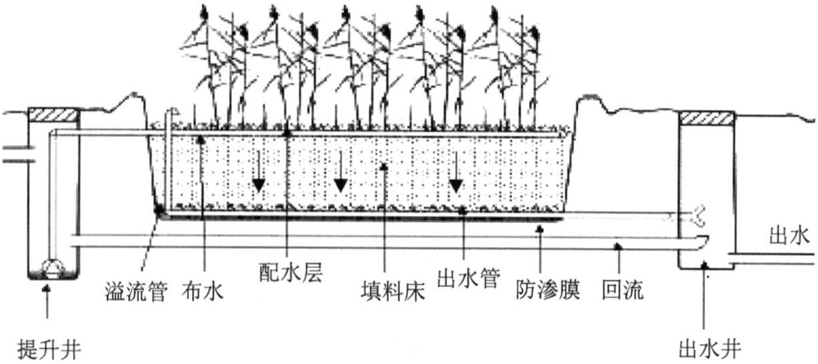

图 5-4 垂直流人工湿地（VFCW）的构造

该系统运行过程中，通常由湿地表面均匀布水，借助于填料床较大的垂直渗透作用，水流以垂直向下流动的方式通过填料层。与 SSFVW 系统相比，这种 CW 形式的主要作用在于提高了氧向污水及基质的转移效率。其表层多为渗透性能良好的砂层，污水进入砂石填料床后，淹没整个表面，然后逐步处置渗透至底部，有底部收集管收集。这种系统由于基建要求较高，较易滋生蚊蝇，目前较少应用。

表 5-1 所列为上述三类 CW 系统的的主要特征比较。

表 5-1 三类 CW 系统的主要特性比较

特征指标	SFCW	SSFCW	VFCW
水体流动	表面漫流	填料层内水平流动	由表面向底部垂直流动
水力负荷	较低	较高	较高
除污效果	一般	除污效果好	除 N、P 效果好
系统控制	简单，受季节影响大	相对复杂	相对复杂
环境状况	夏季有恶臭、滋生蚊蝇现象	良好	夏季有恶臭、滋生蚊蝇现象

5.3 CW 的净化原理

CW 地对废水的处理综合了物理、化学和生物（微生物及植物）等多种过程的协同作用。湿地系统成熟后，填料表面和植物根系将生长大量的微生物，并形成生物膜。废水流经填料层和植物根系时，其中的 SS 被填料和植物根系阻挡而被有效截留，有机污染物则通过生物膜的吸收、同化及异化作用而被去除。湿地床系统中因植物根系对氧的释放传递，使其周围的环境中依次呈现出好氧、缺氧和厌氧状态，保证了废水中的 N、P 不仅能被植物和微生物作为营养成分而直接吸收，而且还可以通过硝化、反硝化等作用及微生物和填料对磷的吸收和积累作用将其从废水中去除，最后湿地床填料的定期更换或栽种植物的收割而使污染物最终离开处理系统。表 5-2 所列为 CW 系统中污染物去除的机理。

表 5-2 CW 系统中污染物去除的机理

作用机理		污染物去除过程
物理作用	沉降、过滤	废水中可沉降固体（SS）在湿地中沉降或絮凝作用而被填料及植物根系等过滤或截留去除，并因此而去除相应部分的 BOD_5、N、P、金属离子、难降解有机物等
化学作用	沉淀	废水中的磷及重金属离子等通过化学反应形成难溶性化合物而沉淀去除
	吸附	废水中磷、重金属离子及有机物等被土壤、填料及植物根系等吸附去除
	分解	通过氧化还原、光化学反应等使难生物降解物质得到分解而变成小分子或可生物降解物质
微生物作用	微生物代谢	通过悬浮、沉积及附着生长在植物根系的微生物的代谢作用，将废水中及沉积在填料床中的不溶性和溶解性有机污染物氧化降解；由于填料床中不同区域 DO 的不同，通过硝化和反硝化作用实现对氮的转化与去除
植物作用	植物吸收	植物生长过程中因吸收废水中的氮、磷、进驻离子及有机物等而对废水起到净化作用
	光合作用	通过植物的光合作用，向其根系传输氧，并在根区释放而形成一定范围内的好氧、缺氧和厌氧环境，强化对废水的处理功能

5.3.1 CW 系统中 DO 的变化

CW 系统中 DO 的来源主要是湿地植物的光合作用而通过根系对氧的释放、进水中挟带的氧以及水面的更新作用而获得的氧。湿地植物通过光合作用产生的氧，一部分通过植物的运输组织和根系的输送作用释放到湿地环境中。氧在湿地系统中的输送过程及其分布状态如图 5-5 所示。植物根系的这种输氧作用使得根系周围形成一个好氧区域，其中形成的好氧生物膜对氧的利用使离根系较远的区域呈现出缺氧状态，而在离根系更远的区域则呈现出完全的厌氧状态。这些溶解氧含量不同的区域分别有利于大分子有机物及氮、磷的去除。

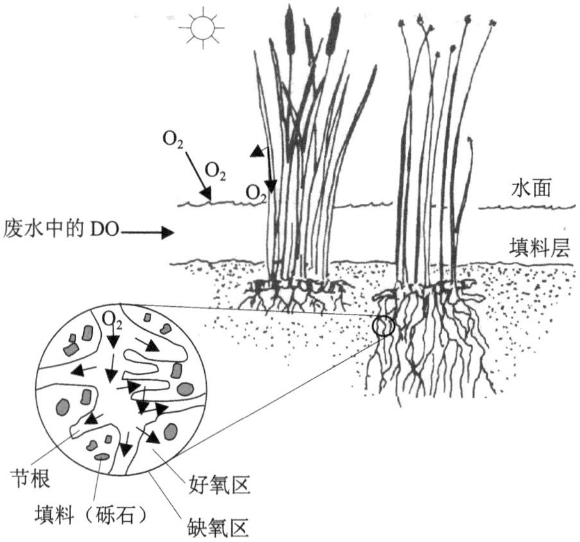

图 5-5　CW 系统中氧的来源、输送与分布

湿地床中的氧可以作为好氧微生物氧化分解有机污染物的电子受体，最终以二氧化碳的形式释放到系统外的环境。此外，湿地床内部 DO 的存在，对于好氧微生物的硝化作用是必不可少的。

李科德等对芦苇湿地系统在处理污水前后的氧化还原动态的研究表明，在湿地系统处理污水之前，随光照强度的增加以及光照时间的延长，芦苇根区的氧化还原势（ORP）逐渐升高；在夜间由于缺乏光照，芦苇根区的 ORP 又逐渐降低。这说明芦苇叶片通过光合作用产生的氧是通过芦苇的茎和根系输送到其地下部分根区的。芦苇由于光合作用产生的氧通过根状茎和不定根向水中传递而使水中的溶解氧浓度升高；溶解氧在水中有积累效应，到天黑时（20 点左右）累积量达到最大值。夜间，由于芦苇根系的呼吸作用和缺乏光照以及床体中微生物的代谢作用，使水中的 DO 浓度下降，见图 5-6（a）。根据一天内湿地床中溶解氧的累积量可以计算出芦苇向水体的供氧能力。在湿地系统处理污水的过程中，床体内的 DO 在一天内的变化很小，这是由于床体内微生物在氧化降解污染物的过程中对氧的消耗，使芦苇通过茎和根向根系输送的氧不能在水中积累所致，见图 5-6（b）。

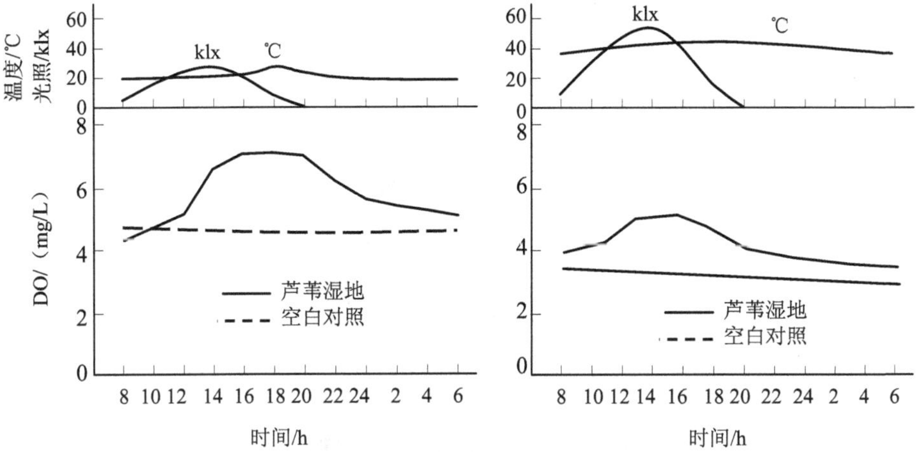

（a）处理污水前　　（b）处理污水后

图 5-6　芦苇湿地中 DO 在一天内随光照和温度的变化

5.3.2 CW 系统中污染物的去除

5.3.2.1 有机物的去除

CW 的显著特点之一是其对有机污染物较强的降解能力。废水中的不溶性有机物通过湿地的沉淀、过滤作用，可以很快地被截留而被微生物利用。废水中可溶性有机物则可通过植物根系生物膜的吸附、吸收及生物代谢降解过程而被分解去除。国内有关对城市污水的研究表明，在进水浓度较低的条件下，CW 系统对 BOD_5 的去除率可达 85%～95%，对 COD_{Cr} 的去除率可达 80%以上，处理出水中的 BOD_5 质量浓度在 10mg/L 左右。北京市环境科学研究院的研究结果还表明，废水中的不溶性 BOD_5（占废水总 BOD_5 的 5%左右）和 COD_{Cr} 可在废水进入湿地床的 5m 内被迅速地去除，而 SS 则可在进水的 10m 内去除 90%左右。

随着处理过程的不断进行，湿地床中的微生物相应地繁殖生长，通过对湿地床填料的定期更换及对湿地植物的收割而将新生的有机体从系统中去除。

5.3.2.2 氮的去除

图 5-7 所示为各种价态的有机和无机氮在 CW 中的转化过程。CW 系统中，原废水中的氮一般主要以有机氮和氨氮的形式存在。有机氮在处理过程中被异养微生物首先转化为氨氮，而后氨氮在硝化菌的作用下被转化为无机的亚硝态氮和硝态氮，最后通过反硝化菌的作用以及植物根系的吸收作用而从系统中去除。

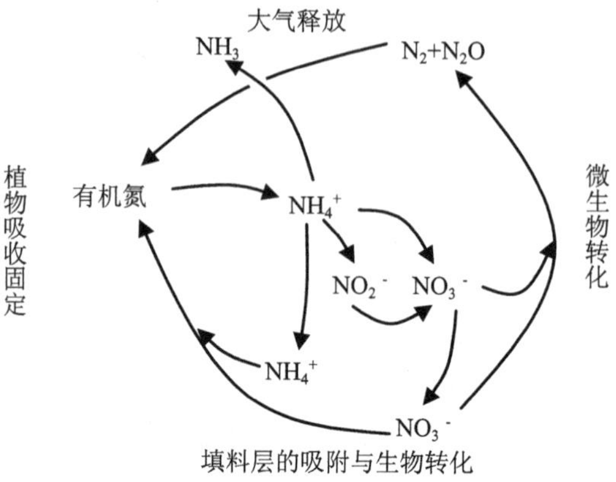

图 5-7 氮在 CW 中的转化过程

废水中的无机氮作为植物生长过程中不可缺少的营养元素，可以直接被湿地中的植物吸收，用于植物蛋白质等有机氮的合成，同样通过对植物的收割而将它们从废水和湿地中去除。图 5-8（a）所示为蒋跃平等对杭州植物园 CW 系统中 17 种植物对氮的积累量、生物量及氮浓度间的关系。

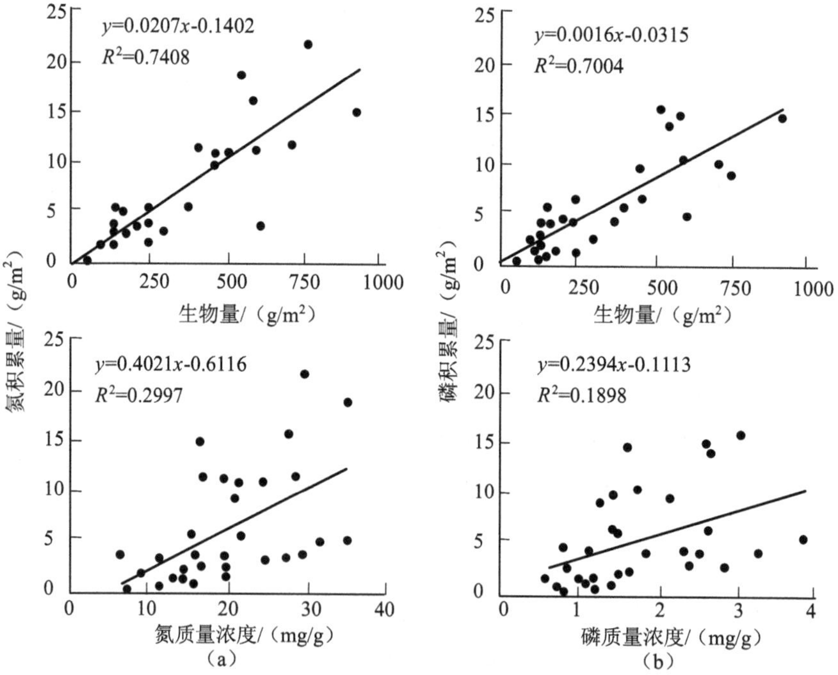

图 5-8 杭州植物园 CW 系统中 17 种植物对氮、磷的积累量、生物量及氮、磷浓度间的关系

但CW系统中的氮主要是通过微生物的硝化和反硝化作用去除的。如前所述，湿地系统中的植物根系的输氧及其传递作用，使得床体中呈现出连续的好氧、缺氧和厌氧状态，这相当于许多串联或并联的A^2/O处理单元，使硝化和反硝化作用在湿地系统中同时发生。这使得CW处理系统具有比CAS法更强的氮去除能力，而比A^2/O工艺的投资更为节省。资料表明，CW对TN的去除率可达60%以上。

5.3.2.3 磷的去除

CW对磷的去除是通过微生物的去除、植物的吸收和填料床的物理化学等几方面的协调作用共同完成的。无机磷也是植物生长所必需的营养物质。污水中的无机磷一方面在植物的吸收和同化作用下，被合成为ATP、DNA和RNA等有机成分，通过对植物的收割而将磷从系统中去除；另一方面，通过微生物对磷的正常同化吸收（将磷作为微生物体必需的成分$C_{60}H_{87}O_{23}N_{12}P$，而供微生物生长之需）。此外，湿地床中填料对磷的吸收及填料与磷酸根离子的化学反应（如离子交换作用等），对磷的去除亦有一定的作用。含有铁质和钙质的填料可与水中的PO_4^{3-}反应形成沉淀而去除，含有这些物质的地下水渗入床体内也有利于磷的去除。上述三种作用对磷的去除能力是不同的，一般以植物对磷的吸收作用为主（这与诸如芦苇等这样的快速且长期生长的挺水植物对磷的需求量是密切相关的）。研究表明，由于上述三种综合作用，人工湿地对磷的去除率可高达90%左右。如天津市环保所的研究亦表明，当进水TP质量浓度在2～3mg/L和PO_4^{3-}质量浓度在0.32mg/L左右时，芦苇湿地系统对TP和PO_4^{3-}的去除分别可达86.3%～90.9%和74.7%～92.6%。

但湿地对磷的去除效果随所使用的填料、CW的运行方式等而有较大的变化。微生物及物理化学作用所去除的磷虽然与废水得到了分离，但由于其并未真正从湿地系统中去除，而是逐步积累的填料床中，因而经长期运行，当磷的积累达到饱和状态时，或由于湿地废水中NH_4^+—N的硝化和H_2S的氧化作用、有机物的厌氧降解及大气中CO_2向水中溶解，均将降低废水的pH值，由此将使不溶性PO_4^{3-}重新变成可溶性PO_4^{3-}。因而，从长久运行的观点，CW中磷的去除主要是湿地植物的吸收及其定期的收割而实现的。图5-8（b）所示为蒋跃平等对杭州植物园CW系统中17种植物对磷的积累量、生物量及磷浓度间的关系。

5.3.2.4 金属离子的去除

CW中金属离子主要通过植物的吸收和生物富集作用、土壤胶体颗粒的吸附（如离子交换）、硫化物沉淀等途径去除。研究表明，CW工艺中所种植的宽叶香蒲其根、茎和叶具有极强的吸收和富集金属离子的能力。许多湿地植物均具有在含较高金属离子的废水中良好地生存之能力。此外，废水中来自蛋白质等厌氧分解和硫酸盐还原作用所产生的S^{2-}离子，具有与废水中金属离子形成硫化物沉淀而实现对金属离子的去除。研究亦表明，当废水中金属离子浓度较高时，植物对其的吸收去除作用程度较低，一般不足其总去除率的1%，主要依靠土壤吸附和金属硫化物的沉淀而去除。但CW系统对金属离子的去除与磷的去除基本类似，即其除植物的吸收去除小部分并通过植物的收割等途径而实现彻底去除外，大部分金属离子则积累在填料床内部，而长时间的积累将对微生物的作用产生一定的毒害作用，从而削弱CW系统的硝化及反硝化等作用。因而，须对进入CW系统的废水中的金属离子加以必要的控制，以延长其有效运行寿命。

5.3.3 CW系统中微生物的特征

CW处理系统中的供氧是通过湿地床中栽种的植物的光合作用所产生的氧气通过植物的茎传输到其根系而实现的，而在湿地床内部由于在植物根系和填料表面生长的生物膜使填料床中形成了好氧、兼氧和厌氧区三者同时并存的状况。因此，湿地床中微生物的数量、种类及其特性对处理效果有着很大的影响。在湿地系统中，存在着不同种类的微生物，构成了湿地系统特有的复杂生物相。

目前，CW系统中所栽种的植物多以芦苇为主。芦苇是一种禾本科的挺水植物，具有很广的适应性和很强的抗逆性，是一种良好的净水植物。自20世纪80年代中期以来，德国、法国、丹麦、奥地利、比利时、卢森堡和荷兰等西欧国家都以芦苇作为CW系统的栽种植物来处理小城镇污水。我国对CW系统的工艺研究及有关应用实例也大多以芦苇作为湿地植物，有时辅以一定数量的其他植物（如大米草和茳芏等）。下面主要以芦苇湿地系统为例，介绍有关湿地系统中的微生物特征。

5.3.3.1 微生物的数量及其分布

研究表明，在天然的芦苇床中，各类微生物的数量都比较少，而人工芦苇湿地在处理污水之前，其填料床中各类微生物的数量与天然芦苇床基本接近。但随着芦苇床对污水处理的进行，微生物的数量将逐渐增加，并在一定时间内达到最大值并趋于稳定。检测表明，芦苇床内存在较明显的好氧区和兼性厌氧区。在芦苇的根茎上，好氧微生物占优势，而在芦苇根系区则既存在好氧微生物的活动也有兼性厌氧微生物的活动。对芦苇床在冬季处理污水的研究表明，虽然芦苇的地上部分在冬季要发生部分枯萎和死亡，但床中各类微生物的数量则基本上保持在较高的水平上，不过好氧微生物和兼性厌氧微生物数量的相对比值有所降低。

CW中的微生物主要包括细菌、真菌和放线菌等。其中，细菌是湿地微生物中数量最多的一个类群，1g基质中所含的细菌数可达几亿乃至几十亿，占基质微生物总数量的70%～90%，其干重约占基质有机质的1%。细菌又常包括好氧菌、厌氧菌、兼性厌氧菌、硝化细菌、反硝化细菌、硫细菌和磷细菌等种类。

细菌在污水净化过程中起到巨大作用，它能使复杂的含氮有机物转化成可供植物和微生物利用的无机氮化合物。真菌是参与基质中有机质分解过程的主要成员之一，具有强大的酶系统，能促进纤维素、木质素、果胶等的分解，并能将蛋白质最终分解释放出氨。放线菌在基质中的分布也很广泛（1g基质中有几万到几十万），仅次于细菌。放线菌是分解基质中不含氮和含氮有机化合物的积极参与者，能比真菌更强烈地分解氨基酸等蛋白物质，还能形成抗生物质维持湿地生物群落的动态平衡。原生动物摄食一些微生物和碎屑，起到调节微生物群落的动态平衡和清洁水体的作用。它们共同协作构成了互利共生的有机系统，共同完成污水净化的任务。

研究表明，CW系统中微生物的垂直分布也呈现一定的规律，即微生物的数量随着土层的加深逐渐减少。但在不同的季节，细菌、真菌和放线菌在各土层的分布存在一定的差异。成水平等的研究表明，细菌在各土层的分布均大于真菌和放线菌。从微生物数量在不同时间的土层垂直分布来看，5、6、10月份在各土层中的比例相似，变化幅度较小，微生物多分布在0～10cm土层内；7～9月份在0～10cm的土层内的微生物数量明显增加，约占总数量的60%以上，20～30cm土层的数量减少幅度较大，仅占总数量的12%～14%。同时，研究还发现不同的季节水生植物吸附微生物的数量有很大的变化。一般而言，春季数量较少，夏季则有所增加，秋季达到最高，冬季又有所下降。表5-3和表5-4所列为李科德等的研究结果。

5.3.3.2 优势菌属及主要特征

人工芦苇床湿地系统中的优势菌属主要有三种，分别为假单胞杆菌属（*Pseudomonas*）、产碱杆菌属（*Alcaligens*）以及黄杆菌属（*Flavobacterium*）。

表5-3 天然芦苇床中各类微生物的数量

位置	细菌总数	真菌	放线菌	兼性厌氧菌	原生动物	硝化细菌	反硝化细菌
根面（干根）/（cfu/g）	1.7×10^8	2.1×10^8	4.6×10^5	3.0×10^5	1.5×10^4	6.9×10^4	1.2×10^6
根际（干根）/（cfu/g）	1.0×10^8	2.3×10^8	2.2×10^5	3.3×10^6	2.0×10^4	2.8×10^4	2.5×10^6

表 5-4 芦苇床在处理污水时不同时期的各类微生物数量

时间	位置	细菌总数	真菌	放线菌	兼性厌氧菌	原生动物	硝化菌	反硝化菌
3 月	根面*	1.5×10^8	7.5×10^4	5.9×10^5	3.6×10^5	3.5×10^3	2.0×10^4	1.4×10^6
	根际*	5.7×10^7	5.4×10^4	1.7×10^5	2.6×10^5	2.8×10^3	5.3×10^3	1.7×10^6
5 月	根面	3.6×10^8	8.6×10^4	1.4×10^6	4.9×10^5	6.4×10^4	1.3×10^5	8.2×10^6
	根际	1.3×10^8	6.7×10^4	1.8×10^5	1.7×10^6	4.7×10^4	1.5×10^4	1.4×10^7
7 月	根面	4.9×10^8	6.9×10^4	1.9×10^5	1.4×10^6	3.7×10^5	6.4×10^5	9.9×10^6
	根际	2.1×10^8	5.5×10^4	1.2×10^5	2.3×10^7	1.7×10^5	2.2×10^4	1.8×10^7
9 月	根面	5.4×10^8	1.5×10^5	2.4×10^6	2.6×10^6	8.9×10^5	1.3×10^6	1.1×10^6
	根际	3.6×10^8	1.2×10^5	2.7×10^6	3.5×10^7	4.2×10^5	3.9×10^5	2.0×10^7
11 月	根面	5.2×10^8	1.7×10^5	3.0×10^6	3.5×10^6	2.2×10^6	9.7×10^5	7.7×10^6
	根际	3.2×10^8	1.4×10^5	2.4×10^6	4.7×10^7	4.9×10^5	2.8×10^5	9.1×10^6
1 月	根面	4.4×10^8	6.7×10^4	2.7×10^6	6.9×10^6	1.5×10^5	7.2×10^4	5.7×10^5
	根际	2.6×10^8	5.8×10^4	1.2×10^6	4.3×10^6	2.3×10^5	2.1×10^4	6.5×10^6

*根面（干根）单位：cfu/g；根际（干根）单位：cfu/g。

表 5-5 芦苇床中优势菌属的主要特征*

项目	假单胞杆菌属	产碱杆菌属	黄杆菌属	短杆菌属
菌落颜色	乳白/浅黄	乳白/白	黄	乳白
菌体形态	杆状	杆状	杆状	杆状
革兰氏染色	阴性	阴性	阴性	阳性
鞭毛染色	极生	周生	周生	周生/无
抗酸染色	－	－	－	－
接触酶	阳性	阴性	阳性	阳性
氧化酶	阳性	阳性	阳性	阳性
葡酵解**	＋/－	－	＋/－	＋/－
淀粉水解	水解	不水解	水解	不水解
明胶水解	水解	水解	不水解	不水解
石蕊牛奶	无作用	碱胨	产酸	无作用
硝酸盐还原	＋/－	＋	－	－
吲哚产生	＋	－	＋	－
G+C/%	68.9	56.6	41.5	61.7

*表中＋表示正反应；－表示负反应。

**葡萄糖氧化/发酵。＋表示既氧化又发酵；＋/－表示只氧化不发酵；－表示既不氧化也不发酵。

与天然的芦苇床相比，CW 系统中的优势微生物组成是基本相同的。上述几种优势菌属均为快速生长的微生物，而且其体内大多含有降解质粒，因而它们是对污水中有机污染物分解的主体微生物种群。表 5-5 列出了这些优势菌属的主要特征。

5.3.3.3 各类微生物的作用

污水中各类污染物的去除与湿地系统内生长的微生物种类和数量都有关。表 5-6 和表 5-7 所列为芦苇床湿地系统中植物根面微生物和根际微生物数量与污水中不同污染物去除之间的相关性系数（γ）。相关性系数的大小反映了某一种微生物对某一类污染物去除能力的高低或一定数量的微生物去除某种污染物数量的多少。

表 5-6 芦苇湿地中根面微生物数量与污染物去除率间的相关性（γ）

项目	BOD_5	COD_{Cr}	NH_3—N	PO_4^{3-}—P	总大肠菌群
细菌总数	0.91	0.88	0.64	0.09	0.68
真菌	0.56	0.59	0.41	0.17	0.49
放线菌	0.75	0.74	0.29	0.02	0.90
兼性厌氧菌	0.44	0.39	0.01	0.12	0.83
原生动物	0.74	0.71	0.28	0.25	0.93
硝化细菌	0.79	0.78	0.91	0.37	0.44
反硝化菌	0.77	0.76	0.82	0.36	0.45

表 5-7 芦苇湿地中根际微生物数量与污染物去除率间的相关性（γ）

项目	BOD_5	COD_{Cr}	NH_3—N	PO_4^{3-}—P	总大肠菌群
细菌总数	0.87	0.85	0.46	0.14	0.62
真菌	0.52	0.40	0.34	0.15	0.57
放线菌	0.73	0.67	0.48	0.08	0.90
兼性厌氧菌	0.83	0.81	0.66	0.11	0.87
原生动物	0.61	0.63	0.44	0.06	0.97
硝化细菌	0.74	0.77	0.72	0.32	0.34
反硝化细菌	0.73	0.75	0.89	0.40	0.42

由表 5-6 和表 5-7 可知，芦苇湿地污水中 BOD_5 和 COD_{Cr} 的去除与湿地中各类微生物都有明显的相关性，污水中 NH_3—N 的去除与湿地中的硝化和反硝化菌亦具有明显的相关性。这说明硝化和反硝化作用是芦苇湿地系统的主要除氮方式；污水中 PO_4^{3-} 的去除与湿地中各类微生物都不存在明显的相关性，这说明系统中磷的去除主要不是微生物的作用。如前所述，CW 中磷的去除是由植物的吸收、填料床的沉淀过滤固结及微生物的协同作用完成的。污水中的总大肠菌群的去除与芦苇床内原生动物和放线菌的数量有明显的相关性。这说明，在芦苇床中原生动物和放线菌是大肠杆菌去除的主要作用者。

5.3.4 CW 系统中植物的作用

在 CW 系统净化污水的过程中，植物的作用主要表现在以下三个方面：①直接吸收污水中可利用的营养物质、富集和吸附废水中的金属离子及有毒有害物质等。②通过光合作用为根区好氧微生物输送氧气。③增强和维持填料介质的空隙及其输水能力。此外，植物根系可分泌多种有机复合物，为微生物提供碳源。

5.3.4.1 对营养物的去除

CW 中的挺水植物主要通过其根系摄取营养物，其吸收 COD_{Cr} 和 N 的潜能分别为 50～150kg/（hm^2·a）和 1 000～2 500kg/（hm^2·a）。其中我国有近 10 种常见的香蒲属植物，有的可长至数米，有的则仅为 30cm 高（小香蒲），它们均具有良好的营养物去除能力。此外，成水平等的研究表明，水烛和灯芯草等对 CW 基质中的氮、磷具有良好的吸收作用。当其作为城市污水处理的 CW 植物时，填料床中的氮、磷含量可比对照组分别低 18%～28%和 20%～31%。

5.3.4.2 对有毒有害物的去除

湿地植物根系对废水中的金属离子具有良好的吸收和富集作用。研究表明，香蒲（*Typha angustifolia*）、芦苇（*Phragmites communis*）、灯芯草（*Juncus effusus*）和茳芏（*Cyperus malaccensis*）等均具有吸收、富集废水中 Cu、Cd、Pb、Fe 和油类的能力，其中金属离子主要分布在植物的根部。利用 VFCW 系统处理含低浓度重金属离子废水的研究表明，风车草（*Cyperus alternifolius*）可吸收、富集废水中 30%的 Cu 和 Mn，对 Zn、Cd 和 Pb 亦有 5%～15%的吸收和富集效果。有报道表明，*Canna glauca*（美人蕉的一种）对废水中的 LAS 等具有良好的去除效果。不同植物其富集和吸收金属离子及有毒有害物的能力是不同的，但许多陆生植物则具有超强的富集金属离子的能力，植物体内的金属离子含量可达其干重的 0.1%～1%。表 5-8 所列为不同植物对金属离子的吸收效能。

5.3.4.3 植物根区的输氧作用

植物光合作用通过根区实现氧的输送。湿地环境对很多生物而言是一种不良的环境条件，主要在于其土壤较为缺氧。但 CW 中所栽种的植物通过其良好的光合作用产生的氧气可通过其茎等部位将氧输送至其根区，在根区的还原态介质中形成有氧的氧化微环境。这种根区的好氧和缺氧共存的微生态环境为生长在该区域的好氧、兼氧及厌氧等微生物提供了各自适宜的小环境，使不同的微生物各得其所，发挥对污染物降解和去除的协同作用（如好氧和缺氧环境的同时存在，为硝化和反硝化菌的脱氮及其他污染物的转化创造了良好的条件）。目前，已对不同植物根区的氧释放速率进行了较多研究。如 *Juncus ingens*（灯芯草的一种）的氧释放速率（根干重）为 126mol/(g·h)，宽叶香蒲（*Typha latifolia*）（根干重）为 120～200mol/(g·h)。

表 5-8 湿地中不同植物对金属离子的吸收作用

植物种属	吸收金属离子量/（g/m²）						
	Fe	Cu	Co	Zn	Ni	Mo	Mn
苔草属（*Carex stricta*）	10.24	15.23	1.96	171.4	6.7	0.99	2638
鸢尾属（*Iris pseudacorus*）	3.22	14.14	2.75	120.0	4.34	0.93	947.4
水烛（*Typha angustifolia*）	1.58	6.77	0.63	62.9	2.68	0.43	1121
甜茅属（*Glyceria aquatica*）	2.7	11.65	0.99	151.8	4.14	0.49	1219
芦苇（*Phragmites communis*）	4.12	18.82	2.78	165.7	6.85	1.16	743.9
菖蒲属（*Acorus calamus*）	1.55	6.56	0.85	60.8	1.73	8.48	612.8
黑三棱属（*Sparganium crectum*）	4.61	7.17	1.37	97.28	2.91	0.31	773.1
勿忘草属（*Mycsotis palustris*）	3.26	3.90	0.46	33.28	1.02	0.17	640.0
薄荷属（*Mentha aquatica*）	5.21	14.28	0.91	131.0	3.41	0.79	640.1

5.3.4.4 其他作用

除氧以外，植物根区还可释放其他物质。研究表明，灯芯草可从其根部释放抗生素。当污水经过灯芯草根部后，一系列细菌（如大肠杆菌、沙门氏菌和肠球菌）明显消失。一些植物具有克藻效应。

在 SSFCW 系统中，填料床中的水流一般是通过植物根区及土壤空隙而流动的，当根区不断生长时，它们可有效地疏松土壤和填料空隙，而当植物根区死亡腐烂后，则将在填料床中留下较大的空隙，从而可增加和稳定土壤及填料床的水力传导性能和水力负荷。有研究表明，即使较板结的土壤，在 2～5 年内，经植物根系的穿透作用，其水力传输能力将与沙砾、碎石等相当。成水平等研究表明，经过 3～5 个月的运行后，其对照组土壤的发生明显的板结和淤积，而种植水烛和灯芯草的 CW 系统则渗滤性能良好。

5.4 CW 系统的设计

CW 污水处理技术还处于开发阶段，尤其在我国尚无比较成熟的设计参数，其工艺设计也还处于经验阶段。CW 系统的设计包括进水布置方式、工艺组合方式、湿地床的构造形式及运行方式、湿地植物的选择及栽种、填料的使用、地下防渗等内容。同时，该技术亦受很多因素的影响，包括水力负荷、有机负荷、气候条件等。由于不同国家及不同地区的气候条件、植被类型以及地理情况各有差异，因而大多根据各自的情况，经小试或中试取得有关数据后进行人工湿地的设计。

CW 系统一般作为二级生物处理工艺应用，其所要求的一级处理方法要根据废水的类型、性质及处理规模来具体确定。当处理生活污水时，一般采用化粪池作为 CW 的预处理方法；当处理其他工业废水时，则一般采用沉淀池作为 CW 的预处理方法。

5.4.1 CW 工艺的进水布置及组合方式

5.4.1.1 进水布置方式

CW 工艺有多种进水布置方式，其中常用的有四种（如图 5-9 所示），包括推流式、回流推流式、阶梯进水式和综合式。其中回流式可以对进水中的 BOD_5 和 SS 进行稀释、增加进水中的溶解氧浓度并减少处理出水中可能出现的臭味问题。出水回流同样还可以促进填料床中的硝化和反硝化脱氮作用；阶梯进水式可以避免填料床前部的堵塞问题，有利于床后部的硝化脱氮作用的发生；综合式则一方面设置了出水回流，另一方面还将进水分布到填料床的中部，以减轻填料床前端的负荷。

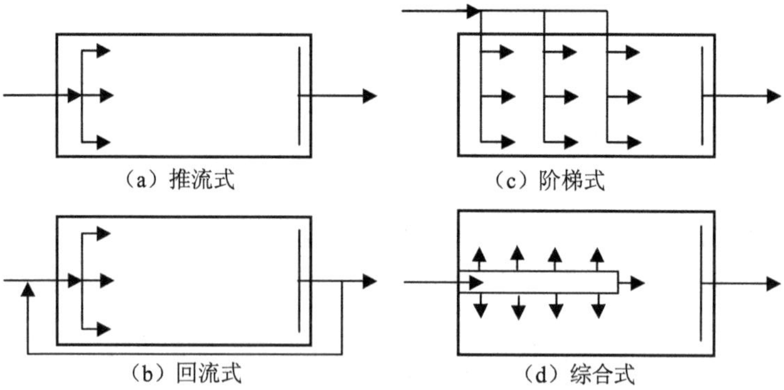

图 5-9　CW 系统的进水布置方式

5.4.1.2 系统组合方式

CW 可根据其处理规模的大小，进行多种方式的组合，一般有单床式、并联式、串联式和综合式等。图 5-10 为 CW 工艺的不同组合方式。此外，人工湿地还可与氧化塘系统串联组合。图 5-11 所示为深圳白泥坑人工湿地处理工艺系统的示意。图 5-12 所示为两级串联运行的 CW 的整体组成。

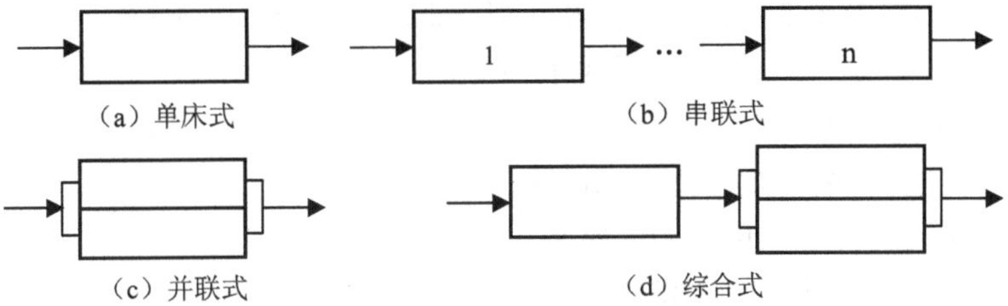

图 5-10　CW 系统工艺的不同组合方式

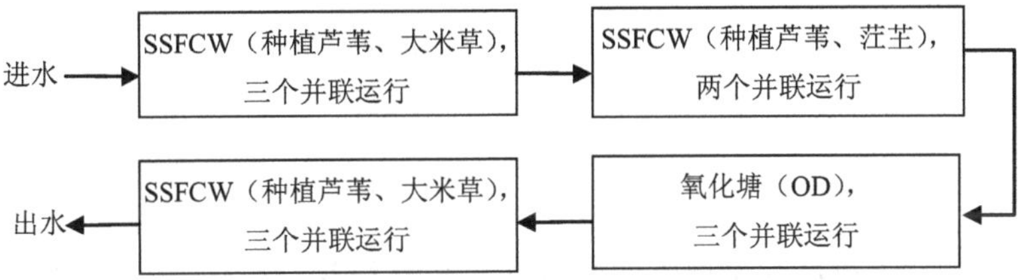

图 5-11　深圳白泥坑 CW 处理工艺系统示意图

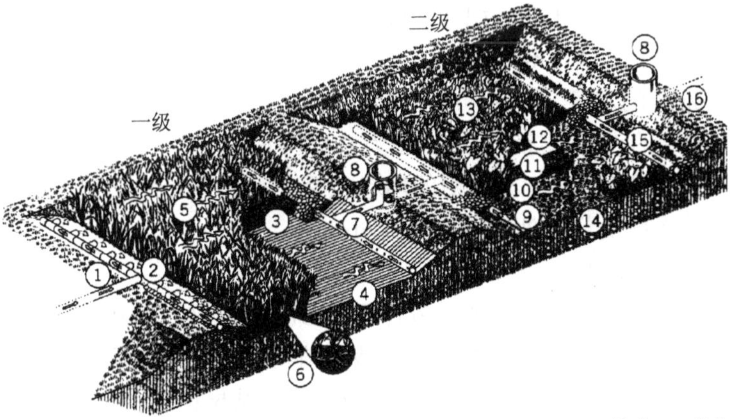

1 进水管　2、9 布水装置　3、11 填料层 4、14 防渗层　5、13 植物　6 植物根区
7、15 出水收集管　8 出水调节井　10 水流方向　12 表土层　16 出水管

图 5-12　两级串联的 CW 系统及其组成

5.4.2 CW 系统的工艺设计

5.4.2.1 SFCW 的工艺设计

在 SFCW 处理系统中，污水在填料床中的流动一般按推流方式考虑，因而在设计过程中，可将其看作一个推流式反应器。有机污染物在系统中的反应可按一级动力学方程来表达。在稳态条件下，污染物的去除可用式 5-1 表示。

$$S_e = S_0 \exp(-kt) \tag{5-1}$$

式中：S_e——出水 BOD_5 质量浓度，mg/L；

S_0——进水 BOD_5 质量浓度，mg/L；

k——有机物降解反应动力学常数，d^{-1}；

t——水力停留时间，(HRT)，d。

由于影响人工湿地的因素较多，各国研究者根据各自的情况提出了不同的计算方法。其中 Reed 建议在地表流湿地系统的设计中采用式 5-2 来计算较为合适。

$$S_e = S_0 A' \exp\left[\frac{-C' K_T \alpha^{1.75} LWdn}{Q}\right] \tag{5-2}$$

$$K_T = K_{20} \times (1.05 \sim 1.1)^{(T-20)} \tag{5-3}$$

式中：A'——由 SS 沉淀在湿地床前部而未降解的 BOD_5 量（一般取 0.52）；

C'——湿地床填料介质的特性系数（一般取 0.7m）；

K_T——设计温度下的反应动力学常数，d^{-1}；

α——微生物活动的比表面积（一般为 $15.7m^2/m^3$）；

L——湿地床的长度，m；

W——湿地床的宽度，m，一般 L/W≥3；

d——湿地床的设计水深，m，一般为 0.1～0.6m；

n——湿地床的孔隙率（与所用的填料粒径大小有关）；

Q——湿地系统的设计处理流量，m^3/d；

T——设计温度，℃。

要指出的是，这里的 K_{20} 是一个受多种因素影响的参数。其中主要有污染物的性质及浓度、水力负荷、填料介质的粒径和栽种植物的类型及生长情况等。目前尚不能将这些因素对 K_{20} 的影响作全面的分析，有关研究结果也只能作参考。以 BOD_5 为例，在不同进水浓度和水力负荷条件下的 K_{20} 值有较大的不同。有研究报道在 0.39～2.89d^{-1}，有的报道则在 0.45d^{-1} 左右。因此，K_{20} 是人工湿地系统设计中的一个重要参数，有待深入研究。

当湿地床的底坡或水力坡度等于或大于 1%时，式 5-2 可调整为如式 5-4 所示的形式，其中 S 为底坡或水力坡度（Slope）。

$$S_e = 0.52S_0 \exp[\frac{C' K_T \alpha^{1.75} LWdn}{0.63S^{1/3}Q}] \tag{5-4}$$

CW 的有机负荷（BOD_5）随污水的性质不同及具体工艺构造形式的不同而有很大的差异，其变化范围为 0.0018～0.11 kg/（m^2 • d)。在 CW 的设计过程中一般不将有机负荷作为设计依据，而常作为工艺设计的校核指标。Reed 指出，为确保处理系统处于好氧条件下运行（以避免因厌氧造成对环境卫生和植物生长的不良影响)，SFCW 系统的最高有机负荷（BOD_5）不宜超过 0.11 kg/（m^2 • d)。此外，为避免因进水集中在湿地的前部而造成部分有机物的沉积，破坏前部的运行条件，可采用阶梯进水方式，让一部分污水从湿地床的 1/3 处进入系统。

5.4.2.2 SSFCW 的工艺设计

在 SSFCW 系统中，污水在由土壤、砾石和豆石等组成的填料床中的流动有两种方式。当湿地床中所用填料的粒径不大而且污水充满填料缝隙并处于饱和状态时，水流的流动为层流；当湿地床中所用填料的粒径较大时，则有可能因扰动作用而使水流的流动成非层流状态。

当水流处于层流状态时，一般用达西（Darcy）定律来描述，即：

$$Q = K_s AS \tag{5-5}$$

式中：K_s——潜流渗透系数，m^3/（m^2 • s)；

A——湿地床横截面积，m^2；

其余符号同前。

目前还比较难以准确确定渗透系数 K_s 的值。欧洲的有关研究指出，对于以砾石为填料的湿地床系统，K_s 一般可取 $10^{-3}m^3/(m^2 \cdot s)$，而美国的经验则认为 K_s 值不宜大于 10^{-4} $m^3/(m^2 \cdot s)$。

一般认为，当填料床中水流的渗流雷诺数 R_e 大于 1～10 时，就不宜用 Darcy 定律来描述了。尤其是当采用的填料粒径较大时，则需要考虑水流的扰动作用。此时宜用厄刚（Ergun）公式来描述，即：

$$S = \alpha v + \beta v^2 \tag{5-6}$$

$$\alpha = \frac{150\mu[\frac{1-\varepsilon}{D_p \varepsilon}]^2}{\rho g} \tag{5-7}$$

$$\beta = \frac{1.75(1-\varepsilon)}{D_p \varepsilon g} \qquad (5\text{-}8)$$

式中：v——水流在湿地床中流速（$=Q/A\varepsilon$），一般为20～280m/d；

μ——动力粘滞系数，m^2/s；

ρ——水的密度，kg/m^3；

g——重力加速度，m/s^2；

ε——填料介质的孔隙率；

D_p——填料的平均粒径，cm。

此外，英国采用Kikuth推荐的设计公式（式5-9）进行湿地系统的设计。

$$A_s = 5.2Q\ln(S_0 - S_e) \qquad (5\text{-}9)$$

式中：A_s——湿地床表面积，m^2；

其余符号同前。

利用上述公式并根据所用填料的粒径可以计算确定湿地床的有关尺寸。

湿地床的深度（d）一般要根据所栽种的植物的种类及其根系的生长深度来确定，以保证湿地床中的必要的好氧条件。对于芦苇湿地系统，用于处理城市或生活污水时，湿地床的深度一般在0.6～0.7m；而用于处理较高浓度有机工业废水，湿地床的深度一般在0.3～0.4m之间。为保证湿地床深度的有效使用，在运行的初期应适当将水位降低以促进植物根系向填料床的深度方向生长。湿地床的底坡一般在1%或稍大些，最大可达8%，具体应根据所采用的填料来确定。如对于以砾石为填料的湿地床，其底坡一般为2%。一般认为，湿地床的横截面积与水力负荷有关，而与微生物对污染物的降解过程无关，湿地床的长度与水力停留时间及对污染物的处理程度有关。湿地床的长、宽可以根据具体计算及当地的具体情况因地制宜确定。对SFCW系统而言，为保证水流在湿地床中呈推流的形式流动，其长宽比（L/W）应控制在3以上，可高达10以上；而对于SSFCW系统而言，其长宽比则应控制在3以下，大多在1左右。湿地床的长度一般在20～50m之间，长度过大则易造成湿地床中的死区，而且使水位的调节变得困难，不利于植物的栽培。表5-9列出了深圳白泥坑人工湿地系统（见图5-11）中各单元的设计参数，供参考。

表5-9 深圳白泥坑人工湿地系统各单元的设计参数

项目	单元数	长/m	宽/m	碎石粒径/cm	碎石层厚/cm	池底坡度/%
第一级	3	12	11～12.5	1～5	40～100	1，1.5，2.0
第二级	2	17	18.5	1～3	50～120	2.0，3.0
第三级	3	30	19		—	—
第四级	3	45	19	0.5～1	60～100	0.5，1.0，1.5

除上述几种设计方法外，还可根据植物的供氧能力（P_o）进行设计计算。如前所述，可以通过对湿地床在处理污水之前湿地中氧的积累量来计算植物（如芦苇）的供氧能力。通常，人工湿地植物的输氧能力（T_o）多在 5～45g/（m^2 • d）之间，一般为 20g/（m^2 • d）。处理过程中污水的需氧量（R_o）可用式 5-10 进行估算。植物的供氧能力可用式 5-11 来估算。根据式 5-11 可以确定湿地床的表面积 A_s。在实际设计中，一般应将计算所得的 A_s 理论值乘以一个安全系数（一般为 2）。

$$R_o = 1.5Q(S_0 - S_e) \tag{5-10}$$

$$P_o = \frac{A_s T_o}{1000} \tag{5-11}$$

5.4.3 CW 系统的构造设计

在 CW 的有关工艺尺寸确定后，还需考虑系统设计中的一些其他问题，如场地的选择、栽种植物类型的确定、进出水系统的布置、填料的使用、湿地床中水位的控制和床底渗漏对地下水的污染问题等。图 5-13 所示为 CW 的典型构造及其组成。

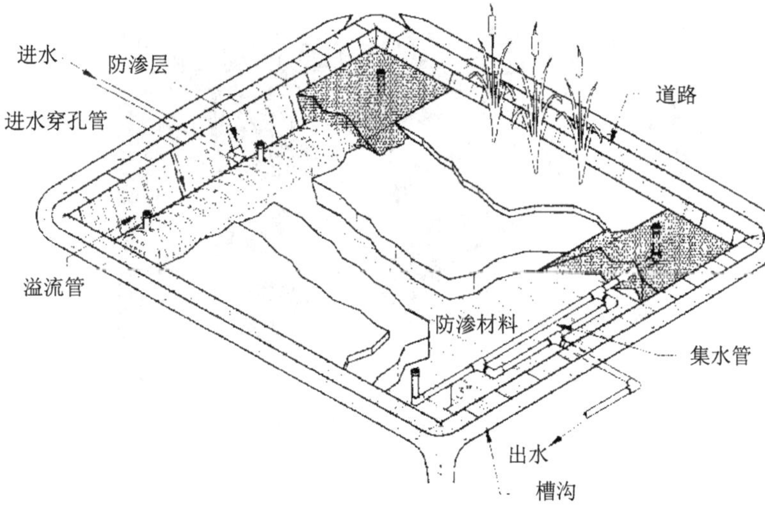

图 5-13　CW 系统的典型构造

5.4.3.1 场地的选择与外形

由于 CW 系统所能承受的有机负荷或水力负荷较低，因而处理系统所需的占地面积大于传统的二级生物处理工艺。有资料表明，处理单位体积的污水，CW 的用地面积为传统二级生物处理法的 2～3 倍。因此，采用 CW 工艺处理污水时，应因地制宜确定场地，尽量选择有一定自然坡度的洼地或经济价值不高的荒地，一方面减少土方工程量、利于排水、降低投资，另一方面防止对周围环境的影响。

目前，CW 系统已不仅具有处理和净化废水之功能，同时具有美化景观的价值。如我国已开始建设将污水处理与景观建设相结合的生态公园或活水公园，其中多以 CW 为其核心组成部分。因而，在 CW 的建设过程中应同时考虑其上述两方面的功能，尤其在其外观（形）设计上应因地制宜，与周边景观相协调。图 5-14 为 CW 的两种典型的外观布置设计。图 5-15 为成都府南河以 CW 为核心的活水公园全景。

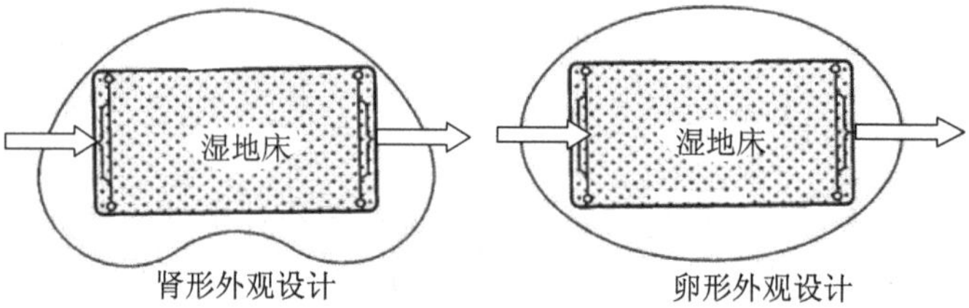

图 5-14 CW 的两种典型的外观布置设计

图 5-15 成都活水公园全景

5.4.3.2 进出水系统的构造

湿地床的进水系统应保证配水的均匀性，一般采用穿孔管和三角堰等配水装置。进水管应比湿地床面高出 0.5m，以防因床表面淤泥和杂草的积累而影响配水。同时应定期清理沉淀物和杂草等，保持系统配水的均匀性。湿地床的出水系统一般根据对床中水位调节的要求，出水区的末端的砾石填料层的底部设置穿孔集水管，并设置旋转弯头和控制阀门以调节床内的水位。

对于小规模的 CW 系统，常用的进水装置多为穿孔 PVC 管，其长度与 CW 宽度一致，均匀穿孔，在整个断面上均匀布水。穿孔管配水孔口的大小及间距与处理规模、水质情况及水力停留时间等有关，一般可取最大孔间距为湿地宽度的 10%。而对处理规模比较大 CW 系统，一般宜采用多级布水的方式进行配水。必要时，可沿湿地的长度方向增设纵向隔板，以减少短路、增强水力传导及配水的均匀性。

与进水布置相同，CW 系统的出水装置亦要求做到均匀集水，一般采用均匀穿孔管的形式在湿地床的整个断面进行集水。出水装置的另一个功能是控制湿地床的水位，因而要求其设置可调出水水位控制装置（包括出水井及可上下调节的柔性出水管），以便根据湿地床中植物的生长情况及 CW 的运行方式及时调整和控制其水位。图 5-16 为 CW 系统的出水井及水位控制装置的一种布置形式。

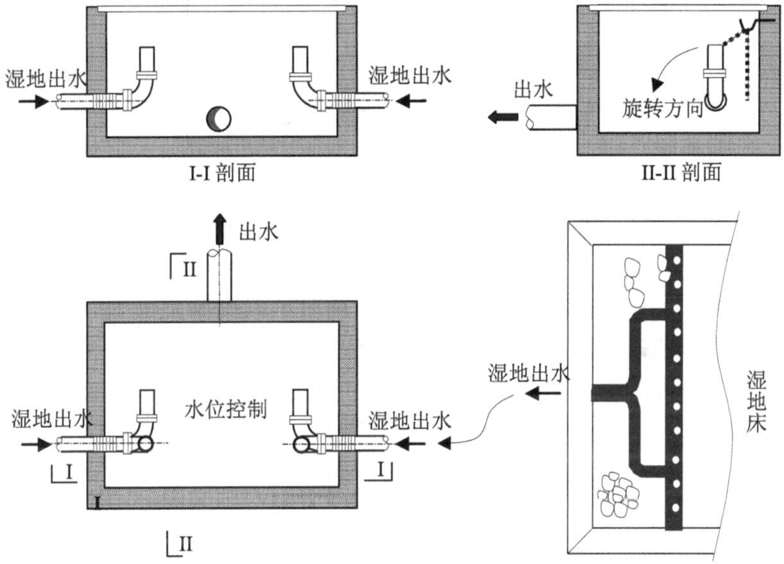

图 5-16　CW 系统的出水井及水位控制装置的一种布置形式

5.4.3.3 湿地床的水位控制

由于湿地进水的水位是基本保持不变的，因而为了废水在床体内以推流的形式流动，须对床体中的水位加以控制。对于目前应用较多的潜流湿地系统而言，水位控制有如下三个基本要求：①当系统接纳最大设计流量时，其进水端不能出现壅水现象以防发生地表流；②当系统接纳最小设计流量时，出水端不能出现填料床面的淹没现象，以防出现地表流；③为有利于植物的生长，床中水面浸没植物根系的深度应尽可能地均匀。

湿地床的底坡不一定等于床体中的水面线坡度。但设计的过程中应考虑尽量使水面坡度与底坡基本一致。图 5-17 所示为由出水端控制的湿地床水面线。由图可知，当进水达最大流量时，为使进水端不出现地表流，出水端的水位须控制在 F 点；而当进水量为最小时，为维持 A 点的水位，出水端水位须提高到 E 点。可见，当进水流量在最大至最小流量之间变化时，出水端水位的控制范围在 F 点和 E 点的高差。但有时为系统的调试和在系统运行初期利于植物的生长，而需将进水端的水位控制在 B 点时，则要将出水端水位控制在 G 点。这是在设计中需要加以考虑的。

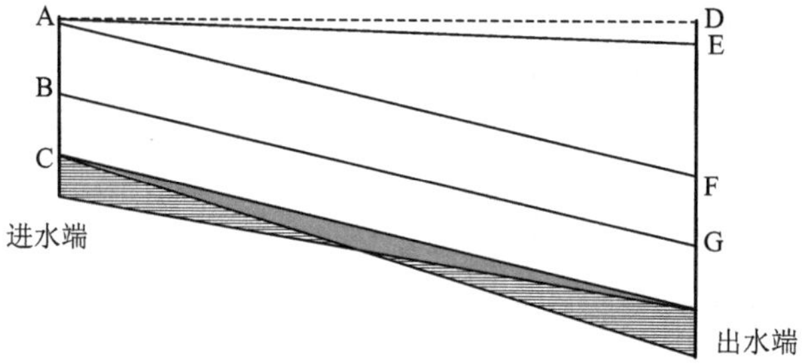

图 5-17 出水端控制的湿地床水面线

当由出水端控制水面线时，床体的底坡选择对水面线没有多大的影响，对床体的工程造价和水流流态有较大的影响。如图 5-17 所示，如果底坡小于 BG 线的坡度，则将多出的横线阴影部分的工程量；如果底坡大于 BG 线的坡度，则将多出灰色阴影部分的工程量，而且在这部分阴影中的水流易形成大片的死区。因此，湿地床的底坡应尽可能地与床体中的水面线坡度一致。

此外，湿地床的长度不宜过长。过长易增加植物浸没深度的不均匀性，同时也将增加出水端水位控制调节的难度。

5.4.3.4 地下防渗措施

CW 系统防渗是其设计的重要内容。为防止湿地系统因渗漏而造成对地下水的污染，一般要求在工程施工时尽量保持原土层，在原土层上采取防渗措施，如原土层达不到防渗要求时，则需用黏土、膨润土、沥青、油毡等铺设防渗层等。资料表明，当材料的渗透率低于 10^{-6}cm/s 时，则可用作防渗材料。国外则大多采用厚度为 0.5～1.0mm 的高密度聚乙烯树脂薄膜塑料（HDPE）或聚氯乙烯（PVC）作为防渗材料，为防止床体填料尖角对薄膜的损坏，施工时宜先在塑料薄膜上铺一层细砂。图 5-18 为国外 CW 系统的防渗施工现场。

图 5-18　CW 系统的防渗施工现场

5.4.4 CW 系统的填料及其构成

5.4.4.1 填料的选择

CW 系统所使用的填料有矿渣、粉煤灰、蛭石、沸石、砾石和砂等。研究表明，对不同的填料对磷的吸附效能而言，具有矿渣＞粉煤灰＞蛭石＞沸石＞砂的排序（表 5-10）。同时，由于不同的填料所含基团成分的不同，对废水中磷的转化形态也不相同。通常矿渣、粉煤灰、沸石和砂将废水中的磷转化为 Ca-P（包括磷酸二钙、磷酸八钙、磷酸十钙等）的比例较大，而蛭石则将废水中的磷转化为 Fe-P 的比例较大。

在填料的选择过程中，不仅应关注其对磷的转化和去除效能，同时应考虑具有较大的比表面积、孔隙率和良好的稳定性（结构强度等）。

表 5-10　不同填料对废水磷的转化形态和吸附能力　　单位：mg/kg

磷的转化形态	砂	沸石	蛭石	粉煤灰	矿渣
磷酸二钙	43	82	153.5	1 037	1 565
磷酸八钙	51	132	530	6 800	10 150
磷酸十钙	22	122	316	5 540	44 500
磷酸铁	88.3	234	1 560	552.8	9 075
磷酸铝	72	206.5	808	680	335
蔽蓄态磷	0	0	108	328.6	480.5
其他形式的磷	0	0	235	825	1 023
总磷	276.3	776.5	3 711	15 763	67 128

5.4.4.2 填料的构成

如前所述，湿地床的填料由三层组成，即表层土层、中层砾石和下层豆石。湿地床表层土壤可就近采用当地的表层土，如能利用钙含量在2～2.5kg/100kg的土壤则更好。在铺设表层土时，要将地表土壤与粒径为5～10mm的石灰石掺和，厚度为0.15～0.25m。表层以下采用粒径在0.5～5cm的砾石（或花岗岩碎石）铺设，其铺设厚度一般为0.2～0.3m，有时也采用粒径为5～10mm（或12～25mm）的石灰石填料，下层再采用粒径在3.0～6.0cm的豆石（或卵石）铺设，其铺设厚度一般为0.2～0.3m铺设。由于表层土壤在浸水后会产生一定的沉降作用，因而在设计时，填料上层的高度宜高于设计值的10%～15%。如果最终设计湿地床的厚度为0.6m，则实际铺设时应将其控制在0.7m左右为宜。填料本身对生物处理的影响不大，但对含磷和重金属离子的废水而言，如能采用花岗岩或满足尺寸要求的沸石等作为湿地床体填料，则可利用填料中Ca、Fe等负电成分与废水中氮、磷的反应和离子交换作用，而提高它们的去除率。表5-11所列为英国应用VFCW处理废水时的湿地床填料级配。

表5-11　英国应用VFCW处理废水时的湿地床填料级配

位置	厚度/cm	填料级配
顶层	8	粗砂
上层	15	6mm圆形砾石
下层	10	12mm圆形砾石
底层	15	30～60mm圆形砾石

5.4.5 CW系统的植物

在人工湿地系统的设计过程中，应考虑尽可能地增加湿地系统的生物多样性。因为生态系统的物种越多，其结构组成越复杂，则其稳定性越高，因而对外界干扰的抵抗能力也就越强。这样可提高湿地系统的处理能力，延长湿地系统的使用寿命。

5.4.5.1 植物的选择

在CW系统植物的选择中，应根据植物的耐污性、生长特性、根系的发达程度以及经济价值和美观要求等因素来确定，同时也要考虑因地制宜。

（1）适地适种的原则。CW是通过人工设计建造的一种新型污水处理工艺，应重视使人与环境、生物与环境、生物与生物生态协调。不同地区具有不同的环境背景，具有地域的差异，在CW植物的选择中应对此重视，必须做到因地制宜地选用适合当地条件生长的植物。同时，不必将 CW 拘泥于矩形等规则的几何形状，应根据不同的水文地貌将其融入周围的景观，这也是植物选择时有必要加以考虑的。

（2）应选择耐污能力强的植物。耐污染能力是选择 CW 植物要考虑的重要因素，大多数植物对于污染逆境均有一定的适应性，并会产生一定的抗性，且这种抗性在一定程度上具有遗传性，从而可以进行代间传递，因而可利用植物这种对污染的适应性筛选出符合要求的 CW 植物。

（3）应选择净化能力强的植物。净化能力是选择人工湿地植物要考虑的另一重要因素。为提高 CW 的去污能力，不仅应选择耐污能力强的植物，同时也应选择具有良好净化能力和净化功能（对不同污染物的去除效能）植物。黄时达等对芦苇、灯心草和菖蒲三种植物对污染物净化能力的研究表明，灯心草去除能力最强，其对 COD_{Cr} 的去除率可达到 42%～46%。

（4）选择根系发达的植物。发达的植物根系可以分泌较多的根分泌物，并可为湿地微生物的生存提供良好的条件（如供给充足的氧气、提供其生长繁殖的表面等），从而利于促进根区的生物降解，提高 CW 的净化能力。

（5）充分考虑观赏和经济价值。目前，发达国家的 CW 污水处理系统在净化水质的同时还引入园林设计的理念，将废水处理与营造生态公园融为一体。我国成都市府南河的活水公园及正在建设中的上海苏州河“梦清园”活水公园，均是将两者融为一体的典范。

此外，为增强 CW 对废水的净化能力及与周围景观的融合，一般可在同一 CW 系统选择数种植物，根据气候及季节变化、植物生长特性、除污能力及其景观效果，按一定比例进行空间和时间的分布进行搭配栽种，以利于 CW 运行的稳定性。

5.4.5.2 常用植物的类型及栽种

目前，用于 CW 的植物有芦苇、茳芏（席草）、大米草、美人蕉等多种（如表 5-8 所列）。图 5-19 所示为几种不同的 CW 常用植物。但目前最常用的是芦苇。芦苇具有发达的根系，其生长可深入到地下 0.6～0.7m，可提供巨大的比表面积，具有良好的输氧能力。采用芦苇作为湿地植物时，应注意取当地的芦苇种，以保证其对当地气候环境的适应性。芦苇的栽种可采用播种的方法，也可采用移栽插种的方法。移栽插种法比较经济快捷。其具体方法是将有芽苞的芦苇根剪成长 10cm 左右，将其埋入 4cm 深的土中并使其上端露出地面。插植的最佳期是秋季，但早春也可。种植密度一般为 1～3 株/m^2（图 5-20）。有专家建议，在碎石床湿地中，应首先考虑植物的分栽，而不宜插植，其原因是碎石填料床中缺乏营养，且湿地面积大，难以准确控制水位，因而亦难以保证植物在插植初期、无根系的情况下获得足够的营养，因而将影响其成活率。一般情况下，移栽或分栽的成活率可达 90%以上，而插植的成活率则低得多。

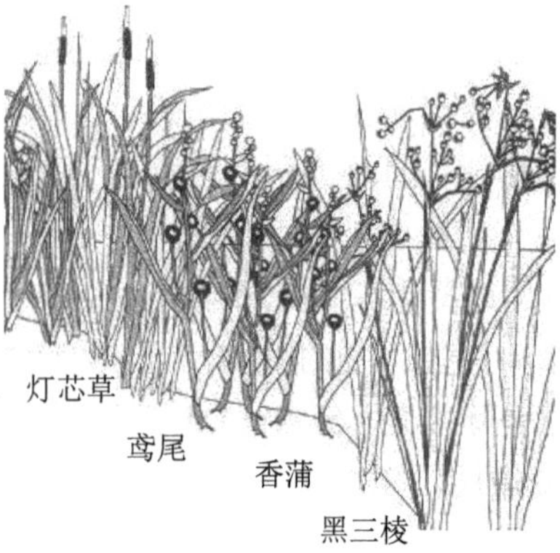

图 5-19 几种常用的 CW 植物

图 5-20 CW 植物的栽种

5.4.6 CW 系统的设计程序

图 5-21 所示为 CW 系统的设计程序。

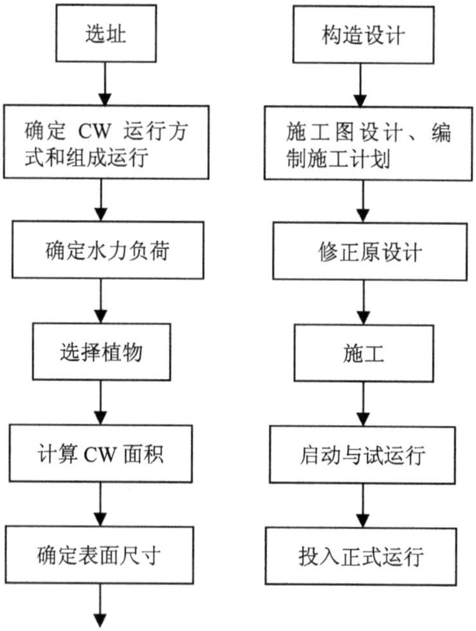

图 5-21 CW 系统的设计程序

5.5 CW 系统的运行管理

5.5.1 CW 系统的启动与运行

CW 污水处理系统从启动到成熟及正常运行，一般要经历两个阶段。第一阶段是启动阶段。在此阶段中，整个系统处于不稳定状态，其中植物的生长、微生物的数量、种类及生物膜的生长都处于逐步发展的阶段。植物的根茎不断生长，其根系不断发育并逐步向填料床深处扩展，微生物的数量不断增多、优势种群逐步形成，此时系统对污水的处理效果及运行稳定性尚处于变化之中。在启动阶段，CW 在插种或插种芦苇等植物后即需要充水，将水位控制在地面以下 25mm 处（对 SSFCW 而言）。按设计流量运行 3～4 个月后，将水位降低到距湿地床底 0.2m 处运行，以促进芦苇等植物的根系向床体深处发展，待根系深入到床底生长后，可再将水位调节到地表以下 0.2m 处，开始正常运行。

第二阶段是成熟稳定阶段。在此阶段中，系统处于动态平衡之中。植物的生长仅随季节发生周期性的变化，而年际间则处于相对稳定的状态。此时系统的处理效果充分发挥、运行也比较稳定。研究表明，湿地系统对 BOD_5 和 SS 的去除率随季节没有明显的变化，而且终年保持在较高的净化水平上。CW 系统从启动到成熟所需的时间随各地的情况不同而有所不同，一般要两年左右的时间。

5.5.2 CW 系统的维护管理

5.5.2.1 运行管理

如 CW 系统设计合理且污水水质及水量不发生很大的变化，则系统一方面可自流运行，不需要任何动力设备，另一方面也不需很多的维护工作量。其所需运行管理主要为定期监测和湿地床堵塞的防护。

目前，CW 系统的堵塞是其运行管理中的重要内容。湿地床较易出现堵塞问题，一旦发生，不仅影响其处理效能，同时也将影响其使用寿命。造成堵塞的原因很多，包括废水中的 SS、运行负荷、填料的尺寸及级配、植物根系生长的发达程度等。对此，目前尚无很好的恢复对策，主要有以下三种途径。①国外通常的做法是将湿地床进行“轮休”运行，以恢复其渗透性，“轮休”周期一般为数周，取决于气候条件。②强化废水的预处理。如成都府南河活水公园所处理的受污河水在进入湿地系统之前，进行厌氧（沉淀、调节等）预处理，有效地降低了进入湿地床的 SS。③选择高孔隙率的填料及根系发达的挺水植物。

湿地中的植物可以定期收割或让其自然枯败，但以定期收割为好。尤其芦苇在我国是一种具有一定经济价值的（造纸等）工业原料，因而可以加以利用。

5.6 CW 系统的特点

与传统污水处理工艺相比，CW 污水处理技术有着其自身独特的优势，但同时亦存在一定的不足。主要表现在以下几方面。

5.6.1 CW 系统的优点

5.6.1.1 基建投资低、运行费用省

工程造价和运行费用是人们在选择和设计污水处理工艺时必须考虑的问题，也是使用单位最为关心的问题。虽然目前国内有关人工湿地处理系统工程造价和运行费用的实际数据或报道较少，但由于人工湿地的土建施工比较简单而且基本不需耗能，因而其造价和运行费用无疑要比传统的二级生物处理（CAS）工艺要节省，且易于维护。国外资料报道，人工湿地的工程造价和运行费用仅为传统工艺的 10%～50%。以我国深圳白泥坑人工湿地系统为例。深圳白泥坑人工湿地系统的运行费用仅为 CAS 工艺的 10%。表 5-12 所列为深圳白泥坑、石岩 CW 系统及沙田 CW 系统与南方其他污水处理厂 CAS 工艺和氧化沟（OD）工艺的经济比较。

表 5-12 我国部分 CW 的基建投资和运转成本与 CAS 工艺的比较

工程名称	处理工艺	吨水投资/元	吨水处理成本/元	吨水占地/m^2
深圳某厂	CAS	660（1990’）	>0.20	2.67
珠海某厂	CAS	833（1990’）	>0.20	1.2
海南某厂	OD	574（1990’）	0.20	1.2
深圳白泥坑	CW	138（1990）	0.02	2.79
深圳石岩	CW	533（2003）	0.15	1.6
深圳沙田	CW	500～600	0.14	4.0

由表可见，CW 的吨水投资及处理费用均较 CAS 等工艺低。其中深圳石岩 CW 系统工程包括了水解酸化预处理工程，同时其为近两年内新建的工程，因而其中有设备及用地价格的上涨因素在其中。分析表明，如不考虑系统的征地费，CW 的投资与处理规模之间有近似线性的关系；但当考虑征地费时，则费用与处理规模间的关系将成凸函数的形式。因而，CW 污水处理技术比较适用于中小城镇、居民小区及城市分散型的污水处理，也就是说当将人工湿地系统应用于上述情况的污水处理时，具有比传统工艺优越得多的经济效益。

此外，CW 中所用及生长的植物有的还可作为工业原料及生活资源。如江苏省盐城市双灯纸业有限公司利用沿海滩涂种植了 2 267hm^2 芦苇，用于造纸废水的灌溉处理，每年可收割大量芦苇，不仅有效地解决了造纸原料问题，同时通过芦苇的及时收割而有效解决了芦苇床的管理问题。如云南玉溪市抚仙湖 CW 系统每年可提供 30 多吨鲜鱼和水生蔬菜，其经济收入可支付 90%的运行管理费，实现了“以收养管”的目标，这与目前许多地区所存在的污水处理厂“建得起，养不起”甚而“建而不用”的问题形成了鲜明的对照。

5.6.1.2 独特的生态景观效应

CW 系统对废水的净化过程属于半自然条件下的人工处理工艺，不仅其工艺系统的组成具有多种不同的方式，其所采用的填料和植物等均可根据所需处理废水的特征加以合理灵活的组合，同时可与其他废水处理工艺实现充分的有机结合，以实现不同的处理功能。此外，CW 系统易于根据当地的地形和地貌条件，设计与其周围环境和景观要求相一致或成为美化环境的景观，从而实现废水净化与美化环境的结合。目前，随 CW 技术的不断推广应用，这方面的实例与日趋增多。如上海苏州河的梦清园活水公园及于 1998 年获得第十二届国际“优秀水岸奖”最高奖及国际环境设计研究协会（EDRA）和美国《地域》（Places）杂志授予“环境设计奖”的成都市府南河活水公园（图 5-15）均是 CW 系统将废水处理与生态景观相融合的典范。据悉，2008 年北京奥运会森林公园亦将建设 CW 湿地处理系统，以体现绿色奥运之精神。

投产于 1998 年的美国维多利亚 DoPont CW 系统，种植了 131 000 枝植物，不仅取得了良好的废水处理效果，同时还吸引了包括蜻蜓、青蛙、海狸鼠、浣熊、蛇、龟、犰狳、秃鹰、鱼类和 176 余种鸟类的众多野生动物到此栖息，形成了其独特的生态环境景观。该 CW 系统还设有湿地教育中心、鸟类观望台、水陆观景区等，吸引了众多观光者和学生。图 5-22 所示为该 CW 系统的整体布局。

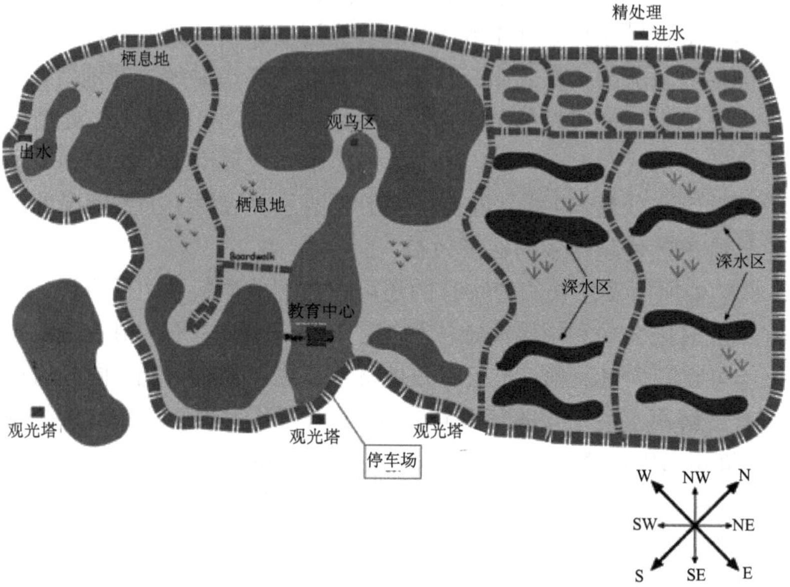

图 5-22 维多利亚 DoPont CW 系统

5.6.1.3 良好的处理效能

实际应用实践表明，CW 系统不仅具有在低成本条件下的良好处理效果，而且具有多重处理功能，部分指标的处理率甚至优于 CAS 工艺。当应用于处理浓度较低的废水时，其对 BOD_5 和 COD_{Cr} 的去除率可分别达到 85%～95%和 80%以上，处理出水中的 BOD_5 和 SS 质量浓度可分别低于 10mg/L 和 20mg/L。此外，还具有 60%和 80%～90%的氮和磷去除率，对农药类、细菌等的去除率均在 90%以上，对 Cu、Fe、Pb、Zn 和 Mn 等金属离子的去除率亦大多在 90%以上。深圳市环境科学研究所于 1999 年设计建设的深圳洪湖公园“洪湖人工湿地系统水质净化工程”的实际运行结果表明，其对 COD_{Cr}、BOD_5、NH_3—N 和 TP 的去除率分别达到了 82.6%、85.8%、86.2%和 82.6%。表 5-13 所列为 CW 应用不同废水处理的效果。

需要指出的是，由于 CW 系统是在半自然状态下实现对废水处理的，其处理效果除与所用填料、处理负荷、废水水质及植物的生长等有关外，还受气候条件的影响，因而对同一地区的 CW 系统而言，成熟后的 CW 系统在年际具有良好的运行稳定性，但在不同季节将有所波动。冬季时期，将会因植物的枯败或休眠，或过低的水温等，而使其处理效果有所下降。

表 5-13　CW 应用于不同废水处理的效果

废水类型	CW 类型	污染物处理效果/%				
		COD_{Cr}	BOD_5	NH_3—N	TN	TP
食品加工废水	SSF	92	89	86	—	96
酿酒废水	SSF	98	—	—	—	63.3
油田采油废水	VF	67～80.8	80～89	—	75～81	—
油田采油废水	SF	83.1	88.4	—	88.4	—
暴雨径流	SSF	—	87.1	—	97.3	—
农业废水	SSF	60～71	—	70.8～83	50～61	55～66
造纸废水	SF	93	98	—	—	—
河水	SSF	—	75～81	13～55	—	10～53

5.6.2 CW 系统的不足

5.6.2.1 受气候条件的限制较大

CW 系统中栽种植物的类型受到了气候条件的限制。如在我国气候寒冷的北方地区，如选择美人蕉等热带植物作 CW 植物，则将因其难以长期正常生长而不能有效发挥其处理功能，因而只能选择温带或部分亚热带植物作为净水植物；同时，因冬季寒冷将导致水体结冰而封冻，因而在寒冷地区难以采用 SFCW 系统，但其处理效能仍不及在南方温和气候的地区。因而，使其的应用地域受到了一定的限制。

5.6.2.2 占地面积相对较大

CW 系统对废水中污染物的去除效果与污水在湿地床中流动的时间和空间充足与否有着很大关系。由于 CW 床中的微生物数量远低于 CAS 等工艺，同时填料对污染物的固着存在一个饱和状态，且 CW 中污染物的彻底去除最终依赖于植物的收割，因而 CW 不仅主要适用于低浓度废水的处理，同时其处理负荷往往较低，即其单位容积的处理能力要低于 CAS 工艺，因而与传统的污水处理厂相比，需要较大的占地面积，一般为 CAS 污水处理厂的 2～3 倍。如，深圳市沙田 CW 污水处理系统处理每 m^3 污水需湿地面积为 $1.88m^2$，如果考虑前处理，则其总占地面积为 $4m^2/m^3$ 污水。因此，CW 系统的选址问题要考虑到环境经济效益综合最优化和规模化。但由此亦表明，CW 系统除应用于与景观建设相结合的场合外，一般多适用于小规模的处理场合及广大的乡镇地区的生活污水的处理。

5.6.2.3 易产生淤积堵塞和饱和现象

CW 系统能有效地去除污水中的有机物、N、P、SS、金属离子和病原体等污染物质，但是随着时间的推移，部分污染物质会在 CW 中逐渐积累，尤其是不溶性物质的长期截留很容易产生淤积和填料层堵塞现象，影响其水力传导性，降低其处理效果，并缩短其运行寿命。

此外，随时间的推移，其填料的吸附能力将在一定时期内趋于饱和，并由此而影响其处理效果。

5.7 CW 工艺的应用实例

5.7.1 CW 的主要应用情况

CW 污水处理技术已在越来越多的废水处理领域中得到应用，其中包括采矿酸性废水的处理、炼油废水的处理、造纸废水的处理、垃圾填埋场渗滤液的处理（如上海老港垃圾填埋场）、受污河水的处理、雨水的处理、生活污水的处理以及城市或旅游景区景观水体的处理等，同时也常用作城市污水处理厂二级处理出水的深度处理工艺。目前，国外的大多数 CW 系统的处理规模均小，如英国的 CW 的处理规模大多为 10～200 m^3/d，美国大多为 100～3 000 m^3/d，个别的处理规模高达 50 000 m^3/d。我国对 CW 研究的起步虽晚于国外，但近十多年来已有较快的发展，虽在实际应用方面与国外有一定的差距，但在研究领域的差距正在明显缩小，且已建设了具有相当处理规模的示范工程及生产性处理工程。尤其在将 CW 系统与景观建设相结合方面，更有诸如成都活水公园的典型实例。表 5-14 和表 5-15 所列分别为国外和国内部分 CW 系统的应用情况。

表 5-14　国外部分 CW 系统的应用情况

CW 名称/国家	CW 组成及处理对象	处理规模/(m^3/d)	备注		
			面积/m^2	植物/填料类型	水力负荷/(m/d)
Acle/英国	SSF，生活污水	224	1 750	—	—
Arcata/美国	SF，二级处理出水	90	375	—	0.24

CW 名称/国家	CW 组成及处理对象	处理规模/（m³/d）	备注		
			面积/m²	植物/填料类型	水力负荷/（m/d）
Charente/法国	8 床串联，生活污水	1 700①	1 900	芦苇	—
Hardin/美国	SSF，生活污水	300	—	砾石	—
Holthy/英国	SSF，生活污水	30	612	芦苇	—
Iselin/美国	SSF，小区污水	45.4	500	香蒲/砾石	0.046 75
Santee/美国	SSF，二级处理出水	3 785	80 000	芦苇、香蒲/砾石	0.05

①人口当量。

表 5-15　国内部分 CW 系统的应用情况

CW 名称/省市	CW 组成/处理对象	处理规模/（m³/d）	备注		
			面积/m²	植物/填料类型	水力负荷/（m/d）
天津	渗滤+SF+NF+RB/城市污水	1 200～1 800	20hm²	芦苇	0.062
天义镇/内蒙古	两级 SSF 串联/生活污水	1 000	—	芦苇，香蒲	20～60①
白泥坑/深圳	见图 5-11/城市污水	3 150	12.6hm²	见图 5-11	0.369
沙田/深圳	SSF+VF/受污河水	5 000	9 440	①	1.04
昌平/北京	SF/生活污水+工业废水	500	2ha	—	0．047
石岩/深圳	VF/受污河水	15 000	24 000	②	0.625
荣城/山东	生活污水+工业废水	20 000	80 hm²	芦苇	—
帽峰山森林公园/湖南	两级 SF/生活污水	2 000	—	芦苇、美人蕉、水葱	0.026
望海狮城生态小区/海南	SSF/小区生活污水	800	3 000	碎石	0.72～0.96
延庆县沈家营镇/北京	SSF/腐乳厂废水	200	4 400	芦苇/碎石	0.046

①芦苇、再力花、水葱、纸纱草、美人蕉；②芦苇、再力花、大花美人蕉、风车草、香根草、富贵竹等。

5.7.2 CW 在国内应用的实例介绍

下面介绍我国几个具有代表性的 CW 工艺应用和运行情况。

5.7.2.1 深圳石岩 CW 系统

深圳市石岩 CW 工程是我国于 2003 年建设并投入运行、应用于受污河水处理、且处理规模最大的 VFCW 污水处理系统，其设计处理规模为 $1.5\times10^4 m^3/d$，湿地占地面积为 $2.4\times10^4 m^2$，工程建设总投资为 800 万元（RMB），吨水投资费为 533 元（2003 年价），运行成本为 0.18 元/m^3。

该系统由粗格栅、细格栅和强化型酸化水解池组成的前处理及湿地系统组成。其中湿地系统由面积约为 3 000m^3 的 8 块湿地组成，以粒径为 10～50mm 的砂砾作为主要滤料，其高度均为 1.2m，采用设置在填料表层以下 10cm 的 PVC 穿孔管均匀布水，由铺设在底部的穿孔 PVC 管均匀集水。

湿地床所栽种的植物有芦苇（*Phragmites communis*）、再力花（*Thalia dealbata*）、大花美人蕉（*Canna generalis*）、富贵竹（*Dracaena sanderiana*）、风车草（*Cyperus alternifolius*）和香根草（*Vetiveria zizaniodes*）。

该工程用于对截留的受污河水的处理，经处理后排入石岩水库，以防止受污河水直接进入水库而导致对其的进一步污染。图 5-23 所示为该处理系统的工艺流程。图 5-24 所示为该处理系统的全景。表 5-16 所列为该系统的处理效果运行数据。

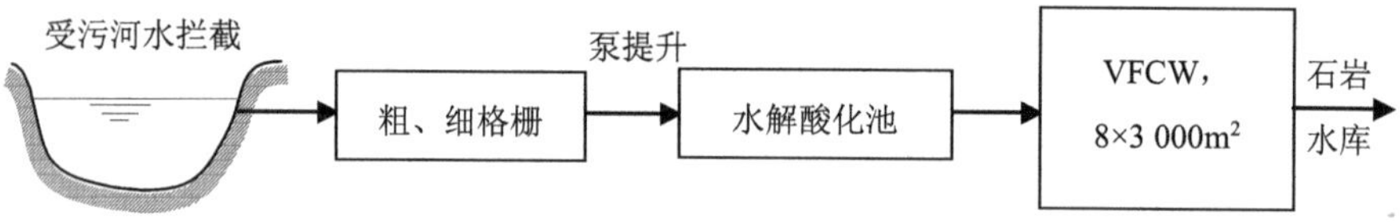

图 5-23 深圳石岩 CW 处理系统工艺流程

图 5-24 深圳石岩 CW 处理系统全景

表 5-16 深圳石岩 CW 系统的处理效果运行数据

指标	数值/（mg/L）				
	进水		出水		去除率/%
	范围	平均	范围	平均	
COD_{Cr}	86～312	207.4	8～61.2	22.2	89.3
BOD_5	40～172	112.4	1～17.4	6.15	94.5
PO_4^{3-}	1.08～5.34	3.57	0.01～0.356	0.13	96.4
TP	1.88～5.92	3.57	0.08～0.692	0.26	92.7
NH_3—N	7.58～22.4	16.9	0.91～11.2	5.8	65.7
TN	16.1～23.9	19.25	2.84～14.2	8.48	56

5.7.2.2 成都府南河活水公园 CW 系统

成都府南河活水公园是世界上第一座集污水净化、城市景观及环境教育于一体的主题性活水公园，也是将污水处理与城市景观相融合的典范。活水公园位于成都市东北隅的府河的南岸，由美国的 Betsy Damon 女士任总监，中、美、韩、日等专家共同设计，于 1998 年建成，总投资 3 000 万元（RMB），占地 24 000m^2。整个公园呈鱼形（图 5-15），紧依河岸，巧借成语“鱼水难分”来揭示水乃生命之源的大义，并于 1998 年 9 月荣获世界城市水岸设计和保护评比第一名。

图 5-25 为活水公园中 CW 系统的工艺流程。取自府河的水，依次流经厌氧沉淀池、水流雕塑（Flowforms）、兼氧池、组合植物塘和植物床、养鱼塘等水净化系统，或涓涓细流，或激情跌宕，变幻出多姿多彩，使之由污变清，处理出水部分回用于公园绿化及景观，其余经戏水池及景观沟渠流入府河。园内兼有中心花园、雕塑喷泉（充氧）、峨眉山植被（生物处理）、黄龙五彩池等自然风景，集教育、观赏于一体（图 5-26）。公园地面为 CW 污水处理系统，地下为环境教育中心，兼具教育、游乐功能，同时公园的设计还体现了城市园林特性。

该 CW 工艺系统的设计日处理水量为 200m^3，实际运行规模为 300～400m^3/d，所处理的对象为受污府河水。该河水水质指标中 COD_{Cr}、BOD_5 和油类劣于《地表水环境质量标准》（GB 3838—1988）中的 V 类标准（此前《地表水环境质量标准》（GB 3838—2002）尚未颁布，但实际上也劣于新标准 V 类）。

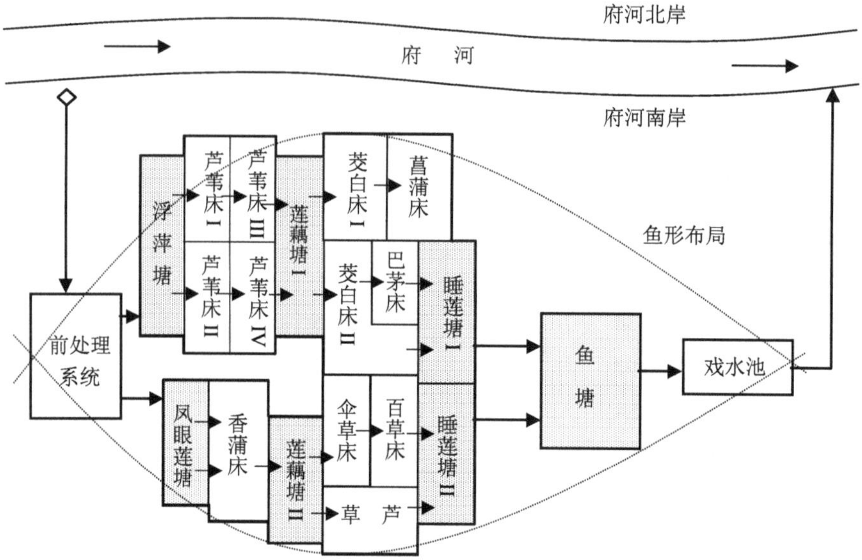

图 5-25　成都府南河活水公园 CW 污水处理系统

连接不同处理单元具有充氧功能的水流雕塑　　梯田形毗邻的塘床湿地系统

图 5-26　与自然生态和景观相协调的处理系统

该处理系统由四个部分组成。①厌氧—兼氧处理系统。被处理污水由水泵提升至厌氧池，在此进行沉淀分离去除 SS，并通过厌氧菌的作用去除部分有机污染物。其出水经水流雕塑进行充氧后进入兼氧池进一步处理，为 CW 系统的处理创造良好的进水条件。②植物塘床系统。植物塘床系统为该工艺及活水公园的核心部分，包括 6 个植物塘（SF）和 12 个植物床（SSF），并组成三级植物塘床系统。塘床系统的布局仿照世界自然遗址九寨沟黄龙寺五彩池的梯田外形结构（图 5-26），塘床中所用填料为碎石，在塘（SF）系统中种植凤眼莲、浮萍、荷花、睡莲、眼子菜等水生植物，在床（SSF）系统中种植芦苇、香蒲、茭白、伞草、菖蒲和灯心草、茳芏和富贵竹等挺水植物，并伴生有各种鱼类、青蛙、蜻蜓、蝴蝶及其他大量昆虫和微生物，形成了一个独具特色的 CW 塘床生物群落，对污水实现了有效的净化处理。③鱼塘系统。该系统主要养殖观赏鱼类和水草，具有进一步净化水质和观赏的功能，同时也是整个 CW 系统水质净化效果好坏的监测点，通过观测鱼类的生长状况，可直观判断塘床系统的出水水质。④吸水池与自然景观水沟。该系统主要为游客提供符合娱乐景观用水水质的水体。

自该系统成熟运行以来，动植物生长正常，并已构成完整的湿地生物群落结构，水质净化效果明显。监测结果表明，该系统对 COD_{Cr}、BOD_5、NH_3—N 和油的去除率均可达 80%以上，处理出水中的 COD_{Cr}、BOD_5、NH_3—N 和（石）油类浓度分别可达＜10mg/L、＜3mg/L、＜0.02mg/L 和＜0.05mg/L，达到《地表水环境质量标准》（3838—2002）中 II 和 III 类水质量要求。表 5-17 所列为该处理系统对不同污染物的处理效果数据。

表 5-17 成都活水公园 CW 系统对污染物的去除率数据

指标	去除率/%				
	厌氧池	塘床系统	鱼塘	戏水池	总排口
COD_{Cr}	35.4	85.3	—	89.0	＞89.0
BOD_5	29.9	88.2	—	88.7	＞89.0
TP	18.7	54.7	89.3	93.9	97.4
TN	19.8	53.8	89.3	93.8	94.3
NH_3—N	-84.0	39.7	89.5	97.4	95.1
S^{2-}	-557.3	-6.5	80.6	75.8	85.5
Oil	2.2	73.9	91.2	96.3	96.3
LAS	-1.02	32.0	90.3	93.9	90.9
T*Coli*	90.0	94.6	99.96	99.98	99.97

5.7.2.3 沈阳满堂河生态污水处理示范厂 CW 系统

沈阳满堂河生态污水处理示范厂是我国东北地区建设的第一座采用 CW 污水生态处理系统的污水处理示范工程，于 2003 年投入调试运行，其处理对象是严重污染的满堂河水及沿岸的重点生活污染源排水。

该厂共占地 $63hm^2$，日处理污水为 20 000～30 000m^3，由污水预处理区、SSFCW 主处理区和 SFCW 景观区三部分组成。其中以 CW 处理为主，并辅以浮动生物床预处理工艺，同时把污水处理与生态景观建设有机地结合起来，实现污水处理、利用和生态建设的高度统一。考虑到东北冬季气温低和植物枯萎等因素，在该工程中建设了污水预处理系统，以通过预处理弥补因气温低和冬季植物枯萎而造成的处理能力减弱问题，并可根据季节变化而灵活调整其处理规模，保证污水处理系统在各季节运行的有效和稳定性。实际运行表明，经该处理系统处理后，污水中的污染物含量得到大幅度降低，出水水质达到了再生水回用景观水体的水质要求，并在实现污水低成本有效处理的同时，形成了独特的 CW 的植物景观。

5.7.2.4 深圳沙田 CW 系统

沙田 CW 污水处理厂位于深圳市龙岗区坑梓镇田脚河，是深圳市河流综合治理重点工程之一。该厂由北京市市政设计研究总院和深圳市环境科学研究所设计，设计处理规模为 5 000m^3/d，处理对象为受深圳市龙岗区沙田村和金沙村生活污水、工业废水严重污染的田脚河河水，占地 20 000m^2。于 2000 年底开工建设，2001 年 7 月建成，9 月进行公开招标运营维护总承包单位，成为全国首家通过公开招投标实行市场化运营管理的污水处理厂，并于同年 11 月调试运行、投入使用。

图 5-27 为该污水处理厂的工艺流程。田脚河（污）水由污水管经格栅后引入集水池，由潜污泵提升至初沉池，后依此经预曝气塘、一级和二级 CW 系统至出水计量装置计量后排入田脚河下游。污泥经脱水后送至于垃圾填埋场处置。

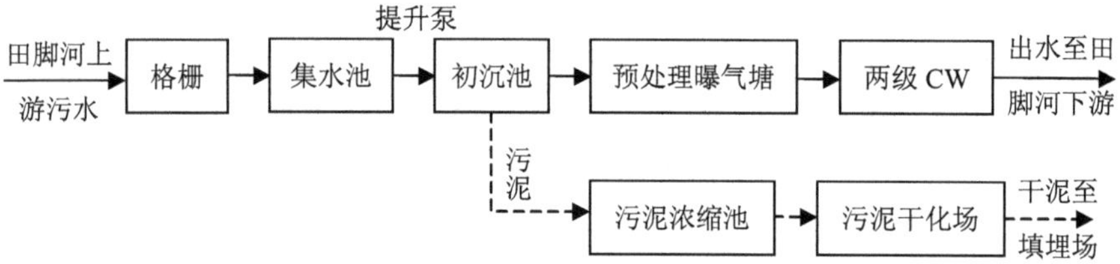

图 5-27 沙田污水处理厂工艺流程

湿地系统由两级组成。一级湿地（SSFCW）由中间隔墙分成 2 组并联运行，每组湿地面积为 2 400m^2（30m×80m），深度 1.5m。湿地中间设 3 道布水花墙，采用风化碎石作填料，其粒径为 30～50mm，厚为 1.0m。一级湿地经三角堰溢流出水，并经配水池至二级湿地。

二级湿地（VFCW）由 4 组并联运，每组面积为 1 160m^2（58m×20m），深度 1.5m。以碎石和粗砂为填料，分三层铺设：底层粒径 16～32mm，厚 0.22m；中层粒径 8～16mm，厚 0.45m；表层粒径 4～8mm，厚 0.25m，总厚度为 0.9m。来自一级湿地的进水由铺设在其表面的 PVC 穿孔管喷洒布水，在填料层底部设 PVC 穿孔集水管。二级湿地系统以交替间歇方式运行，每次仅同时运行其中 3 组湿地，而另 1 组湿地则暂停进水以复氧。

两级湿地均建有排水和联通管，以在运行一定时间后对填料进行必要的冲洗以防堵塞。CW 所种植的植物有芦苇、水葱、美人蕉、茭白、再力花、芦荻等。图 5-28 所示为该污水处理厂的总体平面布置。表 5-18 所列为该处理系统的运行效果。

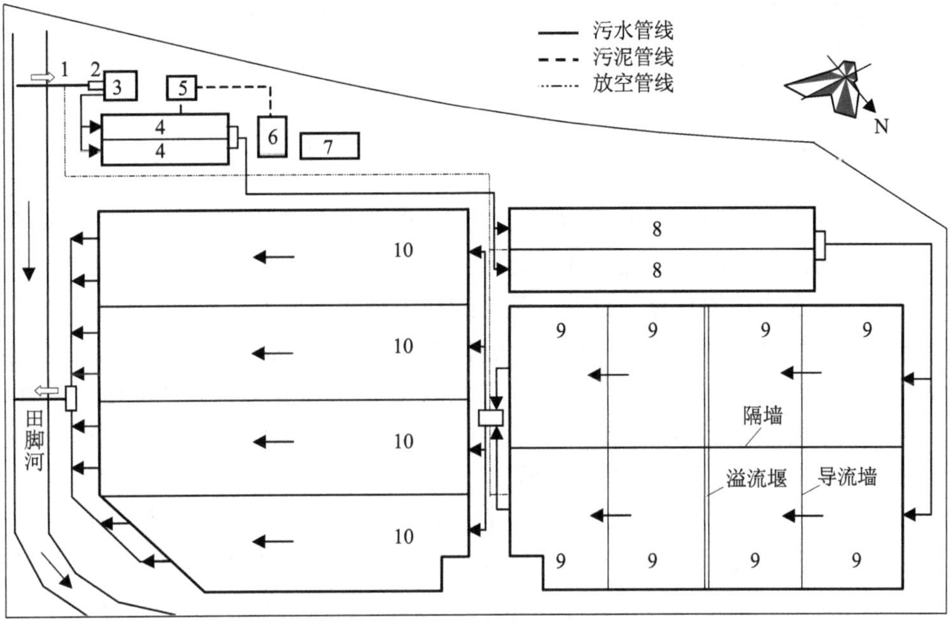

1. 取污水管；2. 格栅；3. 集水井；4. 初沉池；5. 污泥池；6. 脱水机房；7. 值班室；8. 预处理曝气塘；9. 一级湿地；10. 二级湿地

图 5-28 深圳沙田 CW 污水处理系统

表 5-18 深圳沙田 CW 处理系统运行效果

指标	进水/（mg/L）		出水/（mg/L）		去除率/%
	变化范围	平均值	变化范围	平均值	
COD_{Cr}	61～193	124	15～37	30	74～85
BOD_5	27～53	42	7.3～9.7	9.1	85～87
SS	62～70	68	7～9	8.0	85～88
TN	14～19	16	8.3～11.8	9.2	36～48
TP	1.5～5.4	3.0	0.2～0.70	0.56	80～84.4

5.8 结语

目前，CW 的研究涉及的学科和理论较多，如生物反应动力学、水文学、土壤学、生态学及生态景观学等，因而CW系统是一个综合的生态系统，它应用生态系统中物种共生、物质循环再生原理及结构与功能协调原则，在促进废水中污染物质良性循环的前提下，充分发挥资源的生产潜力，净化和改善水体质量，获得污水处理与资源化的最佳效益，是一种较好的生态废水处理方式，较适合于处理规模较小、水质较为稳定、管理水平不高的城镇污水和较分散的污水处理。经过20多年的研究，国内外已取得了一定的经验参数和理论数据。但仍需在以下方面进一步开展研究：

（1）在实际应用中，CW 系统的工艺设计常常是与其他处理工艺系统相结合而构成一个功能协调的综合处理体系的，如与塘系统结合构成塘床处理系统等，以共同实现污水净化的目标。目前，常见的塘床组合处理工艺是CW与好氧塘、厌氧塘以及兼性塘进行多级串联组合，其目的是通过塘系统的预处理，以保证湿地处理系统具有更高的处理效率，使出水水质更趋稳定，并延长CW系统的运行寿命。但是其组合方式、组合次序都会影响到系统出水的水质。因此，CW系统与塘系统组合的复合污水处理系统仍有待深入研究。

（2）农业面源污染的研究和治理。目前，面源污染所引起的水体环境污染已经远远超过点源污染，仅依靠传统的点源污染控制技术难以治理面源的污染，而CW在这方面具有明显和独特的优势及潜力。对此，国外已有一定的研究报道，但国内则尚处于起步阶段。

（3）由于氮、磷等营养元素是水体营养化的主要原因，因而它们仍然是污染物中被严格控制的主要目标。因此，在研究CW除污机制的基础上，构建或调控有利于稳定地去除氮、磷等营养元素的湿地系统，仍是今后研究和实践的重要内容。

（4）决定湿地处理效率的因素除系统内污染物降解的反应动力学和湿地内部的水流流态外，还有许多外在的因素如温度、进水负荷、水力停留时间、区域差异和气候特征以及系统的组合方式等。但目前的研究尚无统一的对比标准，而CW的类型和规模千差万别，诸多研究结果很大程度上都缺乏可比性。因而应重视系统地开展具有可比性的CW影响因素的研究。

（5）人工湿地生态系统在寒冷地区的运行状况及其在生态恢复中的应用。大量的研究表明，温度的降低会影响人工湿地污水净化的效率。因此，气候是设计CW系统的一个限制性因子。为此，研究适用于我国北方大部分寒冷及生态环境较差的地区、具有稳定效能和处理功能特性的CW，对改善和恢复其生态环境，尤其是水环境质量具有重要的现实意义。

参考文献

[1] 白晓慧，王宝贞，余敏等. 人工湿地污水处理技术及其发展应用. 哈尔滨建筑大学学报，1999，32（6）：88～92.

[2] 成水平，吴振斌，况琪军. 人工湿地植物研究. 湖泊科学，2002，14（2）：179～184.

[3] 丁廷华. 污水芦苇湿地处理系统示范工程的研究. 环境科学，1992，13（2）：8～13.

[4] 龚琴红，田光明，吴坚阳等. 垂直流湿地处理低浓度生活污水的水力负荷. 中国环境科学，2004，24（3）：275～279.

[5] 贺锋，吴振斌，成水平等. 复合垂直流人工湿地对氮的净化效果. 中国给水排水，2004，20（10）：18～21.

[6] 贺锋，吴振斌，陶菁等. 复合垂直流人工湿地污水处理系统硝化与反硝化作用. 环境科学，2005，26（1）：47～50.

[7] 胡国光，曹向东，穆瑞林. 深圳市沙田人工湿地污水厂简介. 给水排水，2003，29（8）：30～31.

[8] 华涛，周启星，贾宏宇. 人工湿地污水处理工艺设计关键及生态学问题. 应用生态学报，2004，15（7）：1289～1293.

[9] 黄时达，王庆安，钱骏等. 从成都市活水公园看人工湿地系统处理工艺. 四川环境，2000，19（2）：8～12.

[10] 籍国东，倪晋仁. 人工湿地废水生态处理系统的作用机制. 环境污染治理技术与设备，2004，5（6）：71～75.

[11] 蒋跃平，葛滢，岳春雷等. 人工湿地植物对观赏水中氮磷去除的贡献. 生态学报，2004，24（8）：1720～1725.

[12] 雷明，李凌云. 人工湿地土壤堵塞现象及机理探讨. 工业水处理，2004，24（10）：9～12.

[13] 李科德，胡正嘉. 芦苇床系统净化污水的机理. 中国环境科学，1995，15（2）：140～144.

[14] 李占华. 人工湿地处理系统在长城以北地区的设计应用. 环境保护，2004，（11）：26～27.

[15] 梁继东，周启星，孙铁珩. 人工湿地污水处理系统研究及性能改进分析. 生态学杂志，2003，22（2）：49～55.

[16] 梁威，胡洪营. 人工湿地净化污水过程中的生物作用. 中国给水排水，2003，19（10）：28～31.

[17] 刘家宝，莫凤鸾，雷志洪等. 垂直流人工湿地系统保护饮用水源的实例. 给水排水，2005，31（4）：10～13.

[18] 刘真，章北平. 人工湿地污水处理系统的分析与优化. 华中科技大学学报，2003，20（4）：64～67（107）.

[19] 潘建良，李道棠，李堃宝等. 住宅小区人工湿地——水景观及其应用. 住宅科技，2003，（10）：41～43（46）.

[20] 沈耀良. 废水处理中的几种廉价吸附剂. 重庆环境科学，1995，17（3）：49～53.

[21] 沈耀良，杨铨大. 新型废水处理技术——人工湿地. 污染防治技术，1996，9（1/2）：1～9.

[22] 沈耀良，王宝贞．人工湿地系统的除污机理．江苏环境科技，1997，10（3）：1～6.
[23] 王宝贞，王琳主编．水污染治理新技术——新工艺、新概念、新理论．北京：科学出版社，2004.
[24] 王久贤．白泥坑人工湿地水力学计算研究．广东水力水电，1997，（6）：50～52.
[25] 王世和，王薇，俞燕．水力条件对人工湿地处理效果的影响．东南大学学报：自然科学版，2003，33（3）：359～362.
[26] 汪俊三，覃环．高水力负荷人工湿地处理富营养化湖水．中国给水排水，2005，21（1）：1～4.
[27] 王庆安，任勇，钱骏等．成都市活水公园人工湿地塘床系统的生物群落．重庆环境科学，2001，23（2）：52～55.
[28] 王圣瑞，年跃刚，侯文华等．人工湿地植物的选择．湖泊科学，2004，16（1）：91～96.
[29] 吴晓磊．人工湿地废水处理机理．环境科学，1995，16（3）：83～86.
[30] 吴振斌．垂直流人工湿地的设计及净化功能初探．应用生态学报，2002，13（6）：715～718.
[31] 严立，刘志明，陈建刚等．潜流式人工释地净化富营养化景观水体．中国给水排水，2005，21（2）：11～13.
[32] 尹军，崔玉波，韩相奎等．潜流人工湿地对污染物的降解特性．中国给水排水，2004，20（6）：47～49.
[33] 于少鹏，王海霞，万忠鹃等．人工湿地污水处理技术及其在我国发展的现状与前景．地理科学进展，2004，23（1）：22～29.
[34] 袁东海，景丽洁，张孟群等．几种人工湿地基质净化磷素的机理．中国环境科学，2004，24（5）：614～617.
[35] 袁东海，景丽洁，高士祥等．几种人工湿地基质净化磷素污染性能的分析．环境科学，2005，26（1）：51～55.
[36] 张虎成，田卫，俞穆清等．人工湿地生态系统污水净化研究进展．环境污染治理技术与设备，2004，5（2）：11～15.
[37] 张虎成，俞穆清，田卫等．人工湿地生态系统中氮的净化机理及其影响因素研究进展．干旱区资源与环境，2004，18（4）：163～168.
[38] 张忠祥，钱易主编．废水生物处理新技术．北京：清华大学出版社，2004.
[39] 赵文玉，吴振斌，成水平等．复合垂直流构建湿地系统净化水体中的痕量有机物．给水排水，2004，30（8）：21～23.
[40] 周巧红，吴振斌，付贵萍等．人工湿地基质中酶活性和细菌生理群的时空动态特征．环境科学，2005，26（2）：108～112.
[41] 诸惠昌，胡纪萃．新型废水处理技术——人工湿地的设计方法．环境科学，1993，14（2）：39～43.
[42] 朱彤，许振成，胡康萍等．人工湿地污水处理系统应用研究．环境科学研究，1991，4（5）：17～22.
[43] Abira M A, Ngirigacha H W, van Bruggen J J A. Preliminary investigation of the potential of four tropical emergent macrophytes for treatment of pre-treated pulp and papermill wastewater in Kenya. *Water Sci. and Technol.*，2003，48（5）：223～231.

[44] Arias C A，Budda D M，Brix H. Phosphorus removal by sands for use as media in subsurface flow constructed reed beds. *Water Res.*，2001，35（5）：1159～1168.

[45] Arias C A，Brix H，Johansen N-H. Phosphorus removal from municipal wastewater in an experimental two-stage vertical flow constructed wetland system equipped with a calcite filter. *Water Sci. and Technol.*，2003，48（5）：51～58.

[46] Billore S K，Singh N，Sharma J K，et al. Horizontal subsurface flow gravel bed constructed wetland with *phragmites karka* in central India. *Water Sci. and Technol.*，1999，40（3）：163～171.

[47] Boonsong K，Piyatiratitivorakul S，Patanaponpaiboon P. Potential use of mangrove plantation as constructed wetland for municipal wastewater treatment. *Water Sci. and Technol.*，2003，48（5）：257～266.

[48] Brix H. Danish guidelines for smalle-scale constructed wetland systems for onsite treatment of domestic sewage. *Proceedings of 9th International Conference on Wetland Systems for Water Pollution Control，Avigon，France*，26-30th September 2004：1～8.

[49] Browning K，Greenway M. Nutrient removal and plant biomass in a susbsurface flow constructed wetland in Breibane，Australia. *Water Sci. and Technol.*，2003，48（5）：183～189.

[50] Campbell C S，Ogden M H. Constructed Wetalnds in the Sustainable Landscape. New York，John Wiley&Sons，Inc.，1999.

[51] Cooper P，Green B. Reed bed treatment system for sewage treatment in the United Kindom-the first 10 years experience. *Water Sci. and Technol.*，1995，32（3）：317～327.

[52] Drizo A，Frost C A，Grace J，et al. Physico-chemical screening of phosphate- removing substrates for use in constructed wetland systems. *Water Res.*，1999，33（17）：3539～3602.

[53] Farahbakhshazad N，Morrison G M. Phosphorus removal in a vertical upflow constructed wetland system. *Water Sci. and Technol.*，2003，48（5）：43～50.

[54] Gopal B. Natural and constructed wetlands for wastewater treatment：potential and problems. *Water Sci. and Technol.*，1999，40（3）：27～35.

[55] Grismer M E，Carr M A，Shepherd H L. Evaluation of constructed wetland treatment performance for winery wastewater. *Water Environ. Res.*，2003，75（5）：412～421.

[56] Gutiérrez-Sarabia A，Fernández-Villagómez G，Martínez-Pereda P，et al. Slaughter- house wastewater treatment in a full-scale system with constructed wetlands. *Water Environ. Res.*，2004，76（4）：334～343.

[57] Haberl R，Perfler R，Mayer H. Constructed wetlands in Europe. *Water Sci. and Technol.*，1995，32（3）：306～315.

[58] Kansiime F，Nalubega M，van Bruggen J J A，et al. The effect of wastewater discharge on biomass production and nutrient content of *Cyperrus papyrus* and *Miscanthidium violaceum* in the Nakivubo wetland，Kampala，Uganda. *Water Sci. and Technol.*，2003，48（5）：233～240.

[59] Karim M R，Manshadi F D，Karpiscak M M，et al. The persistence and removal of enteric pathogens in constructed wetlands. *Water Res.*，2004，38（7）：1831～1837.

[60] Kaseva M E. Performance of a sub-surface flow constructed wetland in polishing pre-treated wastewater- a tropical case study. *Water Res.*，2004，38（3）：681～687.

[61] Kemp M C，George D B. Subsurface flow constructed wetlands treating municipal wastewater for nitrogen transformation and removal. *Water Environ. Res.*，1997，69（7）：1254～1262.

[62] Kim S Y，Greary P M. The impact of biomass harvesting on phosphorus uptake by wetland plants. *Water Sci. and Technol.*，2002，44（11/12）：61～67.

[63] Kivaisi K A. The potential for constructed wetlands for wastewater treatment and reuse in developing country：a review. *Ecological Eng.*，2001，16（3）：545～560.

[64] Knight R L. The use of treatment wetlands for petroleum industry dffluents. *Environ. Sci. and Technol.*，1999，33（7）：973～980.

[65] Knight R L，Kadlec R H. Constructed treatment wetlands-a global technology. *Water 21*，2000，（6）：57～58.

[66] Langergraber G. Simulation of susbsyrface flow constructed wetlands-results and further research needs. *Water Sci. and Technol.*，2003，48（5）：157～166.

[67] Lim P E，Mak K Y，Mohamed N，et al. Removal and seciation of heavy metals along the treatment path of wastewater in subsurface-flow constructed wetlands. *Water Sci. and Technol.*，2003，48（5）：307～313.

[68] Mandi L，Bouhoum H，Asmama S，et al. Wastewater treatment by reed beds：an experimental approach. *Water Res.*，1996，30（9）：2009～2016.

[69] Mashauri D A，Mulungu D M M，Abdulhussein B S. Constructed wetland at the University of Dar es Salaam. *Water Res.*，2000，34（4）：1135～1144.

[70] Mbuligwe S E. Comparative treatment of dye-rich wastewater in engineered wetland systems（EWSs） vegetated with different plants. *Water Res.*，2005，39（2/3）：271～280.

[71] OHogain S. The design，operation and performance of a municipal hybrid reed bed treatment system. *Water Sci. and Technol.*，2003，48（5）：119～126.

[72] Okurut T，Rijs G B，van Bruggen J J. Design and performance of experimental constructed wetlands in Uganda，planted with *Cyperus papyrus* and *Phragmites mauritianus*. *Water Sci. and Technol.*，1999，40（3）：265～271.

[73] Ottova V，Balcarova J，Vymazal J. Microbial characteristics of constructed wetlands. *Water Sci. and Technol.*，1997，35（5）：117～123.

[74] Perkins J，Hunter C. Removal of enteric bacteria in a constructed wetland in Yorkshire，England. *Water Res.*，2000，34（6）：1941～1947.

[75] Polprasert C，Khatiwada N，Bhurtel J. Model for organic matter removal in free water surface constructed wetlands. *Water Sci. and Technol.*，1998，38（1）：369～377.

[76] Ranieri E. Hydraulics of subsurface flow constructed wetlands in semi arid climate conditions. *Water Sci. and Technol.*，2003，47（7/8）：49～55.

[77] Reed S C，Brown D. Subsurface flow wetlands-a performance evaluation. *Water Environ. Res.*，1995，67（2）：244～248.

[78] Schonerklee M，Koch F，Perfler R，et al. Teriary treatment in a vertical flow reed bed system – afull scal2 pilot plant for 200-600P.E. *Water Sci. and Technol.*，1997，35（5）：223～230.

[79] Serra T，Fernando H J S，Rodríguez R V. Effects of emergent vegetation on lateral diffusion in wetlands. *Water Res.*，2004，38（1）：139～147.

[80] Shutes R B E，Revitt D M，Mungyr A S，et al. Design of wetland systems for the treatment of urban runoff. *Water Quality Internatuional*，1997，(3/4)：35～38.

[81] Steinmann C R，Weinhart S，Melzer A. A combined system of lagoon and constructed wetland for an effective wastewater treatment. *Water Res.*，2003，37（9）：2035～2042.

[82] Tanner C C，Sukias J P S，Upsdell M P. Organic matter accumulation during maturation of gravel-bed constructed wetlands treating farm dairy wastewaters. *Water Res.*，1998，32（10）：3046～3054.

[83] van Oostrom A J. Nitrogen removal in constructed wetlands treating nitrified meat processing effluent. *Water Sci. and Technol.*，1995，32（3）：137～148.

[84] von Felde K，Kunst S. N- and COD-removal in vertical-flow systems. *Water Sci. and Tecnolo.*，1997，35（5）：79～85.

[85] Vrhovsek D，Kukanja V，Bulc T. Constructed wetland（CW） for industrial waste water treatment. *Water Res.*，1996，30（10）：2287～2292.

[86] Vymazal J，Krása P. Distribution of Mn，Al，Cu and Zn in a constructed wetland receiving municipal sewage. *Water Sci. and Technol.*，2003，48（5）：299～305.

[87] Weedon C M. Compact vertical flow constructed wetland systems-first two years' performance. *Water Sci. and Technol.*，2003，48（5）：15～23.

[88] Winter K J，Goetz D. The impact of sewage composition on the soil clogging phenomena of vertical flow constructed wetlands. *Water Sci. and Technol.*，2003，48（5）：9～14.

[89] Zimmels Y，Kirzhner F，Roitman S. Use of naturally growing aquatic plants for wastewater purification. *Water Environ. Res.*，2004，76（3）：220～230.

第 6 章

MBBR 污水生物处理技术

德国 Freising 污水处理厂（Linpor-C/N 工艺）
Freising WWTP, Germany
（Linpor-C/N Process）

6.1 概述

迄今为止,生物处理工艺仍是去除废水中有机污染物最为经济、最具环境效益、应用最为广泛的城市污水和工业废水处理方法，而传统的活性污泥（CAS—Conventional Activated Sludge）法则是生物处理方法中最为主要和常用的处理方法。CAS 工艺具有操作简单、设计成熟、运行方式多样化等特点，并广泛应用于城市污水及多种工业废水的处理。但随着世界各国城市化进程的不断加快、公众对污水处理厂操作环境要求的日益提高以及能源供给的日趋紧张，使 CAS 工艺相应出现了一系列为人们所越来越关注的问题。这些问题是：①由于世界各国城市化率的不断提高，用地紧张情况与日俱增，因而需在 CAS 工艺的基础上，研究开发用地更为节省的新工艺；②随着社会和公众对污水处理厂处理工艺操作条件和环境要求的日趋严格，需要对 CAS 工艺运行过程中所产生和存在的臭味问题、剩余污泥二次污染问题进行深入研究和改进；③日趋普遍和严重的水体富营养化问题，要求污水处理工艺不仅具有有机物的去除功能，同时要求具有对废水中氮、磷的有效去除，因而出现了许多具有生物脱氮除磷（BN_uR）功能的废水生物处理新工艺（见第 4 章）；④随能源供应的日趋紧张，降耗节能已成为改进 CAS 工艺运行和研究开发新工艺所必须考虑的重要问题；⑤随城市人口的快速增加、人们生活水平的不断提高，城市污水的排放量亦与日俱增，且废水中所含污染物的种类日趋复杂化，在一定时期内易导致 CAS 工艺的超负荷运行以及运转不稳定等问题。

为此，许多国家的研究者相继开展了改进 CAS 工艺以使其适应新的要求的探索和研究工作，并提出了多种以 CAS 为基础的、具有不同优良性能特点和功能的新工艺。其中移动床生物膜反应器（MBBR—Moving Bed Biofilm Reactor）工艺是于 20 世纪 80 年代中期以来得到开发和应用的一种高效的污水生物处理技术。该工艺的核心部分为利用投加到 CAS 曝气池中、比重接近于水的悬浮载体填料作为微生物的活性载体，依靠曝气池内的曝气和水流的提升作用使其处于流化状态，因而是悬浮生长活性污泥法和流化态附着生长的生物膜法相结合的一种工艺。与一般填料不同的是，悬浮填料能与污水频繁多次接触，并可随混合液的流动而流动并相互充分混合接触，因此被称为 MBBR 工艺。

目前,德国的 LINDE AG 股份公司和挪威的 Kaldnes A/S 公司在 MBBR 工艺的研究、开发和应用方面居于世界领先地位。德国 LINDE AG 股份公司的 Morper 博士通过深入广泛的研究，提出了一系列应用以该公司所生产的特殊悬浮载体（LINPOR 载体）的系列 MBBR 工艺，其中包括 LINPOR-C 工艺、LINPOR-C/N

工艺和LINPOR-N工艺等。Kaldnes公司则开发了不同组合方式的MBBR工艺系统，其中有悬浮载体工艺与活性污泥分离组合的生物膜——活性污泥（BAS—Biofilm-Activated Sludge）MBBR工艺、完全MBBR^{TM}工艺专利技术和活性污泥与悬浮载体共池混合运行的HYBAS（HYBrid Activated Sludge）——MBBR工艺。这些工艺分别从提高和稳定处理效果、强化氮、磷去除、提高氧的利用率、降低能耗等方面对CAS工艺进行了改进。

自20世纪90年代以来，MBBR工艺技术在国外得到了较快的发展，已有近400座基于此技术的污水处理厂在世界各地的17个国家已经投入使用或在建造之中，主要用于城市污水或工业废水的处理，并均取得了较好的效果。近年来，我国不少学者也进行了这方面的研究，但用于生活污水处理的研究较多，在工业废水方面的应用研究较少，而且大多处于试验性研究阶段，且悬浮填料在我国污水处理工程中的应用实例还不多。本章主要基于MBBR的基本原理和特征，介绍德国LINDE AG股份有限公司和美国Kaldnes公司对MBBR工艺的研究及其应用情况。

6.2 MBBR工艺的原理及其基本特征

MBBR工艺是悬浮生长活性污泥法和附着生长的生物膜法相结合的一种工艺，其通过在CAS工艺曝气池中投加一定数量的轻质量浮载体填料，使污水处理的机理和效能发生质的变化。在此工艺中，微生物生存的基础环境由CAS工艺中的气、液两相转变为气、液、固三相，这种转变为微生物创造了良好的条件和更丰富的存在形式，形成了一个更复杂的复合式生态系统。悬浮载体表面的生物膜与液相中的悬浮污泥共同发挥作用，各自发挥自己的降解优势。大量吸附生长在生物填料上的生物膜使生物反应器中的活性生物量大大增加，在提高系统抗冲击负荷能力的同时，使系统具有更强的脱氮能力。

MBBR工艺中，附着生长在悬浮载体中的长泥龄生物膜为生长缓慢的硝化菌提供了非常有利的生存环境，可实现有效的硝化效果，而悬浮生长的活性污泥的泥龄相对较短，主要起去除有机物的作用，由此避免了CAS工艺中为了实现硝化作用而需较长的泥龄并因此而易出现污泥膨胀的问题。因而，这种悬浮态和附着态微生物共池生长的工艺其污泥负荷要远低于单纯的CAS工艺，因而其处理效率更高，且运行更稳定。在相同的污泥负荷条件下，该工艺具有更高容积负荷率，因而占地更小。此外，MBBR反应器中悬浮状态和悬浮载体表面附着状态的微生物处于好氧状态，主要发挥由去除有机物和将氨氮氧化为NO_3^-—N和NO_2^-—N的作用，而载体内部所生长的微生物，因受到氧转移的限制，形成中间兼氧区和内部厌氧区，因而利于兼性反硝化细菌的生长而起到反硝化脱氮的作用。据报道，由于悬浮载体具有较大的比表面积，附着在其表面及内部生长的微生物数量大、种类多，因此污泥浓度可达 CAS 法 5～10 倍，曝气池内总污泥浓度（包括悬浮生长和附着生长两部分）最高可达 30～40g/L。同时，由于悬浮载体填料中所生长的长世代期微生物其生物固体平均停留时间与水力停留时间相分离，因而可使长世代期硝化菌和亚硝化菌得以繁衍、增殖。

如前所述，特殊的悬浮填料的使用是 MBBR 工艺的核心部分，其具有以下特征。悬浮填料在无曝气时浮于水的表面，无须固定支架支撑，这使反应池的安装和维修变得很方便；当曝气时，生长了生物膜的填料密度因与水接近，填料依靠曝气的搅拌作用，处于流化状态，这不仅使污水与填料上的生物膜广泛而频繁多次地接触，而且填料在流化过程中切割分散气泡，使布气趋于均匀，提高了氧的利用率，由此产生的固、液、气三相的充分接触混合和碰撞，增大了传质面积，提高了传质速率，强化了传质过程。因此，在达到一定污染物去除率情况下，污水在池内的停留时间更短，同时，即使有冲击负荷，也可以很快地恢复处理效果。另外，悬浮填料受到气流、水流的冲刷，老化的膜能自动脱落，保证了膜的活性，促进了新陈代谢，而且在反应池中随水流化在填料上，还可能大量生长丝状菌，既可利用丝状菌高效降解有机物的功能，使出水改善，又无污泥膨胀之虞。此外，由于填料比重与水相近，只需很小的气量即可使其均匀悬浮于水中，其使用时无需填料支架，只需在曝气池出水处设置栅网拦截，靠曝气水流将其回流至池前端，可节省投资，且投配、更新更方便。因此，操作简单，工作量也较少。

6.3 LINPOR MBBR 工艺及其应用

6.3.1 LINPOR MBBR 工艺的基本特征

LINPOR MBBR 工艺是一种传统活性污泥法的改进型工艺，它通过在传统工艺曝气池中投加一定数量的多孔泡沫塑料颗粒作为活性生物量的载体材料而实现。该工艺由德国 LINDE AG 股份公司的 Morper 博士于 20 世纪 70 年代末开始研发并于 80 年代在欧洲应用于生产性规模废水二级生物处理。该工艺的研究开发旨在改进 CAS 工艺的处理效能和运行可靠性、改进 CAS 污水处理厂因水质水量波动所导致的曝气池中污泥流失、数量不足以及污泥膨胀等性能恶化问题，在强化其对 COD_{Cr}、BOD_5 去除的同时，提高对 NH_4^+—N 及 TN 的去除。

在 LINPOR MBBR 工艺中，改进后的曝气池称为 LINPOR 反应器。在 LINPOR

反应器中所投加的作为反应器中微生物附着生长载体的填料（即移动载体）为多孔泡沫塑料颗粒，其投加数量一般占曝气池有效容积的 10%～30%（通常为 20%）。可用作这种载体的材料必须满足非常严格的要求，如要求颗粒尺寸小而比表面积大、孔多且均匀、具有良好的润湿性以及机械、化学和生物稳定性等，并在运行过程中应始终处于悬浮状态以保证 LINPOR 工艺具有优良的运行效果和较长的运行周期。目前，可用作此载体的材料尚为数不多，满足上述严格要求的仅有几种。图 6-1 所示为 LINPOR 工艺中所使用多孔泡沫塑料方块载体。有报道指出，该泡沫立方体由耐久性材料做成，其自然降解速率为每年 1%。图 6-2 所示为经不同时间使用后，多孔泡沫塑料立方体的外观变化。

图 6-1　LINPORMBBR 工艺中所使用多孔泡沫塑料方块载体
（图中硬币用作尺寸比较）

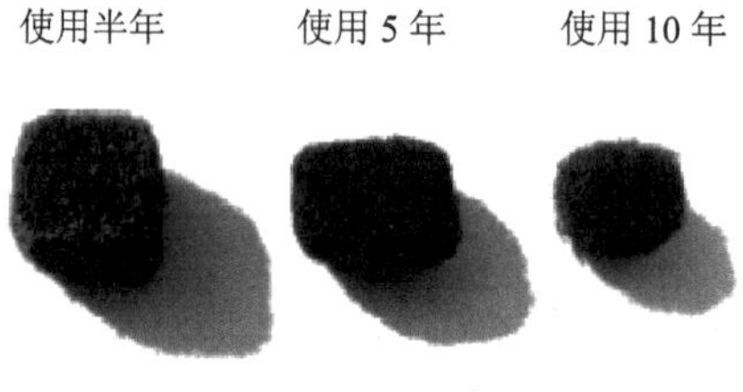

图 6-2　不同时间使用后，多孔泡沫塑料立方体的外观变化

由于 LINPOR MBBR 工艺中所使用的多孔性泡沫塑料载体在曝气池中是处于悬浮态的，因而为防止其随处理出水的流失，需在曝气池的出水区一端设置一道专门设计的穿孔不锈钢格栅，同时为防止载体材料对格栅孔的堵塞问题，通常要求在出水区的格栅处进行鼓泡曝气。此外，对窄长形的曝气池而言，为防止载体在出水区的过多聚积，通常需用气提泵将部分的载体从曝气池的尾部回送至前端（如图 6-3 所示）。

图 6-3 LINPOR MBBR 反应器中的载体截留格栅、防堵曝气装置及气提泵

在 LINPOR 反应器运行的初期，可分批将载体材料投入曝气池，使之形成一层悬浮层并慢慢得到润湿，同时微生物在其表面生长而使其在水中呈淹没状并最终随水流的流动而流动（即流化态）。

由此可知，LINPOR 反应器实际上是一种悬浮生长 CAS 法与附着生长生物膜（FBF）法相结合而组成的双生物体组分生物反应器，通过投加满足特殊要求的生物载体并使之处于悬浮状，不仅大大提高了反应器中的生物量，增强了系统运行的稳定性及其对冲击负荷的抵御能力，而且还可通过运行方式的控制使其具有不同的处理效能、达到不同的处理目的和要求。

根据所处理废水类型及所需达到的处理功能要求，LINPOR 工艺可以三种不同的方式运行，即主要用于强化去除废水中的含碳有机物的 LINPOR-C MBBR 工艺、主要用于同时去除废水中碳和氮（硝化或同时反硝化）污染物的 LINPOR-C/N MBBR 工艺和主要用于脱氮的 LINPOR—N MBBR 工艺。目前，这三种不同形式的工艺已在德国（为主）、奥地利、澳大利亚、日本和印度等国家的城市污水和不同工业废水的处理中得到实际应用，并取得了良好的环境经济效益。据不完全统计，截至 2004 年，各国已有近 50 座 LINPOR MBBR 工艺在运行之中，其中德国有超过 20 座生产性规模的污水处理厂采用了该工艺，其处理规模高达 $15\times10^4m^3/d$。此外，美国 NewJersey 州的 Edgewater 污水处理厂和 Rhode Island 的 Westerly 污水处理厂亦采用了此工艺，后者是在 CAS 工艺的基础上改建的，其处理规模为 $1.5\times10^4m^3/d$。表 6-1 所列为不同国家采用 LINPOR MBBR 工艺或采用 LINPOR MBBR 工艺在原 CAS 工艺基础上改建的废水处理工艺。

表 6-1 采用 LINPOR 工艺的部分污水处理厂（1984—2004 年）

国家	污水厂	污水类型	工艺类型	备注
澳大利亚	Hornsby Heights	城市污水	LINPOR-C/N	老厂改造
	Kembla	工业废水	LINPOR-N	炼焦炉废水
奥地利	Frohnleiten	工业废水	LINPOR-C	造纸废水
	Hornsb Hinterstoder	城市污水	LINPOR-C/N	—
德国	Aachen（Eilendorf）	城市污水	LINPOR-N	深度处理（出水 NH_4^+—N＜1mg/L）
	Aachen（Soers）	城市污水	LINPOR-N	深度处理（出水 NH_4^+—N＜1mg/L）
	Aachen（Stadt）	城市污水	LINPOR-N	—
	Erkelenz	城市污水	LINPOR-N	深度处理（出水 NH_4^+—N＜1mg/L）
	Freising	城市污水	LINPOR-C	首座 LINPOR 工艺
	Freising（Stadt）	城市污水	LINPOR-C/N	扩建
	Gemeninde Unterf	城市污水	LINPOR-C/N	—
	Halblech	城市污水	LINPOR-N	好氧塘出水
	Heinsberg	城市污水	LINPOR-N	深度处理（出水 NH_4^+—N＜1mg/L）
	Hohenlick Stedt	城市污水	LINPOR-N	好氧塘出水
	Hollriegelskreuth	工业废水	LINPOR-N	有机化工废水
	Ilmenssee	城市污水	LINPOR-C/N	—
	Jura	城市污水	LINPOR-N	娱乐场废水
	Kinnthal	工业废水	LINPOR-C	造纸废水
	Kempten	城市污水	LINPOR-N	二级处理出水
	Koln-Weiden	城市污水	LINPOR-N	深度处理（出水 NH_4^+—N＜1mg/L）
	München（Munich）	城市污水	LINPOR-C	老厂改造
	Niefern	工业废水	LINPOR-C	造纸废水
	Port Kembla， AUS	工业废水	LINPOR-N	可口可乐废水
	Tacherting	城市污水	LINPOR-C/N	—
	Vilsbiburg	城市污水	LINPOR-C/N	—
	Walfeucht-Haaren	—	LINPOR-N	—
	Weissenborn	生活污水	LINPOR-C/N	—
	Wyk auf Föhr	城市污水	LINPOR-N	—
美国	Edgewater（NJ）	城市污水	LINPOR-C/N	—
	Westerly（RI）	城市污水	LINPOR-C/N	老厂改造
日本	Bisai	工业废水	LINPOR-C/N	纺织废水
印度	Alwar	工业废水	LINPOR-C	精炼废水
中国	大连春柳河	城市污水	LINPOR-C	老厂改造，提高处理能力

6.3.2 LINPOR-C MBBR 工艺

6.3.2.1 工艺原理

图 6-4 所示为 LINPOR-C MBBR 工艺的流程图。该工艺主要用于强化 CAS 工艺对废水中的有机污染物的去除效率，其工艺设施组成与一个典型的活性污泥法处理厂别无二致，由曝气池（LINPOR 反应器）、二沉池、污泥回流系统和剩余污泥排放系统等单元组成。乍一看，LINPOR-C MBBR 工艺的运行与 CAS 工艺的运行也没有什么区别，但实际上该工艺中的生物体由两部分组成：一部分附着生长于多孔塑料泡沫，另一部分则悬浮于混合液中呈游离状。载体材料表面所生长的生物量通常为 10～18g/L，最大可达 30g/L。

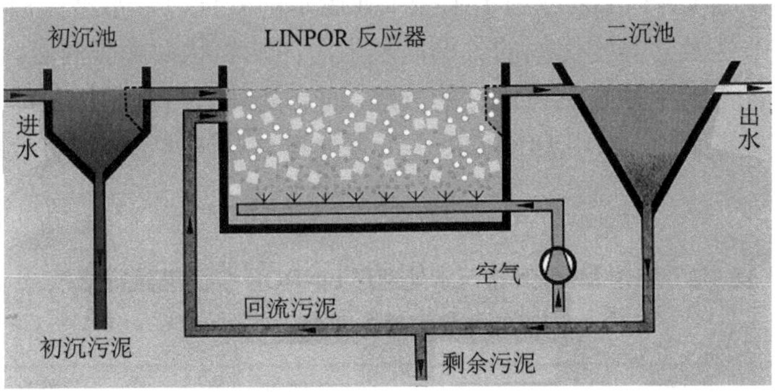

图 6-4　LINPOR-C 工艺流程

附着于载体表面生长的生物量具有良好的 SVI 值，利于污泥沉降性能的改善。反应器中处于悬浮状态的生物量浓度一般为 4～7g/L。在运行过程中，附着生物体被设置在曝气池末端的特制格栅所截留，而处于悬浮态的活性污泥则可穿过格栅而随出水流出曝气池，在二沉池内进行泥水分离并进行污泥的回流。

LINPOR-C 反应器几乎适用于所有形式的曝气池，尤其特别适用于对超负荷运行的城市污水和工业废水活性污泥法处理厂的改造。也就是说，应用 LINPOR-C 工艺，可在不增加原有曝气池容积和不变动其他处理单元的前提下提高原有设施的处理能力和处理效果。

6.3.2.2 工艺应用

德国慕尼黑（Munich）市的 Gro β lappen 污水处理厂（即 München 污水厂）原采用典型的活性污泥法工艺，其设计污染负荷为 230×10^4 人口当量，曝气池的总容积为 39 300m³，分三组独立运行（每个曝气池的容积为 13 100m³），每组又分为 9 个并联运行的曝气池，每个池的容积为 1 500m³。该厂在运行过程中，由于水量的增加而存在处理出水超标的问题。为解决此问题（其中包括处理出水中过高的营养物 N 问题），该市决定对原厂进行改造，并于 1986—1987 年间将其中的两组改造成了 LINPOR-C MBBR 工艺。改造后，在两组系统的曝气池中分别投加了 30%和 10%的多孔性泡沫塑料载体，并使处理出水的 COD_{Cr} 和 BOD_5 达到了出水要求。表 6-2 所列为投加 30%载体材料的 LINPOR-C MBBR 工艺的运行监测结果。尽管改造后反应器的实际运行中有机负荷（BOD_5 或 COD_{Cr}）大大超过设计值（如 BOD_5 容积负荷达 4.04kg/（m^3·d），而设计值为 2.66kg/（m^3·d）），但经 24h 连续采样的监测结果表明，改造后，该工艺对 BOD_5 和 COD_{Cr} 的去除率及其出水浓度均大大优于设计值。

众所周知，当 CAS 工艺应用于某些工业废水的处理时，常常会由于废水中污染物种类的复杂性及营养物比例的失调而发生污泥的丝状菌膨胀问题，从而易导致处理效率降低甚至整个处理系统运行的失败。而当处理来自食品加工厂和造纸厂的废水时，情况尤其如此。应用 LINPOR-C 工艺处理这些废水时，可有效地克服污泥的膨胀问题。

表 6-2 德国 Munich 市污水处理厂 LINPOR-C 工艺运行结果

（载体投加量为 30%）

指标		监测结果	设计值（要求）
MLSS/（g/L）	悬浮 MLSS	1.8～3.4（2.5）	2.9
	附着 MLSS	6.9～11.8（9.9）	16.0
	总 MLSS	3.5～5.6（4.6）	6.8
污泥容积指数 SVI/（ml/g）		62～84（76）	150
污泥回流比/%		34～53（40）	60
BOD_5	进水/（mg/L）	223～334（291）	200
	出水/（mg/L）	15～25（21）	25
	去除率/%	91～94（93）	88
COD_{Cr}	进水/（mg/L）	313～576（478）	400
	出水/（mg/L）	70～96（86）	115
	去除率/%	78～84（82）	71
BOD_5 容积负荷/kg /（m^3·d）		2.17～4.04（3.45）	2.66
污泥负荷(BOD_5/TSS)/(kg/(kg·d))		0.48～0.94（0.70）	0.40

注：① 24h 采样，连续监测 12d;

② 曝气池容积为 13 100m³;

③ 监测结果一栏中括弧内值为平均值，括弧外值为变化范围。

1985 年，德国某纸板厂采用 LINPOR-C 工艺对原来存在严重污泥膨胀问题的 CAS 工艺进行了改造，大大改进了系统的处理效果。表 6-3 列出了该厂在改造后 1985—1988 年间对该工艺运行中不同指标监测结果的平均值。由表可知，尽管废水的可生化性（BOD_5/COD_{Cr}）在 4 年间由高到低（0.45～0.35）发生了变化，但 COD_{Cr} 和 BOD_5 的去除率却始终保持在相当高的水平。

表 6-3 德国某纸板厂 LINPOR-C 工艺运行监测结果（年均值）

指 标		1985 年	1986 年	1987 年	1988 年
BOD_5	进水/（mg/L）	235	242	197	210
	出水/（mg/L）	10	8	10	7
	去除率/%	96	97	95	97
COD_{Cr}	进水/（mg/L）	526	554	498	581
	出水/（mg/L）	83	72	82	88
	去除率/%	84	87	84	85
进水 BOD_5/COD_{Cr}		0.45	0.43	0.40	0.35
容积负荷 kg(BOD_5)/(m^3 • d)		1.5	1.3	1.15	1.07
污泥负荷/[kg(BOD_5)/kg(TSS) • d]		0.28	0.22	0.16	0.17

表 6-4 澳大利亚某造纸厂 LINPOR-C 工艺运行监测结果

指标		运行结果	设计值
流量（m^3/d）		2 500	3 000
COD_{Cr}	进水/（mg/L）	877～2 186（1 407）	1 250
	出水/（mg/L）	128～159（144）	200
	去除率/%	83～94（89）	84
BOD_5	进水/（mg/L）	220～1 385（637）	480
	出水/（mg/L）	5～25（11）	43
	去除率/%	96～99（98）	91
MLSS（g/L）	悬浮 MLSS	5.0	6.0
	附着 MLSS	14.4	18.0
	总 MLSS	7.4	9.0
BOD_5 容积负荷/(kg/（m^3 • d）)		1.64	1.44
污泥负荷(BOD_5/TSS)/(kg/(kg • d))		0.22	0.16

注：运行结果一栏中括弧内值为平均值，括弧外值为变化范围。

LINPOR-C MBBR 工艺另一个成功应用的实例是澳大利亚的一家造纸厂废水的处理。该厂污水处理站建成于 1988 年，处理经厌氧处理后的出水。该工艺设两组，由两个直径为 12m、高为 9m、容积为 1 000m^3 的圆形钢结构 LINPOR-C 反应器组成。反应器内多孔性载体的投加量为25%（载体堆积体积与曝气池有效容积之比）。运行结果表明，尽管由于厌氧处理阶段的效果不佳，出水水质较差，导致LINPOR-C MBBR工艺的进水负荷较高，但其处理出水水质仍完全可达标。运行中将附着生物量MLSS浓度控制在15g/L左右，反应器中的平均MLSS浓度保持在7.4g/L（低于设计值9.0g/L）。表6-4列出了有关运行结果。

6.3.3 LINPOR-C/N MBBR工艺

6.3.3.1 工艺原理

硝化-反硝化联用工艺（如A_n/O工艺）是废水生物脱氮（BN_iR）的常用工艺。硝化是废水生物脱氮过程中的关键一步，需要特殊的反应条件，而其最关键的运行控制参数是污泥龄（SRT，即曝气池中活性污泥的总量与每日从系统中排除的剩余污泥量之比）。实现良好的硝化作用所需的最短污泥龄随废水水质的不同而不同，一般需要数天的时间。在硝化作用完成后，废水即进入反硝化反应器，在缺氧和有作为还原剂使用的碳源存在的条件下，进一步将硝态氮转化为氮气而使其从废水中脱除。

与仅考虑去除废水中含碳有机物的废水处理工艺相比，考虑脱氮的活性污泥工艺的有机物负荷要低得多（以保证处理系统满足最小的污泥龄要求），并且需单独设置缺氧段（在此段发生反硝化过程）。

LINPOR-C/N MBBR工艺具有同时去除废水中有机物和氮的双重功能，其与LINPOR-C MBBR工艺之差别在于有机负荷的不同，即前者的有机负荷比后者低。与CAS工艺不同的是，在LINPOR-C/N MBBR工艺中，由于存在较大数量的附着生长型硝化细菌，且附着型硝化菌在反应器中的停留时间要比悬浮型生物量的停留时间长得多，因而即使在较高的负荷条件下，LINPOR-C/N MBBR工艺也可获得优良的硝化效果。此外，实验室和中试厂的研究还表明，LINPOR-C/N MBBR工艺可同时获得良好的反硝化效果，脱氮效率可达50%以上，而且不必另外设置单独运行的反硝化区。之所以LINPOR-C/N工艺具有这种独特的功能，在曝气池中投加LINPOR载体填料—立方多孔泡沫塑料是极为重要的缘故，并起到了明显的强化作用。附着在载体材料表面生长的生物量，运行过程中在其内部存在良好的缺氧区（环境），而塑料泡沫的多孔性，使得在载体填料的内部形成无数个微型的反硝化反应器，故而造成在同一个反应器中同时发生碳化、硝化和反硝化的作用。图6-5所示为LINPOR-C/N工艺的一种工艺组成及运行方式。

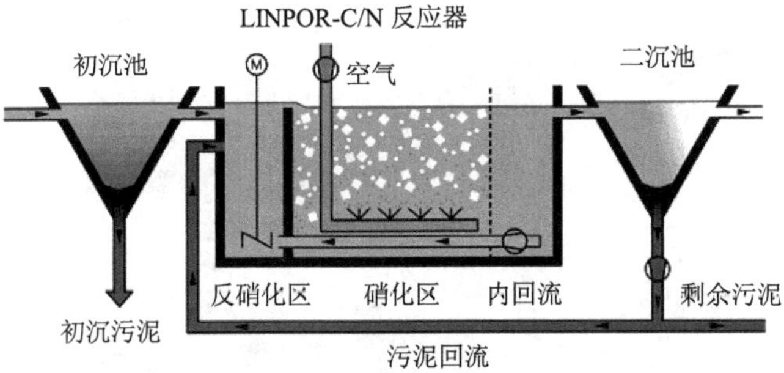

图 6-5 LINPOR-C/N 工艺流程

6.3.3.2 工艺应用

LINPOR-C/N MBBR 工艺是在一次偶然的情况下发现的。1984 年，德国 Freising 市污水处理厂由于大量含牛奶场废水和酿酒废水的进入，导致了严重的污泥膨胀问题，并进而导致了整个系统运行的失效。为克服污泥膨胀问题，该厂采用 LINPOR-C MBBR 工艺对原有处理工艺进行了改造。当时，Freising 市污水处理厂的处理规模为 10×10^4 人口当量，曝气池的总容积为 2 300m^3，分设成 4 个大小相等的矩形曝气池。扩建和改造后处理系统曝气池的容积及其布置见图 6-6。图 6-7 所示为该厂改造的运行情况。

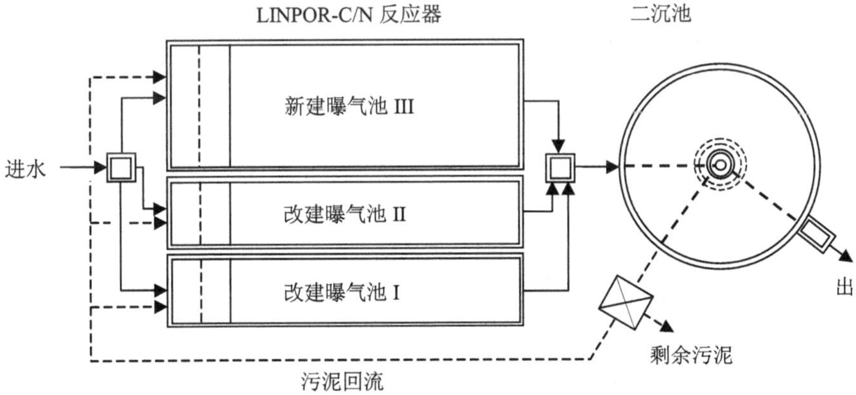

曝气池 I（改建）：总容积 1 460m^3，V_{DN}=190～390m^3，V_N=1 250～1 430m^3

曝气池 II（改建）：总容积 1 460m^3，V_{DN}=190～390m^3，V_N=1 250～1 430m^3

曝气池 III（新建）：总容积 3 950m^3，V_{DN}=310～620m^3，V_N=3 330～3 640m^3

图 6-6 Freising 污水厂采用 LINPOR-C/N 工艺改造后的平面布置

图 6-7 Freising 污水厂 LINPOR-C/N 工艺

表 6-5 德国 Freising 市污水处理厂 LINPOR-C/N 工艺的运行效果

指标		运行监测效果	
		Freising 污水厂	Tacherting 污水厂
TKN	进水/（mg/L）	37	42
	出水/（mg/L）	9	5
	去除率/%	76	89
NH_4^+—N	进水/（mg/L）	20	39
	出水/（mg/L）	6	0.5
NO_2^-/NO_3^-—N	进水/（mg/L）	7	0
	出水/（mg/L）	5	6
TN	进水/（mg/L）	44	42
	出水/（mg/L）	14	11
	去除率/%	68	75
停留时间/h		4	7.5
BOD_5容积负荷/（kg/m^3·d）		0.96	0.66
污泥负荷(BOD_5/TSS)/(kg/(kg·d))		0.19	0.07
BOD_5	进水/（mg/L）	163	206
	出水/（mg/L）	3	5
COD_{Cr}	进水/（mg/L）	254	500
	出水/mg/L）	37	45

对原工艺改造后所进行的运行监测结果表明，不仅污泥膨胀问题得到了良好的控制，而且处理效果明显改善，特别是该工艺还获得了极为明显的脱氮效果。表 6-5 所列为运行监测结果。由表可见，该厂的脱氮效率相当高。在 BOD_5 容积负荷近 1.0kg/(m^3·d)的条件下，脱氮率可达68%左右，而处理出水的 BOD_5 和 COD_{Cr} 浓度均非常低。表 6-5 中还列出了另一个污水处理厂（Tacherting LINPOR-C/N MBBR 工艺污水处理厂）的运行监测数据，表明了同样的结果。

以上的运行结果是偶然发现的。那么，在 LINPOR-C MBBR 工艺和 LINPOR-C/N 工艺之间存在什么样的区别呢？分析表明，当 LINPOR-C MBBR 工艺在较低的容积负荷下运行时，除具有去碳和硝化的功能，同时还具有良好的脱氮功能。为便于区别，而将称作 LINPOR-C/N 工艺。

LINPOR-C/N MBBR 工艺在工业废水处理中也有良好的处理效果。日本 Bisai 市的一家纺织厂的废水处理站由 4 个独立运行的系统组成，每个系统曝气池的总容积为 5 500m^3，分四格串联运行。该厂在 1990—1991 年间采用 LINPOR-C/N MBBR 工艺将其中一套工艺进行了改造。由于该厂进水中有机负荷并不高，因而在曝气池中投加的载体填料量仅为 10%。通过改造，处理出水中各项指标均得到了明显的改善（如表 6-6 所列）。

表 6-6 日本 Bisai 市某纺织厂废水处理站改造前后处理效果的比较

指标		改造前（CAS 工艺）	改造后（LINPOR-C/N 工艺）
COD_{Cr}	进水/（mg/L）	136（122～151）	136（122～151）
	出水/（mg/L）	65（50～85）	49（43～55）
	去除率/%	50（35～60）	64（59～72）
TKN	进水/（mg/L）	25（19～35）	25（19～35）
	出水/（mg/L）	9.6（5～17）	3.1（0.5～7）
	去除率/%	55（15～83）	85（65～99）
NO_3^-—N	进水/（mg/L）	0.26（0.05～0.71）	0.26（0.05～0.71）
	出水/（mg/L）	1.40（0.58～0.271）	2.30（1.50～2.92）
TN	进水/（mg/L）	25.1（19.1～35.1）	25.1（19.1～35.1）
	出水/（mg/L）	9.8（1.8～17.6）	5.5（1.6～9.5）
	去除率/%	54（13～95）	75（53～96）

注：括弧中的数据为变化范围。

美国鹿得岛（Rhode Island）Westerly 镇污水处理厂于 2003 年对其处理规模为 15×10^4m^3/d 的 CAS 污水处理工艺采用 LINPOR-C/N 工艺进行了改造，以满足处理出水中 NH_3—N 和 TN 分别低于 5.5mg/L 和 15mg/L 的排放要求。图 6-8 为该污水处理厂改造后运行的 LINPOR-C/N 工艺。表 6-7 所列出的 2003 年 10 月至 2004 年 4 月的运行监测数据说明，改造后的 LINPOR-C/N MBBR 处理工艺获得了极为理想的处理效果。

图 6-8 美国 Rhode Island Westerly 污水厂 LINPOR-C/N 工艺

6.3.4 LINPOR-N MBBR 工艺

6.3.4.1 工艺原理

有关 LINPOR-N 工艺在废水处理中的应用于 1987 年首次出现于文献报道。该工艺十分简单，可在极低甚或不存在有机底物的情况下对废水实现良好的氨氮去除率，常用于经二级处理后的工业废水和城市污水的深度处理。传统工艺中二沉池出水中所含有机物通常是比较低的，具有适合于硝化菌生长的良好环境条件，不存在异养菌与硝化菌的竞争作用，因而在 LINPOR-N MBBR 工艺中，处于悬浮生长的生物量几乎不存在，而只有那些附着生长于载体表面的生物才能生长繁殖。由于 LINPOR-N 工艺通常处理的是传统活性污泥处理工艺中二沉池的出水，且在 LINPOR-N 反应器中几乎不存在悬浮生长的生物量，因而可清楚地观察到反应器中的载体的工作状况及存在状态，所以 LINPOR-N 工艺有时也被称作“清水反硝化反应器”。

在 LINPOR-N 工艺中，所有的生物体都附着生长于载体的表面，因而运行过程中无需污泥的沉淀分离和污泥的回流，从而可节省污泥沉淀分离及污泥回流设备（如污泥回流泵、回流管及有关配套设施等），使其成为一种经济的深度处理工艺。该工艺常用于废水排入敏感性受纳水体和对处理出水中氨氮有严格要求的废水的深度处理。

表 6-7 美国 Rhode Island Westerly 污水厂 LINPOR-C/N 工艺的运行数据
（月平均数据）

运行参数		2003.10	2003.11	2003.12	2004.01	2004.02	2004.03	2004.04
进水情况	流量 Q/(10^2 万加仑/d)*	1.822	2.133	2.486	2.194	2.157	2.091	3.788
	BOD_5/（mg/L）	236	290	223	191	202	227	132
	TSS/（mg/L）	250	338	179	152	156	170	123
	NH_3—N /（mg/L）	13.8						
	TKN/（mg/L）	27						
	平均温度/℃	20.9	18.0	15.3	12.9	13.5	14.2	14.1
	最低温度/℃	18.6	15.6	11.0	10.6	11.1	11.7	11.7
出水情况	BOD_5/（mg/L）	4.8	3.6	5.4	5.2	4.8	3.7	7.5
	TSS/（mg/L）	13.6	11.7	10.8	12.4	9.3	12.1	9.9
	NH_3—N /（mg/L）	0.5	0.45	0.65	0.55	0.45	0.35	0.8
	TKN/（mg/L）	2.6	1.8	2.2	2.4	1.9	2.1	1.5
	TN/（mg/L）	4.9	4.1	3.5	4.5	2.8	8.9	3.8
反应器运行工艺参数	回流污泥量 Q_R/(10^2 万加仑/d)*	1.673	1.764	1.657	1.635	1.659	1.672	1.356
	混合液回流量 Q_N/(10^2 万加仑/d)*	2.12	2.12	2.12	2.12	2.12	2.12	2.12
	好氧区 HRT（Q）/h	6.4	5.4	4.7	5.3	5.4	5.6	3.1
	好氧区 HRT（$Q+Q_R+Q_N$）/h	2.1	1.9	1.9	2.0	2.0	2.0	1.6
	缺氧区 HRT（Q）/h	3.2	2.7	2.3	2.6	2.7	2.8	1.5
	缺氧区 HRT（$Q+Q_R+Q_N$）/h	1.0	1.0	0.9	1.0	1.0	1.0	0.8
	悬浮 MLSS/（mg/L）	2 666	3 147	2 785	2 624	2 770	2 865	2 710
	附着 MLSS/（mg/L）	5 986	6 830	6 540	6 448	7 598	10 468	10 419
	SVI/（ml/g）	75	89	80	76	76	78	77
	剩余污泥/（kg/d）	375	386	746	697	665	707	333
	悬浮污泥 SRT/d	10.4	12.0	6.1	6.0	6.9	6.5	10.9
	污泥整体（悬浮+附着）SRT/d	15.1	17.2	8.9	9.0	10.6	11.3	19.2

*注：10^2 万加仑/d=3 785m^3/d。

6.3.4.2 工艺应用

1991 年，德国制定了氨氮和 TN 的出水排放标准：在温度不低于 12℃的情况下，处理出水中的氨氮浓度不得超过 10mg/L，TN 浓度不得超过 15mg/L。为此，德国有不少的污水处理厂纷纷采用 LINPOR-N MBBR 工艺对原有工艺进行改造或直接采用 LINPOR-N MBBR 工艺。其中 Aachen 市的 Eilendorf 污水处理厂其设计规模为 46×10^4 人口当量（干流量为 6 400m^3/h），曝气池的容积为 5 200m^3。该厂于 1993 年采用 LINPOR-N 工艺对其二沉池出水进行深度处理，以使处理出水中的 TKN 浓度低于 1.0mg/L，即在 1h 内可去除 1 250kg 的 TKN。该工艺在运行过程中，LINPOR-N 反应器中的载体填料投放量为 30%。表 6-8 列出了该工艺的有关设计参数。图 6-9 为该厂外景。

表 6-8 德国 Aachen 市某污水处理厂 LINPOR-N 工艺设计参数

参数	设计值
干流量/（m^3/h）	7.52
雨流量/（m^3/h）	11.795
温度/℃	≥10
进水 TKN/（mg/L）	≤8
出水 TKN/（mg/L）	≤2
TKN 去除率/%	≥50
反应器容积/m^3	5 200（2×2 600）
载体填料体积/%	30
TKN 容积负荷/（kg/（m^3·d））	0.24

图 6-9 德国 Aachen 市 Eilendorf 污水处理厂的 LINPOR-N 工艺

1996—1997 年，LINDE AG 公司在美国新泽西州（New Jersey）的 Edgewater 污水处理厂进行了 LINPOR-C/N 和 LINPOR-N 工艺的中试研究，其工艺流程如图 6-10

所示。该工艺流程中增设了一个旁通，以使该工艺可分别按 LINPOR-C/N 和 LINPOR-N 工艺方式运行。当该工艺以 LINPOR-N 方式运行时，其 LINGPOR 反应器的进水为来自 CAS 工艺二沉池的出水，由于其在极低的负荷条件下运行，硝化菌均以附着生长的方式固定的载体的内部，而水体中则无悬浮生长的生物体，因而其处理出水则不经二沉池直接排放。表 6-9 所列为两种运行方式的运行数据。

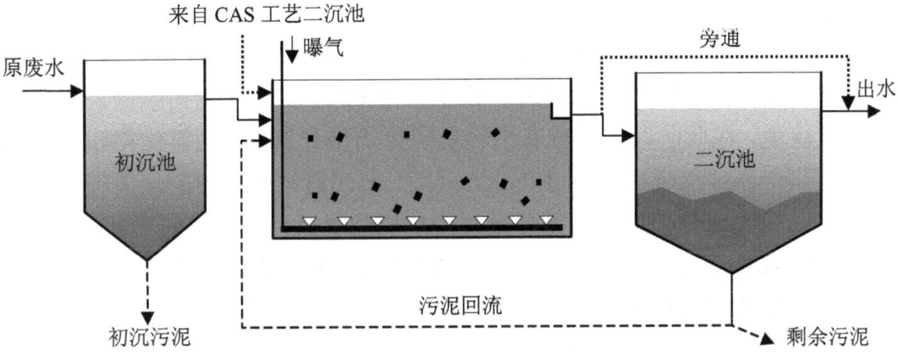

图 6-10 美国新泽西州（New Jersey）的 Edgewater 污水处理厂 LINPOR-C/N 和 LINPOR-N 工艺的中试工艺

表 6-9 美国 NJ 州 Edgewater 污水厂 LINPOR-N 和 LINPOR-C/N 中试工艺的运行数据

运行参数		LINPOR-C/N	LINPOR-N
进水情况	BOD_5/（mg/L）	169	22.8
	COD_{Cr}/（mg/L）	406	—
	TSS/（mg/L）	201	18.0
	TKN/（mg/L）	31	14.7
	NH_3—N /（mg/L）	17.1	10.5
	NO_3—N/（mg/L）	0.3	—
	碱度（$CaCO_3$）/（g/L）	168	167
	pH	6.9	6.4
出水情况	BOD_5/（mg/L）	10.7	5.4
	COD_{Cr}/（mg/L）	62.5	—
	TSS/（mg/L）	23.2	13.8
	TKN/（mg/L）	2.0	1.9
	NH_3—N /（mg/L）	0.1	0.6
	NO_3—N/（mg/L）	15.7	11.6
	碱度（$CaCO_3$）/（g/L）	59.4	85.3
	pH	6.8	—
工艺参数	时间/h	5.4	3.2
	温度/℃	15～26	20～26
	BOD_5 负荷/（$g/m^3 \cdot d$）	76.4	169.8
	TKN 负荷/（$g/m^3 \cdot d$）	139.4	120
	载体用量/%	20	20
	MLSS/（mg/L）	7 292	5 564

德国北部的 Hohenlockstedt 污水处理厂采用 LINPOR—N MBBR 工艺处理好氧塘的出水。长期运行的监测结果表明，其最终处理出水的氨氮浓度始终低于 10mg/L，在温度低达 6℃时亦不例外。

澳大利亚的 Kembla 污水处理厂采用 LINPOR—N MBBR 反应器作为其处理炼焦炉废水处理工艺中出水的第二级生物处理单元，通过将其出水回流至工艺前端的反硝化单元而获得了明显的脱氮处理效果。

图 6-11 所示为澳大利亚某炼焦炉工艺废水处理站内的应用 LINPOR-N MBBR 工艺的处理系统中污染物的转化过程。该工艺由 CAS 工艺（包括脱氮缺氧池和同向流斜板沉淀池。在此阶段大部分有机物及硫化物得到氧化，而氰化物和硫酸氰盐以及有机氨化合物被水解成氨）、LINPOR-N 工艺（通过固定的硝化菌将氨氧化为硝酸盐，生成的大部分硝酸盐被循环返回至缺氧脱氮反应器而被进一步转化为 N_2 而从废水中脱除）、砂滤池（用于除去废水中的 SS）和活性炭吸附床（用于进一步去除废水中残留的 COD_{Cr} 和色度）等工艺组成，其设计处理规模为 4 000m^3/d，废水的日污染负荷约为 8 500kg（COD_{Cr}）、1 000kg（NH_4^+—N）、360kg 氰化物和 700kg 硫酸氰盐。

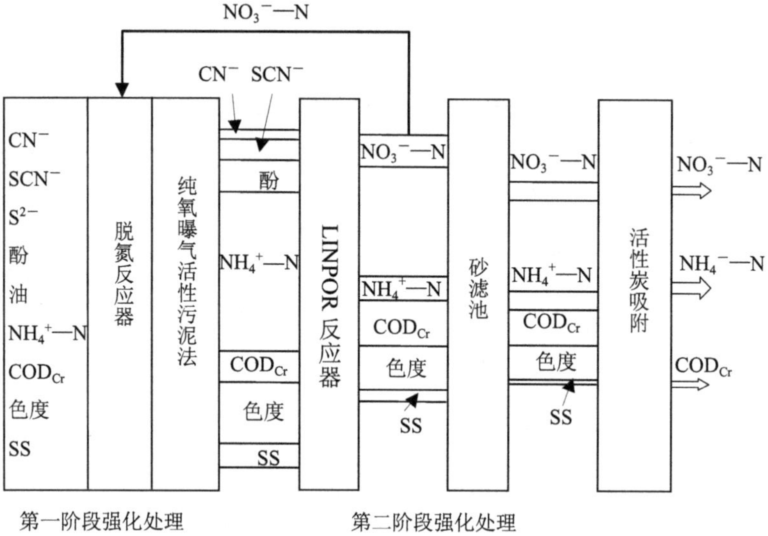

图 6-11 澳大利亚某炼焦厂废水强化处理工艺中污染物的转化过程

经处理后，出水的水质要求为：COD_{Cr}＜50mg/L、氰和硫酸氰盐＜0.5mg/L、NH_4^+—N＜25mg/L。

表 6-10 列出了国外部分 LINPOR-N 工艺污水处理厂的运行数据。

表 6-10　国外部分 LINPOR-N MBBR 工艺污水处理厂的运行数据

参数	A	B	C	D
流量/（m^3/d）	85	3 112	2 110	8 280
温度/℃	8～15	16	13.9	28
反应器容积/m^3	80	300	225	225
进水氨氮/（mg/L）	100	50	26～34.4	105
出水氨氮/（mg/L）	0.1	22.7	4～5.5	17
氨氮去除率/%	99.9	55	84	84
填料容积/%	25	30	22	22
氨氮容积负荷/kg/（m^3·d）	0.11	0.52	0.24～0.32	0.22

注：A——德国 Kempten 污水处理厂（处理粪便污水）；
B——德国 Wyk auf Föhr 污水处理厂；
C——德国 Hohenlockstedt 污水处理厂（处理好氧塘出水）；
D——澳大利亚 Kembla 污水处理厂（处理经生物前处理的炼焦炉废水）。

6.4 Kaldnes MBBR 工艺及其应用

6.4.1 Kaldnes MBBR 工艺的基本特征

与 LINPOR MBBR 工艺一样，Kaldens MBBR 工艺也是基于生物膜工艺和活性污泥工艺原理相结合、并充分利用两者之优点的一种传统活性污泥法的改进型工艺。该工艺适用于包括城市污水、工业废水和微污染水体等在内的多种污水的处理，同时也适用于对超负荷运行的 CAS 法处理工艺系统的改造和扩建。该工艺的核心与 LINPOR MBBR 工艺一样，也采用轻质悬浮型材料作为微生物附着生长的载体，但其所用材料由聚乙烯制成，其比表面积高达 800m^2/m^3。Kaldnes 公司已开发出多种不同形状和尺寸的载体，适用于与不同的处理工艺运行方式和处理要求。图 6-12 和图 6-13 所示为 Kaldnes 公司开发和应用的不同形式的载体材料，其中图 6-12 中所示载体（ANOX 型）尺寸多为 5mm～50mm×60mm，主要应用于工业废水的处理，而图 6-13 中所示载体（Kaldnes 型，小尺寸的聚乙烯塑料环）尺寸大多为 10mm×10mm，主要应用于城市和生活污水的处理。

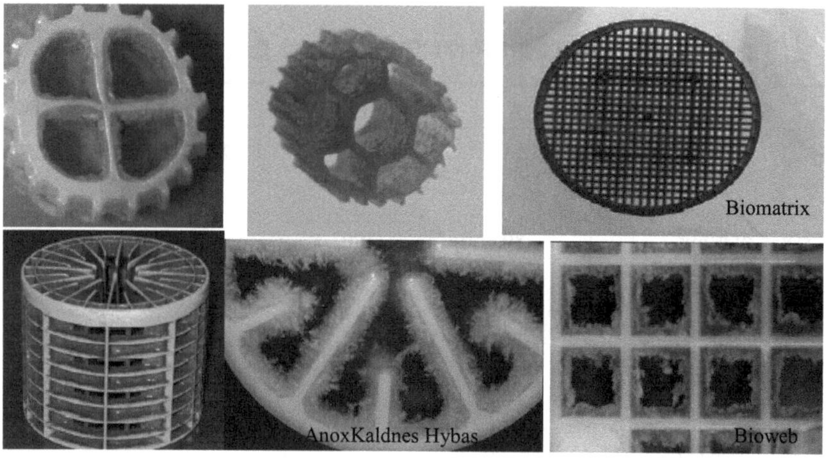

图 6-12 Kaldnes MBBR 工艺中使用的不同载体

图 6-13 Kaldnes 型小尺寸载体

报道表明，Kaldnes 型载体（图 6-13 所示）的密度略小于水，为 0.97g/cm^3（因而在其表面生长生物膜后在水流及曝气的作用下可处于悬浮和流动状态，因而可获得更大的接触表面积），比表面积为 500～800 m^2/m^3，传氧效率为 8.5g/(m^3·h)，15℃时的硝化（NH_4^+—N）和脱硝效率（NO_x—N）分别为 400 g/(m^3·d)和 670g/(m^3·d)，BOD_5 氧化效率为 6 000 g/(m^3·d)（15℃），去除率大于 80%。

Kaldnes 反应器中载体的用量一般为反应器有效容积 20%～50%，为防止反应器中载体的流失，通常在反应器的出水口处设置细格栅以拦截。图 6-14 所示为两种不同的出水布置方式。

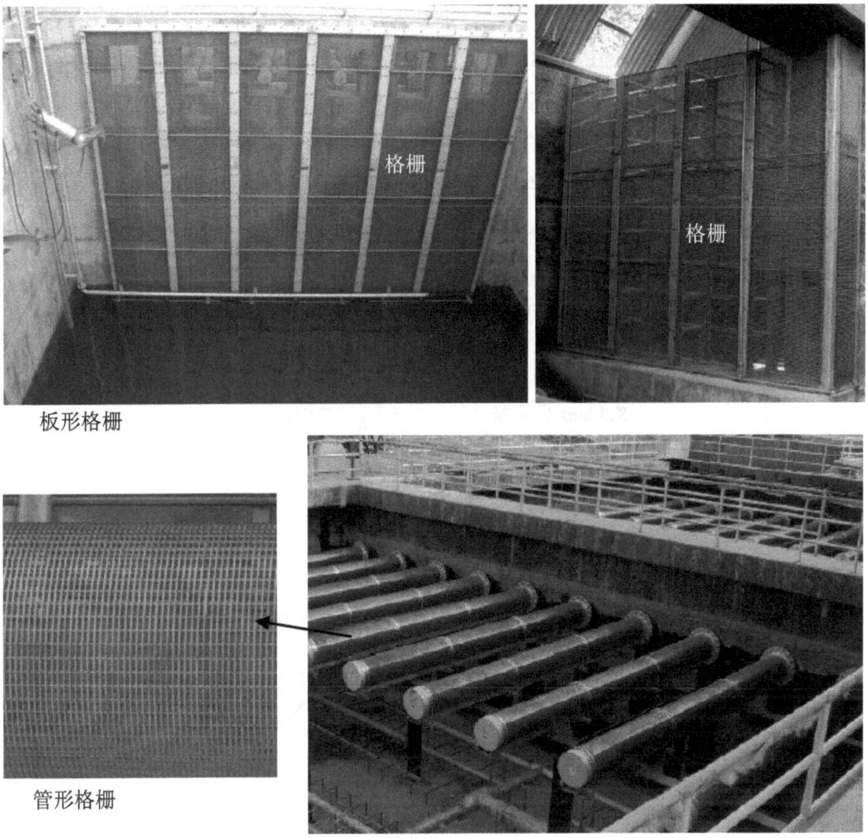

图 6-14 Kaldnes P-MBBR 反应器的出水区布置方式之一

6.4.2 Kaldnes MBBR 工艺的主要类型

Kaldnes MBBR 工艺有三种不同的工艺运行方式，即完全 MBBR™（Kaldnes P-MBBR）工艺、活性污泥与悬浮载体一体化运行的 HYBAS™（HYBrid Activated Sludge）-MBBR 工艺和生物膜—活性污泥 BAS（Biofilm-Activated Sludge）-MBBR 工艺。这些工艺分别从提高和稳定处理效果、强化脱氮和除磷效果等方面对 CAS 工艺进行了改进。

6.4.2.1 Kaldnes P-MBBR 工艺

完全型（Pure）MBBR™ 工艺（Kaldnes P-MBBR）类似于 LINPOR-N 工艺，其反应器中不存在悬浮生长的活性污泥，所有微生物均以生物膜的形式附着生长在悬浮载体的表面，其运行方式则与传统的接触氧化工艺基本相同，适用于城市污水或工业废水中有机物和氮的去除，也适用于老厂的升级改造。

图 6-15 所示为 Kaldnes P-MBBR 工艺的流程。该工艺的运行特征是，其所采用的载体可根据所需达到的处理功能而选择，如以反硝化脱氮为处理目标时，则其 Kaldnes 反应器中所采用载体的尺寸较大（如 ANOX 型，5～50mm×60mm），以使载体内部形成良好的缺氧条件；而以强化硝化为处理目标时，则一般选用小尺寸的载体（Kaldnes 型，10mm×10mm）。运行过程中与 LINPOR-N 工艺一样属于“清水反应器”，因而亦无污泥回流装置。图 6-16 所示为该工艺好氧和缺氧两种不同运行方式。图 6-17 所示为 Kaldnes P-MBBR 工艺的不同应用场合及相应的工艺流程。

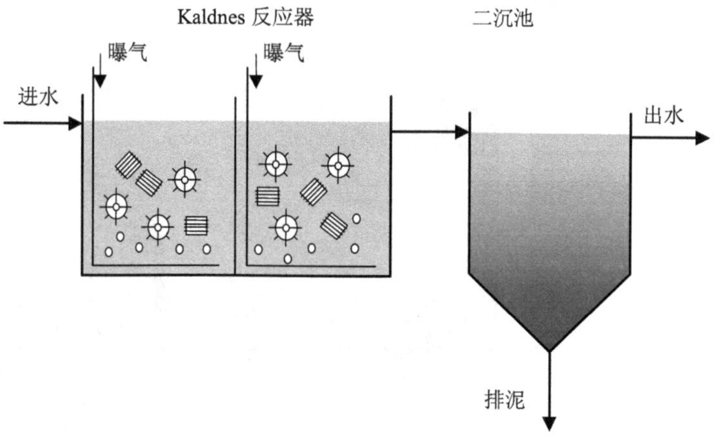

图 6-15　Kaldnes P-MBBR 工艺流程

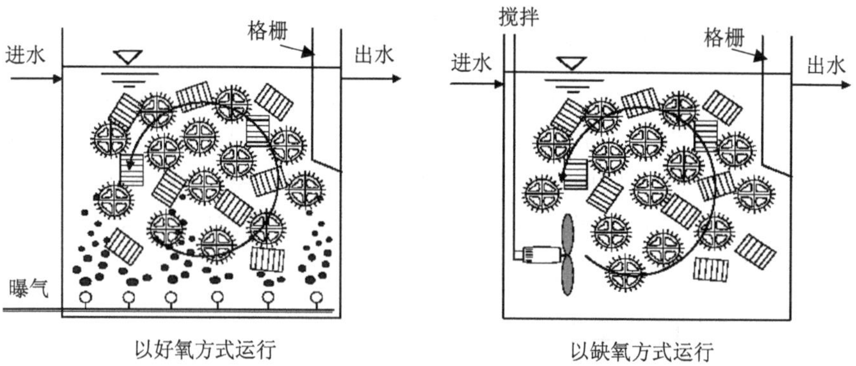

图 6-16　Kaldnes P-MBBR 工艺的两种运行方式

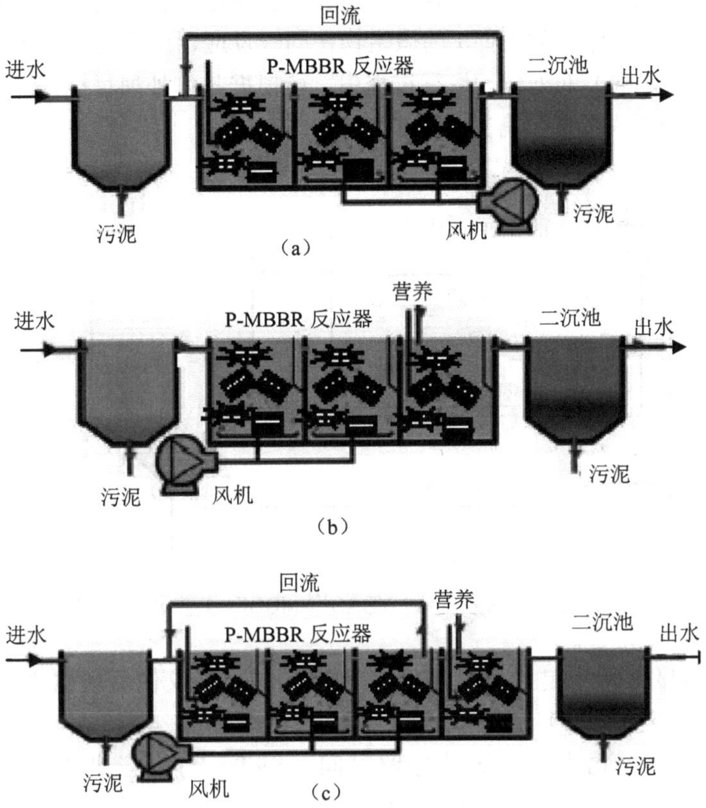

图 6-17　Kaldnes P-MBBR 不同的应用场合及工艺流程

图 6-17（a）所示工艺为前置反硝化 P-MBBR 工艺，以进水中的溶解性有机物作为其碳源；图 6-17（b）所示工艺为后置反硝化工艺，需要在缺氧 MBBR 中补充必要的外碳源；图 6-17（c）所示工艺为前置、后置相集合的硝化—反硝化工艺运行方式。

与活性污泥脱氮工艺相比，该工艺具有容积负荷率高、运行稳定、操作简单（无须控制 F/M、SVI 和剩余污泥排放量）、易于对原有工艺的升级改造或强化其脱氮效能。目前在全世界已有超过 350 座或改造或新建的、采用此工艺的污水处理厂在运行之中。

6.4.2.2 Kaldnes HYBAS^{TM}-MBBR 工艺

图 6-18 所示为活性污泥与悬浮载体一体化混合运行的 HYBAS^{TM}-MBBR（亦称 IFAS-MBBR）工艺流程。该工艺充分结合了 CAS 工艺和生物膜工艺的优点，

通过在 CAS 工投加一定量的悬浮载体，使自由态悬浮生长的活性污泥和附着态悬浮生长（即生长在悬浮载体表面）的微生物在同一反应器中实现对废水中不同污染物（有机物、氮、磷）的处理。运行过程中，可根据具体处理目标，选择不同的载体，其投加量一般为反应器有效容积的 20%～30%。

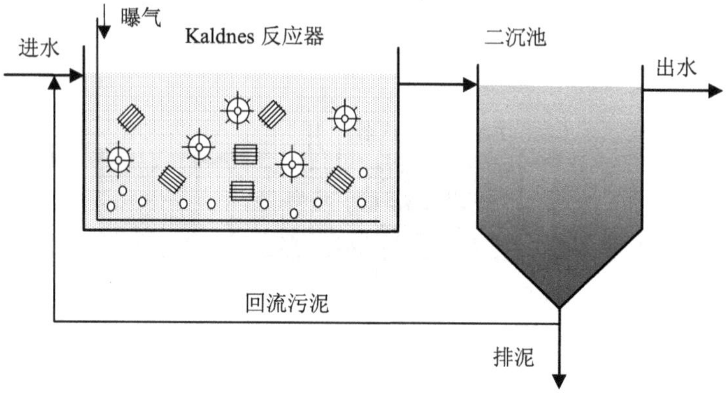

图 6-18 Kaldnes HYBAS^{TM}-MBBR 工艺流程

该工艺的显著特点是，通过悬浮载体的投加，不仅使反应器中总体（包括悬浮生长和附着生长的）生物体的数量大大增加（30～40g/L），同时其中大部分附着生长的微生物由于其固体停留时间（SRT）与反应器的水力停留时间（HRT）分离（通过出水区格栅对悬浮载体的截留）而具有很长的泥龄，从而利于实现有效的硝化或反硝化脱氮效果，同时不必将悬浮态的活性污泥控制在较长的泥龄条件下运行，而可使其控制在较短的泥龄下主要利用高活性的微生物提高对废水中有机物的去除效果。因而，该工艺与 CAS 工艺相比，在达到同样处理效果的前提下，其所需的反应器容积可明显缩小，或在同样的容积负荷条件下，其处理效果将更好、功能更强，尤其可实现显著的硝化或脱氮效果。

该工艺适用于对现有超负荷运行的 CAS 工艺的改造，可无须扩大原有处理构筑物的容积而提高其处理能力；适用于为满足更为严格的处理出水水质要求的 CAS 工艺的改造，亦同样无须扩大其原有处理设施的容积。此外，该工艺还可有效地改善低温条件下的处理效果。

6.4.2.3 Kaldnes BAS-MBBR 工艺

图 6-19 所示为生物膜—活性污泥 BAS-MBBR 工艺流程。

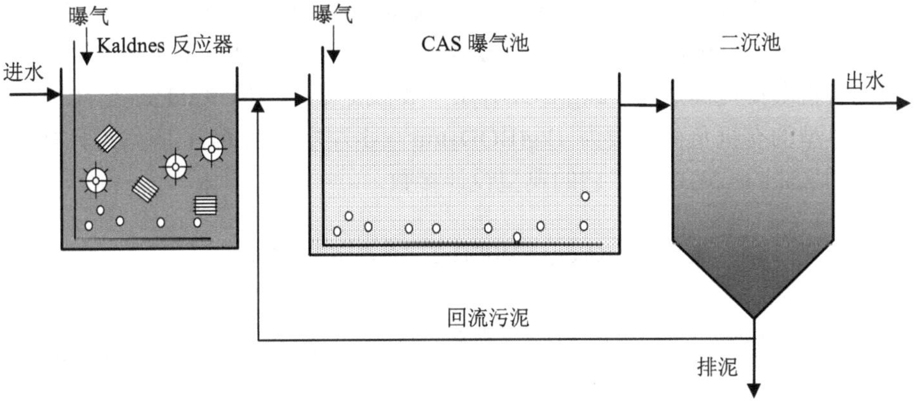

图 6-19 Kaldnes BAS-MBBR 工艺流程

如图所示，BAS-MBBR 工艺是作为 CAS 工艺的预处理工艺应用的，旨在提高进入 CAS 曝气池的有机负荷。一般而言，在 CAS 工艺曝气池前端设置 Kaldnes 反应器而组成的 BAS-MBBR 工艺，可有效降低进水中 50%～70%的 BOD_5，由此可使整个工艺的处理能力比原有工艺提高 2～3 倍。此外，不仅可有效改善污泥的沉降性能，同时由于悬浮载体生长的生物膜具有长的泥龄且不必排泥，因而可使整个处理系统的剩余污泥量降低 30%～50%。

由 BAS-MBBR 工艺的组成和运行方式可知，该工艺在整体上与 AB 工艺类似，但其 A 段中的微生物以附着态形式存在，因而同样更具有良好的对进水水质的适应性，处理效果亦更为稳定。

该工艺同样适用于对原有 CAS 工艺的升级改造。由于改造后的 MBBR 中无须 AB 工艺中的中沉池，因而仅需在原有曝气池的前端增设一 MBBR 池或可与曝气池一体化设置（其中曝气池的前部为 MBBR 区）即可，而无须增大原有设施的容积，因而改造亦极为方便。

6.4.3 Kaldnes MBBR 工艺的研究与应用

以上介绍的三种 Kaldnes MBBR 工艺是由挪威科技大学和 Kaldnes A/S 公司共同研究开发的注册专利技术，已在城市（生活）污水以及食品、屠宰、酿酒、渗滤液、受污水体等工业废水的处理中得到越来越多地研究和应用。尤其是近 10 多年来，随着许多污水处理厂因日益严格的处理要求及增长的处理规模，对 CAS 工艺的升级和扩大处理能力的需求不断增多，该工艺的应用得到了快速的发展。该工艺不仅易于对现有工艺在不扩容的条件下的升级改造及污水处理工艺的建设，同时具有多重处理功能、具有高的运行效能和运行稳定性。与 LINPOR 工艺一样，Kaldnes

MBBR 工艺可以 Kaldnes-C、Kaldnes-C/N 和 Kaldnes-N 的方式运行。研究表明，该工艺适用于 50～500 000 人口当量规模废水的处理，当以 Kaldnes-C 方式运行时，其典型的有机负荷可高达 1～2kg(BOD_5)/m^3 • d 或更高，当以 Kaldnes-C/N 方式运行时，其典型的有机负荷一般为 1kg(BOD_5)/m^3 • d 左右。表 6-11 所列为具有不同处理功能的 Kaldnes MBBR 工艺的典型设计参数。

表 6-11 Kaldnes MBBR 工艺的典型设计参数

处理功能		设计处理效率/%	污染物去除负荷/(g/(m^2 • d))	设计运行负荷/(kg/(m^3 • d)) ①
BOD_5 去除	高负荷	75～80，BOD_7	25，BOD_7	8，BOD_7
	中负荷	85～90，BOD_7	15，BOD_7	5，BOD_7
	低负荷	90～95，BOD_7	7.5，BOD_7	2.5，BOD_7
硝化（5mg/L）	BOD 去除	90～95，BOD_7	6，BOD_7	2，BOD_7
	NH_4^+—N＞3mg/L	90，NH_4^+—N	1，NH_4^+—N	0.35，NH_4^+—N
	NH_4^+—N＜3mg/L	90，NH_4^+—N	0.45，NH_4^+—N	0.15，NH_4^+—N
反硝化	前置反硝化（C/N＞4）[g(BOD_7)/g(NO_3^-—N)]	70，NO_3^-—N	0.9，NO_3^-—N	0.3，NO_3^-—N
	后置反硝化（C/N＞3）[g(BOD_7)/g(NO_3^-—N)]	90，NO_3^-—N	2.0，NO_3^-—N	0.7，NO_3^-—N

①：载体充填率为 67%。

Andreottola 等在未对原有反应器增容的前提下，将某企业小型处理设施的生物转盘改造成 MBBR 工艺，不仅明显提高了其处理能力，同时大大提高了其抗冲击负荷能力，有效提高了低温条件（5～15℃）下的有机物和氮的去除效率。当温度低于 8℃时，对有机物和氮的去除效率分别达到了 73%和 72%。

垃圾填埋场渗滤液是一种浓度高、成分复杂的难处理废水。Loukidou 等采用 MBBR 和 SBR 联用工艺进行处理的研究表明，当 SBR 的运行周期为 24h 时，处理系统对 COD_{Cr} 和 BOD_5 的去除率分别达到 65%和 95%，并基本实现了完全的硝化，对磷的去除率亦达到了 65%。Welander 等采用好氧和缺氧两级 Kaldnes P-MBBR 工艺处理渗滤液的研究表明，当载体投加率为 40%～60%，获得了 90%的氮去除率。

1998—1999 年，美国 Wisconsin 肉品加工厂废水处理工艺（处理规模为 650m^3/d，进水溶解性 COD_{Cr} 和 BOD_5 浓度分别为 1 989mg/L 和 1 367mg/L）原采用化学预处理—厌氧处理—好氧处理工艺，经处理后的废水排入市政管道系统进入公有污水处理厂（POTW—Publicly Owned Treatment Works）处理，其所需的大量化学药剂、所需运转费及污水厂的收费，使其每月的处理成本高达约 10 000 美元。为此，该厂采用两级 Kaldnes HYBAS™-MBBR 工艺取代原有工艺中的化学处理单元对其进行了改造，其 MBBR 反应器的总容积为 268m^3（即 HRT 约为 10h）。改造后的 MBBR 工艺可将进水中的 BOD_5 和溶解性 COD_{Cr} 浓度分别由 1367mg/L 和 1 989mg/L 降低至 59mg/L 和 59mg/L 和 226mg/L。同时，由于 MBBR 出水对有机物的有效去除，有效地促进了其后续活性污泥工艺单元对 NH_4^+—N 的处理效能，使处理达到了直接排放水体的标准，因而大大节省了污水处理厂的收费及处理工艺的运转费用。同时，处理过程中污泥的沉降性能得到了明显的改善（图 6-20）。该改造工艺中，MBBR 反应器所使用的聚乙烯 Ringlace 轻质载体量为 MBBR 反应器有效容积的 50%。目前，正计划提高至 65%，以满足其处理规模的增加。

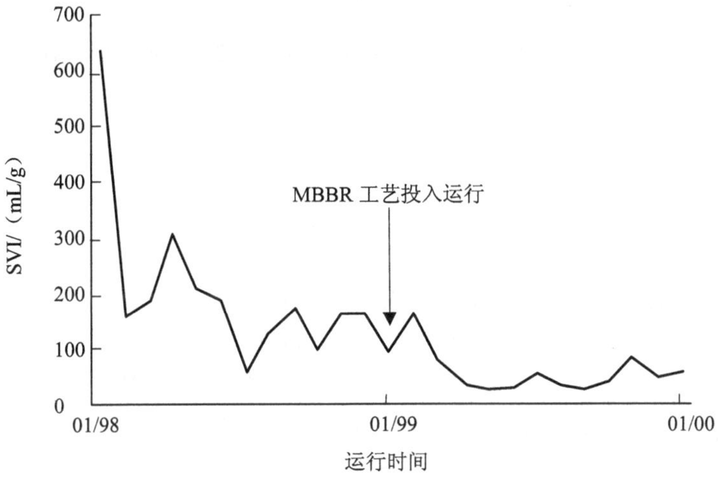

图 6-20　美国 Wisconsin 肉品加工厂废水处理 MBBR 工艺中污泥的 SVI 变化情况

2000 年，美国田纳西（Tennessee）州 Louden 污水处理厂已有 20 余年的运行史，所采用的工艺的为滴滤池—活性污泥工艺。由于长期运行，设备已严重腐蚀，环境条件较差（滤池蝇生长），并且有 H_2S 释放。同时随处理规模的增加，其处理效果已难以保证。该厂的平均设计处理规模为 6 550 m^3/d，最大流量为 11 400 m^3/d。进水 COD_{Cr}、BOD_5 和 TSS 分别为 2 000mg/L、1 400mg/L 和 80mg/L。

为此，该厂于 2000—2001 年建设了两座并联运行的 MBBR 工艺以取代目前运行的两座滴滤池，并同时满足 20%的处理规模的增加量。实际运行结果表明，在 MBBR 反应器的 HRT 仅为 3h 的条件下，MBBR 工艺对进水中有机物（TOC）的去除率始终稳定在 60%以上（见图 6-21）。

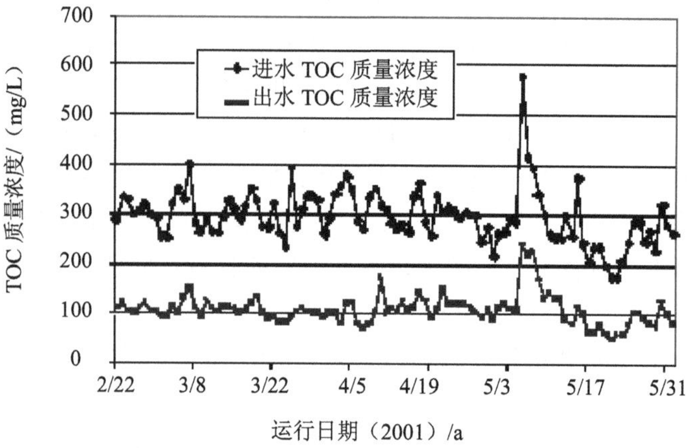

图 6-21 美国田纳西州 Louden 污水处理厂 MBBR 工艺的运行情况

6.5 结语

MBBR 工艺作为一种具有强化效能的废水生物处理新工艺，其工艺运行方式集活性污泥工艺和生物膜工艺的优点于一体，同时由于其生物载体以悬浮态为特征，因而亦具有比接触氧化工艺更为优越的性能。同时，MBBR 工艺所使用的载体特性，决定了其不仅具有优良的对有机物的去除效能，具有比传统工艺更强的硝化或脱氮效能。其主要工艺特征主要表现在：①由于悬浮载体的投加，使生物反应器中同时存在两种性能和功能不同的生物体，不同生物体的存在方式的不同，使反应器可在较短的 HRT 下获得较为理想的硝化或脱氮效果；②该工艺在实施对原有工艺进行升级改造时，一般无须增大或增设反应器的容积，因而十分适用于对超负荷运行或对处理出水水质要求更高的场合的、经济合理的污水处理工艺的改造。

MBBR 工艺的核心技术是轻质悬浮载体。不同的载体不仅具有不同的悬浮特性，同时其比表面积（涉及生物的附着生长量及与废水接触的效果）亦将有很大的差异。因而开发研究新型悬浮填料是 MBBR 工艺推广应用的关键。目前，如 LINPOR MBBR 和 Kaldnes MBBR 中所使用的不同载体均为其相应公司的专利技术产品，并以此而命名其工艺。目前，我国对悬浮载体填料的研究尚较少，处于起步阶段，虽有研究单位和研究者开发了具有一定特性的悬浮球（如 SNP）等，但由于其性能尚难满足长期运行悬浮的要求而难以推广应用，因而应从材质、结构和形状等方面进行深入研究，以开发适用于不同处理要求（如有机物去除、硝化或脱氮）和不同处理场合（不同的废水等）的使用寿命长、比表面积大、易挂膜的高效载体。

MBBR 工艺在国内的研究和应用亦均处于起步阶段。但不少单位对该工艺在低浓度生活污水、工业废水、微污染水的处理以及不同载体的运行特性等开展了有益的探索研究，积累了一定的经验。

由于 MBBR 工艺是随优质载体的开发而发展的，而目前除德国的 LINDE AG 股份有限公司生产的 LINPOR 立方体泡沫塑料载体和挪威的 Kaldnes A/S 公司开发研制的 Kaldnes 聚乙烯环形载体外，尚有美国的 Captor 公司生产的 Captor 载体，但它们的开发和应用只在近十年得到较快的发展，因而 MBBR 工艺也是处于发展和改进中工艺，对此有必要对该工艺的设计、运行管理及其组合运行方式等开展深入研究。

参考文献

[1] 范懋功．MBBR 法在工业废水处理中的应用．工业用水与废水，2003，34（3）：9～11.

[2] 何国富，周增炎，高廷耀．投加悬浮填料强化传统活性污泥法的脱氮功能试验研究．环境工程，2003，21（4）：15～17.

[3] 何国富，周增炎，高廷耀．悬浮填料活性污泥法的脱氮效果及影响因素．中国给水排水，2003，19（6）：6～8.

[4] 金冬霞，田刚，施汉昌．悬浮填料的选取及其性能试验研究．环境科学学报，2002，22（3）：333～337.

[5] 李明，宋存义，邢奕．生物移动床技术在电厂生活污水回用工程中的应用研究．环境工程，2005，23（1）：19～21.

[6] 刘晋旭，刘振鸿．复合式生物处理系统的研究与应用．工业水处理，2003，23（1）：8～11.

[7] 吕晓辉，胡龙兴．移动床生物膜反应器脱氮除磷技术．化学工程师，2004，（9）：20～22.

[8] 陆文逊．LINPOR 工艺及其在大连春柳河污水处理厂中的应用．中国市政工程，2001，（3）：54～55.

[9] 沈耀良，王宝贞．LINPOR 废水生物处理工艺及其应用．环境工程，1999，17（5）：7～11.

[10] 孙华，张菊萍，李湘霖．投加悬浮填料改善活性污泥处理性能的试验研究．重庆环境科学，2001，23（6）：37～40.

[11] 王宝贞，王琳主编．水污染治理新技术——新工艺、新概念、新理论．北京：科学出版社，2004.

[12] 王奕，张兴文，杨凤林．移动床生物膜反应器的研究及应用现状．环境污染治理技术与设备，2002，3（7）：78～80.

[13] 徐斌，夏四清，高廷耀等．悬浮填料床处理微污染原水硝化试验研究．环境科学学报，2003，23（6）：742～747.

[14] 徐斌，夏四清，胡晨燕等．MBBR 工艺预处理黄浦江微污染原水．中国给水排水，2004，20（8）：5～9.

[15] 张宝杰，王宝贞．复合式生物处理系统效能与机理研究．哈尔滨建筑大学学报，1999，32（6）：100～104.

[16] 张捷，朱慧．悬浮球填料在果园桥水厂中的应用．给水排水，2004，30（12）：40～42.

[17] 张景丽，幸福堂．移动床生物膜工艺特点、研究现状及发展．工业安全与环保，2003，29（4）：13～15.

[18] 张兴文，杨凤林，马建勇．MBBR 处理低浓度污水的工程应用．环境工程，2002，20（5）：12～15.

[19] 杨玉旺．移动床生物膜反应器处理污水的研究应用进展．工业水处理，2004，24（2）：12～15.

[20] Andreottola G，Foladori P，Ragazzi M，et al. Experimental comparison between MBBR and activated sludge system for treatment of municipal wastewater. *Water Sci. and Technol.*，2000，41（4/5）：375～382.

[21] Andreottola G. Upgrading of a small wastewater treatment plant in a cold region using a moving bed biofilm reactor system. *Water Sci. and Technol.*，2000，41（1）：177～185.

[22] Asiedu K. Evaluating biological treatment system，a thesis submitted to the facualty of Virginia Polytechnic Institute and State University in partial fulfillment of the requirements for the degree of Master of Science in Environmental Engineering. Department of Civil and Environmental Engineering，Blacksburg，Virginia，Sept. 2001.

[23] Christensson M，Welander T. Treatment of municipal wastewater in a hybrid process using a new suspended carrier with large surface area. *Water Sci. and Technol.*，2004，49（11/12）：207～214.

[24] Comett-Ambriz I，Gonzalez-Martinez S，Wilderer P. Comparison of the performance of MBBR and SBR systems for the treatment of anaerobic reactor biowaste effluent. *Water Sci. and Technol.*，2003，47（12）：155～161.

[25] Comett I，Gonzalez-Martinez S，Wilderer P. Treatment of leachate from the anaerobic fermentation of solid wastes using two biofilm support media. *Water Sci. and Technol.*，2004，49（11/12）：287～294.

[26] Disclamer. The LINPOR® system：an innovative nitrogen removal process. *The Pennsylvania Department of Environmental Protection*，Nov. 7，2002.

[27] Fux C，Huang D，Monti A，et al. Difficuties in maintaining long-term partial nitrification of ammonium-rich sludge digester liquids in a moving-bed biofilm reactor（MBBR）. *Water Sci. and Technol.*，2004，49（11/12）：53～60.

[28] Gilles D G，Gossett R E，Camp W W，et al. Design，construction，and start-up of a biological pretreatment plant for a large pharmaceutical manufacturing facility. *Florida Water Resources Jour.*，Sept. 2004：30～34.

[29] Gilligan T P，Morper M R. A unique process for upgrading activated sludge systems for nitrogen removal. *Letepro Environmental Systems&Services*，NE WEA Oct. 1999.

[30] Hanner N. Upgrading the sjöluna WWTP according to a novel process concept. *Water Sci. and Technol.*，2003，47（12）：1～7.

[31] Hem L J，Rusten B，Ødegaard H. Nitrification in a moving bed biofilm reactor. *Water Res.*，1994，28（6）：1425～1433.

[32] Jahren S J，Rintala J A，Ødegaard H. Aerobic moving bed biofilm reactor treating thermomechanical pulping whitewater under thermophilic conditions. *Water Res.*，2002，36（4）：1067～1075.

[33] Kim Y H，Cho J H，Lee Y W，et al. Development of a adhension of nitrifying bacteria using a thermodynamic approach. *Biotechnol. Techniques*，1997，11（11）：773～776.

[34] Kumke G W. LINPOR systems-an activated sludge process using suspended foam media. 1988.

[35] Letepro Environmental Systems&Services. LINPOR® biological nutrient removal for Westerly，R，I. *Aquarion Operating Services*，August 2003.

[36] Maurer M. Modelling denitrification in a moving bed of porous carriers from a low-loaded wastewater treatment plant. *Water Sci. and Technol.*，1999，39（7）：251～259.

[37] Mike M，Robert P. Innovative moving bed reactor/solids contact reaeration process for secondary treatment of municipal wastewater. *Water Environ. Res.*，1998，70（5）：1083～1089.

[38] Morper M R. Improvement of existing waste water treatment plant efficiencies without enlargement of tankage by application of the LINPOR processes-case studies. *Water Sci Technol.*，1990，22（7/8）：207～215.

[39] Morper M R. Seminar on emerging technologies in municipal wastewater treatment. Environment Northern Seas，Stavanger Norway，26～30 August，1991.

[40] Morper M R. Upgrading of activated sludge system for nitrogen removal by application of LINPOR processes. *LIMDE-KCA-DRESDEN，GMBH，Wastewater TechnoL.* Munich，1994.

[41] Moper M R. Upgrading of activated sludge systems for nitrogen removal by application of the LINPOR®-CN process. *Water Sci. and Technol.*，1994，29（12）：167～176.

[42] Moper M R. Full scale application of specialized biological process for advanced wastewater treatment. *Proceedings of International Water and Wastewate*r，Beijing，China，July 12～16，1994，2：661～669.

[43] Morper M R. The Linpor processes-experiences from full scale operations. LINDE AG，Division VA，Germany，1996.

[44] Ødegaard H，Rusten B，Westrum T. A new moving bed biofilm reactor-application and results. *Water Sci. and Technol.*，1994，29（10/11）：157～165.

[45] Pastorelli G. Organic carbon and nitrogen removal in moving-bed biofilm reactors. *Water Sci. and Technol.*，1997，35（6）：91～99.

[46] Pastorelli G，Andreottola G，Canziani G，et al. Pilot-plant experiments with moving- bed biofilm reactor. *Water Sci. and Technol.*，1997，36（1）：43～50.

[47] Reimann H. The LINPOR process for nitrification and denitrification. *Water Sci. and Technol.*，1990，22（7）：297～298.

[48] Rusten B. Hem L J，Odegaard H. Nitrificaition of municipal wastewater in moving-bed biofilm reactors. *Water Environ. Res.*，1995，67（1）：75～86.

[49] Rusten B，Johnson C H，Devall S，et al. Biological pretreatment of a chemical plant wastewater in high-rate moving bed biofilm reactors. *Water Sci. and Technol.*，1999，39（10/11）：257～264.

[50] Rusten B. Pilot testing and preliminary design of moving bed biofilm reactors for nitrogen removal at the frevar wastewater treatment plant. *Water Sci. and Technol.*，2000，41（4/5）：13～20.

[51] Sunner N，Evans C，Siviter C，et al.，The two-stage moving bed/activated sludge process：an effective solution for high-strength wastes. *Water and Environ. Management Jour.*，1999，13（5）：353～358.

[52] Telgmann U，Fuchs U，Horn H. Untersuchungen zum Linpor-N-Schwebebett- verfahren als dritte reinigungsstufe. *Gwf-Wasser/Abwasser*，1995，136（5）：255～260.

[53] Welander V，Henrysson T，Welander T. Nitrification of land fill leachate using suspended-carrier biofilm technology. *Water Res.*，1997，31（9）：2351～2355.

[54] Welander V，Henrysson T，Welander T. Biological nitrogen removal from municipal land fill leachate in a pilot scale suspended carrier biofilm process. *Water Res.*，1998，32（5）：1564～1570.

[55] Wessman F G，Yan Yugen E，Zheng Q，et al. Increasing the capacity for treatment of chemical plant wastewater by replacing existing suspended carrier media with Kaldnes moving bed™ media at a plant in Singapore. *Water Sci. and Technol.*，2004，49（11/12）：199～205.

[56] Wilderer P A，Arnz P，Arnold E. Application of Biofilms and Biofilm Support Materials As A Temporary Sink and Source . *Water，Air，& Soil Pollution*，2000，123（1/4）：147～158.

第7章

MBR污水生物处理技术

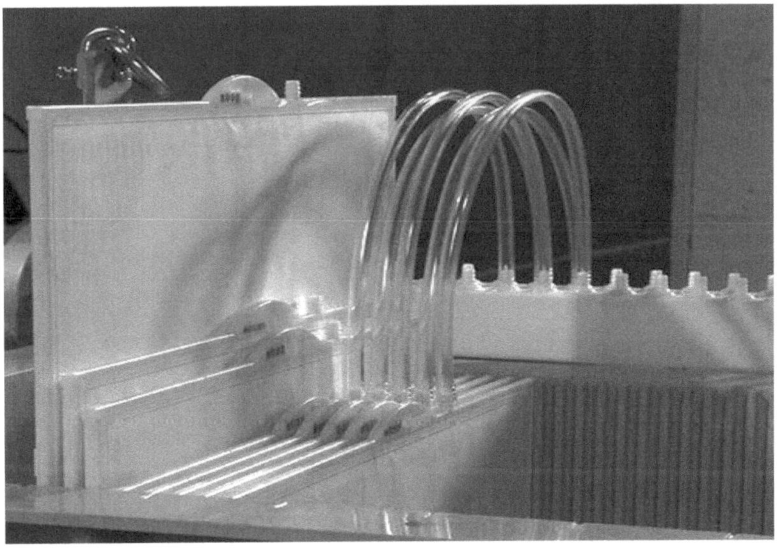

MBR中Kubota平板膜组件

Kubota Plate Membrane Modules in MBR

7.1 概述

膜生物反应器（MBR—Membrane BioReactor）是国际上于 20 世纪 60 年代开始研究、90 年代得到快速发展和应用的一项废水生物处理新技术，它将膜分离技术和生物反应过程有机结合，以膜技术的高效分离作用取代传统活性污泥法中的二沉池，实现传统工艺所无法比拟的泥水分离和污泥浓缩效果，消除了污泥膨胀的影响，并大幅度提高了曝气池中活性污泥的浓度，省却了污泥回流系统，大大延长了泥龄，减少了剩余污泥量，并通过膜对废水中 SS、有机物、病原菌和病毒的高效截留作用，大大提高了处理出水水质，并在通常情况下，其处理出水无需进行消毒处理即可达到相关的卫生标准。该技术被专家誉为“污水资源化的一项革命性技术”，已被许多发达国家广泛应用于废水处理和水回用领域，并被我国列为“21 世纪可持续发展实用新技术”。

MBR 废水生物处理技术由美国于 20 世纪 60 年代研究开发。1966 年，美国的 Dorr-oliver 公司首先将 MBR 用于废水处理的研究，1969 年 Budd 等开发和应用的分离式 MBR 技术获得了美国专利。但由于受当时膜生产技术的限制，膜的使用寿命短、通水能力低，价格昂贵，而难以投入实际应用。进入 20 世纪 70 年代后，鉴于水和土地资源的日益紧张，日本开始重视膜分离技术在废水处理和中水回用中的应用，并组织大学、研究院和企业等开始了全面的研究，使 MBR 技术开始进入实用阶段。与此同时，美国开发的好氧分离式 MBR 处理城市污水的试验规模进一步扩大，并取得了较满意的结果。进入 20 世纪 80 年代后，随着膜制造技术的发展以及膜分离工艺的不断完善，MBR 技术开始在废水处理领域受到广泛重视，并得到快速推广应用。自 1983 年到 1987 年，日本有 13 家公司使用好氧 MBR 处理写字楼废水，并将出水进行中水回用，处理规模达 50～250 m^3/d，其于 1985 年开始实行的“水综合再生利用系统 90 年代计划”则大大推进了 MBR 的研究及其在污水处理中应用的对象和规模。进入 20 世纪 90 年代中后期，对 MBR 的研究方兴未艾，并更趋深入，如 Ueda 等于 1996 年开展了应用一体式膜分离活性污泥 MBR 处理城市污水的生产性研究，Zhang 等开展了 MBR 与传统活性污泥工艺中微生物种群和细菌活性的对比研究，Livingston 等使用萃取膜生物反应器（EMBR）成功进行了 3-氯硝基苯化工废水处理研究等。同时，日趋增多的欧美等发达国家将 MBR 应用于不同废水的处理，并开始有四家大公司经营 MBR，它们分别是加拿大的 Zenon 公司、日本的 Mitsubishi Rayon 公司、法国的 Suez LDE/IDI 公司和日本的 Kubota 公司。其中 Zenon、Mitsubishi Rayon 和 Kubota 公司主要生产应用于一体式 MBR

的聚合物中空纤维膜组件，而 Suez LDE/IDI 公司则主要生产应用于分体式 MBR 的管式陶瓷膜组件。加拿大的 Zenon 公司首先推出了超滤管式膜生物反应器，并将其应用于城市污水处理。目前，全世界已有超过 600 套 MBR 系统投入实际运行，正在设计建设之中的亦为数众多。日本是世界上应用 MBR 工艺发展最快的国家之一，其应用 MBR 工艺的污水处理厂占全球的 70%以上，其余主要分布在欧洲和北美等发达国家，所应用的 MBR 工艺中，98%以上以好氧方式运行，而其中 55%以上为一体化型式。表 7-1 所列为 MBR 在不同种类废水处理中的应用比例。目前，大部分应用 MBR 工艺的城市污水处理厂的处理能力小于 400 m^3/d，但近几年来，处理能力为 5 000～20 000 m^3/d 的 MBR 污水处理厂的数量已在逐年增加。

表 7-1　MBR 在不同种类废水处理中的应用比例

废水类型	工业废水	写字楼废水	生活污水	城市污水	渗滤液
比例/%	27	24	27	12	10

我国有关 MBR 工艺的研究始于 20 世纪 90 年代初期，虽起步较晚，但发展十分快速。1991 年开始对日本等国家的 MBR 工艺研究和应用情况进行介绍，1993 年前后许多高校和科研机构相继开展了该工艺的研究。1995 年，国家科委（即科技部）资助天津大学进行了对该工艺的研究，并成功开发了厌氧—好氧 MBR 工艺，取得了一系列研究成果，并为该工艺的进一步研究和生产性实用化打下了良好的基础。与此同时，清华大学、同济大学、中科院生态环境研究中心、哈尔滨工业大学以及其他高等院校及科研单位等对不同类型的膜（如平板超滤膜、管状膜、中空纤维膜等）、不同的 MBR 运行方式（一体式、分离式等）及其处理不同废水的效能和运行控制等进行了研究，取得了一大批研究成果，MBR 的处理对象由城市污水/生活污水的处理扩展到石化废水、高浓度有机废水、食品废水、啤酒废水、印染废水等，其工艺形式由活性污泥法拓展至接触氧化法，由好氧工艺发展至厌氧工艺，有力地促进了该工艺的产业化。

7.2 MBR 工艺的类型及工作原理

膜生物反应器主要由膜组件、泵和生物反应器三部分组成，其中生物反应器是污染物降解的主要场所，膜是对混合液和对特殊污染物进行分离和萃取的介质，而泵则是为满足分离和萃取提供所需动力（压力）的必需设备（根据泵与膜组件的相对位置的不同分为加压泵和吸压泵两类）。根据膜组件在膜生物反应器中所起作用的不同，可将其分为分离膜生物反应器（BSMBR—Biomass Separation Membrane Bio-Reactor）、无泡曝气膜生物反应器（MABR—Membrane Aeration Bio-Reactor）和萃取膜生物反应器（EMBR—Extractive Membrane Bio-Reactor）三种类型，而目前通常所说的MBR即是此三种类型的总称。其中BSMBR是目前研究和应用最广泛和深入的膜生物反应器，在无特指的情况下，通常称之为MBR。该工艺所使用的膜组件相当于传统生物处理系统中的二沉池，主要功能是进行固液分离，截留的污泥回流至生物反应器，透过水外排；MABR则采用透气性膜，对生物反应器进行无泡供氧，实现对氧的高效利用；EMBR利用萃取膜将废水中有害（有毒）或溶解性差的物质进行萃取后，采用专性菌对其进行单独的生化处理，从而使专性菌不受废水中离子强度和pH的影响，优化生物反应器的功能。

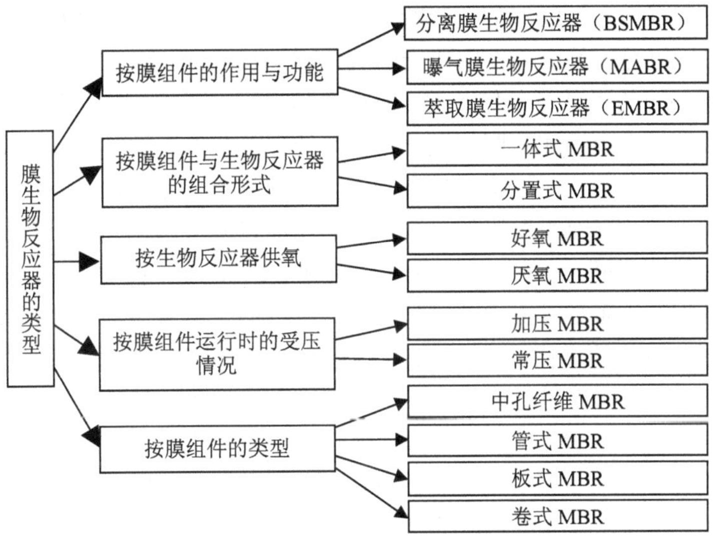

图7-1 MBR的分类

在上述分类的基础上，还可进一步加以分类。如根据MBR中微生物生长需氧情况的不同可分为好氧（OMBR）和厌氧（AMBR）两大类，OMBR有活性污泥法和生物膜法等，AMBR有流化床法、UASB法、固定床法、接触氧化法和两相法等；根据膜组件中的膜材料化学组成的不同可分为有机膜MBR和无机膜MBR；根据膜孔径大小的不同可分为微滤膜MBR和超滤膜MBR；根据膜形状的不同可分为平板膜、管式膜和中空纤维膜MBR。此外，根据膜组件和生物反应器的组合位置的不同，膜生物反应器又可分为一体式和分置式两大类。前者指膜组件安置在生物反应器内部，后者是指膜组件与生物反应器分开设置；根据 MBR 运行方式的不同，又可分为按一定时间顺序间歇操作的序列间歇式活性污泥法 MBR 工艺和连续运行的 MBR 工艺。上述各种分类的 MBR 并不互相排斥，在必要的情况下可以组合成一个新的生化反应系统。图 7-1 所示为 MBR 的分类。下面主要根据膜与生物反应器的组合方式和膜的功能，介绍其不同的运行方式和工艺类型及其相应的特点。

7.2.1 分离膜生物反应器（BSMBR）

传统活性污泥工艺（CAS—Conventional Activated Sludge）作为废水生物处理的经典和基础性工艺，其在运行操作管理中经常遇到和存在的问题主要表现在以下三个方面：①活性污泥沉降性能的好坏将直接影响该工艺的出水水质和运行稳定性。由于在该工艺中，废水生物处理为保证澄清出水和生物反应器中稳定的污泥量所必需的泥水分离过程是在二沉池中完成的，而其分离效果的好坏，除与工艺设计有关外，主要依赖于活性污泥的沉降特性，污泥的沉降性越好，则泥水分离效果可得到有效保证。但污泥的沉降性取决于曝气池的运行状况，因而为此必须严格控制和合理设计曝气池的工艺及操作条件。但在实际运行过程中，由于废水的水量和水质的波动，常常易出现污泥膨胀问题，而影响处理工艺的正常运行，不仅难以获得澄清的出水，亦导致回流污泥浓度的下降，甚至导致整个处理系统的失效；②在正常运行的情况下，二沉池为发挥其浓缩污泥的功能以降低污泥回流设备的容量，需要一定的浓缩停留时间，致使沉淀污泥在二沉池底部经历与曝气池中活性污泥完全不同的环境条件，从而难以持续发挥和保持其较高的对有机底物的降解能力，在一定程度上限制了系统的生化反应速率；③剩余污泥的排放是保证废水生物处理工艺稳定运行所必需的，但大量且快速的排放不仅使其增加处理和处置费用（对生物污泥进行完全的处理和处置，其所需运转费用一般占系统总运行费用的 50%～60%），同时也在一定程度上浪费了其对有机物的去除功能的发挥。因而，提高处理工艺系统运行稳定性、充分发挥活性污泥的除污功能和减少剩余的产量，并由此增强系统的适应性并提高处理出水水质，成为新型废水生物处理工艺研究和开发所关注的其中几个问题。

对此，将分离工程中的膜技术应用于废水生物处理，以具有固液分离功能的膜组件替代二沉池所构建的分离膜生物反应器（BSMBR——简称 MBR），不仅借助于其对废水或混合液中微米级颗粒的截留作用，大大提高了泥水分离的效果，而可始终保持高质量的出水，并使污泥膨胀对出水水质的影响迎刃而解，也使污泥始终处于生物反应器中而持续发挥其功能，并由此使生物反应器中活性污泥的浓度大大提高，在强化其处理效能的同时，有效延长了其 MLSS 的泥龄，利于减少剩余污泥产生量（甚至可实现零污泥排放）。

根据生物反应器与膜组件的组合方式，MBR 有一体式和分置式两种运行方式。

7.2.1.1 一体式 MBR 工艺（SMBR）

一体式 MBR 工艺（亦称之为浸没式 MBR，SMBR—Submerged Membrane Bio-Reactor）如图 7-2（a）所示。该运行方式将膜放置于生物反应器内部，曝气装置设置在膜组件的正下方。原水进入生物反应器后，其有机底物在其高浓度的混合活性污泥的作用下得到氧化分解。膜组件下方设置的曝气装置不仅具有为混合液微生物提供足够 DO 和促进充分搅拌混合的功能，同时由于气泡的搅动及其在膜表面形成的循环流而起到对膜表面的冲刷和剪切作用，可有效防止污染物在膜表面的附着和沉积。处理后的废水经抽水泵的负压抽提，通过膜的分离作用，而使混合液中的非溶解性物质截留在混合液中，净化水则通过膜而成为处理出水。此种组合运行方式的 MBR 可省去二次沉淀池和混合液循环系统（利于降低处理成本），其所需能耗较低（其处理单位体积废水所需的动力消耗为 0.2～0.6 kW·h，约为分置式的 1/10），整体结构较为紧凑，占地少。但由于将膜设置于高浓度的混合液内，其膜通量相对较小，容易发生膜污染问题，较难以清洗和对膜组件的更换。同时，一体式 MBR 的出水通常是间隙的。为有效防止一体式 MBR 的膜污染问题，可采取在膜下方进行高强度曝气的方式，以增强空气和水流的搅拌紊流作用，延缓污染物的沉积和污染；也可将膜组件固定于中空轴，使其随轴转动（即旋转式 MBR），在膜表面形成交叉流，防止膜污染。

SMBR 对废水中有机底物强化去除的原理，主要表现在：①由于膜对混合液中 MLSS 的截留作用，使生物反应器内的 MLSS 大大高于传统活性污泥工艺，进而强化了对有机物的氧化降解作用。同时，由于上述膜对 MLSS 的截留作用，使污泥龄大大延长，降低了污泥的增长速率，减少了剩余污泥的产量，并利于硝化菌的生长繁殖，可实现良好的硝化作用。②由于膜对 MLSS 的有效截留作用，不仅强化了 CAS 工艺中二沉池的功能，使处理出水水质更好。因而，与 CAS 工艺相比，SMBR 具有更高的处理能力和更强的处理功能。但同时需注意，由于膜对 MLSS 的高效截留作用（其 MLSS 可高达 10～20 g/L），使该工艺的运行负荷通常较低（其 F_W（BOD_5/MLSS）一般为 0.05～0.6 kg/(kg·d)）。

目前，鉴于 SMBR 中的曝气装置设置在膜组件的正下方，可能存在生物反应区混合液在远离膜组件的区域发生死区而影响微生物功能发挥的问题，而在膜组件和生物反应区之间增设一导流板（图 7-3（a）），形成混合液在反应器内的循环流动，可促进良好的泥水混合和提高生物反应区容积的有效利用。

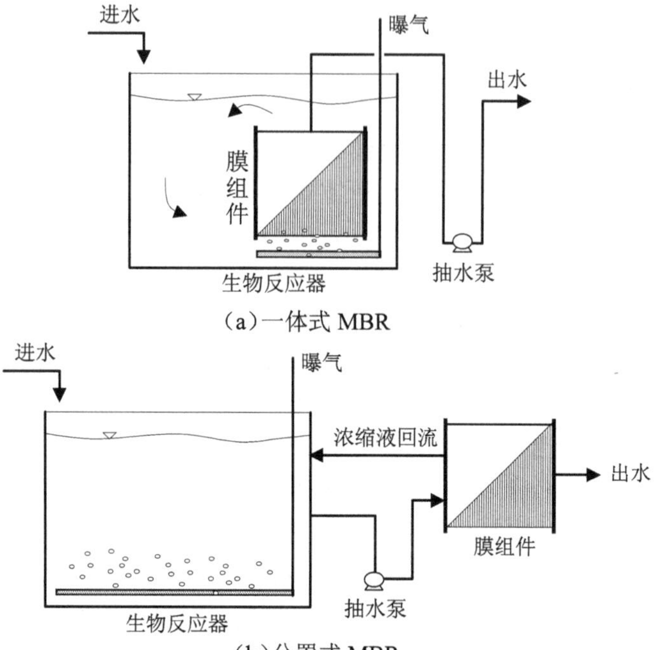

(a)一体式 MBR

(b)分置式 MBR

图 7-2 固液分离膜生物反应器的组成形式

SMBR 起源于日本，主要应用于生活污水和粪便废水的处理，同时亦是低浓度废水中水回用的主要工艺运行方式。由于该运行方式易于对现有 CAS 工艺进行改造而成为近年来受到广泛关注和研究与应用的工艺形式。表 7-2 所列为部分欧洲国家的 SMBR 研究数据。

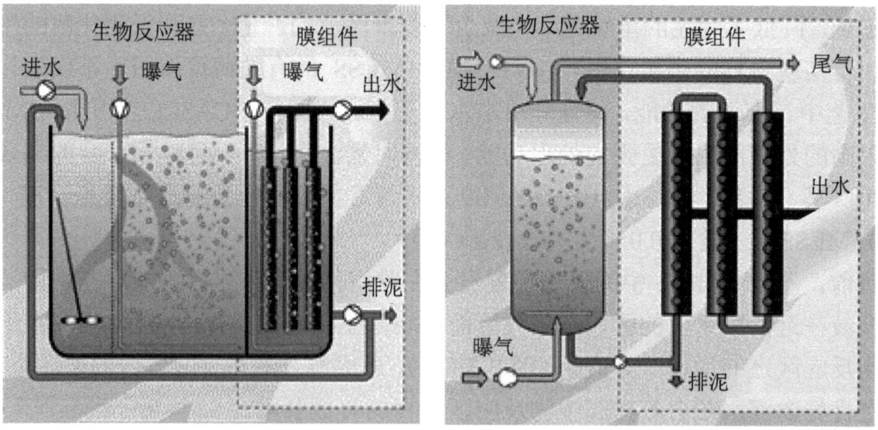

(a) 改进的一体式 MBR

(b) 改进的分置式 MBR

图 7-3 MBR 运行方式的改进

表 7-2　部分欧洲国家的 SMBR 研究数据

项　目	国　家			
	德　国	德　国	英　国	法　国
膜组件形式	中空纤维膜	板式膜	板式膜	中空纤维膜
膜孔径/μm	0.2	0.4	0.4	20000*
膜面积/m^2	83.4	80	160	12
反应器容积/m^3	4.1（硝化）	6.3（硝化）	15.5	0.65（硝化）
	2.8（反硝化）	2.75（反硝化）	—	0.25（反硝化）
曝气量/（m^3/h）	138	8	142	—
过滤压力/kPa	30	10	—	—
膜通量/（L/(m^2·h)）	16	20	21	—
MLSS/（g/L）	12～18	12～16	16	15～25
污泥龄（θ_C）/d	15～20	20～25	45	—
进水 COD_{Cr} 质量浓度/（mg/L）	200～300	200～300	300～800	290～720
出水 COD_{Cr} 质量浓度/（mg/L）	<20	<20	61	13～16
进水 NH_3—N 质量浓度/（mg/L）	40～60**	40～60**	30～70	22～50
出水 NH_3—N 质量浓度/（mg/L）	5	未检出	5	1.6～3.2

*截留分子量；**以 TKN 计。

7.2.1.2 分置式 MBR（CMBR）

分置式 MBR 工艺（亦称之为交叉流 MBR，CMBR—Cross-flow Membrane BIO-Reactor）如图 7-2（b）所示。该运行方式将膜与生物反应器分开设置。生物反应器中混合液经抽液泵加压提送至膜组件，在压力作用下，混合液中的液相滤过膜组件而成为处理出水。混合液中的不溶性成分（固形物及大分子物质等）则被截留在膜外而成为浓缩液，并通过回流系统返回生物反应器。CMBR 运行方式具有稳定可靠、膜易于清洗及更换、通量较大等优点。其不足是其在较高的交叉流速和压力条件下工作的，膜组件分离的污泥需要回流，为减少污染物在膜表面的沉积和污染，以延长其清洗时间间隔，通常需要用循环加压泵提供较高的膜面错流速度（3～6 m/s），压入膜组件，以在膜表面形成有效的冲刷作用。因而致使循环流量增大，所需动力消耗较大（处理每立方米水的能耗为 2～12 kW·h，是 CAS 工艺的 10～20 倍）。同时，由于泵的高速旋转，在混合液流经泵叶轮时，易使微生物菌体在高强的剪切作用下失去活性。对此，亦可采用旋转膜组件的方式加以克服。同时，为提高氧的利用率，亦有将 CMBR 工艺中的生物反应器以密封的方式运行（图 7-3（b））。表 7-3 列出了采用加拿大 Zenon 环境公司生产的膜组件应用于 SMBR 和 CMBR 的性能参数比较。

表 7-3 SMBR 与 CMBR 运行参数的比较

参数	SMBR（中空纤维膜）	CMBR（管式膜）
膜组件	Zenon Zeeweed Z-500*	Zenon Permaflow Z-8*
膜面积/m^2	46	2
膜通量/（$L/(m^2\cdot h)$）	20～50	50～100
工作压力/kPa	20～50	400
错流速率/（m/s）	—	3～5
空气流量/（m^3/h）	40	—
进水流量/循环流量比	—	25～75
能耗/（$kW\cdot h/m^3$）	0.3～0.6	4～12

*加拿大 Zenon 环境公司生产。

7.2.2 无泡曝气膜生物反应器（MABR）

CAS 工艺所采用的曝气系统对氧的利用率普遍较低。当采用传统的穿孔管曝气方式时，其对氧的利用率仅为 5%～8%，而当采用微孔曝气方式时，其对氧的利用率可高达 20%～30%，但仍有 70%～80%以上的氧随空气从活性污泥混合液中逸出而未得到有效利用。因而当生物反应器中 MLSS 浓度较高或处理较高浓度的废水，尤其是对于难降解、负荷波动大和高浓度废水的处理时，为保证反应器中的好氧环境，将导致更大的氧的浪费和能耗的大大增加。

7.2.2.1 MABR 工艺的基本原理

无泡曝气膜生物反应器是采用低传质阻力的多孔复合膜作为曝气扩散装置，并将其设置于生物反应器内，对混合液进行供氧的一种 MBR（图 7-4（a））。曝气过程中，空气或 O_2 在膜腔内流动，废水则在膜的外侧流动，在膜内外浓度梯度的推动力作用下，向膜外的活性污泥传质扩散，将氧转移给生物反应器中的微生物，而不产生气泡。在该工艺中，所使用的曝气膜本身可作为微生物生长的载体，废水在生物膜的外表面流动，氧则以与传统生物膜中其转移传递的相反方向传质，与膜壁上附着生长的生物膜及其吸附的污染物接触并发生生物氧化降解，由此使供氧得到充分的利用（图 7-4（b））。图 7-5 所示为 MABR 中膜组件上附着生长的生物膜中的氧浓度、有机物及微生物生长特性的变化。

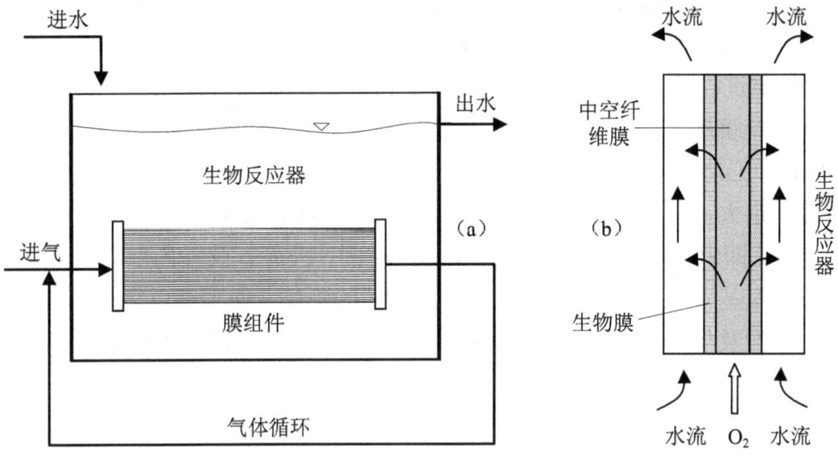

（a）工艺组成　　　　（b）单根纤维膜的工作原理

图 7-4　无泡曝气膜生物反应器及运行原理

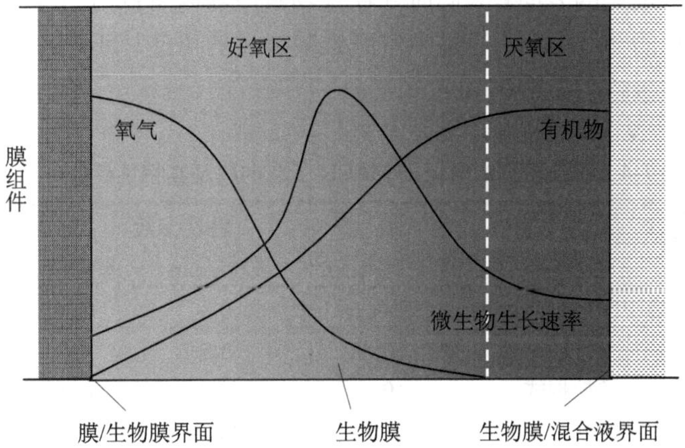

图 7-5　MABR 膜组件上附着生长的生物膜中的氧浓度、有机物及微生物生长特性的变化

MABR 通常采用纯氧曝气，但亦可根据处理废水的特性采用空气曝气。目前，MABR 所使用的膜有两种，即透气性致密膜和疏水性微孔膜。空气或氧气透过这两种膜向液相传质的机理有所不同。当氧气透过致密膜时，在气相侧，它先吸附在高分子聚合物上，进而向液相侧扩散，此时气压较高。而当氧气透过疏水性微孔膜时，在气压较低的情况下，氧气首先在膜表面形成气泡，由于表面张力的作用而吸附在膜表面，最后通过膜孔向液相传质。氧气在上述传质过程中，将受到膜（包括生长在其外表面的生物膜）的阻力和液膜阻力，由于所使用的膜所产生的传质阻力小，因而其传质过程通常受液膜阻力的控制，可通过增加膜外侧水流的流动速度和紊动程度减薄液膜厚度的方法减小其传质阻力。

在 MABR 工艺中，由于氧气停留在膜组件中，其停留时间越长，则转移到液相中氧的比例越大，传质效率也越高；此外，由于 MABR 在运行过程所提供的膜面积是一定的，即氧可资利用的传质面积是一定的，因而氧由膜内部向液相的传质速度及其利用率基本不受气泡大小及其停留时间的影响，使系统供氧更稳定，并可根据废水的特性及处理要求选择不同的膜表面积和气压，以满足处理过程对氧的需求量。

MABR 工艺中所使用的膜组件有板式、管式和中空纤维膜等，其中以中空纤维膜组件的研究和应用较多，表 7-4 所列为目前研究的应用于 MABR 工艺的膜及其主要特性。应用中空纤维膜时，将其置于垂直放置的管式模件束中，氧气供至纤维束的底部，其末端封闭。氧气首先进入膜内腔，在浓度梯度的作用通过膜传质进入膜外侧的废水中。中空纤维的比表面积高达 5 108 m^2/m^3，不仅为氧的传递和生物膜的生长提供了极大的表面积，同时其在生物反应器内所占用的容积也较小，仅为生物反应器容积的 2%～4%。通过中空纤维膜对氧的传递，可使氧的利用率高达 100%。

表 7-4 目前研究的应用于 MABR 工艺的膜及其特性参数

膜构型	特性参数			
	比表面积/（m^2/m^3）	外径/mm	壁厚/μm	孔径/μm
封闭端聚四氟乙烯中空纤维	550	0.8	0.23	—
直流聚四氟乙烯中空纤维	60	3.5	0.5	2.0
二层尼龙间夹聚四氟乙烯板框式	19	—	0.025	0.2
死端流聚乙烯中空纤维	5 108	0.028	—	—
直流聚丙烯板框式	—	—	0.026	0.05～10.0
硅树脂板框式	34	4.0	0.5	—
直流硅树脂和纤维支撑层中空纤维	62	1.0	0.5	—

MABR 工艺中，膜与生物反应器的组合方式有一体式和分置式两种，其基本组成形式与分离膜 MBR 工艺中的一体式和分置式基本一致，但 MABR 工艺以分置式组合方式运行时，需设置混合液的循环系统。此外，该工艺可以连续的方式运行，亦可以间隙的方式运行。当生物反应器中生物量以悬浮生长方式存在、而仅有附着生长于膜表面的方式运行时，通常采用连续运行的方式，而当在生物反应器中

添加生物膜生长载体（如活性炭等）使生物量的绝大部分以生物膜的附着生长型方式存在时，则多采用间隙运行的方式。

7.2.2.2 MABR 工艺的运行特性

MABR 工艺的最大特征是其利用膜所具有的传质和隔滤的特性，并替代 CAS 工艺中的传统曝气系统应用于废水生物处理的曝气，通过氧以扩散为主导而非对流传质的方式，极大地提高了氧的利用率。研究表明，在强烈混合的清洁水中使用致密聚乙烯膜曝气时，其氧的传质系数仅为 0.1×10^{-5} g/（m^2·h·Pa），而使用多孔聚砜膜时其氧的传质系数则高达 11.5×10^{-5} g/（m^2·h·Pa）。此外，通过使用高纯氧在高分压下以无泡的方式直接供给生长在膜件上的生物膜，可获得比 CAS 中传统纯氧曝气方式更高的氧利用率。因而，可大大强化处理工艺对废水的处理效能。如 Pankhania 等利用中空纤维膜生物反应器处理合成废水的研究表明，在 COD_{Cr} 容积负荷为 8.94 kg/（m^3·d），HRT 为 36 min 的条件下，其 COD_{Cr} 去除率达到 86%，氧的传质效率 100%。

MABR 可应用不同废水的处理（表 7-5）。但目前大多研究表明，该工艺更适用于处理活性污泥浓度很高、需氧量很大的废水的处理，同时由于 MABR 的曝气过程以无泡方式供氧，因而其适用于含挥发性有毒有机物或发泡剂的工业废水的处理。如 Kolb 采用以间隙方式运行、以活性炭作为生物膜载体的 MABR 处理挥发性有机物（VOCs）的研究表明，该工艺对有机物的 COD_{Cr} 去除速率可达 15.5 kg/(m^3·d)，对 2-氯酚的去除率则可达 20.0 kg/(m^3·d)，并通过活性炭的使用可快速有效地将废水中的 VOCs 进行吸附，进而通过其表面生长的生物膜对 VOCs 进行氧化降解。有报道表明，MABR 工艺应用于处理含高浓度 NH_4^+—N 废水时，亦可获得高效的硝化处理效果，其比硝化速率 NH_4^+—N 远高于传统硝化工艺，可达 13.0 kg/(m^3·d)。

在 MABR 工艺中，由于其以无泡方式向生物处理系统供氧，不能对废水产生有效的混合作用，混合液的混合需通过设置泵或搅拌装置等的混合作用来实现。同时，近年来已有在无需强烈搅拌混合的情况下，MABR 获得高效 COD_{Cr} 去除率的报道。如采用中空纤维膜进行无泡曝气供氧的中试 MABR 装置处理含易降解的溶解性有机物的啤酒废水时，完全混合条件下的 COD_{Cr} 去除速率和去除率分别为 28.0 kg/（m^3·d）和 88%，而在非完全混合条件下的上述指标分别为 27.0 kg/（m^3·d）和 81%。但对此仍有待深入研究。

MABR 工艺具有设备体积小、处理能力强、效果稳定、氧利用率高并适用于含挥发性有机物较多的废水的处理等一系列优点，但存在投资和运转费用高的不足，至今仍难以在实际工程中发挥其作用。

表 7-5 MABR 处理不同废水的效能

废水类型	水质指标	污染物膜负荷/(kg/(m² • d))	进水质量浓度/(mg/L)	去除率/%
城市污水	TOC	0.003～0.011	70～92	33～50
	TN	0.1～0.6	—	75～90
	有机氮	0.001～0.002	17～27	55～75
	NH_4^+—N	<0.004	14～30	—
人工配水	BOD_5	0.011	200	—
	TOC	0.007，0.042①	114～1 000	95～98
	NH_4^+—N	0.006	45～55	83（硝化） 98（脱氮）
	TN	0.002①，0.003	41～59	90～98
啤酒废水	总 COD_{Cr}	0.068	1 742～1 822	83
	悬浮 COD_{Cr}②	0.013	294～392	84
	总 COD_{Cr}③	0.076	2 476～2 614	81
	悬浮 COD_{Cr}③	0.014	451～479	28

① 容积负荷，单位：kg/（m^3 • d）；② 以完全混合方式运行；③ 以推流方式运行。

7.2.3 萃取膜生物反应器（EMBR）

在废水生物处理的工程实践中，常常会遇到含有高酸碱、高盐度、高挥发性污染物及有毒有害物的废水，而当这些污染物的浓度过高时，由于它们对微生物有毒害作用，难以直接采用生物处理工艺获得有效的处理效果，往往需要进行预处理或稀释。特别是当废水中含挥发性有毒物质时，它们在 CAS 工艺中容易随曝气气流挥发而发生气提现象，不仅影响处理效果和系统的运行稳定性，还将导致二次污染问题。对此，采用萃取膜生物反应器可有效地将上述污染物首先从废水中提取，为生物处理工艺的正常进行创造条件，同时可为所提取的上述污染物进行单独处理提供适宜的运行条件。

7.2.3.1 EMBR 工艺的工艺原理

1993 年，英国研究者 Livingston 等利用专性细菌降解特定有机物的能力，首次采用了 EMBR 工艺分别对含酚和二氯苯胺的人工配制和实际工业废水处理进行了研究，并在 HRT 为 2 h（废水在膜组件中的停留时间）的条件下，获得了 99%的二氯苯胺处理效果，并于 1994 年研究开发了 EMBR 工艺。

该工艺（如图 7-6 所示）采用对废水中挥发性有机物（VOCs）具有选择萃取性的膜组件将废水中的有毒有害优先污染物萃取后再行生物降解处理。处理过程中，使用萃取膜将废水与活性污泥隔开，废水在膜腔内流动，借助于膜的选择性透过作用，而使废水中的挥发性成分（如芳烃、卤代烃等）首先在膜中溶解扩散，并以气态的形式离开膜表面而进入膜外的混合液，并随混合液进入生物反应器，在专件微生物的作用下得到有效氧化分解。由于所使用的萃取膜具有良好的选择性和疏水特性，因而废水中的其他污染物均不能通过膜向活性污泥混合液扩散，而 VOCs 等污染物从废水经膜进入混合液的转移过程所需的传质推动力主要来自其在生物反应器中的生物降解后的浓度与进水中的浓度差提供。

EMBR 所使用的萃取膜主要有聚砜膜（膜孔径 0.1μm 的 UF 膜）或其与 ZnO_2 的复合膜和硅树脂膜（致密膜），其构型以多管式为主。

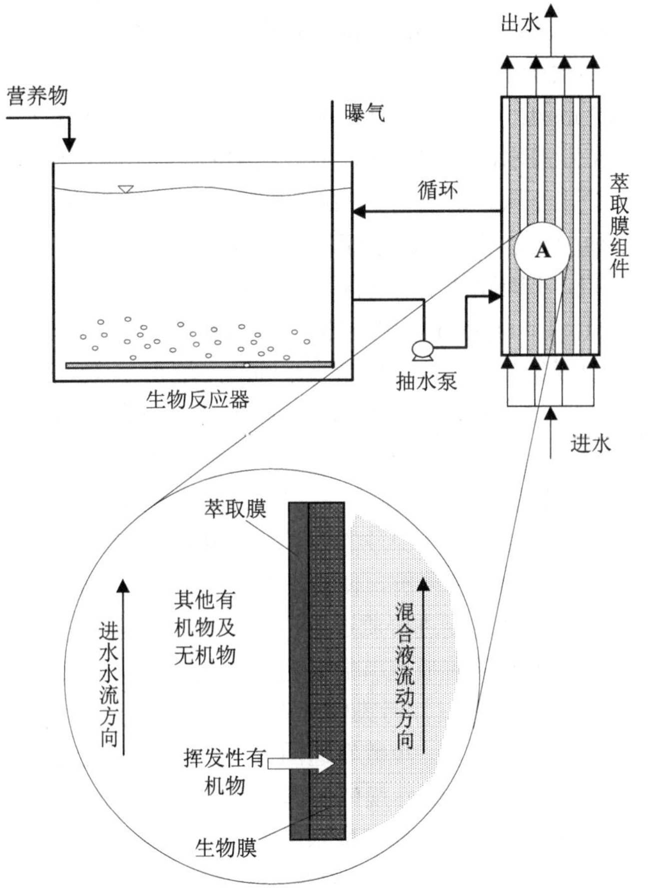

图 7-6　萃取膜生物反应器（EMBR）的组成及工作原理

7.2.3.2 EMBR 工艺的运行特性

该工艺亦可以一体式或分置式的膜-生物反应器组合方式运行，但考虑到为防止膜的污染及足够的错流速度，通常以分置式的方式运行。由于膜组件和生物反应器各自独立，相互影响不大，因而整个处理系统的操作管理和运行控制较为方便灵活，可获得稳定的处理效果。其中膜组件运行过程中对 VOCs 等污染物的萃取效率取决于 HRT，即废水在膜组件中的停留时间，而与生物反应器容积大小基本无关，因而便于根据处理要求和废水水质更换膜种类和增补膜组件数量；为培养具有特殊降解功能的微生物，在生物反应器中需投加或补充（含磷酸盐缓冲液和矿物质）无机营养盐，其随混合液流经膜组件外侧时，亦不受膜管内废水水质的影响，因而可控制生物反应器在优化的条件下运行，以获得高的生物降解负荷率。

如 Livingston 和 Brookes 等采用容积为 2.5 L 的 EMBR 处理流量为 69 mL/h、进水总有机碳（TOC）浓度为 168 mg/L 的工业废水时，获得了 99%的 TOC 去除率，同时通过生物降解，去除的苯胺、2,3-二氯苯胺、3,4-二氯苯胺和 4-二氯苯胺量分别达到 36 mg/L、62 mg/L、194 mg/L 和 24 mg/L。同时，Brookes 采用 EMBR 工艺处理 3,4-二氯苯胺工业废水的研究表明，混合液中的 3,4-二氯苯胺浓度始终维持在较低的水平，并在检出下限，说明 3,4-二氯苯胺在卤代芳烃菌的催化作用下获得了较快的分解速度。研究还表明，在废水流量和组成不变的情况下，挥发性污染物的透过膜的量基本稳定，不随膜使用的时间而变化，且膜的厚度对污染物的传质速率亦不产生影响。此外，Livingston 采用一体式 EMBR 处理含酚废水的研究发现，酚传质的阻力主要来自膜组件，膜片厚度越小，则阻力越小。并经多组试验证明，污染物分子尺寸越小，透过硅胶膜的阻力越小，传质速率越大。EMBR 启动数天后，发现在膜管外表面附着生长了一定厚度的生物膜，并表明了促进其系统处理效能的有利一面，即通过微生物的固定，提高了生物量的浓度，同时氧气从活性污泥混合液一侧向膜表面扩散与透过膜的污染物在生物膜内接触，由于固定在生物膜内的专性细菌的催化作用，污染物得以降解，使处理效果更稳定。因而，他们认为膜组件上生长的生物膜实际上可能会促进传质过程，提高传质的速率。但生物膜的生长，存在加快膜污染以及降低氧的传质速率的问题，对此正在开展有关的研究。

该工艺主要应用于含有挥发性污染物和有毒有害物工业废水的处理。目前，EMBR 工艺还处于小试研究阶段，少数发达国家（如英国等）已在实际工业废水处理中开展中试研究，但尚未有生产性规模工程应用的实例。我国已初步开发了以聚丙烯中空纤维膜萃取并回收高浓度氨氮废水中氨的 EMBR 工艺。表 7-6 所列为国外部分应用 EMBR 处理不同废水的工艺操作条件和处理效果数据。由表可见，各研究中废水在膜组件中的 HRT 大多在 1～2 h，pH 值大多控制在 6.5～7 之间，处理废水中污染物浓度则较高，并获得了极高去除率。如处理 DCE 废水时，其进水浓度高达 2 000 mg/L，去除率高达 94.5%以上。

表 7-6 国外部分应用 EMBR 处理不同废水的工艺操作条件和处理效果数据

废水类型	DCE 废水	3，4-DCA 废水	含酚废水		3-CNB 废水
运行方式	一体式	一体式	一体式		分置式
膜组件形式	管式	管式	管式		管式
膜材料	硅橡胶	硅橡胶	硅橡胶		硅橡胶
膜厚度/mm	0.5	0.5	0.5	0.5	0.5
膜外径/mm	2.5	3.0	3.0	3.0	2.0
HRT/h	0.82	1.5	6.0	1.9	0.5
温度/℃	30	30	30	30	30
pH	7.0	6.7	6.7	6.7	6.5
废水流量/（ml/h）	7 200	69	18	56	240
进水质量浓度/（mg/L）	2 000	194	1 000	1 000	174
去除率/%	≥94.5	≥99	98.5	66	99

上述分离膜生物反应器（BSMBR）、无泡曝气膜生物反应器（MBAR）和萃取膜生物反应器（EMBR）均为将膜分离技术与活性污泥工艺有机组合而开发的废水生物处理新工艺，它们均具有与膜分离技术和污染物生物降解相关的共同特性，但它们所使用的膜种类（见后述）、处理目标及工艺运行和操作方式均不相同，因而有其各自的特点。表 7-7 所列为上述三种 MBR 的特性比较。目前，BSMBR 因其在解决目前 CAS 工艺存在的处理效果稳定较差、出水水质尚难以满足日趋严格的排放标准及日趋广泛的回用要求中可发挥显著而普遍的作用，加之该工艺具有易于对现有 CAS 工艺实施改造等一系列的优良特性，而在众多研究的基础上在较短的时间内很快投入实际工程的应用，而 MABR 和 EMBR 工艺则尚处于研究阶段，未有大规模工程应用的实例，且其研究和开发目前仍集中于美国和欧洲的科研院校及数家公司。为此，本章以下部分的内容主要围绕分离膜生物反应器展开，并为方便起见，在无特殊表述的情况下，均将其称之为 MBR（但同时将根据其膜组件与生物反应器的工艺组合方式和运行条件的不同，分别加冠词予于限定，如一体化 MBR，或称淹没式 MBR 以 SMBR 表示；分置式 MBR，或称交叉流 MBR 以 CMBR 表示等）。

表 7-7 BSMBR、MABR 与 EMBR 的工艺特性比较

MBR 类型	主要优点	主要缺点
BSMBR（MBR）	占地面积小；可彻底去除废水中的 SS；出水一般无需消毒；可在同一单元中实现对不同污染物的去除；容积负荷远高于 CAS 工艺；污泥产率低，并可实现污泥零排放；系统启动需时短；无污泥膨胀之虑；适用于各种废水的处理；可模块化运行，易于改造升级	曝气受到限制；存在膜污染；膜价格高
MABR	氧利用率高；站地面积小；可根据需要控制供氧量；可模块化运行，易于改造升级	膜易污染；投资和运转费用高；工艺较复杂；无工程实例
EMBR	适用于有毒有害废水的处理；利于污染物的资源化回收利用；减少二次污染；可模块化运行，易于改造升级	投资和运转费用高；工艺较复杂；无工程实例

7.3 MBR 工艺的运行特性

MBR 工艺采用膜组件替代 CAS 工艺中的二沉池，实现了高效的固液分离，克服了 CAS 工艺出水水质波动及不够理想、易发生污泥膨胀等问题；由于膜对 MLSS 的高效截留分离作用，使得微生物被完全截留的在反应器内，不仅真正实现了水力停留时间（HRT）和泥龄（SRT，θ_C）的完全分离，而且极大地提高了生物反应器中的生物量，与 CAS 工艺相比，其运行更为稳定和高效，控制管理更为灵活方便，并通过由此而产生的生物反应器和膜对污染物去除的强化效应，在除污效能、污泥特性、反应速率等方面体现出其独特的优越性。

7.3.1 MBR 工艺的特点

与 CAS 工艺及许多其他的废水生物处理工艺相比，MBR 工艺因其以具有特殊性能的膜作为泥水分离和澄清出水的介质，而具有一系列显著的运行特点。

7.3.1.1 高效而稳定的泥水分离效果

MBR 工艺中分离膜的使用，彻底改变了 CAS 工艺中泥水分离的操作模式，主要表现在：

（1）极大提高了泥水分离效果，而这种分离效果是 CAS 工艺中二沉池所无法比拟的。借助于膜材料的微孔特性，不仅可将混合液中的 MLSS 等不溶性固

体完全截留在生物反应器内，同时可将混合液中的游离微生物及蛋白质等大分子有机物加以有效截留，从而可保持其持续而稳定的优质处理出水。其处理出水中的 SS 和浊度接近于零，大肠杆菌数少，又由于膜表面形成相当于第二层膜的凝胶层，不仅能截留大分子物质而且还能截留尺寸比膜孔径小得多的病毒，因而通常情况下可不经消毒而直接回用于非接触性使用场合，十分利于废水的资源化。

（2）利于污泥功能的有效和充分发挥。膜对混合液泥水的分离作用是通过其压力（如分置式 MBR 为正压，一体式 MBR 为负压）条件下，借助于其高性能的隔滤作用实现的，因而其分离过程中所需分离时间对其分离效果的影响已不成为其控制因素，在一定的操作条件下可持续有效地实现泥水分离，并由此可直接（如一体式）或在极短的时间内（分置式）将其所截留的 MLSS 等返回至生物反应器，而可避免在 CAS 工艺中 MLSS 须在二沉池底部经一定时间浓缩后再行回流至曝气池，所存在的因污泥闲置、环境变化而带来的污泥功能利用率较低、所需设备容积大以及易导致污泥性能恶化等问题，从而可充分和有效发挥 MLSS 的对污染物的降解功能，利于提高生物反应器单位容积的处理能力。研究表明，MBR 的 COD_{Cr} 容积负荷（F_V）可高达 15 kg/（m^3 • d）甚至更高。

（3）彻底消除了污泥膨胀对出水质量的影响。污泥膨胀是活性污泥工艺经常发生和较难以彻底避免的“老大难”问题，也是影响处理出水水质的主要原因之一。而 MBR 中，以交叉流（或错流）的方式，依靠膜阻隔分离的“机械压力”作用而非 CAS 工艺中依靠泥水比重差的“自然重力”作用实现对泥水的分离，其具有“强制”特性的分离动力，则彻底消除了由丝状菌过多繁殖等引起的污泥膨胀对分离过程的影响。从理论上讲，为获得生物反应器中良好的泥水混合效果，MBR 通常采用完全混合（CSTR）工艺形式，加之膜对污泥的有效截留而使生物反应器中的 MLSS（一般可高达 10～20 g/L）远高于 CAS 曝气池，因而其运行的有机负荷要低于 CAS 工艺，由此 MBR 工艺发生污泥膨胀的概率要高于 CAS 工艺，但因其特殊的泥水分离方式而避免对工艺运行、分离效果及出水水质的影响。事实上，至今亦未见 MBR 工艺中因污泥膨胀而影响其处理效能的报道。

7.3.1.2 HRT 和 SRT 的完全分离

MBR 工艺中分离膜的使用，几乎可彻底将污泥及其他不溶性物质截留在生物反应器中，而使其水力停留时间（HRT）与污泥停留时间（SRT）实现完全的分离，并由此使其呈现出一系列与其他活性污泥工艺不同的运行特点。

（1）提高了生物反应器中的生物量浓度，具有高的污染物去除能力。通过 HRT 与 SRT 的分离，以保持生物反应器中高浓度的生物量，提高单位时间内和单位反应器容积对有机底物的去除量是高效废水生物处理技术研究和开发的一个重要内容。在 MBR 工艺中，由于膜的截留作用，其生物反应器中的污泥得以富集，其 MLSS 浓度一般可达 10～20 g/L（而 Muller 等的研究则表明，在控制排泥或不排泥的情况下，MBR 中的污泥浓度可高达 40～50g/L）（见表 7-8）。根据活性污泥反应动力学理论，生物反应器中污泥浓度越高，则其单位容积的处理能力越强。对此，应用 Monod 模式（式 7-1，式 7-2）不难得到证实。

Monod 模式：
$$-\frac{\mathrm{d}S}{\mathrm{d}t}=\frac{v_{\max}SX_V}{S+K_s} \tag{7-1}$$

稳态条件下有：
$$X_V V=\frac{Q(S_0-S)(S+K_s)}{v_{\max}S} \tag{7-2}$$

式中：$\mathrm{d}S/\mathrm{d}t$——有机底物 COD_{Cr} 降解速率，kg/（m^3 • h）；

$v_{\max}$——最大比降解速率（COD_{Cr}/MLSS），kg/（kg • h）；

V——生物反应器有效容积，m^3；

X_V——混合液挥发行悬浮固体质量浓度（MLVSS），mg/L；

Q——处理水量，m^3/h；

S_0——进水有机底物质量浓度，mg/L；

S——时间 t 时混合中的有机底物质量浓度，mg/L；

K_s——饱和常数。

表 7-8　不同条件下，MBR 中污泥浓度及其特性的研究数据（处理生活污水）

有机负荷，F_W (BOD_5/MLSS)/(kg/(kg •d))	污泥龄，SRT（θ_c）/d	MLSS/MLVSS/（g/L）	污泥产率 Y(MLVSS/COD_{Cr})/kg/(kg • d)
0.03～0.1	20～30	25	0.35～0.65②
0.018～0.05	75	13/10	—
0.1①	50	15/11	0.46，0.2②
	—	11～15	0.4～0.6
0.029～0.062	—	15	0.44～1.03
	—	16	0.26
0.021	不排泥	40～50	—
0.129①	30	11/10	0.32②
0.013～0.046	125	8～12	—
	15～20	12～20/8～10	0.6
0.194～0.206①	30	10.5～11	0.16～0.38③
0.167	不排泥	5～18	0.092②

① kg(COD_{Cr})/kg(MLSS) • d；② kg(MLSS)/kg(COD_{Cr}) • d；③ kg(MLVSS)/kg(BOD_5) • d。

（2）低的污泥增长率，有效减少了剩余污泥的排放。由于膜对 MLSS 的高效截留，污泥的 SRT 大大延长，反应器中污泥浓度远高于 CAS 工艺，因而 MBR 通常在低的有机负荷条件下运行，污泥产率亦较低（见表 7-8）。根据活性污泥反应动力学可知，反应器长期在低负荷条件下运行，将改变活性污泥 MLSS 中挥发分的含量，使污泥老化而活性下降（由表 7-8 数据可见，MBR 生物反应器中的污泥具有较高的 MLVSS/MLSS 比例，对此有待深入研究），由此将影响单位数量污泥对有机底物的降解能力，但在 MBR 工艺中，这种能力的下降被由膜所截留使反应器中大大提高的 MLSS 量所有效补偿，从而保证了其良好的处理能力。此外，低的污泥产率，必将减少剩余污泥的排放，这对于降低剩余污泥的处理费用、控制其二次污染是极为有利的。目前，有报道表明，当适当控制曝气池的有机负荷，使其在基质限制条件下运行，即反应器中的营养物质仅能维持微生物的生存，使其比增长率与衰减系数相当，则将可更进一步减少剩余污泥的产量，甚至实现零污泥排放。如 Bouillot 等通过对 MBR 处理人工合成废水时污泥增长与代谢规律的研究，提出了混合液中 MLSS（X）与有机物去除、HRT 和 SRT 之间的关系式（式 7-3）。对此分析可知，当 SRT 足够长时，有机物的代谢将完全用于维持微生物的能量消耗，致使污泥产率下降，甚至仅可维持反应器中污泥量的平衡。

$$X=\frac{S_0-S_e}{t(m_s+\frac{1}{\theta_c\times Y_{\max}})} \tag{7-3}$$

式中：X——混合液污泥质量浓度（MLSS），g/L；

S_0——进水有机物质量浓度，mg/L；

S_e——出水有机物质量浓度，mg/L；

t——水力停留时间，d；

θ_c——污泥龄，d；

m_s——微生物生长维持系数；

$Y_{\max}$——微生物的最大产率系数（MLSS/ BOD_5），kg/(kg·d)。

表 7-9 所列为 MBR 和 CAS 工艺中微生物性能的比较。由表表明，膜分离不仅使 SRT 大大延长，污泥产率降低，提高了容积硝化及有机物的去除能力。但同时需注意，由于 MBR 工艺污泥中活细菌的数量相对较少，较低的多糖含量使污泥相对老化。因而，为维持一定的微生物活性，适当排泥还是必须的。

表 7-9 MBR 和 CAS 工艺中微生物性能的比较

工艺参数	MBR	CAS
污泥龄 SRT/d	16.8	3.4
水力停留时间 HRT/d	0.5	0.24
MLSS/（g/L）	4.7	1.5
MLVSS/MLSS	0.88	0.82
污泥产率 Y/[g/(g·d)]	0.28	0.33
活异养菌数 HPC/细菌总数（AODC）	0.01	0.10
氨氧化菌数（MPNa）/活活异养菌数（HPC）	0.45	0.02
硝化比活性（NH_4^+—N/MLVSS）/[g/(kg·h)]	2.0	5.0
有机物去除比活性（TOC/MLVSS）/[g/(kg·h)]	25.5	38.5
硝化（NH_4^+—N）容积活性/[mg/(L·h)]	14.0	6.0
有机物去除容积活性（TOC）/[mg/(L·h)]	145.0	48.0
多糖比（葡萄糖/MLVSS）/(g/kg)	40.0	60.0

（3）MBR 工艺中所实现的 HRT 与 SRT 的分离，大大延长了反应器的 SRT，利于长世代期微生物的生长繁殖，从而可强化其对废水的处理功能。首先，由于其足够长的泥龄及较低的运行有机负荷，而利于长世代期的硝化菌和反硝化菌的生长繁殖，使其具有良好的硝化功能，并可通过对其简单的工艺改造而获得高效的脱氮处理效果。其次，长的污泥龄利于培养适宜于其所处理的废水水质特性的特殊微生物的生长，并结合膜对废水混合液中难以生物降解大分子物质的有效截留作用，通过水解或酸化等作用，提高其对难生物降解废水的处理效能，因而该工艺不仅适合于城市污水等易降解废水的处理，在含有难降解污染物的工业废水处理中亦大有用武之地。

7.3.1.3 高效稳定的处理效果

显而易见，MBR 工艺具有良好的运行稳定性。这种稳定性源于其反应器中高浓度的 MLSS、CSTR 运行方式及膜的强化截留功能所产生的综合作用。其高效稳定的处理效果首先体现在其很强的耐冲击负荷能力。由于上述 MBR 中高浓度的 MLSS 及其远比 CAS 工艺长得多的污泥龄，同时以 CSTR 的工艺形式运行，使其具有对负荷波动和进水水质变化较强的适应性。此外，膜对处理出水的强化除污作用不仅对稳定出水水质起到了重要的作用，也为保证反应器中大量的污泥及其由此而产生的一系列有益效应提供了有利条件。

图 7-7 所示为 SMBR 工艺在不同 SRT 条件下处理生活污水的 COD_{Cr} 去除率变化情况（邢传宏等）。由图表明，在不同泥龄下，反应器的 COD_{Cr} 去除率持续

保持在 95%～97%，出水相当稳定。同时可见，MBR 反应器对 COD_{Cr} 的去除均由生物反应器和膜的作用构成。泥龄较短时，生物反应器的去除率有所下降，但由于膜对上清液中 SS 及溶解性微生物代谢产物（SMPs—Soluble Microbial Products）的高效截留作用，而使整体系统在不同的污泥龄条件下获得稳定和高质量的出水。由此可知，膜对处理出水中 SS 及 SMPs 等的截留作用，有效地强化了其整体处理效能和出水水质，并有效地保证了其运行的稳定性。图 7-8 更清楚地说明了这一点（刑传宏等）。图 7-9 所示亦反映了 MBR 工艺对进水水质变化的适应性和高质量的出水水质。表 7-10 所列为 Cicek 等对 MBR 和 CAS 工艺处理效能研究的比较数据。

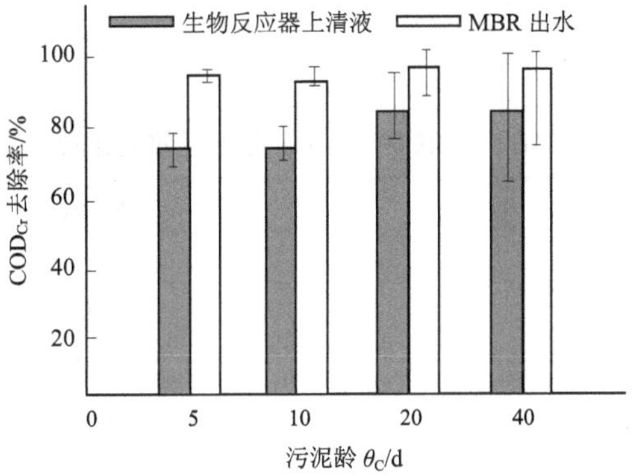

图 7-7　不同污泥龄时 MBR 工艺中生物反应器和整体工艺对 COD_{Cr} 去除率变化

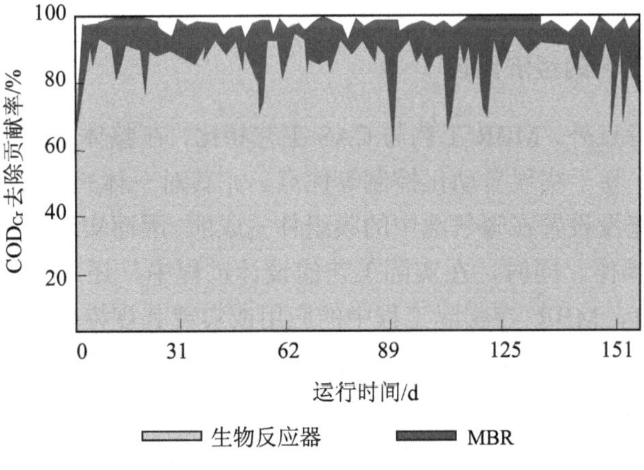

图 7-8　MBR 工艺中 COD_{Cr} 去除率的分配

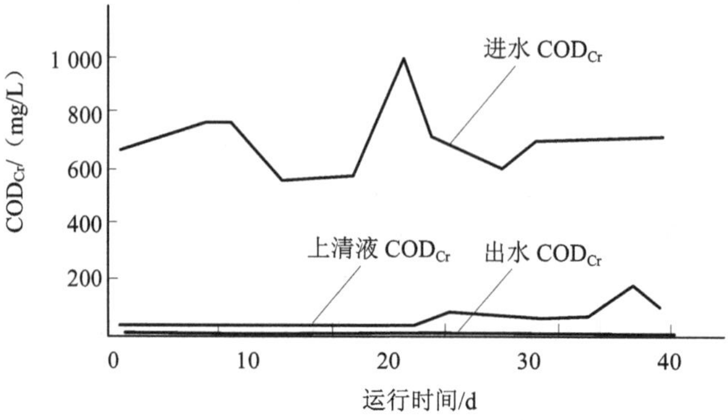

图 7-9　不同进水 COD_{Cr} 浓度时，MBR 工艺运行效果

表 7-10　MBR 和 CAS 工艺处理效能比较

工　艺　参　数	MBR	CAS
污泥龄 SRT/d	30	20
COD_{Cr} 去除率/%	99	94.5
溶解性有机物/DOC 去除率/%	96.9	92.7
TSS 去除率/%	99.9	60.9
NH_4^+—N 去除率/%	99.2	98.9
TP 去除率/%	96.6	88.5
污泥产率（MLVSS/COD_{Cr}）/(kg/(kg·d))	0.27	0.22
平均菌胶团尺寸/μm	3.5	20

7.3.1.4 与 CAS 工艺的经济比较

除上述显著特点外，MBR 工艺与 CAS 工艺相比，在整体工艺上还具有工艺简单，占地面积小，易于实现自动化控制等优点。尤其对一体式 MBR 工艺而言，由于其泥水是通过淹没设置在曝气池中的膜组件完成的，因而实现了有机物降解和固液分离的一体化操作。同时，在实际工艺的设计过程中，还可省去初沉池。见图 7-10。但毋庸讳言，MBR 在实际工程中的应用或实现其规模化的生产性应用，仍有许多问题需要解决。其中最关键的是如何降低膜制造和生产成本、提高膜的通水能力及其处理能力。此外，膜使用中所存在的膜污染问题有待进一步研究解决。这些问题的存在是 MBR 工艺处理成本及投资费用与 CAS 工艺相比较高的主要原因所在，而解决此“瓶颈”问题则尚需假以时日。

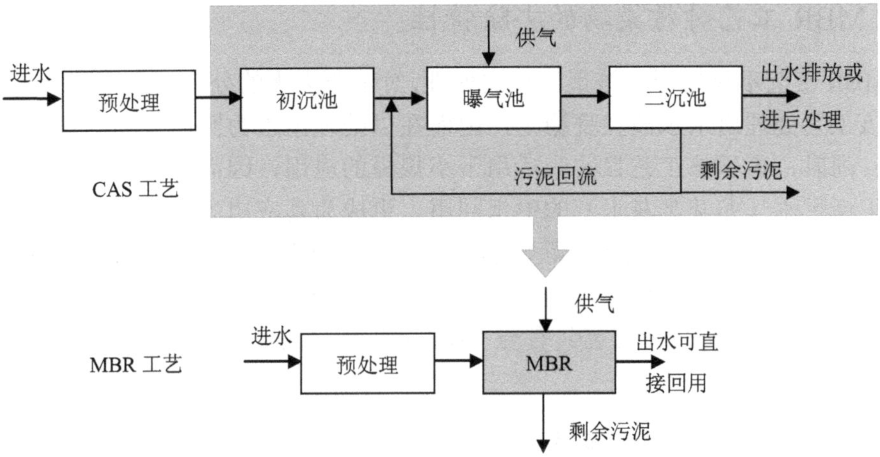

图 7-10 MBR 工艺流程与 CAS 工艺的比较

1998 年，Davies 等对处理规模分别为 2 350 人口当量和 37 500 人口当量的污水处理厂，分别采用 MBR 工艺和 CAS 工艺进行了投资费用的比较，比较结果见表 7-11（表中所列数据为相对值，比较的基础为包括预处理等在内的整体工艺系统）。由表可知，当污水处理厂为 2 350 人口当量时，CAS 工艺的总投资远高于 MBR 工艺，前者为后者的 1.6 倍，而后者的总投资费用中有 78%用于膜组件，可见 MBR 系统的土建费用是相当低的；但当处理规模为 37 500 人口当量，则 CAS 系统比 MBR 系统具有明显的投资优势，前者仅为后者的 54%。可见，随污水处理规模的增加，膜组件所需费用的比例将明显上升，这无疑使 MBR 工艺在大规模污水处理厂的应用受到限制。为此，有研究者提出了 MBR 应用“经济规模”的概念，但对此尚难有统一的认识，其变化范围亦较大，如英国、日本和南非等国家的研究者提出了 1 000 m^3/d～50 000 m^3/d 不等的“经济规模”，这与各国的膜组件费用和膜的类型密切相关。

表 7-11 MBR 法污水厂与 CAS 法污水投资的相对比较

处理规模	投资费用比	
	MBR	CAS
2 350 人口当量/（1 400 m^3/d）	1（其中膜组件费用占 0.78）	1.6
37 500 人口当量/（22 500 m^3/d）	1	0.54

7.3.2 MBR 工艺对污染物的去除特性

MBR工艺不仅适用于城市污水的处理，对工业废水的处理更具有其优越性。由于该工艺处理出水水质优良稳定，因而在以处理出水为回用目的的场合更受重视。同时，由于该工艺目前尚适用于小规模的应用，因而对住宅楼宇、写字楼等生活污水（尤其是灰水）的中水回用，更成为其应用研究的热点。此外，MBR对不同废水中污染物的去除特性与效能与其应用的可行性和对老厂进行改造以实现深度处理目标有关，为此一直受到欧、美和日本等国家研究者的关注。由于膜的使用，使 MBR 工艺具有与 CAS 工艺及其他处理工艺的极为不同的除污特性。

7.3.2.1 膜对污染物去除的强化作用

MBR 对有机物的去除来自两方面的共同作用，其中生物反应器是有机物降解的主场所，而膜则及时将 MLSS 截留在反应器内使混合中污泥浓度大大提高，以增强生物降解的效果，同时膜对混合液 MLSS 及细颗粒的 SS 和溶解性大分子物质的有效截留作用，则不仅进一步强化了反应器对污染物的去除作用，同时也大大提高处理出水水质。因而，MBR 工艺中膜对有机物去除的强化促进作用是不容忽视的。

膜对 MBR 处理效能的强化促进作用主要表现以下三个方面：①通过膜本身的截留作用，对混合液中 SS 及溶解性大分子有机物的去除；②通过膜孔和膜表面的吸附作用对溶解性有机物的去除；③通过膜表面形成的沉积层（或生物膜、凝胶层）对溶解性有机物的吸附和氧化降解作用。上述三种作用机理所产生强化作用各有侧重，其中第一种机理主要强化对大分子溶解性物质和不溶性 SS 的去除，而第二、三种机理主要强化对溶解性的小分子物质的去除。但它们共同作用的结果，可使其对 MBR 工艺的整体有机物去除的贡献率达到 20%～30%。图 7-11 所示为膜对混合液污染物去除强化作用的机理示意。

对上述理论，已有研究得到证实。Chiemchaisri 等于 1992 年报道了 MBR 中膜表面形成凝胶生物膜对提高溶解性有机物去除的贡献和强化作用。李红兵等利用 SMBR 处理城市污水的中试研究，通过对 MBR 生物反应器中混合液的上清液 COD_{Cr} 和经膜分离后的出水中的 COD_{Cr} 浓度的对比发现，膜的强化截留作用不仅有效降低了出水中的 COD_{Cr} 浓度，而且保证了长期稳定的优良出水水质。刑传宏采用 SMBR 处理生活污水的研究亦表明，MBR 对 COD_{Cr} 的平均去除率达 97%，其中由生物反应过程去除的 COD_{Cr} 贡献率为 85%，其余 15%则由膜分离作用产生（图 7-8）。同时发现，在处理较低浓度的废水时，生物处理过程的 COD_{Cr} 去除率将降低至 62%，而膜分离对 COD_{Cr} 去除贡献率上升至 32%；而在提高进水浓度的情况下，生物反应器对 COD_{Cr} 去除率则上升至 90%，膜的贡献率低于 10%。对此，不难分析其原因。在低进水浓度情况下，由于反应器处于低负荷运行状态，其中微生物处于活性相对下降，混合液中将产生较多难以通过自然分离去除的 SMPs，而在高负荷条件下，其微生物活性相对增强，因而 SMPs 的含量下降。但从通过膜分离所去除的 COD_{Cr} 绝对量而言，则情况并非如此。

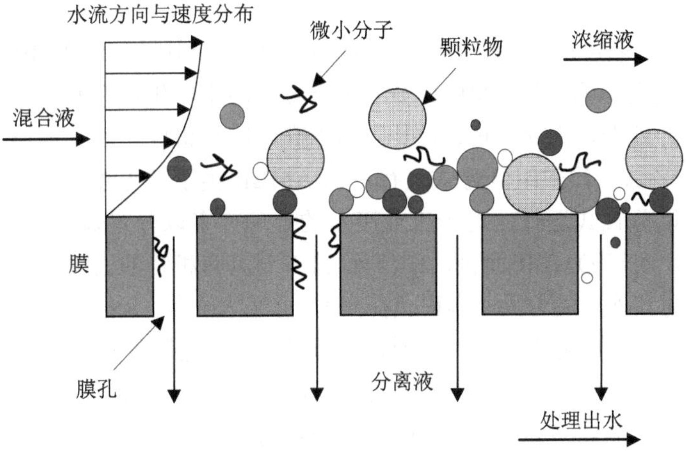

图 7-11　膜对污染物的截留机理示意

膜对该工艺出水中有机物的强化作用程度还与反应器的运行时间有关。运行时间越长，则由于膜对 MLSS 的持续截留作用，往往易使反应器中因老化解体而增多的 SMPs 及长期积累的难以生物降解的物质的增加，膜的强化作用将有所增强。邹联沛等通过对 SRT 对 MBR 出水水质影响的研究表明，在进水 COD_{Cr} 浓度为 400～600 mg/L、HRT 为 5 h 的条件下运行近 50 d 后，由于 MLSS 在反应器中的长期内循环，上清液中不可生物降解的 SMPs 数量增加，MLVSS/MLSS 比值下降。如进水在 500 mg/L 左右时，随运行时间的延长，混合液上清液中的 COD_{Cr} 浓度逐步由运行 30 d 的 100 mg/L 逐步提高至运行 47 d 的 200 mg/L，但经膜分离后的最终出水 COD_{Cr} 浓度则保持在 24～42 mg/L 之间（图 7-9）。

由此可知，MBR 一方面通过对混合液 MLSS 的高效截留作用，大大提高反应器中生物量，而有效提高了反应器对有机物的去除能力，使其可在比 CAS 工艺更高容积负荷下运行，缩短处理所需的 HRT，减小反应器的容积；另一方面，由于膜通过上述三种机理的截留作用，有效减少了最终出水中的污染物浓度，并具有一定的对溶解性和不溶性有机物的氧化降解作用，从而有效地保证了处理出水水质的稳定性。但要指出的是，生物膜或凝胶膜（Biofilm）在膜（Membrane）表面的生长或沉积，尤其是过多的无机性物质在其表面的沉积，将在一定程度上增加膜的阻力，降低其膜通量。因而，通常需合理控制膜组件的错流速度，以控制其形成；此外，应合理控制反应器中的排泥（即控制污泥龄），以避免污泥过于老化，产生过多的不溶性 SMPs。

7.3.2.2 对有机物的去除效能

MBR 处理工艺可以好氧（OMBR—Oxic MBR）和厌氧（AMBR—Anaerobic MBR）等方式运行。目前，OMBR 多应用于城市污水、生活污水及其他中、低浓度的工业废水的处理，而 AMBR 而多应用于高浓度有机废水和工业废水的处理。此外，OMBR 多以一体式组合方式运行，而 AMBR 由于其无曝气产生的混合和错流作用，则多以分置式运行，对于工业废水的处理亦多以分置式运行。

研究表明，对于 OMBR 而言，HRT 和 SRT 对其有机物的去除效果影响较 CAS 工艺小得多，与其处理能力大（容积负荷高）、污泥浓度高（SRT 长）的运行特性密切相关。OMBR 应用于处理城市污水时，其曝气所需的能耗分别占 SMBR 和 CMBR 总能耗的 80%～100%和 20%～50%，但它们所需的抽水泵的动力能耗则相反。

应用于高浓度有机废水处理的 AMBR 通常有两种操作方式，即低压和高压。以低压方式操作时，其压力和污泥浓度将成为膜通量的主要影响因素；以高压方式操作时，膜通量与压力关系不大，而剪切力将成为重要的控制因素。

表 7-12 和表 7-13 所列分别为 OMBR 处理城市（生活）污水和工艺废水、AMBR 处理高浓度有机废水的效能及主要的相关工艺运行参数。

目前，对 OMBR 处理废水的研究，除城市污水外，还包括石油化工废水、垃圾填埋场渗滤液、制药废水、蔬菜罐头废水、制革废水及淀粉生产及其制品加工废水等工业废水；对 AMBR 处理废水的研究则包括玉米加工废水、淀粉废水、啤酒废水、造纸废水、食品废水等各种高浓度有机废水。表 7-13 和表 7-14 分别 OMBR 和 AMBR 处理不同工业废水的效果及相关工艺参数研究数据。

由表 7-12 至表 7-15 可见，MBR 对不同废水中的有机物均可获得显著的去除效果。MBR 应用于中低浓度的城市（生活）污水处理时，其出水可完全满足中水回用的标准，COD_{Cr} 去除高达 98%～99%，出水稳定，污泥产率低。好氧 MBR 应用于工业废水处理时，其对 COD_{Cr} 的去除率亦可高达 90%～97%。由于工业废水水质千差万别，波动性大、成分复杂，因而对不同的工业废水其处理效能有较大的差别。如 Benitez 等采用好氧 SMBR 处理制药废水时，HRT 为 10.5 h、MLSS 为 25～40 g/L 的条件下运行时，其对 COD_{Cr} 的平均去除率仅为 63%（最高为 83%）。

表 7-12 OMBR 处理城市和工艺废水的效果及运行参数

工 艺 参 数	废水类型	
	城市（生活）污水	工业废水
进水 COD_{Cr}/（mg/L）	44.2～7 025	1 333～68 000
出水 COD_{Cr}/（mg/L）	3.9～187	20～3 840
COD_{Cr} 去除率/%	90～98	90～99.8
进水 BOD_5/（mg/L）	98～256	800～54 400
出水 BOD_5/（mg/L）	0.8～10	ND～520
BOD_5 去除率/%	90～97	90～97
污泥产率(MLSS/COD_{Cr})/(kg/(kg・d))	0～0.34	0.05～0.35
MLSS/（g/L）	10～20，高达 50	2～40，大部分≥20
污泥负荷(COD_{Cr}/MLVSS)/(kg/(kg・d))	0.03～0.45	0.012～2.72
容积(COD_{Cr})负荷/(kg/(m^3・d))	1.2～3.2	0.25～16
HRT/h	2～24	14～389
SRT/d	5～∞	6.2～600
膜通量/（L/（m^2・h））	5～300	3.9～150
比膜通量/（L/(m^2・h・MPa)）	200～2 000	58～2 000
膜组件	中空纤维膜、平板膜、管式膜	中空纤维膜、管式膜
膜材料	聚乙烯、聚丙烯、聚砜	聚乙烯、聚砜
膜孔径/μm	0.02～0.5	0.001～0.2
能耗/（kW・h/m^3）	分置式：2～10 一体式：0.2～0.4	分置式：8～27

ND：未检出。

表 7-13 AMBR 处理高浓度有机废水的效果及运行参数

工艺参数	数 值
进水 COD_{Cr}/（mg/L）	6 700～85 000
出水 COD_{Cr}/（mg/L）	80～5390
COD_{Cr} 去除率/%	90～97
污泥产率（MLSS/COD_{Cr}）/(kg/(kg・d))	0.038～0.12
单位 COD_{Cr} 的甲烷产率/(m^3/kg)	0.16～0.29
MLSS/（g/L）	7.6～56.6
COD_{Cr} 容积负荷/(kg/(m^3・d))	1～28.5
HRT/h	12～170
SRT/d	25～161
错流速度/（m/s）	0.7～3.5
比膜通量/(L/(m^2・h・MPa))	25～2400
膜组件	中空纤维膜、平板膜、管式膜
膜孔径/μm	0.1～0.2

表 7-14 OMBR 处理不同工业废水的运行参数和处理效果

废水类型	MBR 类型	HRT/h	MLSS/（g/L）	进水 COD_{Cr}/（mg/L）	COD_{Cr} 容积负荷/（$kg/m^3 \cdot d$）	去除率/%
石油废水	CMBR	44.9	12.42①	5 640	2.97	91
石油废水		54.2	28.7	14 180②	6.3	94
渗滤液		72	—	8 300～9 500	—	95～97④
蔬菜罐头废水		139	10.9	42 660	7.43	99.8
玉米浸泡液		70～161	2.7～23.6	10～64②	0.33～1.66③	≥97
制药废水	SMBR	10.5	25～40	1 000～4 500	—	63
干酪废水		192	—	994	—	94.5
制革废水		24	30.8	9 580	10.0	96.6

① MLVSS；② TOC；③ BOD_5容积负荷；④ 处理过程中投加了粉末活性炭。

表 7-15 AMBR 处理不同工业废水的运行参数和处理效果

废水类型	HRT/h	MLSS/（g/L）	进水 COD_{Cr}/（mg/L）	COD_{Cr} 容积负荷/（$kg/(m^3 \cdot d)$）	去除率/%
玉米加工废水	120	21.0	3 000	15.0	97
小麦淀粉废水	—	16.9	36 000	—	75.5
啤酒废水	12～19	50	6 700	15.0	96～99
啤酒废水	87～96	31～38	4 600～8 400	19.7	96
造纸废水	—	15.0	28.0	—	96
食品废水	60	6～8	2 000～15 000	2～3	97
人工配置废水	12	—	2 500～5 500	5～10	95
人工配置废水	48～120	15.0①	5 000	1.5～2.5	98
高浓度悬浮液	—	37.5～113.3①	24.6～48.6	2.2～10.2	≥98

①MLVSS。

AMBR 应用于工业废水处理时，不仅可将所有生物固体截留在厌氧反应器中，同时可有效地截留大分子污染物，从而可强化其对复杂分子有机物的去除效果。此外，在获得相同处理效果的情况下，AMBR 可在比其他非膜型厌氧工艺更高的负荷条件下运行，其对 COD_{Cr} 的去除率一般高于 95%（见表 7-15）。采用 AMBR 处理高浓度有机废水时，通常采用分置式工艺，因而膜组件可与不同形式的厌氧反应器工艺组合，并可因膜的强化截留作用，而改进厌氧反应器工艺的构造并强化其处理功能。如其与 UASB 工艺组合应用时，UASB 不再需要设计严格的三相分离器；与两相厌氧工艺组合应用时，膜的截留作用可强化产酸反应器的酸化效率。管运涛对传统两相厌氧工艺和两相 AMBR 工艺中产酸效率的比较研究表明，在不同的有机负荷条件下，对传统两相厌氧工艺酸化段的产酸率为 50.3%～64%，而两相 AMBR 工艺中的产酸效率为 62.6%～83%。

7.3.2.3 对氮的去除效能

废水脱氮工艺的建立是以硝化—反硝化理论为基础的，其中 A_n/O（Anoxic/Oxic）工艺是在传统的脱氮工艺基础上提出的经典两级倒置工艺，同时亦可以单级工艺（如 SBR 等）的方式运行。目前，随氨氧化和脱氮新机理的发现，新的脱氮工艺不断涌现。如同步硝化—反硝化（SND—Simultaneous Nitrification and Denitrification）工艺、氨厌氧氧化（ANAMMOX—Anaerobic Ammonium Oxidation）工艺、短程硝化—反硝化工艺（其中有荷兰 Delft 技术大学开发的 SHARON—Single Reactor for High Activity Removal Over Nitrite 工艺、比利时 Gent 微生物生态实验室开发的 OLAND—Oxygen Limited Autotrophic Nitrification Denitrification 工艺等）（详见第 4 章）。

目前，应用 MBR 工艺对废水进行脱氮的研究，除根据经典的脱氮机理采用传统的两级或单级工艺运行方式外，将上述新的脱氮机理融入该工艺进行研究亦已不乏其例。表 7-16 所列为国内外研究者采用不同的运行方式，对 MBR 硝化或脱氮效能的研究数据及相关运行参数。

对表 7-16 中数据的分析，不难看出：①由于 MBR 工艺具有比传统脱氮工艺长得多的污泥龄，极易使具有硝化和脱氮功能的硝化、反硝化菌在生物反应器中有效生长，从而可获得高效的硝化和脱氮效果。多数研究表明，MBR 出水中的 NH_4^+—N 浓度低于 1 mg/L，其去除率一般高于 90%。②以传统的两级 A_n/O 工艺方式运行时，其对 TN 的去除率多在 60%～80%之间；以 SBR 方式运行时的 TN 去除率多高于 80%。当以硝化的方式运行时，可获得极好的 NH_4^+—N 去除效果，但同时可获得 40%～60%的脱氮效果，说明具有同步硝化和反硝化的功能。③按 SND 机理方式运行时，其对 NH_4^+—N 的去除率可高达 90%～98%，但对 TN 的去除率尚不能令人满意，仅为 50%～60%（最高达 89.5%）。说明 SND 过程对运行条件的控制较为严格，有待深入研究。齐唯等采用如图 7-12 所示的 SMBR 实验装置，以 SND 方式对人工配水中 C/N 和 DO 对同步硝化和反硝化的影响进行了条件研究。结果表明，当研究过程中的 TN 负荷为 0.013～0.028 kg/(kg・d)（0.17～0.36 kg/(m^3・d)）、DO 为 0.5 mg/L 的条件下，当 C/N 由 5 提高至 15 时，TN 的去除效果显著提高，由 49.4%提高至 73.0%，但硝化作用则明显减弱，相应 NH_4^+—N 的去除率由 91.6%降低至 66.3%。说明碳源的增加，将利于反硝化异养菌的生长，但同时由于去碳好氧异氧菌对氧的竞争及过高的有机底物的存在，影响了自养硝化菌的生长，从而影响硝化的效果（表 7-17）。此外，DO 对 SND 也有一定的影响。当 C/N 分别为 5 和 10，DO 由 0.5 mg/L 提高至 1.5 mg/L 时，硝化效果的提高较为显著（由 34.4%提高至 76.5%），但 TN 的去除并不明显（如，当 C/N 为 5 时，由 34.7%提高至 39.5%；C/N 为 10 时，由 43.6%提高至 52.8%）。因此，合理控制 DO 和 C/N，对实现有效的 SND 处理效果是非常必要的。

表 7-16 不同 MBR 运行方式脱氮效能的运行研究数据

工艺形式	HRT/h	SRT/d	进水 TN/NH_4^+—N /（mg/L）	出水 TN/NH_4^+—N /（mg/L）	TN/NH_4^+—N 去除率/%	TN/NH_4^+—N 容积负荷/（kg/(m^3·d)）
An/O①	14.2	75	34±8	7.1±3.2	79	0.055
An/O	6.2③	15～20	/30.2～38.1	≤6	—	—
An/O②	5～6	15～25	40～60	未检出	60	—
An/O②	6	膜法	34.8/22.2	2.98/0.66	91.4/≥97	0.0139
SBR	8.9～13.8	—	58.4	7.5～19.6	66.4～87.2	0.1～0.16
SBR	7.3～22	60	13.0～137.1	—	67.6/93.1	0.22
SND	6	膜法	30.3/21.1	3.17/0.41	89.5/98.1	0.012
SND	1.5	280	37.5～62.3	18.9～57.5≤2	50～60≥90	—
SND	4.5	45	—	29±16	49/88	—
间隙曝气	13～16	125	32±19	5.1	83	—
间隙曝气	12～24	不排泥	—	4.9	≥80	—
间隙曝气	4	—	148	81	45.3	—
间隙曝气	12～24	—	20～45	3.9	≥90	0.015
硝化	6	30	39.7/19.7	≤0.2	≥99	0.159
硝化	8	100	60～150/40～80	≤0.5	—	—

① 回流比 400%；② 回流比 300%；③ 其中好氧 3.8h，缺氧 2.4h。

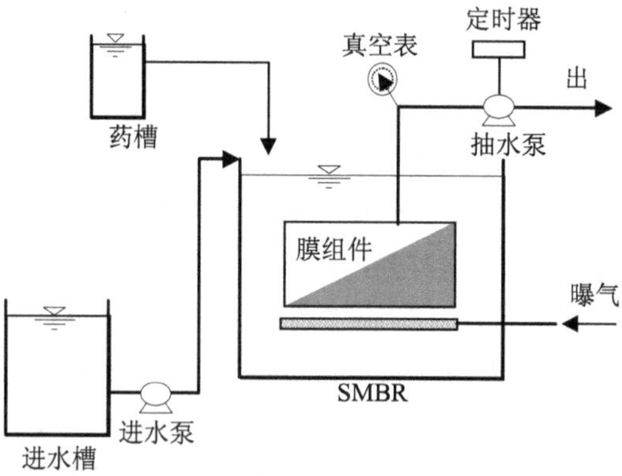

图 7-12 SMBR 应用于废水 SND 的试验装置

表 7-17 不同 C/N 时的 SND 效果（DO=0.5mg/L）

指标		数值		
C/N		5	10	15
MLSS/（g/L）		6.0	8.0	14.0
氮负荷[kg/kg(MLSS)·d]	TN	0.028	0.023	0.013
	NH_4^+—N	0.022	0.018	0.010
COD_{Cr}	进水/（mg/L）	219.0	467.0	714.0
	出水/（mg/L）	11.8	25.4	10.0
	去除率/%	94.7	94.6	98.6
NH_4^+—N	进水/（mg/L）	33.2	33.6	33.7
	出水/（mg/L）	2.8	10.4	11.3
	去除率/%	91.6	68.9	66.3
TN	进水/（mg/L）	41.5	43.1	45.8
	出水/（mg/L）	21.0	11.6	12.4
	去除率/%	49.4	73.1	73.0
出水 NO_2—N/（mg/L）		0.61	0.18	未检出
出水 NO_3—N/（mg/L）		17.0	0.23	0.13

7.3.3 MBR 工艺中污泥的特性

MBR 工艺中，因膜组件的高效截留分离作用以及在短时内将污泥返回生物反应器的工作特征，可持续保持生物反应器中高浓度的 MLSS，并可通过排泥的控制，使其具有较长的污泥龄。尤其对 OMBR 而言，因其运行过程表现出有机负荷低、容积负荷相对较高的延时曝气工艺特性，加之膜对 MLSS 的即时分离截留而使污泥在生物反应器中的长久滞留，导致其混合液具有与 CAS 工艺中 MLSS 不同的特性，并由此在一定程度上决定和影响着 MBR 工艺的运行特性。反映污泥特性的指标主要有污泥的沉降性能、污泥絮体的性状、污泥产率、污泥活性（如 MLVSS/MLSS 等）以及生物相等。这些指标不仅与 MBR 工艺组件与生物反应器的组合方式有关，还与运行过程中的运行控制参数（如 DO、负荷、废水水质等）有关。同时，各指标间又相互影响、互为后果，相互制约。目前，对 MBR 中污泥特性及其变化规律的研究已有一定的报道，并在某些方面取得了良好的研究成果，但仍需进一步研究。

7.3.3.1 污泥浓度、沉降性能及产率

如前所述，由于膜的截留作用，导致 MBR 反应器中的污泥量呈逐步增高的趋势，使其在通常情况下的 MLSS 浓度高于 CAS 工艺，一般情况下可达到 10～20 g/L（表 7-8），而在控制排泥或长久不排泥的情况下，污泥可积累至更高的浓度值。如采用交叉流 OMBR 工艺处理生活污水的中试研究表明，在完全不排

泥的情况下，MBR 反应器中的 MLSS 可高达 40～50 g/L。同样情况下，应用 MBR 处理工业废水时，因工业废水成分复杂多变，并多含有有毒有害物质及较多的难生物降解物质，其 MLSS 将比其处理城市（生活）污水低。

从微生物生长与有机物降解的动力学分析（式 7-3），高的 MLSS 将使生物处理系统的负荷降低，但微生物数量的增加则有利于提高生物反应器在单位时间内对有机物的去除量，从而提高反应器的处理能力。但若系统长久在过高的 MLSS 浓度下工作，将导致污泥的老化和解体，进而可能影响系统的有效运行。

MBR 反应器中 MLSS 的变化规律。Muller 等人对不排泥条件下运行 300 d 的 MBR 反应器中的污泥质量浓度进行了研究，研究结果如图 7-13 所示。由图可见，整个运行过程中，反应器中的污泥质量浓度随时间逐步增加，但其增加的速率则逐渐下降。在开始运行的 100 d 内，污泥量的增加迅速，导致污泥负荷快速下降，此后（200 d 以后），处于慢速增长阶段，并逐步进入稳定期，同时使污泥负荷进入相对稳定的阶段（图 7-14）。研究同时表明，由于完全不排泥，使污泥长久在反应内完成其自身的新陈代谢过程，致使其具有良好的对进水水质和对环境条件的适应性。

黄霞等采用 SMBR 处理生活污水过程中不同 SRT 条件下 MLSS 浓度随时间的变化表明，随 SRT 的增加，稳定状态的 MLSS 相应增加。如 SRT 为 5 d 时，MLSS 稳定在 750～1 000 mg/L，而当 SRT 为 40 d 时，其 MLSS 的稳定浓度增加至 7 000 mg/L。研究同时发现，随污泥质量浓度的增加（负荷的下降），反应器保持良好而稳定的出水水质。对此，可作如下分析。虽然随 MLSS 的增加负荷下降，污泥的活性将下降，但当众多的 MLSS 数量依靠其综合活力而增强了对有机物的总体去除能力；同时，虽然长期在低负荷条件下运行，污泥将因老化而逐步解体，污泥絮体颗粒变小，其沉降性能将下将（见后述），但其依靠膜的有效截留作用，保证了最终出水的水质。而这是在 CAS 工艺中无法实现的。

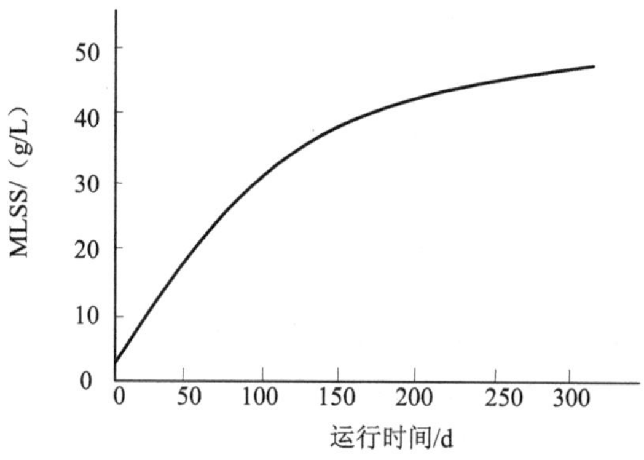

图 7-13　不排泥条件下 MBR 中 MLSS 质量浓度的变化

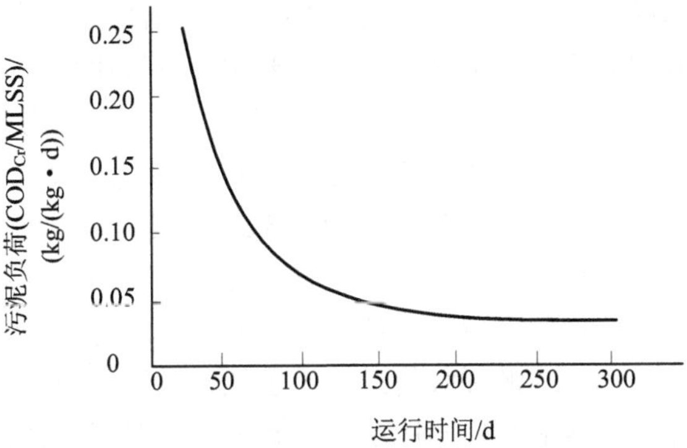

图 7-14　不排泥条件下 MBR 中污泥负荷的变化

MBR 反应器中 MLSS 的产率。在实际运行中，生物反应器中过高的 MLSS 及过长的 SRT，亦将引起污泥特性的一系列变化。其中污泥产率的降低是低负荷条件下运行的必然结果。当微生物在缺乏足够营养的环境中生存时，其内源呼吸作用将加剧，以维持微生物细胞自身的能量需求，而细胞的合成则处于停止状态（即为较多研究者提出的“维持”理论）。因而，若充分利用微生物生长生存的这种特性，控制运行条件，则可在获得较好处理效果的目标下，实现剩余污泥的减量化。

毫无疑问，由于 MBR 工艺的特性决定了其反应器中可截留高浓度的 MLSS，其势必属于一种低有机负荷运行的工艺，因而其污泥产率将低于 CAS 工艺，对此已为许多研究所证实。Davies 等对 MBR 处理城市污水的研究表明，在 SRT 为 45 d 的条件下，污泥产率系数（MLSS/BOD_5，Y_{obs}）为 0.26 kg/kg，剩余污泥的排放体积占处理水量的 0.41%，而对照组 CAS 工艺的相应污泥产率系数（MLSS/BOD_5，Y_{obs}）为 0.48 kg/kg，剩余污泥的排放体积占处理水量的 1.53%，即前者的剩余污泥产量仅为后者的 30%，从而利于减少污泥处理和处置的费用。但目前，由于不同的研究所采用的控制条件不尽相同、处理的对象各有差别，尚有不同的研究结果。如有报道，当 SRT 为 30d 时，污泥产率系数（TSS/COD_{Cr}，Y_{obs}）为 0.32 kg/kg，此值略高于 CAS 工艺的 0.30～0.50 kg/kg 的下限。但总体而言，MBR 工艺的污泥产率应比 CAS 工艺低得多。表 7-18 所列为 MBR 工艺污泥产率系数与其他工艺的比较。

表 7-18　MBR 工艺的污泥产率系数与其他工艺的比较

处理工艺	SMBR	BF①	CAS	BAF②
污泥产率（MLSS/BOD_5）/(kg/kg)	0～0.3	0.3～0.5	0.4～0.6	0.63～1.06

①：生物滤池；②：曝气生物滤池。

废水生物处理系统中，污泥的产率与其利用废水有机底物所进行的合成速率（Y，理论产率系数）及其自身内源呼吸速率（K_d，亦称自身氧化系数）有关。从实际操作管理的角度，前者通常以表观产率系数 Y_{obs} 表示，其中已考虑其内源呼吸作用。对于处理城市（生活）污水的 CAS 工艺而言，其典型的 Y_{obs}（MLVSS/COD_{Cr}）值和 K_d 值一般分别为 0.25～0.45 kg/kg 和 0.04～0.075 d^{-1}。根据理论分析，污泥的内源呼吸速率将随有机负荷的降低而增强，并由此导致污泥产率的下将，而在高负荷条件下，污泥的内源呼吸作用通常可忽略不计。但需要指出的是，污泥的内源呼吸作用除与有机负荷有关外，由于内源呼吸的过程属于耗氧过程，因而其速率的快慢还受混合液中 DO 的影响。由于 MBR 工艺中污泥浓度随反应器运行时间逐渐提高的特性，在一定的供氧条件下，其混合液污泥的内源呼吸作用亦将发生相应的变化。

黄霞等采用 SMBR 处理生活污水时对 SRT（θ_c）分别为 5 d、10 d、20 d、40 d 和 80 d 的条件下的污泥产率进行了研究，分别考察了 MBR 中污泥的理论产率系数（Y）和内源呼吸速率（K_d）。研究表明，随 SRT 的延长，Y 值（MLVSS/COD_{Cr}）的下降幅度不大（从 0.37 kg/kg 下降至 0.28 kg/kg，而 K_d 则呈指数降低（由 0.32 d^{-1} 降低至 0.05 d^{-1}）（图 7-15），并通过回归分析得出了 K_d 与 θ_c 之间的关系式（式 7-4）。

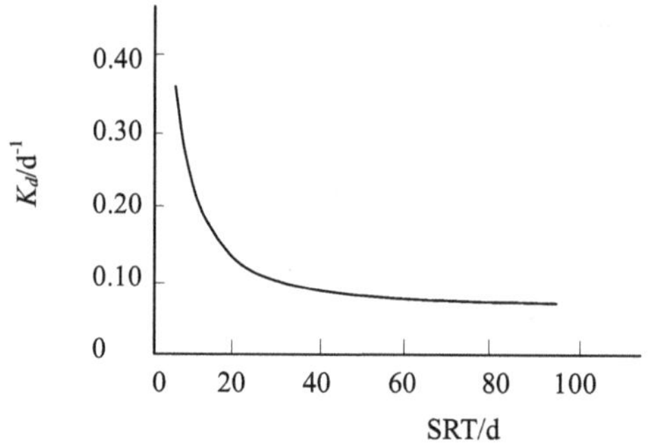

图 7-15　SMBR 中 *b* 与 SRT 的变化关系

$$K_d = 0.85\theta_c^{-0.62} \text{（相关系数 } r=0.96\text{）} \tag{7-4}$$

该研究指出，上述 K_d 与 θ_c 之间的关系，与反应器中供氧的速率及氧的传质速率有关。SRT 较短时，由于 MLSS 较低，利于氧的传递而将增强内源呼吸作用，反之则由于较高的 MLSS 将影响氧的传递，而使内源呼吸作用受到限制。

Pollice 等在完全不排泥的情况下，对处理人工配水的 SMBR 中污泥浓度和污泥内源呼吸速率的变化进行了研究。研究过程中，SMBR 反应器连续运行了 120 d，并分为两个阶段，其中第一阶段在 COD_{Cr} 容积负荷（VLR—Volume

Loading Rate）为 0.85 kg/(m^3·d)的条件下运行了 56 d，第二阶段在 COD_{Cr} 容积负荷为 1.70 kg/(m^3·d)的条件下运行了 64 d。其研究结果见图 7-16 和图 7-17。研究表明，反应器中的污泥浓度均在两个阶段的前 30 d 内出现了快速增长的趋势，并分别最终达到了 5.5g/L 和 20 g/L。与此同时，污泥的产率系数 Y_{obs}（VSS/COD_{Cr}）在第一阶段便快速降低至 0.12 kg/kg，并在第二阶段内维持在此水平；对污泥内源呼吸速率的研究则表现出了同样的趋势，所不同是在第 57 d 提高 VLR 后，有一个明显的提高，但此后即逐步下降，呼吸速率（O_2/VSS）最终稳定在 2 mg/(g·h)。与之相应的是，污泥的乙酸呼吸速率（O_2/VSS）也表现了同样的变化趋势，并最终稳定在 4 mg/(g·h)左右。表 7-19 列出了研究过程中的进水和出水水质情况。

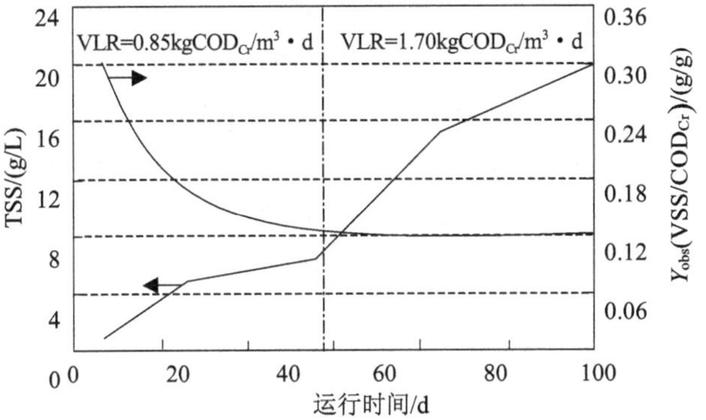

图 7-16 污泥浓度和污泥产率随运行时间的变化

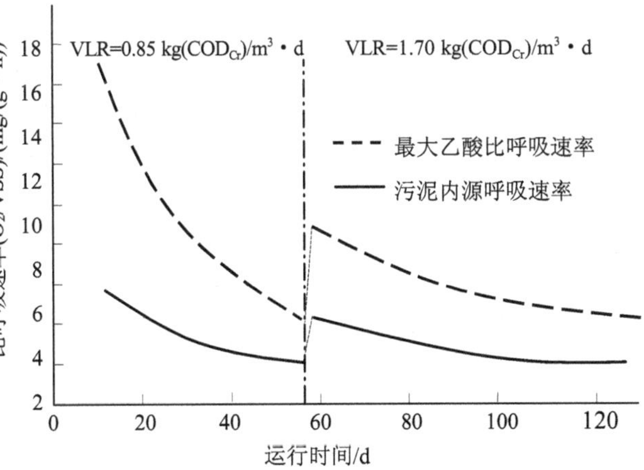

图 7-17 污泥的乙酸呼吸速率和内源呼吸速率

表 7-19　SMBR 工艺的污泥产率系数与其他工艺的比较

参数	进水		膜出水	
	第一阶段	第二阶段	第一阶段	第二阶段
TSS/（mg/L）	144	207	未检出	未检出
VSS/（mg/L）	125	168	未检出	未检出
COD_{Cr}/（mg/L）	314	438	41	25
NH_3^-—N/（mg/L）	37	40	0	0
NO_3^-—N/（mg/L）	0	0	40	43
TKN/（mg/L）	50	54	1	1

刘锐等采用人工配置生活污水在不排泥的条件下的研究表明，随运行时间的延长，污泥的表观产率系数 Y_{obs} 表现明显的降低趋势。在研究装置运行的前 70 d 内，其平均 Y_{obs}（MLVSS/COD_{Cr}）为 0.248 kg/kg，至第 150 d 时其平均 Y_{obs} 为 0.131 kg/kg，而之后继续下降并逐步趋于稳定，至第 300 d 内其平均 Y_{obs} 为 0.038kg/kg，此值仅为 CAS 工艺平均值的 20%。通过对研究数据的分析，得出了（平均）理论产率系数 Y=0.288 kg/kg，内源呼吸速率常数 b=0.023 d^{-1}，分别为 CAS 工艺的 15%和 54%。

上述研究和分析表明：①MBR 工艺在其运行条件不变的情况下，反应器中污泥的增长变化是一个动态过程，因而其污泥的特性也具有动态变化的特性。这种动态的变化从表观上体现为随污泥浓度的增加，污泥逐步进入老龄化阶段，污泥絮体结构分散（见下述），沉降性能下降；②随反应器中污泥浓度的增加，在一定供氧速率下，氧向污泥内部的传递将逐渐受到影响，因而即便反应器的运行负荷逐渐降低，其内源呼吸作用将受到抑制。问题是为何在这种情况下，其表观产率则表现出快速的下降趋势？其解释只能是，在低负荷条件下，污泥活性下降，单个微生物对有机物的利用能力下降，由此使其合成量减少所致。而相应地，MBR 工艺对污染物高效的处理效果，则可从以下三方面解释：①处于低能量水平的污泥主要通过氧化作用而实现对其有机底物的分解去除，并借此获得其维持生存所需的能量。②污泥的老化使其絮体分散，尺寸变小，加之其浓度数十倍于 CAS 工艺，因而使其具有对进水中有机物的良好快速吸附作用，因而对于同类废水处理而言，在达到同样处理效果的前提下，其所需的 HRT 可短于 CAS 工艺。③膜的高效截留作用，消除了污泥沉降性能不良因素的干扰，使混合液中的几乎所有引起 COD_{Cr} 的 SS 和大分子污泥滞留在反应器中。此外，污泥被长期截留在反应器中，可通过变异等作用，诱导出适应性微生物而强化其处理效果。

7.3.3.2 污泥絮体尺寸与沉降性能

MBR 反应器中 MLSS 的絮体尺寸变化与沉降性能。如前所述，与在稳态条件下运行的 CSTR CAS 工艺不同，MBR 工艺的污泥特性变化是一个动态过程，其污泥絮体及相应的沉降性能也将随运行时间的变化而改变。CAS 工艺中的活性污泥絮体尺寸范围通常在 100～1 000 μm，在运行工况不变的情况下，其特性基本不变。但 MBR 工艺中的活性污泥絮体则呈现出密集悬浮的状态，多以尺寸小于 50 μm 的游离状细胞和细小絮体及其碎片存在，而且随时间的延续其状态将发生改变。

Choo 等在采用 AMBR 对反应器中水动力学特性的研究中，考察了污泥絮体的平均尺寸随时间的变化（图 7-18）。由此可见，MBR 中污泥的絮体尺寸是随反应器运行时间而持续减小的，且其尺寸远小于 CAS 工艺中的活性污泥。对此，国内外已有较多相应的研究进行了证实。如李春杰等采用 SMBR 处理焦化废水的研究也得出了类似的结论：在反应器运行的初期，污泥絮体的平均尺寸为 133 μm 左右，但运行 160d 后，降低为 51μm 左右，又经半年的运行后，则进一步降低为 35～37 μm。Ng 等在短泥龄（SRT=0.25～5 d）条件下，对 SMBR 和 CSTR CAS 工艺中污泥特性变化的研究表明，SMBR 中的污泥絮体始终细小，絮凝性差，含有大量的短尺寸丝状菌，污泥沉降性能差；而 CSTR CAS 工艺中，污泥则具有较好的絮凝沉降性能，其丝状菌的数量随 SRT 缩短而减少（图 7-19）。

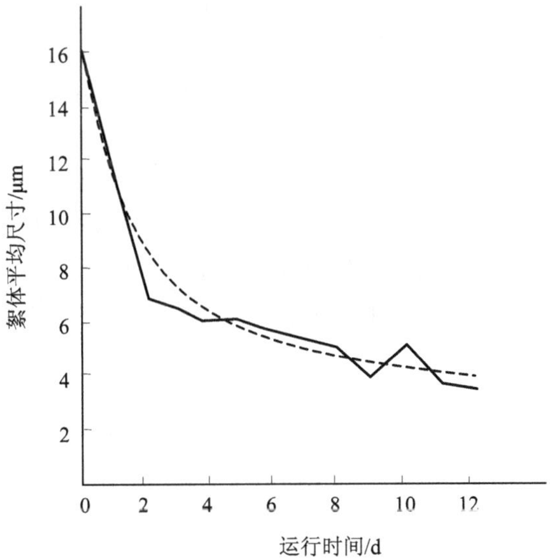

图 7-18　AMBR 中污泥絮体尺寸随运行时间的变化

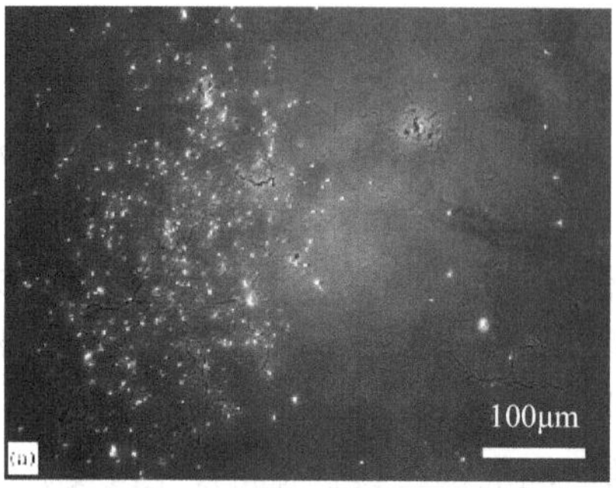

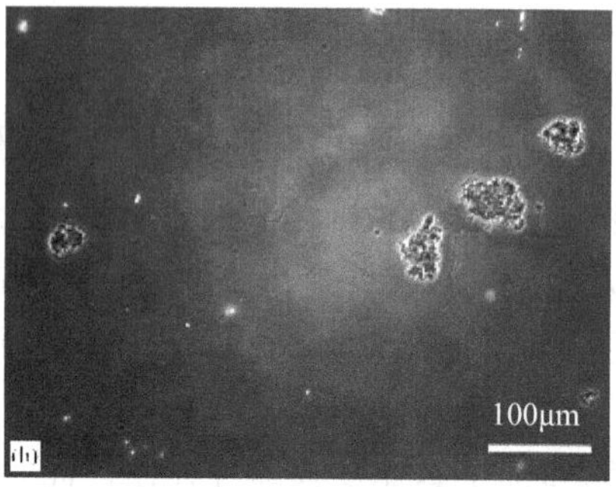

a：MBR 中尺寸细小、絮凝性差的污泥　　b：CSTR CAS 中具有良好絮凝性的污泥

图 7-19　MBR 和 CSTR CAS 工艺中污泥特性的比较（SRT=0.25d，HRT=3h）

MBR 中污泥絮体尺寸的变化固然与反应器污泥浓度的提高、有机负荷的降低密切相关，但更重要的是与 SMBR 中为防止膜的堵塞与污染、保证膜通量所强化的曝气和错流速度和 CMBR 中在压力作用下使混合液通过膜组件而造成的强力的剪切作用对污泥絮体的“粉碎”作用密不可分的，这种剪切“粉碎”作用同样将引起污泥活性的下降。对此，已有较多研究者，如 Wisniewski、B.Zhang 和 Defrance 等，结合膜污染问题进行了研究。

污泥的解体势必影响其沉降性能。Yamamoto 等在采用 SBR 型 MBR 处理制革废水的研究中发现，当混合液 MLSS 达到 10 g/L 时，污泥的沉降比（SV）几乎接近 100%。李春杰在对 SMBR 处理焦化废水的研究中，对反应器在 600 d 的运行期间其污泥的沉降性能进行了详细考察。在运行初期，污泥的 SV 为 30%左右，而运行期末其平均 SV 则达到 80%左右，SVI 平均值接近 138 ml/g。在 CAS 工艺中，如此高的 SV 将严重影响污泥在二沉池中的分离，并进而影响整个系统的正常运行。有资料报道，对于 SBR 工艺，过高的 SV 将直接影响周期间的充水能力，如当 MLSS 为 2 000 mg/L、SVI 为 100 ml/g 时，SBR 的有效容积将减少 20%，SVI 为 200 ml/g 时，将减少 40%；当 MLSS 为 5 000 mg/L、SVI 为 100 ml/g 时，SBR 的有效容积将减少 50%，而 SVI 为 200 ml/g 时，则 SBR 将无法运行。由此也说明，MBR 中膜的作用是至关重要的。

7.3.3.3 混合液污泥的黏度

MBR 反应器中混合液的黏度。许多研究者发现，MBR 工艺，尤其是 CMBR 工艺中，由于循环泵的高速剪切作用，以及长期在较低负荷下运行，会导致污泥中微生物细胞释放胞外聚合物（EPS），从而增大混合液的黏度。而黏度的增大不仅影响氧的有效传质，更重要的是将影响膜的通水能力，易造成膜的污染，从而将在实际应用中缩短膜的使用寿命，提高更换频率，增加运转成本，因而是许多研究者关心的问题，也是在实际应用中需要控制和解决的问题。为此，许多研究者从不同角度，对混合液对膜性能（污染）的影响（将在 7.4 节中介绍）、污泥浓度与黏度的关系等方面进行了研究，提出了不同的关系表达式。虽然各研究者所建立的污泥质量浓度与黏度的关系并不完全一致，但均认为它们之间是对数关系。Stephenson 报道，当混合液 MLSS 由 13 g/L 增加至 57 g/L 时，其液相的黏度将由 8.5 mPa • s 增加到 75 mPa • s，由此将大大增加膜的阻力，或为保持膜的通水能力，必须大大提高错流速度。因而，混合液的黏度是一个与 MBR 工艺运行费用密切相关的重要因素。

何义亮等对污泥质量浓度（MLSS）与污泥黏度（μ）的变化关系进行了考察。其结果见表 7-20 和图 7-20。分析表明，污泥质量浓度与黏度之间呈指数关系，并提出了如式 7-5 所示关系式。Krauth 等的研究亦表明，污泥的黏度与污泥质量浓度呈指数增长关系，并建立了式 7-6 关系式。Wisniewski 等的研究则考虑了温度对黏度的影响，并提出了式 7-7 和 7-8 关系式（以水温 20℃为标准温度）。

表 7-20 不同污泥质量浓度时混合液黏度的变化（水温 20℃）

污泥质量浓度/（g/L）	5.0	7.4	10.0	10.8
混合液黏度/（g/（cm·s））	5.6	20.0	41.5	54.5

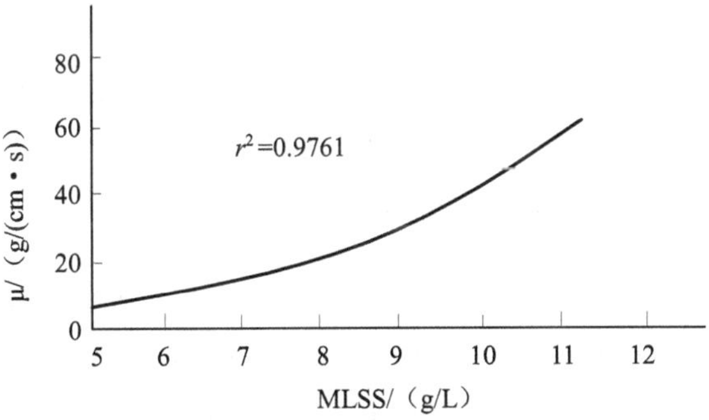

图 7-20 混合液黏度与污泥质量浓度的关系

$$\mu = 0.95\exp[4.0\times10^{-4}\times(\text{MLSS})] \qquad (7\text{-}5)$$

$$\mu = \eta\times1.044625\exp[0.081151\times(\text{MLSS})] \qquad (7\text{-}6)$$

$$\mu = \eta\times1.045\exp[0.082\times(\text{MLSS})] \qquad (7\text{-}7)$$

$$\mu_{(T)} = \eta_{(20)} \exp[0.0239 \times (20 - T)] \tag{7-8}$$

式中：η——水的动力黏度，mPa • s。

此外，有研究还从 EPS 的角度，研究了混合液中 EPS 含量（E_{ps}）的增加与黏度的关系，并建立了具有很好相关性的变化关系模式（式 7-9）。

$$\mu = 0.014 \times E_{ps} - 0.25 \quad (r^2=0.96) \tag{7-9}$$

由式 7-9 可知，污泥黏度与 EPS 含量是密切相关的。对此，许多研究者还从防止膜污染的角度，进行了在 MBR 中投加粉末活性炭等物质以改变污泥特性、降低黏度的研究，对此将在 7.5 节中介绍。

7.3.3.4 混合液污泥的活性

由于 MBR 工艺通常在长泥龄、低有机负荷的条件下运行，其生物反应器中活性污泥的微生物特征（活性和生物相）将与 CAS 工艺有较大的区别。在 CAS 工艺中，当工艺运行参数和操作条件一定后，其污泥的活性及其生物相的组成将处于基本稳定的状态，但在 MBR 工艺中，由于运行过程的进行，污泥浓度逐步增高，有机负荷则随之下降，因而其污泥的活性和生物相将处于动态变化之中。虽然由于膜分离的作用，这种变化对处理出水水质并不会构成重要的影响，但对膜本身的运行特性（如污染、堵塞等）及工艺的处理效能产生一定的影响，因而也是许多研究者关心的问题。

表征混合液污泥活性的方法较多，除简单的采用 MLVSS/MLSS 表示外，还有脱氢酶活性（TTC）、比耗氧速率（SOUR）等分析方法。

应用 MBR 处理城市（生活）污水的研究表明，MLVSS/MLSS 通常在 0.6～0.8 之间。但其与 CAS 工艺不同的是，在运行过程中，MBR 工艺由于膜的截留作用，将使混合液中的无机成分在生物反应器中积累，仅通过排泥才能减缓这种积累过程。但目前，对于无机成分的积累是否将影响其混合液污泥的活性，尚无定论。

Shin 等对 SMBR 与 CAS 工艺中 MLVSS 和 MLVSS/MLSS 的研究表明，在 SRT=20 d，HRT=6 h，进水 DOC（Dissolved Organic Carbon）=112 mg/L（人工配置葡萄糖进水）的条件下运行 170 d 的期间内，CAS 工艺混合液的 MLVSS 始终维持在 3～4 g/L 之间，而 MBR 中的 MLVSS 则由初始的 3～4 g/L 增加到 6～7 g/L。与此同时，CAS 中的 MLVSS/MLSS 始终稳定在 0.97 左右，而 MBR 中的 MLVSS/MLSS 则有所下降，由 0.97 左右降低至 0.93 左右（图 7-21）。同时，对不同反应器上清液中 SMP 的分析表明（图 7-22），CAS 中未出现 SMP 的积累现象，而 MBR 在运行的前 100 d 内，出现明显的 SMP 积累，说明随污泥浓度的增加、负荷的下降，污泥活性降低，污泥发生了解体而溶出 SMP。但在 100 d 后，则出现了 SMP 降低的趋势。Shin 认为，这是微生物对 SMP 降解的结果，其去除量达到溶出 SMP 量的 57%。而对混合液中活细菌数的分析亦表明，SMP 的积累并未影响其活性。

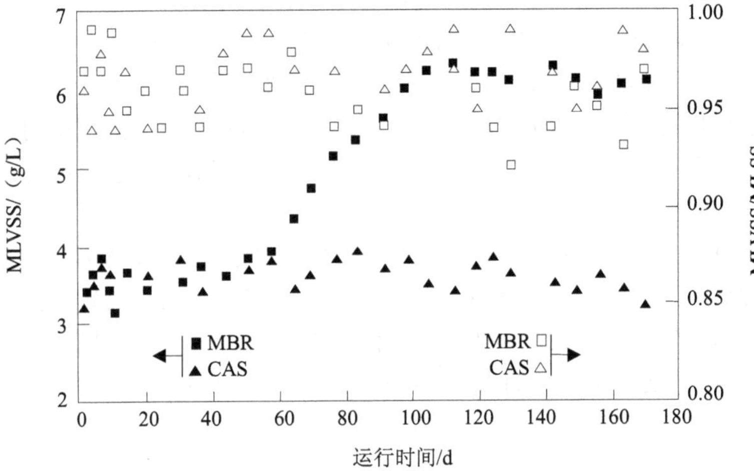

图 7-21　MBR 和 CAS 工艺中 MLVSS 和 MLVSS/MLSS 的比较

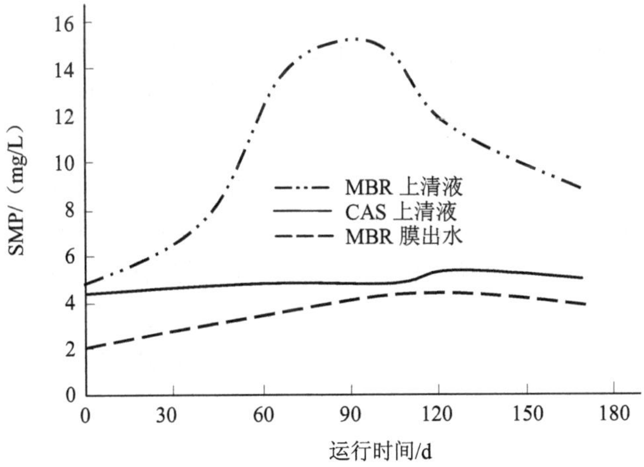

图 7-22　MBR 和 CAS 工艺上清液及出水 SMP 的比较

Defrance、Muller、李春杰、李红兵、刑传宏等对 MBR 混合液中 MLVSS/MLSS 随运行时间的变化，均得出了类似的结果。即随运行时间的推移，此比值有一定的下降趋势，下降的程度与所处理废水的类型有关，但下降幅度并不大，且认为即使在完全不排泥的情况下，MBR 中无机物的积累也不会对污泥的活性产生影响。但黄霞等采用脱氢酶活性法对处理生活污水的 SMBR 中污泥的活性研究则指出，MBR 上清液中 TOC 的积累主要是微生物代谢的产物，这些物质经较长时间后可得到部分降解，但对污泥的活性将产生一定的影响。

Zhang（B）采用比耗氧速率法分别对 CAS 工艺和 MBR 工艺中污泥的活性进行了比较研究。通过测定微生物的 ATP 含量、氧利用速率（OUR）比较了不同工艺中污泥的活性。研究表明，CAS 工艺中的 OUR/ATP 始终高于 MBR，即 MBR 中单位数量的 ATP 其耗氧量低于 CAS 工艺。对此，Zhang（B）认为是由于 MBR 工艺中 MLSS 远高于 CAS，影响了氧的传递，而不利于好氧菌的生长，导致混合液中好氧菌比例较低的缘故。

结合 MBR 工艺的特征，对上述不同研究结果的分析可知，MBR 工艺中污泥的活性是否低于 CAS 工艺，虽然未有明确一致的看法，但可以肯定，由于在较低的负荷下运行，其单位数量微生物的能力水平将低于 CAS 工艺，同时由于高浓度的污泥将对氧的传递产生一定的不利影响以及错流或抽水泵的剪切作用等，均将对污泥的活性产生一定的影响。

7.4 MBR 工艺中的膜及其特性

膜是一种流体或两种流体相之间具有选择透过性的一层薄薄的凝胶相物质，它将流体分隔成互不相通的两个部分，并可在一定条件（推动力）下产生传质作用，使流体相中一种或数种物质透过，达到分离混合物（溶液）中离子、分子及其他微粒的作用。与传统过滤器的最大不同是，膜可以在离子或分子的尺度上进行分离，其分离过程是一种物理过程，不需发生相的变化或添加助剂。同时，其传质分离过程可以是主动传递，亦可以是被动传递，后一传递过程的推动力可以是压力差、浓度差或温度差。MBR 工艺中的膜分离过程通常借助于压力差实现，即属于被动传递的分离过程。膜的厚度一般为微米级，其分离和截留特性通常由其孔径和截留的分子量决定。

7.4.1 膜的分类及膜组件

7.4.1.1 膜及其分类

膜的分类如图 7-23 所示。膜有天然生物膜和人工合成膜两大类。前者是地球上所有生物所必需的重要组成部分，后者则是模仿天然生物膜的特性，用不同材料制成的具有选择透过和分离特性的膜。人工合成膜有固相膜、液相膜和气相膜三类，其中以固相膜应用最多，液相膜已有中试规模的应用，而气相膜则尚处于实验室研究阶段。根据孔径的不同，可将膜分为微滤膜、超滤膜、纳滤膜和反渗透膜。根据材料的不同，可以分为有机膜和无机膜，无机膜主要是微滤级膜。根据膜的形态，可以分为均质膜和非对称膜。均质膜是指各向性质相同的致密膜或多孔膜，它们的膜通量一般较小，主要用于电渗析和气体分离。非对称膜应用最广泛，一般由厚度和孔径不等的两层构成，表层薄而孔径小（几十纳米至几十微米），主要起分离作用，可以是致密的，也可以是多孔的；下层较厚（约 100 μm），为多孔支撑层。

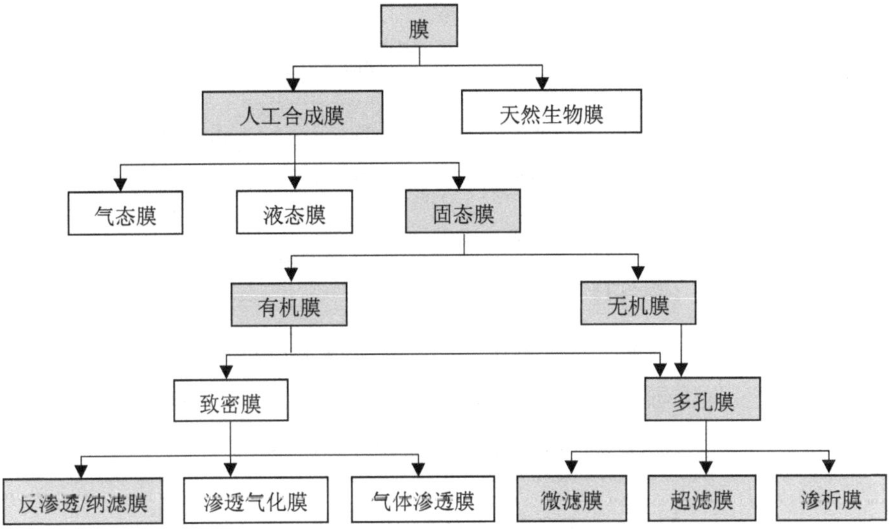

图 7-23 膜的分类

目前，广泛应用于废水处理的膜主要是由高分子材料，如聚烯烃类、聚乙烯类、芳香族聚酰胺、聚醚砜（PES）、聚氟聚合物等合成的固相非对称膜，包括微滤（MF）膜、超滤（UF）膜和纳滤（NF）膜、反渗透（RO）膜、电渗析（ED）膜及扩散渗析（DD）膜等。其中微滤膜常用聚碳酸酯、纤维素酯、聚偏二氟乙烯（PVDF）、聚砜（PS）、聚四氟乙烯（PTFE）、聚氯乙烯、聚醚酰亚胺、聚丙烯（PP）、聚酰胺（PA）等材料合成；超滤膜通常由 PS、聚酰胺、PES、聚醚酰胺、纤维素酯等材料合成；纳滤膜常用芳香聚酰胺、聚呱嗪酰胺、磺化聚醚砜、聚乙烯醇等合成；反渗透膜则由醋酸纤维素（CA）和 PA 合成。其中 PS 是 20 世纪 60 年代后期出现的新型工程材料，由双酚 A 和 4，4-二氯二苯砜缩合制得，具有优良的化学稳定性、热稳定性和机械性能，PVDF 也有良好的溶剂相溶性，PES 则以其狭窄的孔径分布而出众，因而得到广泛应用。有关上述各种膜材料的特性，请读者参阅有关文献资料。

微滤、超滤、纳滤及反渗透膜等最初广泛应用于工业用水、海水和苦咸水等的淡化和脱盐处理，近年来逐步应用于饮用水和废水的处理，以去除水中的浊度、色度、臭味、消毒副产物的前体物、微生物及溶解性有机物等（如图 7-24 所示）。选择适当的膜及膜组件，可以部分或完全替代常规水和废水处理的分离工艺，以满足日趋严格的用水水质和废水排放要求。

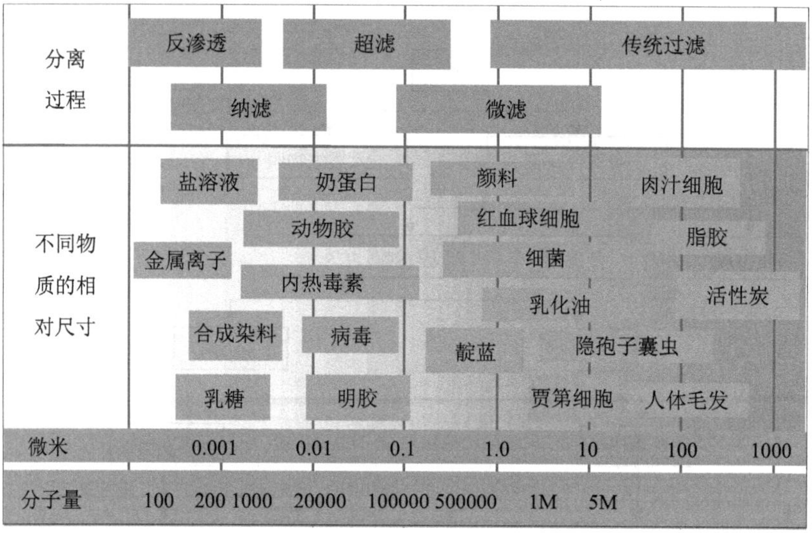

图 7-24 不同膜工艺分离物质的尺寸范围

7.4.1.2 膜组件及其特性

为便于膜的实际应用，通常将其以一定的形式组装成一个基本的单元(膜组件，Module)。膜组件化应以以下原则为依据：①膜比表面积的最大化；②单位产水量的能耗低；③易于清洗；④利于形成湍流以促进分离介质的转移和传质等。这些原则其实是相互制约的，如要提高湍流程度，则必导致能耗的上升，而比表面积大则不利于清洗等。

目前，生产上使用的膜组件形式主要有五种：管式、毛细管式、中空纤维式和平板式、卷式。其中管式、中空纤维式和毛细管式的区别在于它们所使用的管式膜规格不同，并各具不同的实用性。表 7-21 列出了上述各膜组件形式的主要特性。

表 7-21　各种膜组件的性能特点

膜组件型式	基本特征	主要优点	主要缺点	在水处理中的应用领域
管式	直径 6～25mm； 管内进料； 需支撑	湍流流动； 不易堵塞； 易于清洗； 压力损失较小	装填密度小 （≤100 m^2/m^3）； 通量较小	MF、UF、交叉流分离 SS 等
毛细管式	直径 0.5～6mm； 管内或管外进料； 无需支撑	装填密度高于管式； 制造费用低	大多情况下为层流； 抗压强度较小	UF、DD 等
中空纤维式	直径 40～500μm； 管内或管外进料； 无需支撑	装填密度很高； 制造费用低； 耐压稳定性好	易堵塞； 压力损失较大	RO、UF 等
平板式		易更换膜片； 不易污染； 使用方便	需严格密封； 压力损失大； 装填密度较小	UF、MF、RO、ED 等
卷式		装填密度较高 （～1 000m^2/m^3）； 结构简单，造价低； 物料交换效果好	渗透侧流体流径长； 膜污染难清洗	RO、NF 等

管式膜组件由圆管式膜和膜的支撑体构成，有内压型和外压型两种，目前多采用内压型。进水从管内流入，透过液（清液）从管外流出。其直径通常在 6～25 mm 之间。

毛细管式组件由直径为 0.5～6 mm 的膜管构成，具有一定的承压性能，无须支撑管。膜管一般平行排列并在端头用环氧树脂等材料密封。它有管内进料、管外出透过液和管外进料、管内出透过液两种运行方式（见图 7-25）。

中空纤维膜组件与毛细管式膜组件形式相同，但直径较小，其外径为 40～500 μm，内径为 25～42 μm。其次耐压强度较高，在高压情况下其不会变形。中空纤维膜组件通常将数十万根或更多的中空纤维弯成 U 形纤维束，一端或两端用环氧树脂密封，再装入耐压容器而成外置式组件（见图 7-26a）。在废水处理中，大多将膜组件直接放入生物反应器而不装入耐压容器，而构成内置式组件（见图 7-26b），图 7-27 和图 7-28 分别为中空纤维膜的构造及其外形和运行方式。

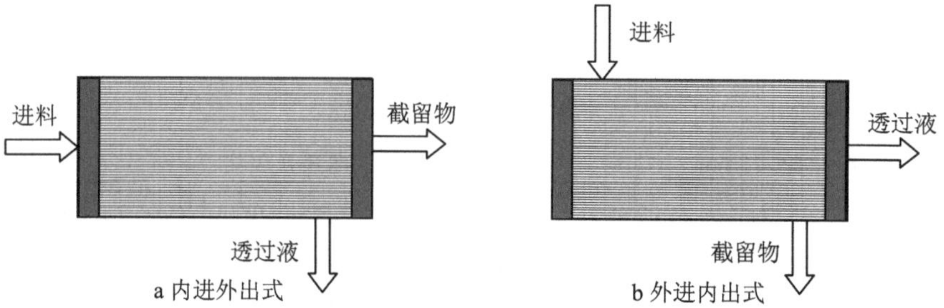

图 7-25 毛细管膜组件及运行方式示意

a 外置式中空纤维膜组件

b 内置式中空纤维膜组件

图 7-26 中空纤维膜组件

外形

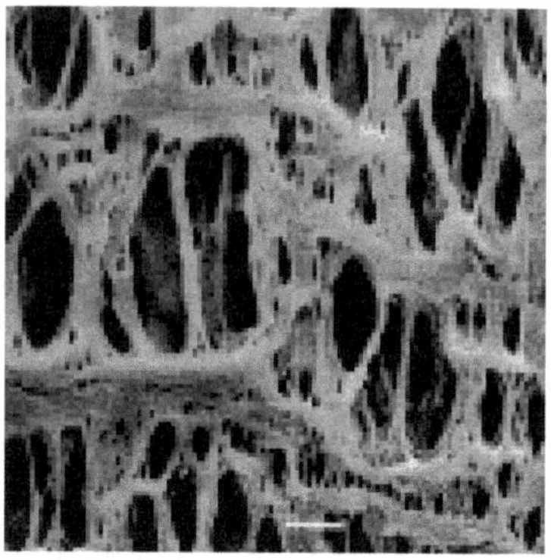

表面空隙（SEM 照片，×5000）

图 7-27 中空纤维膜及其表面空隙

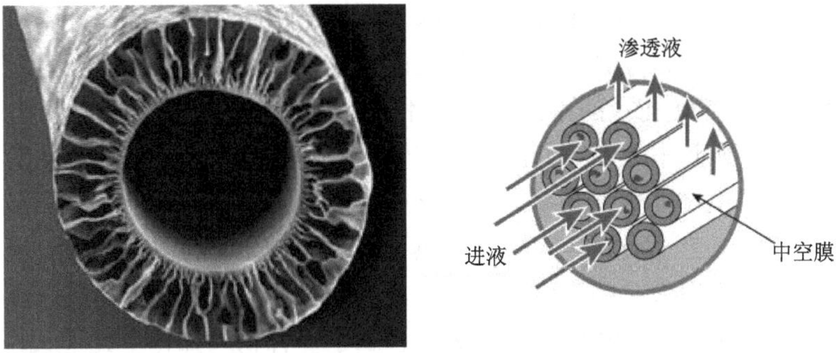

图7-28 中空纤维膜及其工作原理

平板式膜组件是膜分离工艺中出现最早的一种形式，其外形类似板框压滤机，由隔板、膜、支撑板、膜的顺序多层交替重叠压紧而构成。其装填密度较小（≤400 m^2/m^3）。

卷式膜组件是用平板膜密封成信封状膜袋，在两个膜袋之间衬以网状间隔材料，并紧密卷绕在一根多孔管轴上而构成膜卷，再装入圆柱压力容器而构成膜组件。进料从一端进入，沿轴向流动，在外加压力的作用下，透过物沿径向渗透并通过膜进入中心导出管（图7-29）。

有关不同膜的性质可参见表7-2、表7-3和表7-4。

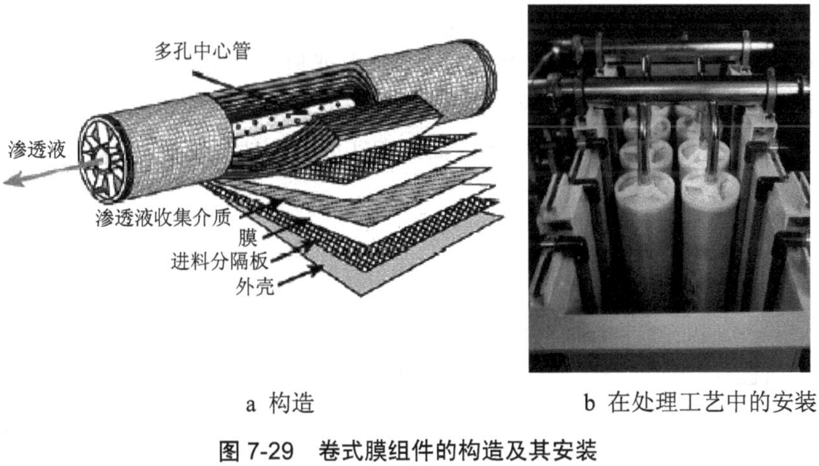

a 构造　　b 在处理工艺中的安装

图7-29 卷式膜组件的构造及其安装

7.4.2 膜分离的基本原理

膜具有分离、浓缩、萃取等净化功能。作为废水生物处理中进行有效固液分离的膜技术，具有以下特点：①在分离和浓缩过程中无相的变化，不需外界投加其他助剂；②在分离过程中，分离和浓缩过程同时发生，便于废物的资源化利用；③根据膜的选择透过性和膜孔径的不同，可将不同粒径或不同分子量的物质进行分离，以实现物质的提纯而不改变它们原有的特性；④膜分离工艺是以膜组件的形式构成，可以满足不同生产能力的需要，其工艺操作简单，维护较方便，易于实现自动化控制；⑤膜分离工艺不损坏对人敏感或热不稳定的物质，可在常温下实现从有机物到无机物、从细菌到微粒广泛体系的分离，而且还可实现如共沸物或近沸点体系等的许多特殊体系的分离；⑥由于膜分离过程属于一种物理操作单元过程，其处理效果受原水水质和工艺操作条件的影响较小，因而可获得稳定可靠的稳定分离和处理效果。

7.4.2.1 膜分离的方式

膜的分离有两种基本运行方式：即全程过滤（Full-Flow Filtration）（图 7-30a）和错流过滤（图 7-30b）。全程过滤也称静态死端式过滤（Dead-end Filtration），是指在膜两侧提供压力差，待分离混合液垂直于分离膜方向流动，其中待分离物被膜截留，而混合液的其他组分通过膜而得到分离，其特征是分离过程中待分离混合液与膜截留物同向运动，所有被截留的物质均沉积在膜表面，易随分离时间而快速积累造成膜的堵塞和污染，并引起阻力的快速增加而影响膜通量。故此种方式一般适用于分离低固体含量的溶液或废水，否则需要频繁的反冲洗而影响膜的寿命，增加运转成本；错流过滤亦称动态交叉流过滤，是指待分离混合液与膜面成平行或相切而流动，这种流动方式可对膜面产生剪切作用，而把膜截留的颗粒物起到冲刷作用，使其返回主体溶液而可有效减轻膜面截留物的积累，从而控制浓差极化的发生，利于延长膜的运行周期，提高膜通量。因而，在实际应用中，多采用此种运行方式。

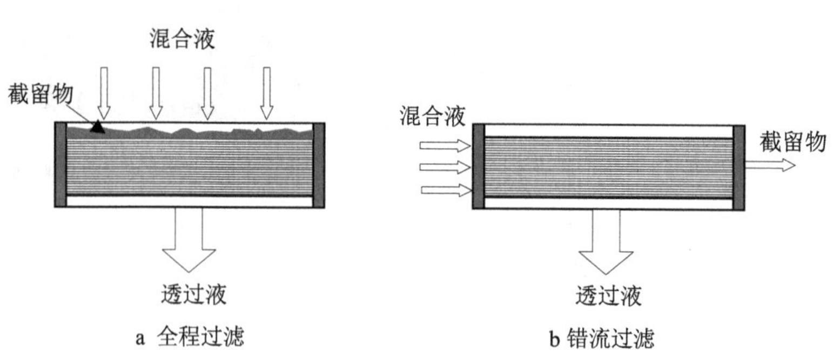

图 7-30　膜分离的两种过滤运行方式

7.4.2.2 膜分离的主要性能参数

应用膜分离技术时，除要求膜具有良好的机械性能外，膜构造应具有厚度薄、孔经范围窄且孔隙率高的物理特性，以获得良好的选择性和适宜的膜通量。表征膜分离特性的主要参数有截留率、膜通量和回收率。截留率反映了混合液分离的难易程度，有本征截留率（R'_j）和表观截留率（R_j）之分。其中本征截留率为正常运行工况时的截留效率，而表观截留率是指在发生浓差极化情况下膜所具有的截留效率；膜通量则指单位时间内通过单位膜面积上的流体量，而回收率则为透过液量与进液量之比，反映了膜对不同混合液的过滤性能。

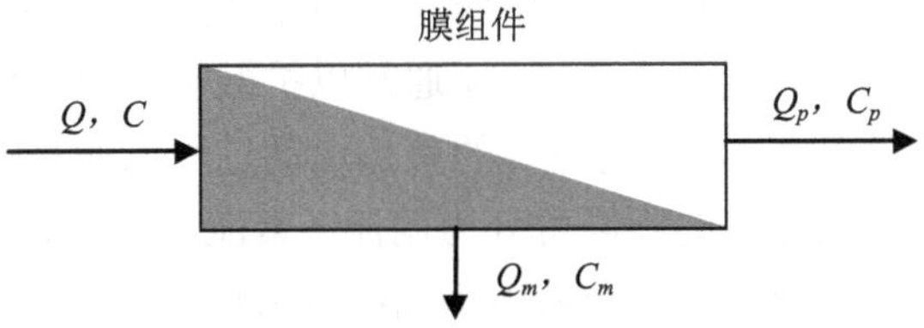

图 7-31　膜分离过程中的物料平衡关系

图 7-31 所示为膜分离过程中的物料平衡关系。由该图可建立相应的物料平衡关系。假定混合液（Q）中待分离物的初始浓度为 C_b；截留液中该分离物在膜界面的浓度为 C_m，其相应的截留液量为 Q_m；透过液中该物质的浓度为 C_p，相应透过液的量为 Q_p。则如下关系式成立：

$$Q = Q_p + Q_m \tag{7-10}$$

$$QC_b = Q_p C_p + Q_m C_m \tag{7-11}$$

由此，截留率、膜通量和回收率可同分别用式 7-12～式 7-15 表示。

$$R'_j = (1 - C_p / C_m) \times 100\% \tag{7-12}$$

$$R_j = (1 - C_p / C_b) \times 100\% \tag{7-13}$$

$$J - \frac{V}{At} \tag{7-14}$$

$$R_h = \frac{Q_p}{Q} \times 100\% \tag{7-15}$$

式中：C_p——截留物在滤液中的浓度，mg/L；
C_b——截留物在混合液主体溶液中的浓度，mg/L；
C_m——截留物在混合液膜面内侧的浓度，mg/L；
V——滤液体积，m^3 或 L；
A——膜的有效面积，m^2；
t——分离时间，s 或 h。

7.4.2.3 物质传递与驱动力

膜工艺中相的分离需要在某种推动力的作用下才能有效进行，其推动力主要有膜两侧的压力差、浓度差或电位差。膜工艺应用于废水生物处理时，其推动力主要是人为施加的压力差及混合液自身在膜两侧形成的浓度差。在膜分离过程中，混合液中被分离的介质根据其尺度的大小不同，通常以扩散和对流的传递过程通过膜的两侧而实现分离。一般而言，对流是流体的整体运动过程而非其中某种溶质或悬浮成分的流动，其根据流动速度的不同可分为湍流（紊流）和层流。流速越高，则越利于传质过程的进行；扩散是指混合液中不同组分或单个分子、原子的热运动（布朗运动），这种运动所产生的传质效果与膜两侧存在的浓度差和运动主体的尺寸大小密切相关。分子越小，则由扩散作用产生的传质效果越好（符合 Fick 第一定律）。

表 7-22 不同的膜分离工艺及其推动力

膜分离工艺	推动力	膜类型/孔径	除物尺寸	分离对象
微滤（MF）	压力差（20～200 kPa）	对称或非对称膜/0.1～2 μm	0.2～100 μm	分离水，截留 SS 等（MBR）
超滤（UF）	压力差（50～1 000 kPa）	非对称膜/2～5 μm	5～50 nm	分离水，截留大分子或胶体
反渗透（RO）	压力差（600～10^4kPa）	复合膜/均质超薄膜	0.2～10nm	分离水，截留小分子或离子
扩散渗析（DD）	浓度差	均质膜	50～5 000 nm	分离小分子，截留大分子
电渗析（ED）	电位差	离子交换膜	≤0.1～0.5nm	分离水，截留离子

在膜生物处理工艺中，由于膜分离的对象往往是浓度高达数千 mg/L 或更高的活性污泥混合液，尽管膜两侧存在很大的浓度差，但其分离截留的对象决定了因扩散所产生的传质作用占次要地位，因而通常须在膜两侧维持足够的压力差作为推动力外，尚需强化其对流的传质作用，即需提高混合液的流动速度，以湍流的状态在膜组件内流动。这样，不仅可保持有效的膜通量，促进分离速度，当以错流的方式运行，还可起到减缓膜污染的功效。因而，可以说，压力差和足够的流动速度是促

进传质、获得有效膜通量的综合推动力，而其中流动速度是与压力差紧密联系的，呈正相关性。在工艺设计中，通常根据不同膜及其所达到的处理目标，即膜通量，确定合理的压力差。表 7-22 所列为不同膜分离工艺所需的推动力及其相应的除污功能。

7.4.3 膜通量与浓差极化和膜污染

膜通量（J）（或称透过速率）是膜分离过程的一个重要工艺运行参数，是指单位时间内通过单位膜面积上的流体量，一般以 $m^3/(m^2 \cdot s)$或 $L/(m^2 \cdot h)$表示（或以 m/s 表示）。膜通量由外加推动力和膜的阻力共同决定，其中膜本身的性质起决定性作用。保证膜组件适宜的膜通量是其有效运行的关键，若没有足够大的 J，则其应用将受到限制。在 MBR 工艺中，影响膜通量的因素尚有生物反应器的工艺运行条件，如废水性质、温度、有机负荷和污泥浓度及其性质等，其中浓差极化是影响 J 的重要的因素之一。

7.4.3.1 膜通量及其变化

MBR 工艺中，膜分离设备及其运行费用与膜的通量有密切的关系。单位膜面积在单位时间内的通量越大，则对一定的处理规模而言，其所需的膜面积就小。在实际操作中，膜的更换费用在整个操作费用中所占的比重往往较大。若膜通量较大或在运行中维持其较大的通量、减少膜的更换面积，则可有效地降低运行成本。因而，膜通量及其诸影响因素是决定 MBR 工艺投资和运行成本的重要因素。

膜通量的基本表达式是基于膜在纯水中没有污染的情况下建立的，一般用 Darcy 方程（式 7-16）描述。MBR 工艺中，通常采用微滤膜进行泥水分离。其膜的阻力 R_m 与膜自身的特性密切相关，与其有效孔半径（$r_{\rm m}$）及其厚度（$\delta_{\rm m}$）有关。其具体关系可用式 7-17 表示。而相应地，膜通量可用式 7-18 表示。

$$J = \frac{\Delta P}{\mu R_m} \tag{7-16}$$

$$R_m = \frac{8\theta\delta_m}{f{r_m}^2} \tag{7-17}$$

$$J = \frac{f{r_m}^2\Delta P}{8\mu\theta\delta_m} \tag{7-18}$$

$$f = \frac{n\pi r_m^{\ 2}}{A} \tag{7-19}$$

式中：ΔP——膜两侧的压力差，kPa；

μ——水的绝对粘滞系数，g/(cm · s)；

R_m——膜在纯水中的阻力，m^{-1}。

f——膜表面孔隙率；

θ——膜毛细孔曲率因子；

δ_m——膜的有效厚度，μm；

n——膜孔数；

A——膜面积，m^2。

由式 7-18 可知，膜通量与膜厚成反比。不对称膜的制造便是利用了其膜表皮层极薄而多孔支撑层孔隙尺寸大的特性，其支撑层对分离过程不产生明显的阻力。同时，膜通量与压力差成正比，提高压力差则可提高 J。但在实际运行和操作过程中，废水混合液中存在不溶性、溶解性和胶体状的多种组分，它们在分离过程中在膜表面的逐步积累（见图 7-11）将导致 J 的下降，因而在实际运行过程中膜通量并非与ΔP 始终保持线性关系。此外，在其他条件恒定时，膜的有效孔径越大（即截留物质的尺寸越大），通量则越大。

在混合体系（如活性污泥混合液）中，膜通量将随运行时间的变化、截留物的积累而使其有效孔半径减小甚或堵塞；此外，也将因发生膜的浓差极化及压实效应而逐步降低（如图 7-32 所示）。为此，常用衰减系数 m 反映这一过程。即在运行时间 T 时的膜通量可表示为（式 7-20）。

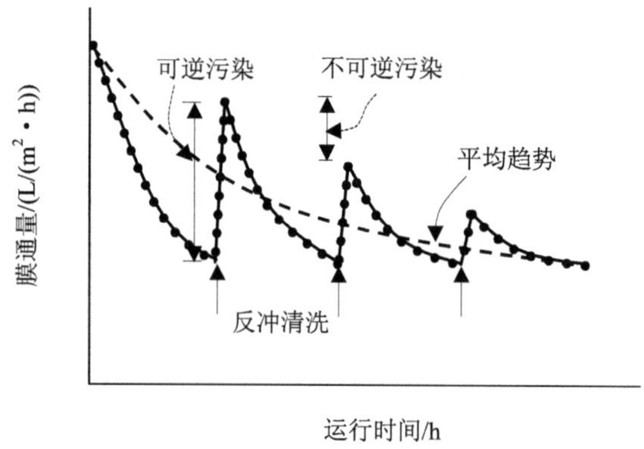

图 7-32　膜通量的衰减趋势

$$J_t = J_1 \times t^m \tag{7-20}$$

式中：J_t——运行 t h 后的膜通量，L/(m^2 • h)；

J_1——运行 1 h 后的膜通量，L/(m^2 • h)；

t——运行时间，h。

需要指出的是，m 包括了膜在运行过程中的自身压密系数（在纯水中测定）和因膜截留物积累或浓差极化（或膜污染）两方面产生的效应。由于运行过程中所使用的膜、运行条件等的不同，其数值大小一般需通过具体的试验测定。此外，膜通量还与运行温度有关，其影响一般符合阿累尼乌斯（Arrhenius）关系式（式 7-21）。研究表明，随温度的升高，混合液的黏度将下降，因而利于膜量的提高。Magara 等的研究表明，温度升高 1℃，可使膜通量提高 2%。

$$J_T = J_{20} e^{\overline{\frac{s}{(273+T)}}} \tag{7-21}$$

式中：J_T——温度 T 时的膜通量，L/(m^2 • h)；

J_{20}——基准温度（20℃）时的膜通量，L/(m^2 • h)；

T——温度，℃。

s——经验常数，对不同的膜和运行条件需通过试验确定。

7.4.3.2 浓差极化

在膜分离过程中，进液（或活性污泥混合液）在外加压力的推动下，其中颗粒物或其他待分离物被膜截留，并由于通水的作用不断把截留的物质带到膜表面，使膜表面的截留物浓度（C_m）高于主体进液浓度（C_b），因而在浓度差（C_m- C_b）的作用下，截留在膜表面的物质将向主体进液扩散，并形成边界层（δ），使分离阻力增大而导致膜通量下降。当单位时间内主体进液中以对流方式传递到膜面的物质量与膜表面以扩散方式返回到主体进液中的物质量相等时，其浓度分布将达到一个相对稳定的浓度分布状态。这一现象称之为浓差极化（CP—Concentration Polarization）（如图 7-33 所示）。发生浓差极化时，膜组件的通量将明显下降，并可用式 7-22 表示 J 与平衡浓度的关系：

$$J_w = \frac{D_B}{\delta}\ln(\frac{C_m}{C_b}) = k\ln(\frac{C_m}{C_b}) \tag{7-22}$$

式中：J_w——发生浓差极化时的膜通量，L/(m^2 • h)；

D_B——布朗扩散系数，m^2/s；

k——传质系数，$=D_B/\delta$，m/s。

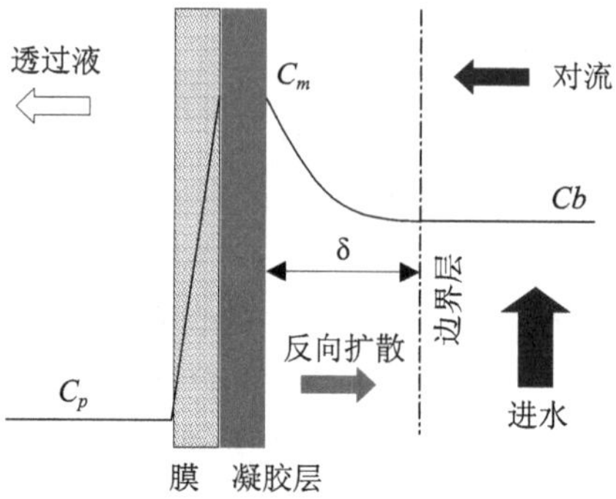

图 7-33　浓差极化及浓度分布示意图

浓差极化的发生，将给膜分离的运行带来诸多问题：①膜表面截留物浓度的提高，使渗透压增大，减小了对流传递的推动力；②在膜表面形成凝胶层，增加分离阻力；③截留物在膜表面的积累，将改变膜的分离的特性；④严重时将导致膜的堵塞，使运行恶化。以上种种问题，将严重影响膜的通量，从而影响整个处理工艺的有效和正常运行。因而，在实际工艺设计和操作运行管理中必须对此引起足够的重视，应合理设计膜通量和冲洗周期，避免过高的膜通量导致浓差极化的产生；同时应在错流速度的设计中留有一定余地，以便根据实际情况及时调节。

7.4.3.3 膜污染

膜污染是指在膜分离过程中，混合液（进液）中的微粒、胶体颗粒及其他溶质等与膜发生物理化学反应，或因浓差极化现象而使某些溶质在膜表面的过度吸附和沉积，造成膜孔变小、或堵塞甚至损坏等，最终导致膜通量下降及其分离特性发生变化的现象。膜污染可分为两类，一类为可逆污染，如浓差极化等，可通过反冲洗得到有效消除；另一种为不可逆污染，如溶质在膜表面的沉降而引起的膜堵塞、溶质的膜孔内的吸附而引起的膜分离截留特性的改变等。此类污染难以消除，对膜的运行有破坏性的影响。

膜污染的基本根源是浓差极化。一般而言，一当膜与混合液接触，其污染现象便随之发生，并成为膜分离工艺应用中影响投资和运行成本的最重要问题。据报道，若加以严格控制，消除膜污染的发生，则可将膜的分离能力提高 30%，降低投资费用 15%。在 MBR 工艺中，由于膜所处的环境劣于膜的其他应用场合，活性污泥混合液中的有机物、无机物及微生物等组成的复杂体系，尤其是具有活性的微生物的存在，因而较之其他场合更易发生物理、化学和生物的反应，而导致膜污染的频繁发生。

目前，已有较多有关MBR工艺中膜污染的研究。主要表现在以下三个方面：

（1）从引起膜污染的污染物分布情况看，主要以由浓差极化引起的膜表层的附着和孔堵塞。附着层中主要以有机物、胶体物质及微生物组成，并形成滤饼；溶解性有机物则经截留浓缩而在膜表面形成凝胶层；溶解性无机物则形成水垢。同时，在压力的推动下，部分污染物进入膜孔而造成其堵塞。

（2）从引起膜污染物的性质来看，主要可分为有机污染、无机污染和颗粒物污染。这些污染物在膜污染中的作用地位随膜型、工艺运行条件和废水水质的不同而异。此外，由于MBR处于低负荷条件下运行，其混合液中的EPS及其所引起的混合液的黏度对膜的污染则显得较为重要。另有研究表明，微生物在膜表面的滋生亦是不可忽视的造成膜污染的重要原因之一。图7-34所示为刘锐和黄霞等对中空纤维膜（采用内进外出水流方式）内表面微生物滋生污染研究中所摄的SEM照片。由图可见，经两个月的运行，膜内表面长满了各种微生物，其中有大量的丝状菌、球菌和杆菌等，并形成一个致密层而造成膜的堵塞。图7-35所示为黄霞等采用活性污泥-SMBR、附着生长-SMBR和粉末活性炭（PAC）-SMBR处理人工配制的微污染水体的研究中，观察到的聚乙烯（PE）中空纤维微滤膜的污染情况（SEM照片）。

（3）膜污染的性质与所使用的膜型、废水的性质及工艺运行条件和操作管理方式密切相关，其污染的防治则涉及化学、物理、微生物、水力学、材料学等多个工程学科领域，因而需要不同学科知识的相互交叉和渗透，开展综合研究。目前，尚需要对膜组件的构型、工艺组合方式，尤其是开发抗生物型污染膜等方面进行深入研究。

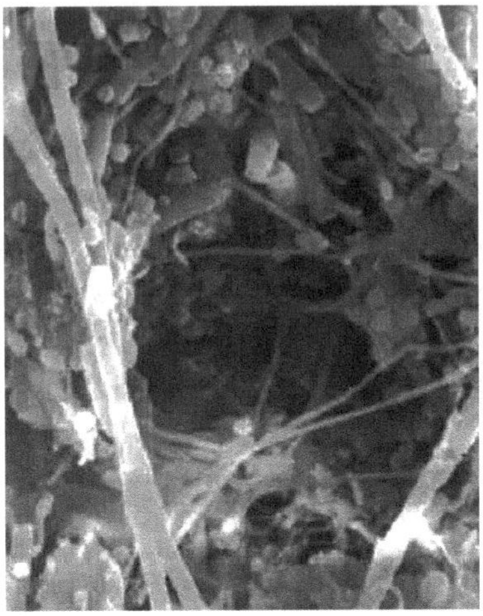

图7-34 中空纤维膜内表面微生物污染的SEM照片

活性污泥-SMBR　　附着生长-SMBR　　PAC-SMBR

图 7-35　不同 SMBR 运行方式下膜表面 SEM 照片（上/下：2000/200）

7.5 MBR 工艺的设计及运行控制

MBR 工艺作为膜工艺与废水生物处理工艺相结合的一种新技术，虽已有较多的研究和实际应用，但其工艺设计至今在国内外尚无成熟的经验和理论，有关设计手册中亦无相关的实例可讯。根据该工艺的基本组成，其工艺设计内容主要包括生物反应器工艺的设计和膜工艺设计两个方面。其中生物反应器的设计计算过程与 CAS 工艺基本相同，主要是根据处理规模、废水水质及处理要求，确定其合理的工艺参数；而膜工艺的设计则主要是根据处理对象首先确定其合理的膜型和工艺运行方式（如 SMBR 或 CMBR）、所需的膜面积等。此外，在 MBR 工艺的运行过程中，合理的操作和运行控制极为重要，主要包括生物反应器中污泥浓度、膜污染的控制等。下面择其要点作介绍。

7.5.1 MBR 工艺的设计

7.5.1.1 生物反应器（曝气池）容积与膜面积

MBR 工艺曝气池的容积（V）由式 7-23 所示的污泥负荷（F_W）确定，其所需的相应的膜面积（A）则取决于其处理规模、稳态运行时的膜通水能力（Q'）和膜通量（J）（如式 7-24）。

$$F_W = \frac{QS_0}{XV} \tag{7-23}$$

$$A = \frac{Q'}{J} \tag{7-24}$$

式中：Q——处理规模，m^3/h；

V——曝气池容积，m^3；

S_0——曝气池进水 BOD_5 质量浓度，mg/L；

X——曝气池中混合液污泥质量浓度（MLSS），mg/L。

A——膜面积，m^2；

Q'——稳态运行时的膜通水能力，m^3/h；

J——稳态运行时的膜通量，$m^3/(m^2 \cdot h)$。

在设计过程中，必须保证曝气池容积与膜组件的处理能力相匹配，即单位时间内曝气池的处理水量（Q）应与单位时间内膜组件的通水能力（Q'）相等。据此则有式（7-25）：

$$\frac{V}{A} = \frac{JS_0}{F_W X} \tag{7-25}$$

上式反映了 MBR 工艺中各主要参数之间的相互关系。根据目前 MBR 工艺的实际应用情况，其污泥负荷（BOD_5/MLSS）通常低于 CAS 工艺，采用的取值范围多在 0.05～0.4 kg/(kg·d)之间；对于膜组件，当以 CMBR 的方式运行时，其稳态膜通量一般为 60～80 L/(m^2·h)，以 CMBR 方式运行时 4～6L/(m^2·h)。

在稳态运行（此为设计的依据之一）的条件下，膜界面的污泥浓度将达到临界值（X_m）而不再变化（通过定期的排泥和清洗实现）。此时，膜通量可表示为式（7-26）：

$$J = k\ln\left(\frac{X_m}{X}\right) \tag{7-26}$$

但由于 MBR 工艺运行的特殊性，即由于膜的高效截留作用，曝气池中的污泥浓度将随运行时间的推移而提高，由此不仅引起曝气池中污泥浓度的变化，导致实际运行负荷的下降，同时由于污泥负荷的下降，将引起混合液污泥特性的变化，而综合膜的截留、污泥浓度及其性质变化及浓差极化（乃至膜污染的发生）等因素，又将导致膜通量的降低，即最终导致有效膜面积的减少，进而使膜组件的实际通水能力实际上大大低于进水量。因而，式 7-25 所表达的是以稳态膜通量为依据而确定的设计膜面积及其与各因素之间的关系，在实际操作运行中，必须通过合理的控制其中的相关参数，以尽可能地使运行处于稳定状态。而其中关键的和具有可操作性的控制因子应当是曝气池中的污泥浓度。

7.5.1.2 污泥浓度与污泥龄

MBR 工艺中膜对混合液的高效截留，不仅使生物反应器中污泥浓度远高于CAS 工艺，同时将随运行时间的推移，而处于动态变化之中。从微生物对有机物的去除能力而言，高的污泥浓度利于保证良好的处理效果和处理功能的强化（如可获得硝化和脱氮效果等）。但过高的污泥浓度，将因使反应器长期处于低负荷下运行而使污泥活性降低，使污泥絮体分散、解体或使其溶出 EPS，并由此加速膜的污染而减低膜通量。国内外的研究表明（Magara、何义亮等），膜通量（J）与混合液污泥浓度（X）存在如下关系（式 7-27）：

$$J = -\alpha \log X + \beta \tag{7-27}$$

式中：α，β——常数（根据所采用的模型的不同由试验确定）。

此外，根据膜分离浓差极化模型可知，MBR 运行过程中膜通量的变化（J_B）可用式 7-28 表示：

$$J_B = \frac{\Delta P}{\mu(R_m + R_f)} \tag{7-28}$$

式中：R_f——膜污染（如滤膜、泥饼等）产生的阻力，m^{-1}。

其余符号同前。

由此可知，在 MBR 工艺的运行过程中，从保证膜组件稳定的膜通量（或通水能力）的角度，除应确定合理的膜组件清洗周期和清洗方式（见下述）外，合理控制污泥浓度是非常必要的。目前，对于生物反应器中合理的 MLSS 控制范围，因考虑出发点的不同（如有的以污泥减量化出发、有的以提高处理能力出发等不一而足），尚未有统一的认识。有的研究认为在 MLSS 为 4～20 g/L 的范围内，对膜通量的影响不大，而当 MLSS 达到 40 g/L 时，将严重影响正常运行。但大多研究者认为，在保证处理能力和缓解膜污染两者兼顾的前提下，宜将 MLSS 控制在 6～8 g/L，同时应与所处理的废水水质相适应，即在处理低浓度废水时，应取低限，而在处理高浓度废水时可取高值。

文湘华等通过对应用于处理城市污水的 SMBR 工艺系统的反应动力学研究，提出了 MBR 中污泥浓度与不同运行参数间关系的表达式（式 7-29 和式 7-30）：

$$X = Y_{obs}\theta_c\left(\frac{S_0 - S_e}{t} - \frac{S_0 - S_{\sup}}{\theta_c}\right) \tag{7-29}$$

$$k = \frac{\ln S_0 - \ln S_{\sup}}{X\theta_c} \tag{7-30}$$

式中：X——污泥质量浓度，g/L；

Y_{obs}——污泥表观产率（MLSS/BOD_5）系数，kg/kg；

θ_c——污泥龄，d；

S_0——MBR 进水有机物质量浓度，mg/L；

S_e——MBR 出水有机物质量浓度，mg/L；

S_{sup}——MBR 中上清液有机物质量浓度，mg/L；

t——HRT，h。

由式 7-29 和式 7-30 可知，污泥浓度控制的实现途径是合理控制污泥龄（θ_C）。长的污泥龄虽然可降低污泥的产率，但将提高混合液的 MLSS，导致污泥有效活性的降低，而由于污泥在生物反应器和膜组件之间循环次数的增加，将强化污泥的絮体的破损，其失活的可能性也愈大。显然，从维持污泥活性的角度，宜对 MBR 进行定期和必要的排泥（通常以直接从曝气池中定量排除混合液的方式进行），以减轻膜负荷，降低动力消耗。

表 7-23　HRT 对 MBR BOD_5 去除率的影响

HRT/h	进水 BOD_5/（mg/L）	出水 BOD_5/（mg/L）	BOD_5 去除率/%
1.5	96.0	4.1	95.7
2.0	96.6	3.6	96.3
3.0	83.1	1.2	98.6

7.5.1.3 水力停留时间

膜面积一定时，膜通量将成为 MBR 工艺处理能力的控制因素。在 MBR 工艺的运行过程中，其稳态膜通量实际处于动态的平衡过程，因而其水力停留时间（HRT）也将在一定的范围内变化和波动。但由于膜的截留作用及 MBR 中较高的污泥浓度，其 HRT 的变化将并不会构成对其整体处理出水水质的明显影响（表 7-23 所列为外压管式 MBR 处理生活污水时，HRT 变化对 BOD_5 去除率的影响）。但过短的 HRT，将会导致系统内溶解性有机物的积累，而引起膜通量的下降。对此，Harada、Ueda 和 Ishiguro 等的研究均证实了这一点，表明溶解性有机物在对形成膜过滤阻力的贡献中，占 26%（其他为 SS 占 24%，胶体物占 50%），并提出了如下关系式（7-31）：

$$J = \alpha' \log S_s + \beta' \tag{7-31}$$

式中：α'，β'——常数，与模型、废水类型等有关。须通过试验确定；

S_s——溶解性有机碳（DOC）的质量浓度，mg/L。

因此，MBR 工艺中 HRT 的控制，应以尽量维持其在运行过程中溶解性有机物的平衡（不积累）为原则，但同时须考虑一定的调节容量。

张绍园等根据微生物反应动力学模型，推导了 CMBR 工艺 HRT 的计算公式（式 7-32）。

$$t = \frac{a(1+R)(S_0 - S_e)(K_s + S_e)}{kS_e[\mu_{max}Y(S_0 - S_e) + \frac{b(1+R)}{a}\ln\frac{b + aS_e}{b + \frac{a(S_0 + RS_e)}{1+R}} + aRX]} \tag{7-32}$$

式中：t——水力停留时间 HRT，h；

S_0——进水 BOD_5 质量浓度，mg/L；

S_e——出水（MBR 生物反应器中上清液）BOD_5 质量浓度，mg/L；

X——混合液污泥质量浓度（MLVSS），mg/L；

R——污泥回流比，%；

K_s——饱和常数，mg/L；

Y——MLSS 中理论产率系数（MLVSS/BOD_5），kg/kg；

μ_{max}——污泥最大比增长速率，d^{-1}；

a，b——常数。

7.5.1.4 工艺运行和操作方式

如前所述，MBR 有不同运行方式，应根据不同的处理要求、废水水质选择和确定合理的运行方式。

由于 SMBR 工艺运行过程中，尽管将曝气装置设置在膜组件的底部，但因其以负压的方式进行分离，因而其错流速度要远低于 CMBR 工艺。因而原则上，对于处理中低浓度废水进行好氧处理时，可选择 SMBR 工艺运行方式，而处理较高浓度废水或进行厌氧处理时，则应选择 CMBR 的运行方式。

此外，当以 SMBR 工艺方式运行时，为缓解膜的浓差极化现象的发生，亦应尽量采用间隙分离的操作方式，以便在停止抽水的时间段，借助于曝气作用，对膜进行冲刷清洗；如须以连续抽水的方式，则建议采用低压过滤，即在运行的初期，控制较低的压力和膜通量，随膜截留物的增加，逐步提高压力和膜通量，以此可缓解或减轻膜污染，延长其有效工作周期。

由于 MBR 工艺运行的特殊性，其生物反应器（曝气池）通常采用 CSTR 的工艺形式。

7.5.1.5 膜与膜组件的选择

MBR 的处理能力，本质上决定于膜通量的大小，而膜通量则与膜材料紧密相关。因而在设计该工艺时，应结合工艺运行方式，合理地选择膜材料和膜组件形式也是非常重要的。一般而言，膜组件应采用孔径分布窄、亲水性好、耐污染、易于清洗的膜材料。

膜材料的选择。根据膜的荷电性，可以将其分为中性膜和荷电膜（阳离子型和阴离子型）两类。荷电膜可通过同性相斥而降低膜污染，使膜表面的凝胶层疏松，利于延长膜的使用和清洗周期。

根据膜所使用的材料可分为有机高分子膜和无机膜。前者包括纤维素类、聚酰胺类、芳香杂环类等。表 7-24 列出了不同有机膜材料的主要聚合物。由于 MBR 工艺中膜分离的主要对象是活性污泥及大分子的有机物，因此一般采用超滤和微滤膜，而用于超滤和微滤膜的材料主要有纤维素类、聚砜类和聚烯烃类。研究表明，用于废水生物处理的膜材料中，聚丙烯膜（PP）具有较好的抗污染性能，其次有聚砜（PS）、聚乙烯（PE）和聚丙烯腈（PAN）等。而在考虑膜通量大小时，则可采用不同孔径的膜（如微滤、超滤等）。如以 SMBR 方式运行时，由于其膜内的错流速度不及 CMBR 工艺大，因而宜选择孔径较大的微滤膜。

表 7-24 用于有机膜材料的主要聚合物

材料种类	主要聚合物
纤维素类	二醋酸纤维素（CA）、三醋酸纤维素（CTA）、醋酸丙酸纤维素（CAP）、再生纤维素（RCE）、硝酸纤维素（CN）
聚酰胺类	芳香聚酰胺（PI）、尼龙-66（NY-66）、芳香聚酰胺酰肼（PPP）、聚苯砜对苯二甲酰（PSA）
芳香杂环类	聚苯并咪唑（PBI）、聚苯并咪唑酮（PBIP）、聚哌嗪酰胺（PIP）、聚酰亚胺（PMDA）
聚砜类	聚砜（PS）、聚醚砜（PES）、磺化聚砜（PSF）、聚砜酰胺（PSA）
聚烯烃类	聚乙烯醇（PVA）、聚乙烯（PE）、聚丙烯（PP）、聚丙烯腈（PAN）、聚丙烯酸（PAA）、聚四甲基戊烯（P4MP）
硅橡胶类	聚二甲基硅氧烷（PDMS）、聚三甲基硅秩炔（PTMSP）、聚乙烯基三甲基硅烷（PVTMS）
含氟高分子	聚全氟磺酸、聚偏氟乙烯（PVDF）、聚四氟乙烯（PTFE）

无机膜主要以金属、金属氧化物、陶瓷和多孔玻璃及多孔碳等为材料，在其表面涂以极薄的金属氧化物（如氧化锆、氧化铝、氧化铁等），最小孔径达 1.7～40 nm。

表 7-25 列出了常用的无机膜材料。无机膜材料具有化学稳定性好、适用 pH 范围广（0～14）、热稳定性高（～140℃）、耐压性好（可承受～2 MPa）、机械性能优异、水通量大、选择性好、不易堵塞、寿命长及易清洗等优点，但目前其制造成本较高，运行能耗也较高。

表 7-25 常用的无机膜材料

膜组件形式	膜材料/支撑材料	孔径/μm
管式	ZrO_2/C	动态膜
管式	Al_2O_3/Al_2O_3	0.2～5.0 或动态膜
管式	TiO_2/TiO_2/ZrO_2	0.005～0.05
管式	复合碳	0.05～1.4
管式	ZrO_2/C	0.002～0.15
多管	Al_2O_3/Al_2O_3	0.04～5.0
中空纤维	—	0.01～0.09

根据膜的亲水特性可分为亲水膜和疏水膜。因亲水膜的耐污性优于疏水膜，MBR 中多采用亲水膜，以获得较高的通水量。

膜结构与膜组件形式的选择。前已述及，膜的结构大体上可分为对称膜和非对称膜两种。前者在整个膜的厚度上具有相同的特性，即微孔数量和孔径大小均在各向同性，正反面具有同样的效应；后者在整个膜的厚度上的特性是变化的，其微孔数量和孔径在各个部位均不相同，它一般由一层极薄（0.1～1 μm）的具有一定孔径的表皮层和一层较厚（125 μm）的具有海绵状或指状结构的多孔层组成，前者起筛除作用，后者起支撑作用。非对称膜具有更高的耐污染能力。膜组件形式的选择应以耐污染能力强、易于清洗、膜通量高为原则，并建议结合表 7-21 进行综合选择。

7.5.2 MBR 工艺的影响因素及运行控制

MBR 工艺中，影响其工艺设计和运行效能的因素除废水水质、污泥特性等外，更为重要的应是其膜的运行操作条件。因而，在正确把握废水水质条件等，合理选取工艺设计参数和运行方式外，加强对膜运行过程的控制，显得尤为重要。

7.5.2.1 主要影响因素

MBR 工艺中膜分离操作的主要影响因素有膜面流速、温度、操作压力等，这些因素对膜通量及膜组件的有效产水能力构成直接的影响。

如前所述，废水温度升高，可降低生物反应器中混合液的黏度，降低膜分离的阻力，从而利于提高膜通量及膜组件的产水能力。

当 MBR 中活性污泥浓度及其特性保持基本不变时，操作压力达到一定值后，增大压力对膜通水能力的影响不大。而压力与膜面的错流速度对通量的影响则是相互关联的。当压力较低时，膜面流速对通水量的影响较小，而当压力较大时，膜面流速将对膜的通水能力产生较大的影响。

7.5.2.2 操作压力和膜面流速的控制

MBR 工艺中的关键运行控制条件因素有膜的操作压力与膜面流速及膜的污染控制。

作为 MBR 工艺中重要的运行控制条件，操作压力和膜面流速均对膜通量具有较大的影响，而且它们的影响往往又是相互交叉和制约的。膜面流速一定且浓差极化现象尚不明显时，膜的通量随压力的增大而呈线性关系；发生浓差极化后，压力的增大，一方面可提高膜通量，但将在促进浓差极化的同时，增加通水的阻力，破坏了上述线性关系而为曲线关系。当操作压力一定时，随膜面流速的提高，膜通量相应提高，但当污泥浓度较高情况下，膜面流速提高到一定值后，由于膜面泥饼等阻力的增加，膜通量提高的速率将随膜面流速的提高而降低。

为便于膜的清洗，一般应将操作压力控制在 0.1～0.5 MPa，并尽可能将其控制在低压高流速的条件下运行，以控制膜的浓差极化、减轻其污染，利于保持较高的膜通量及其保养和维护，减少所需的清洗和更换次数。膜面流速的控制主要针对分置式 CMBR 工艺而言，其取值应充分兼顾 MBR 中混合液污泥的浓度，一般情况下，膜面流速应控制在 1.5～2.5 m/s，好氧 MBR（OMBR）可取低限，厌氧 MBR（AMBR）则应取高限。同样，对于 SMBR 工艺而言，其曝气量的控制不仅应满足生物处理的要求，同时要考虑对膜充分的冲刷作用，并应据此而确定曝气强度。

7.5.2.3 膜的反冲洗与清洗

膜分离工艺中，膜污染的发生是必然现象，尤其是 MBR 工艺中，膜所分离的对象是大量的含有有机物、无机物及微生物的污泥混合液体，因而更易发生此问题。因而在运行过程中，膜通量随运行时间的下降也是必然的。但在实际运行和操作过程中，可通过一定的措施，延缓污染发生的时间和污染的程度，以尽可能地提高其处理能力。目前，防止膜污染的途径除选用抗污染能力较强的膜和适宜的运行条件外，尚需进行必要的定期冲洗或清洗。

如前所述，膜污染可分为可逆污染（一般有浓差极化引起的凝胶层的形成等）和不可逆污染（由不可逆吸附及堵塞引起）两类，两类污染共同的作用导致膜通量的衰减。

根据污染类型的不同，控制方法相应亦有所不同。其中可逆污染一般可通过物理方法进行控制。而反冲洗作为一种常用的防止和减轻膜污染的有效措施，已得到广泛应用。该法是利用高速水流对膜进行水力冲洗，或将膜组件提升至水面以上用喷嘴喷水冲洗，同时用海绵球机械擦洗和反洗。其特点是简单易行，费用低。近几年来出现的抽吸式冲洗方法具有不需添加设备和冲洗效果好的特点，已受到重视并在实际工程中得到应用。通过反冲洗可有效地除去膜表面的泥饼及其他污染物，维持较为稳定的膜通量。

在进行水力反冲洗时，应注意选择合适的冲洗速度、压力和冲洗周期。一般认为，采用高流速利于膜通量的恢复，但流速越高，其能耗也越高。一般宜将冲洗流速控制在 2.0 m/s 左右。此外，宜采用低压操作方式，以防止膜（丝）的损坏。

反冲洗周期（T）的确定和控制对处理系统的处理能力有重要的影响。在工艺运行过程，膜通量随膜截留污染物的增多呈现出时间的单调函数性质，同时过短的反冲洗周期将增大其用水量而降低通水效率，而过长的反冲洗周期又将影响膜的通水能力，并易引起膜污染问题。因而，合理控制反冲洗周期是非常必要的。樊耀波等通过分析，提出了确定最佳反冲洗周期的理论计算模式（式 7-33）。

$$t_f = \frac{Q_f - Q_w}{J(t) - t_w} \tag{7-33}$$

$$J(t_f) = \frac{Q_f - Q_w}{t_f + t_w} \tag{7-34}$$

式中：t_f——处理工艺的反冲洗周期（即其两次反冲洗间的通水时间），h；

t_w——反冲洗持续时间（一般情况是相对固定的已知值），h；

Q_f——反冲洗周期内膜的通水量（随 J（t）而变化），L；

Q_w——反冲洗用水量（一般情况是相对固定的已知值），L；

J（t_f）——膜通量随时间变化的单调函数，随膜阻力而变化，与分离混合液的温度、污泥浓度及其性质、工作压力和膜面流速等有关。

最佳反冲洗周期是使 MBR 工艺具有最大有效通水效率的反冲洗周期。由式 7-34 可知，获得上述目标的条件是使 J（t_f）与（Q_f - Q_w）/（t_f - t_w）之比相等，此时的反冲洗持续时间即为最佳反冲洗周期。设 t_f=T，则有（式 7-35）：

$$T = \frac{Q_f - Q_w}{J(T) - t_w} \tag{7-35}$$

水力反冲洗一般对可逆污染具有良好的效果，但对于不可逆污染则需要进行化学的清洗方法。通常使用 0.01～0.1 mol/L 的稀酸和稀碱以及酶、表面活性剂、络合物和氧化剂（次氯酸钠）等作为清洗剂，通过化学反应而破坏膜面凝胶层和膜孔内的污染物，将其中吸附的金属离子和有机物等氧化、溶出。如使用酸类清洗剂时，可使膜中吸附或截留的矿物质和 DNA 等得以溶解而去除，而使用碱类清洗剂时，则可有效地去除膜中的蛋白质污染。当膜的蛋白质污染较为严重时，可使用 0.5%胃蛋白酶和 0.01 mol/L 的 NaOH 溶液清洗 30 min，使其膜通量得到有效恢复。此外，将清洗剂加热后使用，可获得更好的效果。

水力反冲洗和化学清洗的对象是不同，其效果也是不同的。同时，所使用的化学药剂不同，其化学清洗的效果也不尽相同，因而他们对膜通量恢复的作用程度也是不同的。在实际应用中，为同时获得对可逆和不可逆污染的综合消除效果，一般将水力反冲洗和化学药剂清洗结合使用。

黄霞等采用不同方法对聚乙烯（PE）中空纤维微滤膜采用水力（曝气）冲洗→次氯酸钠碱洗→盐酸清洗的研究结果（见图 7-36）表明，经水力冲洗（清水过滤+曝气冲洗）后，膜表面的滤饼大部分脱落，但仍有残留的一层较薄的黏性凝胶层。而且经冲洗后，膜丝两侧形貌有较大差异，一侧较清洁（图 7-36a（a）），另一侧则残留物较多（图 7-36a（b））；经次氯酸钠碱洗后，膜大部分得到有效清洗，且膜孔已清晰可见，但膜两侧的清洗程度有差异（图 7-36b），而进一步经盐酸清洗后，使残留的污染物得到了基本彻底的去除（图 7-36c）。进一步通过对不同清洗阶段对膜通量恢复作用程度的研究表明，水力冲洗对恢复膜通量的作用较小，同时也说明经物理冲洗后清除的由颗粒物、微生物体及 SS 所组成的滤饼层污染并不是造成膜阻力的主要因素；经次氯酸钠碱洗后，其膜通量几乎得到完全恢复，亦说明凝胶层污染、有机污染是造成膜阻力增大和污染的主要原因。其研究结果如图 7-37 所示。

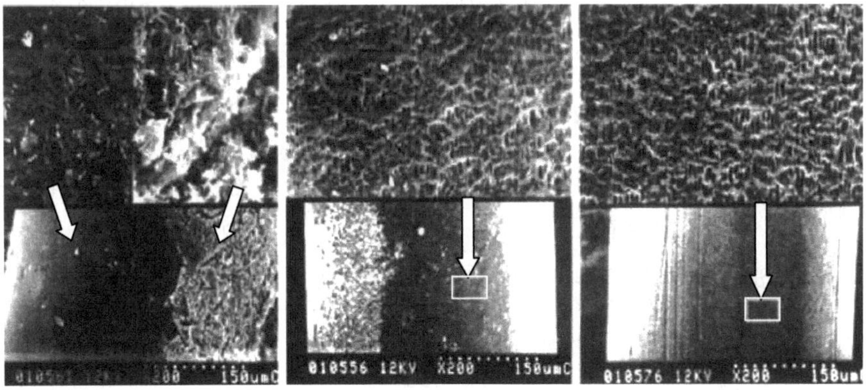

a 清水过滤+曝气冲洗后　　b 次氯酸钠碱洗后　　c 盐酸清洗后

图 7-36　MBR 中受污膜经不同方式冲（清）洗后膜丝表面的 SEM 照片

（上/下：2000/200 倍）

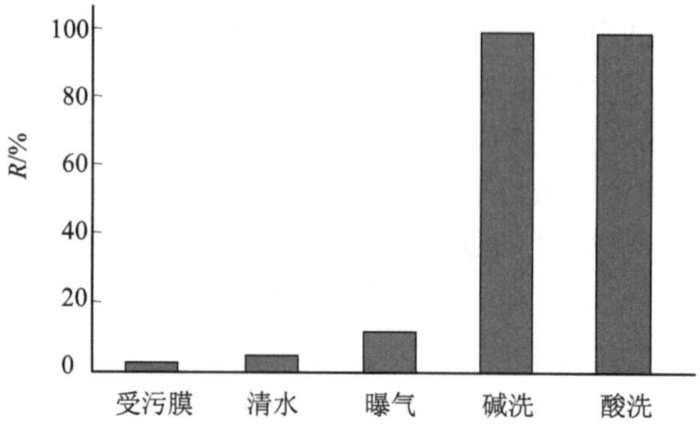

图 7-37 经不同方法清洗后膜通量的恢复程度

在 MBR 工艺的实际应用和运行过程中，应根据膜及其所截留的污染物的特性有的放矢地选择适宜的化学清洗药剂，以达到最佳的冲洗及清洗效果（表 7-26 所列为化学清洗的主要方法、药剂和主要清洗对象）。经清洗后的膜通量的恢复程度通常用纯水透水率恢复系数表示（式 7-36）。

$$R=\frac{J}{J_0}\times 100\% \tag{7-36}$$

式中：R——恢复系数，%；

J——清洗后膜在纯水中的膜通量，$m^3/(m^2 \cdot h)$；

J_0——新膜在纯水中的膜通量，$m^3/(m^2 \cdot h)$。

表 7-26 化学清洗的主要方法、药剂和主要清洗对象

清洗方法	主要药剂	主要清洗对象
碱洗	氢氧化钠、碳酸钠、磷酸钠、硅酸钠	油脂、二氧化硅垢
酸洗	盐酸、硝酸、硫酸、氨基磺酸、氢氟酸	金属氧化物、水垢、二氧化硅垢
络合剂清洗	聚磷酸盐、柠檬酸、乙二胺四乙酸、氨氮三乙酸	铁的氧化物、碳酸钙及硫酸钙垢
表面活性剂清洗	低泡型非离子表面活性剂、乳化剂	油脂
消毒剂清洗	次氯酸钠、双氧水	微生物、火活性污泥、有机物
聚电解质清洗	聚丙烯酸、聚丙烯酰胺	碳酸钙及硫酸钙垢
有机溶剂清洗	三氯乙烷、乙二醇、甲醛	有机污垢

7.6 MBR 工艺的应用

目前，MBR 污水生物处理技术正受到日趋广泛的重视力，其在不同污水处理中的应用亦日益普及，全球应用此工艺处理各类废水的总处理能已超过 $500\times10^4\ m^3/d$。鉴于 MBR 工艺在废水处理中应用的独特优势、快速的发展趋势以及潜在的促进水资源回收利用的巨大经济和环境效益，国际水质协会（IWA）对此专门召开了数次专题研讨会，并在世界范围内出现了专门开发研究和推广应用商业化的 MBR 工艺技术的四家著名经营公司，各公司都致力于开发占地面积小、处理效率高的 MBR 工艺，并已批量生产得到生产性规模应用的不同类型的 MBR。国内亦已有专门从事该工艺研究、开发和应用推广的成套技术设备公司，推动了其在国内的生产性应用。

7.6.1 国外商品化 MBR 及其应用

目前，制造和生产商品化 MBR 的公司主要有加拿大的 Zenon 公司、日本的 Mitsubishi Rayon 公司、法国的 Orelis 公司和 Suez LDE/IDI 公司及日本的 Kubota 公司。此外，还有美国的 US Filter 公司、南非的 Membratek 公司及德国的 Wehrle Wrek 公司等，这些公司的 MBR 工艺产品已有大批量生产并形成了以不同公司命名的生产性规模应用的六大类 MBR（见表 7-27）。其中 Zenon、Mitsubishi Rayon 和 Kubota 公司主要生产应用于 SMBR 的聚合物中空纤维膜组件，而 Suez LDE/IDI 公司则主要生产应用于 CMBR 的管式陶瓷膜组件。加拿大的 Zenon 公司首先推出了超滤管式 MBR，并已将其应用于城市污水的处理。下面介绍几种典型的 MBR 工艺及其应用情况。

表 7-27 目前应用的主要商品化 MBR 工艺

公司/国家	MBR 型式	膜型	膜通量/(L/(m^2·h))
Zenon/加拿大	好氧 SMBR	中空纤维	30
Kubota/日本	好氧 SMBR	平板	25
Orelis/法国	好氧 CMBR	平板	100
USF/美国	好氧 SMBR	管式	40
Membratek/南非	厌氧 CMBR	管式	40
Wehrle Werk/德国	好氧 SMBR	管式	100

7.6.1.1 Zenon 公司的 ZenoGem MBR 及其应用

在好氧 SMBR 工艺的实际应用中，工程实例最多、处理规模最大和运行最成功的当属加拿大 Zenon 公司开发的 ZenoGem SMBR 工艺，该工艺采用的膜组件为其生产的商品化低压、中空纤维专利产品 Zeeweed 膜（图 7-38）。该膜的孔径为 0.1 μm，外径为 1.9 mm，采用由外而内的过滤方式。其膜组件有膜片和固定框架构成，将膜组件安装于盒状框架中构成不同型号、具有不同膜面积的膜组合单元（图 7-39）。采用设置在膜单元底部的大气泡扩散装置作为其膜组件的冲刷系统，以搅动中空纤维和混合液，并作为膜的冲洗气源。但大气泡扩散曝气一般仅能满足生物反应器需氧量的一半，因而通常同时采用微孔曝气装置进行曝气。图 7-39 所示为 Zeeweed 膜件的安装过程。

该工艺可分别以 SMBR 方式或 CMBR 方式运行。当以 SMBR 方式运行时，仅需一台抽水泵提供所需的分离压力（通常为 20～100 kPa），其组成简单，适用于大规模处理的场合。当以 CMBR 方式运行时，一般适用于对现有污水工艺的升级改造。其不同运行方式的性能比较见表 7-3。

1994 年以来，ZenoGem SMBR 工艺已应用于处理规模为 10～200 m^3/d 居民区、商业中心、办公楼、学校、度假区等生活污水及工业企业废水的处理，同时也较多地应用于对原有污水处理设施的改造和扩建，以不仅满足日益严格处理出水质量要求，同时可有效地提高原有处理工艺的处理能力。如美国 Colorado 州的 Arapahoe 污水处理厂，因处理规模的扩大及处理要求的提高，采用 ZenoGem MBR 工艺对其原有 SBR 工艺改造后，不仅使其处理能力由原来的 3 030 m^3/d 提高到 3 785 m^3/d，同时大大提高了处理出水水质（BOD_5≤5 mg/L，SS≤5 mg/L，TN≤10 mg/L）。1997 年，加拿大 Ontario 省的 Milton 污水处理厂因满足更为严格的 N、P 处理要求而同样需要改建，但因无扩建用地而分别采用 ZeeWeed-150 和 ZeeWeed-500 型膜组件 ZenoGem MBR 工艺对其进行了改造，并通过投加铝盐，获得了高质量的处理出水（NH_3—N≤0.24 mg/L，TP≤0.05 mg/L，浊度≤0.1 NTU）。表 7-28 所列为 ZenoGem MBR 工艺应用于城市污水处理时其典型的处理出水水质。

图 7-38　ZeeWeed 中空纤维膜

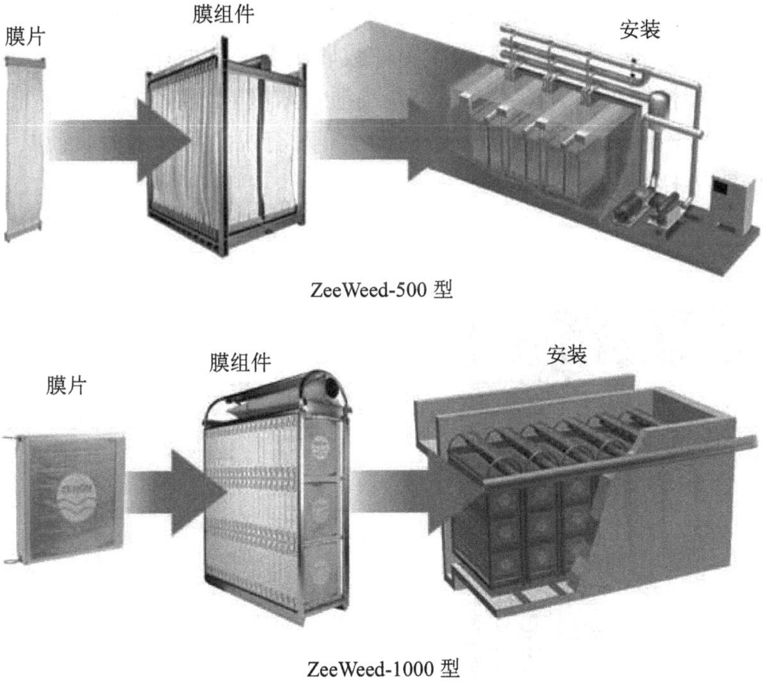

图 7-39　Zeeweed 膜的安装

表 7-28　ZenoGem MBR 工艺应用与城市污水处理的典型出水水质

指标	出水质量浓度	指标	出水质量浓度
BOD_5/（mg/L）	≤2	TN/（mg/L）	3（夏季）～10（冬季）
SS/（mg/L）	≤1	浊度（NTU）	≤0.1
NH_3—N /（mg/L）	≤0.1	*E.Coli*/（cfu/ml）	≤1

7.6.1.2 Kubota 公司的 Kubota MBR 及其应用

日本 Kubota 公司是极具竞争力的商品化膜件制造公司，其所生产的标准化 Kubota SMBR 采用平板膜（采用丙烯腈丁二烯苯乙烯作支撑板，宽 0.49 m，高 1.0 m，厚 3 mm，有面积为 0.8 m^2/片，膜的孔径为 0.4 μm）组件（图 7-40）。该工艺由上下两部分组成，上部为由组装于用玻璃纤维加固的塑料外壳中的 50～200 块平板膜组成（平间距约为 7 mm）的膜组件区，下部为安装在与外壳相匹配的支架上的大气泡扩散装置，以提供对膜进行冲洗所需的错流速度（0.5 m/s）。图 7-41 为 Kubota 平板膜组件的安装方法。该工艺在正常运行过程中，其膜通量由膜表面的有效水头（1.0～1.5 m）控制，所需安装的最大膜组件数取决于最大处理规模，进水一般需先经 2～3 mm 的细格栅处理。其特点是可在高质量浓度 MLSS（15～20 g/L）的条件下工作、占地面积小、污泥龄长而剩余污泥少、对有机负荷和水力负荷具有良好的适应性，不易发生膜污染。

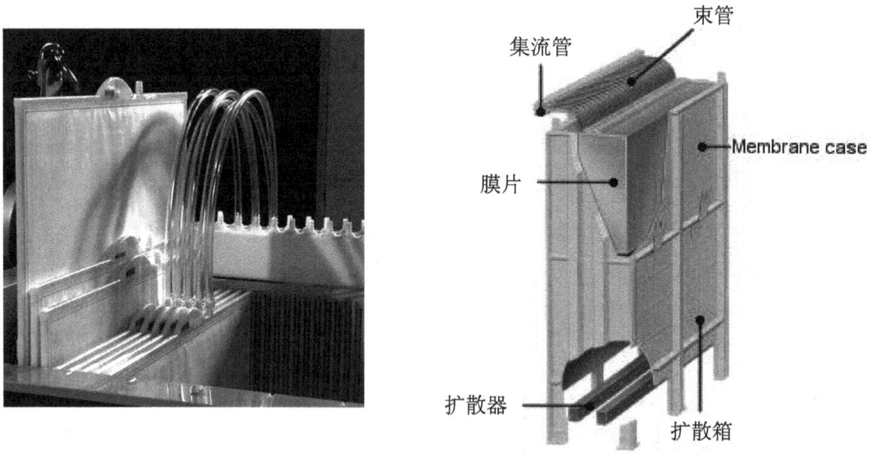

图 7-40　Kubota 平板膜组件及单元

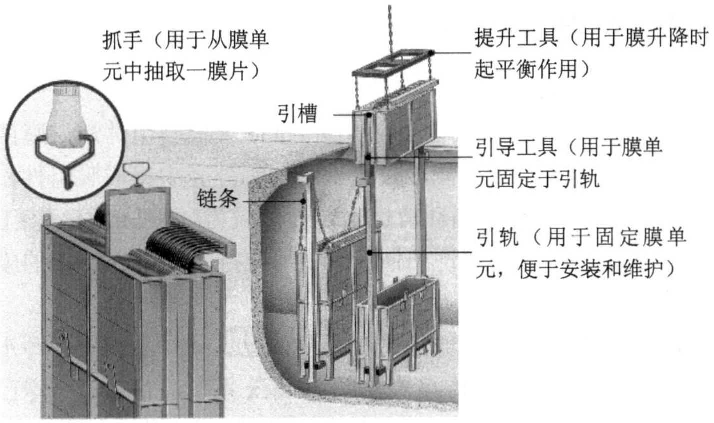

图 7-41 Kubota 膜组件的安装

1990 年以来，应用 Kubota MBR 工艺的污水处理设施逐年增加，目前在全球已有近 700 座采用此工艺的污水处理厂，其中有 20 余座在欧洲，其处理能力为 125～13 000 m^3/d。

1998 年，英国西南海岸约 4 000 人口的 Porlock 小镇建成了当时世界上处理规模最大的采用 Kubota MBR 工艺的污水处理厂（Porlock 污水处理厂）。该厂的日处理规模为 1 900 m^3/d，采用 24 个 Kubota 膜组件（分设于 4 个曝气池）。整个污水处理厂包括管道、建筑物、泵、自动控制系统等在内的总投资约为 400 万美元，其总占地面积为 100 m×20 m，其中预处理设施占总面积的 2/3。该厂的膜组件在运行 9 个月后采用 0.5%的次氯酸钠进行过一次化学清洗，运行至今仍未见损坏现象。表 7-29 所列为该厂的处理效能数据。2000 年底，在英国 Dorset 海岸投产运行的处理规模为 13 000 m^3/d 的 Swanage 污水处理厂是迄今为止处理规模最大的采用 Kubota MBR 工艺的污水处理厂。

表 7-29 英国 Porlock 污水处理厂 Kubota MBR 工艺的处理效能

指标	进水	出水	去除率/%
BOD_5/（mg/L）	30～650	≤4.0	≥97.2
SS/（mg/L）	30～800	≤1.0	≥99.5
浊度/（NTU）	≥100	≤0.4	≥99.5
E.Coli（cfu/ml）	0.9～64	≤0.000 02	≥99.999 8
肠道病菌（10^4cfu/ml）	0.1～30	≤0.000 01	≥99.999 3
嗜菌体（10^4cfu/ml）	29～6320	≤0.19	≥99.98

7.6.1.3 其他商业化 MBR 及其应用

（1）Orelis 公司的 Pleiade MBR

Orelis 公司开发的好氧 CMBR 工艺使用 Pleiade 平板膜组件。该膜由截留分子质量（MWCO）40 ku 的聚丙烯腈制成，置于不锈钢外壳中组成膜组件，并按分置式运行。膜组件内的液流速度由循环流速确定（一般为 1～2 m/s）。该工艺的能耗一般为 1～3 kW • h/m^3，在无膜清洗的情况下，可维持 100 L/(m^2 • d)的膜通量运行 30～45 d。

Pleiade MBR 工艺有用于处理低浓度灰水（无卫生间排水的生活污水）的超滤生物系统（Ubios）和用于处理高浓度废水的 Asmex 系统。目前，全球已有 100 余座不同处理规模（20～1 000 m^3/d）的 Pleiade MBR 处理工艺，仅在日本已有近 50 座这样的处理工艺。

（2）US Filter 公司的 Kompajet MBR

US Filter 公司开发的错流式 Kompajet MBR 采用膜组件，并用空气提升或循环泵提高膜表面的流速，其错流速度达 1.5～3.5 m/s 时，膜通量可达 20～50 L/(m^2 • d)，能耗一般为 1.0～2.5kW • h/m^3；当错流速度达 3.0～6.0 m/s 时，膜通量可达 80～140L/(m^2 • d)，相应能耗一般为 5.0～6.5 kWh/m^3。表 7-30 所列为 Kompajet MBR 采用膜组件的性质。

表 7-30 Kompajet MBR 采用膜组件的性质

项目	指标
MWCO/ku	100
膜材料	聚乙烯醚砜或聚乙甲酮
支撑材料	聚丙烯-聚酯
直径/mm	8～11
每个膜组件表面积/m^2	2～12

（3）Wehrle Werk 公司的 Membratek CMBR

Membratek 公司开发的错流式 Membratek CMBR，其 Membratek 膜组件由聚砜制成的孔径为 0.1μm、MWCO 为 6～80 ku 的管式 UF 膜组成，每根管长 3m，每个组件由两排组成，每排 20 根管。20 世纪 80 年代开始，该公司将 Membratek 膜组件应用于废水的厌氧处理，并开发了应用于啤酒和食品等工业高浓度有机废水处理的厌氧硝化 UF 工艺（Aduf），并于 90 年代初在南非应用于规模为 80～2 160 m^3/d 的生产性处理工艺。

Wehrle Werk 公司的 Membratek CMBR 主要应用于垃圾渗滤液和化工废水等的处理。该工艺中的生物反应器在密封的条件下运行，反应器内的压力可达 300 kPa，使其氧的利用率大大提高，并可在 MLSS 为 20～30 g/L 的条件下运行，其膜的清洗周期一般为半年至一年，膜组件的使用寿命一般为 4～8 年。

（4）Aqua Tech 公司开发的 Biosuf MBR

韩国 Aqua Tech 公司开发的好氧 Biosuf MBR 工艺采用 Membratek Memtuf 管式膜组件，其内径为 8.9 mm，MWCO 为 40 ku，操作压力为 4.5～5.5 kg/cm^2，平均膜通量为 40 L/(m^2 • d)。至 20 世纪末，韩国已有 20 余座 Biosuf MBR 投入生产性运行，大部分应用于生活污水、粪便废水和农田废水的处理，处理规模为 25～3 000 m^3/d。

（5）Degremont 公司的陶瓷 MBR

Degremont 公司开发的 MBR 是目前唯一采用陶瓷膜商品化 MBR 的公司，并首先将其应用于高浓度工业废水和垃圾渗滤液的就地处理，目前在实际应用中的处理规模为 10～800 m^3/d。

（6）Puron 公司的 Puron MBR

Puron 公司开发的 Puron MBR 为好氧 SMBR，采用 Puron 中空纤维膜组件。该工艺膜组件使用寿命长，对废水中微生物或致病菌具有高效的截留作用等特点（见图 7-42）。2003 年，该公司在德国 Aachen-Eilendorf 污水处理厂建成投产了日处理规模为 750 人口当量的 Puron MBR 处理工艺工程，其中使用总面积为 1 000 m^2 的两个膜组件，运行至今未发现堵塞问题，亦未进行化学清洗。

图 7-42 Puron 膜组件

2004 年底，比利时的 Antwerp 啤酒公司因扩产而需对其污水处理系统进行扩建，但该公司已无足够的场地可用。为此 Puron 公司在该公司投产运行了比利时最大的工业化 Puron MBR 处理工艺，其处理规模为 2 000 m^3/d，其进水先经孔径为 0.25 mm 筛网进行预处理，Puron MBR 由 16 个 Puron 膜组件组成，膜的总面积为 8 000 m^2。

7.6.2 MBR 在国内的应用

目前，我国正在深入开展 MBR 工艺的研究工作，主要集中在好氧陶瓷膜 MBR、好氧聚乙烯中空纤维 MBR 和厌氧聚乙烯中空纤维 MBR 等三个方面。表 7-31 所列为目前的部分研究成果。

表 7-31　国内部分 MBR 研究成果

进水及 MBR 类型	指标					
	HRT/h	SRT/D	COD_{Cr}/（mg/L）	NH_3—N /（mg/L）	SS/（mg/L）	*E.Coli*/（个/L）
进水			100～600	10～60	50～600	10^5～10^6
好氧陶瓷膜 MBR 出水	5	5～30	10	1～2	0	0
好氧聚乙烯中空纤维 MBR 出水	5	5～20	≤20	≤1	0	0
厌氧聚乙烯中空纤维 MBR 出水	6	30	≤20	20	0	0

MBR 工艺在国内的应用尚处于起步阶段，但已有数家环境公司从事该工艺的专业研究、开发与推广应用工作。如天津清华德人环境工程有限公司利用天津大学的研究成果“中空纤维膜生物反应器污水处理系列装置研究”于 2001 年开发了 5～1 000 m^3/d 的系列 MBR 产品，并被国家环保总局列为国家重点环境实用技术。据报道，该系列产品所需气水比为 15∶1～25∶1，COD_{Cr} 和 NH_3—N 去除率分别达到 90%和 99%，吨水能耗为 0.4～0.8 kW・h。目前已应用于宾馆、医院、办公大楼、居民区等生活污水及印染废水等工业废水的处理。

由日本株式会社“荏原制作所”研制开发、上海荏原成套工程有限公司生产销售的 PW-P MBR 多应用于高浓度有机废水的处理，并已在国内建成 40 余套处理规模为 5～950 m^3/d、处理化工、制药、食品、畜产、洗车、垃圾渗滤液和生活污水等的处理设施。

如北京某医院日产生废水 20 m^3，采用 SMBR 工艺处理。所采用的膜组件为日本三菱公司生产的平板聚乙烯中空纤维膜（宽 0.5 m×高 0.8 m，膜孔径为 0.4 μm，膜外径 0.44 mm，膜内径 0.27 mm）。获得了极好的处理效果（表 7-32）。

表 7-32　国内部分 MBR 研究成果

指标	COD_{Cr}/（mg/L）	BOD_5/（mg/L）	NH_3—N /（mg/L）	浊度/（NTU）	*E.Coli*/（个/100 ml）
进水	277.5	20～55	10～24	6～28	≥1 600
出水	≤25	≤0.4	≤1.5	≤4	≤50

7.7 结语

MBR 工艺作为一种具有巨大潜在经济和环境效益的废水生物处理新工艺，在国际上已初步形成生产和技术产业规模。目前，全世界已有超过 450 家的大大小小的膜和膜设备的研制和生产厂家及相关的经营公司，但这些厂家、公司及相应的市场主体仍主要集中在美国、日本及西欧国家。近几年来，膜市场的销售额年增长率达 10%左右，预计到 2010 年其销售额将达到 110～135 亿美元。

据我国膜工业协会的统计资料，我国 1998 年、1999 年和 2000 年的膜工业的产值分别为 12 亿、22 亿和 28 亿元人民币，正在以较快的速度发展。预计到 2010 年，将达到 50 亿～80 亿元人民币，年增长率达 10%～15%。由此可见，MBR 工艺在我国废水生物处理领域的应用同样具有极大的吸引力和良好的发展前景。

但目前，由于较昂贵的膜成本，在较大程度上仍影响着该工艺的快速推广应用，主要应用于小规模的处理场合。从其应用方面看，今后 MBR 工艺可能获得迅速发展的领域主要在以下几方面：①现有中小规模城市污水处理厂的升级改造尤其是老工艺处理出水水质难以满足日益严格的出水标准或因处理规模扩大而需扩建的场合；②对于难以完善城市下水道系统而无法在短期内实现对城市或城镇生活污水进行有效截流的局部区域的小居民点、独立区域的度假区及旅游风景区等的污水就地处理的场合；③有条件或缺水地区需要进行废水回用处理的场合（如宾馆、洗车业等）；④中小规模的高浓度有机废水（制药、制糖、啤酒、皮革及垃圾填埋场渗滤液等）的处理场合。

目前，有研究已提出 MBR 工艺在城市污水处理应用中的最大经济处理规模的问题，此问题的有效解决可极大地推动 MBR 工艺的应用，因而也是一个亟待研究和解决的重要问题。

为充分发挥 MBR 工艺的优势，发挥其在废水生物处理中独特的功能和作用，目前需深入对影响其应用的“瓶颈”问题—膜成本的进一步降低进行研究，以开发成本低、性能更好的膜材料。此外，需对其工艺运行过程中的膜污染机理及防治途径进行研究，以有效地延长膜的使用寿命、减少更换率，降低运转能耗，并进一步降低运转成本。在工艺运行方面，需对应用膜与生物处理相结合的工艺的脱氮及除磷效能及机理做深入研究。

此外，MBR 工艺的设计问题也是影响该工艺有效和合理应用的主要问题。目前，国内外尚无成熟和系统的设计方法。因而，通过研究建立一套较为完整的设计方法和设计原则，对于更好和更快地促进其应用亦具有较大的意义。

MBR 工艺的开发研究及其在污水处理中的应用涉及环境工程、材料工程、微生物工程、水力学等多个学科和工程领域，因而需要通过学科交叉综合研究才能有效地解决目前该工艺存在的问题和不足，也将促进其在水污染控制领域中发挥越来越大的作用。

参考文献

[1] 曹斌，袁宏林，王晓昌等．膜生物反应器设计中工艺参数的探讨．环境工程，2004，22（5）：24～26.

[2] 迟军，王宝贞，吕斯濠．一体化复合式膜生物反应器除磷研究．水处理技术，2003，29（1）：47～49.

[3] 邓雁平，钱维兰，叶亚平等．一体式生物膜反应器物理清洗效果的研究．中国环保产业，2005，（3）：34～37.

[4] 封莉，张立秋，王宝贞．一体式膜生物反应器的 HRT 确定．中国给水排水，2002，18（11）：62～64.

[5] 封莉，张立秋，吕炳南．污泥浓度对膜生物反应器运行特性的影响研究．哈尔滨工业大学学报，2003，35（3）：307～310.

[6] 高卫平，许振良，宋耀毅等．MBR 处理聚氯乙烯工业废水的研究．工业水处理，2005，25（2）：26～28.

[7] 顾国维，何义亮编著．膜生物反应器——在污水处理中的研究和应用．北京：化学工业出版社，2002.

[8] 管运涛．两相厌氧膜生物系统处理有机废水的研究．环境科学，1998，19（6）：56～59

[9] 桂萍，黄霞，钱易．三种型式膜-生物反应器工艺运行特性研究．给水排水，1999，25（3）：24～27.

[10] 何义亮，顾国维．膜生物反应器工艺参数控制研究．上海环境科学，1999，18（2）：83～84（87）.

[11] 黄霞，桂萍，范晓军等．膜生物反应器废水处理工艺的研究进展．环境科学研究，1998，

11（1）：40～44.

[12] 黄霞，莫罹．MBR在净水工艺中的膜污染特征及清洗．中国给水排水，2003，19（5）：8～12.

[13] 李春杰，杨海真，顾国维．开发膜生物反应器的经济技术因素探讨．上海环境科学，1999，12（12）：571～573.

[14] 李红兵．中空纤维膜生物反应器处理生活污水的特性．环境科学，1999，20（2）：53～56.

[15] 林丰，张林生．MBR脱氮工艺的研究进展．污染防治技术，2003，16（4）：42～44.

[16] 刘锐，汪诚文，钱易．影响一体式好氧膜生物反应器膜清洗周期的几个因素．环境科学，1998，19（4）：26～28.

[17] 刘锐，黄霞，汪诚文等．一体式膜-生物反应器长期运行中的膜污染控制．环境科学，2000，21（2）：58～61.

[18] 刘晓东，田爱军．孙秀云等，膜生物反应器中膜的污染与清洗．工业水处理，2003，23（12）：37～40.

[19] 吕红，徐又一，朱宝库等．分体式膜-生物反应器在废水处理中的工艺条件．环境科学，2003，24（3）：61～64.

[20] 莫罹，黄霞，迪里拜尔·苏里坦．膜-生物反应器处理微污染水源水的运行特性．中国环境科学，2003，23（2）：196～200.

[21] 齐唯，李春杰，何忆亮．浸没式膜生物反应器的同步硝化反硝化效应．中国给水排水，2003，19（7）：8～11.

[22] Stephenson T，Judd S，Jefferson B，等．膜生物反应器污水处理技术（中译本）．北京：化学工业出版社，2003.

[23] 沈耀良，黄勇，赵丹等编著．固定化微生物污水处理技术．北京：化学工业出版社，2002.

[24] 王宝贞，王琳主编．水污染治理新技术——新工艺、新概念、新理论．北京：科学出版社，2004.

[25] 王建华，徐又一，朱宝库．膜-生物反应器的研究及其在废水处理中的应用．膜科学与技术，2003，23（4）：224～233.

[26] 王晓琳．膜的污染和劣化及其防治对策．工业水处理，2001，21（9）：1～5.

[27] 魏源送，郑祥，刘俊新．国外膜生物反应器在污水处理中的研究进展．工业水处理，2003，23（1）：1～7.

[28] 邢传宏，文湘华，钱易．管式膜-生物反应器处理城市污水的工艺设计．中国给水排水，1999，15（1）：1～4.

[29] 徐又一，石冰水，王剑鸣等，环保领域中聚丙烯中空纤维膜-生物反应器的研究，膜科学与技术，2000，20（2）：26～29.

[30] 许振良编著．膜法水处理技术．北京：化学工业出版社，2001.

[31] 杨大春，顾平，刘锦霞．膜生物反应器的中空纤维膜组件优化设计．中国给水排水，2002，18（4）：10～13.

[32] 杨宗政，顾平，刘静文．好氧序批式 MBR 处理高浓氨氮废水．中国给水排水，2005，21（3）：53～56.

[33] 杨宗政，骆欣，顾平．膜生物反应器处理废水硝化/反硝化能力研究．水处理技术，2005，31（4）：6～9.

[34] 张宝洁，王宝贞，石玉明等．新型膜生物反应器的实验研究．哈尔滨建筑大学学报，1999，32（6）：93～96.

[35] 张捍民，肖景霓，成英俊等．强化膜生物反应器脱氮除磷性能对比试验研究．环境科学学报，2005，25（3）：242～248.

[36] 张绍园，王思菊，姜兆春．膜生物反应器水力停留时间的确定及其影响因素分析．环境科学，1997，18（6）：35～38.

[37] 张军，王宝贞，张立秋等．复合淹没式膜生物反应器脱氮除磷效能研究．中国给水排水，2000，16（9）：9～11.

[38] 张树国，顾国维，吴志超．膜生物反应器中污泥特性对膜污染的影响．工业水处理，2003，23（12）：8～12.

[39] 张西旺，金奇庭，任锦霞．淹没式加压 MBR 膜污染机理及治理措施．水处理技术，2005，31（3）：61～64.

[40] 张云霞，邢国平，朱文亭．膜生物反应器处理洗浴废水的中试研究．中国给水排水，2003，19（11）：49～51.

[41] 张忠祥，钱易主编．废水生物处理新技术．北京：清华大学出版社，2004.

[42] 赵建伟，丁蕴铮，苏丽敏等．膜生物反应器及膜污染的研究进展．中国给水排水，2003，19（5）：31～34.

[43] 郑祥，刘俊新．膜生物反应器的技术经济分析．中国给水排水，2002，28（3）：105～108.

[44] 邹联沛，王宝贞，范延臻．SRT 对膜生物反应器出水质的影响研究．中国给水排水，2000，16（7）：16～18.

[45] 邹联沛，王宝贞，张捍民．膜生物反应器中膜的堵塞与清洗的机理研究．中国给水排水，2000，26（9）：73～75.

[46] Adham S.，Gagliardo P.，Boulos L，et al. Feasibility of the membrane bioreactor process for wastewater reclamation. *Water Sci，and Technol.*，2001，43（10）：203～209.

[47] Ahn K，Song J，Cha H. Application of tubular ceramic membranes for reuse of wastewater from buildings. *Water Sci，and Technol.*，1998，38（4/5）：373～382.

[48] Basu O D，Huck P M. Integrated biofilter-immersed membrane system for the treatment of humic waters. *Water Res.*，2004，38（3）：655～662.

[49] Benitez J，Rodriguez A，Malaver R. Stabilization and dewatering of wastewater using hollow -fiber membranes. *Water Res.*，1995，29（10）：2281～2286.

[50] Bouillot P，Canales A，Pareilleux A，et al. Membrane bioreactors for the evaluation of maintenance phenomena in wastewater treatment. *Jour. Ferment. Bioeng.*，1990，69（2）：178～183.

[51] Brindle K，Stephenson T. The application of membrane biological reactors for the treatment of wastewater. *Biotechnol. Bioeng.*，1996，49（6）：601～610.

[52] Brookes P R，Livingston A G. Point source detoxification of an industrial produced 3，4-dichloroaniline-manufacture wastewater using a membrane bioreactor. *Applied Microbiol. Biotechnol.*，1993，39（3）：764～771.

[53] Buisson H，Cote P，Paderie M，et al. The use of immersed membranes for upgrading wastewater treatment plants. *Water Sci，and Technol.*，1998，37（9）：89～95.

[54] Chaize S，Huyard A. Membrane bioreactor on domestic wastewater treatment sludge production and modeling approach. *Water Sci. and Technol.*，1991，23（7/9）：1591～1600.

[55] Chang I S，Lee C H. Membrane filtration characteristics in membrane-coupled activated sludge system-the effect of physiological states of activated sludge on membrane fouling. *Desalination*，1998，120（3）：221～233.

[56] Chiemchaisri C，Wong Y K，Urase T，et a. Organic stabilization and nitrogen removal in membrane separation bioreactor for domestic wastewater treatment. *Water Sci. and Technol.*，1992，25（10）：231～240.

[57] Cho B D，Fane A G. Fouling transients in nominally sub-critical flux operation of a membrane bioreactor. *Jour. of Membrane Sci.*，2002，209（2）：391～403.

[58] Choo K H，Lee C H. Hydrodynamic behaviour of anaerobic biosolids during crossflow filtration in the membrane anaerobic bioreactor. *Water Res.*，1998，32（11）：3387～3397.

[59] Churchouse S J. Kubota maintains popular trend. *Water and Environ. Intern.*，1998，（12）：26～27.

[60] Cicek N，France J P，Suidan M T，et al. Characterization and comparison of a membrane bioreactor and a conventional activated sludge system in the treatment of wastewater containing high-molecular-weight compounds. *Water Environ. Res.*，1999，71（1）：64～70.

[61] Côté P，Buisson H，Praderie M. Immersed membranes activated sludge process applied to the treatment of municipal wastewater. *Water Sci. and Technol.*，1998，38（4/5）：437～432.

[62] Côté P，Thompson D. Wastewater treatment using membranes：the North American experience. *Water Sci. and Technol.*，2000，41（10/11）：209～215.

[63] Davies W J，Le M S，Heath C R. Intensified activated sludge process with submerged membrane microfiltration. *Water Sci. and Technol.*，1998，38（4/5）：421～428.

[64] Defrance L，Jaffrin M Y，Gupta B，et al. Contribution of various species present in activated

sludge to membrane bioreactor fouling. *Bioresource Technol.*，2000，73（1）：105～112.

[65] Dijk L，Roncken G C G. Membrane bioreactors for wastewater treatment：the state of the art and new developments. *Water Sci. and Technol.*，1997，35（10）：35～41.

[66] Elmaleh S，Abdelmoumni L. Experimental test to evaluate performance of an anaerobic reactor provided with an external membrane unit. *Water Sci. and Technol.*，1998，38（8/9）：385～392

[67] Emanuelsson E A C，Arcangeli J P，Livingston A G. The anoxic extractive membrane bioreactor. *Water Res.*，2003，37（8）：1231～1239.

[68] Fleischer E J，Broderick T A，Daigger G T，et al. Evaluation of membrane bioreactor process capabilities to meet stringent effluent nutrient discharge requirements. *Water Environ. Res.*，2005，77（2）：162～178.

[69] Freitas L M dos Santos，Livingston A G. Membrane-attached biofilm for VOC wastewater treatment I：Novel in-situ biofilm thickness measurement technique. *Biotechnol. Bioeng.*，1995，47（1）：82～89.

[70] Freitas dos Santos L M，Livingston A G. Novel membrane bioreactor for detoxification of VOC wastewaters：biodegradation of 1，2-dichloroethane. *Water Res.*，1995，29（1）：179～194.

[71] Gander M A，Jefferson B，Judd S J. Membrane bioreactor for use in small wastewater treatment plants：membrane materials and effluent quality. *Water Sci. and Technol.*，2000，41（1）：205～211.

[72] Ghyoot W，Verstraete W. Reduced sludge production in a two-stage membrane-assisted bioreactor. *Water Res.*，2000，34（1）：205～215.

[73] Goltara A，Martlinez J，Mendez R. Carbon and nitrogen removal from tannery wastewater with a membrane bioreactor. *Water Sci. and Technol.*，2003，48（1）：207～214.

[74] Harada H，Momonoi K，Yamazaki S，et al. Application of anaerobic –UF membrane reactor for treatment of a wastewater containing high strength particulate organics. *Water Sci. and Technol.*，1994，30（12）：307～319.

[75] Hong S P，Bae T T，Tak T M，et al. Fouling control in activated sludge submerged hollow fiber membrane bioreactors. *Desalination*，2002，143（2）：219～228.

[76] Huang X，Gui P，Qian Y. Effect of sludge retention time on the microbial behaviour in a submerged membrane bioreactor. *Process Biochemistry*，2001，36（10）：1001～1006.

[77] Ishiguro K，Imai K，Sawada S. Effects of biological treatment conditions on permeate flux of UF membrane in membrane/activated sludge wastewater treatment system. *Desalination*，1994，98（1/3）：119～126.

[78] Judd S. Novel MBR for the treatment of raw sewage. *Filtration+Separation*，2000，（10）：34～36.

[79] Kim J S, Lee C, H, Chang I S. Effect of pump shear on the performance of scross flow membrane bioreactor. *Water Res.*, 2001, 35 (9): 2137～2144.

[80] Kolb F R, Wilderer P A. Activated carbon membrane biofilm reactor for the degradation of volatile organic pollutants. *Water Sci. and Technol.*, 1995, 31 (1): 205～213.

[81] Krauth K H, Staab K F. Pressurized bioreactor with membrane filtration for wastewater treatment. *Water Res.*, 1993, 27 (3): 405～411.

[82] Liu W, Howell J A, Amot T C. A novel extractive membrane bioreactor for treating biorefractory organic pollutants in the presence of high concentrations of inorganics: application to a synthetic acidic effluent containing high concentrations of chlorophenol and salt. *Jour. of Membrane Sci.*, 2001, 181 (1): 127～140.

[83] Livingston A G. A novel membrane bioreactor for detoxifying industrial wastewaters: I: Biodegradation of phenol in a synthetically concocted wastewater. *Biotechnol. Bioeng.*, 1993, 41 (10): 915～926.

[84] Livingston A G. Extractive membrane bioreactors: A new process technology for detoxifying chemical industrial wastewaters. *Jour. Chem. Technol. Biotechnol.*, 1994, 60 (1): 117～124.

[85] Livingston A G, Arcangeli J P, Boam A T, et al. Extractive membrane bioreactors for detoxification of chemical industry wastes: process development. *Jour. of Membrane Sci.*, 1998, 151 (1): 29～44.

[86] Lu S G, Imai T, Ukitai M, et al. A model for membrane bioreactor process based on the concept of formation and degradation of soluble microbial products. *Water Res.*, 2001, 35 (8) : 2038～2048.

[87] Luxmy B S, Nakajima F, Yamamoto K. Analysis of bacterial community in membrane-separation bioreactors by fluorescent in situ hybridization (FISH) and denaturing gradient gel electrophoresis (DGGE) techniques. *Water Sci. and Technol.*, 2000, 41 (10/11): 259～268.

[88] Magara Y, Itoh M. The effect of operational factors on solid/liquid separation by ultrafiltration in a biological denitrification system for collected human excreta treatment plants. *Water Res.*, 1991, 23 (7/9): 1583～1590.

[89] Mansell B O, Schroeder E D. Biological denitrification in a continuous flow membrane bioreactor, *Water Res.*, 1999, 33 (8): 1845～1850.

[90] Muller E B, Stouthamer A H, van Verseveld H W et al. Aerobic domestic wastewater treatment in a pilot plant with complete sludge retention by cross-flow filtration. *Water Res.*, 1995, 29 (4): 1179～1189.

[91] Nagaoka H, Ueda S, Miya A. Influence of bacterial extra celluar polymers on the membrane separation activated sludge process. *Water Sci. and Technol.*, 1996, 34 (9): 165～172.

[92] Nagaoka H, Yamanishi Y, Miya A. Modeling of biofouling by extracelluar polymers in a

membrane separation activated sludge system. *Water Sci. and Technol.*, 1998, 38（4/5）: 497～540.

[93] Ng H Y, Hermanowicz S W. Membrane bioreactor operation at short solids retention times: performance and biomass characteristics. *Water Res.*, 2005, 39（4）: 981～992.

[94] Ng H Y, Hermanowicz S W. Specific resistance to filtration of biomass from membrane bioreactor reactor and activated sludge: effects of exocelluar polymeric substances and dispersed microorganisms. *Water Environ. Res.*, 2005, 77（2）: 187～192.

[95] Pankhania M, Brindle K, Stephenson T. Membrane aeration bioreactors for wastewater treatment: completely mixed and plug-flow operation. *Chemical Engineering Jour.*, 1999, 73（2）: 131～136.

[96] Pankhania M, Stephenson T, Semmens M J. Hollow fiber bioreactor for wastewater treatment using bubble-less membrane aeration. *Water Res.*, 1994, 28（9）: 2233～2236.

[97] Pirbazari M, Ravindran V, Badriyha B N, et al. Hybrid membrane filtration process for leachate treatment. *Water Res.*, 1996, 30（11）: 2691～2706.

[98] Pollice A, Laera G, Blonda M. Biomass growth and activity in a membrane bioreactor with complete sludge retention. *Water Res.*, 2004, 38（7）: 1799～1808.

[99] Roberts J A, Sutton P M, Mishra P N. Application of the membrane biological reactor system for combined sanitary and industrial wastewater treatment. *International Biodeterioration and Biodegradation*. 2000, 46（1）: 37～43.

[100] Rosenberger S, Witzig R, Manz W, et al. Operation of different membrane bioreactors: experimental results and physiological state of the microorganisms. *Water Sci. and Technol.*, 2000, 41（10/11）: 269～277.

[101] Rosenberger S, Kruger U, Witzig R, et al. Performance of a bioreactor with submerged membranes for aerobic treatment of municipal wastewater. *Water Res.*, 2002, 36（2）: 413～420.

[102] Sato T, Ishii Y. Effects of activated sludge properties on water flux of ultrafiltration membrane used for human excrement treatment. *Water Sci. and Technol.*, 1991, 23（7/9）: 1601～1608

[103] Seo G T, Lee T S, Moon B H, et al. Membrane separation activated sludge for residual organic removal in oil wastewater. *Water Sci. and Technol.*, 1997, 36（12）: 275～282.

[104] Shin H S, Kang S T. Characteristics and fates of soluble microbial products in ceramic membrane bioreactor at various sludge retentions times. *Water Res.*, 2003, 37（1）: 121～127.

[105] Soriano G A, Erb M, Garel C, et al. A comparative pilot-scale study of the performance of conventional activated sludge and membrane bioreactors under limiting operating conditions. *Water Environ. Res.*, 2003, 75（3）: 225～231.

[106] Ueda T, Hata K, Kikuoka Y. Treatment of domestic sewage from rural settlements by a MBR.

Water Sci. and Technol.，1996，34（9）：189～196.

[107] Ueda T，Hata K，Kikuoka Y，et al. Effects of aeration on suction pressure in a submerged membrane bioreactor. *Water Res.*，1997，31（3）：489～494.

[108] Ueda T，Hata K. Domestic wastewater treatment by a submerged membrane bioreactor with gravitational filtration. *Water Res.*，1999，33（12）：2888～2892.

[109] Ueda T，Horan N J. Fate of indigenous bacteriophage in a membrane bioreactor. *Water Res.*，2000，34（7）：2151～2159.

[110] Uemura T，Kondou Y. Membrane technology progress in Japan. *Water 21*，2003，（8）：37～39.

[111] Urbain V，Block J C，Manem J. Membrane bioreactor：a new treatment tool. *Jour. of American Water Works Associ.*，1996，88（5）：75～86.

[112] Visvanathan C，Yang B S，Muttamara S，et al. Application of air backflushing technique in membrane bioreactor. *Water Sci. and Technol.*，1997，36（12）：259～266.

[113] Visvanathan C，Ben Aim R，Parameshwaran K. Membrane separation bioreactors for wastewater treatment. *Crit. Rev. in Environ. Sci. Technol.*，2000，30（1）：1～48.

[114] Wagner J，Rosenwinkel K-H. Sludge production in membrane bioreactors under different conditions. *Water Sci. and Technol.*，2000，41（10/11）：251～258.

[115] Wen X，Xing C，Qian Y. A kinetic model for the prediction of sludge formation in a membrane bioreactor. *Process Biochem.*，1999，35（2）：249～254.

[116] Wisniewski C，Grasmick A. Floc size distribution in a membrane bioreactor and consequences for membrane fouling. *Colloid Surfaces A*，1998，138（2）：403～411.

[117] Witzig R，Manz W，Rosenberger S，et al. Microbiological aspects of a bioreactor with submerged membranes for aerobic treatment of municipal wastewater. *Water Res.*，2002，36（2）：394～402.

[118] Yoon S H，Kim H S，Park J K，et al. Influence of important operational parameters on performance of a membrane biological reactor. *Water Sci. and Technol.*，2000，41（10/11）：235～242.

[119] Yoon S H. Important operational parameters of membrane bioreactor-sludge disintegration（MBR-SD） system for zero excess sludge production. *Water Res.*，2003，37（8）：1921～1931.

[120] Yoon S H，Kim H S，Yeom I T. The optimum operational condition of membrane bioreactor（MBR）：cost estimation of aeration and sludge treatment. *Water Res.*，2004，38（1）：37～46.

[121] Zhang B，Yamamoto K，Ohgaki S，et al. Floc size distribution and bacterial activities in membrane separation activated sludge processes for small-scale wastewater treatment/reclamation. *Water Sci. and Technol.*，1997，35（6）：37～44.

第 8 章

OD 污水生物处理技术

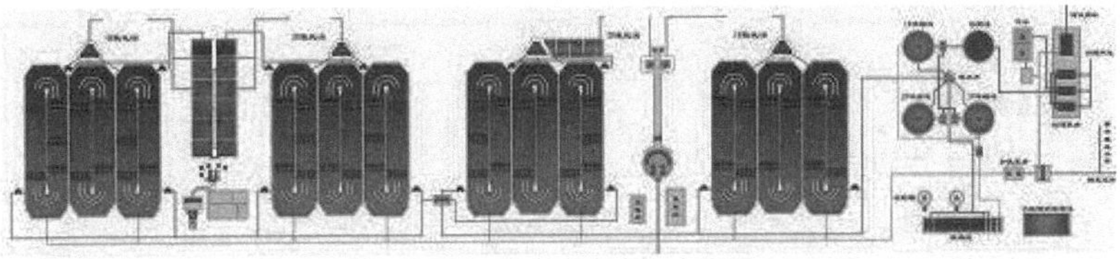

苏州高新区第一污水处理厂（三沟交替式 OD 工艺）

Suzhou new district WWTP No.1

(Triple Ditch OD Process)

8.1 概述

氧化沟（Oxidation Ditch，OD）又名氧化渠，因其构筑物呈封闭的环状沟渠形而得名。它是人工生物处理——活性污泥法的一种变型。因为污水和活性污泥的混合液在曝气渠道中不断循环流动，因此有人称其为“循环曝气池”或“无终端曝气池”。氧化沟采用的水力停留时间长达 10～40 h，污泥龄一般大于 10 d，有机负荷（BOD_5/VSS）则很低，仅为 0.05～0.15 kg/(kg · d)，因而它实质上相当于延时曝气法活性污泥系统。

OD 污水处理工艺是 20 世纪 60 年代初由荷兰卫生工程研究所（TNO）的帕斯维尔（Pasveer）博士通过研究和设计而首先开发的。第一座浅池型（池深为 1.5 m）的 OD 污水处理厂是 Pasveer 于 1954 年在荷兰的伏肖汀（Voorshoten）建造的（服务人口仅为 360 人）（图 8-1）。该 OD 工艺将曝气、沉淀和污泥稳定等处理过程集于一体，以间歇方式运行，其 BOD_5 去除率高达 97%，管理十分方便，运行效果稳定，适用于中小村镇的污水处理。这种类型的 OD 工艺因其设计者而被命名为“Pasveer 氧化沟”。

图 8-1　1954 年在荷兰 Voorshoten 建造的 Pasveer OD 工艺

自 20 世纪 60 年代起，氧化沟废水生物处理技术在欧洲、大洋洲、北美和南非等各国得到了迅速推广和应用，在其工艺和构造上也有了很大的发展和改进。经过 40 多年的实践和发展，这项技术在各种形式的活性污泥法中处于领先的地位。世界各地的实践表明，OD 技术既适用于城市（生活）污水的处理，也适用于各种工业废水的处理，既适用于小型污水处理厂，也适用于大中型污水处理厂。美国环境保护局（USEPA）曾对 OD 工艺与其他二级生物处理系统进行过全面的研究和比较，结果表明其在出水水质、运行可靠性、基建投资费用和运转费用等方面都较其他方法具有一定的优越性，被评价为处理效果可靠、基建费用低而运行费用又较省的污水生物处理方法，特别是其封闭循环式的池型利于污水的脱氮除磷处理。目前，此项技术已被广泛应用于城市污水、石油废水、化工废水、造纸废水、印染废水、食品加工废水等的工业废水处理之中。特别是在荷兰、德国、美国、丹麦、瑞典、瑞士、希腊、加拿大、巴西、南非、澳大利亚、新西兰、印度、前苏联、日本及中国等，这项技术发展十分迅速，不仅处理工艺的数量急剧增长（据不完全统计，目前欧洲已建设了 2 000 多座 OD 污水处理厂，北美已有超过 9 200 座这样的污水处理厂，亚洲亦已有近 1 000 座），而且处理规模也在不断扩大（OD 的处理能力已高达 5×10^6～10×10^6 人口当量）。

目前，国外研究开发 OD 工艺和生产 OD 曝气装置的专门公司和机构日趋增多，其中有荷兰的 DHV 公司、德国的 Passavant 公司、丹麦 Krüger 公司、美国的 US Filter Envirex 公司等均为具有较长历史、较大规模和较高知名度的 OD 技术和设备研究及开发公司，并开发了 Carrousel、Orbal、双沟（Double Ditch，即 D 型）式、三沟（Triple Ditch，即 T 型）式、导管式、船型（BOAT）及侧沟式等多种 OD 形式。

OD 工艺形式的改进与发展是与其曝气设备的开发和研制密不可分的。20 世纪 60 年代末，荷兰 DHV 公司将立式低速表曝机应用于 OD 工艺，将其安装在 OD 中心隔墙的末端，利用其所产生的搅拌推动力使水流循环流动，由此使 OD 的有效水深大大增加（至 4.5m），该工艺即为 Carrousel OD 工艺，并首次在荷兰 Oosterwolde 应用并获得成功；几乎与此同期，Lecmple 和 Mandt 首次将水下曝气和推动系统应用于 OD 工艺，开发了射流曝气（JA—Jet Aeration）OD 工艺，使 OD 的有效水深与宽度相互独立，其深度可达 7～8m。该工艺于 1973 年首次应用于美国某处理规模为 11 000m^3/d 的污水处理厂。1970 年，南非开发了转盘曝气机而出现了 Orbal OD 工艺；与此同时，德国则开发了直径为 1.0m 的 Mammoth 型曝气转刷，有效地提高了充氧效率和能力，并首次应用于维也纳 Blumenthal 污水处理厂的 OD 工艺。此外，近几年来，荷兰 DHV 公司推出了两层涡轮立式曝气机；德国 Passavant 公司开发了具有抗腐强、强度高、重量小的玻璃钢强化型曝气转刷叶片；美国 USFilter Envirex 公司则开发了以曝气转碟（推动水流）和粗泡曝气相结合的垂直循环流反应器（VLR）OD 工艺。

我国自 20 世纪 80 年代初开始研究和应用 OD 工艺，至今在实际工程中所应用的 OD 工艺几乎囊括了目前国际上已应用的所有类型，尤其是 1995 年以后，我国 OD 工艺的应用得到了较快的发展，目前已有苏州高新区污水处理厂、邯郸市东污水处理厂、昆明第一污水处理厂、中山市污水处理厂等在内的超过 100 座的污水处理厂采用了 OD 工艺。实践表明，OD 工艺不仅是适合我国国情的污水处理工艺，而且业已成为我国城市污水处理厂建设中所选用的主要工艺之一。但相比之下，我国对 OD 工艺的研究则落后于其应用，更与国际先进水平存在较大的差距，主要原因在于我国对 OD 工艺尚缺乏系统的研究，多注重技术及设备的引进而少自主研究开发及对先进技术与设备的消化吸收，虽然近十多年来国内已开发了曝气转刷、曝气转盘及出水堰等多种 OD 专用设备，对 OD 工艺在国内的应用起到了良好的促进作用，但设备的性能总体上仍有待提高。

8.2 OD 工艺的基本特征

8.2.1 OD 工艺的基本原理

OD 工艺是传统活性污泥法（CAS）的一种改型和发展，其基本特征是曝气池呈封闭的沟渠形，污水和活性污泥的混合液在其中作不停的循环流动，其水力停留时间（HRT）长达 10～40 h，污泥龄（SRT）一般大于 20 d，有机负荷（BOD_5/MLSS）则很低，仅为 0.05～0.15 kg/(kg · d)（故其本质上属于延时曝气法），BOD_5 容积负荷为 0.2～0.4 kg/(m^3 · d)，活性污泥质量浓度为 2 000～6 000 mg/L，出水 BOD_5 质量浓度多为 10～15 mg/L，SS 质量浓度为 10～20 mg/L，NH_4^+—N 质量浓度为 1～3 mg/L。图 8-2 所示为典型的 OD 工艺流程。

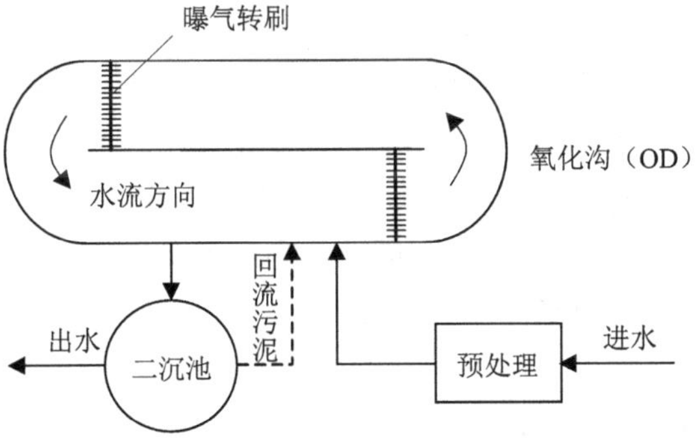

图 8-2 典型的 OD 工艺流程

由图可见，废水经预处理（通常为格栅、沉砂池）进入 OD 后，即与流动中的混合液在曝气装置（如水平轴曝气转刷或垂直轴表曝叶轮等）的推动下沿由中间隔墙或导流墙构成的廊道内循环流动。当混合液流经曝气装置时，其混合液中的 DO 升高，此后随离开其上游曝气装置距离的增加及混合液中微生物对废水中有机污染物的降解，DO 则逐渐降低。当流经其下游曝气装置时，混合液中的 DO 则呈现出上述同样的变化趋势。因而，OD 工艺是一种混合液不断循环和 DO 浓度高低周期变化相结合的工艺，其混合液中的微生物周期性地处于（厌）缺氧和好氧的环境条件下，可通过进水点、曝气装置的位置及回流污泥位置的合理设计，使 OD 工艺在实现有效有机物去除的同时，具有良好的硝化或脱氮功效。

8.2.2 OD 工艺的基本特征

应用 OD 工艺处理污水时，一般不设初次沉淀池。其二次沉淀池可与 OD 分别单独设置，此时需设置污泥回流系统；亦可与 OD 合建，如侧渠式氧化沟、三槽式（T 型）氧化沟等，此时可省去二次沉淀池及污泥回流系统。OD 中的水流速度一般为 0.3～0.5 m/s，水流在环形沟渠中完成一个循环约需 10～30 min，因而根据其 HRT 一般为 10～40 h 可知，污水在其整个停留时间内至离开 OD 一般可完成 20～120 次循环，因而 OD 中的水流具有完全混合（CSTR）和推流（PF）相结合的独特的流态特征，加之 OD 内同时具有好氧区和缺（厌）氧区，从而使其具有处理效果好、净化功能强、耐冲击和低能耗的特点。

在 OD 工艺的运行过程中，若着眼于其整体运行过程，并以较长的时间间隔为观察基础，则可以认为 OD 是一个 CSTR 曝气池，其中各部位的 MLSS 和有机物浓度变化极小，甚至可以忽略不计，而进水中的污染物也可在很短的时间得到快速的混合稀释，因而其具有很强的抗冲击负荷能力。若着眼于 OD 工艺中的某一区段，即以较短的时间间隔为观察基础，则其水流呈现出 PF 的流态，并可以发现水流流动方向存在着溶解氧浓度的周期性变化，在曝气装置的下游 DO 浓度较高，而随水流的流动，其 DO 浓度将不断降低，呈现出由好氧区→缺氧区→好氧区→缺氧区→……的交替变化规律。OD 工艺中的 DO 变化规律，可使沟渠中相继发生氨的硝化和硝态氮的反硝化的过程，从而获得良好脱氮效果。

OD 工艺一般具有很长的 SRT，因而其剩余污泥量远低于 CAS，且污泥无机化程度较高，利于浓缩和脱水等处理及处置。

8.3 OD 工艺的构造及类型

8.3.1 OD 工艺的基本构造

OD 工艺有多种形式，但主要可分为两种布置形式，即单沟式和多沟式，其典型工艺流程如图 8-2 所示。OD 一般呈环状沟渠形，也可以布置成长方形、圆形、椭圆形、马蹄形、同心圆形、平行多渠道形和以侧渠作二沉池的合建形等。其四周池壁可为钢筋混凝土结构，也可为按土质挖成斜坡浇以 10 cm 厚的素混凝土或三合土砌成，后者可使基建费用更为节省。图 8-3 所示为 OD 工艺的不同断面形式，其中有梯形、单侧梯形（其边坡通常采用 1∶1）和矩形等。OD 的单廊道宽度通常为水深的 2 倍，取决于所采用的曝气设备。曝气设备是 OD 工艺的主要设备，也是决定 OD 工艺形式的重要依据，其主要功能有四个：即供氧、推动水流循环流动、防止活性污泥沉淀以及使有机物、微生物和氧三者充分混合接触。除曝气设备外，根据不同的运行方式，OD 工艺还需设进水分配井、出水溢流堰以及自动控制设备等。出水溢流堰通常为升降可调式，通过调节堰门高度以控制 OD 内的水位，从而确保合理的曝气装置淹没深度，改变其充氧量并使之适应不同条件下的运行要求。

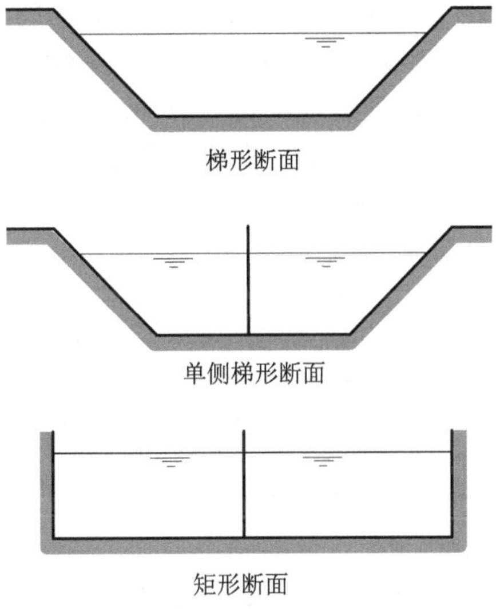

图 8-3　OD 工艺的断面构造形式

为经济有效地运行，在氧化沟内的特定位置（如好氧区和缺氧区）应分别设置溶解氧探头，以在好氧区内（BOD 去除和硝化）维持大于 2 mg/L 的溶解氧，在缺氧区（反硝化）内维持小于 0.5 mg/L 的溶解氧。根据各沟段的 DO 浓度及要求来控制曝气装置的启停，以便在满足运行要求的前提下最大限度地节约动力消耗。在实际运行中，在有些形式的 OD 内还设置一定形状（垂直形或倾斜形）的障（导流）板。导流板的作用是保证氧化沟内良好的水流条件，以获得最好的水力流态和速度分布。

当采用交替运行的 OD 形式时，需设置进水分配井。进水分配井中的闸门与出水溢流堰一样，可通过自控系统自动地启闭。

8.3.2 OD 工艺的主要类型

如前所述，根据构造特征及曝气方式的不同，目前已开发和应用多种不同类型的 OD 工艺。主要有以下几种各具不同功能和特点的典型 OD 工艺系统。

8.3.2.1 卡鲁塞尔（Carrousel）OD 工艺

Carrousel OD 工艺由荷兰 DHV 公司于 1967 年开发，它通过使用立式曝气装置使 OD 的有效水深加大，并获得充分的泥水混合效果，维持较高的传质效率，克服了传统工艺深度小、混合差的问题。Carrousel OD 系统平面为跑道形，在其内部设置一定数量的纵向隔墙而形成由多沟串联组成的系统，废水进入其中后，废水与活性污泥的混合液在沟内沿水流方向不停地循环流动，在沟的一端设置曝气器（一般采用表面曝气机），使系统中形成好氧区和缺氧区。该 OD 工艺的设计水深一般为 4～4.5 m，混合液在沟中的流动速度多控制在 0.3 m/s。图 8-4 所示为 Carrousel OD 工艺的标准构造形式，其较适用于处理规模较大的污水处理厂，为荷兰最流行的氧化沟处理系统，全球已有 850 多座这样的系统在运行之中，最大处理能力达 1 000 万人口当量。

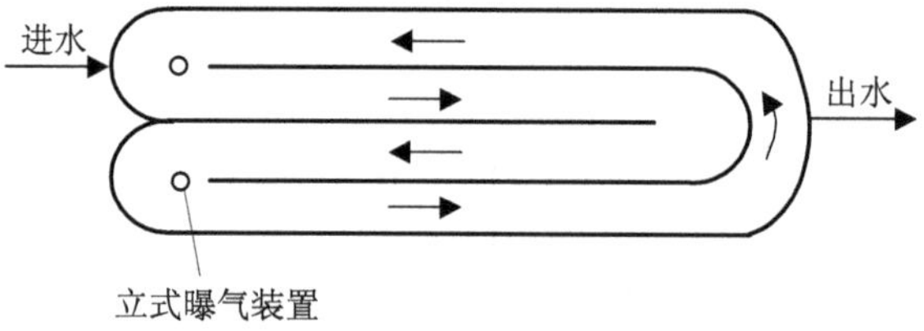

图 8-4　Carrousel OD 工艺

20 世纪 70 年代初，DHV 公司及其在美国的专利特许公司 EIMCO 公司在标准 Carrousel OD 的基础上，开发了 Carrousel 2000 OD 工艺，并于 1993 年开始在实际工程中得到应用（图 8-5～图 8-7 所示）。

Carrousel 2000 型工艺是在标准 Carrousel OD 工艺的基础上，增设一个占 OD 容积 15%～20%的外置或内置式预反硝化区。进水和混合液及回流污泥在此区混合而实现反硝化脱氮功能，其 BOD_5 去除率可达 90%～95%以上，脱氮效率可达 80%～90%。该工艺需设二沉池和独立的污泥回流系统。

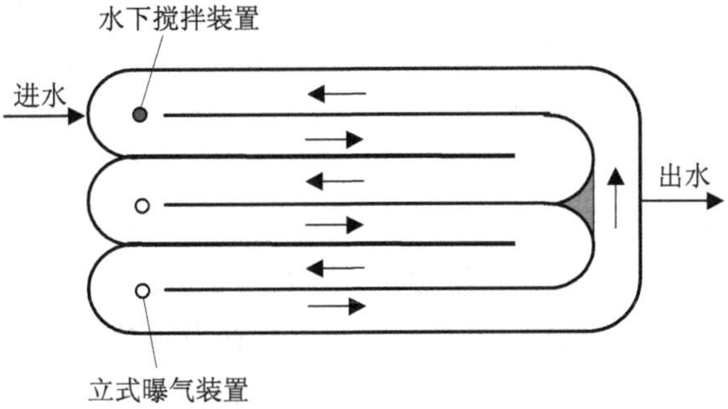

图 8-5　Carrousel 2000 型 OD 工艺

图 8-6　荷兰 Zwijndrecht Carrousel 2000 OD 工艺污水处理厂鸟瞰

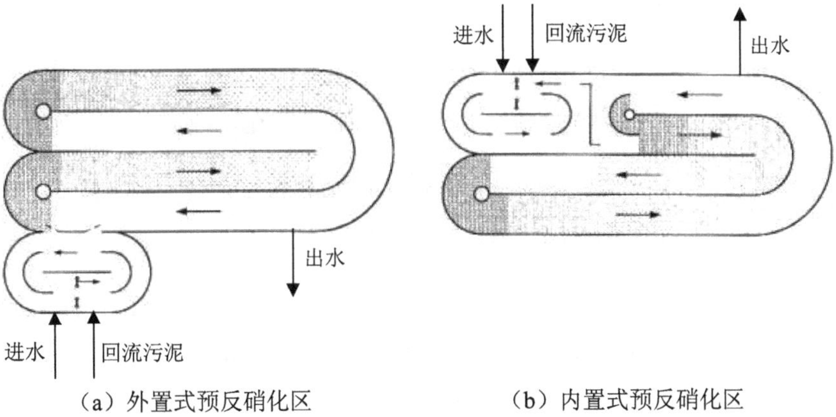

图 8-7　Carrousel 2000 OD 的布置形式

在 Carrousel 2000 OD 的运行过程中，在每座 Carrousel 2000 OD 中配置一定数量的立式表面曝气机，以实现沟内水流的循环流动和泥水的混合及充氧，必要时，为节省曝气设备的供氧能耗，可设置一定数量的水下推进器以保持沟内一定的流动速度，防止污泥的沉淀。

在 Carrousel 2000 OD 工艺的基础上，为进一步减少其占地面积，DHV 公司又于 20 世纪 90 年代末开发并应用了有效水深更大的 Carrousel 3000 OD 工艺。该工艺将表曝装置与垂直涡轮相结合，将垂直涡轮安装在表曝装置同轴的底部并延伸至池底，从而在运行过程中可将池底部位的泥水混合液给予有效的提升和推动，从而其池深更大，可达 8 m 左右。该工艺由进水井、用于污泥回流的配水器、选择池、厌氧区、预反硝化区及好氧区等组成，其平面布置多为圆形，各区之间均通过分隔墙而无须管道连接，其回流污泥可在不同的区域间合理分配。图 8-8（a）所示为 Carrousel 3000 OD 工艺的平面布置，图 8-8（b）所示为荷兰 Dutch 市 Leidsche Rijn 污水处理厂（处理规模为 1 600 m^3/d，服务人口为 70 000，OD 深度为 7.5 m）的 Carrousel 3000 OD 工艺。

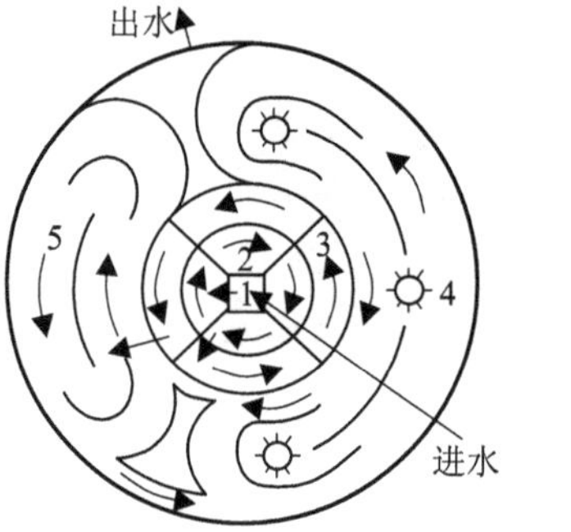

1—进水及配水井；2—选择区；3—厌氧池；
4—曝气装置；5—预先=反硝化区

（a）Carrousel OD 平面布置

（b）荷兰 Leidsche Rijn 污水处理厂

图 8-8 Carrousel 3000 OD 工艺

8.3.2.2 奥贝尔（Orbal）OD 工艺

Orbal OD 工艺由南非的 Muisman 于 1960 年提出，并将技术专利转让给美国 Envirex 公司，该公司通过进一步的技术改进，于 1970 年开始将其应用于实际工程，目前美国应用该工艺的污水处理厂已达 200 多座。

Orbal OD 工艺由多个由隔墙分隔的同心环形沟渠组成，每个沟道为相对独立的反应器，且依次串联。图 8-9 所示为 Orbal OD 的平面布置，图 8-10 所示为实际运行中的 Orbal OD 工艺。废水首先进入最外侧沟渠，在其中不断循环流动（因而可将其看作 CSTR 反应器）的同时，依次经隔墙孔口向内侧进入各沟渠（可将其看作 PF 反应器系统），最后由中心岛排出混合液，进入沉淀池。

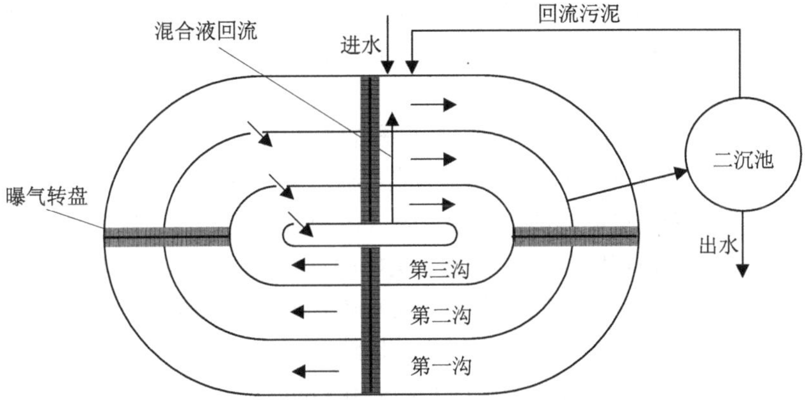

图 8-9　Orbal OD 工艺的平面布置

图 8-10　实际运行中的 Orbal OD 工艺

Orbal OD 的设计深度一般为 3.5～4.0 m，采用转盘曝气，其浸没深度一般为

230～530 mm，沟中水流速度为 0.3～0.6 m/s。根据处理要求和需要，可设二至四道沟，一般为三道沟。对三沟 Orbal OD 工艺而言，其最外的第一沟的有效容积约为其总容积的 60%，第二和第三沟的有效容积则分别为其总容积的 20%～30%和 10%。运行过程中，第一、二、三沟的溶解氧（DO）一般分别控制在 0、1.0 和 2.0 mg/L（即三沟 DO 的 0-1-2 梯度分布）。由于第一沟中有机物含量较高，需氧速率亦较高，因而即使给其提供总需氧量的 90%，仍可将 DO 保持在 0 左右，而第二、三沟中由于其有机物浓度较低，其需氧速率亦较低，因而即便在供氧量较少时，仍可保持较高的 DO。为此，在运行过程中，可通过调节不同沟道中曝气转盘的数量或转速来控制其 DO 浓度。

上述不同沟道中 DO 分布的控制是与该工艺所具有的处理功能密切相关的。Orbal OD 工艺为具有脱氮除磷，尤其具有良好脱氮功能的强化型 OD 工艺。运行过程中，进水首先与来自中心岛的回流混合液（内回流）及来自二沉池的回流污泥混合，在第一沟道中，在较低的 DO 下发生良好的反硝化作用，同时由于在第一沟中的不同区域设置了曝气装置，同时存在（厌）缺氧区及局部区域的好氧区，因而亦具有较好的硝化作用（我国市政工程华北设计院的研究表明，在第一沟道中曝气装置上游 1 m 和下游 3 m 的范围内，其 DO 浓度>0.5 mg/L，并当 Orbal OD 的污泥回流比为 60%时，测得第一沟的 TN 去除率达到 88%）。当混合液由外沟进入内沟（第二、三沟）后，由于有机污染物浓度的下降，混合液中 DO 浓度升高，硝化作用更加明显。此外，由于污泥的回流，使其整个运行方式表现出良好的 A^2/O 工艺的特性，因而无疑具有一定的除磷效果，则是由于其较长的 SRT 而限制了其对磷的去除能力。报道表明，该工艺适用于处理规模小于 $20\times10^4\ m^3/d$ 的中小规模的污水处理厂。

8.3.2.3 一体式 OD 工艺

一体式 OD 工艺亦称合建式 OD 工艺，其集曝气、泥水分离及污泥回流等处理和操作功能于一体，无需建造独立设置的二次沉淀池。

自 20 世纪 80 年代中期以来，一体式 OD 工艺的研究和应用发展速度较快，其技术关键是与 OD 沟渠相配合的新型泥水分离器的开发与研究。目前已开发和应用的泥水分离装置有，美国联合工业公司（United Industries Inc）的船型（BOAT）沉淀分离器、Armco 环境企业公司的 BMTS 沉淀分离系统、EIMCO 公司的 Carrousel 沟内分离器、湖滨（Lakeside）设备公司的边墙分离器、Lightin 公司的导管式曝气内沟和边沟沉淀分离器、Envirex 公司的垂直式 OD 工艺及 Innovatech 公司的无泵沉淀分离器等。

一体式 OD 工艺的泥水分离装置有内置和外置式两种。其中外置式多基于平流式沉淀池原理设计，而内置式则多基于竖流式和斜流式沉淀池原理设计。上述几种沉淀分离器中，BOAT 和 BMTS 属于内置式，而其余的则属于外置式。

8.3.2.3.1 BOAT 型一体式 OD 工艺

BOAT OD 工艺其沟道形式可根据具体情况选用，但多为传统的 Pasveer OD 工艺形式。因其 OD 工艺的分离器构造形式如船形而得名。其分离器横跨在 OD 沟道的整个断面上，沟内混合液流经其底部时，向上流过其底部设置的一系列倒 V 型板组成的沉淀分离区，通过控制其中混合液的上升速度小于污泥回流速度，保证沉淀污泥的快速回流，并保证分离区平稳的水流条件而实现良好的泥水分离效果。图 8-11 所示为 BOAT 型 OD 泥水分离器的工作原理。图 8-12 所示为 BOAT 型 OD 工艺及其泥水分离器应用实例。目前，已有近 150 座该工艺污水厂在运行之中。

8.3.2.3.2 BTMS 型一体式 OD 工艺

图 8-13 所示为 BMTS OD 系统。该工艺是美国于 20 世纪 80 年代初开发的一种将二沉池与 OD 合建的新型 OD 工艺。BMTS OD 工艺使用改进型的沟道内澄清池作泥水分离装置，其由横跨渠的前挡板、后挡板及底部构件组成。被挡板强迫作水平流动的水流从底部进入澄清池的静水区。为了减少此静水区中下层水流的紊动程度，在其底部设置一系列的底部构件（导流板）。OD 中的混合液均匀地通过底部构件之间的孔隙进入澄清池中，澄清水通过浸没管或溢流堰排走。混合液中的 MLSS 可得到快速的分离，并自动返回到 OD 沟道中。BMTS 实际上是一个竖流式澄清池，有关生产性试验研究结果表明，该装置具有极高处理效率。由于 BMTS 的经济节能及维护简单和处理效率高等优点，美国 EPA 将其列为革新代用技术而在近十几年得到快速的发展。目前已有近 60 座该工艺污水处理厂在运行之中。

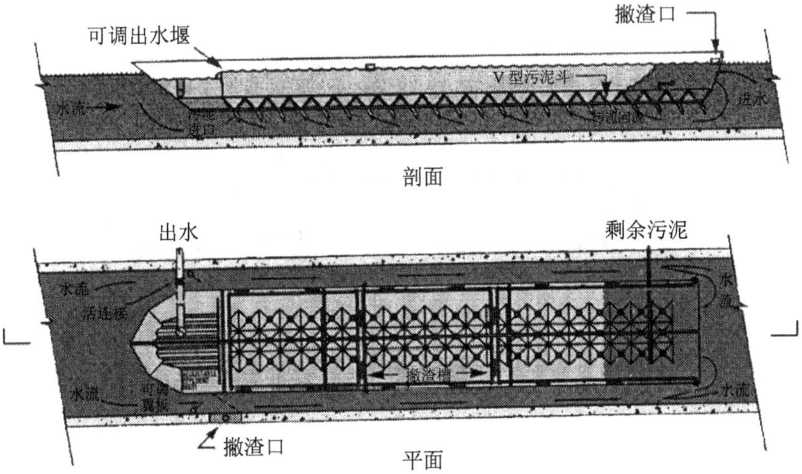

图 8-11　BOAT 型 OD 的分离器工作原理

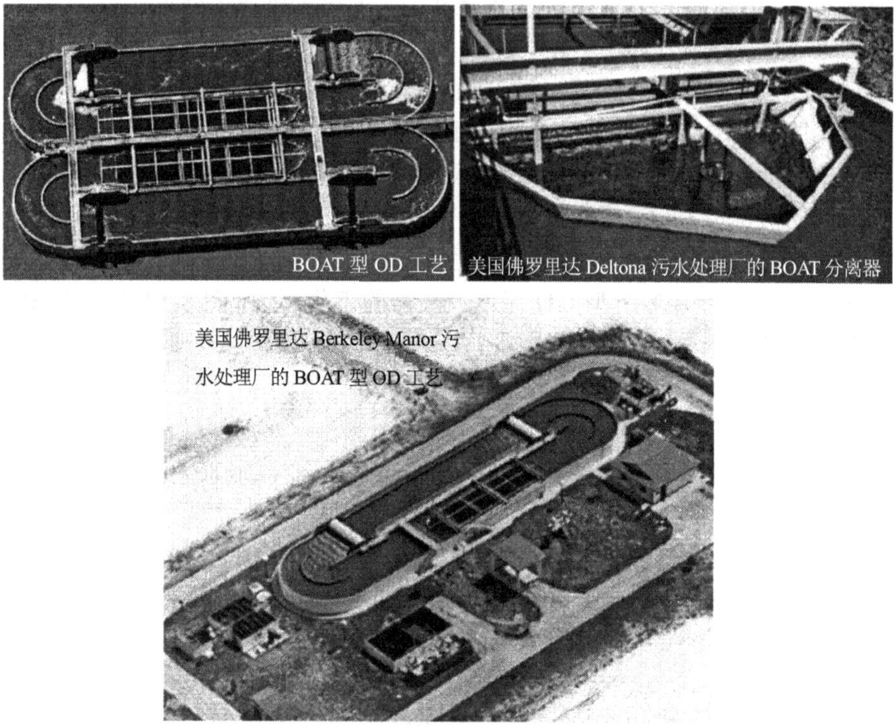

图 8-12　BOAT 型 OD 工艺及其分离器应用实例

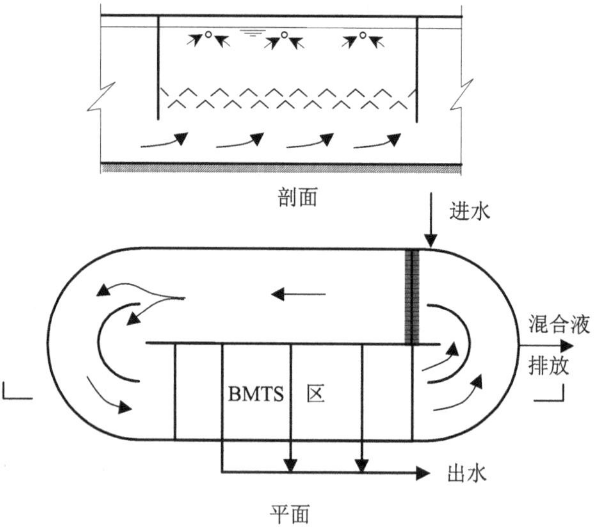

图 8-13　BMTS 型 OD 工艺分离装置工作原理

8.3.2.3.3 侧沟和中心岛分离一体式 OD 工艺

侧沟和中心岛 OD 工艺属于外置式泥水分离一体式 OD 工艺。该种泥水分离装置对 OD 沟到内水流的流动不产生影响，具有较好的沉淀分离水力条件。

侧沟式泥水分离装置是较为典型的一种外置一体式分离方式。在该工艺中，沉淀分离器设在 OD 某段的一侧，并设置侧板和前后挡板以创造一个水流平稳的区域。该区域底部空间与 OD 主体水流相通，当混合液流经该区域时，部分混合液由其底部经消能、导流装置（如斜板、折流板等）向沉淀区上部流动，由于在向上流动的过程中通过具有絮凝性的污泥层的截留（犹如水处理中的悬浮澄清池的作用）及污泥本身的在平稳水流条件下的沉降作用，而使泥水分离。沉淀污泥则通过斜板等返回至主体混合液，分离后的上清液则通过表面的穿孔管集水而排出 OD 系统。此种分离方式还具有占据 OD 断面小、阻力损失小的优点。图 8-14 所示为侧沟分离一体式 OD 工艺示意。

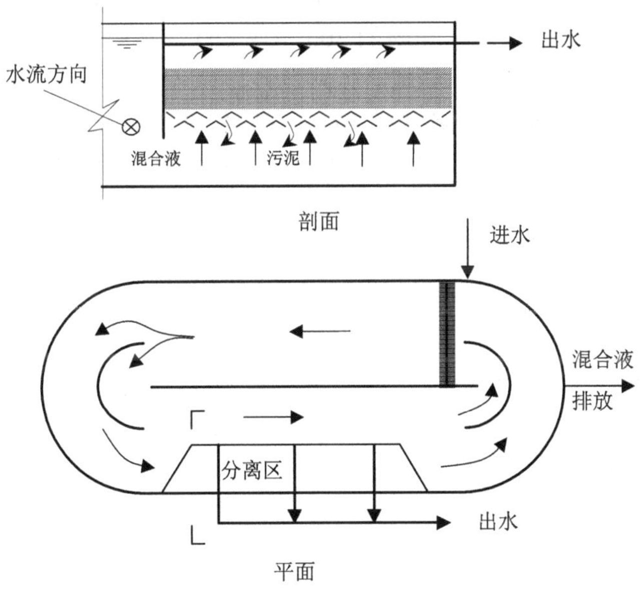

图 8-14 侧沟分离一体式 OD 工艺装置工作原理

中心岛一体式分离系统与侧沟式泥水分离装置的工作原理及特点基本相同。其工作原理见图 8-15。

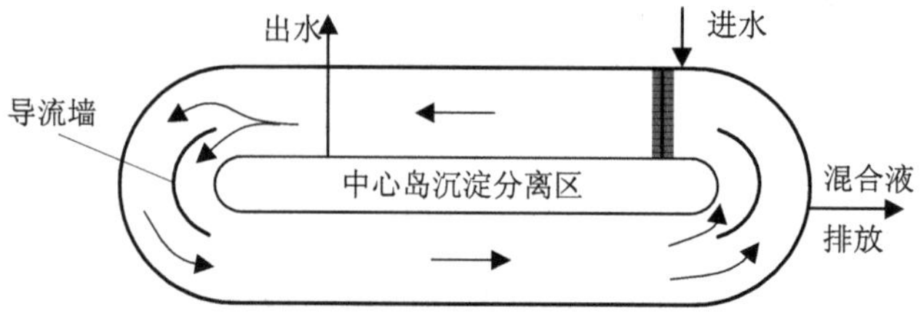

图 8-15 中心岛分离一体式 OD 工艺装置工作原理

8.3.2.4 交替式 OD 工艺

交替式 OD 工艺是丹麦 Krüger 公司开发的低造价、易维护的新型 OD 工艺，主要有 VR 型、D 型（双沟）和 T 型（三沟）等类型，它们均为将 SBR 工艺和传统 Pasveer OD 工艺相结合而开发和应用的复合式废水生物处理工艺。其中，三沟式 OD 工艺是在双沟式 OD 工艺的基础上开发的一种设备利用率更高的新工艺（双沟式 OD 的设备闲置率高达 50%，而三沟式的设备闲置率降低至 30%～42%）。目前，在丹麦占其全国污水处理厂 40%的 300 余座 OD 工艺中，双沟式 D 型 OD 工艺占 80%，因而其应用是相当广泛的。

根据处理功能和要求，上述各交替 OD 工艺可按具有脱氮或具有脱氮除磷功能的 Bio-Denitro™ 和 Bio-Denipho™ 等方式运行。表 8-1 所列为两种常用的交替式 OD 工艺的主要特征。

表 8-1 三种交替式 OD 工艺的主要特征

OD 类型	处理功能	沟数	各沟功能	泥水分离
VR 型	BOD_5、SS、NH_3—N	2	氧化、沉淀	一体式
D 型	BOD_5、SS、TN	2	氧化、反硝化	需独立设置
D 型	BOD_5、SS、TP	2	氧化/吸磷、反硝化	需独立设置
T 型	BOD_5、SS、NH_3—N	3	氧化、沉淀	一体式
T 型	BOD_5、SS、TN	3	氧化、反硝化、沉淀	一体式

8.3.2.4.1 VR 交替式 OD 工艺

VR 型交替式 OD 工艺属于一体（合建）式 OD 工艺，无须设置独立的二次沉淀池。该工艺将其沟渠通过单向活阀分为 A、B 两个部分，单向活阀通过改变曝气转刷的旋转方向而改变水流方向，并在水流压力的作用下自动打开或关闭，使 A、B 两部分交替地作为氧化区和沉淀区，因而无须设置独立的沉淀池，亦不需设置污泥回流系统。其工艺如图 8-16 所示。

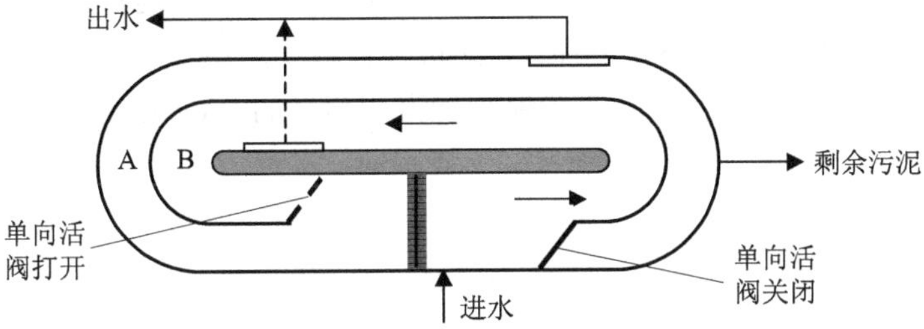

图 8-16　VR 型 OD 工艺

8.3.2.4.2 双沟（D 型）交替式 OD 工艺

双沟（D 型）OD 工艺是在 VR 型 OD 的基础上开发的，与 VR 型 OD 工艺相比，其在提高处理能力的同时，还可以具有脱氮功能的方式运行。整个系统由两条容积相同的沟渠（图 8-17）和独立设置的二沉池构成。运行过程中，通过进水点位的切换和曝气转刷转速的控制，使两条沟渠轮流在好氧和缺氧条件下工作，以实现脱氮功能。该工艺运行过程中，通常由 A、B、C 和 D 四个阶段构成一个运行周。当其以传统交替和 Bio-Denitro™ 方式运行时，完成一个运行周期的时间一般为 4 h。

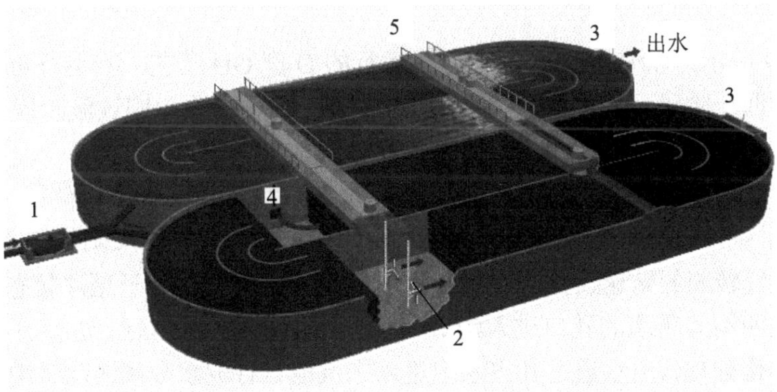

1 配水井　2 低速水下推进器　3 出水堰　4 两沟间的联通孔口　5 曝气转刷

图 8-17　双沟（D 型）OD 工艺构造

图 8-18 所示为以传统交替方式运行（以有机物为主要去除对象）的双沟（D 型）OD 工艺。运行过程中，两个沟渠轮流用作曝气池和泥水分离沉淀池，进水亦通过配水井及控制系统轮流切换。当某一沟渠用作沉淀和出水功能时，其曝气装置

处于闲置状态。其组成一个运行周期的A、B、C和D四个阶段中，A和C为两个主阶段，B 和 D 为中间过渡阶段。可以看出，当该工艺以上述方式交替运行时，其容积和设备的利用均较低。由于其在设计的 HRT 内，一般运行两个周期，因而其曝气设备的利用率仅为 37.5%左右。为改进其设备利用率及强化其处理功能，丹麦 Krüger 公司进一步研发了以具有脱氮功能方式运行的 Bio-Denitro™ D 型 OD 工艺。

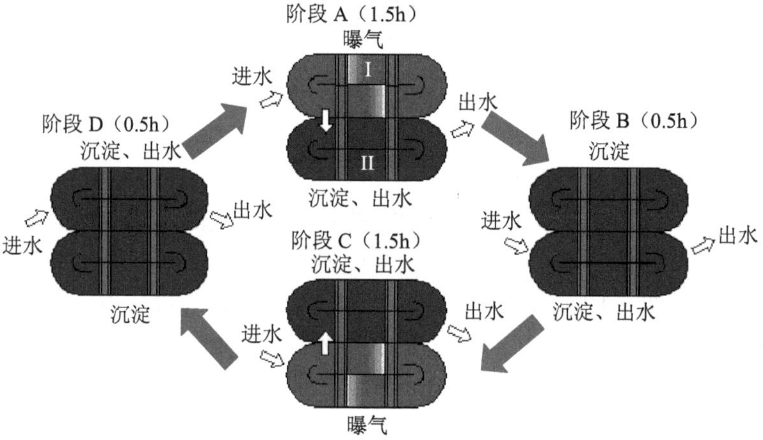

图 8-18　以传统交替方式运行的双沟（D 型）OD 工艺

图 8-19 所示为以 Bio-Denitro™ 方式运行的 D 型 OD 工艺。其运行可分为 A、B、C 和 D 四个阶段，其中 A、C 为主运行阶段，B、D 为中间过渡阶段。其运行过程如下：

在阶段 A，进水切入沟 I，该沟以缺氧方式运行，将前三个阶段在好氧条件下产生的 NO_x^-—N 进行反硝化脱氮，并利用进水中的 BOD_5 作为反硝化所需的碳源。此阶段，曝气转刷的转速仅控制在维持沟道中泥水的混合并处于悬浮状态。沟 I 的混合液通过两沟间隔墙的孔口进入沟 II。沟 II 则以好氧方式运行，进行有机物的氧化去除和硝化处理，出水通过其出水堰进入二沉池进行泥水分离（此时沟 I 出水堰处于关闭状态），并回流污泥。阶段 A 的持续时间一般为 90 min。

在阶段 B，将进水切入沟 II，同时提高沟 I 的曝气强度，使两沟均以好氧方式运行，但出水仍由沟 II 排入二沉池，因而此时沟 I 处于暂时的离线运行状态，以使其在好氧条件下将在阶段 A 进入沟中的 NH_3—N 进行硝化。阶段 B 的持续时间一般为 30 min。

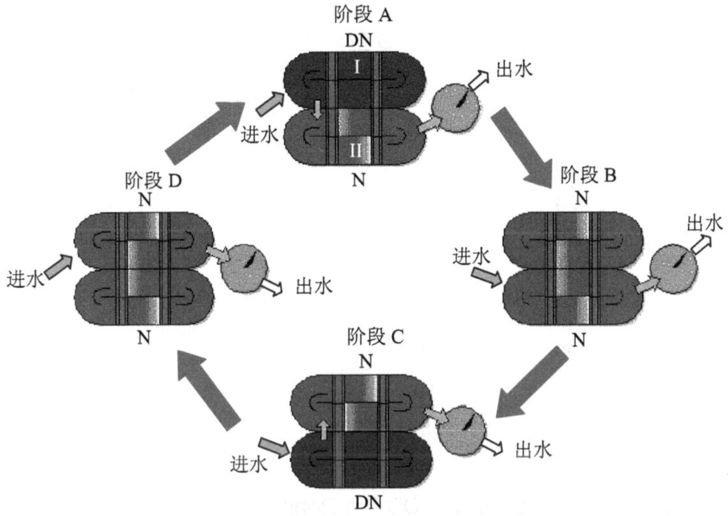

图 8-19 以 Bio-Denitro 方式运行的双沟（D 型）OD 工艺

在阶段 C，首先关闭沟 II 出水堰（升高堰口），同时打开沟 I 出水堰。废水继续进入沟 II。此时，沟 II 的曝气转刷处于“怠速”状态，仅控制在维持沟道中泥水的混合并处于悬浮状态，使其控制在缺氧条件下运行，进行反硝化处理，而沟 I 则继续以好氧方式运行，进行有机物的降解和硝化处理。出水经沟 I 出水堰进入二沉池进行泥水分离并回流污泥。阶段 C 的持续时间与阶段 A 相同，亦为 90 min。

在阶段 D，将进水切入沟 I，同时提高沟 II 的曝气强度，使两沟均以好氧方式运行，但出水仍由沟 I 排入二沉池，因而此时沟 II 处于暂时的离线运行状态，以使其在好氧条件下将在阶段 C 进入沟中的 NH_3—N 进行硝化。阶段 D 的持续时间与阶段 B 相同，亦为 30 min。

在阶段 D 运行终了时，则完成了其运行的一个循环周期，同时将进入下一个循环周期。一般而言，在该工艺的 HRT 时间内，需要完成 4～6 个上述循环周期。此外，在运行过程中，其处理出水始终由处于好氧条件下运行的沟渠出水，以减少处理出水中 NH_3—N 的浓度。

由上述运行过程可见，双沟式 OD 工艺系统较为简单，且无特殊设置的反硝化区，其通过运行过程控制曝气装置的转速及进出水的交替切换而实现良好的脱氮效果。表 8-2 和表 8-3 所列分别为丹麦 8 座双沟（D 型）OD 工艺污水处理厂的出水水质和以 Bio-Denitro^{TM} 方式运行时 D 型 OD 工艺的处理效果。

表 8-2 丹麦双沟式（D 型）OD 工艺出水水质

污水厂	人口当量	出水水质/（mg/L）			
		BOD_5	SS	TN	NH_3—N
Mr. Broby	5 000	10	15	6.9	1.6
Ringsgard	2 000	5	9	7.3	1.1
Gelsted	2 500	4	12	6.4	0.4
Ryslinge	3 000	6	14	5.3	0.3
Kvarndrup	3 000	13	34	6.0	0.6
Sdr. Nara	3 000	7	8	7.3	1.0
Gislev	1 000	10	8	7.8	4.7
Brylle	500	8	7	10.4	2.4

表 8-3 双沟式（D 型）OD Bio-Denitro^{TM} 工艺处理效果

污水厂	人口当量	进水质量浓度/（mg/L）		出水质量浓度/（mg/L）	
		BOD_5	TN	BOD_5	TN
Bording	6 000	138	31		0.6
Engesvang	5 000	152	33		0.4
Fiskbak	4 000	280	37	8.2	1.0
Karup	10 000	154	23	7.6	0.4
Skals	4 000	116	25	11.8	0.9
Odense NV	85 000	238	40	7.6	1.4
Nr. Aby	13 000	206	25	4.0	1.0
Vejby	2 000	103	16	7.5	0.9
Soholt	105 000	197	30	8.3	2.1
Fr. Sund	33 000	300	36	3.5	0.5

8.3.2.4.3 三沟（T 型）交替式 OD 工艺

图 8-20 所示为三沟（T 型）OD 工艺的典型构造和布置。三沟（T 型）OD 工艺由三个相同的 OD 组建在一起作为整体单元交替运行，其三个沟渠间由隔墙孔口而使它们依次连通。运行过程中，其两侧的沟渠（如图 8-20 中 I 和 III 号沟）交替用作曝气池和沉淀池，而中间的 II 号沟则始终处于曝气运行状态。根据其不同的运行方式，通常通过自动控制系统按时间序列对进水点位（I、II 和 III 号沟）、曝气强度及出水堰门进行控制切换。

根据处理功能的不同，三沟交替式 OD 工艺有以有机物去除为主要处理目标和以脱氮为处理目标的两种运行方式。当以 Bio-Denitro^{TM} 方式运行时，通过由高、低双速带动的转刷曝气装置控制沟渠中的 DO，同时保证沟渠中混合液的充分均匀混合。如处于反硝化阶段时，调节转刷在低速下运转，其所需转速仅需保持混合液污泥呈悬浮态和使沟渠处于缺氧状态。当处于硝化阶段时，控制系统则将转刷调节至高转速下运转，以提供足够的 DO。图 8-21 所示为实际运行中三沟式（T 型）交替 OD 工艺。

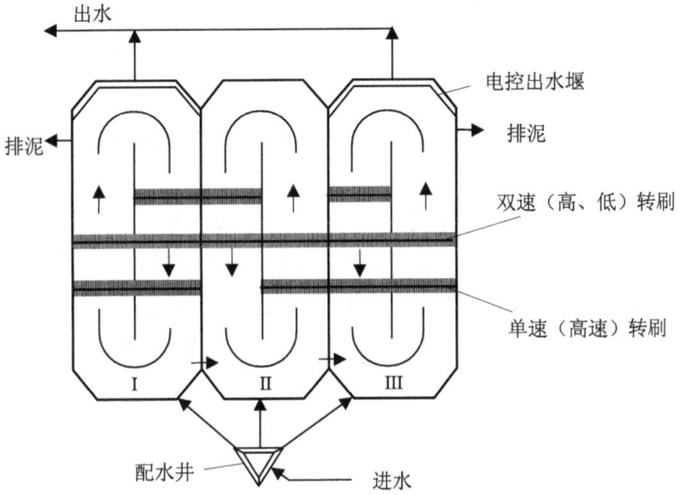

图 8-20　三沟（T 型）OD 工艺的典型构造与布置

图 8-21　实际运行中三沟式（T 型）交替 OD 工艺

图 8-22 所示为该工艺以有机物为主要处理目标时的运行方式。此时，该工艺以延时曝气的方式运行，其中两沟在好氧条件下运行，另一沟则用于泥水分离。与双沟交替 OD 工艺相比，三沟 OD 工艺的设备利用率得到了提高。

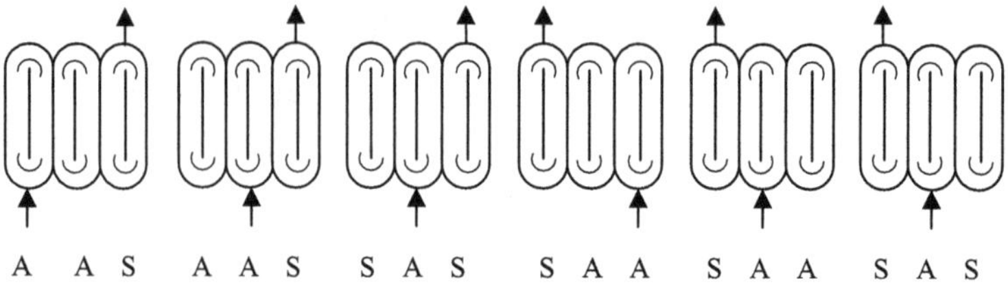

阶段	A	B	C	D	E	F
时间（h）	2.5	0.5	1.0	2.5	0.5	1.0

A—曝气（好氧运行）　S—沉淀（泥水分离）

图 8-22　以有机物去除为处理目标时三沟（T 型）OD 的运行模式

三沟式 OD 工艺运行时由六个交替运行阶段组成，此六个阶段组成其运行的一个完整周期。一个完整运行周期的时间一般为 8 h（便于模块化设计和控制），具体时间分配见表 8-4。其中 A、D 为主运行阶段，B、E 为交替运行切换阶段，C、F 为泥水分离过渡阶段。表 8-4 所列为该工艺以脱氮为处理目标时的 Bio-Denitro™ 运行模式。现对 Bio-Denitro™ 运行方式说明如下。

表 8-4　三沟（T 型）OD 工艺 Bio-Denitro™ 运行模式

运行阶段	各沟功能		运行时间/h
A	沟 I	反硝化（DN）	2.5
	沟 II	硝化（N）	
	沟 III	沉淀（S）	
B	沟 I	硝化（N）	0.5
	沟 II	硝化（N）	
	沟 III	沉淀（S）	
C	沟 I	沉淀（S）	1.0
	沟 II	硝化（N）	
	沟 III	沉淀（S）	
D	沟 I	沉淀（S）	2.5
	沟 II	硝化（N）	
	沟 III	反硝化（DN）	
E	沟 I	沉淀（S）	0.5
	沟 II	硝化（N）	
	沟 III	硝化（N）	
F	沟 I	沉淀（S）	1.0
	沟 II	硝化（N）	
	沟 III	沉淀（S）	

阶段 A：经格栅和沉砂等预处理的废水通过配水井进入沟 I（图 8-20），该沟转刷以低速运行，维持泥水混合流动，并在缺氧条件下对上一阶段产生的 NO_x^-—N 进行反硝化脱氮（DN），并利用进水中有机物作其碳源。同时该沟出水堰门升高而停止出水，混合液在沟内经多次循环流动后通过隔墙孔口进入沟 II。沟 II 内转刷在整个运行周期内均以高速运转，混合液在此进行好氧处理而使有机物得到进一步氧化降解，同时在好氧条件下进行硝化（N）反应。接着，混合液进入沟 III。此时沟 III 的转刷处于闲置状态，沟内水流平稳，主要起沉淀（S）泥水分离作用，经沉淀分离后的处理水由其出水堰（图 8-23 所示为出水堰的构造）排出 OD 系统。此阶段运行时间一般为 2.5 h，沟 I、沟 II 和沟 III 的运行状态分别为 DN、N 和 S。

图 8-23　三沟交替式 OD 的升降式出水堰

（苏州高新区第一污水处理厂）

阶段 B：将进水由沟 I 切换至沟 II，沟 I 和沟 II 的曝气转刷均处于高速运转的强曝气状态。通过强曝气，使沟 I 由上一阶段的缺氧状态变为好氧状态，使其在无进水的情况将上一阶段进水中的有机物继续氧化分解，为下一阶段的泥水分离做准备。此时，沟 II 因在进水及无污泥回流的情况下运行，其泥水混合液则通过沟 II 和沟 III 隔墙的孔口进入沟 III。沟 II 中的污泥浓度将降低（对邯郸市东污水处理厂三沟式 OD 工艺中各沟内 MLSS 的实际运行测定表明，沟 II 中的 MLSS 始终不到其两侧沟 41%的理论值，见表 8-5 所列）。此时，沟 III 仍以沉淀（泥水分离）方式运行，处理出水由其出水堰排出 OD 系统。此阶段运行时间为 0.5 h，沟 I、沟 II 和沟 III 的运行状态分别为 N、N、S。

表 8-5　邯郸市东污水处理厂三沟式 OD 工艺中各沟中污泥质量浓度的分布

各沟内污泥质量浓度 X/（g/L）			平均质量浓度/（g/L）	$2X_{II}/(X_I+X_{III})$
沟 I（X_I）	沟 II（X_{II}）	沟 III（X_{III}）		
8.1	3.1	8.6	6.6	0.37
5.3	2.0	5.0	4.2	0.39
4.8	1.9	5.1	3.9	0.38
7.0	2.6	6.5	5.4	0.39

阶段 C：沟 II 继续进水。沟 I 停止曝气，开始沉淀，进行泥水分离，此过程一直延续至本阶段结束。沟 II 和沟 III 的运行方式与阶段 B 相同。处理出水仍由沟 III 排出。此阶段运行时间为 1.0 h，沟 I、沟 II 和沟 III 的运行状态分别为 S、N、S。

由以上 A、B 和 C 三个阶段，构成了其整个运行的上半个周期。阶段 D、E 和 F 则组成其整个运行周期的下半个周期。

阶段 D：为下半个周期的第一阶段。将进水由沟 II 切换至沟 III，同时升高沟 III 的出水堰门，使其停止出水，降低沟 I 出水堰至出水水位。开启沟 III 转刷曝气装置，并在低速下运转以使该沟处于缺氧状态而进行反硝化处理。而沟 II 则处于强曝气状态。运行过程中，沟内的泥水混合液的流向与阶段 A 相反。处理出水由沟 I 排出。此阶段的运行时间为 2.5 h，沟 I、沟 II 和沟 III 的运行状态分别为 S、N、DN。

阶段 E：将进水由沟 III 切换至沟 II，沟 III 开始进行强曝气，使其由缺氧状态变为好氧状态，以在进一步去除有机物的同时进行硝化反应。此时，沟 I 仍作沉淀池使用，并由此沟出水。此阶段的运行时间为 0.5 h，沟 I、沟 II 和沟 III 的运行状态分别为 S、N、N。

阶段 F：沟 III 停止曝气，开始转入泥水分离的沉淀状态，直至此阶段结束。其余两沟的运行方式与阶段 E 相同。此阶段运行时间为 1.0 h，沟 I、沟 II 和沟 III 的运行状态分别为 S、N、S。

三沟（T 型）交替式 OD 工艺运行时，其运行周期一般为 8 h，但周期内各运行阶段的持续时间可根据具体情况（进水水质、处理程度等）做适当调整。此外，在该工艺的设计 HRT 内，一般将经历 2～3 个周期的运行。图 8-24 所示为上述运行方式的概化图。

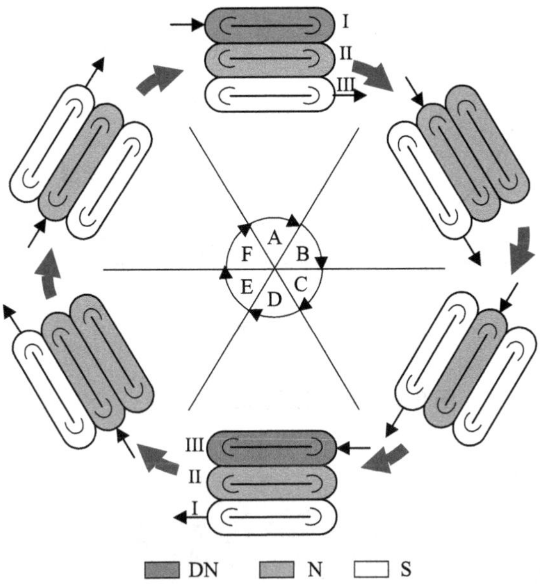

图 8-24　以脱氮为处理目标时三沟（T 型）OD 的运行模式概化

三沟交替运行 OD 工艺属于一体式工艺，不必另设二沉池，且通过自动控制系统，使其运行管理较为方便。

8.3.2.5 其他 OD 工艺

除上述几种备受重视和广泛应用的 OD 工艺形式外，尚有射流曝气 OD、导管式 OD 以及垂直循环流（VLR）OD 工艺等。

8.3.2.5.1 射流曝气 OD 工艺

射流曝气 OD 工艺系统如图 8-25 所示。这种 OD 工艺系统于 1973 年在美国首先应用于造纸白水的处理，较适合于小规模废水处理厂的应用。在射流曝气 OD 工艺运行过程中，在其底部安装射流曝气器，由射流器引入的压缩空气与混合液充分混合，并向水流流动方向射出，同时达到曝气和推动水流的目的。射流器一般设置多个喷嘴，并沿沟宽方向均匀设置。射流器形成的水流冲力造成了水流在水平方向的混合，然后由于气水混合液的上升作用而造成垂直方向的混合。因为射流器设置在池底，氧化沟的水深可以增加至 8 m 而仍可获得良好的混合效果，同时由于射流器所产生的气泡很细，因而氧的转移率也较高。射流器可以使氧化沟内的水流流速达到 0.3 m/s 左右，因此足以保持其活性污泥处于良好的悬浮状态。

图 8-26 为射流曝气 OD 工艺中使用的两种曝气装置。图 8-27 所示为建设中的射流曝气 OD 工艺。

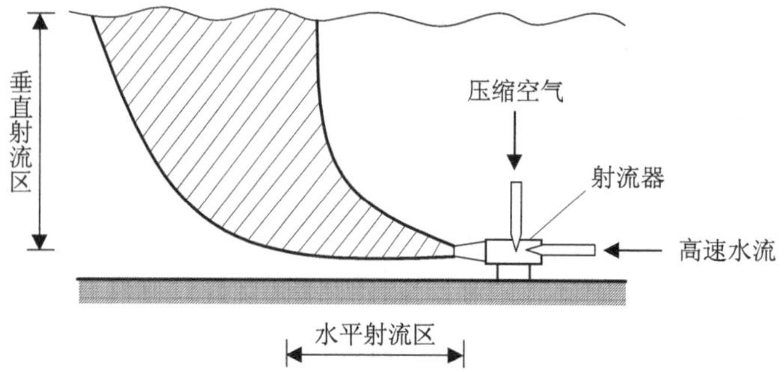

图 8-25 射流曝气器工作原理

图 8-26 两种不同形式的射流曝气装置

图 8-27 建设中的射流曝气 OD 工艺

8.3.2.5.2 导管式 OD 工艺

导管式 OD 系统是美国于 80 年代开发的一种高效节能 OD 处理系统。它以导管式曝气器（简称 DTA—Draft Tube Aerator）代替转刷曝气器，从而克服了转刷曝气对池深的限制，是一种新型的 OD 处理系统。1980 年，美国环境保护局把它作为一种新技术对外介绍；1983 年，日本建设省正式承认它为优秀的新技术，并鼓励在日本推广使用。导管式 OD 系统构造如图 8-28 所示。

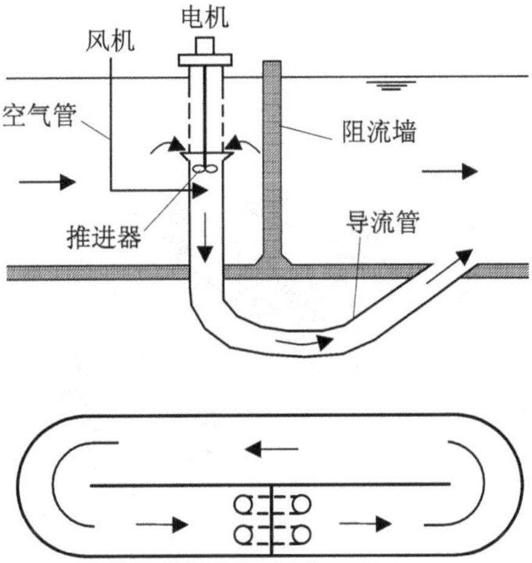

图 8-28　导流管 OD 工艺工作原理示意

这种形式的氧化沟根据其曝气区和沉淀区的关系可分为整体式和独立式两种。整体式氧化沟与沉淀池合建，污泥从沉淀池底部自动回流入氧化沟，不必设置污泥回流泵；独立式氧化沟与沉淀池分开建立而形成两个独立的单元，它较有利于氧化沟形状及运行方式的多样化。

该工艺由沟渠导管式曝气装置、导流管和供氧系统组成，由鼓风曝气装置供氧、通过水力推进器保证沟渠内的水流速度和泥水混合动力，水流在沟渠底部推进，可避免污泥的沉积。该工艺对氧的利用较高，当其水深为 3.0 m 时，氧的利用率可达 26%～34%；水深为 6.0 m 时，氧的利用率可达 45%。该工艺较适用于小规模的污水处理厂，其缺点是结构较复杂，施工难度较大。

8.3.2.5.3 垂直循环流（VLR）OD 工艺

垂直循环流（VLR—Vertical Loop Reactor）工艺是美国 USFilter 公司于 1986 年首次推出并应用于工程实际的改进型 OD 工艺。目前，美国已有 30 余座污水处理厂采用此工艺，处理规模为 700～$15.5\times10^4 m^3/d$。USFilter 公司推荐该工艺的适用处理规模为大于 3 800 m^3/d，其 BOD_5 负荷一般为 0.26 kg/(m^3·d)，但在 0.32～

0.64 kg/(m^3 · d)下运行时更为经济有效。

图 8-29 为 VLR OD 工艺的内部剖视，图 8-30 为该工艺的运行原理。由图可见，VLR 工艺的平面为矩形，在矩形池水深的一半处设有水平挡板，形成上、下两个部分，水流在上部曝气转盘对水流的推动下，绕挡板作上、下垂直循环流动。在挡板前端的池底，设有穿孔曝气管（粗泡）进行曝气。由于水平挡板的阻挡作用，由曝气装置充入水中的氧在水中的停留时间明显延长（可使气泡在混合液中停留时间由传统工艺的数秒延长至 1～2 min），从而可提高氧的利用率，并使粗泡曝气的供氧效率达到 1.35 kg/(kW · h)。

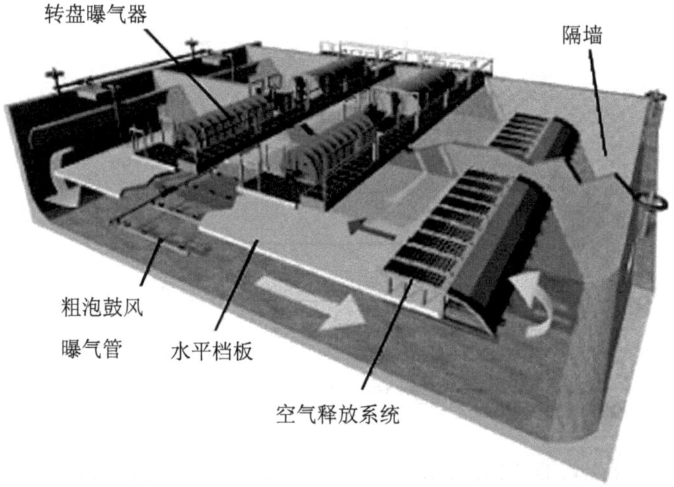

图 8-29　VLR OD 工艺的内部剖视图

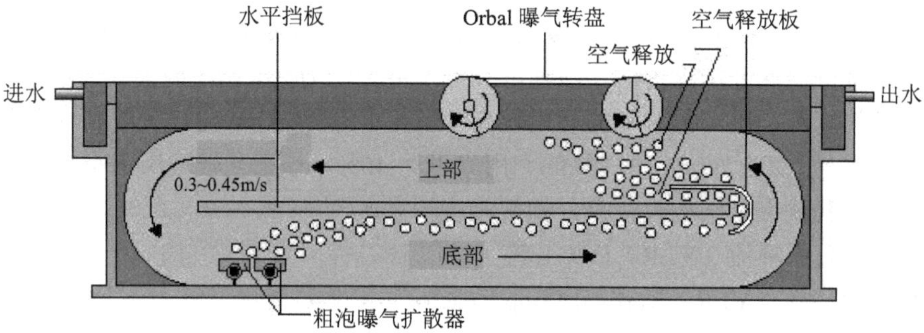

图 8-30　VLR OD 工艺的运行原理

该工艺的开发基于 Orbal^{TM} OD 工艺，所使用的表面曝气装置为 Orbal 曝气转盘。同时，其运行时，通常由两个或三个（一般为三个一组，与 Orbal OD 工艺内外三沟相似）VLR 池串联而组成整个工艺系统，通过控制每个 VLR 中的 DO 而可实现不同的处理功能。该工艺与 Orbal OD 工艺最显著的区别在于，将水流的循环混合方式由水平方向的流动改为垂直方向的循环流动，其水平挡板则相当于其他 OD 工艺的垂直导流墙，并由此而提高氧在混合液中的停留时间，提高了氧的利用率。

VLR OD 工艺反应器的有效水深可达 6.0 m，一般需大于 3.6 m，其长度一般大于 12 m。反应器中的水流速度一般为 0.3～0.45 m/s。由于该工艺采用双曝气系统，其中曝气转盘在充氧的同时，主要起到推动水流、保证必要的流动速度的功能；底部的粗泡曝气扩散装置则不仅主要起充氧功能，同时亦可有效地防止底部污泥的沉积，因而其运行控制更为灵活。运行过程中，由于水平挡板下部的空气在沿水流方向流动的过程中，大部分聚集在挡板的底部，因而通过在反应器中设置多孔的空气释放板，可对空气气泡起分割作用，同时防止其离开水平挡板后直接向空气释放，以进一步提高氧的利用率。图 8-31 所示为实际运行中 VLR OD 工艺。

图 8-31　实际运行中 VLR OD 工艺

8.4 OD 工艺的主要设备

OD 工艺的发展与其相关设备的开发与应用密切相关。目前，其专用的设备主要有曝气设备、专用混合设备及可调式出水堰门等。其中曝气设备通常兼有充氧和搅拌混合两种功能。

8.4.1 OD 工艺的曝气设备

曝气设备是 OD 处理工艺中最主要的机械设备，是决定 OD 工艺构造型式、运行方式、处理效能、动力消耗、运行稳定性及占地面积等的关键因素。国内外的实践证明，新型 OD 曝气设备的开发研制，意味着将出现一种新型的 OD 工艺。因此，OD 工艺曝气设备的开发研究已成为国内外众多研究者所关注的、成为推动 OD 污水处理工艺发展和推广应用的重要研究课题。

自 Pasveer 设计第一座间隙运行的 OD 工艺至今，该工艺已有了长足和快速的发展，众多沟形与高效曝气设备的完美组合，使氧化沟成为一种“能够始终如一地得到高水平的 BOD_5 和 TSS 去除率、维护量少、经济上具有竞争力的”污水生物处理工艺。

目前，OD 工艺中的曝气设备主要有机械曝气、射流曝气和混合曝气等，其中机械曝气设备包括水平轴曝气转刷、曝气转盘及垂直轴表面曝气叶轮和螺旋曝气机等。

8.4.1.1 机械曝气设备

8.4.1.1.1 水平轴曝气器

水平轴曝气器（Horizontal-Axis Aerator）包括转刷曝气器（Brush Aerator 或 Rotor）和转盘曝气器（Disc Aerator 或 Aerator Disc）两大类。这两种曝气器是研究最多、应用最广的 OD 工艺曝气设备，具有充氧效率高、结构简单、安装维修较为方便等特点。整个系统由电机、调速装置和主轴等组成，主轴上装有放射状的叶片或两个半圆组成的盘片。

转刷曝气器简称曝气转刷，主要有 Kessener 型、笼（Cage）型（亦称 TNO 型）和 Mammoth 型三种。其他产品均是这三种的派生型。这几种曝气器一般用于池深较浅的 OD 工艺中。

Kessener 型转刷的直径一般为 400～800 mm，浸没深度小于 0.1 m，转速为 50～70 r/min，其供氧效率可达 2 kg/(kW • h)。

笼型转刷（TNO Cage）顾名思义像个转笼，沿中心轴周围装有径向分布的 T 型钢或角钢，构成一个“笼子”，叶片则沿长度方向均匀设置在 T 型钢或角钢上（如图 8-32 所示），直径小于 1.0 m，浸没深度一般为 0.15 m，转速为 70 r/min，供氧效率可达 2.5 kg/(kW • h)。

上述两种曝气装置适用有效水深一般在 1.5 m 以下的 OD 工艺。

图 8-32 笼型（TNO Cage）转刷

Mammoth 型转刷是为增加单位长度的推动力和充氧能力而开发的，其叶片通过彼此连接直接紧箍在水平轴上，沿圆周均匀布置成一组，每组叶片之间有一定的间隔，叶片沿轴长呈螺旋分布，在旋转过程中叶片顺序进入水中，以保证运行的稳定性并可减少噪音。轴为中空钢管，转刷直径可达 1.0 m，其转速一般为 80 r/min，浸没深度为 0.3 m，轴的最大有效长度可达 9.0 m，充氧能力可达 8.0 kg/(m • h)，动力效率一般为 1.5～2.5 kg/(kW • h)，其适用 OD 工艺的设计有效水深为 3.0～3.5 m。

常见的曝气转刷叶片一般由普通钢板、不锈钢板、玻璃钢等材料制成，主轴一般为热轧无缝钢管和不锈钢管。叶片的形状也多种多样，有矩形、三角形、T 形、W 形、齿形和穿孔叶片等。根据转刷的跨度有 3 000 mm、4 500 mm、6 000 mm、7 500 mm 和 9 000 mm 五种规格。我国《曝气转刷认定技术条件》（HCRJ-034-1998）中列出了直径为 1.0 m 的技术参数。表 8-6 是根据国内外有关文献报道总结的部分转刷曝气机的特性。表 8-7 为美国 EPA 总结的部分转刷的技术参数。

盘式曝气器简称曝气转盘或曝气转碟，主要用于 Orbal 型 OD 系统中。如图 8-33 所示。它一般由抗腐性玻璃钢或高强度工程塑料做成。在转盘表面设有规则排列的锲形凸出物，以增强推动混合和充氧效率，盘上开有许多不穿透小孔（曝气孔），使空气分散到液体中以达到充氧的目的。中心轴为碳钢实心轴体。转碟设计成两个半圆断面，以半法兰与轴连接，可从轴上卸下或重新组装，转速一般为 43～55 r/min，浸没深度为 0.23～0.53 m。

表 8-8 所列为美国 Envirex 公司生产的曝气转盘在浸没深度 0.533 m 时的充氧特性，转盘直径为 1.38 m，厚度为 12.5 mm，曝气孔直径为 12.5 mm。表 8-9 所列为国外公司生产的转盘特性参数。

表 8-6　国内外部分转刷曝气机的特性

型号或类型	Akva Rotor midi	Mammu-tororen	Mammu-tororen	叶片式	TNO	Mammoth	转刷	转刷	YHG1000	YHG700
研制单位或生产厂家	Krüger 公司	Passavant 公司	Passavant 公司	日本	Whitehead &Poole 公司	英国	西德陶瓷化学公司	中南市政设计院	清华大学	清华大学
直径/mm	860	700	1 000	1 000	500～700	970～1 070	500	750	1 000	700
转速/（r/min）	78	85	72	60	—	—	70	77	70	70
浸深/m	0.12～0.28	0.24	0.30	0.17	0.75～0.2	0.10～0.32	0.04～0.16	0.104～0.164	0.25～0.30	0.20
充氧能力/(kg/(kW·h))	3.0～7.0	3.75	8.3	3.75	1.2～3.7	2.0～9.0	0.4～1.9	1.15～1.67	6.0～8.0	4.1
供氧效率/(kg/(kW·h))	1.6～1.9	2.20	1.98	2.7	—	—	2.5～2.7	0.52～0.76	2.5～3.0	2.95
转刷长度/m	2.0～4.0	1.0～3.0	3.0～9.0	—	—	—	—	3.0	4.5～9.0	1.5，2.5
OD 水深/m	1.0～3.5	—	2.0～4.0	2.9	—	3.0～3.6	—	2.0	3.0～3.5	2.0～2.5

表 8-7 美国部分曝气转刷的技术参数

生产公司或厂家	叶片	直径/mm	轴	浸水深度/m	转速/（r/min）	材料	单轴最大长度/m
Lakeside	水平牙形叶片	700	ϕ150 的扭力管	0.05～0.25	6.0～90	钢	4.87
Lakeside	7.6×36 长方形叶片	1 070	ϕ355 的扭力管	0.10～0.35	50～72	钢	9.14
Passavant	7.6×24 长方形叶片	700	ϕ200 的扭力管	0.08～0.24	90	钢	3.66
Passavant	7.6×36 长方形叶片	1 000	ϕ355 的扭力管	0.10～0.30	70	钢	9.14
Walker	7.6×28 长方形叶片	970	ϕ400 的扭力管	0.18～0.25	—	扭力钢管叶片	3.7～7.6
Envirex	13mm 厚的盘片	1 320	ϕ125 的扭力管	0.28～0.53	56～58	钢管塑料叶片	—
Cheme	穿孔玻璃纤维片	760	—	—	<100	玻璃纤维	2.1

图 8-33 OD 工艺中的曝气转盘

表 8-8 美国 Envirex 公司生产的曝气转盘的充氧特性

转速/（r/min）	下转[①]（浸深 0.533 m）			上转[②]（浸深 0.533 m）		
	kg/(盘·h)	制动/（kW/盘）	kg/(kW·h)	kg/(盘·h)	制动/(kW/盘)	kg/(kW·h)
43	0.753	0.353	2.13	0.567	0.265	2.14
46	0.848	0.412	2.06	0.635	0.301	2.11
49	0.943	0.478	1.97	0.703	0.345	2.02
52	1.04	0.544	1.91	0.771	0.382	2.02
53	1.13	0.610	1.85	0.839	0.426	1.97

注：① 指旋转过程中三角块的面先与水接触，因而充氧能力最大。

② 指旋转过程中三角块的角先与水接触，因而充氧动力效率最大。

表 8-9 国外公司生产的转盘的特性参数

轴跨度/m	转盘数	充氧能力/（kg/h）		轴功率/（kW/盘）
		浸没深度 400～530 mm	浸没深度 500 mm	
3.0	17	12.6～19.56	18.96	7.5
4.0	17	17.85～27.71	26.86	11
5.0	21	22.05～34.23	33.18	15
6.0	25	26.65～40.75	39.50	18.5
7.0	33	34.65～53.79	52.14	22

8.4.1.1.2 垂直轴曝气器

垂直轴表面曝气叶轮是专为 Carrousel OD 工艺设计曝气设备，一般每条沟安装一台，置于沟的一端。图 8-34 所示为美国联合公司生产的 SIMCAR®垂直表曝机。它具有提升能力强、允许沟深大（一般为 4～5 m）及适合于大流量污水处理厂等特点，应用较为广泛。其充氧能力随叶轮变化较大，供氧动力效率一般为 1.8～2.3 kg/(kW·h)。

图 8-34 美国联合公司生产的 SIMCAR®垂直表曝机

垂直轴表曝机的单机功率可达 150 kW，因而其所需设备少，适用水深大，可使 OD 池较传统 OD 工艺节省占地 10%～30%。此外，垂直轴表曝机运行时的线速度一般低于 5 m/s，其输出功能有较大的调节幅度（25%～100%），不仅运行灵活，而且利于节能。

垂直轴表曝机的叶轮浸没深度是影响其充氧效果和动力效率的重要因素。浸没深度的小小变化具有导致轴功率大大增加的“蝴蝶效应”，因而宜适当控制。其最大浸没深度一般在 60 mm 以内，以 40 mm 为最佳。

图 8-35 应用于荷兰 Leidsche Rijn 污水厂

Carrousel 3000 OD 工艺的双叶轮表曝-涡轮推进器

前已涉及，荷兰 DHV 公司于 20 世纪 90 年代末开发了将表曝装置与垂直涡轮（水下推进器）相结合、应用于 Carrousel 3000 的双叶轮垂直轴曝气器（图 8-35）。该装置将垂直涡轮安装在表曝装置同轴的底部并延伸至池底，从而在运行过程中可将池底部位的泥水混合液给予有效的提升和推动，从而其池深更大，可达 8 m 左右，且其动力调节范围亦更大（15%～100%）。

8.4.1.2 水下曝气设备

8.4.1.2.1 自吸螺旋曝气器

图 8-36 所示为自吸式小型螺旋曝气装置，它一般以一定的角度安装在 OD 池中。利用螺旋转动产生负压吸入空气，并剪切空气呈微气泡扩散。螺旋器在切割空气成微气泡的同时，推动 OD 内水流循环流动。这种曝气装置适用于小型氧化沟系统，一般需设置多台，其供氧动力效率为 1.90 kg/(kW・h)。

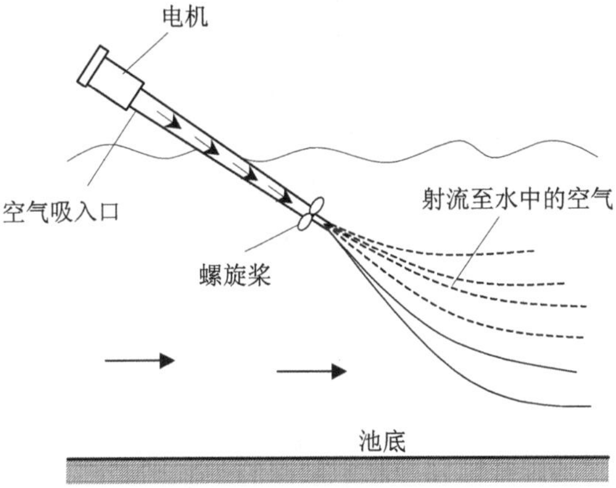

图 8-36 自吸螺旋曝气机工作原理

8.4.1.2.2 射流曝气器

射流曝气机如图 8-25 所示。OD 工艺中的射流曝气装置一般设在 OD 的底部，由外接加压水管、压缩空气管和射流器组成。运行过程中，将吸（送）入的空气与加压水充分混合，向水平方向喷射，达到曝气充氧、推进水流及混合搅拌的目的。射流器形成的水流冲力造成水平方向的混合，然后又由于水流上升而形成了垂直方向的混合（见图 8-25），因而沟宽和沟深是相互独立的，水深至 8 m 仍能得到良好的混合效果。因为射流曝气装置装在沟底，能使污泥和原污水得到充分的混合，获得良好的传质效果。其不足之处是需要对水、气加压，系统设备较复杂，施工和维护较为麻烦。

图 8-37 所示为实际应用中的射流曝气装置。

图 8-37　应用中的射流曝气机

8.4.1.2.3 导管式曝气器

导管式曝气器（DTA）见图 8-28。在 OD 工艺中采用 DTA 可对沟内流速和供氧量分别进行独立控制，并可通过改变叶轮的转速以达到调节沟内水流速度的目的，供氧量则可通过调节供气量控制。采用 DTA 时，OD 的沟深可达 4～5 m，占地面积少于传统 OD 沟型。运行过程中，所有污水都经过导管，可使污水、循环液和污泥得到充分的混合，具有良好的传质效果。其不足之处是动力效率较低，供氧仅为 0.67～0.73 kg/(kW・h)，设备系统和 OD 的施工均较复杂。

8.4.2 OD 工艺的进出水装置

目前应用较多的 OD 工艺大多为双沟或三沟交替运行工艺，其进水和出水均需要定时的切换，并保证均匀进、出水，因而均需要进出水配水装置。

进水装置一般采配水堰或配水闸，通过堰的升降或闸的开闭以及时切换进水流向、均匀配水。进水配水装置一般安装在配水井中。OD 工艺的出水装置除通过控制系统及时排出处理出水外，尚具有调节 OD 中水位的功能，从而可有效地调整曝气转刷（盘）的浸没深度，以保证良好的充氧效率和处理效果。OD 工艺中的出水装置见图 8-23。

8.5 OD 工艺的主要特点

OD 污水生物处理工艺属于悬浮生长的延时曝气活性污泥处理工艺，其污泥龄长、运行负荷低、剩余污泥量少，与其他生物处理工艺相比，具有以下几个明显的技术、经济特点。

8.5.1 处理流程简单、操作管理方便

首先，OD 处理工艺简化了预处理过程。一般的生物处理方法都要求污水先经格栅去除粗大的悬浮物质，经沉砂池去除无机悬浮颗粒，经初沉池去除有机悬浮物质，而 OD 工艺一般不设初沉池。由于 OD 工艺的 HRT 和 SRT 比一般的生物处理法长得多，废水中的悬浮状有机物可以在 OD 沟道中与溶解性有机物同时得到较彻底的稳定化处理。其次，OD 工艺所需的剩余污泥处理工艺较为简单。由于活性污泥在系统中的停留时间很长，排出的剩余污泥已得到高度稳定，因此不再需要进行厌氧消化处理，只需进行浓缩与脱水处理。同时，其剩余污泥量也比较少。第三，通过采用一定形式的 OD 系统和运行方式（如合建式 OD 系统、双沟或三沟交替运行的 OD 系统等），可省去二沉池，从而使处理流程更为简单。

处理流程的简化可节省基建费用，减小占地面积，并便于运行和管理。实际资料表明，虽然 OD 工艺采用的 HRT 较长，OD 沟道的容积较一般大于 CAS 工艺，但因在流程中省略了初沉池、污泥硝化池、二沉池及相应的污泥回流系统，从而可减少污水处理厂的总体占地面，特别是随着沟道深度较大的 Carrousel 和交替运行 OD 的应用，其占地面积可进一步缩小。

8.5.2 构造形式多样、运行方式灵活

如前所述，OD 工艺具有多种不同的构造形式和运行方式，其平面布置有圆形、椭圆形或马蹄形等，处理系统有单沟式、多沟式，而多沟系统可以是一组同心的互相连通的沟渠（Orbal），也可以是互相平行、尺寸相同的一组沟渠（Carrousel），可与二沉池分建，亦可与二沉池合二为一（三沟式 OD），这些不同的组合和构造形式赋予了 OD 灵活的运行性能，可根据不同的处理要求选择不同的运行方式，实现不同的处理目标和处理功能。此外，OD 工艺的出水堰是可调式的，可通过调节其高度而改变沟内的水深（其水深的调节变化范围一般为 15～30 cm），进而改变曝气装置的淹没深度，使其充氧量适应运行的需要。

8.5.3 处理功能较强、出水水质稳定

OD 工艺大多按延时曝气方式运行（其采用的典型工艺设计参数为：BOD_5 容积负荷为 0.2～0.4 kg/(m^3 • d)，BOD_5 污泥负荷（BOD_5/MLVSS）为 0.05～0.15 kg/(kg • d)，MLSS 质量浓度为 2 000～6 000 mg/L，HRT 为 10～24 h，污泥龄（θ_c）为 15～40 d），该工艺具有良好的处理出水水质，而且其运行可靠性、稳定性要高于其他生物处理工艺。表 8-10 和表 8-11 分别为美国 EPA 对其 29 个 OD 工艺处理厂运行数据的统计结果及其与其他生物处理工艺运行效果数据的比较。由

表 8-10 可见，冬季 OD 的运行效果比夏季略差，但出水的 BOD_5 和 SS 平均浓度仍能维持在 15 mg/L 以下，最高也不超过 60 mg/L。出水中 BOD_5 和 SS 的全年平均值分别为 12.3 mg/L 和 10.5 mg/L。由表 8-11 可见，OD 工艺的出水水质高于其他生物处理，且出水水质稳定。此外，有表 8-12 可见，与其他处理工艺相比，OD 工艺具有更好的运行稳定和可靠性。如当出水的 BOD_5 标准为 30 mg/L 时，平均水平的 OD 法处理厂其满足出水水质要求的保证率为 96%，生物转盘次之，为 90%，其他活性污泥法的保证率只有 80%～8%，而生物滤池的出水水质保证率最低，仅为 15%。表中数据还表明，所需的出水水质要求越高，则 OD 的优越性也就越突出。

表 8-10　美国 29 座 OD 污水厂运行效果的统计数据

项目		出水质量浓度/（mg/L）			去除率/%		
		冬季	夏季	年平均	冬季	夏季	年平均
BOD_5	最高浓度	55	34	41	87	86	87
	平均浓度	15.2	1.2	12.3	92	94	93
	最低浓度	1.9	1.0	1.5	99	99	99
SS	最高浓度	26.6	19.4	22.4	81	82	82
	平均浓度	13.6	9.3	10.5	93	94	94
	最低浓度	3.1	1.9	2.4	98	98	98

表 8-11　OD 工艺与其他生物处理工艺运行效果的比较

废水处理工艺	出水质量浓度/（mg/L）		去除率/%	
	BOD_5	TSS	BOD_5	TSS
活性污泥工艺	26	31	84	81
生物滤池	42	26	79	82
生物转盘	25	23	78	79
OD 工艺	12.3	10.5	93	94

表 8-12　各种生物处理方法运行可靠性的比较

处理工艺		出水质量浓度/（mg/L）小于下列数值的时间百分数/%					
		10		20		30	
		TSS	BOD_5	TSS	BOD_5	TSS	BOD_5
OD 工艺	最好的厂	99	99	99	99	99	99
	平均水平的厂	65	65	85	90	94	96
	最差的厂	25	20	55	55	80	72
CAS 工艺	推流式	40	25	75	70	90	85
	一体式	15	39	35	65	50	80
生物膜工艺	生物滤池	—	2	—	3	—	15
	生物转盘	22	30	45	60	70	90

OD 工艺对有机物的高效去除率及良好的运行稳定性，除与其长的 SRT 和 HRT 有关外，还与其水力流态有紧密的联系。当废水进入 OD 工艺后，在曝气装置的搅拌混合作用及由其作用下产生的水流在沟渠内的多次循环流动，而实现良好的均匀混合效果，由此强化了该工艺对进水水质波动的适应性。此外，由于 OD 工艺中的曝气装置是按点位布置，而非 CAS 工艺中整体均匀布置，在曝气装置的下游将存在明显的 DO 递减分布规律，在不同区域存在好氧、缺氧（或厌氧）条件，因而当混合液在沟渠内循环流动的过程中，通过依次流经好氧、缺氧区时，可实现良好的脱氮效果。尤其当采用 Carrousel 2000、Carrousel 3000、D 型和 T 型 OD 工艺时，可通过不同沟渠内运行方式的控制及定期切换等周期性交替运行，而实现高效的脱氮处理功能。一般而言，OD 工艺的 NH_3—N 去除率（或硝化率）可高达 95%～99%，脱氮率可达 70%～80%。表 8-13 所列为国外几类 OD 工艺型式的实际处理效果。

表 8-13 国外几种不同型式 OD 工艺的实际处理效果

污水处理厂/国家	工艺类型	处理规模/(m^3/d)	BOD_5 进水	BOD_5 出水	进水 TKN	NH_3—N 进水	NH_3—N 出水	出水 TN	TN 去除/%
Vienna-Blumenthal/奥地利	普通	41 256	245	12	30	18	3.6	4	87
Carrolwood/美国	普通	13 248	<u>250</u>	<u>20</u>	25	—	0.3	0.64	97
Frankfort/德国	普通	14 383	<u>205</u>	<u>23</u>	16.8	—	—	3.6	79
South Witbank/南非	Orbal	227	319	3	52.3	39	6.7	9.1	86
Modderfrontein/南非	Orbal	2 271	200	5	34	21	7.3	12.2	86
Huntasville/美国	Orbal	2 271	168	6	19.4	18	0.6	1.8	91
Faaborg/丹麦	D 型	15 000	—	6	—	—	4.8	9.1	80
Frederikssund/丹麦	T 型	8 327	300	9	36	—	0.5	3.5	90

注：（1）质量浓度单位均为 mg/L；（2）有下划线者为 COD_{Cr}。

8.5.4 基建投资省、运转费用低

美国 EPA 对不同生物处理工艺的基建和运行费用的分析比较结果表明，当处理规模分别为 3 785 m^3/d 和 37 850 m^3/d 时，OD 工艺污水处理厂的基建投资分别为传统活性污泥法的 60%和 80%。当处理厂的规模较小时，其运行费用也较省。如处理规模为 3 785 m^3/d 时，其年运行费用为 CAS 工艺的 77%，为接触氧化法的 66%，但当处理规模增加至 37 850 m^3/d 时，其运行费用将高出 CAS 工艺的 40%。需指出的是，美国的 OD 工艺都采用钢筋混凝土直立池壁，而在丹麦等国，当则多沟深在 2.5 m 以下时，多采用素混凝土浇灌的斜坡池壁的结构，因而其基建费用大为节省。

此外，当 OD 处理出水有氨氮指标的要求时，一般不需增加很多投资和运行费用，而其他处理方法则不同，由此可显示出 OD 的优越性。清华大学钱易教授根据美国 EPA 提供的数据计算而得的结果表明，当 OD 工艺具有硝化功能时，处理水量分别为 3 785 m^3/d 和 37 850 m^3/d 时，其污水处理厂的基建费用为同等规模一段活性污泥（AS）法处理厂基建投资的 50%和 65%，为二段 AS 法处理厂的 40%和 55%，其运行费用则分别为一段 AS 法处理厂的 71%和 124%，为二段 AS 法处理厂的 61%和 112%。可见，当处理厂的规模较大时，氧化沟法所需的运行费用仍要比 CAS 法略高。但如果要求氧化沟具有脱氮功能，则其基建投资和运行费用都比其他任何具有脱氮功能的生物处理工艺低，且处理规模越小，其运转费用越省（见表 8-14）。

表 8-14 各种不同脱氮处理工艺的经济比较

要求脱氮的污水处理流程	基建投资		运行费用	
	3 785m^3/d	37 850m^3/d	3 785m^3/d	37 850m^3/d
氧化沟	100	100	100	100
一级活性污泥法+混合反硝化池	291	221	210	137
二级活性污泥法+混合反硝化池	331	241	232	146
一级活性污泥法+固定膜反硝化池	308	221	208	123
二级活性污泥法+固定膜反硝化池	347	248	228	135
传统活性污泥法+折点加氯法	193	144	271	152
传统活性污泥法+选择性离子交换	248	204	189	123
传统活性污泥法+氨吹脱	215	182	147	105

8.6 OD 工艺的设计

8.6.1 OD 工艺的一般设计

8.6.1.1 容积（V）的确定

目前所应用的 OD 工艺均具有硝化或脱氮功能，因而在按具有硝化或脱氮功能的 OD 工艺的设计过程中，OD 的容积应包括好氧区容积和缺氧区容积两部分。好氧区容积可根据硝化菌的比增长速率（μ_N）、硝化菌产率（r_N）、及其衰减系数（k_{DN}）和所需要的 NH_3—N 去除量（即ΔNH_3—N）确定（式 8-1）。

此外，由于好氧区中碳化和硝化同时进行，故亦可按碳化速率（即污泥负荷）来确定好氧区的容积（式 8-2）。实际设计中，可分别按碳化和硝化要求计算好氧区容积，比较两者结果，取大者。要注意的是，当处理生活污水时，可仅按碳化要求计算；而处理 NH_3—N 浓度较高的工业废水时，则应进行碳化和硝化分别进行计算，以确保足够的好氧区容积。

缺氧区的容积可按反硝化速率（r_{DN}）及每日所需去除的 NO_x^-—N 量（即 ΔNO_x^-—N）进行计算（式 8-3）。

$$V_N = \frac{\Delta NH_3 - N}{r_N X} = \frac{Q([NH_3 - N]_0 - [NH_3 - N]_e)}{r_N X} \tag{8-1}$$

$$V_C = \frac{\Delta BOD_5}{F_W X} = \frac{Q(S_0 - S_e)}{F_W X} \tag{8-2}$$

$$V_{DN} = \frac{\Delta NO_x^- - N}{r_{DN} X} = \frac{Q([NO_x^- - N]_0 - [NO_x^- - N]_e)}{r_{DN} X} \tag{8-3}$$

式中：V_N——满足硝化要求所需的硝化区 OD 容积，m^3；

V_C——满足有机物去除要求所需的 OD 容积，m^3；

V_{DN}——满足反硝化要求所需的 OD 缺氧区容积，m^3；

Q——处理水量，m^3/d；

X——OD 内污泥质量浓度（MLSS），一般为 2 000～6 000 mg/L；

r_N——硝化速率（NH_3—N/MLSS）常数，kg/(kg·d)；

F_W——污泥负荷（BOD_5/MLSS），kg/(kg·d)；

r_{DN}——反硝化速率（NO_3^-—N/MLSS）常数，kg /(kg • d);

$[NH_3—N]_0$——进水 NH_3—N 浓度，mg/L；

$[NH_3—N]_e$——出水 NH_3—N 浓度，mg/L；

$[NO_x^-—N]_0$——进水 NO_x^-—N 浓度，mg/L；

$[NO_x^-—N]_e$——出水 NO_x^-—N 浓度，mg/L；

S_0——进水 BOD_5 浓度，mg/L；

S_e——出水 BOD_5 浓度，mg/L；

ΔNH_3—N——NH_3—N 去除量，kg/d；

ΔBOD_5——有机物的去除量，kg/d；

ΔNO_x^-—N——NO_x^-—N 去除量，kg / d。

上述计算中，反硝化速率可由试验测定。据文献报道，反硝化速率（NO_3^-—N/MLSS）的典型值为 0.02～0.06 g/(g • d)。应当指出，反硝化速率受所能利用的碳源类型的影响（见第 4 章）。当碳源分别由污泥内源呼吸、污水 BOD_5 和投加甲醇来提供时，相应的反硝化速率之比为 4∶7∶20。OD 工艺不同于一般的前置反硝化（A_n/O）脱氮工艺，其硝化和反硝化是交替进行的。当污水中基质浓度较低时，其反硝化碳源主要通过污泥内源呼吸提供，此时反硝化速率明显降低。所以，在确定反硝化速率时，有必要对污水中易降解基质的浓度及其变化规律有较确切的了解。

OD 反应器的总容积（V）等于好氧区容积与缺氧区容积之和。可用式 8-4 表示。

$$V = \max(V_{\rm N}, V_C) + V_{\rm DN} \tag{8-4}$$

8.6.1.2 污泥龄（θ_c）的确定

对具有硝化功能的 OD 工艺系统而言，保证足够长的污泥龄（θ_c）是获得有效硝化作用的基本条件，其原因在于，碳化异养菌与自养硝化菌相比，硝化菌的生长速率要低一个数量级。根据反应动力学，可将 OD 工艺看作 CSTR AS 处理系统。于是，该系统所需的最小 θ_c 与硝化菌的最大比增长率间存在以下关系式（8-5）。硝化菌的最大比增长速率受环境条件（如温度、溶解氧）的影响，需按式（8-6）进行校正。

$$\theta_{c\min} = \frac{1}{\mu_{\rm N\max}} \tag{8-5}$$

$$\mu_{{\rm N}\max(T)} = \mu_{{\rm N}\max(20)} 10^{0.008(T-15)} \frac{\rm DO}{(K_{\rm DO} + {\rm DO})} \tag{8-6}$$

式中：θ_{cmin}——所需最小污泥龄，d；

$\mu_{Nmax(T)}$——温度为 T 时硝化菌的最大比增长速率，d^{-1}；

$\mu_{Nmax(20)}$——20℃时硝化菌的最大比增长速率，d^{-1}；

T——实际运行温度，℃；

DO——实际运行溶解氧质量浓度，mg/L；

K_{DO}——溶解氧常数，通常取 1.3 mg/L。

应当看到，由此计算的最小泥龄仅涉及发生硝化的好氧污泥，而 OD 的污泥龄等于好氧污泥龄与缺氧污泥龄之和。此外，考虑到环境条件变化的不确定性及污水中有毒物质对硝化菌的抑制作用，故实际运行中 OD 的泥龄通常至少是上述最小泥龄的 2～3 倍。据报道，生活污水 20℃时的（$\mu_{Nmax(20)}$）典型范围为 0.34～0.65 d^{-1}。但由于 μ_{Nmax} 值与污水成分密切相关，故选用参数时应慎重。一般认为，处理生活污水的 OD 工艺中，泥龄在 15～40 d 可以保证硝化的有效发生，而工业废水的泥龄则往往较长，最好通过一定规模的中试来确定。

8.6.1.3 需氧量（O_R）的确定

OD 工艺的需氧量（O_R）为碳化需氧量（O_{RC}）和硝化需氧量（O_{RN}）之和，可用式（8-7）～（8-9）表示。

$$O_R = O_{RC} + O_{RN} \tag{8-7}$$

$$O_{RC} = YQ(S_0 - S_e) + 0.024K_{d(20)}XV\theta^{(T-20)} \tag{8-8}$$

$$\begin{aligned} O_{RN} = & 4.34Q([NH_3—N]_0 - [NH_3—N]_e) \\ & -2.85Q([NO_x^-—N]_0 - [NO_x^-—N]_e) \end{aligned} \tag{8-9}$$

式中：$K_{d(20)}$——20℃时 MLSS 污泥的内源呼吸速率常数，mg/(g・d)；

θ——温度系数（T=10℃时，θ=1.07）；

其余符号同前。

8.6.1.4 溶解氧浓度（DO）

OD 工艺中好氧区的溶解氧质量浓度通常为 1.5～2.0 mg/L，而缺氧区的溶解氧质量浓度则低于 0.5 mg/L。当曝气器的供氧量与 OD 的污泥浓度基本恒定时，DO 浓度自好氧区至缺氧区逐渐下降的梯度取决于污泥的有机负荷（F_W）。若进水基质浓度突然升高，曝气器下游 DO 浓度将迅速下降，使好氧区缩小，缺氧区扩大。由于进水中 NH_3—N 浓度往往和基质浓度同步变化，上述情况将导致硝化不完全，致使出水 NH_3—N 浓度升高。反之，则将造成好氧区扩大而缺氧区缩小，导致反硝化速率降低，同样致使出水中的 NO_x^-—N 质量浓度升高。OD 工艺中不同区域内的 DO 含量也可以在曝气器的设计和选择过程中加以适当考虑。

表 8-15 所列为 OD 工艺设计的有关工艺参数。

表 8-15 氧化沟的主要设计技术参数

主要设计参数	取值范围
HRT（t）/h	15～40
SRT（θ_C）/d	>15
X（MLSS）/(mg/L)	2 000～6 000
F_W（BOD_5/MLSS）/(kg/(kg • d))	0.05～0.02
R（回流污泥比）/%	100
BOD_5 去除率/%	94～98
TSS 去除率/%	90～95

8.6.2 OD 工艺的水力设计

8.6.2.1 水头损失（h）的计算

OD 工艺为环状平面布置，废水处理过程中，其混合液在沟渠中做不断的循环流动，沟内的循环水流可看成由曝气器提供水头的明渠流动过程，因而其水头损失（h）的计算是决定曝气器动力需求的重要依据。OD 工艺的水头损失由三部分组成，即摩擦损失（h_f）、弯道（h_w）及障板（h_z）损失。

8.6.2.1.1 摩擦水头损失（h_f）

摩擦损失可用满宁公式进行计算（式 8-10）：

$$h_f = k_f \frac{v^2}{2g} = \frac{2gn^2L}{R^{4/3}} \cdot \frac{v^2}{2g} = \frac{v^2n^2L}{R^{4/3}} \tag{8-10}$$

式中：h_f——摩擦水头损失，m；

k_f——摩擦水头损失系数；

v——平均循环水流流速，m/s；

n——满宁摩擦系数（水泥砂浆磨面 n=0.013）；

L——渠道长度，m；

R——水力半径，m。

8.6.2.1.2 弯道水头损失（h_w）

弯道水头损失系数与弯道的形状及是否有旋转叶片有关。对 180° 的锐弯且构造简单的叶片，其阻力系数 k_w 为 0.5～1.0。

8.6.2.1.3 障板水头损失（h_z）

障板的形式通常有两种，即倾斜障板和垂直障板。

倾斜障板常置于曝气机下游 2.0～2.6 m 处，使水流不直接进入弯道，其高度通常为 0.6 m，与垂直方向成 30° 倾角。其顶部比曝气器的底部高度高出 100～150 mm。设置障板的目的是引导部分表面水流转向，改善水流中氧及流速的垂直分布状态。

垂直障板置于某个曝气器的上游，离其下游曝气机 5 m 处。从上一个曝气器直接流到该曝气器，使之不受弯道的干扰。这种障板的高度为 0.6 m。其作用是改变速度分布，使 OD 底部流速大而接近曝气器处的流速小。

Goldstein 等根据淹没板的水力分析，提出了计算障板阻力系数的方法。垂直障板的阻力系数（k_{zv}）和倾斜障板的阻力系数（k_{zt}）可分别由式（8-11）～（8-13）计算（Goldstein 认为倾角为 30° 的倾斜障板的阻力损失可比垂直障板减少 20%）：

$$k_{zv} = 5.4\beta^{1.5} \tag{8-11}$$

$$k_{zt} = 0.8k_{zv} = 4.32\beta^{1.5} \tag{8-12}$$

$$\beta = \frac{b}{H-b} \tag{8-13}$$

式中：b——障板浸没深度，m；

H——氧化沟有效水深，m。

8.6.2.1.4 总水头损失（h）

OD 工艺的总水头损失（h）可用式（8-14）和（8-15）计算：

$$h = \frac{kv^2}{2g} \tag{8-14}$$

$$k = k_f + \sum k_w + \sum k_{zv} + \sum k_{zt} \tag{8-15}$$

上述计算中可能出现的误差有：当水流速度严重不均匀时，实际流速水头与 v^2 的比例系数远大于 1；高速度的水流直接冲向曝气器下游的倾斜障板时，利用平均速度计算可能比实际值低；一系列的障板可能形成复合水头损失，其值将比单独计算的总和大。

8.6.2.2 曝气器提供的水头（h_a）

Hartley 根据 Goldstein 在欧洲 4 个厂试验的基础上，在澳大利亚 4 个厂进行了补充试验，提出了曝气器提供水头计算的经验方法（式 8-16）。

$$h_a = 0.0215 I v_r^{1.35} H \tag{8-16}$$

式中：v_r——曝气器的旋转线速度，m/s；

I——曝气器的浸没深度，m；

其余符号同前。

8.6.2.3 曝气器功率（P）的计算

OD 单位宽度曝气器的轴总功率（P）可用式（8-17）计算。如所用曝气器的数量为 N，则每个曝气器的功率（P_i）可按式（8-18）计算。

$$P = \frac{\rho g q h}{\eta} \tag{8-17}$$

$$P_i = \frac{0.042 \rho g I v_r^{2.54}}{v^{0.19}} \tag{8-18}$$

式中：q——单位 OD 宽度上的流量，$m^3/(s \cdot m)$；

η——曝气器的提升效率，%；

v——循环水流速度，m/s。

8.6.2.4 OD 中水流循环速度（v）

研究和实际运行经验表明，为使 OD 工艺实现或获得良好的泥水混合效果，需将沟渠水水流的循环速度控制在 0.3～0.5 m/s。为此，在根据工艺要求确定 OD 工艺的容积后，为了获得适宜的循环流速，必须合理确定曝气器的直径、转速、叶片的形式及曝气器的浸没深度、OD 的沟渠宽深（B/H）比以及曝气机的布置等。研究表明，OD 的最佳有效深度为曝气器叶轮直径的 1.2 倍，单宽与深度之比为 2:1。

8.6.3 OD 工艺的特殊设计

8.6.3.1 Orbal OD 工艺的特殊设计

Orbal OD 工艺中需合理设计 I、II 和 III 沟的容积分配及 DO 浓度控制。在 Orabl OD 工艺的三条沟渠中（见图 8-9），其容积分配一般为 0.50∶0.33∶0.17。通常情况下，第一沟的容积占总容积的 50%～70%。三条沟渠中 DO 浓度分配一般为 0～0.5、1.0～1.5、1.5～3.0，充氧量分配可按 0.65∶0.25∶0.10 设计。

8.6.3.2 三沟式（T 型）交替运行 OD 工艺的特殊设计

如前所述，在三沟（T 型）交替式 OD 工艺的运行过程中，由于两条边沟（沟 I 和沟 III，见图 8-20）交替作为沉淀池使用，因而在其一个周期的运行过程中，始终有一边沟处于沉淀分离运行状态，由此需考虑在该工艺中实际参与硝化和反硝化污泥的有效性系数（f_a）。f_a 的基本含义是，在该工艺一个周期的运行时间内，以参与反应（硝化、反硝化）时间为权重的污泥浓度与一个周期内各个阶段运行时间为权重的污泥浓度之比。假定其三条沟渠的有效容积相等，则有：

$$f_a = \frac{X_I t_1 + X_{II} t_2 + X_{III} t_1}{X_I t_{11} + X_{II} t_2 + X_{III} t_{11}} \tag{8-19}$$

式中：X_I——沟 I（边沟）参与反应的平均污泥质量浓度，mg/L；

X_{II}——沟 II（中沟）参与反应的平均污泥质量浓度，mg/L；

X_{III}——沟 III（边沟）参与反应的平均污泥质量浓度，mg/L；

t_1——沟 I 和沟 III（边沟）在一个运行周期的工作时间，h；

t_{11}——沟 I 和沟 III（边沟）一个运行周期的时间，h；

t_2——沟 II（中沟）在半个运行周期内的工作时间，h；

假定污泥在各沟中均匀分布，则 f_a 可表示为：

$$f_a = \frac{t_1 + t_2 + t_1}{t} \tag{8-20}$$

式中：t——三条沟在一个运行周期内总运行时间，h。

据此，可根据式 8-20 确定该工艺的有效性系数，并由该系数计算所需该工艺的总污泥量（X_T）及三沟式 OD 工艺的总容积（V_T）：

$$X_T = \frac{V_{\text{CN}} + V_{\text{DN}}}{f_a} \tag{8-21}$$

$$V_T = \frac{YQ\theta_C (S_0 - S_e)}{f_a X (1 + K_d \theta_C)} \tag{8-22}$$

式中：V_{CN}——去碳和硝化所需 OD 工艺的容积，m^3；

V_{DN}——反硝化所需 OD 工艺的容积，m^3；

X——三沟中的平均 MLSS 质量浓度，mg/L；

其余符号同前。

如前所述，由于在三沟式 OD 工艺的运行过程中，始终有一边沟处于沉淀及泥水分离，同时由于在运行阶段 B、C 和 E、F，废水进入沟 II（中沟），并由此而导致三条沟渠中污泥浓度分布的不均匀，即 $X_{\mathrm{I}}/X_{\mathrm{II}}$ 和 $X_{\mathrm{III}}/X_{\mathrm{II}}$ 将大于 1，而沟 I 和沟 III 在一个运行周期间的有效反应时间远少于沟 II，因而这种污泥分布的不均匀性将影响其处理效果。如周律等对邯郸市东污水处理厂三沟式 OD 工艺中污泥分布（表 8-5）的研究表明，其有效系数仅为 48%。因而，提高三沟式交替运行 OD 工艺中的 f_{a}，是在其工艺设计尚需研究和有待解决的问题。

8.6.4 OD 工艺的设计程序

OD 工艺的设计程序如下：

（1）由工艺要求确定 OD 工艺的型式，计算其有效容积并确定有关工艺尺寸。

（2）根据曝气器的特性，选择适用的曝气器形式和曝气器长度，以满足高峰需氧量。

（3）确定曝气器的个数。设计时应考虑溶解氧的分配、功率的调节、曝气损失及曝气机的轴长。在单个 OD 沟渠中，曝气器的数量对 DO 的沿程分配有影响。可通过改变曝气器的运行台数，在维持总输入功率不变的条件下，改变沟内 DO 的分配状态；亦可通过调节曝气器的浸没深度以调节功率。根据曝气机的长度确定 OD 的宽度。表 8-16 所列为英国应用于 Carrousel OD 工艺的曝气器选择参数。

表 8-16　英国应用于 Carrousel OD 工艺的曝气器选择参数

曝气器参数	处理规模（人口当量）/10^4									
	0.2	0.4	0.6	1.0	1.5	2.0	3.0	5.0	7.0	10.0
数量	1	1	1	2	2	2	2	2	3	4
直径/mm	800	900	1 000	1 000	1 120	1 120	1 280	1 440	1 440	1 440
功率/kW	7.5	15	22.5	18.7	22.5	30	45	75	75	75
单宽/m	9	10	11	11	12	12	14	16	16	16
深度/m	9	10	11	22	24	24	28	32	48	64
长度/m	27	42	52	56	56	74	84	103	103	103
总体积/m^3	500	1 000	1 500	2 500	3 750	5 000	7 500	12 500	18 750	25 000

（4）确定 OD 的水深。

（5）确定 OD 的长度及总体几何形状。

（6）确定障板的配置。在小型 OD 工艺系统中，由于单位体积的功率较小，故应省去障板，但此时的水深不应超过 1.5～2.0 m，以保证底部有足够的流速。表面的水流速度过大时，将导致氧传递速度的下降而降低曝气效率。当 OD 的深度较大时，应采用垂直障板或倾斜障板，其弯道处会产生横向循环和竖向混合。因此，若曝气器出水直接进入弯道时，可以省去倾斜障板。如果第一个曝气器靠近弯道下游时，即可省去垂直障板。此外，为了使 OD 底部的最小流速大于 0.15 m/s，必须保证在无障板的情况下 0.3～0.4 m/s 的最小平均流速，水深不超过 1.5～2.0 m。设置有障板时，平均流速应为 0.25 m/s。

（7）确定总水头损失系数及所需的曝气装置提水的总水头。

（8）根据第（7）计算 OD 内水流的平均流速，并与（6）的流速建议值作比较。如果调节能力不足或超过最大速度，则可调整障板或水深重新进行计算。如果难以调整运转负荷，则可用时间继电器控制曝气器的运转，以间隙方式进行曝气。

8.7 OD 工艺的应用

目前，OD 工艺因其运行方式灵活多变、处理功能综合稳定，不仅在国际上得到广泛的应用，也已成为我国废水生物处理中一种较为重要的主体工艺。表 8-17 所列为国内部分城市污水处理厂 OD 工艺的应用概况。由表 8-17 可见，OD 工艺在我国的应用已向大型化方向发展，其中最大设计处理规模已达到 30×10^4 m^3/d。我国于 20 世纪 90 年代初利用丹麦政府赠款引进丹麦 Krüger 公司的三沟（T 型）交替式 OD 技术，并建设了国内具有示范作用的第一座应用该工艺的污水处理厂——邯郸市东污水处理厂。国外的主要应用情况及其处理效果请见表 8-10 和表 8-13。

表 8-17　我国部分城市污水处理厂 OD 工艺应用概况

污水处理厂	设计处理规模/（$10^4m^3/d$）	OD 工艺类型	投产年份
常熟市城北污水处理厂	3	三沟交替式	1998
邯郸市东污水处理厂	10	三沟交替式	1990
青岛经济技术开发区泥布湾污水处理厂	10	三沟交替式	1998
深圳滨河污水处理厂	30	三沟交替式	1996
苏州高新区第一污水处理厂	8	三沟交替式	1996
唐山市东郊污水处理厂	15	三沟交替式	1997
威海莒县污水处理厂	4	三沟交替式	1998

污水处理厂	设计处理规模/（$10^4m^3/d$）	OD 工艺类型	投产年份
枣庄市污水处理厂	7	三沟交替式	1997
北京燕山石化公司牛口峪污水处理厂	6	Orbal	1994
抚顺石油二厂污水厂	2.88	Orbal	—
广州石化公司污水厂	2	Orbal	—
潍坊市污水处理厂	10	Orbal	1999
厦门市集美污水处理厂	4.5	Orbal	2003
长沙市第二污水净化中心	14	Carrousel	1994
昆明市第一污水处理厂	5.5	Carrousel 2000	1991
桂林东区污水处理厂	4	Carrousel	—
银川市北部污水处理厂	5	Carrousel 2000	2003
中山市污水处理厂	10	Carrousel	1998
东莞市塘夏镇水质净化厂	3	双沟交替式	1996
西安市北石桥污水净化中心	15	双沟交替式	1998
安阳市豆腐营工业区污水处理厂	2.2	BOAT 一体式	—
广州某牛奶公司废水处理站	0.12	BOAT 一体式	2002
山东省高密市污水处理厂	1.5	侧沟一体式	—
珠海市香洲水质净化厂	6.5	Pasveer 双沟式	—

以下介绍国内外 OD 工艺在污水处理中应用的几个典型实例。

8.7.1 三沟交替式 OD 工艺的应用实例

8.7.1.1 邯郸市东污水处理厂

邯郸市东污水处理厂的服务人口为 35 万，总设计规模为 $10\times10^4 m^3/d$，其废水中生活污水和工业废水各占 50%。该厂于 1990 年 11 月完成其一期工程 $6.6\times10^4 m^3/d$ 的建设并投入使用。目前，该厂建有三组三沟式 OD 池，每组的平面尺寸为 98×73 m，有效水深为 3.5 m。其曝气装置及出水堰等大多为丹麦进口，其中有直径为 1.0 m、长为 9.0 m 的大型 Mammoth 单速转刷 24 台，双速 Mammoth 转刷 18 台，长 5.0 m 的可调式出水堰 48 台。

该厂自投产运行以来，已采用传统延时曝气（N）和 Bio-Denitro™（DN）两种模式运行，取得了稳定而良好的效果。表 8-18 所列为该厂的年均进、出水情况。

表 8-18　邯郸市东污水处理厂 OD 工艺年均进、出水水质

指标/（mg/L）	COD_{Cr}	BOD_5	SS	TP	NH_4^+—N	TN
进水	234	117	103	3.1	15.5	29.7
出水	28.2	7.2	7.6	1.7	4.6	14.3

在该厂的运行过程中，清华大学钱易教授和周律等对该厂的运行情况及工艺特征进行了跟踪研究，取得了对该工艺的改进和运行控制有较大指导意义的研究成果：①对按脱氮模式运行过程中，缺氧反硝化的 HRT（t_{DN}）和硝化 HRT（t_N）的研究表明，该工艺的最优 t_{DN}/t_N 为 0.4 左右，在此比值时，可获得 70%的脱氮效率。实际运行中，t_{DN}/t_N 的比值与废水水质（C/N 比等）有密切的关系，因而宜根据具体水质确定合理的 t_{DN}/t_N 的比值；②通过对长期运行的 OD 中各沟渠中污泥浓度的测定分析表明，其沟 II 中混合液的 MLSS 较两侧沟渠低于 41%的理论值（以三沟容积均等为前提—合理假定）（见表 8-5），其浓度仅为设计值的 59%，且仅有 48%左右的污泥参与生物处理过程，因而污泥浓度过低将影响处理效果，对此应引起重视。③通过经济分析表明，该厂运行中，转刷的能耗占其总能耗（去除 BOD_5 能耗，kW·h/kg）的 51.3%，且其总体运行能耗低于其他处理工艺（表 8-19）。

表 8-19　邯郸市东三沟式 OD 工艺与其他二级处理工艺的能耗比较

处理方法	一般应用范围	比能耗
CAS 工艺	各种规模	1.26～3.56
高纯氧 AS 工艺	大规模	1.30～1.72
传统 OD 工艺	小规模	2.20～4.86
邯郸污水处理厂	部分脱氮	1.20

8.7.1.2 苏州高新区第一污水处理厂

苏州高新区第一污水处理厂的总设计处理规模为 8×10^4 m^3/d，采用三沟式交替运行 OD 工艺。其一期工程（2×10^4 m^3/d）于 1996 年投产运行，1999 年完成二期工程，处理能力达到 4×10^4 m^3/d，2002 年完成第三期工程，达到总设计规模。该厂有 4 组日处理能力各为 2×10^4 m^3/d 的三沟式 OD 池（每组平面尺寸为 86.9 m×68.3 m×5.1 m），其曝气转刷、污水泵等由美国、德国和瑞典等进口。图 8-38 所示为该厂三沟式 OD 工艺的平面布置（局部）。

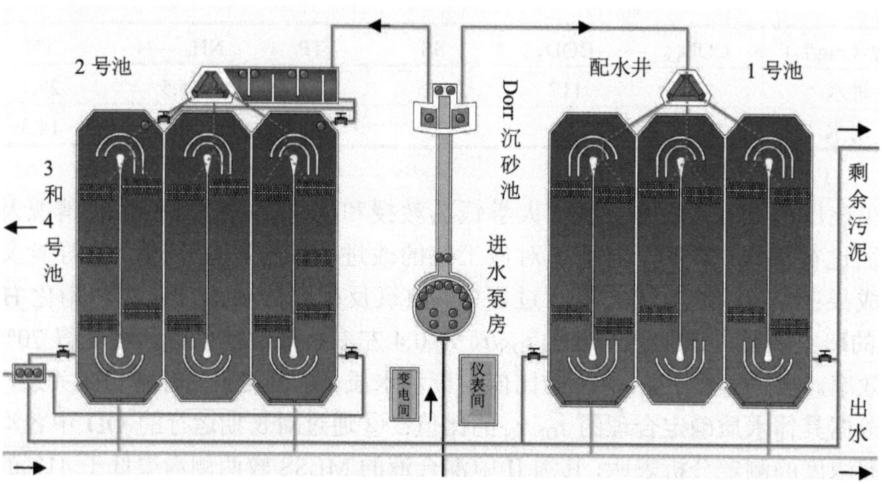

（a）T 型 OD 布置（局部）

（b）厂区局部

图 8-38　苏州高新区第一污水处理厂三沟（T 型）OD 工艺（局部）

8.7.2 Carrousel OD 工艺的应用实例

8.7.2.1 银川市北部污水处理厂

银川市北部污水处理厂由中国市政工程华北设计院设计，其设计处理规模为 $5\times10^4\ m^3/d$，采用 Carrousel 2000 OD 工艺。荷兰 DHV 公司为其中生物处理单元和污泥浓缩脱水单元工艺设备的总包商。

该厂采用如图 8-7（b）所示的内置预反硝化（DenitIR）Carrousel 2000 OD 工艺，其工艺设计参数如表 8-20 所列。该厂于 2003 年 8 月投产运行，2004

年 5 月其进水量达到设计值的 85.5%。自 2004 年 1 月起开始进行正常的日常运行管理，并对各项水质指标进行了监测。结果表明，OD 工艺的月均进、出水 COD_{Cr} 分别为 297.8 mg/L 和 35.8 mg/L，月均进、出水 BOD_5 分别为 146.8 mg/L 和 4.14 mg/L，月均进、出水 SS 分别为 150.6 mg/L 和 14.8 mg/L，月均进、出水 NH_3—N 分别为 20.8 mg/L 和 0.63 mg/L，月均进、出水 TP 分别为 3.68 mg/L 和 2.67 mg/L。可见，处理出水除 TP 指标外，其余均达到了《城镇污水处理厂污染物排放标准》（GB18918-2002）表 1 一级 B 标准。其中 NH_3—N 的处理效率尤为显著，高达 92.2%。

表 8-20　银川市北部污水处理厂 Carrousel 2000 OD 工艺设计参数

设计参数	取值范围
污泥龄（θ_C）/d	15
污泥负荷（BOD_5/MLSS）/(kg/(kg・d))	0.058～0.065
MLSS/（mg/L）	3 600～4 000
标准需氧量/（kg/h）	1 005（水温 20℃）
DO/（mg/L）	1.0～2.0
HRT/h	13.4
污泥回流比（R）/%	100～135
混合液回流比（R_N）/%	100～350

8.7.2.2 美国麻省 Edgar 镇污水处理厂

美国麻省 Edgar 镇污水处理厂位于 Martha Vineyard 岛，为处理规模仅为 757 m^3/d（冬季）～2 839 m^3/d（夏季）的小型污水处理厂（WWTP），建有两座 DenitIR Carrousel 2000 型 OD 工艺。表 8-21 所列为该厂 1999 年的月平均进、出水运行数据。

表 8-21　美国 Edgar 镇污水处理厂 Carrousel 2000 OD 工艺运行数据

指 标	月平均进水/（mg/L）	月平均出水/（mg/L）	去除率/%
BOD_5	238	3.14	99
TSS	202	5.14	97
TN	27.1	2.33	90

8.7.3 Orbal OD 工艺的应用实例

8.7.3.1 潍坊市污水处理厂

潍坊市污水处理厂的一期设计处理规模为 10×10^4 m^3/d，采用两组 Orbal OD 工艺，表 8-22 所列为其主要工艺运行参数。运行表明，该工艺设备简单，控制灵活，维护方便，工艺运行稳定（该厂的进水中工业废水占 70%，且污水来自合流制污水收集系统，因而水质水量波动较大，但该工艺运行稳定），其 TN 去除率达到 80% 以上。

表 8-22 潍坊市污水处理厂 Orbal OD 工艺运行参数

设计参数	取值范围
污泥龄（θ_C）/d	9
污泥负荷（BOD_5/MLSS）/(kg/(kg・d))	0.123
BOD_5 容积负荷/(kg/(m^3・d))	0.431
MLSS/（mg/L）	3 500
BOD_5 剩余污泥产率/(kg/(kg・d))	0.9
反硝化与硝化体积比（V_{DN}/V_N）	0.25
内、中、外三沟容积比	17:33:50
HRT/h	8.02
标准需氧量/（kg/h）	1 408（水温 20℃）
需氧量内、中、外三沟比例	52:30:18
内、中、外三沟 DO/（mg/L）	0:1:2
HRT/h	13.4
污泥回流比（R）/%	100
回流污泥质量浓度/（mg/L）	7 000

8.7.3.2 美国迈阿密（MI）Milford 村镇污水处理厂

图 8-39 所示为美国迈阿密 Milford 村镇污水处理厂，该厂采用 Envirex 公司开发的 Orbal OD 工艺，其处理规模为 4 000（平均）～10 000（最大）m^3/d，以脱氮除磷的方式运行，以符合其国家污染物排放和去除标准（NPDES），即限制每天 TP 的排放量要求。同时，该厂采用了投加铁盐混凝、纤维过滤、紫外消毒等处理工艺单元对废水进行深度处理，以使其尾水达到排入附近 Huron 河的水质要求。

图 8-39　美国迈阿密 Milford 村镇污水处理厂 Orbal OD 工艺

8.7.4 BOAT 一体式 OD 工艺的应用实例

8.7.4.1 广州某牛奶公司污水处理站

广州市某牛奶公司主要生产鲜奶，调制乳饮品、发酵酸奶等几大类产品，其废水主要来自生产容器、管道、设备加工清洗等高浓度废水及地面冲洗、生活等低浓度废水。由于受场地的限制，该公司采用了 BOAT 一体式 OD 工艺，其设计处理规模为 1 200 m^3/d。废水经格栅—调节—水解处理后，进入由厌氧和好氧串联组成的 BOAT OD 系统。

其厌氧 BOAT OD 工艺的主要设计参数为：HRT=7.8h，有效水深 5.5 m，水流速度 0.3 m/s，设有两台水下推进器，沉淀船（BOAT，采用斜板）的 HRT=1.9 h，表面负荷率为 0.48 $m^3/(m^2 \cdot h)$；其好氧 BOAT OD 工艺的主要设计参数为：HRT=11.8 h，有效水深 5.5 m，水流速度 0.3 m/s，污泥龄 11.5 d，MLSS=3 500 mg/L，总需氧量 1 364 $kg(O_2)/d$，污泥负荷（BOD_5/MLSS）为 0.28 $kg/(kg \cdot d)$，设有两台水下推进器，沉淀船（BOAT，采用 PP 斜管）的 HRT=4.8h，表面负荷率为 0.48 $m^3/(m^2 \cdot h)$。表 8-23 所列为其 COD_{Cr} 和 BOD_5 的处理效果。该工程总投资为 110 万元，吨水投资费为 916 元，较分离式 OD 工艺节省投资约 40%，吨水占地为 0.58 m^2/m^3，较分离式 OD 工艺节省约 15%。

表 8-23　BOAT OD 工艺的运行效果

指 标	厌氧 BOAT OD		好氧 BOAT OD	
	进水	出水	进水	出水
BOD_5/（mg/L）	812	400	400	22
COD_{Cr}/（mg/L）	1 450	725	725	71

8.8 结语

作为一种新的污水生物处理技术，OD 工艺因其多样化的工艺构型、良好的运行特性及广泛的适用性，而受到众多研究者的关注，其在废水处理领域中的应用也得到了快速的发展，并已成为城市污水处理厂建设中选用的主流工艺，其原因主要表现在：①随 OD 工艺中曝气设备由水平轴曝气转刷（盘）向垂直轴表曝装置的发展使其有效水深显著增大，从而有效地改善了其传统运行方式因受曝气方式的限制而需控制沟渠深度（并由此而导致的占地面积较大的问题），使其具有更强的适用性（如 Carrousel 2000 和 Carrousel 3000 OD 工艺）；②随其运行向交替式方向的发展，使其不仅保持了连续运行生物处理工艺的基本特征，同时具有了 SBR 等间歇运行工艺的特征，从而增强了该工艺的处理功能和运行稳定性（如 D 型和 T 型 OD 工艺）；③随其工艺组成由分体式向一体式的发展，使其处理工艺流程明显缩短，不仅减少了其占地面积，同时也简化了其运行操作复杂性（如 BOAT、T 型 OD 工艺等）；④由于多沟在不同（DO）条件下的组合运行及水流沟渠中的循环流动，可充分利用沟渠中控制的或自然变化所产生的 DO 浓度梯度，实现同步硝化反硝化（SND）处理功能。此外，OD 工艺本质上属于延时曝气活性污泥处理工艺，在很低的负荷条件下运行，具有相当长的污泥龄，因而利于长世代期硝化菌的生长繁殖，强化其对氮的处理功能，同时其较少的剩余污泥产量则利于简化污泥处理工艺，降低其处理费用。

但在 OD 工艺的应用中，必须注意根据废水的处理规模和处理要求，选择合适的工艺类型和运行方式，重视对 OD 沟渠中 DO 等的监控及曝气设备的运行状态的调节，以确保良好的水流流动和混合条件，以及各功能区有效容积和微生物功能的有效发挥。

参考文献

[1] 白晓慧，王宝贞．一种新型的 Carrousel 氧化沟工艺．给水排水，1999，25（3）：27～29.

[2] 陈兴光，张淑敏，张立军．三沟式氧化沟工艺在泥布湾污水处理厂的应用．苏州城建环保学院学报，1999，12（4）：49～54.

[3] Daigger G T，Littleton H X. Orbal 氧化沟同时硝化/反硝化及生物除磷的机理研究．中国给水排水，1998，15（3）：1～7.

[4] 邓荣森，刘保疆，王涛等. 一体化氧化沟技术的发展. 中国给水排水，1998，14（1）：42～44.
[5] 杜英豪，杨小文. 三沟式氧化沟脱氮的运行管理. 中国给水排水，2003，19（12）：94～96.
[6] 蒋少军. 交替运行式氧化沟脱氮、磷工艺及应用. 工业用水与废水，1999，30（1）：9～12.
[7] Joha T，吕斌. CARROUSEL 2000 型氧化沟设计方法. 中国给水排水，1999，15（9）：29～30.
[8] 柯明勇，黄中华，王国智. 改良 Orbal 氧化沟工艺除磷脱氮功效探讨. 工业水处理，2004，24（11）：70～72.
[9] 匡云霞. 昆明第一污水处理厂氧化沟工艺除磷脱氮效果分析. 给水排水，2004，30（8）：50～51.
[10] 刘长荣，常建一. Carrousel 氧化沟的脱氮除磷工艺设计. 中国给水排水，2002，18（1）：67～70.
[11] 李正明. 导管式氧化沟设计介绍. 化工给排水设计，1997，（2）：16～18.
[12] 刘家富，吕斌，曹红涛等. 卡鲁塞尔氧化沟的调试及运行. 中国给水排水，2004，20（11）：101～103.
[13] 任周鸣. 三槽式氧化沟的特点和工艺控制. 环境污染与防治，1999，21（1）：25～27.
[14] 沈云新，唐耀武. Orbal 氧化沟的评价与改进设想. 化工给排水设计，1998，（4）：23～27.
[15] 王建利，张德兵，方勇. 潍坊市污水处理厂奥贝尔氧化沟工艺. 中国给水排水，1999，15（10）：42～43.
[16] 汪大翚，雷乐成编著. 水处理新技术及工程设计. 北京：化学工业出版社，2001.
[17] 王凯军. 氧化沟的设计方法探讨. 中国给水排水，1999，15（1）：26～29.
[18] 王凯军，贾立敏编著. 城市污水生物处理新技术开发与应用. 北京：化学工业出版社，2001.
[19] 颜秀勤，张悦，郑兴灿等. 奥贝尔氧化沟的工程应用性能研究. 中国给水排水，1999，15（7）：14～17.
[20] 杨红红，齐立新，王海英. 莒县污水处理厂三沟式氧化沟的设计及计算. 山东环境，1999，（5）：32～33（36）.
[21] 姚建新，李思敏，张胜等. T 型氧化沟的生物除磷脱氮机理及效果分析. 宁夏工程技术，2004，3（1）：55～60.
[22] 曾胜，朱静平，何睦盈. 船型一体化氧化沟处理乳制品废水工程实例. 给水排水，2004，30（9）：53～55.
[23] 张忠祥，钱易主编. 废水生物处理新技术. 北京：清华大学出版社，2004.
[24] 赵书华，李长坤，李保臣等. 改良型 Carrousel 2000 氧化沟工艺的优化控制. 江苏环境科技，2004，17（3）：15～16（19）.
[25] 赵星明. 氧化沟的水力计算. 环境工程，2000，18（2）：14～17.
[26] 周律，钱易，杨肇健等. 三沟式氧化沟处理城市污水的效应. 中国给水排水，1997，13（5）：4～7.

[27] 周律，钱易. 影响三沟式氧化沟脱氮效果的两个重要参数. 环境科学，1998，19（2）：27～30.

[28] 周律，钱易. 浅议三沟式氧化沟的设计. 给水排水，1998，24（1）：6～9.

[29] 周律，钱易. 三沟式氧化沟处理工艺的 分析. 中国环境科学，1998，18（3）：210～212.

[30] 周政明，陈玉堂. 深圳滨河污水厂三槽式氧化沟工艺. 中国给水排水，1999，15（1）：50～51.

[31] Abusam A，Keesman K J，Meinema K，et al. Oxygen transfer rate estimation in oxidation ditches from clean water measurements. *Water Res.*，2001，35（8）：2058～2064.

[32] Abusam A，Keesman K J，van Straten G. Forward and backward uncertainly propagation：an oxidation ditch modeling example. *Water Res.*，2003，37（2）：429～435.

[33] Argaman Y. Single sludge nitrogen removal in an oxidation ditch. *Water Res.*，1984，18（12）：1493～1500.

[34] Barnes D，Foster C F，Johnstone W M. Oxidation ditch in wastewater treatment. Pitman Books，London，1983.

[35] Boyle W C，Stenstrom M K，Campbell H J，et al. Oxygen transfer in clean and process water for draft tube turbine aerators in total barrier oxidation ditches. *Jour. Water Pollut. Control Fed.*，1989，61（8）：1449～1463.

[36] Brink N. Self-purification in an open ditch. *Water Res.*，1968，2（7）：481～484.

[37] Drews R J J C，Greeff A M. Nitrogen elimination by rapid alternation of aerobic/anoxic conditions in orbal activated sludge plant. *Water Res.*，1973，7（8）：1183～1194.

[38] Dudley J. Process testing of aerators in oxidation ditches. *Water Res.*，1995，29（9）：2217～2219.

[39] Gillot S，Capela S，Héduit A. Effect of horizontal flow on oxygen transfer in clean water and in clean water with surfactants. *Water Res.*，2000，34（2）：678～683.

[40] Gillot S，Héduit A. Effect of air flow rate on oxygen transfer in an oxidation ditch equipped with fine bubble diffusers and slow speed mixers. *Water Res.*，2000，34（5）：1756～1762.

[41] Hedaoo M N，Bhole A G. Oxidation ditch with bubble aeration. *26th WEDC Conference on Water，Sanitation and Hygiene：Challenges of the Millennium*，Dhaka，Bangladesh，2000，pp.274～276.

[42] Janssen P，van der Roest H. Winning combination. *Water Quality International*，1996，（9/10）：12～15.

[43] Koot A C J，Zeper J. Carrousel，a new type aeration-system with low organic load. *Water Res.*，1972，6（4/5）：401～406.

[44] Mandt M G，Bell B A. Oxidation ditches in wastewater treatment. New York：Ann Arbor Science Publishers，1982.

[45] Murray I，Parsons J W，Robinson K. Inter-relationship between nitrogen balance，pH and dissolved oxygen in an oxidation ditch treating farm animal waste. *Water Res.*，1975，9（1）：25～30.

[46] Nakajima M，Hayamizu T，Nishimura H. Inhibitory effect of oxygen on denitratification and denitritification in sludge from an oxidation ditch. *Water Res.*，1984，18（3）：339～343.

[47] Niermans R，Hoitink B，Janssen P，et al. Carrousel goes deeper. *Water Quality International*，1998，（3/4）：22～24.

[48] Spivak Y A. Engineering aspects of wastewater treatment in aerated ring-shaped channels. *Water Res.*，1974，8（5）：317～322.

[49] Stephenson R V，Baumann E R，Berk W L. Performance of surface aerators in an oxidation ditch. *Jour. Environ. Eng. Div. ASCE*，1984，111（1）：79～91.

[50] United Industries Inc. The BOAT intra-channel clarifier. *Publication No. 893B*，1993.

[51] USEPA. Wastewater technology fact sheet-oxidation ditches. *EPA 832-F-00-013*，Sept. 2000.

[52] USFilter Corporation. Vertical loop reactor for biological treatment. *Bulletin No. USF 315-15AIR3*，2005.

[53] Vesilind P A. Wastewater treatment plant design. *Water Environmental Federation*，IWA Publising，USA，2003.

[54] Walter S，Hyke D. Wallace R. Knox wastewater treatment facility Texas city，TX Vertical Loop Reactor case history. *Illinois Water Environment Association 22nd Annual Conference*，Rockford，IL，Mar. 15，2001.

[55] Wong-Chong G M，Anthonisen A C，Loehr R C. Comparison of the conventional cage rotor and jet-aero-mix systems in oxidation ditch operations. *Water Res.*，1974，8（10）：761～768.

[56] Zilles J L，Peccia J，Noguera R. Microbiology of enhanced biological phosphorus removal in aerated-anoxic Orbal processes. *Water Environ. Res.*，2002，74（5）：428～436.

第 9 章

SBR 污水生物处理技术

澳大利亚 South Caboolture 污水处理厂
（SBR 工艺）
South Caboolture WWTP, Australia
（SBR Process）

9.1 概述

SBR（Sequencing Batch Reactor）是序批式间歇活性污泥法（又称序批式反应器）的简称。它是目前国内外受到广泛重视、研究和应用日趋增多的一种污水生物处理新技术。

其实，SBR 处理工艺并不是一种“新”的污水处理技术。早在 1914 年 Ardern 和 Lockett 发明活性污泥法之初，首先采用的就是这种处理系统（并称之为 fill and draw 系统），但由于当时尚无先进的自动监控技术，使间歇处理所需的控制系统十分繁琐，操作复杂且工作量大，特别是后来由于城市和工业废水处理的规模趋于大型化，使得间歇式活性污泥法逐渐被连续式活性污泥法所代替。因此，SBR 处理工艺在当时未能得到推广应用，主要原因是 SBR 法所存在的在当时被认为是该工艺的缺点的自动化控制要求高的特点造成的。但随着电子计算机的普及应用和相应的控制和操作软件的开发，特别是自动监控技术和各类自动化仪器设备的开发与应用，污水处理厂的自动化管理程度得到大大提高，并出现了电动阀、气动阀、定时器及在线自动监测技术产品，为间歇式活性污泥法再度得到深入研究和应用提供了极为有利的先决条件。

20 世纪 70 年代初，美国 Natre Dame 大学的 R. Irvine 教授对 SBR 工艺进行了实验室规模的系统研究，并于 1980 年在美国国家环保局（USEPA）的资助下，在印第安纳州的 Culver 城改建并投产了世界上第一个 SBR 法污水处理厂。此后，日本、德国、澳大利亚、法国以及我国等都对 SBR 处理工艺进行了应用研究，并通过其操作方式、运行控制和工艺优化等一系列研究，开发了一批以 SBR 为基础的变型处理工艺，如 MSBR、ICEAS、CASS、DAT-IAT、UNITANK 工艺等。

SBR 工艺的发展与推广应用，与目前城市污水处理厂的建设朝中小型化和分散化的方向发展密切相关。随着城市建设与发展的生态化、乡村化，建设中小规模的污水处理设施易于使处理出水就地达标排放，避免因大规模集中排放而造成的对受纳水体的过大的生态压力，同时亦利于废水的分散回用，便于基建投资的筹措，尤其是目前我国随城镇化发展不断涌现的众多中小城镇，其污水的收集与排放具有明显的分散和小型化的特点；此外，自 20 世纪 90 年代中期以来，我国年排放的城市污水中，生活污水的比重已超过工业废水，水环境治理的主要任务已在严格控制工业废水排放和有机污染的同时，十分强调水体富营养化的控制，废水中氮、磷的控制已成为选择废水处理工艺必须考虑的问题。由此，SBR 作为一种适用于中小规模处理和具有良好氮、磷去除效果的废水处理工艺便应运而生。

我国对 SBR 污水生物工艺的研究和应用始于 20 世纪 80 年代中期。1985 年，上海市政工程设计研究院为上海吴淞肉联厂设计并投产了我国第一座处理规模为 2 400 m^3/d 的 SBR 工艺污水处理站。经几年的实际运行实践表明了良好的处理效果。此后，许多研究机构和高校对该工艺应用于不同废水处理中脱氮除磷效果的改进、污泥膨胀的控制、系统的自动化控制以及滗水装置的研制等进行广泛深入的研究，各地相继建成并投入运行了一大批 SBR 及其变型工艺的城市污水处理厂，并广泛应用于众多工业废水的处理。

9.2 SBR 工艺的基本流程和原理

9.2.1 基本工艺流程

SBR 工艺是由按一定时间顺序间歇操作运行并在单个反应器内完成全部操作和运行过程的处理工艺。传统意义上的（经典）SBR 工艺，其一个完整的操作过程（亦称运行周期）包括由五个阶段按顺序依次运行组成：①进水期（或称充水期）；②反应期；③沉淀期；④排水排泥期；⑤闲置期。图 9-1 所示为 SBR 处理工艺一个运行周期内的操作过程。

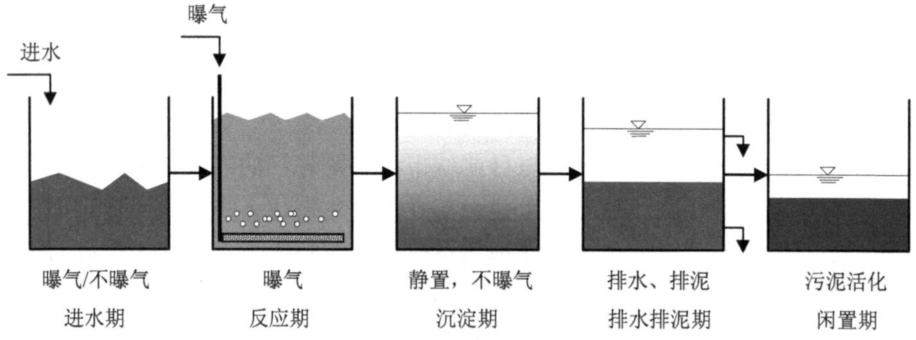

图 9-1　SBR 工艺一个运行周期内的基本操作过程

SBR 的运行工况以间歇操作为主要特征。所谓序列间歇式有两种含义：一是运行操作在空间上是按序列、间歇的方式进行的。由于污水大多是连续排放且流量的波动较大，因而在一般情况下，间歇反应器（SBR）至少为两个池或多个池（图 9-2）。污水连续按序列进入每个反应器，它们运行时的相对关系是有次序的，同时也是间歇的；二是每个 SBR 反应器的运行操作在时间上也是按次序排列间歇运行的，一般按图 9-1 所示述为五个阶段依次进行工作。其中自进水、反应、沉淀、排水排泥至闲置期结束为一个运行周期。在一个运行周期中，各个阶段的运行时间、反应器内混合液体积的变化及运行状态等都可以根据具体污水的性质、出水水质及运行功能要求等灵活掌握。对于单一的 SBR 池而言，不存在空间上控制的障碍，只在时间上进行有效的控制与变换，即能实现多种处理功能要求，运行是非常灵活的。

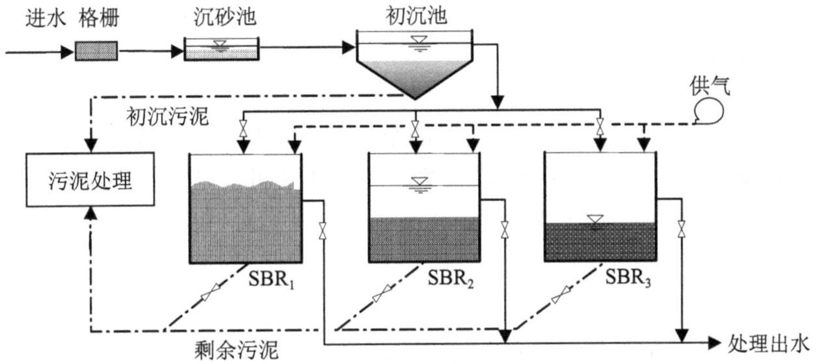

图 9-2 由三池组成的 SBR 处理工艺

对间歇排放污水的情形而言，SBR 处理工艺中可省去污水贮存池，将污水直接引入 SBR 反应器，使之成为贮存污水、曝气池和二沉池的一体化设备使用。对于连续排污的情形，可按如上所述使用多个 SBR 间歇反应单元并联运行，按操作顺序依次对每个 SBR 反应器进行充水。即第 1 个反应器充满水后，将污水接入第 2 个反应器，并依次接入第 3、…、第 n 个反应器。当处理系统中的最后一个反应器充水完成后，第一反应器已完成整个运行周期并接着充水，如此循环往复运行。SBR 工艺运行过程中，进水期接纳污水，有贮存和调蓄的功能，如果在进水期间进行曝气，则还可起到预曝气的作用。图 9-3 所示为多个 SBR 反应器的运行系统操作示意。

由图 9-3 可见，多个 SBR 反应器处理系统中需要较多的控制阀门和复杂的控制系统以根据需要进行流量和进水点位的调节与控制。因而，SBR 处理工艺大多适用于处理水量比较小的情形，但在有充分实现自动化控制和监测的场合，则也可应用于大水量的处理。

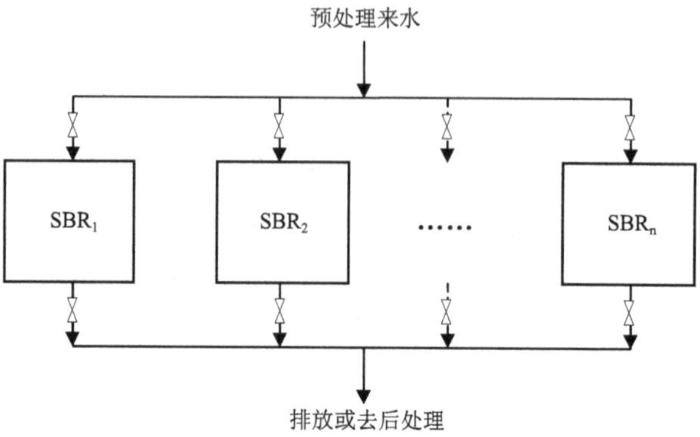

图 9-3　多个 SBR 的运行操作方式

9.2.2 操作过程

如前所述，SBR 污水生物处理工艺的整个处理过程实际上是在一个反应器内进行的。它包括了进水期、反应期、沉淀期、排水排泥期和闲置期等五个操作过程。下面就这几个运行操作过程加以描述。

9.2.2.1 进水期（F）

将原污水或经过预处理以后的污水引入 SBR 反应器。此时反应器中已有一定数量、满足处理要求的活性污泥，其体积一般为 SBR 反应器有效容积的 50%左右，即充水的量约为反应器容积的一半。充水所需的时间随处理规模和反应器容积的大小及被处理污水的水质而定，一般为数小时（详见 9-3 部分的介绍）。由于 SBR 工艺是间歇进水的，即在每个运行周期之初将污水在一个较短的时间内投入反应器，待反应器充水到一定位置后（达到设计水位）再进行下一步的操作过程。而在每个运行周期末，经过反应、沉淀、排水排泥及闲置过程后，反应器中保留了一定数量的活性污泥。很明显，在向反应器充水的初期，反应器内液相的污染物浓度是不大的，但随着污水的不断投入，污染物的浓度将随之不断提高。当然，在污水的投加过程中，SBR 反应器内也存在着泥水的混合和活性污泥对污染物的吸附、吸收和氧化降解等作用。随着液相污染物浓度的不断提高，这种吸附、吸收和氧化作用也随之加快。如果在进水阶段向反应器中投入的污染物数量不大或污水中的污染物浓度较低，则所投入的污染物能被及时吸附、吸收和氧化降解，整个运行过程将是稳态的，此种情形与连续式活性污泥法中微生物对有机污染物的降解过程类似。但在 SBR 工艺的实际运行过程中，很少会出现这种情况。由于 SBR 工艺中，污水一般是在较短的时段（即充水时间）内投入反应器的，在充水时间里单位时间内反应器投入的污染物数量比连续式活性污泥法大（或大得多），亦即污染物的投入速率往往高于活性污泥的吸附、吸收和生物氧化降解速率，从而造成污染物在混合液中的积累。因而，此阶段反应器中的污染物将按图 9-4 中曲线（a）的变化规律积累，而进水阶段结束并进入反应阶段后，污染物的浓度则将按图 9-4 中曲线（b）的形式变化。在相同的时间里，向反应器投入的污染物数量越大，积累量也越大，则混合液中污染物的浓度就越高。如果所处理的污水中含有有毒物质，则其所造成的抑制程度就会越大。为克服有毒污染物对处理过程的影响或污染物积累过多而造成对后续的反应过程产生的不利影响，应注意控制充水时间的长短。即污水浓度越高，污染物毒性越大，其相应的充水时间应较长些，以防止对活性污泥微生物的抑制作用。

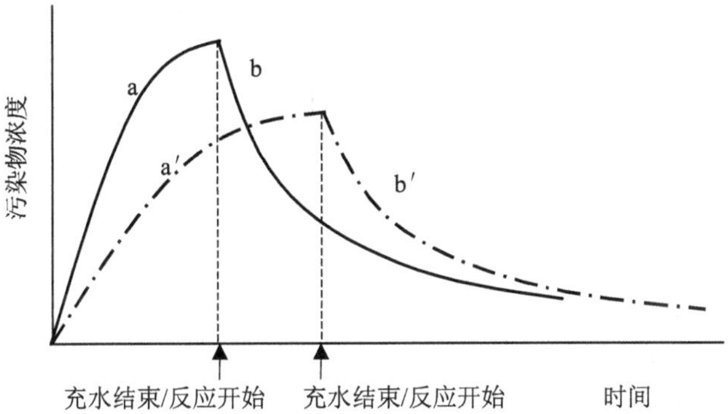

图 9-4　SBR 工艺中不同充水时间与污染物的积累变化

为防止在充水期间污染物的积累对反应过程产生抑制作用，还可考虑在此期间对 SBR 反应器进行曝气。根据开始曝气的时间与充水过程时序的不同，有三种不同的曝气方式。即：

（1）非限量曝气——边充水边曝气，在充水开始时即行曝气；

（2）限量曝气——待充水阶段结束后开始曝气；

（3）半限量曝气——在充水阶段的中、后期开始曝气。

采用非限量曝气时，在充水的同时进行曝气，使逐步向反应器投入的污染物能及时得到有效的吸附、吸收和生物降解，从而限制了混合液中的污染物积累，并能在较短的时间内获得较高的处理效果。采用此种曝气方式时，在充水的起始阶段，混合液中污染物的浓度不大，因而降解速度不大，耗氧量也不大，但随着污染物的投入，其在混合液中的积累量也逐渐增大，降解速度增大，耗氧速率也增大，因而在充水的后半期应逐渐加大供气量。

采用限量曝气时，由于在充水前 SBR 反应器有一个沉淀、排水及闲置过程，混合液中的溶解氧接近于零，所投入的污染物仅能在厌氧条件下得到降解，而这种降解速度是缓慢的，从而会形成污染物的大量积累。如果污染物对活性污泥微生物有毒性，则可能造成抑制作用。即使充水后进行曝气，降解的污染物也需要较长的时间。如果污水中的污染物无毒性、易被微生物所利用，在曝气过程中能较快被降解，则将有较大的耗氧速率，但由于此时反应器混合液中的溶解氧（DO，以 C 表示）浓度几乎为零，因而其在曝气供氧时的推动力将比平时高 20%～30%，从而在一定程度上起着供氧和耗氧量的平衡作用而提高氧的利用率，如式（9-1）所示。

$$\mathrm{d}C/\mathrm{d}t = \alpha K_{La}(\beta\rho C_S - C) = r \tag{9-1}$$

式中：$\mathrm{d}C/\mathrm{d}t$——混合液中氧的转移速率。在稳态条件下，等于微生物对氧的利用速率（r）；

α——污水水氧转移折算系数，与污水性质和类型有关，城市污水一般为 0.3～0.5；

β——氧溶解度折算系数，一般 0.8～0.9；

ρ——污水的相对密度；

K_{La}——氧总转移系数，与水温有关；

C_s——一定温度下清水中氧的溶解度，（mg/L）；

C——污水中的实际 DO 质量浓度，（mg/L）。

9.2.2.2 反应期（R）

反应期是在进水期结束或 SBR 反应器水位达到设计值后，开始进行曝气，或根据处理要求控制不同的运行方式（如在考虑脱氮或除磷时，除需要曝气外，还需在特定时间停止曝气或进行搅拌等），实现对有机污染物等的生物降解和转化。

对于有机污染物的生物降解，常用一级反应模式或 Monod 方程来描述生物反应过程。为了加快反应速度，可以提高有机基质的浓度，但若基质浓度过高并超过一定的限度后，尤其是有毒物质浓度过高的话，则将抑制微生物的正常生长而对污水处理产生不利的影响。从反应器的理论分析表明，在连续反应器中，完全混合型反应器的毕克列准数（*Peclet*，详见第 2 章介绍）较低，理想型的完全混合反应器的毕克列准数为零。在整个反应器内，各部分的污染物浓度是均匀的，而且等于反应器出水中的污染物浓度。为了限制污染物对微生物的抑制，采用完全混合方式对进入反应器的污染物浓度进行最大限度地稀释将会限制生物反应的速度，使单位池容积的转化率降低。相反，推流式反应器装置的 *Peclet* 准数较大，理想的推流式反应器的毕克列准数应为∞。由于在理想推流式反应器中不存在返混现象，因而在反应器起始端的污染物浓度大，反应速度大，全池的单位容积转化率高。此外，在推流式池内存在 F/M 的梯度，即 F/M 沿池长方向从高到低变化。因此，反应器内的返混程度越高，污染物的转化率也越低。图 9-5 所示为在一级反应的情况下，毕克列准数（*Pez*）和污染物转化率（S_e/S_o）及反应速率（*Kt*）之间的关系。

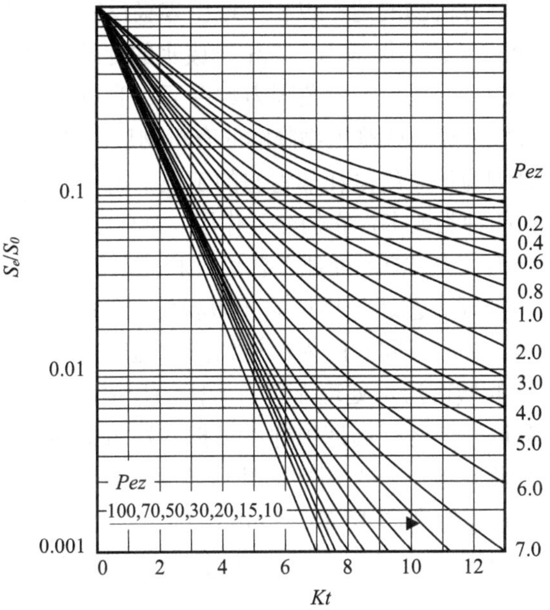

图 9-5　一级生物反应过程中 *Pez*、K_t 和 S_e/S_0 间的关系

很明显，从反应效率角度分析，推流式反应器优于完全混合反应器。SBR 反应器是一种理想的时间序列推流式反应器装置。这可从两方面加以说明。一方面，对于单个 SBR 的运行过程而言，反应器在停止进水后，进行曝气使微生物对有机基质进行生物降解。虽然就反应器本身而言是属于完全混合型的，但由于在反应过程中反应器停止进水，因而在反应器内始终存在污染物的浓度梯度，即 F/M 梯度。犹如传统推流式活性污泥法中沿反应器池长存在 F/M 的梯度变化一样，所不同的是 SBR 反应器的这种 F/M 梯度是按时间序列变化的，而推流式反应器中的这种 F/M 梯度是按污水在反应器内流经的位置变化的。另一方，对于整个处理系统而言，SBR 处理工艺则严格地按推流式运行的。上一个运行周期内进入反应器的污水与下一个运行周期内进入反应器的污水是互不相混的，即是按序批的方式进行反应的。因而 SBR 处理工艺是一种运行周期内完全混合、运行周期间按序批推流的理想处理技术。这种特性使得其对污染物有优良的处理效果且具有良好的抗冲击负荷和防止活性污泥膨胀的性能。

在反应阶段，活性污泥微生物周期性地处于高浓度及低浓度基质的环境中，反应器也相应地形成厌氧–缺氧–好氧的交替运行的过程，使其不仅具有良好的有机物处理效能，而且具有良好的除氮脱磷效果。在 SBR 反应器的运行过程中，随反应器内反应过程的进行，其基质浓度也由高到低变化，微生物经历了对数生长期、减速生长期和衰减期，其降解有机物的速率也相应地由零级反应向一级反应过渡。据国内外有关研究报道，SBR 工艺不仅适用于低浓度废水的处理，也适用于中高浓度废水的处理，适应废水的 COD_{Cr} 质量浓度范围为数百至数千 mg/L，其去除率均高于传统活性污泥法，且可有效去除一些难生物降解的有机物质。SBR 处理工艺之所以具有这种显著的特征，是因为该系统是在非稳态的工况下运行的，反应器中具有十分丰富的生物相，微生物的种类繁多，它们交互作用，强化了工艺的处理效能。

反应期所需的反应时间是 SBR 处理工艺运行和控制的重要工艺设计参数。其取值的大小将直接影响处理工艺运行周期的长短和处理效能。反应时间可通过对不同类型的废水进行研究，求出不同时间内污染物浓度随时间的变化规律来确定。对于以有机物去除为目标的城市污水处理而言，所需的反应期时间通常为 4～6 h。

需要指出的是，在每一个运行周期中都不可把各种污染物完全去除掉，因而上一周期所残留的污染物将影响下一个周期的处理效率。有研究表明，应用 SBR 工艺处理含有酚（总酚 300 mg/L）和二甲苯（15 mg/L）的污水时，当混合液污泥（MLSS）为 1 500 mg/L、充水时间为 2 h，并以非限量曝气的方式运行时，经 2 h 的反应（即总曝气时间为 4 h），混合液的含酚质量浓度可降至 0.5 mg/L 以下，COD_{Cr} 亦低于 30 mg/L。但在进行连续多周期（一个周期为 8 h，其中充水时间 2 h，反应时间 5 h，沉淀及排水 1 h）的研究过程中发现，经过不到 10 个周期的运行，出水中的酚质量浓度逐步提高到 2.0 mg/L，COD_{Cr} 也超过 50 mg/L。但著者认为，对于可生化性好且无毒物存在的废水处理而言，上述影响将不会达到明显的程度，关键是要合理设计和控制闲置期的时间。

9.2.2.3 沉淀期（S）

与传统活性污泥法处理工艺一样，沉淀过程的功能是澄清出水、浓缩污泥。SBR 工艺中，由于无需污泥回流系统，因而其更重要的是保证澄清的出水。SBR 反应器本身就是一个沉淀池，它避免了在连续流活性污泥法中泥水混合液必须经过管渠进入沉淀池的过程，因而有效地保证了污泥良好絮凝性作用的发挥。此外，该工艺中污泥的沉降过程是在比连续流沉淀更为理想的状态下进行的，因而受外界的干扰甚小，具有沉降时间短、沉淀效率高的优点。

一般而言，构成活性污泥的微生物可分为菌胶团形成菌和丝状菌，当菌胶团形成菌占优势时，污泥的絮凝和沉降性能较好；反之，当丝状菌占优势时，则污泥的沉降性能将出现恶化，易发生污泥的丝状菌膨胀问题。在 SBR 法处理工艺中，由于污水是一次性投入反应器的，因而在反应的初期，有机基质的浓度较高，而反应的后期则污染物的浓度较低（如图 9-4 所示），反应器中存在着随时间而发生的较大的浓度梯度，这一浓度梯度较好地抑制了对基质贮存能力差的丝状菌的生长，而有利于菌胶团形成菌的生长，从而可有效地防止污泥的膨胀问题，利于污泥的沉降和泥水分离。Reasik 等通过研究证实，完全混合式活性污泥法最易发生污泥膨胀问题，而推流式活性污泥法发生污泥膨胀的可能性则较小，间歇式活性污泥法（如 SBR）发生污泥膨胀的可能性最小。

沉淀期所需的时间应根据污水的类型及处理要求而具体确定，一般为 1～2 h。

9.2.2.4 排水、排泥期（D）

沉淀期结束后，先将反应器中相当于充水期进入反应器的上清液排出反应器，并恢复至周期初始时的最低水位，而该水位须高于沉淀后污泥层，以形成一定的保护高度。反应器内的沉淀污泥大部分作为下一运行周期的回流污泥，同时为保持反应器基本恒定的污泥量，需及时排除剩余污泥。一般而言，SBR 反应器中经沉淀后的活性污泥体积为反应器容积的 50%左右。

SBR 的排水（或称滗水）通常由滗水装置完成。在滗水装置选用和滗水过程中，需注意防止沉淀污泥的上翻问题（即合理控制滗水速率），以保证澄清的出水。排水、排泥期所需时间一般为 1～2 h。

9.2.2.5 闲置期（I）

闲置期（或称待机期）的功能是在静置无进水的条件下，使微生物通过内源呼吸作用恢复其对污染物良好而快速的吸附能力，同时在缺氧（或厌氧）条件下实现部分的反硝化而进行脱氮或利于磷的释放，为下一个运行周期创造良好的初始条件。通过闲置期后的活性污泥处于一种营养物的饥饿状态，单位重量的活性污泥具有很大的吸附表面积，因而一当进入下个运行周期的进水期时，活性污泥便可充分发挥其较强的吸附能力而可获得有效的初始去除效果。闲置期的设置是保证 SBR 工艺处理出水水质的重要组成部分，其所需的时间取决于所处理的污水种类、处理负荷和所要达到的处理效果。目前，在处理成分较为简单的城市污水或生活污水的实际工程运行中，当 SBR 按具有脱氮除磷功能的方式运行时，在保证处理效果的前提下，也有省去闲置期（或将其与排泥过程同步设置）的实例。

9.2.3 基本原理

SBR 具有一系列的优良特性（见后述），这无疑是由该工艺本身的构造和运行方式决定的，但其实质是充分利用了生物反应器和单元操作过程的基本原理。

9.2.3.1 复合流态理论

如前所述，在 SBR 反应器的一个运行周期内，反应期间的水力流态属于空间上的完全混合（CSTR），同时由于在该期间反应器停止进水，因而其水力流态犹如连续流活性污泥曝气池属于空间上的推流式（PF）一样，其则属于时间上的推流式；此外，SBR 按时间序列周期运行，因而在前后周期间，又属于理想的时间推流式，完全不存在返混现象。因而，SBR 反应具有周期内（局部运行）的空间尺度的完全混合与时间维度的理想推流式相结合、周期间（整体运行）则是序批间的理想推流、并以理想推流式反应器为显著特征的复合流态特征。这种复合流态特征不仅充分利用了完全混合流态和推流式所具有的一系列优点，同时克服了两者的不足。有关这方面的系统分析，请读者参见本书第 2 章有关内容，在此不再赘述。

9.2.3.2 反应动力学理论

生物反应动力学理论与反应器的流态密切相关。在 SBR 反应器一个周期的运行过程中，微生物的生长依次经历了对数增长、慢速增长及内源呼吸等阶段，对有机污染物的去除亦相应表现了零级和一级反应动力学。假设以一级反应动力学为基准，则当反应器内 MLSS 相同时，CSTR 和 CPFR 反应器达到相同的有机物去除率所需要的反应器有效容积比（V_{CSTR}/V_{CPFR}）可用式（2-1）表示。说明达到相同处理效果时，V_{CSTR} 要大于 V_{CPFR}，且随所需处理效率的提高，V_{CSTR}/V_{CPFR} 值将相应明显提高。

9.2.3.3 理想沉淀池原理

以经典 SBR 运行方式操作的 SBR 工艺其沉淀期的沉淀过程堪称理想絮凝沉淀的典范。由于沉淀过程在无进水的情况下进行，属于完全意义上的静止沉淀，因而不仅使污泥絮凝作用得到充分发挥而可获得理想的沉淀效果，而且污泥沉降过程中不受外部因素的干扰，具有较快的沉降速度，可在较短时间内实现泥水的有效分离。但需注意，在以 MSBR、ICEAS、CASS、DAT-IAT、UNITANK 等方式运行的改进型 SBR 工艺中，它们的沉淀分离过程虽比传统的连续流工艺仍具有较好的运行条件，但由于在沉淀过程中反应器连续进水，因而需适当延长沉淀期所需的时间，合理设计充水比。

9.2.3.4 微生物的选择性准则

20 世纪 70 年代，Chudoba 等人基于活性污泥工艺中微生物生长及其对有机物利用和降解速率的不同以及由此引起的运行控制方面的问题而提出了微生物选择性准则。根据描述微生物比增长速率的 Monod 方程（式 9-2），Chudoba 等指出，在混合培养、低负荷条件下运行的曝气池中，具有低的 K_m 和 μ_{max} 值（即低增长速率）的微生物将具有对有机底物的竞争性优势，而在高负荷条件下运行时，其情形则相反（如图 9-6 所示）。而在混合培养和运行的活性污泥中，绝大部分具有较大比表面积的丝状菌的 K_m 和 μ_{max} 值较低，而比表面积小的菌胶团细菌的 K_m 和 μ_{max} 值则较高。由此解释了完全混合活性污泥工艺中污泥膨胀成为其“常见病”的原因。而在推流式活性污泥工艺中，由于沿反应池长度方向具有明显的有机物浓度梯度，尤其由于进水有机物集中于反应器的进水端，充分依靠菌胶团（或絮凝）微生物快速增长的优势，获得足够的营养而大量繁殖，使其在数量上远超过慢速增长的丝状菌而成为优势菌群，并抑制丝状菌的生长，有效克服了污泥膨胀的问题。据此，SBR 工艺具有克服和防止污泥膨胀的功能，并获得良好的污泥沉降性能。

$$\mathrm{d}X / X\mathrm{d}t = \mu = \mu_{\max} \frac{S}{K_m + S} \tag{9-2}$$

式中：X——污泥质量浓度，mg/L；

S——运行时间 t 时刻的有机物质量浓度，mg/L；

μ，$\mu_{\max}$——微生物的实际和最大比增长速率，h^{-1}；

K_m——半饱和或半速率常数，mg/L。

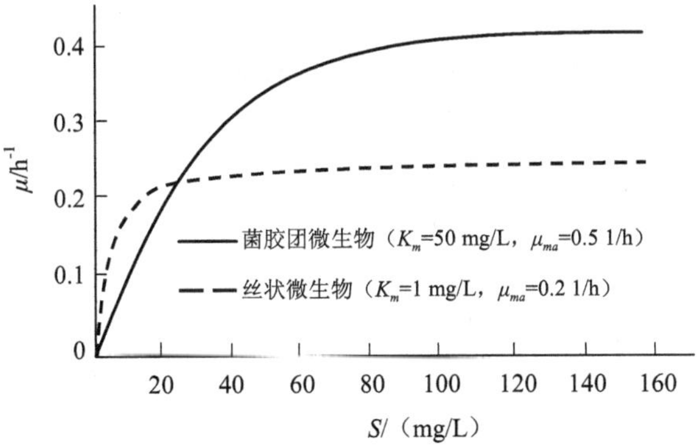

图 9-6 混合培养工艺中的微生物选择性竞争

9.2.3.5 微生态多样性原则

根据生态多样性原则，一个生态系统中生物种类越多，则生态系统的稳定性越高，对环境的适应能力和净化功能也越强。SBR 工艺的运行方式，尤其是按具有脱氮除磷功能方式运行时，决定了其反应器中多样性的微生态环境。通过反应器进水、反应、搅拌、沉淀和闲置等一系列不同的操作过程在同一空间、不同时段的运行，交替出现厌氧、好氧及缺氧的环境条件，利于使具有不同降解功能的微生物协同生长，从而使该工艺不仅具有高效的有机物处理率，同时具有良好的脱氮除磷效果，还可实现对难生物降解有机物的去除，由此强化了该工艺的处理功能，促进了系统运行的稳定性。

此外，SBR 工艺具有操作运行的灵活性，可根据污水水量和水质的变化及处理出水水质要求的不同适时调整运行周期中各操作工序的运行时间、运行状态和混合液容积（或充放比），并可通过工艺整体操作和运行方式的改变，采用如 MSBR、CASS、ICEAS、DAT-IAT 和 UNITANK 等不同的改进型运行方式，由此提供不同的工艺设计选择，以实现不同的微生物运行环境条件，为去除不同类型污染物创造有利的条件。

9.3 SBR 工艺的运行模式

SBR 工艺可根据所处理污水的性质及所需实现的处理目标的不同，选择相应的运行方式。根据处理目标的不同，SBR 工艺可分为以有机物为主要去除对象的基本运行模式以及以实现氮、磷去除为目标的脱氮、除磷和脱氮除磷运行模式。

9.3.1 以有机物为主要去除对象的基本运行模式

图 9-1 所示为以有机物为主要去除对象的 SBR 工艺基本运行模式。SBR 工艺的基本运行方式充分考虑了进水基质浓度及有毒有害对处理效果的影响，并可通过采取灵活的进水操作方式，如限量曝气、半限量曝气和非限量曝气等，以提高工艺对冲击负荷的适应性。此外，基本运行模式中，一个运行周期内各阶段的工作是按时间序列进行的，在运行中可根据废水水质、有机物去除率要求的不同以及实际运行状况，对周期内不同阶段的运行时间加以调整，亦可根据处理规模的变化对整体运行周期进行调整。图 9-7 所示为 SBR 工艺基本运行方式的概化图及其与传统活性污泥法的比较。

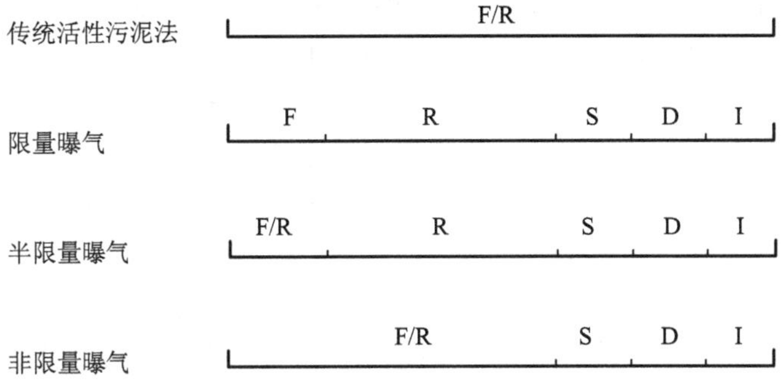

F—充水；R—曝气反应；F/R—充水/曝气；S—沉淀；D—排水排泥；I—闲置

图 9-7　SBR 工艺基本运行方式的概化图

要注意的是，在 SBR 基本运行模式的设计和运行过程，不仅需要对周期内各操作阶段的时间进行调整，同时应适当调整和合理采用操作方式。如 SBR 工艺用于处理含有毒有害或难降解污染物的废水时，不仅要适当延长反应阶段的曝气时间，同时还应考虑采用非限量曝气方式。

SBR 的基本运行方式对氮和磷的去除功能并不十分突出，其原因有：①对脱氮除磷处理要求而言，SBR 工艺的基本运行方式虽充分考虑了进水基质浓度及有毒有害对处理效果的影响，并可按不同操作方式（如非限量曝气等）使其具有对冲击负荷的良好适应性，但在实际运行中往往削弱了脱氮或除磷的效果。如采用非限量或半限量进水方式时，磷的释放将受到影响，同时亦将影响工艺的反硝化作用；②在 SBR 的整个运行过程中有厌氧（或缺氧）与好氧环境的交替，在沉淀、排水及排泥阶段，污泥将处于良好的厌氧或缺氧状态，但由于此时反应器混合液中的有机底物已所剩无几，因而无论是对于反硝化还是聚磷菌对磷的释放，都不具备足够的或易为聚磷菌所利用的有机底物；③基本运行方式中，一个运行周期内各阶段的工作是按图 9-1 所示的序列进行的，其中沉淀→排水→排泥的操作过程，对保证处理出水中低的磷浓度有极为不利的影响，原因是，沉淀和排水阶段所需的时间一般为 1～2 h，此时污泥处于厌氧或缺氧状态，因而将使污泥中的部分磷提前释放而影响出水水质。为此，需充分结合和发挥 SBR 工艺优势，通过改进其运行模式，强化其脱氮除磷的功能。

9.3.2 具有脱氮功能的 SBR 工艺改进运行模式

图 9-8 所示为具有脱氮功能的 SBR 工艺改进运行模式。与 SBR 的基本运行方式相比，改进后的 SBR 工艺运行方式中，增加了停曝搅拌阶段，其功能在于

为反硝化过程创造良好的环境条件。在停曝搅拌阶段，虽然经曝气阶段后，混合液中的有机底物已基本被氧化，反硝化作用并不十分显著，但与基本运行方式相比，由于其全部混合液均进行反硝化，因而十分有利于总体脱氮效果的提高。一般而言，这种运行方式，可使脱氮总效率提高至 70%～80%。此外，为保证良好的脱氮效果，建议在进水阶段采用限量或半限量曝气方式，而不宜采用非限量曝气方式。

在此工艺的运行过程中，为获得良好的脱氮效果，应保持足够的曝气时间以获得充分的硝化效果。因而其运行周期一般较长，宜根据水质将其控制在 10～16 h。

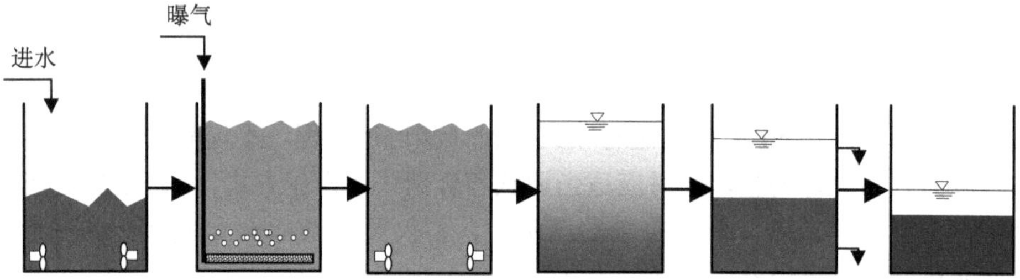

图 9-8 具有脱氮功能的 SBR 工艺改进运行模式

9.3.3 具有除磷功能的 SBR 工艺改进运行模式

图 9-9 所示为改进的提高除磷效果的 SBR 运行方式。在进水阶段，需严格采用限量曝气的操作方式以使污泥在厌氧条件下，充分利用进水中的基质，实现磷的充分释放。在该阶段，需设置搅拌装置进行良好的搅拌，使进水与前一周期留在反应器内的污泥充分混合接触，并控制良好的厌氧环境（DO≯0.2mg/L）。将曝气阶段后的沉淀、排水和排泥三个阶段作时序和操作方式的改变，将基本运行方式中的沉淀→排水→排泥操作顺序为沉淀、排泥→排水的运行方式，即在沉淀阶段的同时进行排泥的操作，而将排水阶段作为最后一道工序进行。这样改进的目的，在于进行及时的排泥，防止在 2.0 h 左右的沉淀和排水期内污泥中磷的提前释放，使聚磷菌在释磷之前便以剩余污泥的形式排出系统，从而保证有效的磷的去除效果。

此外，以此方式运行时，应合理控制曝气时间，以控制硝化过程的过度发生及其在反应器中的过量积累而影响磷在厌氧阶段的释放，其运行周期一般应控制在 6～10 h 之间。按此方式运行的 SBR 工艺，一般可获得 70%～80%的除磷效果。

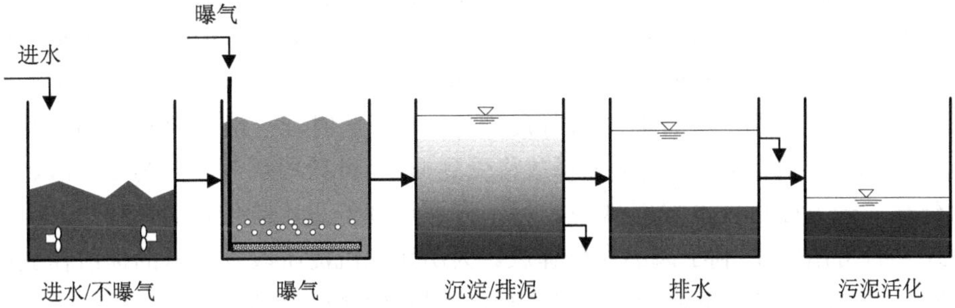

图 9-9 具有除磷功能的 SBR 工艺改进运行模式

在采用此种方式运行的过程中，由于颠倒了排水和排泥的时间序列，与基本运行模式相比，在排水之初，SBR 反应器中的水位将因排泥而有所下降，因而在设计滗水装置时，应充分根据反应器的滗水高度合理选用和确定滗水装置及其运行控制。

9.3.4 具有脱氮除磷功能的 SBR 工艺改进运行模式

同时实现对废水的脱氮和除磷处理是实际工程中经常遇到的问题。目前已开发和应用了如 A^2/O、Phostrip、Bardenpho、JHB、UCT、Rotanox、Phoredox、Johannesburg、VIP 及 AP 等多种工艺，但在实际运行中均需根据聚磷菌的作用机制及生物脱氮的基本工艺要求进行合理的运行控制。由于 SBR 法是在一个反应器中的不同运行阶段完成脱氮和除磷不同过程的，因而为获得良好的处理效果，进行合理的运行控制便显得尤为重要。图 9-10 所示为考虑脱氮和除磷所需运行条件而提出的 SBR 改进运行方式。

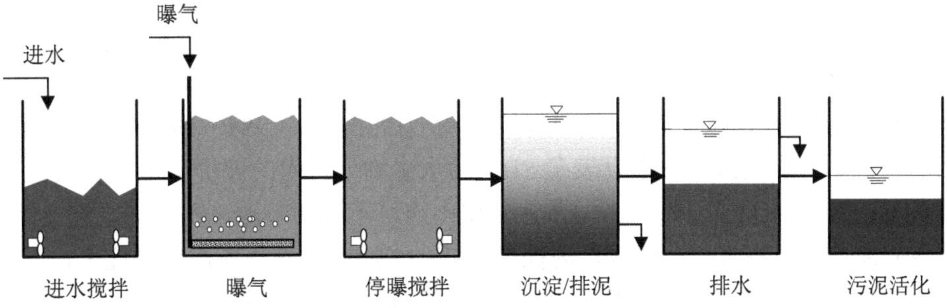

图 9-10 具有脱氮除磷功能的 SBR 工艺改进运行模式

为保证磷在厌氧阶段的充分释放，进水期采用限量曝气/搅拌的方式，同时严格控制 DO≯0.2 mg/L。曝气阶段除进行有机物的分解外，需保证硝化和摄磷的运行条件，需有足够的运行时间。在曝气阶段结束后，为保证良好的脱氮效果，增加一道停曝/搅拌过程，在此阶段进行反硝化。由于此时混合液中含有较高浓度的 NO_3^-—N/NO_2^-—N，因而磷的提前释放将受到抑制。此阶段历时一般为 2.0 h 以上，时间延长，一方面可提高脱氮效率，另一方面可降低进水阶段混合液中 NO_3^-—N/NO_2^-—N 的浓度，利于磷的充分释放。为防止在沉淀阶段发生磷的提前释放问题，同样将排泥阶段与沉淀阶段同时进行，而将排水阶段置后。

此运行方式中，需有足够的曝气时间，但应将排泥和排水阶段控制在较短的时间内完成。工艺运行的周期一般为 10～14 h。图 9-11 所示为具有脱氮、除磷及同步脱氮除磷功能的 SBR 工艺运行方式概化图。

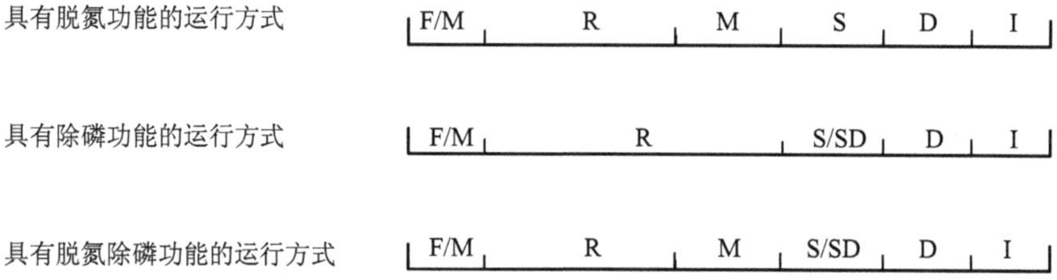

F/M—充水搅拌；R—曝气反应；M—搅拌；S—沉淀；
S/SD—沉淀/排泥； D—排水；I—闲置

图 9-11 具有脱氮、除磷及同步脱氮除磷功能的 SBR 工艺运行方式概化图

9.4 SBR 工艺的性能特点

SBR 污水生物处理工艺是一项颇具竞争能力的技术。1984—1985 年美国国家环保局和日本下水道协会分别发表了 SBR 污水生物处技术的评价报告，确认 SBR 法具有下列特点：①工艺简单，调节池容积小或可不设调节池，不设二次沉淀池，无污泥回流；②投资省，占地少，运行费用低；③反应过程基质浓度梯度大，反应推动力大，处理效率高；④耐有机负荷和有毒物负荷冲击能力强，运行方式灵活，静止沉淀，出水水质好；⑤厌氧（缺氧）和好氧过程交替发生，泥龄短且活性高，同时脱氮除磷。与传统的活性污泥法相比，SBR 工艺具有如下特点。

9.4.1 工艺流程简单、造价低

原则上，SBR 污水处理工艺的主体设备只有一个序批式间歇反应器（SBR）池。与 CAS 工艺相比，它不需要另设二次沉淀池、混合液回流及污泥回流设备，一般情况下也可不设调节池，多数情况下可省去初次沉淀池。图 9-12 所示为 SBR 工艺与连续运行的 CAS 工艺所需的构筑物和设备的比较。Arora 等对加拿大、美国和澳大利亚等国的八个 SBR 法污水处理厂的调查结果表明，其中只有一个污水处理厂设置了调节池，另两个污水处理厂设置了初次沉淀池。纵观污水人工生物处理的各种工艺方法，像 SBR 法这样的简易工艺绝无仅有。Ketchum 等人的统计结果还表明，采用 SBR 法工艺处理小城镇污水时，要比 CAS 工艺节省基建投资 30%以上。此外，SBR 法工艺的污水处理系统还具有布置紧凑、占地省等优点。

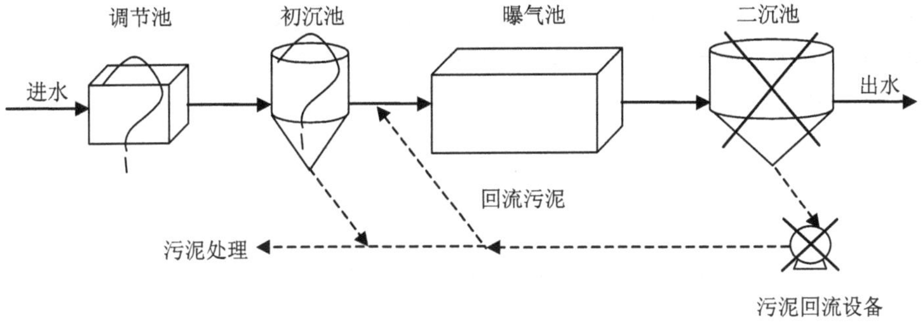

?—在 SBR 工艺中根据需要采用；×—在 SBR 工艺中不需要

图 9-12　SBR 工艺与连续运行的传统工艺的比较

9.4.2 良好的处理效果

这是 SBR 工艺的主要特点之一。SBR 反应器中的底物浓度和微生物浓度是随反应的时间而变化的，而且反应过程是不连续的，因此其运行是典型的非稳态过程。在连续的曝气反应阶段，其底物和微生物浓度的变化是连续的。在此期间，虽然反应器内混合液处于完全混合的状态，但其浓度的变化是随时间而逐步降低的，它有别于连续流活性污泥法中的污染物变化规律；在各运行周期间，整个反应过程又是非连续的。反应器中活性污泥处于一种交替的吸附、吸收及生物降解和活化过程的不断变化过程。

在连续流反应器中，有完全混合式（CSTR）和推流式（CPFR）两种水力流态。其中，在连续流的 CSTR 曝气池中的底物浓度等于出水底物浓度，底物流入曝气池的速度即为底物的降解速度。根据生化反应动力学的基本规律，由于曝气池中的底物浓度很低，其生物化学反应的推动力也很小，反应速率和有机物去除率也相应较低。在理想的 CPFR 曝气池中，污水与回流污泥形成的混合液从曝气池的首端进入，呈推流状态沿曝气池流动，至池末端流出曝气池。在此期间，在曝气池的各个断面上只有横向混合而不存在纵向的“返混”。作为生化反应推动力的底物浓度，从进水的最高值逐渐降解至出水时的最低值，整个反过程中底物的浓度稀释程度很低而尽可能地保持了最大的反应推动力。由此及上述理论分析可知，SBR 反应器运行过程中的水力流态属于复合型流态，因而是一种极为理想的处理工艺。

研究表明，为达到相同处理效果，连续流 CSTR 所需要的水力停留时间（HRT）或有效容积一般要比 SBR 反应器大 3 倍。Jern 等人指出，如果为了去除生活污水中的有机物，用 SBR 法处理工艺则仅需 15 min。应用 SBR 反应器工艺处理啤酒废水的试验表明，经 2 h 的曝气反应就可将 COD_{Cr} 从 2 000 mg/L 降解至 150 mg/L 左右。刘永淞应用 SBR 工艺对含酚废水的处理研究表明，当充水结束时混合液中的酚浓度为 17.15 mg/L 时，经 1 h 的反应后，酚的浓度降至 0.56 mg/L。表 9-1 和表 9-2 分别为 SBR 法处理食品工业废水和化学工业废水的研究数据。

表 9-1　SBR 法处理食品工业废水的效果及运转情况

废水		pH	COD_{Cr}/（mg/L）	BOD_5/（mg/L）	SS/（mg/L）	主要运转参数
豆汁废水	原水	5.8～6.5	10 000～20 000	15 000～30 000	1 500～3 500	$F_w(BOD_5)$=1.5～4kg/(m^3·d) MLSS=6 000～10 000 mg/L SVI=41～61
	出水	8.8～9.1	88～290	14～180	31～95	
面筋废水	原水	6.2～7.3	900～1 700	1 000～1 800	100～350	$F_w(BOD_5)$=0.5～0.9 kg/(m^3·d) MLSS=4 000～6 000mg/L SVI=80～100
	出水	7.8～8.2	10～15	3～12	2～8	
薯粉废水	原水	5.5～6.3	10 000～20 000	12 000～23 000	3 300～17 000	$F_w(BOD_5)$=1.3～2.5kg /(m^3·d) MLSS=8 000～10 000mg/L SVI=50～80
	出水	8.0～8.3	130～250	80～120	–	

表 9-2　SBR 法处理化学工业废水的效果及运转情况

废水		pH	COD_{Cr}/（mg/L）	BOD_5/（mg/L）	SS/（mg/L）	主要运转参数
溶剂蒸馏精制废液	原水	7.0～9.8	30 000～510 000	86 000～1 600 000	200～900	$F_w(BOD_5)$=2.5～4 kg/(m^3·d) MLSS=15 000 mg/L SVI=41～55
	出水	8.8～9.1	380～950	300～790	20～75	
植物成分萃取废液	原水	5.6～7.5	—	11 000～15 000	100～2 400	$F_w(BOD_5)$=1.3～1.8kg/(m^3·d) MLSS=13 000 mg/L SVI=40～65
	出水	7.8～8.2	—	10～15	60～110	
感光剂工业废水	原水	7.6～8.9	1 800～5 600	3 700～11 000	44～300	$F_w(BOD_5)$=1.9～3.9kg/(m^3·d)
	出水	8.7～9.1	650～800	80～300	20～40	MLSS=8 000～12 000 mg/L

9.4.3 较高的脱氮除磷效果

如前所述，SBR 法处理工艺可根据具体的处理要求，通过采用不同的运行方式而比较灵活地运行。由于其在运行时间控制上的灵活性，为其实现脱氮除磷功能提供了极为有利的条件。SBR 工艺不仅可以很容易地实现好氧、缺氧及厌氧状态交替的运行环境条件，而且很容易在好氧条件下通过增大曝气量、调整反应时间和污泥龄来强化硝化反应及除磷菌过量摄磷过程的有效完成；也可以在缺氧条件下方便地投加原污水（或甲醇等）或提高污泥浓度等方式以提供有机碳源作为电子供体使反硝化过程更快地完成；还可以在进水阶段通过搅拌维持厌氧条件以促进除磷菌充分地释磷。

要指出的是，上述复杂的脱氮除磷过程只有在 A/A$_n$/O 工艺中才能完成，而在 SBR 法工艺中，在单一反应器的一个运行周期中即可完成。其具体运行操作过程为：进水阶段搅拌（在厌氧状态下释放磷）→反应阶段（在好氧状态下降解有机物、硝化和磷吸收）→沉淀排水排泥阶段（通过排泥除磷、利用沉淀过程中的缺氧条件进行反硝化脱氮）→闲置阶段（再生污泥，准备进入下一个运行周期）。

如果原污水中的 P/BOD_5 值较高时，采用普通的 A/O 工艺较难以提高除磷效果时，可以根据 Phostrip 法除磷的原理在 SBR 法中实现，只增加一个混凝沉淀池即可。可见，SBR 法很容易满足脱氮除磷的工艺要求，在时间上控制的灵活性又能大大提高脱氮除磷的效果。表 9-3 为日本学者采用 SBR 法单池式、双池式和 NP 式（即同时脱氮除磷方式）处理生活污水（进水 BOD_5 在 160～200 mg/L）的研究结果。

表 9-3 日本研究者采用不同 SBR 运行方式处理生活污水的脱氮除磷效果

运行方式	BOD_5 去除率/%	SS 去除率/%	TN 去除率/%	TP 去除率/%
单池式	93	94	55	65
双池式	96	97	41	—
NP 池式	94	94	91	93

9.4.4 良好的污泥沉降性能

污泥膨胀问题是传统活性污泥法运行过程中常常发生且难以杜绝的令人棘手的问题。引起污泥膨胀的原因有 90%以上的情形是由丝状菌的过度生长所造成的。目前的研究认为，按发生污泥膨胀的难易程度排序的话，则不同活性污泥生物处理工艺发生污泥膨胀的可能性（由低至高）顺序为：间歇式，传统推流式，阶段曝气和完全混合式。此外，不同工艺对有机物降解速率的高低也遵循这个排列顺序。SBR 工艺之所以能有效地控制丝状菌的过量繁殖，可从以下四个方面加以说明。

9.4.4.1 反应器中存在较大的浓度梯度

提高底物浓度梯度（或 F/M 梯度）是控制污泥丝状菌生长的重要因素。CSTR 反应器中基本不存在浓度梯度，同时多在低负荷条件下运行，而较容易发生污泥的膨胀问题；传统 CPFR 反应器中存在着较大的浓度梯度，不易发生膨胀问题；SBR 反应器反应阶段在时间上的理想推流状态，使其具有很高的 F/M 梯度，因而它最不易发生污泥膨胀问题。

9.4.4.2 反应器中缺氧（或厌氧）和好氧状态并存

绝大多数丝状菌（如球衣菌属）都是专性好氧菌，而活性污泥中的细菌有半数以上是兼性菌。与普通活性污泥法不同的是，SBR 工艺进水与反应阶段的缺氧（或厌氧）与好氧状态的交替，能抑制专性好氧丝状菌的过量繁殖，而对多数菌胶团形成菌不会产生不利的影响。正因为如此，SBR 法中采用限量曝气比采用非限量曝气更能有效地控制污泥膨胀。

9.4.4.3 反应器中有较高的底物浓度

研究表明，由于丝状菌比菌胶团形成微生物具有更大的比表面积，低浓度时其对底物的摄取能力强于菌胶团形成菌。因而，在低底物浓度的环境中，如完 CSTR 活性污泥法中，丝状菌的生长往往占优势。根据 Chudoba 等人提出的活性污泥动力学选择性准则可知，具有低 K_s 和 $\mu_{\max}$ 的丝状菌在低基质浓度下将具有较高的生长速率（见图 9-6）。在 SBR 工艺的整个反应阶段，不仅基质浓度较高，而且浓度梯度也大，只有在反应进入沉淀阶段的前夕其底物浓度才与完全混合曝气池相同。因此，SBR 法处理工艺避免了丝状菌竞争优势的环境条件。

9.4.4.4 污泥龄（θ_c）短、比增长速率（μ）大

一般情形下，丝状菌的比增长速率比其他细菌低。在稳态运行的条件下，污泥龄的倒数即为污泥的比增长速率，故泥龄长的完全混合活性污泥法利于丝状菌竞争优势的发挥。由于 SBR 工艺具有理想的时间序列的推流式运行方式及快速降解有机污染物的特点，其污泥龄短且剩余污泥的排放速率大于丝状菌的生长速率，致使丝状菌无法在反应器中生长繁殖。

9.4.5 良好的抗冲击负荷能力

在传统的连续流废水生物处理工艺中，由于微生物对其生存环境条件要求比较严格，当进入处理系统的废水水质水量发生较大的波动时，处理效果将受到明显的影响，因而尤其对于工业废水的处理而言，一般均需设置调节池以均化进水水质和水量。SBR 反应器是集调节池、曝气池和沉淀池于一体的污（废）水处理工艺，其间歇运行的方式使其可承受和适应较大的水质水量的波动，具有处理效果稳定的特点。

研究业已表明，SBR 法在每个运行周期之间以及同周期进水阶段内出现急剧的水质水量变化甚或处理负荷猛增到正常负荷的两倍以上的情况下，仍可获得良好的处理效果。刘永淞等人对 SBR 工作稳定性的分析研究结果充分表明了这一点，如图 9-13 和图 9-14 所示。其中图 9-13 表明在不同的运行周期间进水 COD_{Cr} 发生较大变化时的运行结果。由图可见，当进水 COD_{Cr} 在 200～1 870 mg/L 范围内随机波动的情况下，SBR 反应器的处理效果均比较稳定，其出水 COD_{Cr} 稳定在 10～50 mg/L 之间。图 9-14 所示为在同一个运行周期内进水 COD_{Cr} 浓度从 100～2 700 mg/L 的范围内随机波动。在此急剧的冲击负荷情况下，SBR 反应器出水中的 COD_{Cr} 仍稳定在 20～70 mg/L 之间。以上充分表明了 SBR 反应器的运行稳定性。

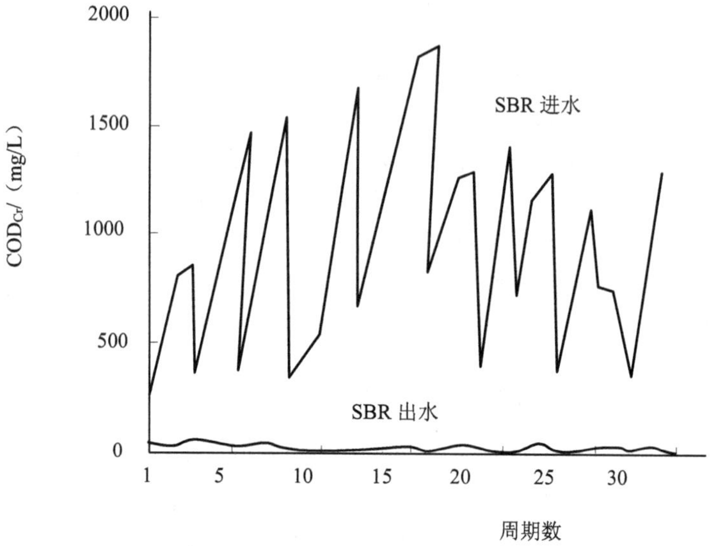

图 9-13 不同运行周期间 SBR 工艺对冲击负荷的适应性

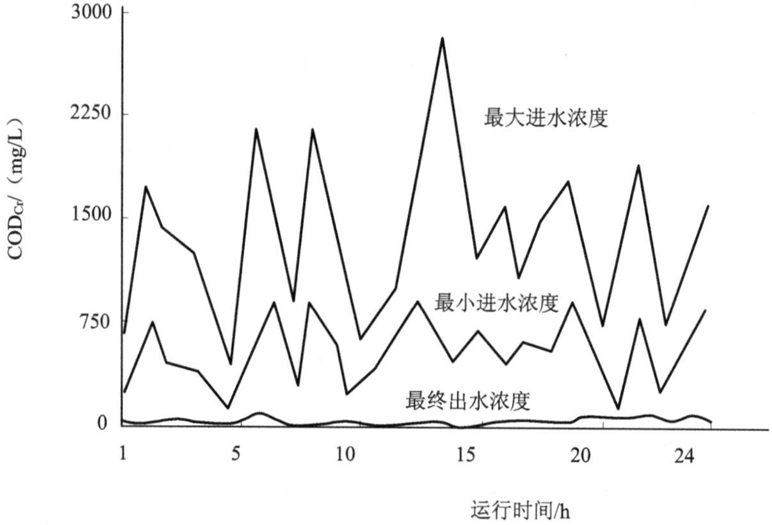

图 9-14 运行周期内 SBR 工艺对冲击负荷的适应性

理论分析亦表明，CSTR 曝气池比 CPFR 曝气池具有更强的耐冲击负荷和抗有毒物质的能力。如上所述，SBR 法是一个在同一运行周期内具有完全混合的特性，而在不同运行周期间具有理想推流式特性的处理工艺。因而虽然它对于时间来说是理想的推流式处理过程，但反应器本身的混合状态又保持了典型的完全混合特性。因此，它具有较强的耐冲击负荷能力。此外，SBR 工艺在沉淀阶段属于静止沉淀，污泥沉降性能好且不需要进行污泥回流，可使反应器中维持较高的 MLSS 浓度。在同样条件下，较高的 MLSS 浓度能降低 F/M 值，同样使其具有良好的抗冲击负荷能力。若采用一边进水一边曝气的非限量曝气运行方式，则更能大幅度地增强 SBR 工艺承受废水的毒性和高有机物浓度的能力。国外有关这方面的研究较多，是 SBR 工艺研究和开发的研究热点。SBR 工艺的抗冲击负荷能力还可以从以下三个方面加以进一步分析。

9.4.5.1 进水期具有贮存污水和混合的作用

在 SBR 工艺的充水期里，污水进入 SBR 反应器后，与上一个运行程周期存留在反应器中的污泥混合。当采用非限量曝气方式时，即在充水期内就已经开始生物氧化降解作用。当采用限量曝气方式时，即使在充水期不产生含碳有机物的生物氧化作用，但在此期间所进入反应器的污水同样都集中在一个池内而得到充分的混合。实际上，充水容积成了调节池容积，充水时间越长，污水的调节时间就越长。因此，即使是在充水时间里污水出现浓度的急剧波动，最终池内容纳的污水将处于充水时间内的平均浓度值水平上，对于短时间（比充水时间短）的浓度冲击负荷，其峰值得到了削减。另外，如果污水量或污染物浓度在短期内发生突然的变化，它亦可利用其充水容积起到暂时的贮存作用而可有效削弱其对反应过程的冲击影响。

9.4.5.2 对高峰污染物浓度持续时间的分割作用

SBR 工艺与传统的 CPFR 活性污泥法不同还在于，后者在污水高峰浓度的情况下全部污水进人曝气池，高峰浓度的持续时间就是曝气池受冲击负荷的时间，而 SBR 在单池或多池并联的情况下工作，每个池都按预定的顺序依次进水，第一池充满水后，污水将转入第二池、第三池等。对每一个池子而言，其进水则是间歇的，各个并联的 SBR 池的进水将连续进入处理系统的污水分割为若干进水时间段。如果污水（水质）出现高峰或有有害物质并形成冲击负荷，其最大持续时间将不超过充水时间。持续时间长于充水时间的那一部分高负荷污水将转入另一个池子，从而有效地减少了对单个 SBR 的冲击负荷影响。充水时间越短，反应器受高峰负荷冲击的持续时间越短。图 9-15 所示为一连续高负荷被多池分割的情况。

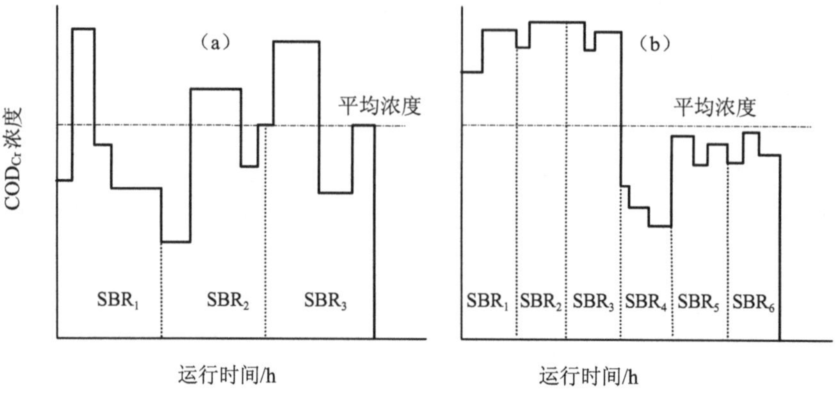

（a）短时间负荷冲击时，SBR 所起的混合作用；

（b）长时间负荷冲击时，SBR 所起的分割作用

图 9-15 SBR 工艺对进水冲击负荷的混合与分割作用

9.4.5.3 运行周期间污泥活性的补偿作用

活性污泥之所以能去除污水中的有机污染物，其直接作用在于生物污泥对于有机物的吸附和吸收作用以及随之而发生的生物降解作用。有机物被微生物氧化降解的程度取决于活性污泥的吸附和吸收能力，即污泥活性的高低，从而决定了污染物被处理的程度。生物氧化程度越高，污泥的“饥饿”程度将越高，则一当其处于“营养丰富”（即处于大量有机物）的环境中时，吸附和吸收能力也越强；反之则弱。在 SBR 工艺系统中，同一 SBR 池在同一运行周期内由于经一定时间的闲置过程，使污泥的吸附活性得到了充分的恢复，而使其在下一个运行周期内具有较强的上述吸附和吸收能力。此外，同一 SBR 池在不同运行周期间，若上一周期的污染物负荷较高，而下一个周期的污染物负荷较低，则污泥的活性也可得到良好的恢复而保持其稳定的处理效果。

9.5 SBR 工艺的设计

9.5.1 设计方法与过程

目前，尚无一种可被普遍采用的 SBR 工艺的标准设计方法，但其相关的工艺设计参数则基本上与传统连续流工艺相同。对 SBR 的基本运行方式而言，主要的

设计方法有负荷设计法和动力学设计法，其中负荷设计法与传统工艺基本相同（可参见有关资料）。这里主要结合动力学法介绍其设计过程及思路。

9.5.1.1 动力学模式

目前，Monod 公式被认为可较好地反映 SBR 工艺中有机物降解规律，但应用该模式对 SBR 工艺进行动力学分析时，需根据其运行方式做以下假设：①在 SBR 的一个运行周期内，合成的微生物量与反应器中微生物的总量比很小，可以上个周期末的污泥量作本周期污泥量的基准；②一个周期开始前，反应器中的底物浓度（即上一周期的出水浓度）与原进水浓度相比可忽略不计；③在反应器的进水期，进水中底物的积累占主导地位，即在此期间半速率常数 K_S 远大于 S（反应器中时刻 t 的底物浓度），在反应期 K_S 远小于 S；④进水期的进水流量恒定。

SBR 反应器对有机底物的降解主要发生在进水期（t_F）和反应期（t_R）。假设进水期末、反应期初反应器中底物的浓度为 S_0'（见图 9-16）。则根据 Monod 方程，进水期的底物降解动力学可由式（9-3）和（9-4）表示，反应期的底物降解动力学可由式（9-5）表示，为：

$$S'_0 = \lambda S_0 - kXt_F \tag{9-3}$$

$$S'_0 / S_0 = \lambda - (k\lambda / F_w) \tag{9-4}$$

$$S'_0/(t_R X) = k'S_e = F_w \tag{9-5}$$

式中：S_0、S'_0、S_e——分别为原水进水、充水期结束和反应结束时的污染物质量浓度，mg/L；

λ——充水比。λ 为反应器充水容积与总有效容积比（$=V_o/V$，一般取 0.5～0.7）；

X——混合液污泥质量浓度，mg/L；

k、k'——反应速率常数，d^{-1}；

F_w——污泥负荷（BOD_5/MLSS），kg/(kg・d)；

t_F、t_R——分别为充水和反应时间，h。

在实际设计过程中，采用上述方法计算较为复杂，应用并不方便。因而对限量曝气、半限量曝气和非限量曝气分别常用式（9-6）、（9-7）和（9-8）的综合动力学模式进行简化设计。

对于限量曝气：$$F_w = \frac{q(S_0 - S_e)t_F}{XVt_R} \tag{9-6}$$

对于半限量曝气：$F_w = \dfrac{q(S_0 - S_e)t_F}{XV(t_R + t_F - t)}$ (9-7)

对于非限量曝气：$F_w = \dfrac{q(S_0 - S_e)t_F}{XV(t_R + t_F)}$ (9-8)

式中：q——单个 SBR 池的充水流量，m^3/h；

V——单个 SBR 的总有效容积。（V 为充水容积 V_F 和存留沉淀污泥容积 V_s 之和，V_F/V_s 一般为 1:1～1:1.4），m^3；

其余同前。

9.5.1.2 设计过程

根据上述动力学分析，可进行工艺设计参数选择，并按以下步骤进行 SBR 反应器的设计。①首先根据原始数据确定主要的工艺设计参数。其中包括反应器的充水比（λ）、进水运行方式及 MLSS 等；②根据所需的处理效率，确定合理的污泥负荷，计算所需的充水时间（t_F）和反应时间（t_R）；③确定相应的沉淀时间（t_S）、排水排泥时间（t_D，其中排水所需时间为 V_F/q'，q' 为排水流量）和闲置时间（t_I）；④计算运行周期（T），并确定 SBR 反应器的池数（n=T/t_F），及每个 SBR 的总有效容积 V（V_F/λ）。

9.5.2 运行周期（T）的确定

对于按基本方式运行的 SBR 工艺，其运行周期由充水时间、反应时间、沉淀时间、排水排泥时间和闲置时间等确定。充水时间（t_F）应有一个最优值。如上所述，充水时间应根据具体的水质及运行过程中所采用的曝气方式（指限量曝气、非限量曝气或半限量曝气）来确定。当采用限量曝气方式及进水中污染物的浓度较高时，充水时间应适当取长一些；当采用非限量曝气方式及进水中污染物的浓度较低时，充水时间可适当取短一些。充水时间一般取 1～4 h。反应时间（t_R）是确定 SBR 反应器容积的一个非常重要的工艺设计参数，其数值的确定同样取决于运行过程中污水的性质、反应器中污泥的浓度及曝气方式等因素。对于可生化性好、浓度较低的易处理废水（如生活污水），反应时间可取短一些，反之对那些含有难降解物质或有毒有害物质的废水，反应时间应适当取长一些。一般在 2～8 h。沉淀排水时间（t_{S+D}），其中沉淀时间主要与排水方式与时间、排水高度（h）、泥面下降速度等有关，而排水时间则主要与充水容积（V_F）和排水速率有关，一般按 1～2 h 设计。闲置时间（t_I）则是一个独立参数，常作为保留时间，在需要时分配到其他操作阶段，一般按 1～2 h 设计。因此，SBR 工艺的运行周期一般为 T=5～16 h 不等。

9.5.3 反应器容积的设计

SBR 为序列间歇式活性污泥处理过程，其一个周期的基本运行过程依次由充水（F）→反应（R）→沉淀（S）→排水排泥（D）→闲置（I）五个工序组成。按充水和曝气反应时间的分配，可将其运行过程演化为如图 9-7 所示的三种基本方式。下面介绍限量曝气和非限量曝气两种运行方式的设计方法。

9.5.3.1 限量曝气方式

按限量曝气方式运行时，单位时间内的充水流量相对最大。按此方式设计的 SBR 系统可灵活地按其他方式运行，因而大多情况下按此方式设计 SBR 系统。图 9-16 是限量曝气方式运行的 SBR 反应器一个周期内污泥浓度和基质浓度的变化情况。由图 9-16 可知，充水期内污泥浓度 MLSS 的增长甚少，充水期结束时基质浓度达到最大值。反应期开始时混合液中的营养丰富，污泥呈现对数增长，曝气结束时基质浓度达到设计出水浓度值，迫使污泥逐步进入内源呼吸阶段。因此，SBR 生物降解所需的时间主要由充水时间和反应时间决定。

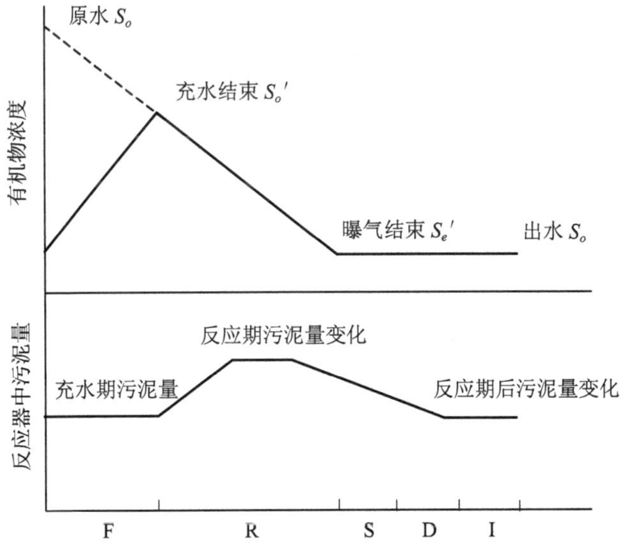

图 9-16　以限量曝气方式运行的 SBR 反应器一个运行周期内有机物浓度和污泥量的变化情况

图 9-17 反映了 t_F 与（t_F+t_R）间的关系。当进水和出水有机物浓度保持不变时，随 t_F 的增长（如由 t_{F1} 延长至 t_{F4}），达到一定处理效果的所需的（t_F+t_R）将相应延长；若保持运行周期 T 不变时，t_F 超过一定限度，则出水有机物浓度将增加，所以 t_F/（t_F+t_R）应由试验确定，并应控制在一定的范围内。据此，SBR 反应器的容积可由式（9-9）～（9-14）确定。

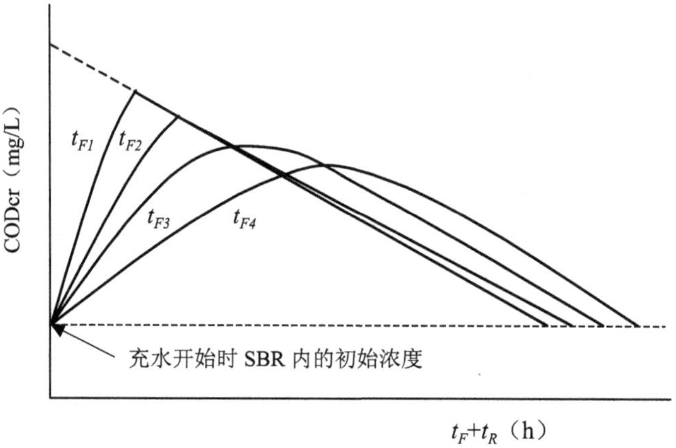

图 9-17 以限量曝气方式运行的 SBR 反应器中 t_F 与（t_F+t_R）间的关系

$$V_F = qS_0 t_F / \left[X\left(k_0 + k_1 t_R S_e\right)\right] \tag{9-9}$$

$$F_w = S_0 m / \left(e\lambda X\right) \tag{9-10}$$

$$V = V_F / \lambda \tag{9-11}$$

$$n = 24Q_0 / \left(mV_F\right) \tag{9-12}$$

$$q = Q_0 / \left(nmV_F t_F\right) \tag{9-13}$$

$$m = 24 / T \tag{9-14}$$

式中：V_F——单池充水容积，m^3；

Q_0——原污水流量，m^3/h；

n、m——分别为 SBR 池数和每天的运行周期数；

e——曝气时间比，$e=t_R/T$；

k_0、k_1——分别为零级和一级反应动力学常数，d^{-1}；

其余同前。

9.5.3.2 非限量曝气方式

按非限量曝气方式运行时，充水和曝气同时进行。由于进水速度远大于进水过程中反应器内污染物的降解速度，从而亦将造成 SBR 反应器内污染物的积累。在充水结束时，池内污染物浓度达到最大；反应期结束时，池内污染物浓度基本恢复至充水前的水平。每个曝气池的总有效容积 V 应为充水容积 V_F 和存留沉淀污泥容积 V_s 之和。曝气池的充水容积应保证系统停止充水时贮存入调节池的污水量和该充水时间内进入系统的污水量进入曝气池，故非限量曝气方式运行时 SBR 的容积可由式（9-15）～（9-18）确定：

$$V_F=(T-nt_F)q/n+qt_F\approx qT/n \tag{9-15}$$

$$V=V_F/\lambda=Tq/(n\lambda) \tag{9-16}$$

$$X=(1-\lambda-h_2/H)X' \tag{9-17}$$

$$(\lambda=1-X/X'-h_2/H)$$

$$F_W=[\lambda/(1-\lambda)]S_0/(t_FX_0) \tag{9-18}$$

式中：h_2、H——分别为 SBR 反应器中沉淀污泥层上的保护层高度和总有效高度，m。（h_2 一般为 0.1～0.3 m。主要考虑在排水的过程中，为了不排走污泥、确保出水的澄清而设置的一个保护高度）；

X'——SBR 中沉淀后污泥的浓度（一般在 10～12 g/L）；

其余符号同前。

由以上各表达式可见，当污水水质、水量确定后，只要控制好活性污泥特性，就能控制 X'、X；只要选定适宜的充水时间 t_F 及充水比λ，即可控制处理出水的最大浓度（S_{max}）、X 及 t_R，也控制了 SBR 反应器的运行周期 T。因此，充水时间 t_F 和充水比 λ 将成为 SBR 工艺设计的主要参数。

9.5.4 污水贮存池最小容积的设计

由于 SBR 反应器能将充水期内（若干小时）的污水在池内混合，对原水有良好的均化作用，如果多个 SBR 池顺序进水，能将较长时间的高负荷污水进行分割，由数个池子来承担和均化高负荷，使曝气池有较好的工作稳定性，从而减小了所需的调节池的容积。但是，由于 SBR 由几个池子顺序进水，在安排各池运行周期及进水时间时，可能出现各池充水阶段不能衔接（在进行工艺设计时，原则上应充分考虑各 SBR 池充水的衔接）的情况，这样进水系统的原污水就应贮存起来，待下一个曝气池充水开始时再抽入 SBR。这部分贮存容积应视运行周期的具体安排而定。

SBR 工艺中，t_F越短，其一个运行周期始末底物的丰贫差距越大，从而利于絮凝微生物的生长，但同时所需的反应器数（n）将增加或所需的调节池容积将增大。若不设调节池，则 n 取决于运行周期与充水时间之比（T /t_F 比）。因而，在实际应用设计中，一般应考虑设置容积合适的调节池，以避免因池数过多而增加投资或运行操作的复杂性。

假定 SBR 的运行周期为 T，充水时间为 t_F，SBR 反应器的池数为 n（如图 9-18 所示）。各 SBR 池充水阶段时间（t_F）均不匹配时，所需最小贮存容积（V_{min}）应根据两个相邻 SBR 池间充水的最大延迟时间（t_{max}）进行计算，如式（9-19）和（9-20）所表示。

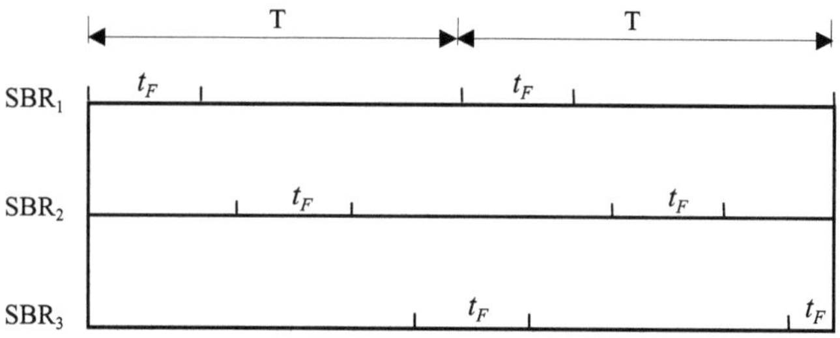

图 9-18　多个 SBR 池并联运行充水期不匹配的情况

$$t_{max} = \left(T - nt_F\right)/n \tag{9-19}$$

$$V_{min} = qt_{max} = q\left(T - nt_F\right)/n \tag{9-20}$$

9.5.5 SBR 反应器进水流量的设计

SBR 池可采用重力自流进水，但若需要进行污水贮存时，一般只能用水泵提升进水。此时水泵向各 SBR 池的输水流量（q）应按式（9-21）计算。所得的 q 值

应保证大于 Q_0，如果采用的充水时间 t_F 值不适宜或反应器数 n 过多，q 小于 Q_0，说明可能出现两个以上的 SBR 池同时充水，这是不正常的。

$$q = V_F / t_F = Q_0 T / (n t_F) \tag{9-21}$$

9.5.6 排水系统的设计

9.5.6.1 SBR 对排水的功能要求

排水系统是 SBR 处理工艺设计的重要内容，也是其设计中最具特色和关系到该系统运行成败的关键部分。由于 SBR 工艺的最根本特点是其单个池子的排水形式均采用静止沉淀、集中排水的方式，因而在排水期间，SBR 池中的水位是逐步下降的。为了保证澄清的排水，要求使用随水位同步变化（升降）的可调节式出水堰装置。目前，国内外报道的 SBR 排水装置大致可归纳为以下几种：①潜水泵单点或多点排水。这种方式电耗大且容易吸出沉淀污泥；②池端（侧）多点固定阀门排水，由上自下开启阀门。此法操作不方便，排水容易带泥；③浮子式软管排水。这种方式易在排水初期带泥。理想的排水装置应满足以下几个条件：①单位时间内出水量大，流速小，不会使沉淀污泥重新翻起；②集水口随水位下降，排水期间始终保持反应器中的静止沉淀状态，并在整个断面上均匀集水；③排水设备坚固耐用且排水量可无级调控，自动化程度高。目前，随 SBR 工艺而开发应用的滗水器，可理想地满足上述要求，并成为 SBR 工艺的专用排水设备得到广泛的应用，亦成为 SBR 工艺不可或缺的重要组成部分。

9.5.6.2 滗水器的工作原理

目前，SBR 工艺中使用的滗水器有电动机械摇臂式（图 9-19（a））、浮筒式（图 9-19（b））、套筒式、虹吸式和旋转式等类型。其中电动机械摇臂式造价较高，机械较复杂，但易于实现自动控制，且滗水能力大，适用于大型污水处理厂，其他类型的滗水器则动力消耗小，多用于小规模污水处理的场合。

滗水器一般由收水装置、连接装置和传动装置构成。其中收水装置设有挡板、集水槽和浮子等，作用是将 SBR 中经沉淀后的上清液均匀收集至滗水器中，并通过导管排出 SBR 反应器；由于排水时间较短，其瞬时收集流量较大，因而要使其做到既在规定的时间内均匀、顺畅地集水，同时又要随 SBR 池中水位的下降而匀速下降，不干扰反应器中的污泥，保证澄清的出水，必须十分重视和把握滗水器的设计、选型和运行操作，同时需与自动控制系统实现有机结合，通过自动控制程序控制其动作。

（a）机械旋转式滗水器

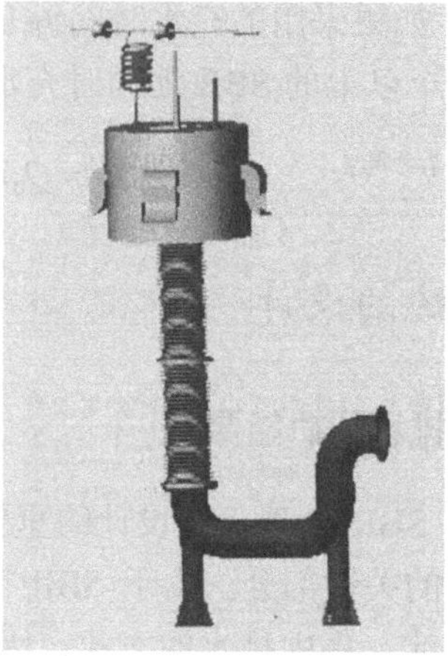

（b）浮筒式滗水器

图 9-19　SBR 反应器中使用的两种滗水器

9.5.6.3 滗水器排水高度的设计

合理控制排水高度不仅可充分利用反应器的有效容积，而且是控制反应器出水中 SS 的关键。若排水过多或排水速度过快，则将因在排水后期出水中夹带较多的 SS，从而不仅影响有机物的处理效果而且影响磷的处理效果。研究表明，对具有除磷功能的 SBR 运行系统，如果污泥中的含磷量为 6%计（一般为 6%～8%），则若 SS 升高 10 mg/L，将使出水中磷质量浓度升高 0.6 mg/L（图 9-20）。

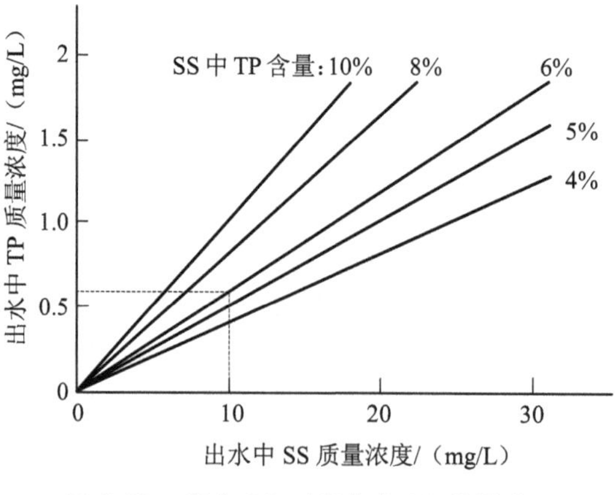

图 9-20　出水 SS 对出水中 TP 的影响

为控制合理的排水量，需确定合理的排水高度。最优排水高度（h）可用下式

（9-22）计算：

$$h = H \cdot (1 - \frac{SVI \cdot X}{10^6}) - h_2 \qquad (9\text{-}22)$$

式中：*SVI*——污泥容积指数，ml/g；

其余同前。

由式可知，排水高度不仅与工作深度有关，还与污泥的浓度和特性有关，因而宜在运行过程中及时分析上述参数，以确定 h。如某 SBR 的工作深度为 5.5 m，MLSS 为 3 000 mg/L，所测定污泥的 *SVI* 为 100。则若 h_2 考虑 0.15 m，则其排水高度应为 3.7 m（如图 9-21 所示）。

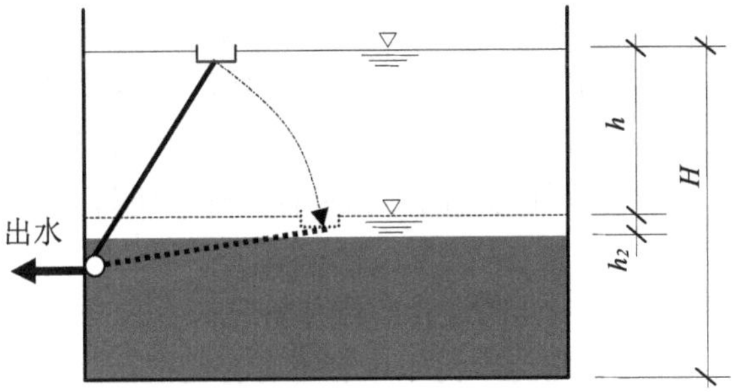

图 9-21　SBR 工艺的最优排水深度

9.5.7 排泥量的计算

SBR 工艺的排泥量（Q_w——每一运行周期从 SBR 反应器中所排出的剩余污泥量，m^3）一般按泥龄（θ_c）进行控制，可用下式（9-23）进行计算：

$$Q_w = \frac{T}{24} \cdot \frac{H-h}{H} \cdot \frac{V}{\theta_c} \qquad (9\text{-}23)$$

如某 SBR 反应器的有效容积为 V=4 500 m^3，运行周期为 T=10 h，反应器工作深度为 5.5 m，其排水高度应为 3.7 m，MLSS 为 3 000 mg/L，*SVI* 为 100。若设计泥龄为 8 d，则每运行周期间的排泥量应为 76.7 m^3。

9.6 SBR 工艺的运行控制

SBR 工艺是一种间歇运行的工艺，它具有许多优良的特性。在 SBR 法工艺的运行过程中，除需要根据处理规模合理确定 SBR 池的数量以及相应的操作运行方式外，还需要合理地控制处理过程的运行周期等。其中主要考虑以下几个方面的问题。

9.6.1 充水时间（t_F）的控制

在 SBR 工艺的充水期内，SBR 池相当于一个变容反应器，混合液基质浓度在存留污泥的上清液基质浓度的基础上逐步增大，直至充水结束为止，SBR 池内混合液基质浓度达到最大值。基质浓度的增长及基质的积累是由于充水过程中污染物随污水向 SBR 池的流入及在此过程中所发生的生物降解作用速率之差的综合结果。其中污染物的进入量受污水流量（q）、污染物质量浓度（S_0）、充水体积（V_F）等因素的制约，而污染物的降解量却受混合液污泥浓度、混合液体积及基质浓度的影响。充水期内同时存在着生物合成与自身氧化过程。因此，在充水之初，池内的污泥浓度最大，充水量越大则污泥浓度越小，直至充水期结束，污泥浓度达到最小值。污泥浓度的变化除了与曝气池内的污泥量有关外，还与 V_F 及 q 等有着十分密切的关系。

充水时间的控制对 SBR 工艺的运行和操作管理有十分重要的影响。一般而言，污水流量小，污水的水质比较稳定或污水中有毒有害物的浓度较低且比较稳定的情况下，充水时间可适当短一些。反之，则应取较大的值。在考虑充水时间的设计时，需要注意以下三方面的问题：

一是毒物抑制的问题。当 SBR 工艺处理含有有毒物质的废水时，要充分考虑毒物的抑制问题。因为 SBR 工艺是在短期内进水的，因而若进入反应器的污水中有毒物质的浓度过高，则可能造成对活性污泥的冲击和抑制。为了避免这种情况，一方面应适当延长充水时间，另一方面应确保在充水的过程中尽量使反应器内的污泥和进水充分地混合，使其能快速地得到混合和稀释。使污水和污泥混合的方式可通过不同的曝气运行方式来实现，如半限量曝气和非限量曝气等。

二是充水时间和反应时间比（t_F/t_R）问题。由上述分析可知，SBR 工艺的运行周期主要取决于充水时间和反应时间的相对比例。在实际处理过程中，虽然缩短充水时间（即加大充水期的进水流量），将造成充水期结束时基质积累量的增大和对处理过程的抑制作用，但对于无毒性的废水而言，基质的积累量增大也可以提高反应阶段的生物降解速率，从而缩短达到一定处理效率所需要的反应时间。但必须注意反应阶段的反应速率受基质浓度影响的问题。在低浓度污水的情况下，基质积累的增大可导致反应速度的加快，但在高浓度污水的情况下，基质积累到一定程度并使反应速度达到最大值后，反应器中的污泥浓度将对反应所需的时间起重要的影响。在这种情况下，实际运行中的反应时间将相应延长而对整个反应器的运行周期起补偿作用，即缩短 t_F，相应的 t_R 应适当延长，而使 T 基本保持不变。

三是充水期间污泥负荷的问题。根据生物反应动力学原理，对于一定浓度的污水而言，污泥负荷超过一定值时，（t_F+t_R）值将基本保持一致，而在一定的污泥负荷范围内，负荷越高则所需（t_F+t_R）将越短。由于沉淀及排水排泥时间的确定是相对不变的，因而可以认为其相应的运行周期也越短。图 9-22 所示为不同污水浓度在不同污泥负荷条件下的（t_F+t_R）值变化情况。

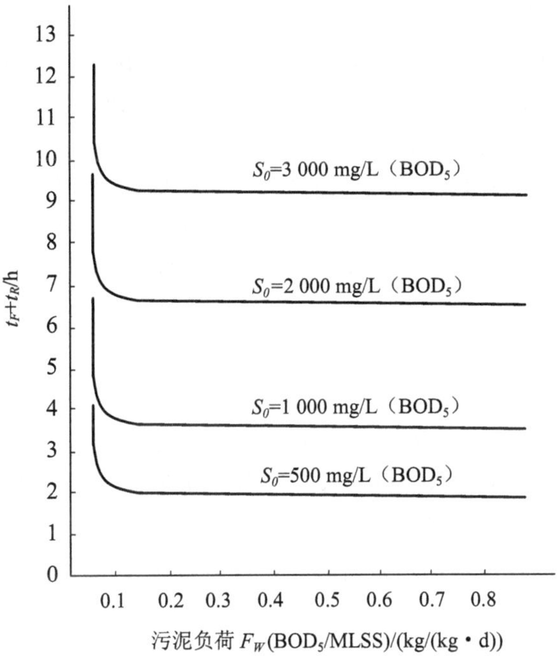

图 9-22　不同污水浓度在不同污泥负荷条件下的（t_F+t_R）值变化情况

9.6.2 曝气方式的选择

应用 SBR 工艺处理不同水质的污水时，选择合理的曝气方式是十分重要的。一般而言，当污水中的有机物浓度较高或污水中含有有毒有害物时，宜采用非限量曝气方式以缓解冲击负荷的影响；当污水中的有机物浓度较低、充水量较小时，则为了节省运转费用，可采用限量曝气或半限量曝气的运行方式。此外，当 SBR 工艺以具有脱氮除磷的方式运行时，多采用限量曝气的方式。表 9-4 所列为刘永淞等采用 SBR 工艺处理含酚废水时不同曝气方式的对比试验结果（原废水含酚质量浓度为 550 mg/L，MLSS 为 3 440 mg/L，充水时间为 4 h）。

表 9-4　SBR 工艺处理含酚废水时不同曝气方式的处理效果比较

曝气方式	混合液中酚质量浓度随时间的变化				
	0 h	4 h	6 h	8 h	10 h
限量曝气/（mg/L）	550	226.25	212.5	156.88	87.5
非限量曝气/（mg/L）	550	15	0.66	0.48	–

9.6.3 运行周期的合理确定

如前所述，SBR 反应器容积设计的关键参数是充水时间（t_F）和充水比（λ）。但就整个 SBR 处理工艺而言，运行周期的确定不仅与沉淀、排水排泥时间和闲置时间有关，还与处理工艺中设计的 SBR 反应器数量有关。运行周期的确定除了要保证处理过程中运行的稳定性和处理效能外，还要保证每个池充水的顺序连续性，即合理的运行周期应满足运行过程中避免两个或两个以上的池子同时进水或相邻（按时间顺序）SBR 池间进水脱节的现象。否则，在设计过程中须考虑设置贮存池以调节水量。

9.6.4 排水方式的选择和控制

由于经典的 SBR 工艺的沉淀是在无进水的情况下进行的，因而属于典型的理想沉淀过程。在运行周期进入沉淀阶段后不久，反应器内即可出现清水区，因此其排水的方式有动态和静态两种方式。

动态排水方式即在沉淀的进行过程中，同时实施排水的操作（即沉淀+排水，方式 I）。此种方式需充分掌握在沉淀过程中污泥的沉降性能、污泥界面的变化规律及泥层的高度，并应据此控制合理的滗水装置的移动速度。在实际工程中，可以采用污泥界面仪随时测定和获取沉淀过程中污泥层的高度变化信息，并据此随时调整和控制滗水装置的操作动作。采用动态排水方式可减少沉淀和排水所需的时间，但实施的难度较大，需要及时和经常性地对滗水装置的动作进行调整和控制，以保证滗水装置始终与沉淀污泥层保持一定的距离，防止扰动沉淀污泥，保证出水的澄清。所谓静态排水方式，即在沉淀结束后实施排水的操作（即沉淀→排水，方式 II）。由于 SBR 的运行周期及周期内各操作工序的时间是固定的，因而此种排水方式较易实施，控制亦较方便，可较好和稳定地保证澄清的出水。图 9-23 所示为两种不同排水方式的比较（图中 h_S'、h_2' 和 h'分别为污泥层高度、排水保护高度和排水高度的相对高度）。

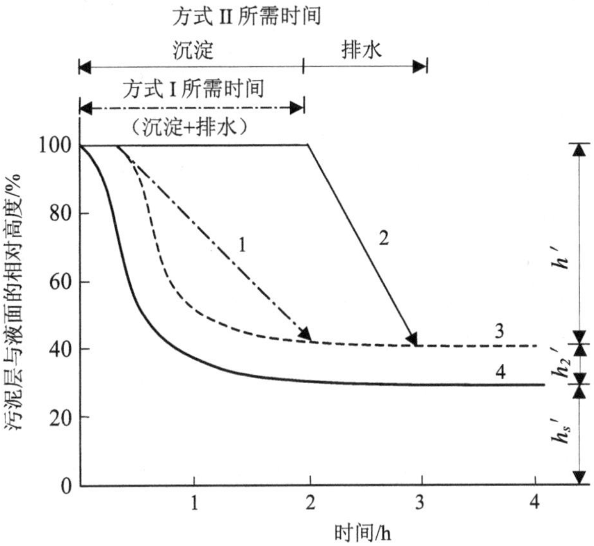

1—排水方式 I 滗水器随时间的运行轨迹；2—排水方式 II 滗水器随时间的运行轨迹；
3—保护高度随排水时间的变化轨迹；4—污泥层高度随排水时间的变化轨迹

图 9-23　SBR 反应器的两种排水方式比较

9.6.5 污泥沉降性能的控制

活性污泥的良好沉降性能是保证活性污泥处理工艺正常运行的前提之一。如果污泥的沉降性能不好，则在 SBR 的反应期结束后，污泥难以沉淀，浓缩性能差，上层清液的排除就受到限制。如不合理控制，则将导致水泥比（V_F/V_S）下降，每个运行周期处理能力下降。同时，将使出水中悬浮固体（SS）含量的升高，不溶性 COD_{Cr} 浓度上升，影响处理出水水质。

导致污泥沉降性能恶化的原因是多方面的，但都表现在污泥容积指数（SVI）的升高。研究和实际应用表明，SBR 工艺中由于反复出现高浓度基质，在菌胶团菌和丝状菌共存的生态环境中，丝状菌一般较难大量生存和繁殖，因而发生污泥丝状菌膨胀的可能性是较低的。这与前述 Chudoba 提出的选择性准则理论是一致的。但有研究亦表明，SBR 较容易出现高黏性膨胀问题，这可能是由于 SBR 法的进水是在一个较短的时间内完成的，同时由于上一周期末经闲置的污泥处于内源呼吸期，具有强大的吸附能力，一当其在下一周期初与快速进入 SBR 的有机底物接触时，便将发生较强烈的吸附作用。因而，从表观看，混合液内基质因充水量的增加而逐步下降了，但此时并不能说明基质已被氧化去除，加之许多污水的污染物容易被活性污泥吸附和吸收，在很短的时间内，混合液中的基质浓度可降至很低的水平，从污水处理的角度看，已经达到了处理效果，但这仅仅是一种污染物相的转移，混合液中基质的浓度的降低仅是一种表面现象。可以认为，在污水处理过程中，菌胶团之所以形成和有所增长，就要求系统中有一定数量的有机基质的积累，在胞外形成多糖聚合物（否则菌胶团不增长甚至出现细菌分散生长现象，出水混浊）。因此，处理过程中的每一运行周期都应有一定量的基质积累，但在实际操作运行过程中往往会因充水时间或曝气方式选择的不适当或操作不当而使基质的积累过量，致使发生污泥的高黏性膨胀。因而基质的过量积累是应当避免的。

污染物在混合液内的积累是逐步的，在一个运行周期内一般难以马上表现出来，需通过观察各运行周期间的污泥沉降性能的变化才能表现出来。因此，SBR 系统的运行与一般的活性污泥法不同，为了使污泥具有良好的沉降性能，应注意每个运行周期内污泥的 SVI 变化趋势，及时调整运行方式以确保良好的处理效果。

9.7 SBR 工艺的发展及其应用

SBR 工艺的经典运行和操作方式的明显特点是间歇进水，集反应、沉淀、排水排泥等按时间序列操作的各工序于一体。此外，通过采用多池并联运行的系统，使各 SBR 池按根据运行周期及时间序列依次进水，可使进水在各池间循环切换，以解决整个处理系统中废水的连续流动。同时，SBR 的间歇运行方式与许多行业废水产生的周期存在相对的一致性，因而可以充分发挥其技术优势，广泛应用于工业废水的处理。此外，由于其工艺流程短、占地面积小，也使其成为较多小城镇污水处理的常用工艺。

对于较大规模的废水处理而言，为解决废水产生和其他处理方式运行的连续性和 SBR 反应器处理方式间歇性之间的矛盾，采用多池并联运行的方式已成为经典 SBR 工艺设计的常用选择，这对系统控制的自动化要求将明显提高，同时将增加运行管理的复杂性。为此，自 SBR 工艺研究和应用以来，针对经典 SBR 工艺的种种优点与不足，并借传统连续运行工艺所具有的优点，许多研究者对其运行方式的改进进行了众多的研究，并在 10 多年的时间里开发了一系列基于经典运行方式的 SBR 改进型工艺，其中包括间歇循环延时曝气系统（ICEAS）、循环活性污泥工艺（CASS）、改良式序列间歇反应器工艺（MSBR）、连续进水（曝气）——间歇曝气工艺（DAT—IAT）、交替运行一体化工艺（UNITANK）以及间歇排水延时曝气工艺（IDEA）等。这些具有不同特点的新型 SBR 工艺运行方式的提出和实际应用，对该工艺的发展起到了极大的促进作用，使之在废水生物处理技术中形成独具特色的一个工艺技术大家族，并日臻完善。

这些新型 SBR 工艺，大多在具有经典 SBR 工艺的特点的同时，形成了一些各自独特的优点。此外，同时由于改进 SBR 工艺趋于连续运行方式，出现了与传统活性污泥法融合的趋势，因而对某些改进的 SBR 工艺而言，在一定程度上削弱了经典 SBR 的某些优点。但不同类型的改进型 SBR 反应器，均有其自身不同的优点，适用于不同的场合，满足不同的处理功能要求。在工艺选择和设计时，必须对此加以注意。表 9-5 列出了不同类型 SBR 的基本运行特点。

表 9-5　不同类型 SBR 的基本运行特点

运行特点	经典 SBR	ICEAS	CASS	UNITANK
理想沉淀	是	否	否	否
生物选择性	强	较弱	较强	弱
适应难降解废水	强	弱	较强	非常弱
脱氮除磷	氮、磷	氮	氮、磷	氮
理想推流	是	否	否	否
污泥回流	不需	不需	需要	需要
连续进水	否	是	是	是
连续出水	否	否	否	是

9.7.1 SBR 工艺应用实例

目前，SBR 工艺作为一种具有显著特点和适应性的污水生物处理新技术，其应用已日趋广泛。它不仅适用于中小规模的城市污水处理，也适用于多种工业废水的处理。如美国—加拿大五大湖流域的城市污水处理厂大多采用 SBR 工艺，日本已有几十座采用此工艺的污水处理厂在运行。我国也已将其作为一种城市污水、尤其是众多中小城镇污水处理的首选工艺之一，在食品废水、制药废水、印染废水等方面开展了广泛的研究，并投入生产性应用，取得了良好的效果（见表 9-1 和 9-2）。下面为 SBR 工艺应用的两个典型实例。

美国印第安纳州的 Culver 污水处理厂是世界上第一座采用 SBR 工艺的小型城市污水处理厂。该工艺是在对传统工艺改造的基础上采用的，其处理能力为 1 000 m^3/d，建有两座容积为 440 m^3 的 SBR 反应器（1#和 2#），分别在（BOD_5/MLSS）0.06～0.16 kg/(kg・d)和 0.16～0.42 kg/(kg・d)的不同负荷条件下运行（两个 SBR 的运行周期均为 6 h，日运行周期数均为 4）。表 9-6 和表 9-7 分别列出了两座 SBR 的周期时间分配与运行参数。实际运行表明，该工艺在不同负荷条件下，均可获得稳定的处理效果，污染物去除率高，出水水质优良。

其进水水质为：BOD_5=130～170 mg/L，SS=100～120 mg/L，TP=6.2～8.2 mg/L（1984年的数据）时，出水水质为：BOD_5=3～6 mg/L，SS=4～7 mg/L，TP=0.6～1.1 mg/L，去除率分别达到 95%～98%，93%～97%和 82%～93%。

表 9-6 美国印第安纳州的 Culver 污水处理厂 SBR 工艺的周期时间分配

SBR 号	工序				
	充水 t_F/h	反应 t_R/h	沉淀 t_S/h	排水 t_D/h	闲置 t_I/h
1#SBR	2.9	0.7	0.7	0.7	1.0
2#SBR	3.1	0.4	0.7	0.7	1.1

表 9-7 美国印第安纳州的 Culver 污水处理厂 SBR 工艺的运行参数

参数	1#SBR	2#SBR
污泥负荷（BOD_5/MLSS）/(kg/(kg・d))	0.06，0.08，0.16	0.16，0.18，0.42
污泥龄 θ_c（1/d）	38	9.5
污泥产率（MLSS/BOD_5）/(kg/(kg・d))	0.56	0.82
去除 BOD_5 能耗/(kW・h/ kg)	3.3	2.1
污泥中含磷率/%	7.4	5.0
反应器 MLSS/（mg/L）	3 450	1 950

澳大利亚昆士兰州 South Caboolture 污水处理厂建于 1998 年（图 9-24），其处理规模为 9 600 m^3/d（40 000 人口当量）。其主体生物处理工艺采用具有强化脱氮除磷功能运行方式的 SBR 反应器，在 SBR 的进水端增设一个在厌氧或缺氧条件下运行、停留时间为 0.5～1 h 的生物选择区，取得了显著的氮、磷去除效果，出水 BOD_5=2.5～4 mg/L，TP≤1 mg/L，TKN≤4 mg/L，有机氮<3 mg/L。

运行中的 SBR 反应器

滗水器

图 9-24 澳大利亚 South Caboolture 污水处理厂的 SBR 反应器

9.7.2 ICEAS 工艺及其应用

ICEAS（Intermittent Cyclic Extended Aeration System）工艺的全称为间歇循环延时曝气活性污泥工艺。此工艺是澳大利亚新南威尔士大学与美国 ABJ 公司的 Mervyn C. Goronszy 合作开发的。目前在日本、加拿大、美国和澳大利亚等地已得到推广应用，并已建立并投产 300 座采用此工艺的污水处理厂。1986 年，美国环保局正式承认 ICEAS 工艺为革新代用技术（I/A）。1987 年，澳大利亚昆士兰大学联合美国、南非等地的专家对该工艺进行了改进，使之具有良好的脱氮除磷功能，并使废水达到三级处理的要求。1988 年，澳洲的 BHP 公司买下全部 ABJ 公司，在计算机技术的支持下，使该工艺进一步得到发展和推广，成为目前电脑控制系统非常先进的废水生物脱氮除磷工艺。

我国最早采用此工艺的是上海市中药制药三厂，于 1991 年投产。对该工艺处理效果监测的结果表明，BOD_5 去除率可达到 99.1%～99.4%，COD_{Cr} 去除率可达 95.9%～97.0%，NH_4^+—N 去除率达 75.1%～78.4%（未按脱氮除磷方式运行）。

9.7.2.1 ICEAS 工艺的基本原理

ICEAS 是一种连续进水、间歇曝气和周期排水的工艺，其反应器一般由通常处于厌氧或缺氧状态运行的预反应区和间歇曝气的主反应区两部分构成（图 9-25），其中主反应区的容积为总池容积的 85%～90%。

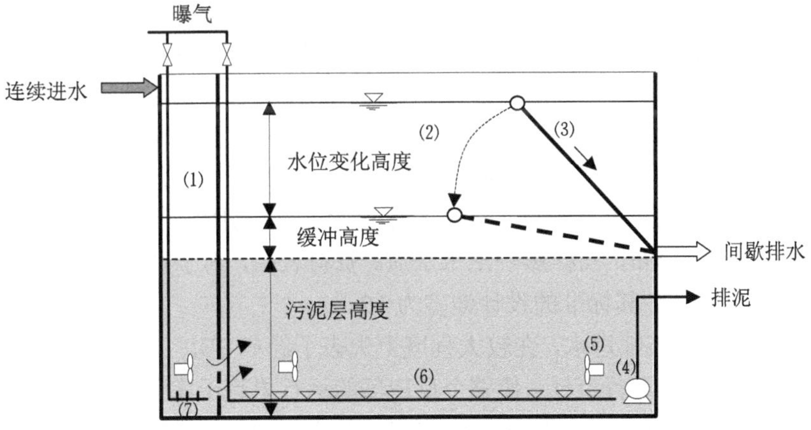

（1）预反应区；（2）主反应区；（3）滗水器；（4）污泥泵；
（5）水下推进器；（6）微孔曝气器；（7）大气泡扩散器

图 9-25 ICEAS 反应器工艺的构造

与经典 SBR 工艺相比，ICEAS 工艺不仅通过增设预反应区强化其对氮、磷的去除率，增强其处理功能并有效提高运行的稳定性，同时其连续进水的方式亦可减少操作和控制的复杂性。该工艺在运行过程中，进水依次流经预反应区和主反应区（对于预反应区和主反应区合建的 ICEAS 池，废水由隔墙下部均匀设置的孔口以 0.03～0.05m/s 的速度从预反应区进入主反应区），主反应区按曝气、沉淀和排水排泥的序列操作，使污水在厌氧/缺氧（预反应区）—好氧（主反应区）及厌氧/缺氧（预反应区）—缺氧（主反应区）交替运行的条件下，完成有机物及氮、磷的去除（图 9-26）。各过程的历时和相应设备的运行均采用计算机自动控制操作完成。ICEAS 池采用滗水装置排水，其运行周期较短，一般为 4～6 时，进水曝气时间一般为整个运行周期需时的一半。

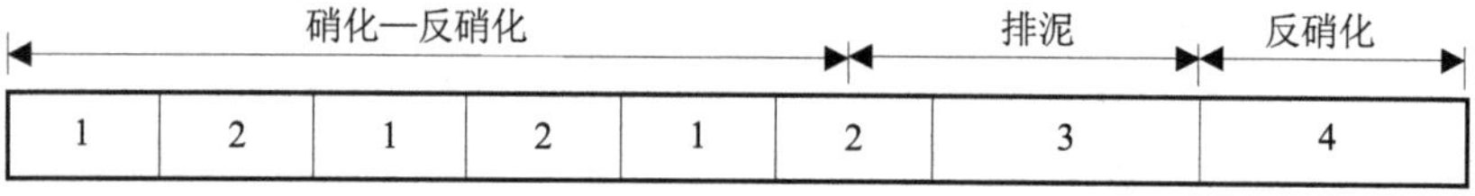

1—好氧（曝气）；2—缺氧（搅拌）；3—缺氧（沉淀）；4—厌氧/缺氧（排水）

图 9-26　以脱氮方式运行的 ICEAS 主反应区一个周期内的操作操作过程

9.7.2.2 ICEAS 工艺的基本特点

ICEAS 工艺的连续进水方式，使其比间歇进水易于控制，但由于进水贯穿于整个运行周期的各阶段，因而易在沉淀阶段造成水流紊动而影响泥水的快速分离，使单池的处理规模受到一定的限制。与经典 SBR 工艺相比，ICEAS 具有以下几方面的不同。

一是由于在沉淀过程中，反应器持续进水，其沉淀过程是在非理想条件下完成的，因而为了缓解进水造成的扰动，一方面需要控制其进水的流量，同时需要将 ICEAS 池设计成长宽比（L/B）为一定比例（2∶1～4∶1）的长方形，如池长过短，则易受进水的扰动影响，若池长过大（即宽度过窄），则易因流速的不均匀，影响沉淀期间污泥在池中分布，同样影响出水水质。资料表明，对于处理规模为 10 000 m^3/d 的 ICEAS 池而言，其标准的设计池宽为 10 m。

二是由于 ICEAS 连续进水，在较大程度上失去了经典 SBR 工艺特有的由时间序列控制的理想推流的运行特性，使整个反应器的运行更趋于完全混合流态，因而其污泥的沉降性能将有所下降，发生污泥膨胀的几率将增加，同时将在一定程度上影响出水的质量。为此需在其前端设置一在厌氧或缺氧条件下运行的预反应区，以改善污泥的沉降性能。

三是由于 ICEAS 的连续进水方式所实现的简化控制，虽使其更适用于大规模污水处理的场合，但同时须注意控制其单池的处理量，因而所需的 ICEAS 池数较多。

此外，ICEAS 工艺强调延时曝气，其设计污泥负荷（BOD_5/MLSS）很低，一般为 0.04～0.05 kg/(kg·d)，处理单位水量的容积较大（有效容积的利用率较低），因而，在土地资源日益紧张的地区，其应用将受到一定的限制。

9.7.2.3 ICEAS 工艺的应用实例

利用澳大利亚政府贷款、于 1997 年建成投产、处理规模为 10×10^4 m^3/d（旱季平均）/20×10^4 m^3/d（旱季高峰）/30×10^4 m^3/d（雨季高峰）（合流制排水系统）的昆明市第三污水处理厂采用了 ICEAS 工艺。其工艺流程如图 9-27 所示。废水经粗格栅、提升泵、细格栅后，进入钟式沉砂池，其出水经文丘里计量槽后，进入配水井，进入 16 座（近期使用 14 座，每座的工艺尺寸为 44×32×5 m，处理量为 9 000～12 000 m^3/d）ICEAS 池。其中 ICEAS 池的设计污泥负荷（BOD_5/MLSS）为 0.08 kg/(kg·d)，MLSS 为 3 000～4 600 mg/L，HRT 为 13.7 h，一个周期的运行时间（T）为 4.8 h（其中曝气 2 h，搅拌 0.8 h，沉淀 1 h，滗水 1 h），每天运行 5 个周期。

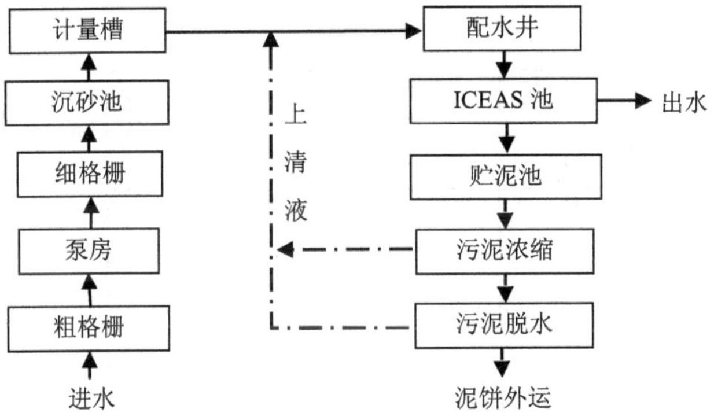

图 9-27 昆明第三污水处理厂工艺流程图

该厂总投资为 1.65 亿元，吨水投资费为 1 100 元。全厂占地 6 hm^2，工艺部分占地 3.6 hm^2。表 9-8 所列为该厂的设计进水水质和出水水质的监测数据。

表 9-8 昆明市第三污水处理厂设计进水水质和实际出水水质

水质指标	设计进水水质	实际出水水质	去除率/%
COD_{Cr}/mg/L	—	<25	85～89
BOD_5/mg/L	100	<10	93～96
SS/mg/L	200	<15	89～97
TN/mg/L	30	<15	51～60
TP/mg/L	4	<1	62～84

9.7.3 CASS 工艺及其应用

CASS（Cyclic Activated Sludge System）或 CAST（-Technology）或 CASP（-Process）工艺是循环式活性污泥法的缩写。该工艺的前身为 ICEAS 工艺，由 Goronszy 开发并分别在美国和加拿大获得专利。CASS 的整个工艺为一间歇式反应器，在此反应器中进行交替的曝气—非曝气过程的不断重复，将生物反应过程及泥水的分离过程结合在一个池子中完成。因此，它是 SBR 工艺及 ICEAS 工艺的一种更新变型。该工艺的发展基础与 ICEAS 工艺一样，是计算机控制系统的应用。目前，此工艺在国外广泛应用于城市污水和各种工业废水的处理，全世界已有近 400 座各种规模的 CASS 污水处理厂正在运行或建造之中。

9.7.3.1 CASS 工艺的基本原理

CASS 为设有一个分建或合建式生物选择器的可变容积、以序批曝气—非曝气方式运行的充—放式间歇活性污泥处理反应器，它通常由生物选择区、兼氧区和主反应区三个区域组成（图 9-28）。

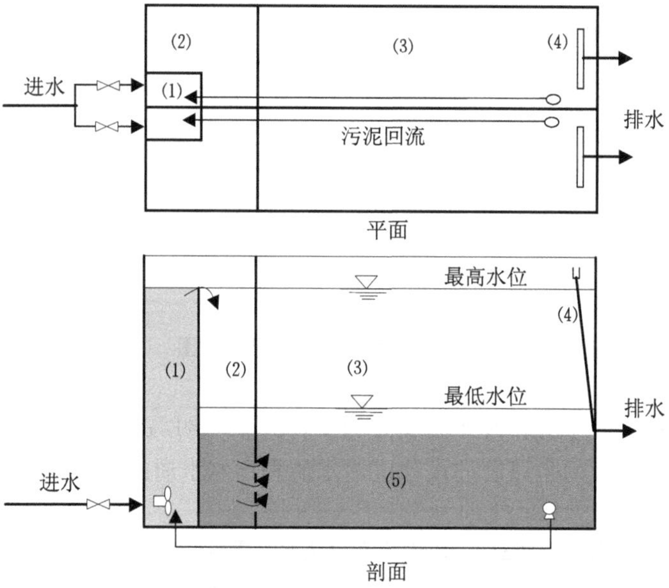

（1）生物选择区；（2）缺氧区；（3）主反应区；（4）滗水器；（5）污泥区

图 9-28 二池并联运行 CASS 的工艺组成

该工艺以一定的时间序列完成各阶段的运行，其中由充水—曝气、充水—泥水分离、上清液滗除和充水—闲置等四个阶段并组成其运行的一个周期。各运行阶段的运行方式可根据水质和处理要求进行调整，如无反应充水（即进水时既不曝气也不搅拌）、无曝气充水混合、充水曝气及进水沉淀（为保证稳定的沉淀效果，在沉淀和排水阶段也可以不进水的方式运行，但此时需要两组 CASS 并联运行）等，一个运行周期结束后，重复上一周期的运行并由此循环不止。循环过程中，反应器内的水位随进水而由设计的初始最低水位逐渐上升至最高设计水位，因而运行过程中其实际运行容积是逐渐增加的（即变容积运行）。

图 9-29 所示为 CASS 工艺的循环运行操作过程。具体运行过程依次为：①进水—曝气阶段。此阶段，边进水边曝气，同时将主反应器区的污泥回流至生物选择器。污泥回流量约为处理废水量的 20%。②进水—沉淀。此阶段，停止曝气，静置沉淀以使泥水分离。在沉淀刚开始时，由于曝气所提供的搅拌作用剩余的混合能使污泥发生絮凝，随后污泥以区域沉降的形式下降，因而所形成的沉淀污泥浓度较高（当混合液的污泥质量浓度为 3 500 mg/L 时，经沉淀后污泥的质量浓度可达到 10 000 mg/L 以上）。与 SBR 工艺不同的是，CASS 工艺在沉淀阶段不仅不停止进水，而且污泥回流也不停止。由于在沉淀期间反应器不排水，因而在合理设计的条件下，反应器犹如竖流式沉淀池，而其表面负荷则要比竖流式沉淀池低得多，可获得良好的沉淀分离效果。③停止充水—排水。此阶段，CASS 反应器停止进水。根据处理系统中 CASS 反应器个数的不同，或者将原水引入其他 CASS 反应器（两个或两个以上 CASS 反应器），或者将原水引入 CASS 反应器之前的集水井（单个 CASS 反应器）。排水均采用自动控制的滗水器进行。排（滗）水期间，污泥回流系统照常工作。污泥回流的目的是提高缺氧区的污泥浓度，以使随污泥回流该区内污泥中的硝态氮进行反硝化，并进行磷的释放而促进在好氧区内对磷的吸收。由于 CASS 反应器在运行过程中的最高水位和滗水时的最低水位是设计确定的，因而在滗水期间进行污泥回流不会影响出水水质。④闲置阶段。实际运行过程中，由于滗水时间往往要比设计滗水时间短，其剩余时间通常用于反应器内污泥的闲置以恢复污泥的吸附能力。正常的闲置期通常在滗水器恢复待运行状态后 4～5 min 开始。闲置期间，污泥回流系统照常工作。在实际运行过程中，闲置阶段往往与排水和排泥过程同步进行，因而一般不需在运行周期中独立分配时间。

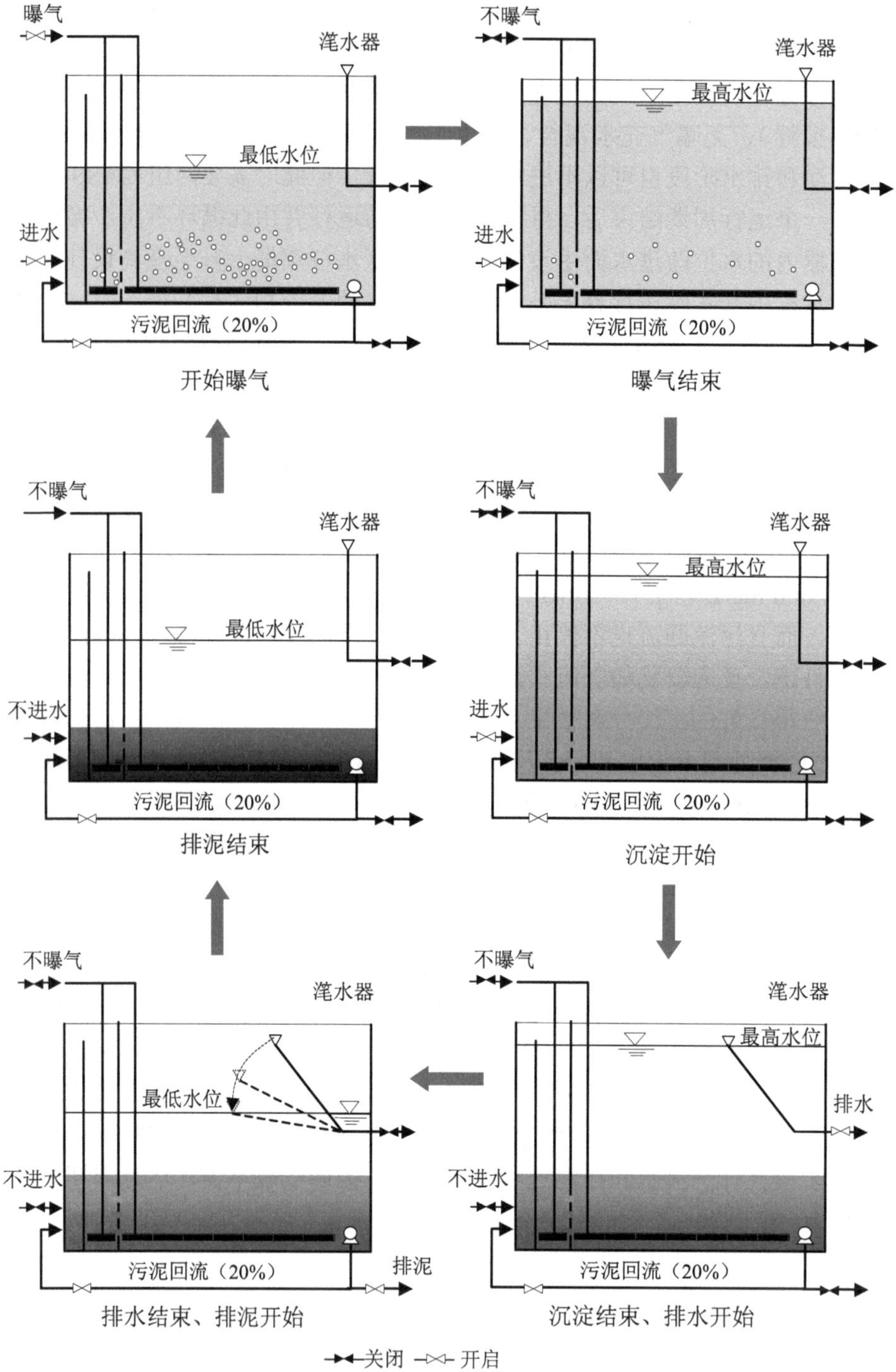

图 9-29　CASS 工艺的循环操作过程

9.7.3.2 CASS 工艺的组成及设计要点

CASS 是一种具有脱氮除磷功能的循环间歇废水生物处理技术。每个 CASS 反应器由生物选择区、兼氧区和主反应区三个区域组成（图 9-28）。

生物选择区是设置在 CASS 前端的小容积区（容积约为反应器总容积的 10%），水力停留时间为 0.5～1 h，通常在厌氧或兼氧条件下运行。生物选择区是根据活性污泥反应动力学原理而设置的。通过主反应区污泥的回流并与进水混合，不仅充分利用了活性污泥的快速吸附作用而加速对溶解性底物的去除并对难降解有机物起到良好的水解作用，同时可使污泥中的磷在厌氧条件下得到有效的释放，而且在完全混合反应区之前设置选择区，还有利于改善污泥的沉降性能，防止污泥膨胀。此外，此区中还可发生比较显著的反硝化作用（回流污泥混合液中通常含 2 mg/L 左右的硝态氮），其所去除的氮可占总去除率的 20%左右。选择区可定容运行，亦可变容运行。在多池并联大系统中，可将进水配水池作为选择区使用。由主反应区向选择区回流的污泥量一般以每天将主反应器中的污泥全部循环一次为依据，并据此确定污泥回流比。

兼氧区不仅具有辅助厌氧或兼氧条件下运行的生物选择区对进水水质水量变化的缓冲作用，同时还具有促进磷的进一步释放和强化氮反硝化的作用。

主反应区则是最终去除有机底物的主场所。运行过程中，通常需对主反应区的曝气强度加以控制，以使反应区内主体溶液中处于好氧状态，而活性污泥结构内部则基本处于缺氧状态、溶解氧向污泥絮体内的传递受到限制而硝态氮由污泥内向主体溶液的传递不受限制，从而使主反应区中同时发生有机污染物的降解以及同步硝化和反硝化作用。

CASS 反应器的主要设计参数：最大设计水深可达 5～6 m，MLSS 一般为 3 500～4 000 mg/L，充水比为 30%左右，最大上清液滗除速率为 30 mm/min，固液分离（沉淀）时间 60 min，设计 SVI 为 140 ml/g，单循环时间（即一个运行周期）通常为 4 h（标准处理模块，其中曝气 2 h、沉淀和排水各 1 h。每个运行周期中曝气和停止曝气的时间基本相等）。处理城市污水时，CASS 中生物选择区、缺氧区和主反应区的容积比一般为 1∶5∶30，具体可根据水质和“模块”试验加以确定。表 9-9 列出了 CASS 工艺处理不同规模城市污水时的参考设计参数。

表 9-9　CASS 工艺处理不同规模城市污水时的参考设计参数

主要设计参数	人口当量		
	37 500	300 000	600 000
CASS 池数	2	4	8

主要设计参数	人口当量		
	37 500	300 000	600 000
单池面积/m^2	772	2 552	2 352
最小充水比 λ *	0.33	0.19	0.33
最小停留时间/h	9.1	16.8	11.9
最大设计流量/（m^3/d）	18 546	85 000	192 000
BOD_5 去除量/（kg/d）	2 255	15 000	37 140
TKN 去除量/（kg/d）	382	3 500	3 518
TSS 去除量/（kg/d）	3 377	15 000	30 400
P 去除量/（kg/d）	77	900	550
循环次数/(次/(d・池))	6	6	6
充水—曝气时间/h	2	2	2
充水—沉淀时间/h	1	1	1
滗水时间/h	1	1	1

*含有较多工业废水。

在 CASS 工艺的实际应用中，可根据原水水质及处理要求合理地确定处理工艺流程和有关工艺运行条件。如在处理含硫化物较高的废水时，应注意将 CASS 工艺中的生物选择器控制在好氧—缺氧的条件下运行并合理控制氧化还原电位（ORP）以防止在停止曝气阶段形成硫化物而导致丝状菌的生长。在 CASS 工艺的应用过程中，须注意以下问题：①生物选择区运行的控制。为保证回流污泥与进水底物的良好接触，生物选择区宜控制在厌氧或缺氧条件下运行并确保完全混合，以充分发挥其自我调节的功能。②生物速率的控制。CASS 的主反应区具有同步硝化和反硝化功能，其反硝化主要是在停止曝气的泥水分离阶段及曝气过程中使污泥结构内部处于缺氧状态而实现的。因而，反应器中溶解氧浓度（DO）的控制，即生物速率的控制十分重要。一般采用池内溶解氧探头仪控制 DO，并据此测定微生物的代谢活性，作为自动调节曝气时间、曝气速率和排泥速率的重要控制参数。溶解氧探头仪可直接设置在主反应器内，也可设置在污泥回流管线上。③CASS 工艺的放大。在实际应用中，CASS 工艺的放大可通过重复“模块”试验而实现。即按照 4 h 的标准运行周期（2 h 曝气、1 h 沉淀、1 h 滗水—为一个模块）进行试验，以确定达到处理要求所需要的“模块”数及水力停留时间，并由此确定 CASS 的池数。如澳大利亚的 Quakers Hill 污水处理厂为目前世界上最大的可变容积 CASS 工艺处理设施，其运行由 5 个“模块”组成。生物选择区在旱流量时的 HRT 为 1 h。采用盘式膜微孔扩散器曝气。由设在池内的 5 个自动控制移动堰滗水器同时同速率滗水，滗水速率为 13 mm/min。④充水比（滗水量与总有效容积之比，λ）的合理确定。由于污泥沉淀和滗水周期的长短及沉淀污泥浓度和 SVI 受排水高度（h）的影响，因而须根据所处理的废水水质通过试验合理地确定 h，亦即确定 CASS 反应器的最低和最高水位。有关报道的 CASS 的 λ 一般为 30%～50%，但在实际应用中宜通过试验确定。

9.7.3.3 CASS 工艺的主要特点

与 CAS 处理工艺及经典 SBR 工艺相比，CASS 工艺具有以下四个方面的特征：①根据生物选择原理，利用与主反应区分建或合建、位于系统前端的生物选择区对磷的释放、反硝化作用及对进水中有机底物的快速吸附及吸收作用，增强了系统运行的稳定性；②可变容积的运行提高了系统对水量水质变化的适应性和操作的灵活性；③根据生物反应动力学原理，采用多池串联运行，使废水在反应器的流动呈现出整体推流而在不同区域内为完全混合的复合流态，不仅保证了稳定的处理效果，而且提高了容积利用率；④通过对生物速率的控制，使反应器以厌氧—缺氧—好氧—缺氧—厌氧的序批方式运行，使其具有优良的脱氮除磷效果，降低了运转费用。表 9-10 列出了不同工艺处理规模为 6 万人口当量的城市污水时的费用等数据的比较。

表 9-10　不同工艺处理城市污水厂的费用比较（相对数据）*

处理工艺类型	土建费	设备费	总投资	年运行费	占地面积
传统曝气活性污泥/%	100	100	100	100	100
深井曝气/%	111	124	116	191	98
生物曝气滤池/%	100	167	125	216	59
CASS（微孔曝气）/%	80	74	78	133	64

*假定：（1）各工艺中所采取的沉淀池均为辐流式沉淀池；（2）除 CASS 工艺外，其他工艺的出水 BOD_5 和 TSS 标准分别为 25mg/L 和 35mg/L；（3）以传统曝气活性污泥法为参考比较对象。

CASS 工艺与 SBR 工艺的不同之处在于：①CASS 工艺在进水阶段不设单纯的充水过程或缺氧混合过程；②在反应器的进水端增设了一生物选择区，利于创造合适微生物生长的条件并选择出絮凝性微生物，因而可更有效地保持污泥的良好沉降性能，更有效地提高系统的抗冲击负荷能力；③可通过调节曝气强度同时实现硝化和反硝化过程。

9.7.3.4 CASS 工艺的效能及应用实例

CASS 反应器工艺是以生物反应动力学原理及合理的水力条件为基础而开发的一种具有系统组成简单、运行灵活和可靠性好等优良特点的废水处理新工艺，尤其适合于含有较多工业废水的城市污水及要求脱氮除磷的处理，目前已在欧美等国家得到较多的应用，国内也已开始对此进行研究并逐步在制药、啤酒、印染和化工等行业废水处理的实际工程中得到应用。表 9-11 所列为 CASS 工艺处理城市污水运行效能数据，表 9-12 所列为国外主要的 CASS 工艺在城市污水处理中的应用及工艺情况。

表 9-11　CASS 工艺处理城市污水的效能　　单位：mg/L

指标	COD_{Cr}	BOD_5	SS	TN	TP
进水*	300～800	100～650	200～620	50～100	10
出水	≤150	≤60	≤100	≤25	≤1

*进水 COD_{Cr}、BOD_5 和 SS 各指标可偶然高达 2　000～3　000　mg/L。

表 9-12　国外主要的 CASS 工艺处理城市污水时的应用情况

国家（地名）	处理规模	CASS 平面尺寸
美国	80 000 m^3/d	—
澳大利亚（悉尼）	120 000 人口当量	113 m×77 m（5 座）
澳大利亚（基隆）	245 000 人口当量	62.4 m× 62.4 m（6 座）
英国、法国、德国、奥地利	600 000 人口当量	84 m× 28 m
加拿大（Bradford 市）	12 166 m^3/d	72 m× 23 m（2 座）
泰国（曼谷）	1 000 000 人口当量	150 m×150 m（24 座）
澳大利亚（Quakers Hill）	200 000 人口当量	131 m ×76 m（5 座）
澳大利亚（黑岩）	210 000 m^3/d	120 m× 60 m（4 座）
美国（Portage Catawba）	15 500 m^3/d	—
澳大利亚（Winmalee）	60 000 m^3/d	28 m ×112 m（4 座）
英国（Forfar）	7 940 m^3/d	—（4 座）
加拿大（Newfoundland）	375 000 人口当量	—（2 座）

CASS 工艺在澳大利亚和美国等国家的应用发展速度较快。目前已投入运行的澳大利亚 Quakers Hill 污水处理厂共有 5 组 CASS 池子，每组池子的长度为 131 m、宽度为 76 m；池表面积达 9 956 m^2。在每组池子的进水端设有生物选择区，池子

中部的污泥回流泵将主反应区的污泥回流至生物选择区内与进水混合接触。选择区的平均 HRT 为 1.0 h（包括回流量），其运行可分为曝气和不曝气两种方式。处理出水通过 5 个同步运行的滗水装置排出系统，各滗水器的滗水速率相同。每一操作循环周期为 4 h，其中曝气时间为 2 h，滗水速率为 13 mm / min。每组 CASS 池子的处理能力为 10 万人口当量。采用管式橡胶膜曝气装置进行曝气和混合。该厂已运行近 10 年，运行结果表明，处理出水的 BOD_5≤10 mg / L，SS≤5 mg/L，NH_4^+—N≤0.5 mg/L，TN≤1.0 mg/L，TP≤0.8 mg/L。运行过程中污泥的 SVI 值一直保持在 53 ml/g 左右（1999 年数据）。

澳大利亚 Black Rock 污水处理厂（图 9-30）共设 4 个 CASS 反应池，每个池子的长度为 120 m、宽度为 60 m，池子表面积为 7 200 m^2，最大设计水深为 5 m，最大日处理能力为 21×10^4 m^3/d。其设计进水 BOD_5 质量浓度=370 mg/L、SS=360 mg/L、TKN=63 mg/L、TP=8.6 mg/L。CASS 反应器依靠安装在池底部的圆盘式橡胶膜曝气系统提供曝气和混合作用，并在反应器中设置了生物选择区。每个池子设置 8 台同步运行、可同时升降的长度各为 10 m 的滗水装置。

图 9-31 所示为泰国曼谷市处理规模为 20×10^4 m^3/d 的 Yannawa 污水处理厂。该厂一期工程始建于 1999 年，采用 CASS 工艺。其服务人口当量为 50×10^4（一期）～100×10^4（二期），目前的设计平均日处理规模为 20×10^4 m^3/d，高峰设计流量为 256 900 m^3/d，最终设计处理规模为 200×10^4 m^3/d（2020 年）。一期工程总投资 1.8 亿美元，占地约 2.3 hm^2。其设计造型独特，为世界上规模最大、多层结构（四层）的 CASS 污水处理厂。每层有 6 座 CASS 池，共 24 座。该厂的处理出水水质为：BOD_5≤20 mg/L，SS≤30 mg/L，TKN≤10 mg/L，NH_3—N≤5 mg/L，P≤2 mg/L。

图 9-30　澳大利亚 Black Rock 污水处理厂的大型 CASS 池

图 9-31　泰国曼谷市处理规模为 200 000 m^3/d 的四层 CASS 池

9.7.4 MSBR 工艺及其应用

MSBR 工艺（Modified Sequencing Batch Reactor）是 20 世纪 80 年代在经典 SBR 工艺的技术基础上，结合传统活性污泥工艺研究开发的一种集约化程度更高的工艺。其在运行稳定性、占地面积、能耗、处理成本等方面，均具有较明显的优势。目前，已在北美和南美、韩国等得到良好的应用。我国深圳市盐田污水处理厂和无锡市新区污水处理厂也采用了这种工艺。

9.7.4.1 MSBR 工艺的基本原理

MSBR 工艺通常将发挥不同功能的各处理单元组合成一个整体的构筑物，并进行整体施工设计（如图 9-32 所示）。该工艺由厌氧池、缺氧池、好氧池和 SBR 池等组成。其中厌氧池、缺氧池、好氧池的功能各不相同，而两个 SBR 池的功能则相同，均为有机物的去除、硝化—反硝化及澄清出水。

运行过程中，污水首先进入厌氧池，与来自泥水分离池、并经缺氧池 II 反硝化后的混合液混合，使聚磷菌在此充分释磷，然后进入缺氧池 I 继续进行反硝化。反硝化后的混合液进入好氧池，完成有机物去除、硝化和聚磷菌的摄磷等功能，最后混合液进入 SBR 池 I 或 SBR 池 II，在此进行最后的处理及泥水分离，并排出澄清出水（如图 9-33 所示）。除两个 SBR 池外，工艺中其余各池均处于恒水位、连续运行的状态，其运行操作方式基本固定。而对 SBR 池而言，当其中一个 SBR 池作为最后处理工段时，另一个 SBR 池则在 1.5Q 的回流量（至泥水分离池）的条件下以硝化、反硝化的模式运行或进行静止预沉淀。运行期间始终进行污泥回流，并首先进入泥水分离池分离浓缩，上清液进入好氧池，浓缩污泥进入缺氧池 II，进行反硝化，并消耗掉污泥中 DO 和硝酸盐，为随后在厌氧池中的释磷过程创造有利的条件。

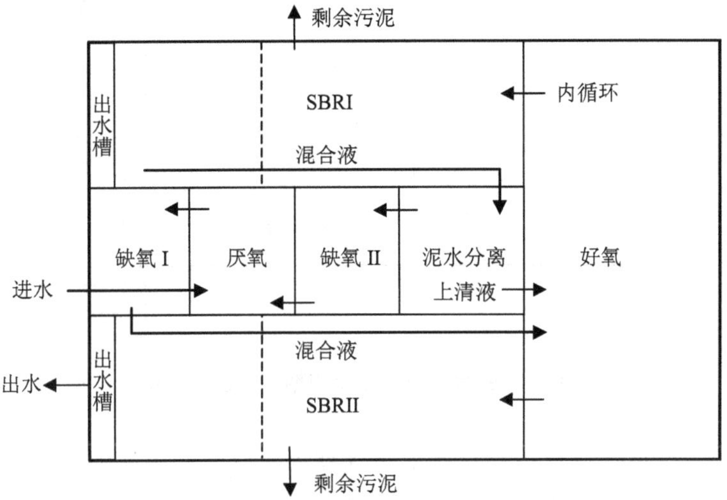

图 9-32　MSBR 工艺的组成及布置

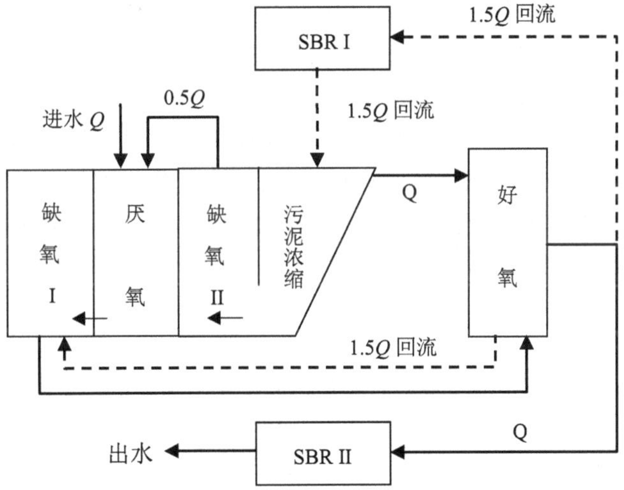

图 9-33　MSBR 工艺的运行原理

MSBR 工艺具有交替性周期运行的特征。它将一个运行周期分为六个时段，其中三个时段组成其运行的半个周期（半周期），在相邻两个半周期内，除 SBR 池的运行方式不同外，其余各单元的运行方式完全一致。运行的一个周期中，其两个半周期中三个时段的时间分配相同，均为：时段 I 为 40 min，时段 II 为 50 min，时段 III 为 30 min，共为 120 min。

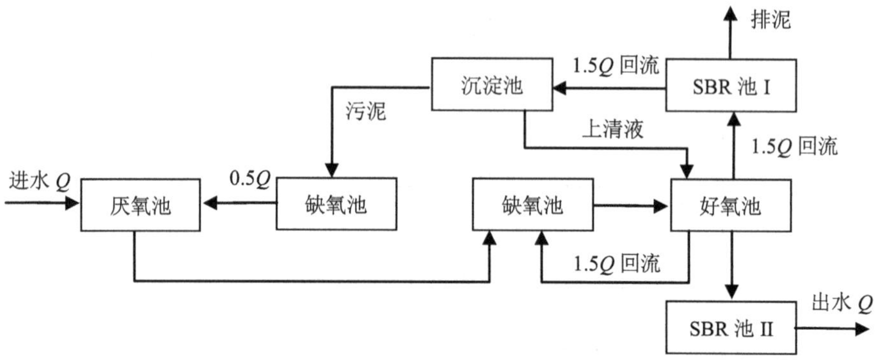

图 9-34　MSBR 工艺（半个周期）的运行过程

由图 9-34 可见，在第一个运行的半周期内，废水经厌氧池后，依此流经缺氧池 I 和好氧池，并由 SBR 池 II（作为沉淀池）出水，而 SBR 池 I 则接受来自好氧池的内循环混合液，以硝化和反硝化的方式运行；在第二个运行半周期内，废水经厌氧池后，依此流经缺氧池 I 和好氧池，并由 SBR 池 I（作为沉淀池）出水，而 SBR 池 II 则接受来自好氧池的内循环混合液，以硝化和反硝化的方式运行。

在 MSBR 工艺运行的不同时段中，始终进行混合液、污泥和泥水分离上清液的回流。混合液的回流（内回流）由好氧池经 SBR 池 I 或 II 进入缺氧池 II，为反硝化提供硝态盐；污泥回流则通过将混合液由 SBR 池 II 或 I 提升至泥水分离池进行沉淀分离和浓缩后，回流至缺氧池 II，并依此流经各处理单元。上清液由泥水分离池直接回流至好氧池。表 9-13 列出了在 MSBR 的一个完整的运行周期内，各处理单元的运行状态，表 9-14 列出了 MSBR 一个运行周期中 SBR 池运行的时间分配。

表 9-13　MSBR 一个完整的运行周期内，各处理单元的运行状态

单 元	时　段					
	I	II	III	IV	V	VI
SBR 池 II	搅拌	曝气	预沉	沉淀	沉淀	沉淀
泥水分离池	浓缩	浓缩	浓缩	浓缩	浓缩	浓缩
缺氧池 II	搅拌	搅拌	搅拌	搅拌	搅拌	搅拌
厌氧池	搅拌	搅拌	搅拌	搅拌	搅拌	搅拌
缺氧池 I	搅拌	搅拌	搅拌	搅拌	搅拌	搅拌
好氧池	曝气	曝气	曝气	曝气	曝气	曝气
SBR 池 I	沉淀	沉淀	沉淀	搅拌	曝气	预沉

表 9-14　MSBR 一个完整的运行周期内，SBR 池的运行时间分配

SBR 池 I			SBR 池 II			上清液泵
反应状态	反应时间/min	回流泵	反应状态	反应时间/min	回流泵	
缺氧搅拌	50	开启	沉淀出水		关闭	开启
好氧曝气	40	开启	沉淀出水		关闭	开启
静止沉淀	30	关闭	沉淀出水		关闭	关闭
沉淀出水		关闭	缺氧搅拌	50	开启	开启
沉淀出水		关闭	好氧曝气	40	开启	开启
沉淀出水		关闭	静止沉淀	30	关闭	关闭

9.7.4.2 MSBR 工艺的主要特点

MSBR 工艺是在综合经典 SBR、A^2/O、CASS、Bardenpho 和氧化沟等工艺特点的基础上开发和应用的一种新工艺，因而具有一系列较为明显的特点。主要表现在以下五个方面：

首先，该工艺始终以恒水位、连续进水的方式运行，因而与经典 SBR 相比，具有更高的容积利用率；就废水在 MSBR 中流程而言，它是经典 SBR 和 A^2/O 工艺串联组成的，废水依此流经厌氧池、缺氧池、好氧池和 SBR 池，整体上以推流的方式运行，因而具有比 ICEAS 和 CASS 等工艺更高的底物浓度梯度，利于整体处理效率和出水水质的提高，同时可有效避免污泥膨胀问题；其次，在工艺的组成中，MSBR 工艺在主流程上增设了一个泥水分离池，同时将经沉淀浓缩的污泥输送至缺氧池 II，使混合液发生反硝化，而缺氧池 II 的混合液则进入接纳原废水的厌氧池，因而减少了进入厌氧池的硝酸盐的数量，因此可比经典的 A^2/O 创造更好和更稳定的聚磷菌释磷的环境条件，提高磷的去除效果；第三，通过在 SBR 池中增设挡板（如图 9-32 中虚线），不仅可避免因水力紊动对 SBR 池沉淀功能的影响，同时由于挡板的存在，使挡板前端的水流呈现出自下而上的流动状态，使之形成一个以澄清过滤形式运行的泥水分离过程，使污泥具有更好的接触絮凝效果，利于保证沉淀效果和澄清的出水；第四，MSBR 的出水采用空气堰（图 9-35）控制的出水方式，因而与间歇滗水的方式相比，可有效避免因短期内滗水速度过快或保护高度控制不当而造成的对沉淀污泥的扰动问题，利于保证澄清的出水。第五，在三槽式氧化沟和 UNITANK 的运行过程中，在其周期切换前往往造成沉淀区污泥的大量积累，而进水区 MLSS 偏低，从而影响了底物去除速率，而在 MSBR 工艺中，通过综合的污泥回流、污泥浓缩、混合液回流和上清液回流，有效地改善了工艺中各单元内污泥分布的均匀性，提高了各连续运行单元的 MLSS，而使 SBR 池中的污泥量较少，使其在沉淀时污泥层厚度减小，降低出水中的 SS。

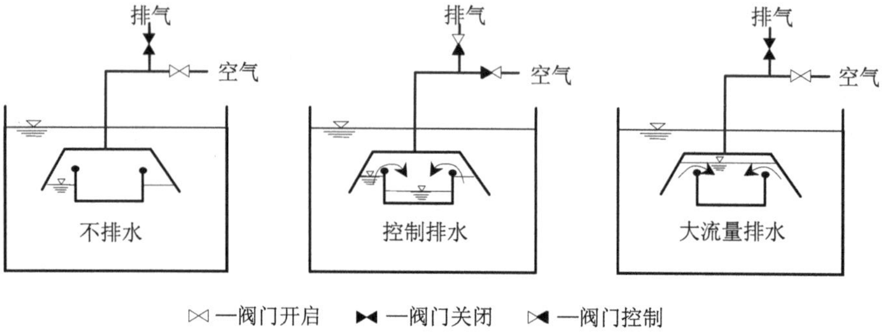

图 9-35 空气堰排水装置工作原理

9.7.4.3 MSBR 工艺的设计要点

MSBR 是具有脱氮除磷功能的新型处理工艺，其工艺设计参数一般根据脱氮除磷的要求确定。因而，原则上，当以生物除磷为主要处理目标时，应取较短的污泥龄进行设计，而当以生物脱氮为主要处理目标时，则应采用较长的污泥龄。MSBR 的污泥龄设计范围较宽，一般控制在 7～20 d。在实际运行中，还需根据进、出水水质通过剩余污泥排放的控制对混合液的 MLSS 进行调节，以获得合理的污泥龄。

MSBR 中的平均 MLSS 一般按 2 500～3 000 mg/L 设计，在设计供氧量时则需要按满足 4 000～5 000 mg/L 的 MLSS 的需氧计算。MSBR 的 HRT 一般为 12～14 h，需根据进水水质和处理要求适当选择。

MSBR 的单池最大处理规模可达 50 000 m^3/d，否则需进行分组运行。MSBR 的有效水深的可选择范围较大，为 3.5～6.0 m，其中缺氧池和厌氧池深度可达 8.0 m。其运行过程中的混合液回流和污泥回流比一般为 130%～150%，泥水分离池的浓缩污泥回流量一般为（0.3～0.5）Q。

9.7.4.4 MSBR 工艺的效能与应用实例

实践表明，MSBR 工艺是一种具有连续运行和间歇运行综合特性的高效处理工艺，容积利用率高，易于实现自动控制，处理效率高且处理功能强，并较适宜于在低 MLSS 和低温的条件下运行，具有良好的应用前景。

上海合流污水一期工程预处理厂采用 MSBR 工艺进行了中试研究（日处理规模为 250 m^3/d），表 9-15 列出了其各构筑物的 HRT 及有关运行参数。试验分别在不同温度条件下进行了两个阶段。研究表明，该工艺不仅具有良好的脱氮除磷能力，而且具有良好的温度适应性（见表 9-16 数据）。

表 9-15 MSBR 工艺中试研究运行参数

运行参数		运行阶段	
		第一阶段（23～31℃）	第二阶段（12～15℃）
HRT/h	好氧池	2.2	2.2
	SBR 池	4.1	4.1
	厌氧池	1.1	1.1
	缺氧池	0.54	0.54
	泥水分离池	0.56	0.56
	合计	8.5	8.5
回流比/%	污泥	100	100
	混合液	200	100
MLSS/（mg/L）	好氧池	2 472～2 860	2 470～3 726
	SBR 池	2 836～3 848	3 250～5 360
污泥龄/d		25～30	25～30

表 9-16 MSBR 工艺中试研究运行结果

指标	第一阶段			第二阶段		
	进水/（mg/L）	出水/（mg/L）	去除率/%	进水/（mg/L）	出水/（mg/L）	去除率/%
COD_{Cr}	160	35	78	212	56	73
BOD_5	67	14	79	77	24	69
SS	105	24	77	154	28	82
TKN	31	6	81	29	13	55
NH_3—N	17	3.6	79	21	8	62
PO_4^{3-}	1.5	0.3	80	1.7	0.6	65

目前，我国已有数座污水处理厂采用 MSBR 工艺。如深圳市盐田污水处理厂其设计总处理规模为 20×10^4 m^3/d，采用 5 座 MSBR 池，每座的处理规模为 4×10^4 m^3/d，总规划占地 11 hm^2，整个工艺全部采用国际化标准，全自动控制。实际运行表明，其处理出水的平均指标为：COD_{Cr}=26 mg/L，BOD_5=8 mg/L，SS=8 mg/L，TP=0.4 mg/L。此外，无锡新区污水处理厂亦采用了 MSBR 工艺，其设计总规模为 10×10^4 m^3/d，一期规模 5×10^4 m^3/d 已投入正式运行。

位于加拿大 Saskatchchewan 的 Estevan 污水处理厂是在低温条件下采用 MSBR

工艺获得成功运行典型实例。该厂地处寒冷地带，年平均温度为 13℃并常有冰冻发生，但该处理工艺效果良好（见表 9-17）。

表 9-17 加拿大 Estevan 污水处理厂 MSBR 工艺的运行数据

指标	进水	出水	去除率/%
BOD_5/（mg/L）	165	8.5	95
TSS/（mg/L）	212	11	95
TKN/（mg/L）	39	3.5	91
TP/（mg/L）	5.1	1.9	63

9.7.5 UNITANK 工艺及其应用

UNITANK 为交替运行一体化工艺，是 20 世纪 90 年代初由比利时 Seghers 公司提出的 SBR 工艺的一种改进型，它以 SBR 工艺交替进出水运行方式、三槽式氧化沟的构造形式和 A^2/O 工艺的处理功能为基础，综合了这些工艺的优点，并可通过运行控制方式的灵活调节，而有效地实现不同的处理功能（其对 COD_{Cr} 和 BOD_5 的处理率一般可达 90%和 95%，出水 TSS≤20 mg/L）。在该工艺提出后较短的时间内（至 20 世纪 90 年代末）已在 25 个国家和地区的包括城市污水以及食品、纺织、石油加工、制药、啤酒等 30 余类工业废水的处理中得到迅速的推广应用。如我国广东珠江啤酒厂的废水处理即采用了此工艺。

9.7.5.1 UNITANK 工艺的基本原理

UNITANK 工艺的运行过程类似于三槽式氧化沟系统。其外形多为矩形或正方形，被分割成三个容积相等的矩形单元，相邻单元间通过共壁上孔口相互连通（三池交替运行的方式为 UNITANK 的标准运行模式）。在每个池子中安装曝气装置（表曝或鼓风曝气均可），位于两侧的池子设有溢流堰及剩余污泥排放设备，它们在处理过程中具有既作为污染物降解的曝气反应区及澄清处理出水的沉淀区两种功能，中间的池子则在运行过程中始终作曝气使用。废水通过进水闸的控制按时间序列分别进入三个矩形池的任意一个（图 9-36）。

与传统的活性污泥法一样，UNITANK 的进出水均是连续的，并可根据处理要求的不同，按以有机物去除和硝化为目标的单纯好氧及以脱氮除磷为目标的厌氧（缺氧）—好氧两种方式运行，每种运行方式均按一定的空间控制和时间控制进行周期性交替运行。其中一个周期由两个主工段和两个时间较短的中间过渡工段构成。

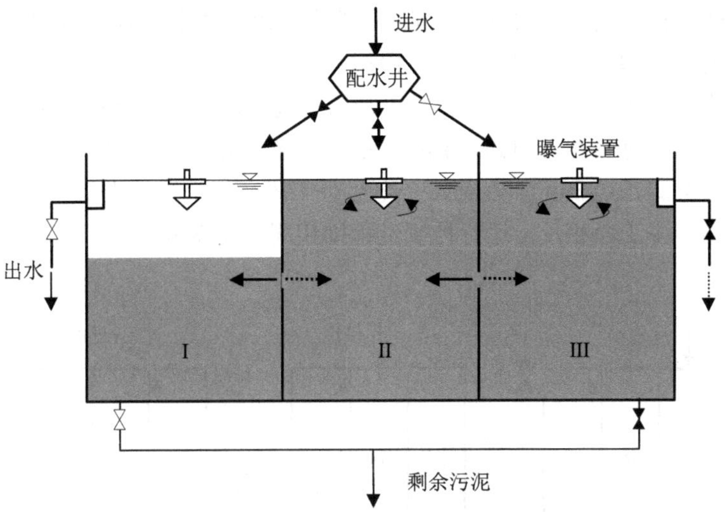

图 9-36 UNITANK 工艺的构造及运行示意

在单纯好氧的运行方式中，其第一主工段为：废水进入 UNITANK 池作为曝气池的 I 号单元池，废水依次流过作为曝气池的 II 号单元池和作为沉淀池的 III 号单元池。由于 I 号池在上一个主体工段作为沉淀池运行时积累了大量经过再生、具有较高吸附能力的活性污泥，因而发挥其有效地对有机底物的吸附和降解作用。运行时，混合液流经始终作为曝气池的 II 号池，在推流的作用下，污泥随水流依次进入 II 号池和 III 号池，实现污泥数量在各单元池中的重新分配；作为沉淀池的 III 号池则不进行曝气，使固液分离，出水由溢流堰连续排出。第一工段运行（运行时间一般为 2～3 h）结束后，经过一个短暂的过渡段（关闭 I 号池的曝气装置，将废水引入 II 号池，并准备开启 III 号池的曝气装置，其需时一般为 30 min），开始第二工段的运行。在第二工段的运行过程中，废水首先切入作为曝气池的 III 号单元池，混合液依次流经 II 号池和作为沉淀池的 I 池，运行过程中水流方向与第一工段相反，操作过程则完全相同。图 9-37 所示为好氧 UNITANK 的循环运行过程。

当该工艺考虑脱氮除磷功能时，需通过合理的时间和空间控制，并适当增大系统的 HRT，以厌氧、缺氧和好氧交替（时间控制）及 I 号和 III 号功能交替（空间控制）的方式运行。在运行的第一个主工段中，待处理废水首先交替进入 UNITANK 池的 I 号和 II 号池，III 号池作沉淀池使用。I 号和 II 号以厌氧（缺氧）和好氧交替的方式运行，在 I 号池首先进行搅拌，使在前一运行阶段池水中的产生的硝态氮在缺氧条件下实现反硝化脱氮，同时使污泥中的磷得到释放，一定时间后，启动曝气装置进行好氧去碳运行；II 号池以相同的方式交替运行，但在曝气阶段，其主要功能是去碳、硝化和污泥对磷的摄取。同时，池内水流整体上向 III 号池推进，并由 III 号池排水（连续）和定期排泥。第一工段运行（2～3 h）结束后，经过一个过渡段，其操作顺序为：关闭 I 号池的搅拌装置，开始曝气，以促进硝化和污泥对磷的摄取，并使污泥由 I 号池向 II 号池推进（1 h 左右）；接着将废水引入 II 号池，停止 I 号池的曝气，开始沉淀（30 min）。在第二个主运行工段，废水交替进入 III 号和 II 号池，水流方向与第一主工段相反，运行控制过程则相同（图 9-38）。

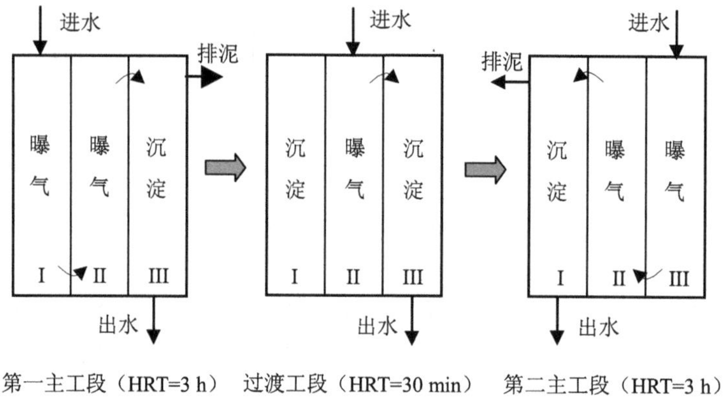

图 9-37 好氧 UNITANK 的循环运行过程

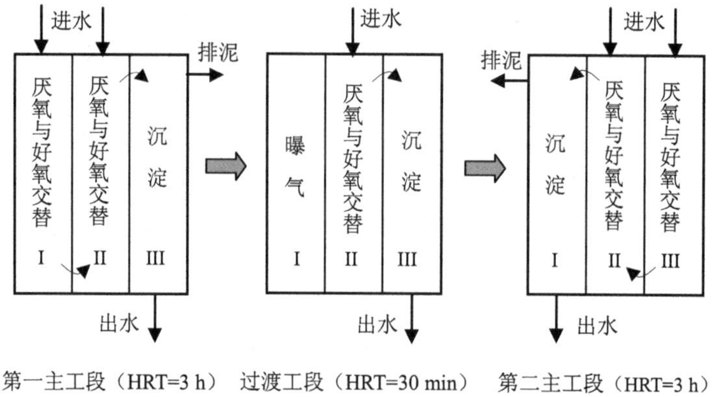

图 9-38 脱氮除磷 UNITANK 的循环运行过程

UNITANK 工艺的运行对自动控制有较高的要求，因而均设有一套较完善的监测与控制仪器设备，包括 DO 仪、ORP 仪、MLSS 仪等，以根据水质和实际运行情况改变和设定运行周期、改变进水点和供氧或搅拌的操作。

9.7.5.2 UNITANK 工艺的主要特点及其改进

UNITANK 工艺主要有以下特点：①整个系统在恒水位条件下连续运行，其单个池子的运行（尤其是进水的切换）与经典 SBR 有相似之处，但整体上则与交替运行三槽式氧化沟非常相似，并更接近于传统的活性污泥工艺；②UNITANK 工艺运行时，其水流依次流经三个单元反应器，其水流方式呈现出明显的推流特征，弥补了单池完全混合运行的不足；③通过对各运行主工段中 I、II 或 III、II 号池的操作方式（好氧、厌氧或缺氧）的控制，可方便地实现所需的处理功能，且其流程与 A^2/O 工艺类似，则是 UNITANK 无需污泥回流；④UNITANK 一般由三个大小相等的矩形池共壁而建成一个正方形的布置，其结构紧凑，与交替运行三槽式氧化沟一样可不设初沉池，并通常采用与传统活性污泥工艺相同的曝气装置或方式（其池深大于交替运行三槽式氧化沟），因而占地较小、投资较省（据报道，其单位占地和工程造价均为交替运行三槽式氧化沟的 1/3～1/2）。

但 UNITANK 也存在一些不足。①采用固定堰出水，使得运行过程中必须有一个单元池仅能发挥沉淀分离的功能，因而弱化了经典 SBR 工艺中各反应器均可发挥多重功能的优势，而与传统工艺趋同；②作为有三个单元池构成的 UNITANK 标准系统，其中各单元池的功能地位并不对等，中间 II 号池在整个运行过程中始终作为反应池，并因运行中无污泥回流而导致实际发生的污泥分布不均匀的问题。为此，UNITANK 的发明者对此进行了改进，提出了两种新的变形工艺—LUCAS 工艺和 AICS 工艺。

LUCAS 工艺一般由四个（也可以由两个或三个）单元池构成一个 UNITANK 池，各单元池的功能完全相同，通过各池轮换作为曝气池和沉淀池运行的方式，可避免中间池污泥浓度过低及设备有效利用率低的问题，并使水流更接近于推流式，同时又保持了 UNITANK 的优点。其平面布置一般多为矩形，亦可将各单元池建成圆形。图 9-39 所示为 LUCAS 工艺的运行模式。

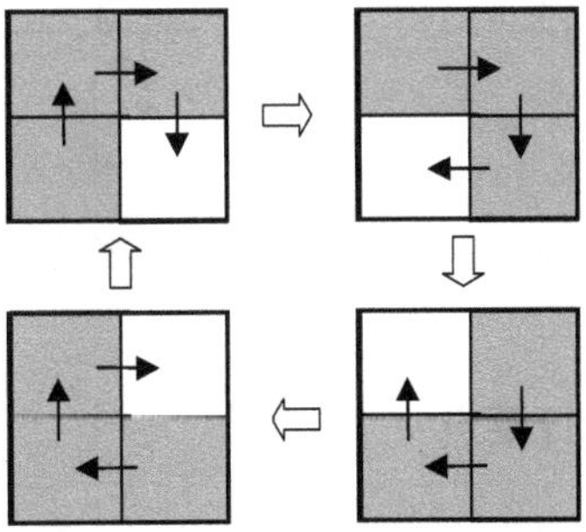

图 9-39 LUCAS 工艺的运行模式

AICS（Alternated Internal Cyclic System）是交替式内循环活性污泥工艺的简称。与 UNITANK 一样，该工艺具有连续进水、连续出水、恒水位和交替运行的特征，但通过在 AICS 池内设置回流窗口而使水流在其内部形成循环流动，从根本上克服了 UNITANK 工艺和三槽式氧化沟工艺中因混合液的单向流动而导致的各池污泥浓度分配不均匀的现象，提高了反应器的容积利用率和处理效率。该工艺由水力相通的四个反应池组成，各反应池通过其运行方式（曝气、搅拌、沉淀、出水）在空间上的有序交替，实现连续运行和不同的处理功能。图 9-40 所示为该工艺的运行模式。

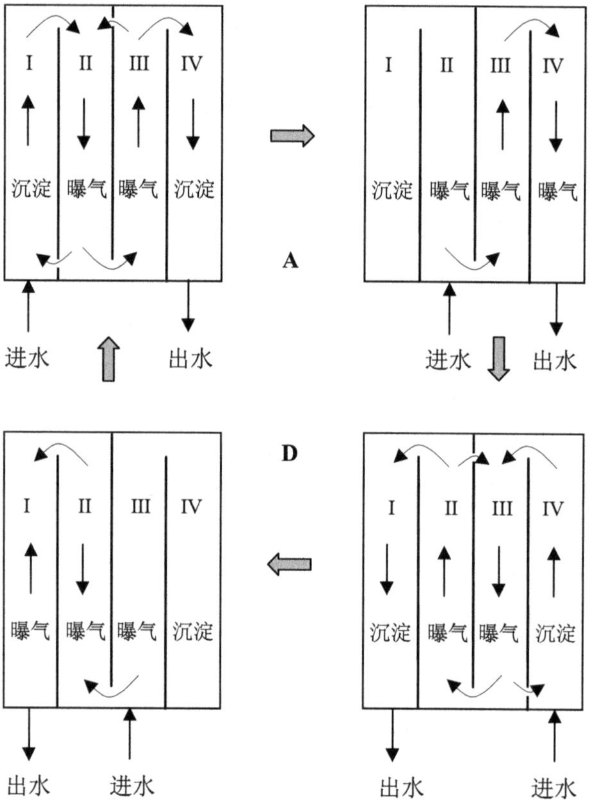

图 9-40　AICS 工艺的运行模式

9.7.5.3 UNITANK 工艺的设计要点

目前，尚无完整和成熟的 UNITANK 工艺的设计参考标准，较多采用该工艺的工程尚需通过试验或参考类似工艺确定设计条件。现根据有关对城市污水处理的研究成果，提出主要的设计参数（仅供参考）。

由于 UNITANK 按周期交替的方式运行，一个周期由两个水流流向相反、操作程序相同的半周期组成。其一个运行周期一般为 8 h，即 4 h 为半个周期。半个周期的时间分配大致为：主工段 2～3 h，过渡工段 0.5～2 h。以单纯好氧方式运行时，其过渡阶段需时取低限（0.5～1 h）；以脱氮除磷方式运行时，其过渡阶段需时取高限（1～2 h，其中侧池曝气和进水切换 1～1.5 h，沉淀 0.5 h）。为保证有效的脱氮除磷效果，反应器整体的 HRT 不宜过长，一般应控制在 8～25 h，DO 质量浓度应控制在 1～2 mg/L，不宜超过 2.5 mg/L（否则对磷的交替运行时污泥的释磷将产生抑制）。MLSS 为 3 000～4 000 mg/L，污泥龄一般为 15～20 d，宜采用低限。

9.7.5.4 UNITANK 工艺的应用实例

目前，全世界已有近 200 座处理城市污水和不同工业废水的 UNITANK 工艺污水厂投入运行，总日处理规模达 1 000 万人口当量，总日处理 BOD_5 容量超过 62.6 万 kg。表 9-18 列出了国内外部分 UNITANK 工艺污水处理工程的主要情况。下面就几个典型实例作介绍。

表 9-18 国内外部分应用 UNTANK 工艺的主要情况

国家	污水厂（企业）名称	处理规模/（m^3/d）	建成时间
中国	苏州福星污水处理厂	80 000	2002 年
中国	苏州娄江污水处理厂	80 000	2003 年
中国	石家庄高新产业区污水处理厂	100 000	2001 年
中国	辽宁盘锦第一污水处理厂	100 000	在建
中国	澳门凼仔城市污水处理厂		1996 年
中国	澳门环路城市污水处理厂	20 000	1999 年
中国	上海石洞口污水处理厂*	平均：40 000 高峰：60 000	2002 年
中国	新疆阿克苏市污水处理厂**	120 000	1999 年
新加坡	Jurong 岛城市污水处理厂	一期：10 800	2001 年
埃及	Hawamdia 综合工业区污水处理厂	1 500	1998 年
美国	Georgia 州 Winder 市污水处理厂	33 000	—
美国	Cargill 谷物加工厂废水处理站	8 500	—
荷兰	Antwerpen Cargill 厂工业废水处理站*	2 400	—
意大利	Castellanza 市污水处理厂	6 000 kg/d***	2003 年

*以脱氮除磷方式运行；**LUCAS 工艺；***每天处理 COD_{Cr} 的量。

澳门凼仔城市污水处理厂于 1996 年投产，其平均日处理规模为 $7\times10^4\,m^3/d$，高峰流量为 $14\times10^4\,m^3/d$，服务人口当量 32×10^4。其整体废水处理工艺流程为：进水→格栅→曝气沉砂池→UNITANK 池→出水。其中 UNITANK 池分三组，每组三个单元池，为整体化构造，每个单元池的平面尺寸为 25×26 m，水深 8 m，整体平面尺寸为 80×80 m，总有效容积为 46 800 m^3，总占地 1 hm^2（见图 9-41）。该工艺设计平均 HRT 为 16 h（高峰期为 8 h），BOD_5 容积负荷为 0.58 kg/(m^3 • d)，污泥负荷（BOD_5/MLSS）为 0.135 kg/(kg • d)，MLSS 为 4 000 mg/L。其处理单位污水的耗电指标为 0.35 kWh/m^3，全厂管理人员 5 人。该厂整体处理工艺（包括预处理设施和污泥处理设施）均建在室内，并对臭气进行了脱臭处理。

平面布置

外景

图 9-41 澳门凼仔城市污水处理厂的平面布置与外景

埃及 Hawamdia 综合工业区污水处理厂的设计服务人口为 42 万，处理规模为 1 500 m^3/d。其原水有机物质量浓度较高（COD_{Cr}=25 000 mg/L，BOD_5=14 000 mg/L，SS =1 000 mg/L），采用二级 UNITANK 串联工艺，原水经预处理进入一级厌氧 UNITANK（两座，各 3 500 m^3），再进入二级好氧 UNITANK（两座，各 5 000 m^3）处理，最后进行深度处理。同时将处理系统产生的臭气采用比利时 Seghers 公司提供的 Seghobioclean 型生物脱臭装置进行集中处理。

新加坡 Jurong 岛污水处理厂一期工程处理能力为 10 800 m^3/d，其中含有杜邦公司下属一家化工厂排出的工业废水。其采用的工艺为：进水→粗、细格栅→沉砂池→隔油池→UNITANK 池→出水。我国投产于 2001 年、日处理规模 $10\times10^4\,m^3$ 的石家庄高新产业区污水处理厂，为当时世界上处理规模最大的以 UNITANK 为主体工艺的污水处理厂，设有 9 组 UNITANK 池，每组 3 个单元。图 9-42 和图 9-43 分别为新加坡 Jurong 岛污水处理厂和石家庄高新产业区污水处理厂的平面布置。

图 9-42 新加坡 Jurong 岛城市污水处理厂的平面布置

图 9-43 石家庄高新产业区污水处理厂的平面布置

9.7.6 IDEA 工艺及其应用

IDEA（Intermittently Decanted Exteded Aerattion）工艺形式与 ICEAS 基本一致（图 9-44），采用连续进水、间歇曝气和周期排水的运行方式。与 ICEAS 的区别在于，其将预反应区与 SBR 池分离设计，将部分剩余污泥回流至该预反应区，并从主反应区的中部进水。将预反应区与 SBR 池分离设置的目的在于给预反应区创造更好的原水与回流污泥的混合接触，保证其在稳定的高负荷条件下运行，通过充分的选择培养絮凝性微生物的生长。而这一点，对于在延时曝气的低负荷条件下运行的主反应区（SBR）而言是非常重要的。该工艺由澳大利亚新南威尔士州市政公用局开发并改进。与传统工艺相比，其投资可节省 25%，处理成本可下降 18%。目前，在新南威尔士州已有上百座服务人口为 2 000～100 000 人的 IDEA 污水处理厂，其中吉郎市建成的 IDEA 污水处理厂规模达 70 000 m^3/d。图 9-45 所示为运行中的典型的 IDEA 反应池。

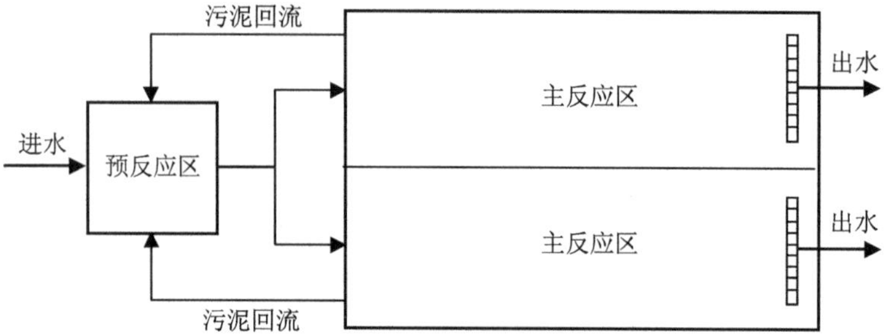

图 9-44　IDEA 工艺的基本流程

图 9-45　运行中典型的 IDEA 反应池

9.7.7 DAT-IAT 工艺及其应用

DAT-IAT（Demand Aeration Tank-Intermittent Aeration Tank）是由我国天津市市政工程设计研究院和天津水工业工程设备有限公司张大群和王秀朵等提出的 SBR 工艺的又一种新的变型工艺。

9.7.7.1 DAT-IAT 工艺的基本原理

该工艺由连续运行（连续进水和曝气）的需氧池（DAT）和以周期出水方式间歇曝气池（IAT）构成（如图 9-46 所示）。其中 DAT 池为主反应池，间歇曝气池的操作方式与 SBR 相似，可根据处理目标按有机物去除和脱氮除磷的方式间歇操作运行，但由于其进水是连续的，因而与 CASS 一样为变容积反应器，当其水位达到最高设计水位时，通过滗水器排水至设计最低水位。运行过程中，由 IAT 池向 DAT 回流混合液（污泥）。与经典的 SBR 相比，可容积利用可进一步得到提高（SBR 为 50%～60%，DAT-IAT 为 67%），因而基建投资更有所节省。同时，其连续进水的运行方式，有效降低了对进水调配控制的复杂程度。

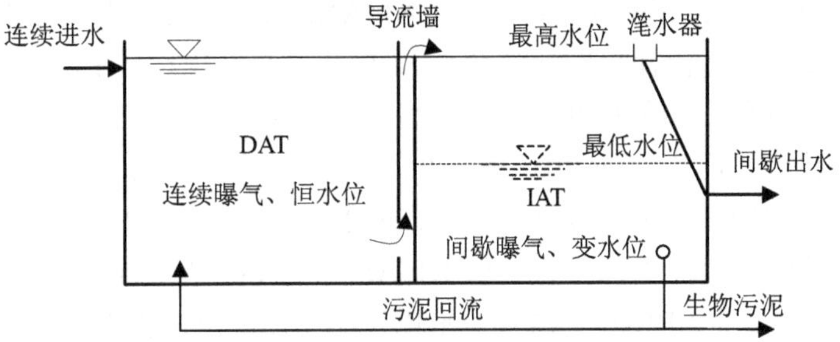

图 9-46 DAT-IAT 工艺及其运行

9.7.7.2 DAT-IAT 工艺的设计要点

DAT-IAT 工艺的容积由 DAT 和 IAT 两部分组成，其容积分配一般为 1:1（在要求脱氮处理时，可适当放大 IAT 的容积），DAT-IAT 的长宽比一般为 2:1。IAT 的运行周期一般为 3 h（一天 8 个周期），其中曝气 1 h、沉淀 1 h、滗水 1 h。IAT 排水时，应将排水速率（滗水器出水堰负荷）控制在本 30 L/s.m 以内。工艺设计时，DAT 和 IAT 中的 MLSS 分别取 2 500～4 500 mg/L 和 3 500～5 500 mg/L。应注意，在选用曝气方式时，IAT 池不宜选择表曝装置，而多用微孔曝气器。

9.7.7.3 DAT-IAT 工艺的应用

DAT-IAT 工艺已在国内有成功的应用。其中有处理规模为 10×10^4 m^3/d 的天津经济技术开发区污水处理厂（建于 1999 年）、处理规模为 25×10^4 m^3/d 的抚顺三宝屯污水处理厂（建于 2001 年）和目前投入运行、处理规模为 22.5×10^4 m^3/d 的本溪市污水处理厂等。

9.8 结语

SBR 工艺作为一种按时间和空间序列运行、以时间推流和空间全混相结合的复合水力流态的间歇式活性污泥处理工艺，具有流程简单、效果稳定、占地面积小及具有除氮脱磷能力等优点，成为目前不断得到深入研究、并逐步广泛应用的一项污水生物处理新技术。在 SBR 的应用过程中，通过不断探索和改进，发展了诸多新的变型工艺，并呈现出明显的发展和演变过程。首先，以经典的 SBR 工艺为基础，通过将预反应区与 SBR 相结合，出现了 ICEAS、CASS 及 IDEA 等工艺；通过将一个活性污泥反应池与 SBR 的结合，出现了 DAT-IAT 工艺；通过将一个活性污泥反应池与两个 SBR 相结合，出现了 UNITANK 工艺（及三槽式氧化沟工艺）；通过两个或更多的活性污泥反应池与两个 SBR 相结合，出现了 LUCAS、AICS 和 MSBR 等工艺。这些变型的更新工艺，大多既具有经典 SBR 工艺的主要特点，同时又体现各自独特的优势。在应用这些工艺的过程中，必须注意以下两方面的问题：①绝大多数的变型均在一定程度上或某些方面削弱了经典 SBR 的优点，因而多需通过增加相应的强化措施予以弥补。如 ICEAS 和 CASS 因其连续进水的方式，需通过增设预反应区、将 SBR 设计成长方形以控制污泥的沉降性能和改善沉淀效果；UNITANK 则由于其存在侧边池容积利用率低、反应器中污泥分布不均匀问题，而通过增设反应池单元（如 LUCAS 工艺）及优化水流（如 AICS 工艺）加以改善等等。②同时由于各变型工艺均采用连续运行的方式，出现了与传统活性污泥法相互融合的趋势，不仅具有经典 SBR 工艺的基本特点，亦具有传统活性污泥法的特征（如污泥回流、混合回流等）。因而，在应用过程中，应注意不同工艺的特点，进行综合分析，针对不同应用场合合理选择。

随着技术的不断进步和深入研究，将出现更多的 SBR 变型工艺，而研究和应用的基本趋势主要表现在以下几方面：①这些工艺不仅在处理规模较小的场合应用，同时亦日趋在中、大规模的城市污水处理厂得到应用。由于连续运行的污水厂或需要回用而进行深度处理的污水厂，难以完全采用间歇运行的方式，因而，在研究和开发新的 SBR 变型工艺的过程中，需充分考虑与连续流的传统处理工艺的有机结合；②需深入研究各工艺的优化运行和控制模式，以强化和进一步提高这些工艺脱氮除磷的功能；③经典 SBR 工艺及其诸多变型工艺的特点之一为抗冲击负荷能力较强，因而如何充分利用这种特点，通过进一步研究（如改变污泥在反应器中的存在状态、工艺单元的不同组合）将其有效地应用于难降解废水的处理，应是一个值得研究的课题；④由于 SBR 的各种变型均以时间和空间的交替操作和控制为基本特征，因而自动控制系统的集成化乃至智能化研究，将对促进这些新工艺的应用和处理效能的正常有效发挥，提供有利和有力的保障。

参考文献

[1] 陈立波，李风亭．P—SBR处理乙基胺废水的试验研究．环境工程，2005，23（2）：12～13.

[2] 陈庆星．昆明市第三污水处理厂（ICEAS）工艺简介．给水排水，1994，20（8）：17～20.

[3] 陈小燕．循环活性污泥法处理城市污水．城市环境与城市生态，1999，21（4）：9～11.

[4] 崔志峰，吾理之，王凯军．新疆阿克苏污水处理厂的设计及运行．给水排水，2003，9（1）：1～4.

[5] 冯生华．澳大利亚IDEA工艺污水处理厂简介．中国给水排水，1996，16（11）：26～28.

[6] 冯生华．污水处理新工艺——UNITANK简介．城市环境与城市生态，1999，12（3）：60.

[7] 冯凯，杭世珺．UNITANK工艺处理城市污水工程实践．给水排水，2002，28（3）：1～4.

[8] 韩相奎，周春生．SBR法过程动力学研究．环境科学学报，1996，16（4）：394～399.

[9] Goronszy M C，朱明权．循环式活性污泥法（CASS）的应用及其发展．中国给水排水，1996，12（6）：4～10.

[10] 侯瑞琴，张统，张志仁．循环活性污泥法污水处理厂的设计及运行．中国给水排水，1999，15（8）：32～34.

[11] 雷明，陶滔，苏锡波等．UNITANK工艺在东鄱污水厂的应用．中国给水排水，2005，21（1）：75～78.

[12] 李春菊，顾国维，杨海真．城市污水除磷脱氮MSBR工艺试验研究．环境工程，2000，18（6）：19～22.

[13] 李会元，关代宇，王一．SBR法DAT-IAT工艺工程的控制．中国给水排水，2001，17（3）：47～50.

[14] 李探微，彭永臻，何金．UNITANK系统及污水处理研究方向的思考．中国给水排水，1999，15（7）：21～23.

[15] 李探微，彭永臻，高旭等．一种新型的污水处理技术—MSBR．给水排水，1999，25（6）：10～12.

[16] 林敏兰，隋军，程瑾等．UNITANK工艺在猎德污水厂的应用．中国给水排水，2005，21（3）：66～69.

[17] 刘永淞．SBR设计方法探讨．中国给水排水，1992，8（5）：36-39.

[18] 罗万申．新型污水处理工艺——MSBR．中国给水排水，1999，15（6）：22～24.

[19] 强绍杰，黄新政，鲁俊伦等．CASS工艺在啤酒废水处理中的应用．给水排水，1998，24

（3）：30～32.
[20] 任洁，顾国维．MSBR系统的特点及其除磷脱氮的机理分析．给水排水，2002，28（1）：22～24.
[21] 沈耀良，王宝贞．循环活性污泥系统（CASS）处理城市污水．给水排水，1999，25（11）：5～8.
[22] 沈耀良．强化SBR工艺脱氮除磷效果的若干对策．中国给水排水，2000，16（7）：23～25.
[23] 沈耀良．SBR脱氮除磷工艺分析与优化设计．污染防治技术，2004，14（4）：1～3（6）．
[24] 孙利源．SBR及其改进型技术分析研究．能源研究与信息，2003，19（4）：187～193.
[25] 王宝贞，王琳主编．水污染治理新技术——新工艺、新概念、新理论．北京：科学出版社，2004.
[26] 王海东，王淑莹，彭永臻等．UNITANK系统不同运行方式下污泥膨胀的特点与控制．给水排水，2005，31（3）：37～39.
[27] 王凯军，宋英豪，崔志峰．SBR反应器发展的现状和趋势．中国环保产业，2005，（2）：19～22.
[28] 王守中，张统，侯瑞琴等．北京航天城污水处理厂CASS法工艺调试及运行．给水排水，1999，25（8）：10～12.
[29] 王秀朵，周雹．DAT-IAT工艺处理城市污水．中国给水排水，1999，15（1）：15～17.
[30] 吴卫国，Timpany P L．连续进水、恒水位的改进行SBR系统．中国给水排水，2001，17（7）：1～5.
[31] 严永红，邢小钢．水解酸化——ICEAS工艺处理乳品加工废水．给水排水，2005，31（2）：64～65.
[32] 杨波，陈兰．适用于中小城市污水处理的UNITANK技术．中国环保产业，2003，（4）：34～36.
[33] 杨殿海，顾国维．改进型MSBR工艺特点与运行效果．中国给水排水，2004，20（1）：62～65.
[34] 羊寿生．一体化活性污泥法UNITANK工艺及其应用．给水排水，1998，24（11）：16～19.
[35] 杨云龙，陈启斌．SBR工艺的现状与发展．工业用水与废水，2002，33（2）：1～3.
[36] 张朝晖，傅国林．气浮+SBR工艺处理屠宰废水．环境工程，2005，23（1）：25～27.
[37] 张统主编．SBR及其变法污水处理与回用技术．北京：化学工业出版社，2003.
[38] 赵耘挚，刘振鸿．SBR工艺脱氮除磷研究进展．中国给水排水，2003，19（3）：33～36.
[39] 周雹，周丹．推荐一种新的SBR工艺设计计算方法．给水排水，2005，31（4）：20～25.
[40] 朱明权，周冰莲．SBR工艺的设计．给水排水，1998，24（4）：6～11.
[41] Andreadakage A D，Kondili G，Mamais D，et al. Treatment of septage using single and two stage activated sludge batch reactors system. *Water Sci. and Technol.*，1995，32（9/10）：95～104.
[42] Arden E，Lockett W T. Experiments of the oxidation of sewage with the aid of filters. *Jour. Soc. Chem. Ind.*，1914，33（2）：523～529.

[43] Arden E，Lockett W T. Experiments of the oxidation of sewage with the aid of filters. *Jour. Soc. Chem. Ind.*，1914，34（4）：937～942.

[44] Arrojo B，Mosquera-Corral A，Garrido J M，et al. Aerobic granulation with industrial wastewater in sequencing batch reactors. *Water Res.*，2004，38（14/15）：3389～3399.

[45] Artan N. The mechanism and design of sequencing batch reactor systems for nutrient removal-the state of the art. *Water Sci. and Technol.*，2001，43（3）：53～60.

[46] Bernal-Martínez A，González-Barceló Ó，González- Martínez S. Nutrient removal and sludge age in a sequencing batch reactor. *Bioprocess Eng.*，2000，（1）：41～45.

[47] Brito A G，Rodrigues A C，Melo L F. Feasibility of a pulse sequencing batch reactor with anaerobic aggregated biomass for the treatment of low strength wastewaters. *Water Sci. and Technol.*，1997，35（1）：193～198.

[48] Cassidy D P，Efendiev S，White D M. A comparison of CSTR and SBR bioslurry reactor performance. *Water Res.*，2000，34（18）：4333～4342.

[49] Chong R W，Findler A，Krogh C，et al. Retrofitting of intermittent decanted extended aeration （IDEA）plant for enhanced phosphorus removal. *Water Sci. and Technol.*，1999，39（1）：151～158.

[50] Clifford D.，et al. Biological denitrification of spent regenerant brine using a sequencing batch reactor. *Water Res.*，1993，27（9）：1477～1484.

[51] Comenarejo M F，Bustos A，Garcia M G，et al. An analysis of the factor influence biological phophorus removal（BPR）in a sequencing batch anaerobic/aerobic reactor. *Bioprocess Eng.*，1998，（3）：171～174.

[52] Dabert P，Fleurat-Lessard A，Mouier E，et al. Monitoring of the microbial community of a sequencing batch reactor bioaugmented to improve its phosphorus removal capacities. *Water Sci. and Technol.*，2001，43（3）：1～8.

[53] Daims H，Purkhold U，Bjerrum L. Nitrification in sequencing biofilm batch reactors: lessons from molecular approaches. *Water Sci. and Technol.*，2001，43（3）：9～18.

[54] Demoulin G，Goronszy M C，Wutscher K，et al. Co-current nitrification/denitrification and biological P-removal in cyclic activated sludge plant by redox controlled cycle operation. *Water Sci. and Technol.*，1997，35（1）：215～224.

[55] Demoulin G，Rüdiger A，Goronszy M C. Cyclic activated sludge technology-recent operating experience with a 90000 p.e. plant in Germany. *Water Sci. and Technol.*，2001，43（3）：331～337.

[56] Goronszy M C，Slater N，Konicki D. The cyclic activated sludge system for resort area wastewater treatment. *Water Sci. and technol.*，1995，32（9/10）：105～114.

[57] Goronszy M C. Cyclic technology reaches new heights. *Water Quality Intern.*, 1996, (3/4): 18～20.

[58] Goronszy, M C. Industrial application of Cyclic Activated Sludge Technology. *IAWQ Yearbook* 1997, 35～38.

[59] Goronszy M C. Application of the CASS fed-batch reactor to municipal waste water treatment in Western Europe. *Infermation Package*, 1999.

[60] Goronszy M C. Advancements in cyclic activated sludge technology. *IAWQ Yearbook* 1999, 24～25.

[61] Goronszy M C. Cyclic Activated Sludge System Wastewater Treatment Technology. *Information Package*, *Transenviro*, *Inc*, 2002.

[62] Irvine R L, Bursh A W. Sequencing batch biological reactor: an overview. *Jour. Water Pollu. Control Fed.*, 1979, (51): 235～243.

[63] Jung J Y, Chung Y C, Shin H S, et al. Enhanced ammonia nitrogen removal using consistent biological regeneration and ammonium exchange of zeolite in modified SBR process. *Water Res.*, 2004, 38 (2): 347～354.

[64] Ketchum L.H.Jr. Design and physical features of sequencing batch reactors. *Water Sci. and Technol.*, 1997, 35 (1): 11～18.

[65] McCann B. The ICEAS process: a new level in SBR treatment. *J. CIWEM*, 1998, 12 (10): 375

[66] Morgenroth E., et al. Sequencing batch reactor technology-concept, design, experience. *J.CIWEN*, 1998, 12 (5): 314～321.

[67] Peters M. Sequential success for Queensland. *Water 21*, 2001, (4): 27～28.

[68] Teichgraber B. SBR technology in Germany: an overview. *Water Sci. and Technol.*, 2001, 43(3): 323～330.

[69] Transenvio Inc. CASS™ (Cyclic Activated Sludge System) general process description. *Information package*, 1996.

[70] Wang B. Mechanism of phosphorus removal by SBR submerged biofilm system. *Water Res.*, 1998, 32 (9): 2633～2638.

[71] Yu R F, Liaw S L, Chang C N, et al. Monitoring and control using on-line ORP on the continuous-flow activated sludge batch reactor system. *Water Sci. and Technol.*, 1997, 35(1): 57～66.

[72] Yu R F, Liaw S L, Cheng W Y, et al. Performance enhancement of SBR applying real-time control. *Jour. Of Environ. Eng.*, 2000, 126 (10): 943～948.

第 10 章

UASB 污水生物处理技术

荷兰Brauerei Hasseroeder的Biopaq IC反应器
Biopaq IC Reactor at Brauerei Hasseroeder, Netherlands

10.1 概述

UASB（Upflow Anaerobic Sludge Blanket）是升流式厌氧污泥床反应器废水厌氧生物处理技术的简称。这项处理工艺是由荷兰 Wageningen 农业大学的 Lettinga 教授等于 1972—1978 年间研究开发，并在经历了 360L、$6m^3$、$30m^3$ 和 $200m^3$（图 10-1）等逐次放大的小试、中试和生产性试验的基础上，于 20 世纪 80 年代初期开始应用于高浓度有机废水的处理，并很快于 1982 年在荷兰建造了单池容积为 5 500m^3、当时世界上最大的、应用于处理土豆淀粉加工废水处理的 UASB 反应器。该反应器的设计 COD_{Cr} 负荷高达 17～20 kg/(m^3·d)，每天产生 2 000 多 m^3 的沼气，其 COD_{Cr} 去除率为 80%～85%（反应器的工艺尺寸为长 55m×宽 10m×高 10m）。

图 10-1　荷兰于 1978 年建造的第一座生产性规模的 UASB（$200m^3$）反应器

继荷兰之后，德国、瑞士、瑞典、美国、加拿大、澳大利亚、泰国、芬兰、西班牙以及我国也相继开展了对 UASB 的深入研究和技术开发工作，并将其作为一种新型厌氧处理工艺而在高浓度有机废水处理中得到快速的推广应用。目前全世界已有 1 000 余座 UASB 反应器处理装置在实际生产中使用。

国内对 UASB 反应器的研究是从 20 世纪 80 年代初开始的。北京市环境保护科学研究所首先开展了探索性的研究工作。此后，国内很多科研单位和大专院校也开展了研究工作，如清华大学、同济大学、重庆建筑大学、哈尔滨建筑大学、广州能源研究所、武汉能源研究所、苏州科技学院（原苏州城建环保学院）以及无锡第二制药厂等单位都先后对 UASB 的颗粒污泥培养、反应器的启动、颗粒污泥性能的分析、工艺运行条件的控制、反应器的工艺设计及处理高浓度有机工业废水的效能等进行了广泛而深入的研究。目前，国内投产的 UASB 反应器中，单池容积已达到 7 000 余 m^3，应用于安徽某柠檬酸厂高浓度废水的处理。扬子石化公司也建成了处理对苯二甲酸生产废水、单池容积为 3 000m^3 的 4 个 UASB 反应器。此外，国内还开展了应用 UASB 处理不同高浓度有机废水的研究。尤其是清华大学环境工程系比较深入而系统地对 UASB 工艺中颗粒污泥的形成及培养条件进行了研究，获得了比较系统而可靠的理论研究数据，为其推广应用打下了良好的基础。据不完全统计，目前国内已有约 150 座（不包括容积在 100m^3 以下的）应用于处理各类有机废水的生产性 UASB 反应器，占所有容积在 100m^3 以上的各种厌氧反应器处理工艺的 60%左右，与国外的比例大致相同。

UASB 反应器具有工艺结构紧凑、处理能力大（有机负荷高）、无机械搅拌装置、处理效果好以及占地小等优点。尤其是其作为第二代废水厌氧生物处理反应器的典型代表，与传统的厌氧生物处理工艺相比，不仅十分有效地实现了水力停留时间（HRT）与污泥停留时间（SRT）的分离，使反应器中可截留大量的生物量，使所需 HRT 大大缩短；同时由于其特殊的水力特征，使反应器中的污泥以颗粒化存在，由此极大地改善了污泥的沉降和分离性能，大大延长了污泥在反应器中的停留时间，显著提高了其处理能力。

但在 UASB 工艺的应用中，如第 2 章所述，存在对进水中高浓度 SS 不适应、污泥颗粒化需时较长的问题，同时当将其应用于较低浓度废水的处理时，由于产气量较少，一方面对进水系统的要求较高，同时易出现泥水接触不良、死区容积较大的问题。为此，荷兰研究者于 20 世纪 90 年代初通过对 UASB 工艺中水力流态、三相分离器等不断改进，开发了运行效能更佳、污泥颗粒化所需时间更短、泥水分离效果更好、适应性更强的基于 UASB 反应器的第三代新型工艺。其中有 Lettinga 教授等提出的厌氧颗粒污泥膨胀床反应器（EGSB—Expanded Granular Sludge Bed）工艺。该工艺通过提高反应器内水流速度使颗粒污泥膨胀化，从而改善了废水与污泥间的接触、强化了传质效果，提高了生化反应的速度及其处理能力。到目前为止，在所应用的各类厌氧处理工艺中，EGSB 工艺已占其中的 11%～12%。

此外，荷兰 Paques BV 公司为强化 UASB 工艺对进水中 SS 的适应性，并改善其在较高水流速度情况下易出现污泥流失的问题，开发了基于 UASB 工艺的内循环厌氧反应器（IC—Internal Circulation）（该工艺于 20 世纪 80 年代中后期至 90 年代初开发，但由于其属于重大发明，直至 1994 年才有相关生产性规模 IC 工艺的研究报道）。该工艺不仅具有比 UASB 更高的处理能力［如在处理中低浓度废水时，其进水 COD_{Cr} 容积负荷可高达 20～24 kg/(m^3·d)；处理高浓度有机废水时，其进水 COD_{Cr} 容积负荷可高达 35～50 kg/(m^3·d)］，同时显著改进了对进水中 SS 的适应性及对反应器中污泥的截留效能。据不完全统计，目前全球有超过

150 余座 IC 反应器工艺投入生产性规模运行。1996 年，我国沈阳华润雪花啤酒有限公司从荷兰 Paques BV 公司引进了第一套 IC 反应器工艺（高 16m，有效容积 $70m^3$），应用于啤酒废水（进水 COD_{Cr} 和 BOD_5 分别为 4 300mg/L 和 2 300mg/L）的处理，并成功投入运行。目前国内已有近 10 座 IC 反应器在生产性运行之中。

10.2 UASB 反应器的构造及工作原理

UASB 反应器是集有机物去除及泥（生物体）、水（废水）和气（沼气）三相分离于一体的集成化废水处理工艺，其工艺的突出特征是反应器中可培养形成沉降性能好的颗粒污泥、形成污泥浓度极高的污泥床，使其具有容积负荷高、污泥截留效果好、反应器结构紧凑等一系列优良的运行特性。

10.2.1 UASB 反应器的构造

图 10-2 所示为目前所应用的 UASB 反应器的几种主要构造型式。其运行过程中，废水从反应器的底部经布水系统均匀进入，并向上流经反应区（污泥区）进入气、固、液分离区，最后进入 UASB 上部的沉淀区。混合液中污泥通过重力作用自沉淀区经三相分离区返回反应区，所产生的沼气则由集气室经管道排出反应器。在 UASB 内部无任何机械搅拌装置，其通过水流的上升及处理过程中所产生的沼气的上升搅动作用实现泥水的混合，一般不需要装填填料，因而其构造简单，便于维护管理。

UASB 反应器的基本构造主要由污泥床、污泥悬浮层、沉淀区、三相分离器及进水系统等各功能部分组成（图 10-2、图 10-3）。

10.2.1.1 污泥床

污泥床位于整个 UASB 反应器的底部（如图 10-2 中 4 所示）。污泥床内具有很高的污泥生物量，其污泥质量浓度（MLSS）一般为 40～80g/L，并可高达 100～150g/L。污泥床中的污泥由活性生物量（或细菌）占 70%～80%以上的高度发展的颗粒污泥组成，正常运行的 UASB 中的颗粒污泥的粒径一般在 0.5～5mm 之间，具有优良的沉降性能，其沉降速度一般为 1.2～1.4cm/s，其典型的污泥容积指数（SVI）为 10～20ml/g。颗粒污泥中的生物相组成比较复杂，主要有杆菌、球菌和丝状菌等。

污泥床的容积一般占整个 UASB 反应器反应区容积的 30%左右，但它对 UASB 反应器的整体处理效率起着极为重要的作用，其对反应器中有机物的降解量一般可占到整个反应器全部降解量的 70%～90%。污泥床对有机物的如此有效的降解作用，使得在污泥床内产生大量的沼气，微小的沼气气泡经过不断的积累、合并而逐渐形成较大的气泡，并通过其上升的作用而使整个污泥床层得到良好的混合。

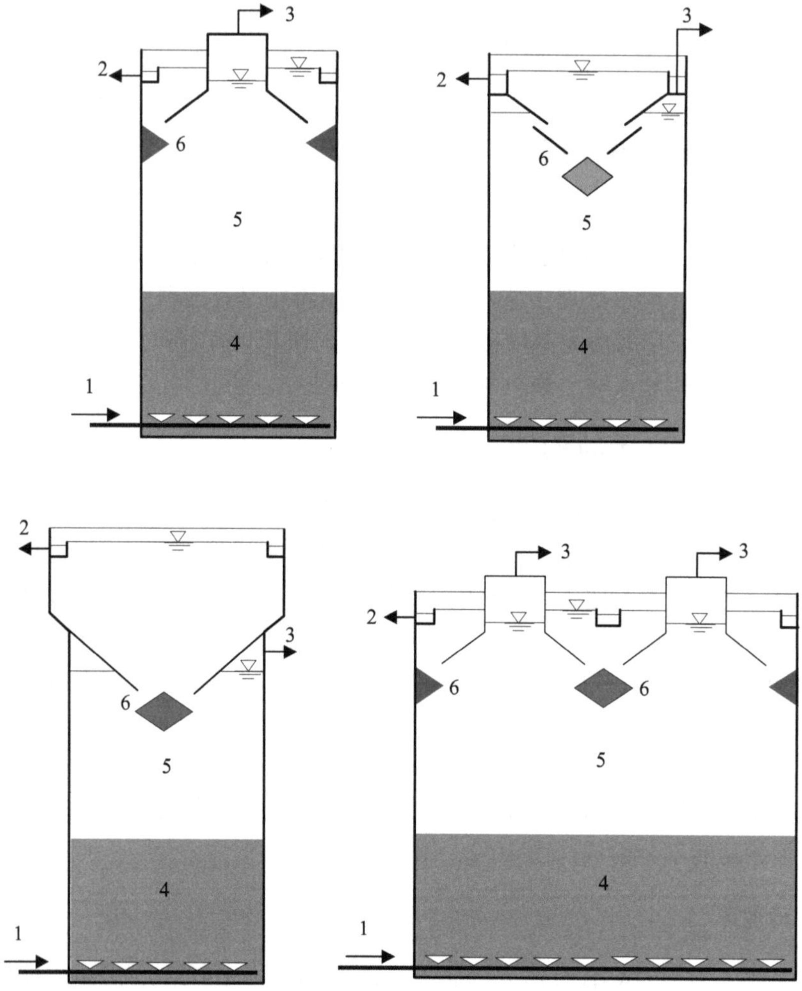

1 进水；2 出水；3 沼气；4 污泥床；5 悬浮层；6 三相分离器

图 10-2　UASB 反应器的不同构造型式

10.2.1.2 污泥悬浮层

污泥悬浮层位于污泥床的上部。它占据整个 UASB 反应器反应区容积的 70%左右，其中的污泥浓度要低于污泥床，通常为 15～30g/L，由高度絮凝的污泥组成，一般为非颗粒状污泥，其沉降速度要明显小于颗粒污泥，污泥容积指数一般在 30～

40 ml/g 之间，靠来自污泥床中上升的气泡使此层污泥得到良好的混合。这一层污泥担负着整个 UASB 反应器有机物降解量的 10%～30%。污泥悬浮层中絮凝性污泥的浓度呈自下而上逐渐减小的分布状态。

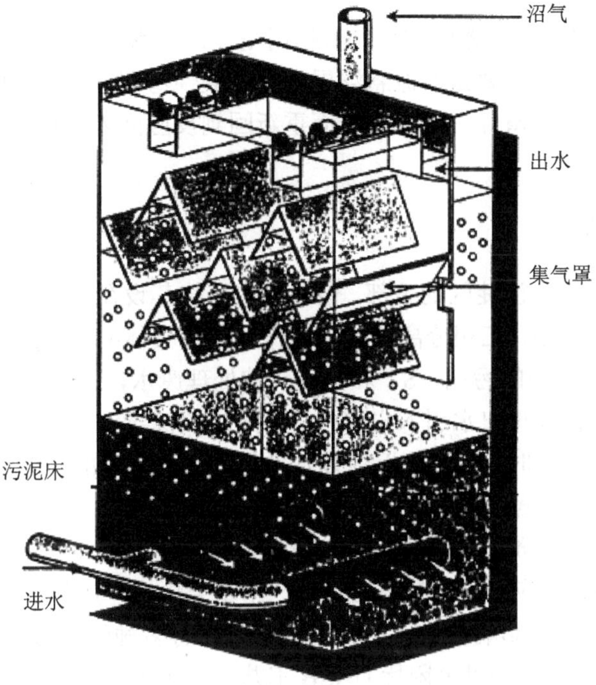

图 10-3　UASB 反应器的构造

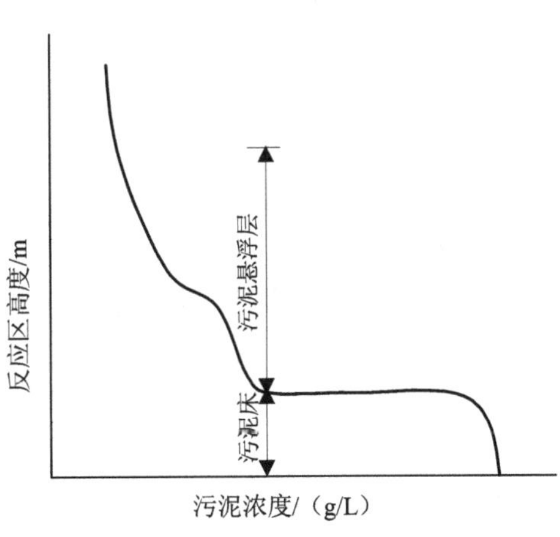

图 10-4　UASB 中污泥床和污泥悬浮层中污泥浓度随高度的变化

以上所述污泥床和污泥悬浮层组成 UASB 的反应区，是 UASB 的核心组成部分，即是培养和富集厌氧微生物的区域，因而是有机污染被降解去除的主要场所。图 10-4 所示为 UASB 中污泥床和污泥悬浮层中污泥浓度随高度的变化。

10.2.1.3 沉淀区

沉淀区位于 UASB 反应器的顶部，其作用是使由于水流的夹带作用而随之上升至出水区的固体颗粒（主要是污泥悬浮层中的絮凝性污泥）在沉淀区沉淀分离，并沿沉淀区底部的斜壁下滑经三相分离器而重新回到反应区内，并同时实现均匀集水。

10.2.1.4 三相分离器

三相分离器一般设在沉淀区的下部，但有时也可将其设在反应器的顶部，具体视所用的反应器型式而定。三相分离器的主要作用是将气体（反应过程中产生的沼气，G）、固体（反应器中的污泥，S）和液体（被处理废水，L）等三相加以分离，将沼气引入集气室，将处理出水引入出水区，将固体颗粒导入反应区。它由气体收集室和折流挡板组成。有时，也可将沉淀装置看作三相分离器的一个组成。具有三相分离器是 UASB 反应器污水厌氧处理工艺的主要特点之一，它同时具有传统废水生物处理工艺中的二沉淀与污泥回流及气体收集的功能。因而，三相分离器的合理设计是保证 UASB 反应器正常有效运行的一个重要内容，应保证其避免沼气气泡随水流上升至沉淀区而影响出水水质。三相分离器有多种结构形式（如图 10-2 所示），其合理的设计是长期以来困扰 UASB 工艺的一个主要问题，目前仍处于不断探索和优化结构设计阶段，有关技术也还仍属专利技术。如 Paques BV 公司利用其专利技术生产的三相分离器，已在全球范围内销售 3 000 余套，其产值超过 3 亿美元。

10.2.1.5 布水系统

布水系统位于 UASB 反应器的底部，其功能是将废水在 UASB 反应器的整个过水断面上均匀分布，以利于废水中有机污染均匀、充分地与反应区中的污泥混合接触，最大限度地发挥全部微生物的处理功能，防止反应器出现死区而降低其处理能力。

10.2.1.6 水封箱

水封箱的功能是根据 UASB 反应器的出水液位和集气室的布置方式，提供一定的水压，以保证一定的集气空间（高度），确保反应器正常的集气。其具体构造如图 10-5 所示。

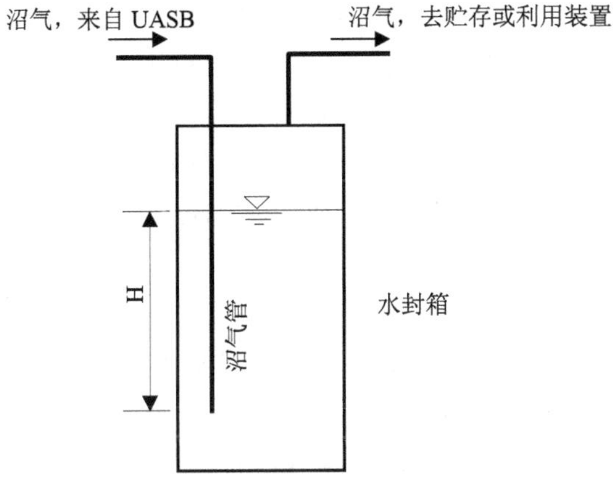

图 10-5　水封箱构造

10.2.2 UASB 反应器的工作原理

UASB 反应器的工艺构造及其运行具有如下特征：①反应器中具有浓度极高、且以颗粒状存在的高活性污泥。这种污泥是在一定的运行条件下，通过严格控制反应器的水力条件以及有机负荷，经过一段时间的培养而形成的。颗粒污泥的特性直接影响 UASB 反应器的运行性能，亦即培养性能良好的颗粒污泥是 UASB 反应器稳定、高效运行的关键。颗粒污泥是在反应器运行过程中，通过污泥的自身絮凝、结合及逐步的固定化过程而形成的。②反应器内具有集泥、水和气分离于一体的三相分离器。这种三相分离器可以自动地将泥、水、气加以分离并起到澄清出水、保证集气室正常水面的功能。③反应器中无需安装任何搅拌装置，反应器的搅拌是通过产气及水流的上升搅拌作用而实现的，因而具有操作管理比较简单的特性。

10.2.2.1 厌氧反应过程

UASB 反应器中的厌氧反应过程与其他厌氧生物处理工艺一样，包括水解、酸化、产乙酸和产甲烷等，如图 2-4 所示。厌氧反应过程中，通过多种不同的微生物参与底物的转化过程而将底物转化为最终产物——沼气、水等。

在厌氧消化过程中参与反应的厌氧微生物主要有以下几种：① 水解—发酵（酸化）细菌。它们将复杂结构的底物水解发酵成各种有机酸、乙醇、糖类、氢和二氧化碳。② 乙酸化细菌。它们将第一步水解发酵的产物转化为氢、乙酸和二氧化碳。③ 产甲烷菌。它们将简单的底物，如乙酸、甲醇和二氧化碳、氢等转化为甲烷。

对非溶解性有机物（蛋白质、脂类和碳水化合物等）而言，其厌氧分解还可以更细分为六个明显的步骤：①聚合物的水解，包括蛋白质的水解、脂类的水解、碳水化合物的水解等。②氨基酸和糖发酵成为氢、乙酸盐、短链脂肪酸和乙醇。③长链脂肪酸和乙醇的无氧氧化。④中间产物如挥发酸（乙酸除外）的无氧氧化。⑤嗜乙酸微生物将乙酸转化为甲烷。⑥嗜氢微生物将氢转化为甲烷（二氧化碳还原）。有关厌氧反应的具体内容请读者参见第 2 章或其他文献。

10.2.2.2 UASB 反应器的运行

UASB 反应器在运行过程中，废水以一定的流速自反应器的底部（经布水系统）进入反应器，水流在反应器中的上升流速一般为 0.5～1.5m/h，多控制在 0.6～0.9m/h 之间（取决于所处理废水的特性及其运行负荷，控制其上升流速的目的是防止在过高的流速下造成污泥的流失，同时亦防止因过低的流速而影响泥水的混合接触效果）。水流依次流经污泥床、污泥悬浮层至三相分离器及沉淀出水区。UASB 反应器中的水流整体上呈推流式，但当反应器产气强烈而充分混合时，将呈现完全混合流态的特征（见第 2 章的分析）。处理过程中，要求其进水与污泥床及污泥悬浮层中的微生物充分混合接触并进行厌氧分解，厌氧分解过程中产生的沼气在上升过程中将污泥颗粒托起，在一定负荷条件下，可使污泥床产生较为明显的流化态。随着反应器产气量的不断增加，由气泡上升所产生的搅拌作用（微小的沼气气泡在上升过程中相互结合而逐渐变成较大的气泡，将污泥颗粒向反应器的上部携带，最后由于气泡的破裂，绝大部分污泥颗粒又返回到污泥区）变得日趋剧烈，从而降低了污泥中夹带气泡的阻力，气体便从污泥床内突发性地逸出，引起污泥床表面呈沸腾和流化状态。反应器中沉淀性能较差的絮体状污泥则在气体的搅拌和夹带作用下，在反应器上部形成污泥悬浮层。沉淀性能良好的颗粒状污泥则处于反应器的下部形成高浓度的污泥床。随着水流的上升流动，气、水、泥三相混合液上升至三相分离器中，气体遇到反射板或挡板后折向集气室而被有效地分离排出，污泥和水流则进入上部的静止沉淀区，在重力的作用下泥水发生分离，澄清出水。

由于三相分离器的作用，使得反应器混合液中的污泥有一个良好的沉淀、分离和再絮凝的环境，利于提高污泥的沉降性能。在一定的水力负荷条件下，绝大部分污泥能在反应器中保持很长的停留时间，使反应器中具有足够的污泥量。

10.3 UASB 反应器的工艺设计

自 UASB 反应器工艺应用以来，虽已有大量的研究和工程实例报道，但有关其工艺设计方法的报道则尚不多见，迄今为止亦尚无系统、全面和成熟的设计方法，因而目前在实际工程中应用的 UASB 多是根据经验或半经验的方法设计的，原因在于 UASB 其独特的工艺构造及反应器中独特的微生物存在形态，难以通过研究建立完全反映其工艺特征的生物反应动力学与其几何尺寸之间的相互关系的设计模式。van der Meer 和 Lettinga 等均对 UASB 的工艺运行过程及其设计方法开展了系统深入的研究，提出了具有一定参考价值的设计过程和方法，但尚难以具有普遍适用的意义。UASB 反应器工艺的设计包括进水区的设计、反应区容积的设计、三相分离器的设计、沉淀区的设计及集气系统的设计等几个方面。

10.3.1 UASB 反应器的设计原则

UASB 反应器的平面布置一般有圆形、矩形和方形等几种。处理规模较小时，多采用径深比较小的圆形布置，而处理规模较大时则多采用矩形或方形的布置。此外，当 UASB 采用钢结构时，一般采用圆形布置，而采用钢筋混凝土结构时，则多以矩形布置。采用矩形布置形式时，较便于其施工和三相分离器的安装。

根据目前已有的生产性运行装置来看，UASB 反应器的高度一般 6～12m 之间，最高可达 15m 左右。有机负荷和水力负荷是 UASB 反应器工艺的两个重要设计参数。Lettinga 教授等认为，对于絮凝性污泥床而言，当其 COD_{Cr} 负荷在 5～6kg/(m^3 ·d）的范围内时，其水力负荷一般为 0.5～0.9m^3/（m^2 • h），最大可达 1.5m^3/（m^2 • h），此时反应器的高度以 6～9m 为宜。一般而言，水力负荷越高，则反应器的高度应相应的加大。UASB 反应器的水力停留时间通常在几个小时至几天（2～4d）不等，具体视废水水质和处理要求而定。

为便于 UASB 的施工及运行和操作管理，通常采用地面式，但当考虑到保温要求时，亦可采用半地下式。

此外，根据所处理废水的不同，UASB 有敞开式和封闭式构造之分。敞开式（见图 10-2）UASB 多适用于处理较低浓度有机废水的场合，无需对出水区液面所释放的沼气加以收集，其施工简单，便于安装。封闭式（图 10-6）则大多在处理高浓度有机废水或含硫酸盐较高的有机废水处理的场合采用，以收集出水区液面所释放的较多沼气，同时控制臭气散发对周围环境的影响。采用封闭式构造形式时，可不设独立的沼气收集室，而在液面和池顶间形成一个大空间的集气室，以同时收集反应区和沉淀区所产生的沼气。

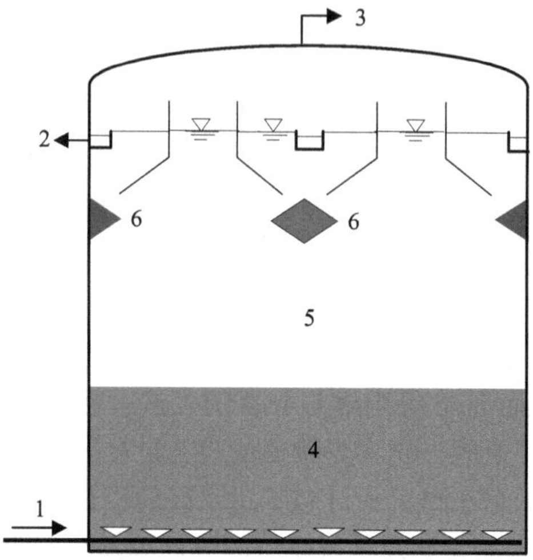

图 10-6 封闭式 UASB 反应器

10.3.2 UASB 反应器处理工艺系统的选择

根据所处理废水特征的不同，UASB 反应器处理工艺系统的选择将有较大的差别。尤其是当 UASB 应用于处理具有特殊性质的废水时，其处理工艺系统的设计更应有所特殊的考虑和设计。如当处理不含复杂或严重抑制性化合物和过高 SS 浓度的不复杂溶解性废水时，所需考虑的前处理措施亦较简单，而当应用于处理含复杂有机物或难降解有机物及较高浓度 SS 的废水时，则需考虑诸如防止堵塞及水质变化等问题。

10.3.2.1 UASB 应用于不复杂溶解性废水的处理

UASB 应用于处理不复杂有机废水时，由于其进水中有机物浓度相对较低、SS 浓度亦较低，绝大部分有机物呈溶解状态，因而独立采用 UASB 反应器工艺亦可获得较为稳定有效的处理效果，一般不需要考虑特殊的前处理措施（如沉淀等）。但有必要对废水的酸化程度进行充分分析。如所处理的废水为未发生酸化的新鲜废水时，在 UASB 的工艺设计中应考虑其酸化反应过程是否与产甲烷过程以相分离的形式独立设置的问题。如第 2 章中所述，将厌氧处理过程中的产酸和产甲烷以相分离的工艺形式进行设计，将有利于处理工艺系统的稳定运行及运行控制，可使产甲烷相获得更高的处理能力（高的容积负荷率）。Lettinga 教授等认为，一般宜将酸化程度控制在 20%～40%，以免因实现完全酸化而过多增加基建费用。对于已部分或完全酸化的废水，则在 UASB 工艺系统的设计中，应主要将 UASB 控制在产甲烷阶段，UASB 反应器的 HRT 可基本或完全排除酸化所需的反应时间而降低基建费用。同时，建议将 UASB 反应器的污泥负荷控制在其最大比甲烷降解速率的 75%以内，以确保其稳定运行。

此外，当废水的水质水量波动较大时，仍需考虑设置调节池，以均化水质水量，并可实现一定程度的酸化效果。

10.3.2.2 UASB 应用于复杂不溶解性废水的处理

第 2 章曾述及 UASB 反应器应用和运行中存在的问题之一是其对进水中 SS 的适应较差，当进水中含有过高的 SS 时，如不采取有效的前处理措施，则将导致其无机物的积累、有效运行容积的减少，甚至造成堵塞等问题。Lettinga 等指出，UASB 处理高浓度有机废水时，其进水中的 SS 应控制在 6 000～8 000mg/L 以下。因而，当 UASB 反应器应用于复杂不溶性废水的处理时，其处理工艺中，须考虑设置预沉淀工艺，必要时应通过化学强化沉淀工艺进行处理。而当废水中的 SS 含量高达 15%时或较难通过沉淀等措施有效去除时，则不宜采用 UASB 工艺。

此外，当 UASB 应用于复杂不溶性废水的处理时，其出水进行后处理是必要的，但需要注意的是，当采用厌氧—好氧联合处理工艺时，不仅应考虑 UASB 反应器的处理效率，同时应考虑其处理出水的水质特性对好氧处理工艺运行的影响。如 UASB 应用于处理高浓度、不溶性复杂废水时，由于其产气程度较高，出水中往往含有较多的 SS，因而需设置其后置沉淀池，以减轻其后续好氧处理的运行负荷。

10.3.3 反应区容积（V_{UASB}）的设计

UASB 反应器反应区（即 UASB 的有效容积部分，包括污泥床、污泥悬浮层和三相分离区）的容积不仅与所处理废水的特征（污染物浓度、污染物性质）有关，还与温度及所需达到的处理效率有关。

对于处理高浓度的有机工业废水而言，UASB 反应器反应区容积的设计通常以其允许容积负荷（F_v）作为其主要的控制设计参数，同时需合理确定反应器中的污泥浓度。当 UASB 应用于较低浓度废水的处理时（如溶解性生活污水等），其反应区容积确定的主要控制参数为水力停留时间（HRT）。表 10-1 所列为 Lettinga 教授等推荐的 UASB 应用于高浓度有机废水处理时的允许容积负荷（其中假定 UASB 中的平均颗粒 VSS 污泥质量浓度为 25kg/m^3）。表 10-2 所列为 Lettinga 教授等推荐的不同温度下，UASB 应用于处理生活污水所需的 HRT。

目前，国内所采用的 UASB 反应器反应区容积（V_{UASB}）的设计均采用进水容积负荷法（式 10-1）。

$$V_{\mathrm{UASB}}=\frac{QS_0}{F_v} \tag{10-1}$$

式中：Q——UASB 反应器的进水流量，m^3/d；

S_0——进水有机物质量浓度，mg/L；

F_v——进水有机物 COD_{Cr} 或 BOD_5 容积负荷，$kg/(m^3 \cdot d)$。

表 10-1 UASB 应用于高浓度有机废水处理时的允许容积负荷

温度/℃	COD_{Cr} 容积负荷/($kg/(m^3 \cdot d)$)		
	溶解性废水	不溶性废水	可沉 SS 含量占 COD_{Cr} 总量 30%的废水
15	2～4	1.5～3	1.5～2（可获得满意的 SS 去除率）
20	4～6	2～4	2～3（可获得满意的 SS 去除率）
25	6～12	4～8	3～6（可获得较好的 SS 去除率）
30	10～18	8～12	6～9（可获得中等的 SS 去除率）
35	15～24	12～18	9～14（SS 的去除率较差）
40	20～32	15～24	14～18（SS 的去除率差）

表 10-2 不同温度下，UASB 应用与处理生活污水所需的 HRT

温度/℃	日平均 HRT/h	4～6h 内的最大 HRT/h	2～6h 内的允许峰值 HRT/h
16～19	＞10～14	＞7～9	＞3～5
22～26	＞7～9	＞5～7	＞2～3
＞26	＞6	＞4	＞2.5

UASB 反应器的进水容积负荷与废水性质（污染物浓度、种类、温度、溶解性程度等）及反应器内污泥的特征（浓度、颗粒化程度等）有密切的关系。对于特定的废水，可通过试验或参考同类废水选择。表 10-3 和表 10-4 所列为国内外部分应用 UASB 处理不同工业废水时，不同温度条件下的容积负荷。

表 10-3 国外部分应用 UASB 处理不同废水时的容积负荷取值

温度/℃	废水种类	国家	COD_{Cr} 容积负荷 F_v/($kg/(m^3 \cdot d)$)
33～50	甜菜制糖废水	荷兰	12.5～17
33～35		德国	9～12
33～35		奥地利	8

温度/℃	废水种类	国家	COD_{Cr}容积负荷 F_v/(kg/(m^3·d))
33～35	土豆加工废水	荷兰	5～11
33～35	土豆加工废水	美国	6
33～35	土豆加工废水	瑞士	8.5
33～35	土豆淀粉废水	荷兰	10～11
33～35	土豆淀粉废水	美国	11
33～35	玉米淀粉废水	荷兰	10～12
33～35	小麦淀粉废水	荷兰	6.5
33～35	小麦淀粉废水	爱尔兰	9
33～35	小麦淀粉废水	澳大利亚	9.3
33～35	大麦淀粉废水	芬兰	8
33～35	酒精生产废水	荷兰	16
33～35	酒精生产废水	德国	9
33～35	酒精生产废水	美国	7
33～35	酵母生产废水	美国	10～11
33～35	酵母生产废水	沙特	10.5
23	啤酒生产废水	荷兰	5～10
33～35	啤酒生产废水	美国	14
20	啤酒生产废水	美国	6.3
24	屠宰废水	荷兰	3～5
24	牛奶加工废水	加拿大	6～8
24	造纸废水	荷兰	8～10
20	造纸废水	荷兰	4
25	造纸废水	荷兰	5～6
33～35	蔬菜罐头废水	荷兰	10
33～35	蔬菜罐头废水	美国	11
33～35	白酒生产废水	泰国	15
常温	城市污水	印度	2.3
常温	城市污水	哥伦比亚	2

表 10-4 国内部分应用 UASB 处理不同废水时的容积负荷取值

温度/℃	废水种类	进水 COD_{Cr} 质量浓度/(mg/L)	COD_{Cr} 容积负荷 F_v/(kg/(m^3·d))	COD_{Cr} 去除率/%
32	酒精废水	34 060	13.6	81
常温	酿造废水	2 000～6 000	4.2	82.4
常温	屠宰废水	1 000	2.5	77
中温	丙酮丁醇废水	15 000	2.5	80
35	发酵药物混合液	23 450	11.8	91
35	糖化发酵废水	20 000	4	85
常温	苯二甲酸废水	—	3	—
中温	柠檬酸废水	10 000	10	80
常温	啤酒废水	2 000～2 300	4.5～8	78

10.3.4 三相分离器的设计

如前所述，三相分离器的设计是 UASB 工艺设计的重要组成部分，国内外对其性能及设计的研究颇多，但尚未见比较成熟的方法，国外较多的三相分离器仍属于专利技术。

10.3.4.1 三相分离器的基本构造

目前，三相分离器的构造形式较多，各有利弊。从它们的结构上看，一般包括沉淀区、气液分离器及污泥回流缝三个部分。三相分离器中气液分离器的主要功能是改变反应器中气泡的流向，以防止气泡进入沉淀区而干扰沉淀区中的泥水分离及回流。虽然三相分离器的结构形式各不相同，但它们的设计思想是基本一致的，即必须考虑以下几个问题：①在泥水进入沉淀区之前，必须有效地将气泡分开；②沉淀区应具有稳定的流态，以获得良好的泥水分离效果；③沉淀区中浓缩的悬浮固体能借助于反应器内固体和液体之间的密度差产生循环液流，使浓缩的悬浮固体不断地返回到反应器内（污泥的回流速度除取决于密度差外，还与反应器中的产气速率和系统的阻力大小有关）。

图 10-7 所示为 UASB 反应器中单个三相分离器的不同构造型式。图 10-7（a）所示三相分离器的构造较为简单，但由于其回流缝同时有上升和下降两种不同方向的流体运行，相互干涉，因而其泥水分离效果不够理想。图 10-7（c）与（a）基本相似。图 10-7（b）所示三相分离器的构造较为复杂，但通过增设一道挡板而有效地削弱了上升及下降两种流体间的干扰，因而其沉淀污泥的回流较通畅，且水、气、固三相的分离效果较好，也是目前较多专利三相分离器技术中采用的构造方式。

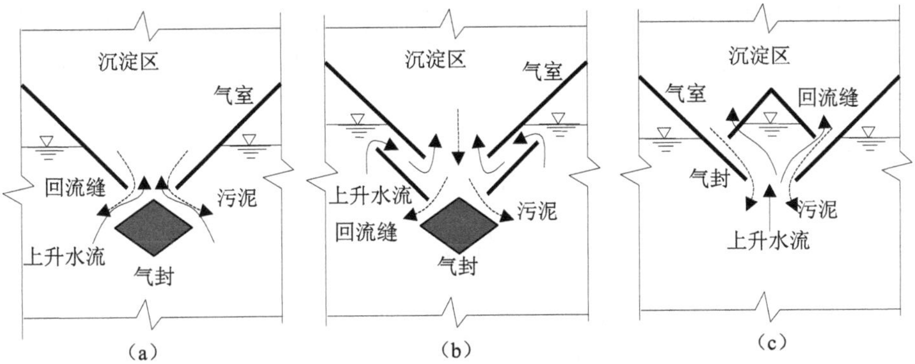

图 10-7 UASB 反应器三相分离器单体的不同构造形式

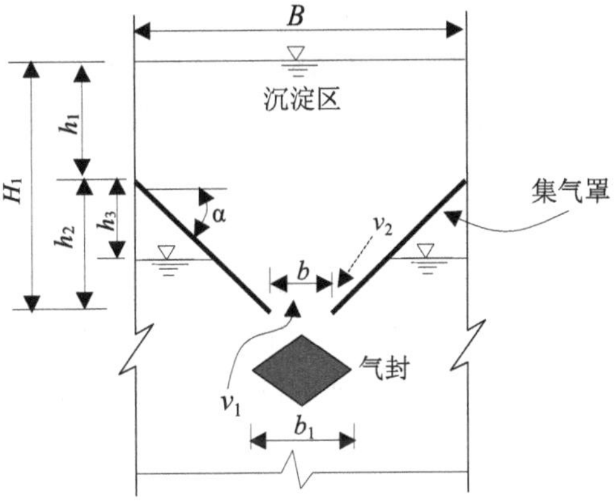

图 10-8 三相分离器单体几何尺寸

UASB 反应器三相分离器的设计包括以下几个方面的内容：即沉淀区的设计、污泥回流缝的设计、气液分离及挡板安装角度设计等。下面以图 10-8 所示三相分离器单体的几何尺寸关系为例，说明其设计要点。

10.3.4.2 三相分离器沉淀区的设计

沉淀区的设计必须满足上述几个条件，同时还必须考虑其与气液分离器的相互关系及污泥回流缝的功能。沉淀区的面积通常根据其表面负荷率确定，由于 UASB 沉淀区的表面积一般与反应区的面积相同，因而其大小一般与其上升流速相等。在具体设计过程中，应考虑到由于反应区上升水流中所夹带的部分沼气对沉淀区泥水分离的影响，因而，在必要的情况下（如在处理高浓度有机废水时），也可将沉淀区的表面积适当扩大（见图 10-1），以使其表面负荷率小于反应区上升流速，确保良好的泥水分离和污泥沉降效果，防止污泥的流失。沉淀区的高度（H_1）由直壁高度（h_1）和沉淀区底部（或集气罩）斜板高度（h_2）组成（式 10-2）。其中 h_1 一般为 1.5～2.0m（与一般生物处理工艺中二沉池的有效沉淀水深基本相同），底部斜板高度（h_2）则可用下式（式 10-3）计算：

$$H_1 = h_1 + h_2 \tag{10-2}$$

$$h_2 = \frac{B-b}{2}\text{tg}\alpha \tag{10-3}$$

式中：H_1——沉淀区的总高度，m；

h_1——沉淀区直壁高度，m；

h_2——沉淀区斜板高度，m；

α——沉淀区底部（或集气罩）斜板的安装角度，一般为 50°～60°，不小于 45°；

B——与三相分离器单体相应的 UASB 的宽度，m；

b——相邻两个集气罩斜板底部的水平距离（即回流缝宽度），m。

10.3.4.3 回流缝的设计

回流缝的作用是实现污泥的循环回流，其大小必须满足使沉淀室中的污泥能顺利地回流到反应器中而不致累积的要求。如图 10-8 所示，相邻两个集气罩底部缝（回流缝）中水流上升速度（v_1）及相应的回流缝面积（A_{h1}）可分别用式 10-4 和式 10-5 表示：

$$v_1 = \frac{Q}{nA_{h1}} \tag{10-4}$$

$$A_{h1} = bL \tag{10-5}$$

式中：Q——UASB 反应器的进水流量，m^3/h；

n——UASB 反应器中三相分离器的单体数；

L——三相分离器长度，m；

其余符号同前。

回流缝隙的宽度一般按水通过缝隙的水流平均流速小于 2.0m/s 考虑。通过沉淀区中污泥的物料衡算，可得到满足污泥回流速度所需的回流缝隙面积（A_{h2}），如式 10-6 所示：

$$A_{h2} = \frac{Q(X_{si} - X_{se})}{nv_2\rho_s} \tag{10-6}$$

式中：X_{si}——经回流缝进入沉淀区的污泥质量浓度，mg/L；

X_{se}——沉淀区出水中的污泥质量浓度，mg/L；

v_2——污泥的回流速度，m/h；

ρ_s——污泥的密度，kg/m^3；

其余符号同前。

由此可知，为使污泥迅速地返回反应区，则所需的回流缝面积（A_h）需同时满足以下条件（式 10-7 和式 10-8）：

$$A_h = \max(A_{h1}, A_{h2}) \quad (10\text{-}7)$$

$$v_1 \leqslant 2\text{m/h} \quad (10\text{-}8)$$

10.3.4.4 气液分离器的设计

为获得有效的气液分离效果，UASB 三相分离器回流缝宽度（b）与气封（见图 10-8）的宽度（b_1）必须有一定的重叠，其重叠的水平距离越大，则气液分离效果越好，也越利于沉淀区的泥水分离及污泥的回流。因而，重叠量的大小是决定三相分离器气液分离效果的重要因素。根据运行经验，其每侧的重叠距离，即（b_1－b）/2 一般应控制在 10～20cm。

10.3.5 进水系统的设计

为使污泥能与进水中的有机基质充分均匀地接触，进水系统中布水点的合理设计是非常重要的。布水均匀、不出现沟流是提高反应器处理能力和保证反应器处理效果及稳定性的重要因素。

一般来说，UASB 反应器的进水系统可以参考滤池的大阻力布水系统的形式设计，在反应器底部均匀设置布水点进行布水。这种进水布置方式的布水均匀系数一般可达 0.95，可以达到均匀布水的目的。布水点的设置与反应器的进水浓度、水流速度及污泥的特性等因素有关。

10.3.5.1 布水点的设计

Lettinga 等认为，UASB 反应器在经过小试、中试的基础上进行放大的时候，可按比例增加进水点的数量，一般在每 5m^2 底面积上设置一个进水点可有效保证布水的均匀性。有报道认为，每 5～10m^2 设置一个进水点也是可行的，但若反应器在长期停止运行后重新启动则需要很长的时间，因而进水点的数量不宜太少，否则污泥与进水难以获得良好的混合和接触效果，且可能在反应器内部产生死区而降低反应器的处理能力。大多报道表明，在实际运行中，以每 3～5m^2 设一个进水点为佳。如华北制药厂容积为 200m^3 的 UASB 反应器进水系统为每 3.5m^2 设置一个进水点，运行效果良好。表 10-5 所列为 Lettinga 教授介绍的不同条件下进水点设置的粗略指标。

表 10-5 不同条件下进水点设置的粗略指标

污泥类型	反应器 COD_{Cr} 容积负荷/(kg/(m^3·d))	每个进水点的服务面积/m^2
絮凝污泥（TSS）（质量浓度＞40g/L）	＜1.0	0.5～1
	1～2	1～2
	＞2	2～3
絮凝污泥（TSS）（质量浓度＞20～40g/L）	＜1～2	1～2
	＞3	2～5
颗粒污泥	＜2	0.5～1
	2～4	0.5～2
	＞4	＞2

10.3.5.2 进水方式的设计

目前，生产性 UASB 反应器装置所采用的进水方式大致可分为间歇式进水、脉冲式进水（如沈耀良、黄勇教授等在常州某肌醇生产厂废水处理工艺中，UASB 反应器的进水方式，即采用了四个进行独特设计的脉冲器轮流进水的方式，获得了极好的运行稳定性）、连续均匀进水和连续进水与间歇回流相结合的进水方式等几种。一般情况下多采用连续进水的运行方式，必要时也可采用脉冲式进水和连续进水与间歇回流相结合的进水方式。采用后两种进水方式的目的是使反应器内的絮凝、颗粒污泥经常性地处于均匀混合和颗粒松散的状态，多在反应器的启动初期或反应器中出现沟流时使用。当反应器运行正常后，一般不必进行回流，只需进行连续进水。

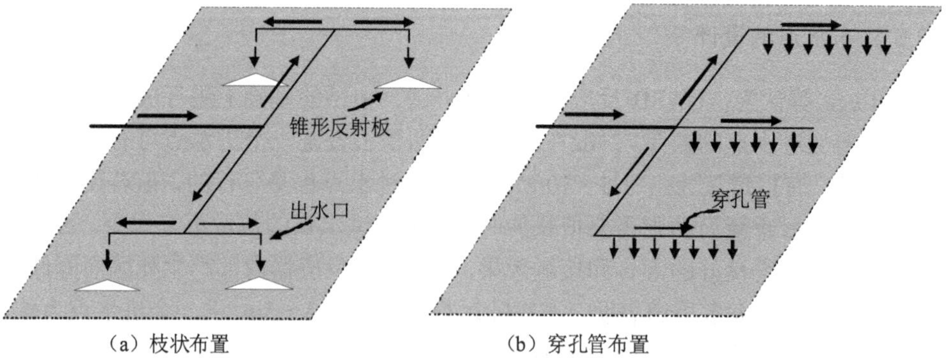

（a）枝状布置　　（b）穿孔管布置

图 10-9 UASB 反应器进水配水管布置形式

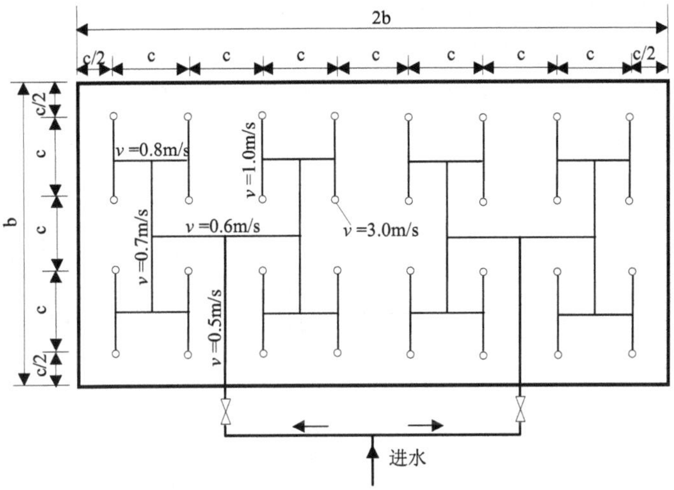

图 10-10 UASB 进水布置形式计算示例

根据 UASB 反应器进水管的布置形式，一般有枝状布置、穿孔管布置、多管多点布置及顶部进水（如脉冲进水）等。其中枝状布置（图 10-9a）较为简单，并采用对称布置的方式，各支管出水口向下，距池底 20cm，并位于其服务面积的中心点。在出水口的下方设有角度通常为 15° 的锥形反射板，以使废水在其服务面积内均匀分布。出水口支管的直径一般为 20mm。此种进水布水方式，如施工安装正确并保证质量，可基本达到均匀布水的目的。图 10-10 为枝状布水的计算示例。

穿孔管布置方式（图 10-9b）是目前常用的进水布置形式。为均匀配水，配水（穿孔）管的间距一般为 1～2m（均匀布置），出水孔的间距一般为 0.5～1m，流速一般为 2～5m/s，孔口以穿孔管垂线 45° 向下，孔径及配水管的尺寸宜通过（选择合理的经济流速）水力计算确定。

多管多点进水布置是以各配水服务面积单独设置进水管的配水形式，因而其配水管与配水点的数量相同，其特点是可通过对设置在 UASB 反应器外部各配水管调节阀的控制而灵活地调节各配水点的进水量，以获得理想的均匀配水效果。图 10-11 所示为德国专利（Ger，often2，921，070）介绍的多管多点进水配水的设计。其在 UASB 反应器底部均匀设置多个布水点，各布水点的高度各不相同，并通过专门设置的脉冲配水器（图 10-11b）定时地向反应器不同配水点进行配水，但整个反应器的进水是连续的。其中配水器由一根旋转配水管和配水槽组成。配水槽是一个被分割成多个单元的圆环形槽，每个单元连接一进水管。工作时配水管旋转并在一定的时间间隔内，水流流进其中的一根进水管。因而，这种进水系统就整体而言是连续进水的，但对于每个布水点而言则是间歇进水的，从反应器内的水流状态而言，则在局部区域内又具有脉冲的特性。因而这种配水形式可获得满意的对污泥层的搅拌和混合效果，有效地防止堵塞或死区的发生。

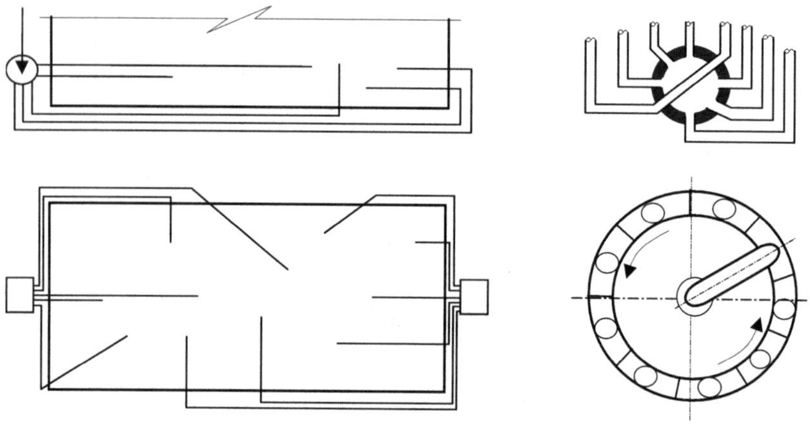

（a）管道及进水点布置　　（b）脉冲旋转布水器

图 10-11　多管多点配水形式（德国专利技术）

顶部进水形式的方式之一是在 UASB 反应器的顶部设置进水配水渠，并以三角堰的形式给每根配水管配水（图 10-12），配水管由或通过三相分离器的回流缝或直接穿越三相分离器而至各均匀设置的配水点。此种布水方式一般为均匀连续进水；其方式之二是通过在 UASB 顶部设置一定数量的脉冲进水器进行配水，由于各脉冲进水器的充、放水时间相互交叉，因而其 UASB 整体上仍是连续进水，但在每个配水点的进水则是间歇的。同时由于脉冲进水器的冲、放时间比较大，因而各脉冲进水器在放水阶段的进水量将数倍于各脉冲进水器的平均设计流量，因而可在极短的（一般为 15′～30′）的放水时间内对污泥床产生较强的混合搅拌作用，利于污泥床的松动和泥水的均匀混合，消除死区。顶部配水形式具有配水易均匀且易及时清通的特点。

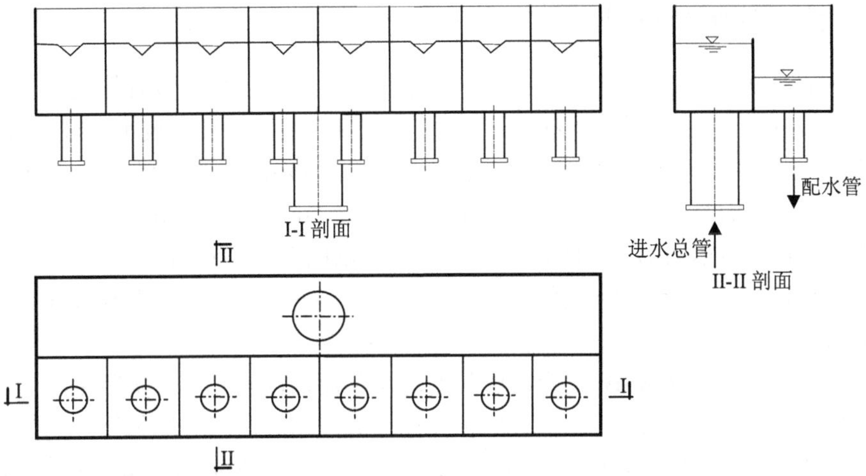

图 10-12 顶部进水矩形布水器

10.3.6 水封高度的设计

如前所述，UASB 反应器处理工艺中集气室高度的控制亦是十分重要的。集气室的高度（图 10-8 中 h_3）是由水封的有效高度来控制和调节的。水封高度（H，见图 10-5）可用式（10-9）进行计算：

$$H = h_1 + h_3 - H_2 \tag{10-9}$$

式中：H——水封的有效高度，m；

h_1——集气室顶部到出水水面的高度，m；

h_3——集气室的空间高度，m；

H_2——集气室至水封箱间沼气管道及计量设备等的阻力损失，m。

集气室的空间高度（h_3，即集气室内水面至集气室顶的距离）应保证集气室出气管在反应器的运行过程中不被淹没，能畅通地将沼气排出反应器，并防止浮渣堵塞。实际运行经验表明，集气室水面常有一层浮渣，浮渣层的厚度与进水水质和工艺的运行状况（如沼气的产生速率）有关。在处理含有难降解的短纤维较多的废水时，浮渣层较厚；当工艺运行良好且产气量较多时，由于气体的搅拌作用而可使浮渣层破碎、沉淀并返回到反应区。但在确定 h_3 的数值时，应考虑适当的富裕高度，以保证沼气顺畅、及时排出 UASB 反应器，并应考虑设置浮渣排放口（在处理含有高蛋白质、脂肪等的废水时尤其要注意。因为在对这类废水进行厌氧处理时，往往会产生很多泡沫而影响沼气从水中的分离）。一般要求 h_3 不小于 0.7～1.0m。

10.3.7 排泥系统的设计

UASB反应器的排泥系统原则上应沿其高度上、中、下均匀设置排泥管及相应的设备。其中，上、中部的排泥由于其大多为絮凝性污泥或尺寸较小的颗粒污泥，因而其流动性较好，但位于底部的污泥由于颗粒化程度及污泥浓度均较高，因而其流动性较差，因而为防止堵塞、排泥管的管径一般不应小于200mm；同时，为便于观察UASB反应器内污泥的状况（浓度、颗粒化程度、沉降性能、挥发分含量及其变化等），建议沿反应器高度设置一定数量（5～6个）的污泥取样口（口径不小于100mm）。

此外，由于位于UASB反应器底部的污泥其流动性较差，且实际生产运行中的UASB一般不设置污泥斗，且其面积往往较大，因而需考虑均匀排泥的问题，进行多点排泥，每个排泥点的服务面积尚无明确的规定，但有报道建议每$10m^2$设一排泥点。

根据厌氧生物反应动力学，通常情况下，每去除1kg的COD_{Cr}可产生0.05～0.1kg的MLVSS。但排泥量的确定应根据UASB反应器的运行负荷及废水的特性等具体确定。此外，由于UASB具有良好的对进水中SS的截留作用，因而计算排泥量时应将此部分包括在内。但在实际运行中，UASB的产泥量往往是较少的，因而其排泥周期往往可达数十天甚至数个月。建议在实施排泥的过程中，设置两个独立的贮泥池，一个用于贮存来自UASB反应器中、上部的生物污泥；一个用于贮存来自底部的剩余颗粒污泥，同时将后者污泥加以长久贮存，以备以后在必要的情况下向UASB补充污泥，或作为其他UASB工艺的启动接种污泥。

10.3.8 其他设计考虑

UASB反应器的设计除上述各部分内容外，还需合理考虑以下方面的问题：

（1）UASB出水区的布置。UASB出水区的布置及要求与二次沉淀池对出水区的要求基本相同，原则上应做到均匀布置集水槽，并符合出水堰的堰上负荷要求。由于UASB反应器出水往往含有较多微小的沼气气泡，因而宜将出水区的堰上负荷取低限，以保证集水的均匀性，并防止对上升水流的扰动。图10-13为某大型UASB反应器顶部的出水堰布置。

（2）保温或加热措施。目前，UASB反应器的设计运行温度通常为中温，因而如需要保温或加热，则须按有关资料或手册进行计算。

（3）反应器的防腐。UASB反应器，尤其是其内部各组成部分，均需考虑必要的防腐措施。由于在厌氧反应过程中，将产生较多的CO_2和H_2S等，而在一定压力条件下，他们将因相平衡的作用而溶于水中，产生对UASB反应器的腐蚀。

图 10-13 某大型 UASB 反应器顶部的出水堰布置

（4）沼气的利用。根据理论计算，厌氧处理过程中，每去除 1kg 的 COD_{Cr}，将产生 0.58m^3 的沼气（或 0.35m^3 的甲烷，沼气中甲烷的含量一般为 65%～75%），因而必须考虑其利用的问题。在沼气的利用过程中，需要考虑对沼气的脱硫处理，同时需要设置沼气贮罐及相应的利用装置。此外，在利用系统的设计过程中，必须严格遵守有关安全防护距离要求及相应的其他安全防护措施，同时应设有沼气火炬以在必要时将多余部分的沼气燃烧放空，而不应直接排入大气。

10.4 UASB 反应器中的颗粒污泥

UASB 反应器的运行稳定性及其处理效能在很大程度上取决于其颗粒污泥的形成及其特性（颗粒化程度、沉降性能及活性）。如果反应器内的污泥以松散的絮体状存在或颗粒化程度较低，则难以使其具有高的处理能力和处理效果。但实际上，UASB 反应中的污泥颗粒化及性能良好的颗粒污泥的形成是在研究中发现的该反应器所特有的一种自然现象的结果。1976 年，Lettinga 教授及其领导的研究小组在采用容积为 6m^3、以厌氧消化池污泥接种的 UASB 反应器处理荷兰 Breda 甜菜制糖厂工业废水的生产性研究过程中，在运行数月后的该反应器中发现污泥由质轻松散的絮状污泥逐渐转变为密实、沉降性能远好于絮状污泥的颗粒状污泥（图 10-14）。这一发现立刻引起了广泛的关注，众多研究者由此相继开展了有目的的污泥颗粒化和颗粒污泥形成条件及优化的研究，也由此大大促进了 UASB 在高浓度有机废水处理中的应用。

图 10-14 UASB 反应中的颗粒污泥

UASB 反应器中污泥的颗粒化不仅大大改善了污泥的沉降性能，有效地防止了污泥的流失，保持了反应器中极高的污泥浓度，同时实现了 SRT 与 HRT 的完全分离，从而极大地提高了其处理能力，使 HRT 大大缩短。此外，颗粒污泥形成后，使反应中不同种群微生物（如产酸菌与产甲烷菌）间的氢转移速率大大提高（有报道表明为絮凝性污泥的 100 倍），产甲烷活性大大提高，从而可大大加快有机物的转化速率。污泥的颗粒化，也为在 UASB 反应器基础上改进而提出的更新工艺—EGSB 和 IC 反应器提供了先决条件。表 10-6 所列为国内外部分有关 UASB 反应器污泥颗粒化研究的数据。

表 10-6 国内外部分有关 UASB 反应器污泥颗粒化的研究数据

指标 \ 研究者	日本	日本	Riera	清华大学	Lettinga
废水类型	有机酸配水	制糖废水	酒精废水	啤酒废水	土豆废水
有机负荷*	40	20	24	22～31	15～40
处理效率	～90%	80%	75%	90%	70%～90%
温度/℃	33	33	中温	35	35
颗粒粒径	1～2mm	1～2mm	1～3mm	1～3mm	1～5mm
装置容积	3.7L	3.7L	2L	21L	$6m^3$

*指有机负荷（COD_{Cr}），单位为 $kg/(m^3 \cdot d)$。

10.4.1 颗粒污泥的形成

UASB 反应器中水流的升流式运行方式是其污泥颗粒化的最直接和基本的原

因和前提，是必要条件，但并非是决定颗粒污泥的形成及其特性的充分条件，亦即颗粒污泥的形成除受水力条件的影响和制约外，还与废水水质、运行控制条件等许多因素有关；同时污泥颗粒化的过程需要较长的时间，其对运行条件的要求亦是非常严格的。而在不同的运行条件下，污泥颗粒化的实现途径（机理）也不尽相同，因而颗粒污泥的特性将有所不同。通过对污泥颗粒化的条件、颗粒化机理、颗粒污泥的形成过程等的研究，有利于加深对颗粒污泥特性的了解，促进运行条件的优化，获得性能优良的颗粒污泥，促进反应器的稳定高效运行。

10.4.1.1 颗粒污泥形成的条件

如前所述，颗粒污泥首先是在一定的水力条件下形成的，但要实现快速的污泥颗粒化，获得性能良好的颗粒污泥，则尚需满足诸多其他运行和操作条件，其中包括废水水质、有机负荷、pH 等。

合适的水力条件（水力负荷）及良好的泥水混合是污泥颗粒化的基本和必要条件。研究表明，反应器中水流与污泥床沉降的逆向或交错流动所产生的对污泥床的定向搅拌作用及其所产生的速度梯度，具有对絮凝性污泥的剪切作用，可使尺寸较小的颗粒产生不规则的旋转运动，从而利于丝状微生物的相互缠绕，并由此而产生所谓的架桥作用，为污泥的颗粒化和颗粒污泥的形成创造了良好的外部条件；在一定的上升流速下，将通过水力筛分作用对不同尺寸和比重的污泥进行筛分，同时可从反应器中洗脱质轻体小的絮体污泥，而留下质重体大的颗粒污泥。研究表明，当反应器中的水流上升速度达到 0.25m/h 时，便可出现良好的水力筛分现象。目前，UASB 反应器设计中其 0.6～0.9m/h 的上升流速的原则规定，即基于这种考虑。

良好的水质条件是实现污泥颗粒化的重要基础条件。对此，必须考虑两方面的问题：①由于污泥颗粒化实际上是微生物的颗粒化，但微生物的颗粒化与其活力充沛的生长状态有关，为此废水中需有可供微生物正常生长繁殖所利用的、比例恰当的各种必需成分，包括废水中合理的 C∶N∶P 比，以及适量的作为甲烷菌辅酶的重要组成部分并对污泥颗粒化起加速作用的镍、钴、钼、锌、锰、钙、铁、钠等微量元素等。②为获得具有良好沉降性能的颗粒污泥，废水中还需有足够的、可作为颗粒污泥形成过程中核心体的钙离子等。研究表明，当废水中钙离子含量为 25～100mg/L 时，有利于带负电荷的细菌相互粘接（结）而可促进污泥颗粒化。应用 UASB 处理含糖类废水（如甜菜制糖废水、土豆加工废水、酒精废水、啤酒废水、柠檬酸废水及屠宰废水等）时，由于这些废水中不仅含糖丰富，而且营养比例适宜，因而比酯类废水、蛋白质废水及含有毒或难降解物的废水更易实现污泥的颗粒化。

适宜的有机负荷是污泥颗粒化的根本条件。有机负荷的高低直接影响污泥颗粒化的进程，并决定颗粒污泥的特性。研究表明，当反应器的有机负荷（COD_{Cr}/MLVSS）在 0.3kg/(kg·d)时，即可开始形成颗粒污泥，当反应器的有机负荷在 0.6kg/(kg·d)时，则污泥颗粒化的速度将显著加快。因而，为实现污泥的颗粒化，不仅应为微生物的生长提供足够的基质，同时必须根据其进程适时、恰当地提高有机负荷以加快污泥颗粒化的进程。

此外，pH、碱度、温度等均为污泥颗粒化的重要环境条件。对此，请见 10.5 节介绍。

10.4.1.2 颗粒污泥形成的机理

目前，有关污泥颗粒化的机理尚存在不同的观点，至今未形成完善的理论对其加以描述。不同的研究者通过不同的研究方法和途径，提出了多种不同的假说和理论，如从物理学的角度提出了选择压理论、絮凝性固体增长理论，从微生物学角度提出了 Cape Town 假说、Spaghetti 理论、微絮体电中和架桥假说、胞外多聚物假说等理论及多核结构模型等，从热动力学角度提出了晶核假说、表面张力模型和质子移位-脱水理论等等不一而足。以下介绍的为几个较为典型和被广泛接受的理论。

晶核假说由 Lettinga 教授等提出。该假说认为，污泥的颗粒化过程类似于结晶过程，在晶核的基础上，颗粒不断发育并最终形成颗粒污泥。而污泥颗粒化的晶核则来自废水或接种污泥中的 $CaCO_3$ 等不溶性无机盐。大量向废水投加 Ca^{2+}的研究及对相应条件下所形成的颗粒的镜检表明，Ca^{2+}不仅有助于加快污泥颗粒化的进程，且颗粒污泥的内核中存在较多 $CaCO_3$ 晶体。

微絮体电中和架桥假说是基于表面带负电微生物体与废水中带正电荷的金属离子（Ca^{2+}、Mg^{2+}、Fe^{2+}等）间相互吸引而发生的电中和原理提出的。通过电中和作用，大大削弱了微生物体之间的排斥作用，而易于形成颗粒。

由 Dolfing 等提出的胞外多聚物假说认为，胞外多聚物（ECP—Extra Celluar Polymer）是形成颗粒污泥的关键因素。ECP 主要由蛋白质和多糖组成，具有改变微生物表面带电特性的功能，从而产生凝聚作用，而实现污泥的颗粒化。

由 Wiegant 等于 1987 年提出的 Spaghetti 理论则认为，污泥的颗粒化是选择等压物理作用对微生物进行选择的过程。在处理酸化（含 VFA）废水的过程中，*Methanotrix* 作为优势菌而具有自然生长成为聚集并附着在废水中的其他颗粒物表面的能力，并由此作为初生污泥颗粒而进一步吸附废水中的其他微生物而逐步生长，同时在上升水流和沼气的剪切作用下，逐步长成颗粒。而当废水中所含 VFA 较少时，*Mathanosarcina* 将处于优势地位，虽然其可形成污泥“临时颗粒”，但这种颗粒难以进一步成长，因而无实用意义。为此，可在废水中适当补充 VFA，通过上述选择压作用使具有对 VFA 的利用能力比 *Mathanosarcina* 更强的 *Methanotrix* 得到生长，从而促进污泥的颗粒化。Wiegant 等还据此提出了污泥颗粒化分两步进行的观点，即首先是初生颗粒的形成，其次是在其基础上的污泥颗粒化。其中初生颗粒的形成是关键。

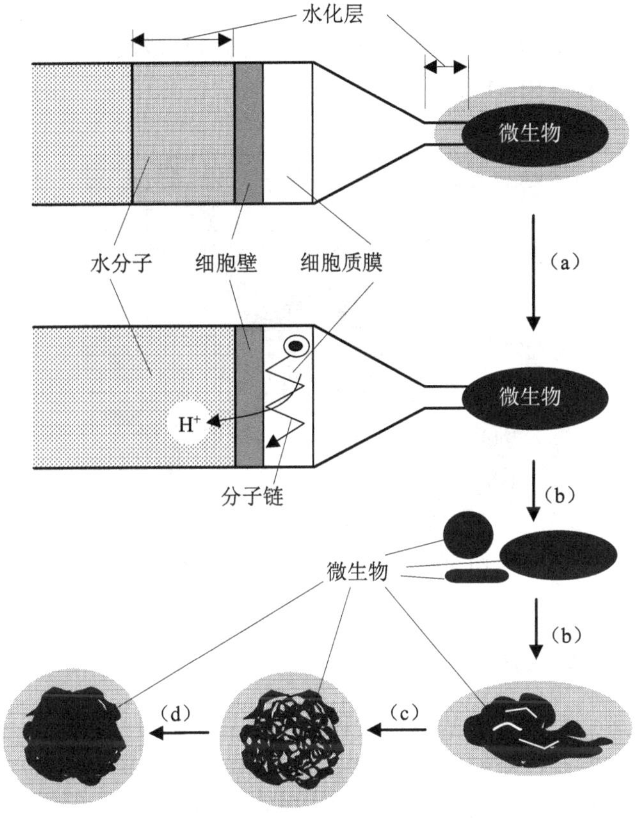

（a）细菌表面脱水；（b）颗粒核心形成；（c）颗粒成熟；（d）颗粒后成熟

图 10-15　质子移位-脱水理论的结构模型

由 Tay 等于 2000 年提出的质子移位-脱水理论基于质子移位活性及细胞膜表面特征，认为污泥颗粒化可分细菌表面脱水、颗粒核心形成、颗粒成熟及颗粒后成熟等四个阶段。首先，由于微生物膜表面带负电，利于其 H^+与水分子的结合，并在其表面形成水化层（水膜），但此水化层对微生物间的相互排斥作用影响并不大。与此同时，随废水中有机物酸化过程的发生，产酸微生物将质子（H^+）转移至细胞膜的细胞质一侧，并可同时将带负电荷的微生物与水分子间的氢键打破而脱水，由此可中和其表面的部分电荷，并为微生物的相互粘附形成颗粒核心创造了条件。此后，颗粒污泥尺寸逐步增加并逐步成熟。但由于此时位于颗粒内部的微生物的生长繁殖受到空间的限制而大量产生 ECP，重新使颗粒污泥表面形成水化层，从而增强了颗粒污泥对水流及产气对其的剪切作用的抵抗力，形成性能和结构均较稳定的颗粒污泥。图 10-15 为该理论的结构模型。

此外，由 Ahn 等于 2000 年提出的多核结构模型亦已得到国内外较多研究者的证实。图 10-16 为沈耀良教授采用葡萄糖+生活污水合成废水研究过程中所观察到的颗粒污泥多核结构（SEM 照片）。

图 10-16　颗粒污泥的多核结构

10.4.1.3 颗粒污泥形成的过程

UASB 反应器中颗粒污泥的形成过程一般有三个阶段：

第一阶段为启动与污泥活性提高阶段。在此阶段内，反应器的有机负荷（COD_{Cr}）一般控制在 2.0kg/(m^3 • d)以下，运行时间约需 1～1.5 个月。研究表明，在此运行阶段内必须注意以下几点：一是最初的污泥负荷（COD_{Cr}/TS）应低于 0.1～0.2 kg/(kg • d)；二是在废水中原有的及由产酸菌生成的各种挥发酸未能有效地分解之前，不应增加反应器的负荷；三是反应器内的环境条件应控制在有利于厌氧微生物（主要是产甲烷菌）良好繁殖的状态下。对此，Lettinga 教授指出，在 UASB 反应器投产时还需注意使反应器能有效地截留重质污泥并允许多余的（稳定性差的）污泥随出水流出反应器。在此阶段内，污泥对被处理水的特性逐渐适应，其活性也不断提高。

第二阶段为颗粒污泥形成阶段。在此阶段内，有机负荷（COD_{Cr}）一般控制在 2.0～5.0 kg/(m^3 • d)。随有机负荷的逐渐提高，那些颗粒比较细小和沉降性能比较差的污泥将随出水而“洗”出反应器，而重质污泥则留在反应器内。由于进水及产气的搅拌的作用，截留在反应器内的污泥通过不同的途径在重质污泥颗粒的表面富集、絮凝并生长繁殖，最终形成粒径为 1～5mm 的颗粒污泥。当污泥负荷（COD_{Cr}/VSS）为 0.6 kg/(kg・d)或负荷（COD_{Cr}/TS）为 0.2～0.4 kg/(kg・d)时，可观察到颗粒污泥的形成。此阶段也需要 1～1.5 个月。

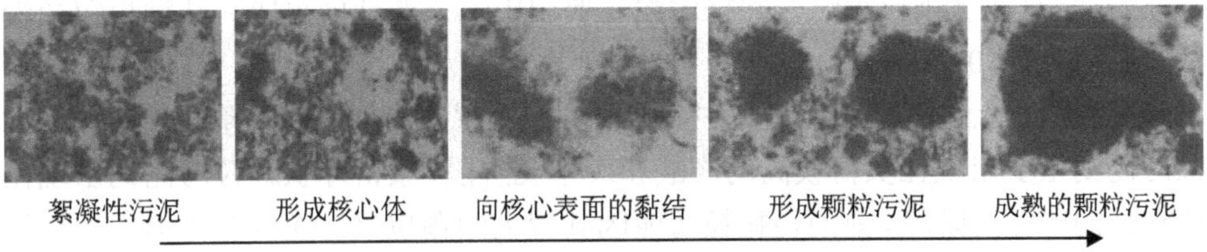

图 10-17　颗粒污泥的形成过程

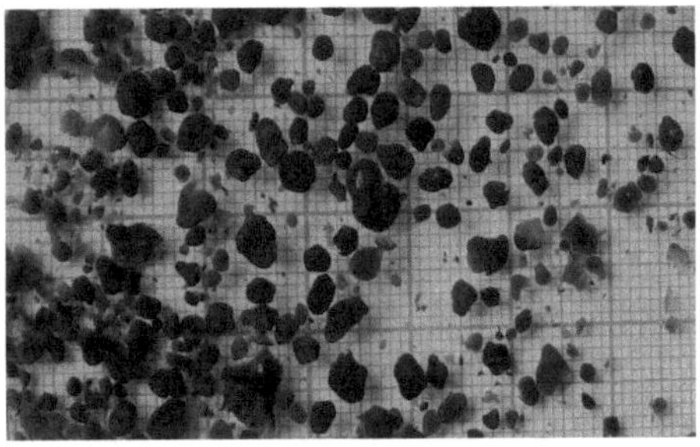

图 10-18　成熟颗粒污泥的外观

第三阶段为污泥床形成阶段。在此阶段内，反应器的有机负荷（COD_{Cr}）一般大于 5 kg/(m^3・d)。随有机负荷的不断提高，反应器内的污泥浓度逐步提高，颗粒污泥床的高度也相应增高。正常运行时，对易降解高浓度有机废水而言，此阶段内的有机负荷（COD_{Cr}）可逐渐增加至 30～50 kg/(m^3・d)或更高。通常，当接种污泥充足且操作条件控制得当时，形成具有一定高度的颗粒污泥床需要 3～4 个月的时间。图 10-17 所示为颗粒污泥的形成过程，图 10-18 所示为成熟的颗粒污泥的外观。

10.4.2 颗粒污泥的类型

UASB 反应器中的污泥一般有三种不同的存在形式，即絮凝状污泥、无载体的颗粒污泥和以载体为核心而形成的颗粒污泥。絮凝状污泥是在反应器运行过程中从污泥床中洗脱出来的较轻的污泥；无载体颗粒污泥是由那些比重较大的固体颗粒通过自身絮凝作用而在反应器中逐渐形成的；有载体颗粒污泥是通过污泥颗粒与随废水进入反应器的表面粗糙的悬浮粒子或人工投加的无机类物质（如 Ca^{2+}、Mg^{2+}和 Ba^{2+}）间的接触、附着生长而形成的。Hulshoff Pol 等把颗粒污泥的外观分为三种类型：

（1）球形颗粒污泥。此种污泥主要由杆状菌、丝状菌组成，因而也称之为“杆菌颗粒污泥”，颗粒粒径约 1～3mm；

（2）松散球形颗粒污泥。此种污泥主要由松散互卷的丝状菌组成，丝状菌附着在惰性粒子的表面，因而也称为“丝菌颗粒污泥”，颗粒粒径在 1～5mm；

（3）紧密球状颗粒污泥。此种污泥主要由甲烷八叠球菌组成，其颗粒粒径较小，一般为 0.1～0.5mm。

研究表明，上述三类颗粒污泥中，球形颗粒污泥多出现在产酸阶段，松散球形颗粒污泥则主要出现在负荷较高的产酸和产甲烷阶段，紧密球状颗粒污泥则出现在负荷较低的产甲烷阶段。前两种颗粒污泥因其较大的颗粒尺寸而具有比第三种颗粒更好的沉降性能。虽然甲烷八叠球菌的产甲烷活性比较高，但因其颗粒较小，故使反应器所能承受的负荷不如前面两种高。有研究表明，在同样容积的反应器中，“丝菌颗粒污泥”的数量是甲烷八叠球菌污泥的 4～6 倍，而且前者具有更强的附着能力，因而较易颗粒化。

10.4.3 颗粒污泥的性质

10.4.3.1 颗粒污泥的物理性能

厌氧颗粒污泥外观并不十分规则，但一般呈球形或椭球形，其颜色呈灰黑或褐黑色，肉眼可观察到颗粒的表面包裹着灰白色的生物膜。颗粒污泥的相对密度一般为 1.01～1.08 左右，粒径为 0.5～3mm（最大可达 5mm），污泥（SS）指数（SVI）一般在 10～20ml/g 之间（与颗粒的大小有关），沉降速度多在 5～10mm/s 之间。

10.4.3.2 颗粒污泥的化学组成

成熟颗粒污泥的 VSS/SS 值一般为 70%～80%，通常含有如碳酸钙等无机盐晶体以及纤维、砂粒等，还含有多种金属离子。颗粒污泥中的碳、氢、氮的含量大致分别为 40%～50%、7%和 10%左右。颗粒污泥中的无机成分主要是钙、铁和钾等无机化合物。随废水性质的不同，其无机物含量可达 10%～50%。表 10-7 所列为周琪教授所测定的采用 UASB 处理生活污水时，颗粒污泥中的金属元素含量。

表 10-7 UASB 处理生活污水时，颗粒污泥中的金属元素含量

元素	Fe	Co	Ni	Cu	Zn	Ca	Mo
范围	5.53～6.04	0.06～0.08	0.22～0.24	0.5～0.65	0.92～0.95	7.05～7.2	0.05～0.06

10.4.3.3 颗粒污泥的微生物组成

UASB 反应器颗粒污泥中主要存在产酸菌、互营菌和产甲烷菌等三大类。一般认为，颗粒污泥中的三类微生物的数量远高于接种絮凝性污泥，其中发酵菌增长了 3 个数量级，产氢产酸菌增长了 4 个数量级，产甲烷菌增长了 4～5 个数量级，其中以产甲烷的增长最为显著，因而颗粒污泥的产甲烷活性要远高于絮凝性污泥。

目前，已被鉴定的 UASB 反应器颗粒污泥中的产甲烷微生物主要包括甲烷杆菌属（*Methanobrevibacter spp.*）、产甲烷螺菌属（*Methanospirillum spp.*）、甲烷毛状菌属（*Methanosaeta spp.*，即甲烷丝状菌属 *Methanothrix spp.*）、甲烷八叠球菌属（*Methanosarcina spp.*）等，已鉴定的互营菌主要有杆菌属（*Syntrophobacter spp.*）、单胞细菌属（*Syntrophomonas spp.*）等。

Methanosarcina 和 *Methanosaeta* 是颗粒污泥中重要的乙酸裂解产甲烷菌属，一般生长在粒径为 1～3mm 的颗粒污泥中。其中 *Methanosaeta* 为丝状菌，已知只能以乙酸为基质，虽 *Methanosarcina* 在乙酸存在的环境中比 *Methanosaeta* 具有更高的生长速率，但由于 *Methanosaeta* 对乙酸的饱和常数（K_s）远低于（低 5～10 倍）*Methanosarcina*，因而在乙酸浓度较低时，利于 *Methanosaeta* 的生长而成为优势微生物种群，并利于形成其占优势的颗粒污泥。研究表明，*Methanosaeta spp.*在 UASB 反应器颗粒污泥的形成过程中具有重要的作用，它们的丝状结构可在颗粒污泥内部起类似网络的作用而将其他微生物连接到一起，不仅利于颗粒的形成，也提高了颗粒污泥结构的稳定性（见图 2-22）。

采用透射电镜对颗粒污泥内部微生物的观察可发现大量的互营小菌落（图 10-19），其中有丙酸降解菌（*Syntrophobacter*）和丁酸降解菌（*Syntrophomonas*）以及乙醇降解菌（*Pelobacter*）等。

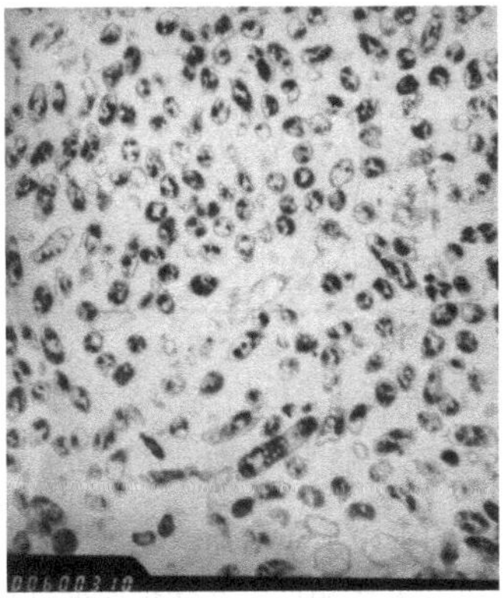

图 10-19　颗粒污泥的透射电镜照片

10.4.3.4 颗粒污泥中微生物的分布

一般认为，当处理以含碳有机物为主的废水时，UASB 反应器颗粒污泥中各类微生物具有较为明显的空间分布特征。在颗粒污泥的外部，水解和产酸菌常占优势，而在颗粒污泥的内部，则以 *Methanosaeta spp.*占优势，中间区域则以互营菌为主。对于粒径较大的颗粒污泥，由于基质传递的限制，位于中心位置的微生物常因得不到足够的营养而活性较低，甚至死亡，这可能是颗粒污泥中心常出现“空洞”及其颗粒尺寸难以进一步增大的原因。图 10-20 所示为 Guiot 等于 1992 年提出的以葡萄糖为基质培养的颗粒污泥中微生物的空间序列以及基质和反应产物扩散的结构模型。

UASB 反应器中的颗粒污泥比絮凝性污泥具有更高的产甲烷活性。其比产甲烷活性（SMA—Specific Methanogenic Activity）常用最大比产甲烷速率（μ_{maxCH_4}）和最大比 COD_{Cr} 去除速率（$\mu_{maxCOD_{Cr}}$）表示。在中温条件下，颗粒污泥的 SMA 一般为 10～42mmolCH_4/gVSS·d。国内处理啤酒废水的研究表明，颗粒污泥（VSS）的 μ_{maxCH_4} 和 $\mu_{maxCOD_{Cr}}$ 分别为 14.33 ml/(g·d)和 1.23 g/(g·d)。

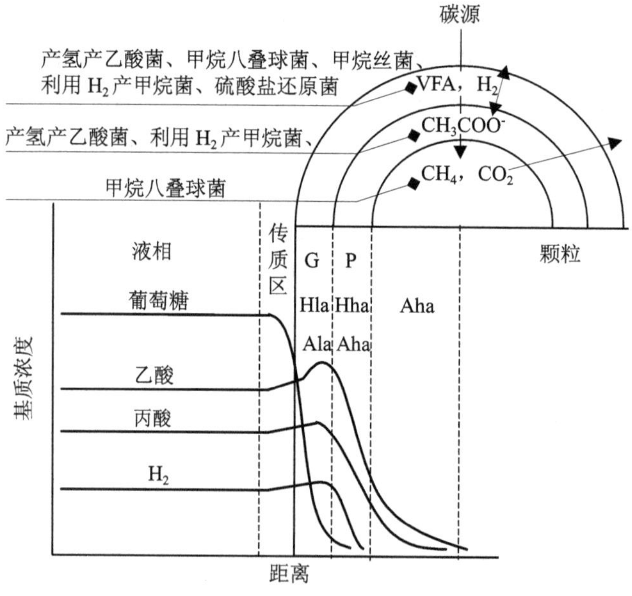

G—活性葡萄糖利用；P—活性丙酸利用；Hha—活性氢利用（高亲和力）；Hla—活性氢利用（低亲和力）；Aha—活性乙酸利用（高亲和力）；Ala—活性乙酸利用（低亲和力）

图 10-20 以葡萄糖为基质培养的颗粒污泥中微生物的空间序列以及基质和反应产物扩散的结构模型

10.4.3.5 颗粒污泥的沉降速度

颗粒污泥的沉降过程整体上属于拥挤沉降。据报道，颗粒污泥的沉降速度范围为 18～100m/h，一般为 18～50m/h。当颗粒污泥的沉降速度小于 20m/h 时，一般认为其沉降性能较差，而当其沉降速度大于 50m/h 时，则其沉降性能良好。研究表明，当颗粒污泥的粒径为 0.1mm 时，其单个颗粒的自由沉降速度可达 2m/h。因而，若 UASB 反应器中的污泥均实现颗粒化，则污泥可有效地被截留在反应器中。

10.5 UASB 反应器的运行控制

UASB 反应器和其他厌氧处理工艺一样，在实际运行中必须对有关的操作和运转条件加以严格地控制。由于 UASB 反应器的运行效能与污泥的颗粒化及其特性等有密切的关系，而影响污泥颗粒化及处理效能的因素很多，其中包括接种污泥的性质及数量、进水水质（有机基质浓度及种类、营养比、悬浮固体含量、有毒有害物质）、反应器运行工况条件（处理负荷，包括水力负荷、污泥负荷、反应器温度、pH 值与碱度、挥发酸含量）等。

10.5.1 进水基质类型及营养比的控制

为满足厌氧微生物的营养要求，运行过程中需保证一定比例的营养物数量。运行中主要控制厌氧反应器中的 C∶N∶P 比例。一般而言，处理含有天然有机物的废水时，营养物可不用调节。如在处理化工废水时，则必须严格控制上述营养比例，一般应控制在 C∶N∶P 在 250∶5∶1 为宜。在反应器启动时，稍加一些氮素有利于微生物的生长繁殖。研究表明，对未经酸化的废水培养颗粒污泥时，其所需启动时间要比主要由挥发酸为基质组成的废水短。如北京环境保护科学研究所在进行醋酸生产废水的 UASB 反应器处理启动运行时，加入了一定量的生活污水；在进行对苯二甲酸废水的中试研究时，加入适量的淀粉，这些对反应器的启动和运转都是十分有利的。Lettinga 等指出，低浓度废水中污泥的絮凝和结构团粒化作用比较迅速，这可能是由于低的进水浓度可避免有毒物质的积累，进水量大可加强对反应器底部的搅拌作用，从而加强系统的水力冲刷作用，但有关机理仍在探索之中。UASB 反应器启动时，一般宜将进水的 COD_{Cr} 质量浓度控制在 4 000～5 000mg/L，对浓度过高的废水宜进行适当的稀释，也可以采用脉冲进水的方式或采取回流的方式来强化反应器底部的搅拌作用。

表 10-8 不同物质对厌氧微生物的刺激浓度及其作用

物质种类	刺激浓度/（mg/L）	作　用
纤维素酶		提高产气量 1.4～1.6 倍
稀土元素	5	提高产气量 17%以上
Na^+	100～200	刺激发酵过程
K^+	200～400	刺激发酵过程
Ca^{2+}	100～200	刺激发酵过程，利于污泥沉降
Mg^{2+}	75～150	刺激发酵过程，利于污泥沉降
Li^+	10～200	刺激发酵过程
活性碳粉	500～4 000	提高产气量
甲醇	0.25%～0.5%	提高产气量
醋酸钠	0.25%～0.5%	提高产气量
吐温	0.001%	提高产气量 40%

此外，厌氧处理过程中，有些物质在低浓度时对厌氧微生物有刺激作用，能促进有机物的分解并提高甲烷产率。表 10-8 列出了不同物质对厌氧微生物的刺激性浓度及其主要作用。但在实际运行过程中必须注意对这些物质的浓度控制，如浓度过高则会适得其反。例如，Ca^{2+}在一定浓度范围内时，有利于颗粒污泥的形成、厌氧发酵过程并可改善污泥的沉降性能，但当其浓度过高时则会导致污泥活性的下降及污泥颗粒过重而影响混合效果。Lettinga 等对不同 Ca^{2+}和 Mg^{2+}浓度下对污泥的沉降性能的研究亦表明了这一点。

10.5.2 进水中 SS 的控制

如前所述，UASB 反应器运行过程中，需对其进水中悬浮固体（SS）的浓度进行合理的控制。对处于启动运行阶段、尚未实现有效污泥颗粒化的情形而言，其进水中的 SS 一般应控制在 2 000mg/L 以下，而对已颗粒化的 UASB 而言，其进水中的 SS 一般应控制在 4 000～5 000mg/L 以下。进水中过高的 SS 进入 UASB 反应器，一方面不利于颗粒污泥与进水中有机污染物的充分接触而影响产气量；另一方面容易造成反应器的堵塞。此外，进水中 SS 的种类也对颗粒污泥的形成有较大的影响。一般而言，高浓度的惰性分散固体（如黏土等）不利于颗粒污泥的形成。对低浓度废水而言，其废水中的 SS/COD_{Cr} 的典型值为 0.5，一般不影响 UASB 的处理效果，但应注意若废水的 COD_{Cr} 偏低，则也不利于反应器的正常运行（如因产气少而影响反应器的混合等）。对于高浓度有机废水而言，一般应将 SS/COD_{Cr} 的比值控制在 0.5 以下。

10.5.3 有毒有害物的控制

10.5.3.1 NH_3—N 的控制

NH_3—N 浓度的高低对厌氧微生物将产生两种不同的影响。当其质量浓度在 50～200mg/L 时，对反应器中的厌氧微生物有刺激作用；质量浓度在 1 500～3 000 mg/L 时，将对微生物产生明显的抑制作用。一般宜将其质量浓度控制在 1 000 mg/L 以下。

10.5.3.2 SO_4^{2-}的控制

UASB 反应器中的 SO_4^{2-}质量浓度不应大于 5 000mg/L。Lettinga 等认为，在 UASB 反应器的运行过程中，其进水中的 COD_{Cr}/SO_4^{2-}比值应大于 10。由于 SO_4^{2-}在硫酸盐还原菌的作用下会转化为硫化氢（H_2S），而未离解态的硫化氢具有很大的毒性，因而当硫化物的质量浓度在 100mg/L 以上时便可产生抑制作用。当 COD_{Cr}与硫酸盐离子的比值（COD_{Cr}/SO_4^{2-}）在 10 以上时，因 COD_{Cr}含量相对较高、产气量较大而可借助于产生的沼气将 SO_4^{2-}还原过程中产生的 H_2S 加以气提，使得消化液中的 H_2S 质量浓度维持在 100mg/L 以下而不至于造成对反应过程的抑制作用。需要特别强调的是硫酸盐存在于许多污水中。硫酸盐存在时，硫酸盐还原菌与甲烷菌竞争氢原子所产生的 H_2S 除产生恶臭和腐蚀作用外，对细菌有很大的毒性。

表 10-9 几种有机毒物抑制 50%产甲烷作用的临界质量浓度

有毒物名称	临界质量浓度/(mg/L)	
	50%抑制乙酸产甲烷	50%抑制丙酸产甲烷
苯酚	1 500～3 000	1 500～3 000
对苯酚	750～2 500	750～1 250
邻苯酚	2 000～4 000	2 000～4 000
吡啶	5 000～11 000	5 000～8 000
1-萘酚	100～700	600～700
苯胺	5 000～7 000	5 000～6 000

10.5.3.3 其他有毒物的控制

影响 UASB 反应器正常运行的有毒物，除上述几种外，还须对其他有毒物质加以控制。这些有毒物主要是重金属、碱土金属、三氯甲烷、氰化物、酚类、硝酸盐和氯气等。如所处理的废水中含有以上物质，则必须考虑对废水进行必要的预处理。有机毒物的种类不同，对处理过程的抑制形式及抑制浓度也不尽相同，但有机毒物主要是对产甲烷过程有影响。表 10-9 所列为几种有机毒物抑制 50%产甲烷作用的临界浓度值。

10.5.4 碱度和 VFA 浓度的控制

10.5.4.1 碱度（HCO_3^-）的控制

操作合理的反应器中的碱度一般应控制在 2 000～4 000mg/L 之间，正常范围为 1 000～5 000mg/L。如反应器中的碱度不够，则会因缓冲能力不够而使反应器内消化液的 pH 值降低，但碱度过高，又会导致 pH 值过高，由此将影响反应器中微生物功能的正常发挥。

10.5.4.2 VFA 的控制

在 UASB 反应器中，由于 NH_4^+—N 和 HCO_3^-缓冲物质的存在，仅根据反应器的 pH 值难以判断反应器中 VFA 的累积情况，而 VFA 的过量积累将直接影响产甲烷菌的活性和产气量（处理效果）。研究表明，VFA 的安全浓度应控制在 2 000mg/L（以 HAc 计）以内。当 VFA 的质量浓度小于 200mg/L 时一般是最好的。一般而言，反应器的处理效率越高、缓冲能力越强，则所允许的 VFA 浓度亦越高。

10.5.5 沼气产量及其组分

厌氧反应过程中的沼气产量及其组分的变化直接反映了处理工艺的运行状态。可以根据甲烷气体的氧当量来计算厌氧处理过程中产生的甲烷气体量。1mol（16g）的甲烷相当于 64gCOD_{Cr}。据此计算可得到每氧化 1 g COD_{Cr}或 BOD_5 可产生 0.35L 的 CH_4。但在实际废水的处理过程中，产气量还受到进水中 COD_{Cr} 浓度的影响。COD_{Cr}浓度越低，单位重量有机物的产气率越高，其主要原因是甲烷溶解于水中的量在不同的产气量情况下是不一样的。如当进水 COD_{Cr}为 2 000mg/L 时，每去除 1 kg COD_{Cr}所产生的甲烷有 21L 溶于水中；而当进水 COD_{Cr}为 1 000mg/L 时，每去除 1 kg COD_{Cr}就有 42L 甲烷溶于水中。甲烷在水中的溶解度受沼气中甲烷含量的影响，甲烷含量越大，其溶解度也越大。因此，在实际工程中，高浓度有机废水的产气率能接近理论值，而低浓度有机废水则一般低于理论值。

当反应器处于稳态运行时，沼气中的 CH_4 含量和 CO_2 的含量也是基本稳定的。其中甲烷的含量一般为 65%～75%，二氧化碳的含量为 20%～30%。沼气中的氢（H_2）含量一般测不出，如其含量较多，则说明反应器的运行不正常。当沼气中含有 H_2S 气体时，反应器将受到严重的抑制而使甲烷和二氧化碳的含量大大降低。

10.5.6 UASB 反应器的容积、封盖及维护

从理论上来讲，UASB 反应器没有最大容积的限制，但当单个反应器的容积超过 1 500m^3 时，其建造、运行管理、进水系统的布置及反应器的启动都将变得比较麻烦。因此，如果反应器的总容积超过 1 500m^3 时，建议建造几个平行的单元，使每个单元的最大容积限制在 1 000～1 500m^3 之内。此外，为了管理方便起见，UASB 反应器的沉淀区不宜封闭，而只将气体收集部分封闭，这样还可降低造价。但当出现不良气味（通常是由硫化氢引起的）时，亦可将其封闭。UASB 反应器应装有检修口，以便及时地清除反应器中积累的砂、渣壳等无机物质。集气罩应装有检修口，以便在不移动集气罩的情况下清除浮渣层。

10.6 UASB 反应器的应用

UASB 反应器处理工艺是目前研究较多、应用广泛的新型污水厌氧生物处理工艺，它具有其他厌氧处理工艺（厌氧流化床、厌氧滤池）难以比拟的优点，不仅可实现污泥的颗粒化，使生物固体的停留时间可长达 100d，而且使气、固、液的分离实现了一体化。该工艺具有很高的处理能力和处理效率，尤其适用于各种高浓度有机废水的处理。

目前，UASB 反应器已经应用于多种类型的废水处理，如农产品加工废水、饮料加工废水、食品加工废水、煤油加工废水、制糖废水、制酒废水、屠宰废水、造纸废水、生活污水等。国外已有近千座生产性规模的 UASB 反应器应用于不同废水的处理，国内也已有数百座投入生产性运行。目前，对低浓度废水的试验研究亦表明，UASB 反应器亦有良好的处理效果。表 10-10 所列为部分 UASB 在处理不同种类废水中的运行情况。

但在 UASB 反应器工艺的应用过程中，仍存在一些目前尚难以解决的问题或不足，如三相分离器尚没有一个成熟的设计方法、对含有高浓度悬浮固体的废水需要考虑 SS 的预处理问题等。此外，污泥的颗粒化对工艺要求比较严格，并受多种运行和操作条件的影响。

对此，以荷兰 Delft 科技大学 Lettinga 教授等为代表的研究人员，在对 UASB 反应器工艺深入研究的基础上，通过对其三相分离器、污泥颗粒化条件、水力流态以及对进水中 SS 的适应性等各方面的改进，进一步开发了 IC 和 EGSB 等第三代新型厌氧处理工艺，进一步拓展了 UASB 反应器工艺的发展及其在不同废水处理中的推广应用。

表 10-10 UASB 在处理不同种类废水中的应用

废水类型	容积负荷（COD_{Cr}）/ ($kg/(m^3 \cdot d)$)	HRT/h	温度/℃	去除率/%	反应器容积/m^3
牛奶废水	7.5	6	—	88	400
土豆加工废水	3.0	21.2	35	85	2 200
纸板废水	6.6	2.5	30	75.6	1 000
甜菜制糖废水	20.7	5.6	35	82	1 800
土豆淀粉废水	—	20	35	87	5 000
香槟酒废水	15	6.8	30	91	—
造纸废水	4.4～5	5.5	28	75～83	2 200
制糖废水	22.5	6	30	94	—
酒糟废液	3.0	10d	55	96.5	2×5 000
酒糟废液	10	3 d	50～55	90	2×3 000
啤酒废水	7～12	5～6	25	75～93	8×250
酒精对二甲苯（PTA）废水	3.6	1.7 d	36±2	71～85	5×600
制药废水	13.1	24	40～45	90	1 320
柠檬酸废水	6～12.5	38～49	36～40	85～92	4×200

10.7 IC 反应器及其应用

内循环（IC—Internal Circulation）厌氧反应器是荷兰 Paques BV 公司于 1985 年在 UASB 反应器的基础上开发的新型高效厌氧反应器工艺。该工艺是为克服 UASB 反应器所存在的在处理中低浓度（COD_{Cr}在 1 500～2 000mg/L 以下）废水时，为利于污泥颗粒化而控制较高的上升流速以及在处理高浓度废水时因较高的负荷及大量产气所造成的污泥流失的问题而研究开发的。因而，IC 反应器不仅更适宜于中、低浓度废水的处理，同时在处理高浓度废水时，其运行负荷及处理能力将比 UASB 更高。

10.7.1 IC 反应器的基本构造及工作原理

IC 反应器的基本构造及工作原理如图 10-21 所示。图 10-22 所示为 IC 的两种不同内部构造立体。其显著的构造特点是具有较大的高径比（一般为 4～8），高度可达 16～25m。IC 反应器实际上是由上下两个 UASB（即第二反应室和第一反应室）一体化组合而成。底部为高负荷运行的第一反应室，上部为低负荷运行的第二反应室。第一反应室的集气罩装有气提管，并通至位于 IC 顶部的气液分离室，气液分离室底部则设有一通至 IC 底部的回流管。总体上，IC 反应器由混合（进水布水）、主处理（第一反应室）、精处理（第二反应室）和回流等四个部分组成。

运行过程中，进水由反应器底部进入第一反应室，并通过布水系统使其与由颗粒污泥组成的污泥床均匀混合，废水中的大部分有机底物在此得到降解并转化为沼气。所产生的沼气由集气罩收集后经气提管上升至气液分离室。在沼气的上升过程中，同时把第一反应室的混合液提升至气液分离室，经分离后的沼气由顶部管道排出反应器，而分离后的泥水混合液则经气液分离室底部的回流管返回至第一反应室，并与底部污泥床及进水充分混合，实现了第一反应室混合液的内部循环。IC 反应器亦因此而得名。循环的结果不仅使第一反应室内具有高浓度的生物量，同时可使该室内的颗粒污泥完全达到流化状态，大大提高了其传质和反应速率，实现对有机物的高效去除。由于第一反应室承担废水中大部分有机物的去除功能，因而亦称其为主反应区。

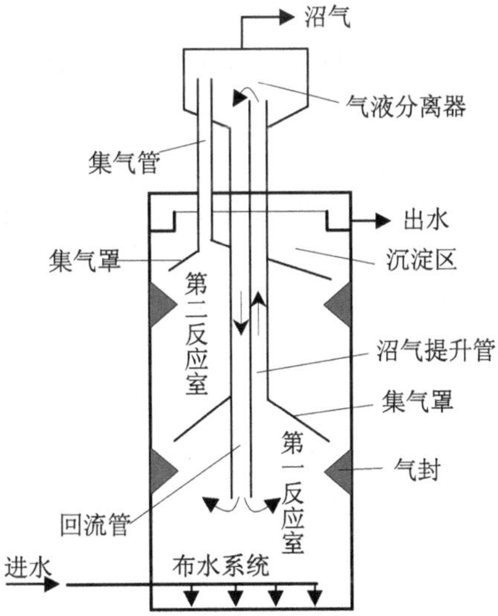

图 10-21 IC 反应器的基本构造及工作原理

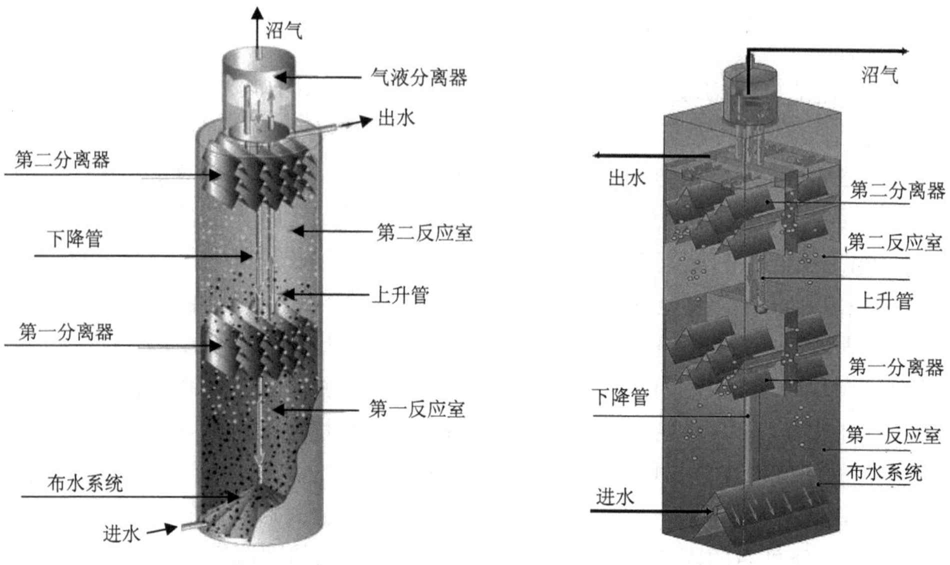

图 10-22 IC 反应器的两种不同内部构造立体

由于 IC 反应器的水流整体上与 UASB 反应器一致，均为升流式，因而经第一反应室处理后的混合液继续上升至第二反应室（上升流速为 2～10m/h），废水中剩余的有机底物在此得到进一步的处理（精处理）。处理过程中所产生的沼气由集气罩收集后经集气管进入气液分离室。其泥水混合液在沉淀分离室内进行泥水分离，其上清液经集水堰（槽）排出反应器，分离后的污泥则自动返回第二反应室。

由上述 IC 反应器的工作原理可知，其上下重叠的两个 UASB 反应器中，位于底部的 UASB 不仅承担去除有机底物的主要功能，同时将其产生的沼气作为其混合液内循环回流提升的内动力，使废水得到强化预处理。而位于上部的第二反应室则起精处理的功能，使废水最终实现处理目标。

10.7.2 IC 反应器的运行特性

与 UASB 反应器相比，IC 反应器在其处理效能、运行稳定性、颗粒污泥特性等方面具有一系列的优良特点。1994 年，Pereboom 等通过对应用于不同废水处理的生产性规模 IC 与 UASB 反应器装置的各项运行参数的测定和分析比较（表 10-11），认为该工艺不仅具有更强的处理效能，而且具有更强的抗冲击负荷能力，其污泥活性更高。

表 10-11 IC 反应器与 UASB 反应器的运行参数比较

工艺指标	反应器类型及参数					
	UASB	UASB	IC	IC	UASB	IC
废水类型	造纸	啤酒	啤酒	啤酒	土豆加工	土豆加工
反应器容积/m^3	2 200	1 400	50	6×162	2×1 700	100
反应器高度/m	5.5	6.4	22	20	5.5	15
COD_{Cr}容积负荷/(kg/(m^3 • d))	5.7	6.8	20	24	10	48
COD_{Cr}污泥（VSS）负荷/(kg/(kg • d))	0.1	0.2	0.7	0.96	0.35	1.3
容积产气率/(m^3/(m^3 •d))	1.4	2.0	5.5	—	3.0	—
温度/℃	25	23	24～28	31	—	—
进水 COD_{Cr}/（mg/L）	1 300	1 700	1 600	2 000	12 000	6 000～8 000
进水 SS/（mg/L）	30～100	200～300	400～600	300～500	1 000～1 600	—
出水 COD_{Cr}/（mg/L）	400	300	240	400	600	1 000
出水 SS/（mg/L）	80	200～800	—	400～500	300	1 100
COD_{Cr}去除率/%	70	80	85	80	95	85
TSS/（g/L）	80	73	60	52	50	55
污泥灰分	0.26	0.20	0.13	0.15	0.20	0.13
颗粒污泥最大粒径/mm	3.43	3.42	3.14	3.22	3.38	3.57
颗粒污泥平均粒径/mm	0.83	0.60	0.84	0.66	0.51	0.87
污泥密度/（g/L）	1.065	1.054	1.057	1.041	1.039	1.043
污泥活性（COD_{Cr}/VSS）/(g/(g • d))	0.6	1.10	1.40	1.90	1.08	1.83
颗粒相对强度	1.00	0.83	0.32	0.51	0.71	0.53

10.7.2.1 IC 反应器的工艺特点

首先，IC 反应器通过其合理的构造设计及自身产气所实现的混合液内循环，大大强化了泥水的混合接触和传质效果，保证了第一反应室内高浓度的污泥量。同时，通过内循环，使其上升流速得到大大提高，可达 UASB 反应器的 20 倍左右（10～20m/h），因而其有机负荷远高于 UASB 反应器。由表 10-10 可知，IC 反应器的高度为 UASB 的 3～4 倍。

IC 反应器所需容积一般为 UASB 反应器的 1/3～1/4，同时由于其很大的高径比，其占地面积更小，更适用于用地紧张的场合。图 10-23 所示为 Paques BV 公司在荷兰 Brauerei Hasseroeder 建设的 Biopaq IC 反应器。

图 10-23 荷兰 Brauerei Hasseroeder 建设的 Biopaq IC 反应器

10.7.2.2 IC 反应器中颗粒污泥的特性

IC 反应器中颗粒污泥的粒径要略大于 UASB 反应器中的颗粒污泥。由表 10-10 可知，IC 反应器中颗粒污泥的平均粒径和最大粒径分别为 0.66～0.87mm 和 3.14～3.57mm，略大于 UASB 反应的 0.51～0.83mm 和 3.38～3.43mm，两者颗粒污泥的密度较为接近，但 IC 反应器中颗粒污泥的相对强度弱于 UASB 反应器中的颗粒污泥，以 UASB 反应器中颗粒污泥的相对强度为 100%计，则 IC 反应器中颗粒污泥的相对强度为 32%～53%，这是由于 IC 反应器的运行负荷远高于 UASB（如处理啤酒废水时，UASB 的 COD_{Cr} 容积负荷为 6.8kg/(m^3·d)，而 IC 为 20～24 kg/(m^3·d)；处理土豆加工废水时，UASB 的 COD_{Cr} 容积负荷为 10kg/(m^3·d)，而 IC 为 48 kg/(m^3·d)的缘故。此外，IC 反应器中颗粒污泥的灰分为 0.13～0.15，低于 UASB 的 0.2～0.26，表明 IC 反应器中颗粒污泥的有机成分含量更高，其活性亦更高。

10.7.3 IC 反应器内循环流量及提升高度的计算

10.7.3.1 循环流速的计算

借助于气、液、固混合液及其在气液分离后的密度差所形成的、通过其提升管和回流管间产生的、以沼气为循环动力的循环回流是 IC 反应器区别于 UASB 反应器及其他厌氧处理工艺的最大特点之一。因而，内循环的流量也是决定其运行效能的重要工艺设计和运行控制条件之一。目前，对 IC 反应器中内循环流量的计算尚未有通用的计算模式，大多根据 Chisti 等于 1988 年提出的气提反应器的水动力学原理，计算气提管内混合液的升流速度，并进行必要的修正后，得到 IC 反应器中气提管的混合液升流速度计算公式。沼气提升内循环回流的能量平衡基于这样的理论，即沼气气泡在上升过程中绝热膨胀所产生的能量与循环回流系统的能量消耗相等。据此，有以下表达式（式 10-10）：

$$E_i = E_R + E_D + E_B + E_T + E_F \tag{10-10}$$

式中：E_i——沼气绝热膨胀产生的能量，J；

E_R——升流管内气泡尾流消耗的能量，J；

E_D——回流管内气泡滞留消耗的能量，J；

E_B——流体在反应器底部损失的能量，J；

E_T——流体在反应器顶部损失的能量，J；

E_F——升流管和回流管内流体摩擦损失的能量，J。

为简化计算，可假定 IC 反应器中混合液的黏滞系数与水相同，属于牛顿低黏度液体，则 IC 反应器升流管和回流管内壁的摩擦损失相对于式（10-10）中的其他能量损失，可忽略不计。沼气绝热膨胀所产生的能量（E_i）可用下式（10-11）表示：

$$E_i = Q_g p_h \ln(1 + \frac{\rho_0 g h_D}{p_h}) \tag{10-11}$$

式中：Q_g——沼气流量，m^3/s；

p_h——反应器顶部空间压力，N/m^2；

ρ_0——气液分散体系密度，kg/m^3；

g——重力加速度，m/s^2；

h_D——气体扩散高度，m。

升流管内沼气气泡尾流引起的能量消耗 E_R，可以升流管内液体体积作控制条件，通过能量平衡建立如下关系（式 10-12）。同理可得到回流管内由沼气阻尼引起的能量损失（E_D），如式 10-14。

$$E_i = E_R - \underbrace{\rho_1 h_D (1-\varepsilon_r) u_{Lr} A_r}_{\text{压能损失}} + \underbrace{\rho_L g h_D u_{Lr} A_r}_{\text{势能获得}} \quad (10\text{-}12)$$

$$E_R = E_i - \rho_1 g h_D u_{Lr} A_r \varepsilon_r \quad (10\text{-}13)$$

$$E_D = \rho_1 g h_D u_{Ld} A_d \varepsilon_d \quad (10\text{-}14)$$

式中：ρ_1——液体密度，kg/m^3；

u_{Lr}——升流管内液体的表面流速，m/s；

A_r——升流管的截面积，m^2；

ε_r——升流管内的沼气含量，%。

u_{Ld}——回流管内液体的表面流速，m/s；

A_d——回升流管的截面积，m^2；

E_d——回流管内的沼气含量，%。

沼气提升过程中，IC 反应器底部和顶部的能量损失可按管流相同的方法计算（式 10-15），即：

$$E_T + E_B = \frac{1}{2}\rho_1[K_T Q^3{}_{Lr} A_r (1-\varepsilon_r) + K_B Q^3{}_{Ld} A_d (1-\varepsilon_d)] \quad (10\text{-}15)$$

$$Q_{Lr} = \frac{u_{Lr}}{1-\varepsilon_r} \quad (10\text{-}16)$$

$$Q_{Ld} = \frac{u_{Ld}}{1-\varepsilon_d} \quad (10\text{-}17)$$

式中：K_T——反应器顶部连续断面的阻力系数；

K_B——反应器底部连续断面的阻力系数；

Q_{Lr}——升流管的液体流量，m^3/s；

Q_{Ld}——回流管的液体流量，m^3/s；

其余同前。

根据升流管和回流管混合液流的连续方程（式 10-18），并将上述各式进行合并可得到升流管内混合液的表面流速表达式（式 10-19）。

$$A_r(1-\varepsilon_r)u_{Lr} = A_d(1-\varepsilon_d)u_{Ld} \quad (10\text{-}18)$$

$$u_{Lr}=\left[\frac{2gh_D(\varepsilon_r-\varepsilon_d)}{\frac{K_T}{(1-\varepsilon_r)}+K_B(\frac{A_r}{A_d})^2\frac{1}{(1-\varepsilon_d)^2}}\right]^{\frac{1}{2}} \quad (10\text{-}19)$$

上式（式 10-19）为简化条件下 IC 反应器中沼气提升升流管内混合液表面升流速度的一般表达式。但此式不能直接应用于 IC 反应器的水力计算，而应结合 IC 反应器的实际情况（见图 10-21）对上式进行修正，得到如下式 10-20。

$$u_{Lr}=\left[\frac{2gh_D(\varepsilon_r-\varepsilon_d)-\Delta h}{\frac{K_T}{(1-\varepsilon_r)}+K_B(\frac{A_r}{A_d})^2\frac{1}{(1-\varepsilon_d)^2}}\right]^{\frac{1}{2}} \quad (10\text{-}20)$$

式中：h_D——混合液升流高度，m；

Δh——升流管与回流管的液位差，m。

由上式可知，混合液回流循环的驱动力是升流管与回流管内的沼气含量差。由于升流管内沼气含量高、混合液密度小，而回流管内混合液沼气含量低、混合液密度大，二者存在密度差而使内循环的发生成为可能。在利用上式对 IC 反应器的内循环流量进行初步计算的过程中，尚需确定有关的常数（如 K_T、K_B 等），同时需确定升流管中沼气的含量（ε_r）。ε_r 可用下式 10-21 计算：

$$\varepsilon_r=\frac{u_{gr}}{0.24+1.35(u_{gr}+u_{Lr})^{0.93}} \quad (10\text{-}21)$$

式中：u_{gr}——升流管内沼气表面流速，m/s；

其余同前。

式 10-21 是在升流管直径为 0.15m、高为 10.5m 时得出的研究结果。当升流管内沼气表面流速为 0.07～3.5m/s 和表面液体流速为 0.3～2.7m/s 时，上述表达式适用于 IC 反应器升流管的计算。

此外，研究表明，IC 反应器中混合液循环流量（Q_w）与第一反应室中沼气的产量（Q_g）有密切的关系，随沼气流量的增大而增大，并与沼气流量呈对数关系。式 10-22 为国内对 IC 反应器的研究结果（供参考）。

$$Q_w=20.557\ln Q_g+9.3735 \quad (10\text{-}22)$$

10.7.3.2 提升高度的计算

为便于说明 IC 反应器内循环装置的工作原理，现将该装置简化为如图 10-24

所示简图。

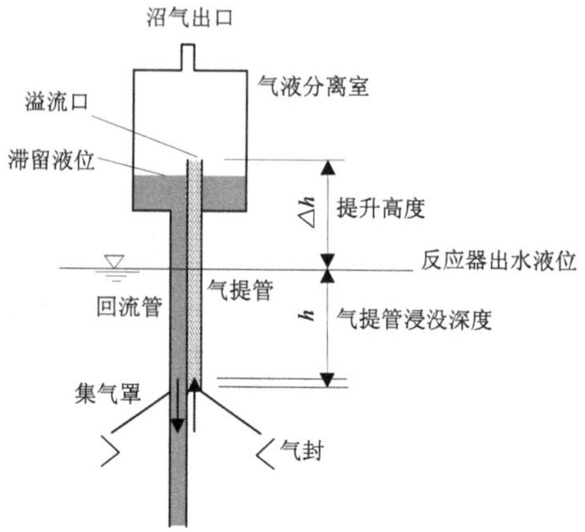

图 10-24 IC 反应器内循环装置简图

由图可见，当混合液进入气提管后，管内的气液混合液的比重低于回流管的液流，在高度为 h 的回流管内液柱的作用下，气提管内的液位将上升至 Δh 的高度。有如下平衡（式 10-23）：

$$\rho_1 h=\rho_0(\Delta h+h) \tag{10-23}$$

从理论上讲，只要满足 ρ_0（$\Delta h+h$）＜$\rho_1 h$ 的条件，混合液即可经气提管上升至 Δh 的高度，并可从其上端的溢流口溢出，其混合液中的沼气在气液分离室内分离后，则在其高位势能（重力）的作用下进入回流管而实现内循环。因而只要沼气不断地恒量产生，这种循环将持续进行。并由此可确定循环提升高度（Δh）所需满足的条件。

要实现持续稳定的内循环回流，必须注意以下问题：①式 10-23 为理想条件下的平衡式，其实现循环的条件中未考虑循环路径中所产生的阻力。②稳定持续循环与混合液的密度（即气液分散体系密度 ρ_0）有密切的关系。而 ρ_0 与反应器第一反应室的产气量有直接的联系。龚钢明等的研究表明，当产气量过高或过低时均将影响内循环的持续进行。气量过低时，循环速率较低，沼气气泡上升速度大于液流速度而提前从混合液中溢出，从而不能形成内循环；气量过高时，由于大量的气泡将快速合并成大气泡而将阵发性地从气提管中快速冲溢而出，从而将形成间断性循环。因而，需根据所处理废水的特性及处理效果，在确定沼气产量的前提下，合理确定提升高度（Δh）及气提管的浸没深度（h），同时应合理控制循环流量（即合理确定气提管的管径）。③气提管直径的确定是内循环装置设计中的一个重要内容。适宜的管径对于保持稳定持续的循环至关重要。研究表明，当气提管的直径合适时，可有效地缓解产气量变化对循环的影响。合适的气提管直径有利于将其管内气液混

合液的 ρ_0 控制在一定范围内，而利于循环的连续进行。此外，气提管的浸没深度增大，循环量将随之增加，或其“气提比”（单位体积沼气所提升的混合液的体积，m^3/m^3）将提高。

目前，尚无提升高度的具体计算模式，仍需通过对不同的情况经试验进行合理的确定。

10.7.4 IC 反应器中有机物的降解动力学

如前所述，IC 反应器为两个 UASB 以串联方式组合、并通过内循环方式实现回流的高效厌氧反应器工艺。因而其对有机污染的降解可分别对上下两个反应室内生物转化过程的动力学进行建模。当应用于处理高浓度有机废水时，上下两个反应室均将处于完全混合的水流状态，因而可按 CSTR 模式、根据 Monod 方程进行计算；当应用于处理中、低浓度有机废水时，则将第一反应室按 CSTR 模式建立动力学关系式，而第二反应室则可按推流（PF）模式建立动力学关系式。

IC 反应器的实际运行状态是比较复杂的，为便于建立其对有机物的降解动力学模式，除上述分析和规定外，须作以下假定：①进入反应器的基质在第一反应室处于完全混合状态，进入第二反应室则以推流方式运行；②反应器进水中不含微生物，且反应器进水中的所有可生物降解有机物均为溶解性的；③污泥对有机物的降解速率及其增长速率均为一级反应；④内循环混合液中基质在回流管内不发生有机物的降解；⑤反应器各反应室内污泥浓度均匀一致，并在稳态条件下运行。据此，可画出如图 10-25 所示 IC 反应器中的基质变化过程模型。

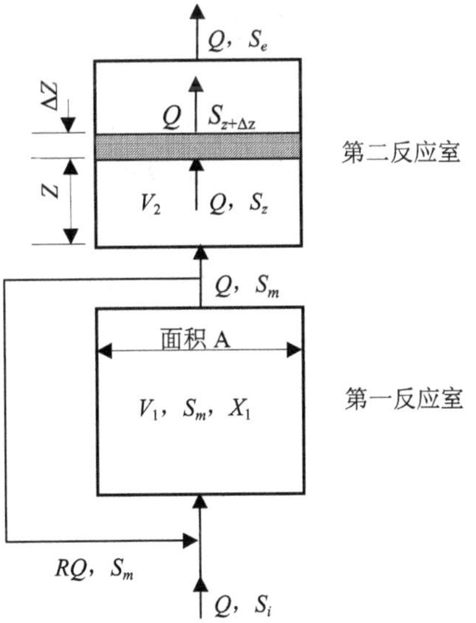

图 10-25 IC 反应器中基质变化模型

根据上述假定及图 10-25 所示 IC 反应器中的基质变化过程模型，可分别对第一反应室和第二反应室的有机物降解动力学建模。其中第一反应室的有机物降解过程可通过物料衡算表示为式 10-24。同时，第二反应室的有机物降解同样可由推流模式推导得式 10-25，并由此可得到 IC 反应器的统一动力学模式（式 10-26）。

$$\frac{S_m}{S_i}=\frac{1}{1+k_1X_1(t_1+\frac{V_1}{Q+Q/R})} \tag{10-24}$$

$$S_e=S_m\exp(-k_2t_2) \tag{10-25}$$

$$S_e=\frac{S_i}{1+k_1X_1(t_1+\frac{V_1}{Q+Q/R})}\exp(-k_2t_2) \tag{10-26}$$

式中：t_1——第一反应室的水力停留时间，h；

t_2——第二反应室的水力停留时间，h；

S_0——反应器进水 COD_{Cr} 质量浓度，mg/L；

S_m——混合液由第一反应室进入第二反应室时的 COD_{Cr} 质量浓度，mg/L；

S_e——反应器出水 COD_{Cr} 质量浓度，mg/L；

R——第一反应室的内循环回流比，%；

V_1——第一反应室的有效容积，m^3；

X_1——第一反应室的污泥质量浓度（MLVSS），mg/L；

k_1——第一反应室的有机物降解速率（COD_{Cr}/MLVSS）常数，kg/(kg • d)；

k_2——第二反应室的有机物降解速率（COD_{Cr}/MLVSS）常数，kg/(kg • d)。

以下为江南大学应用 IC 反应器处理进水 COD_{Cr} 质量浓度为 700～2 500mg/L 的废水时，对第一和第二反应室建立的动力学模式。其中第一反应室按 CSTR 建模，第二反应室按 PF 建模。

$$t_1=0.454\,6\times\frac{S_0-S_m}{S_m}-0.097 \tag{10-27}$$

$$t_2=0.829\,7\ln\frac{S_m}{S_e}-0.250\,3 \tag{10-28}$$

研究表明，第一反应室的反应速率（COD_{Cr}/MLVSS）常数 k_1=2.2 kg/(kg • h)，第二反应室的反应速率（COD_{Cr}/MLVSS）常数 k_2=1.205 kg/(kg • h)。可见，第一反应室对有机物的降解速率明显快于第二反应室，前者具有比后者更强的处理能力。

10.7.5 IC 反应器的应用

自 1985 年荷兰 Paques BV 公司建设第一座 IC 中试反应器、1989 年在荷兰的 Den Bdsch 建设第一座用于处理啤酒废水的生产性规模的 IC 反应器(容积为 970m^3，进水容积负荷（COD_{Cr}）为 20.4kg/(m^3·d)、高 22m）以来，该工艺已成功地应用于啤酒废水、造纸废水及食品加工废水等的处理，并已建成近 200 座 IC 反应器，我国也已有 10 余座投入生产性运行。

目前，IC 反应器在啤酒工业废水处理中应用最为广泛。如荷兰 Wezep 建成的两座容积分别为 100m^3 和 130m^3 的 IC 反应器，其进水容积负荷（COD_{Cr}）高达 36.5kg/(m^3·d)。1996 年，我国沈阳华润雪花啤酒有限公司首次从 Paques BV 公司引进 IC 反应器技术，应用于啤酒废水的处理。该反应器高 16m，有效容积 70 m^3，日处理啤酒废水 400 m^3，进水容积负荷（COD_{Cr}）高达 25～30kg/(m^3·d)，COD_{Cr} 去除率稳定在 80%。表 10-12 所列为国内部分采用 IC 反应器处理啤酒废水的运行情况与采用 UASB 反应器的比较。

表 10-12 国内部分应用 IC 反应器处理啤酒废水的运行情况与采用 UASB 反应器的比较

参数	企业名称		
	沈阳华润雪花啤酒有限公司	上海富士达啤酒厂	北京啤酒厂
反应器类型	IC	IC	UASB
反应器容积/m^3	70	400	2 000
反应器高度/m	16	20.5	—
进水 COD_{Cr}/（mg/L）	4 300	2 000	2 000
进水 SS/（mg/L）	290	100～600	500
COD_{Cr} 容积负荷/(kg/(m^3·d))	25～30	15	4.3
HRT/h	4.2	2	11.2
COD_{Cr} 去除率/%	80	—	>80
温度/℃	中温	—	常温

IC 反应器除应用于啤酒废水处理外，在造纸废水、柠檬酸废水、土豆加工、菊苣加工废水等的处理中亦已有日趋增多的应用。表 10-13 所列为国内外部分采用 IC 反应器处理上述不同废水的运行情况。

表 10-13 IC 反应器应用于处理不同废水的运行情况

企业名称	反应器容积/m^3	反应器高度/m	进水 COD_{Cr}/（mg/L）	COD_{Cr}容积负荷/(kg/(m^3·d))	HRT/h	COD_{Cr}去除率/%
荷兰某土豆加工厂	100	15	6 000～8 000	48	4	85
荷兰 Roosendaal 菊苣加工厂	1 100	22	7 900	31	6.1	>80
法国 Sical 纸厂	100	16	650～2 650	5～26	—	60～75
德国 Wepa 纸厂	385	20	1 510～2 920	9～20	—	58～74
德国 Europa Carton III 厂	465	24	1 250～3 515	9～24	—	90～95
江苏某柠檬酸厂	1 560	22	7 000～12 000	15	12	81
浙江某酿酒厂	35	12	4 500	—	—	>80
福建南纸股份有限公司	—	—	1 850	—	—	87

10.8 EGSB 反应器及其应用

膨胀颗粒污泥床（EGSB—Expanded Granular Sludge Bed）厌氧反应器是 20 世纪 80 年代由荷兰 Wageingen 农业大学 Lettinga 教授等率先在 UASB 反应器的基础上开发的新型高效厌氧反应器工艺，是 UASB 的一种变型。该反应器通过将厌氧流化床（AFB—Anaerobic Fluidized Bed）的运行特征融入 UASB，有效地克服 UASB 反应器所存在的在处理中低浓度废水时，因有机负荷较低，产气量少而存在的泥水混合不良、容积利用率低及处理效果波动大等问题，通过在高的上升流速条件下颗粒污泥的膨胀流化，更好地改善了泥水接触效果及传质效果，与 UASB 相比，显著提高了其处理效能。

10.8.1 EGSB 反应器的基本构造及工作原理

EGSB 反应器的基本构造及工作原理如图 10-26 所示。图 10-27 所示为 EGSB

的一种内部构造立体图。EGSB 通过出水循环回流（设有专门的出水回流系统）提高反应器中的水流上升速度，其上升流速可达 5～10m/h，远高于 UASB 一般要求的 0.6～0.9 m/h。高的上升速度，使其具有较大的高径比（3～5），其生产性装置可高达 15～20m。EGSB 反应器的顶部可以是敞开的，亦可是封闭的（以防止臭味外溢，或在压力下运行时可作为集气空间）。

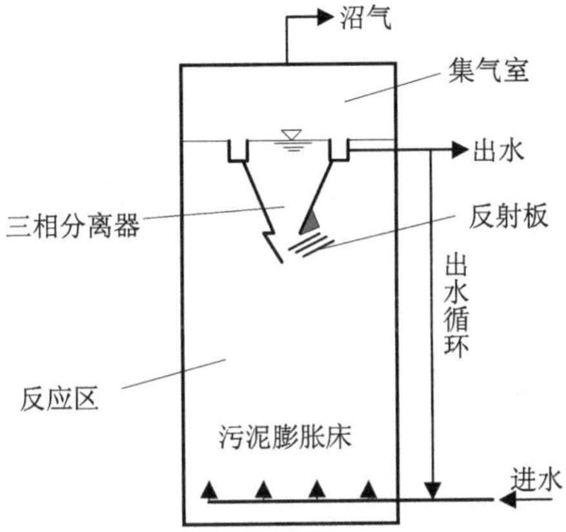

图 10-26　EGSB 反应器的构造

EGSB 反应器运行过程中，被处理废水与处理出水的循环水流混合后由反应器底部的配水系统均匀地进入膨胀颗粒污泥床区（反应区）。反应区内的混合液及有机物降解所产生的沼气向上流动，经三相分离器使气、液、固分离，沼气进入顶部的集气罩由排气管排出，固液混合液则在三相分离区分离后，固体返回反应区，液相则经沉淀区出水堰排出反应器，其中部分出水有循环泵强制循环回流至反应器进水口。循环比随所处理废水的特性及处理要求而定，进水浓度高循环比大，反之亦然。

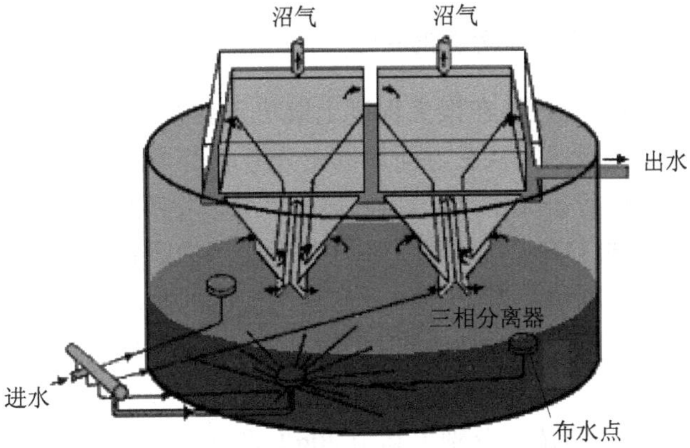

图 10-27　EGSB 反应器的构造型式

EGSB 反应器运行过程中，为使颗粒污泥处于良好的膨胀状态，必须保持其足够高的水流上升速度（即液体的表面上升流速一般需达到 5～10m/h），为此需进行循环回流以提高反应器的水力负荷。而在较高的水力负荷和上升流水流速度的情况下，三相分离器对上升液流中 SS 的截留具有较高的要求，因而为防止污泥的流失，需要专门设计的三相分离装置（如增设了反射板构造）。目前，EGSB 的三相分离器多为专利产品，也是 EGSB 反应器的关键组成部分。

10.8.2 EGSB 反应器的运行特性

EGSB 反应器是 UASB 反应器与 AFB 相结合的改进型升流式高效厌氧处理工艺。其与 UASB 的最大区别在于其极高的水流上升速度及由此而产生的一系列运行特性的改进。

10.8.2.1 EGSB 反应器的工艺特点

EGSB 反应器的工艺特点主要表现在以下几个方面：①通过专门设置的出水回流，不仅因对进水具有良好的稀释作用而可最大限度地提高其对进水水质变化的适应性，具有极强的抗冲击负荷能力；同时由于水流负荷的加大，不仅使颗粒污泥处于膨胀状态，而增强了泥水的混合接触，加快了传质过程，提高了反应速率和处理能力，使其 HRT 大大缩短（一般在 2～3h 以内），同时也有效地消除了反应器内的死区，提高了其容积利用率。②由于其具有与 UASB 反应器相比极高的水流上升速度，因而其采用高径比很大的构造形式，其占地面积可大大缩小。因而与 IC 反应器一样，适用于场地较为紧张的场合。③EGSB 反应器中特殊设计的三相分离器允许在比 UASB 反应器高得多的上升流速下获得良好的分离效果，同时大大提高了其对进水 SS 的适应性。

10.8.2.2 EGSB 反应器中颗粒污泥的特性

EGSB 反应器的运行效能在很大程度上取决于其在高的上升水流速度下对颗粒污泥的有效截留。为此，需从三方面加以充分考虑。①必须有高效能的三相分离器。②在工艺设计和运行控制中须合理设计颗粒污泥的膨胀程度。③须使颗粒污泥的沉降速度大于水流的上升速度。而②和③与反应器中颗粒污泥的特性密切相关。

Lettinga 等的研究表明，当 EGSB 反应器污泥床的膨胀率达到 400%时，混合液的液相表面升流速度可达 28m/h，此时反应器中的污泥（VSS）质量浓度为 10g/L，随污泥床膨胀率的降低，当混合液的液相表面升流速度分别为 25.5m/h 和 22.9m/h 时，相应的污泥 VSS 质量浓度分别提高至 20g/L 和 30g/L。因而，为使反应器内维持足够数量的生物量，宜选择适宜的水流上升速度、污泥床膨胀率及循环回流比。

但同时，由于 EGSB 在与 UASB 极为不同的条件下运行，因而其颗粒污泥的特性亦将有所不同。

应用 EGSB 处理低温低浓度麦芽废水的研究表明，反应器上下不同部位的颗粒污泥颗粒大小及其对有机底物的降解活性具有一定的分布规律。通常，位于顶部的颗粒污泥其平均粒径较小，而底部的颗粒污泥则具有较大的平均粒径。但就比基质降解速率和产甲烷活性而言，位于顶部的小尺度颗粒污泥对乙酸盐和 VFA 混合物的降解活性要比位于底部的较大尺度的颗粒污泥分别高约 11%～40%和 20%～45%。显然，小尺度颗粒污泥中的产甲烷菌和产乙酸菌的数量要高于反应器底部的大颗粒污泥，其主要原因可能在于底部污泥密度较高，其空隙少而小，因而其传质阻力较大。

一般情况下，废水中溶解氧（DO）是厌氧处理的控制因素，厌氧微生物对 DO 具有高度的敏感性。Lettinga 等对处理低浓度有机废水的 EGSB 反应器中颗粒污泥在进水不存在和存在 DO 的两种情况下的研究表明，废水中所夹带进入 EGSB 反应器的 DO 并未对其有效运行构成危害，两种情况下的出水氧化还原电位（ORP）均保持在－400mV 左右。

对取自 UASB 反应器并作为 EGSB 反应器接种污泥的颗粒污泥的变化规律研究表明，随 EGSB 反应器的运行，颗粒污泥平均尺寸由运行初期的 1.3mm 逐步增大至 3.5mm，反应器底部的平均粒径为 4～5mm，反应器上部为 2～3mm。同时发现，由于 EGSB 较高的上升水流速度所产生的较大剪切作用，颗粒污泥表面更为光滑，但颗粒的机械强度降低了 20%，由启动初期的为 $4.0\times10^{-4}N/m^2$ 降低至 $3.2\times10^{-4}N/m^2$。

周洪波等以某啤酒公司废水处理站 UASB 反应器中颗粒污泥对 EGSB 进行接种，并通过对比产甲烷活性、辅酶 F_{420} 含量和胞外多聚物（ECP）含量的测定，比较了 UASB 和 EGSB 反应中颗粒的污泥的特性。研究表明，EGSB 反应器中颗粒污泥的比产甲烷活性明显高于 UASB 反应器中的颗粒污泥，EGSB 反应器颗粒污泥利用乙酸的甲烷菌和产氢产乙酸菌的数量亦多于 UASB 反应器的颗粒污泥，但利用甲酸和氢的甲烷菌则较 UASB 少；UASB 反应器中颗粒污泥的 F_{420} 含量高于 EGSB 中颗粒污泥，两者分别为 0.166μmol/g 和 0.1μmol/g，其原因是其污泥中含有更多的利用甲酸和氢的甲烷菌，而其较利用乙酸的甲烷具有更高的辅酶 F_{420} 含量；此外，EGSB 反应器颗粒污泥的 ECP 的质量分数明显高于 UASB 反应器的颗粒污泥，其中蛋白质和核酸的含量尤为如此。

10.8.2.3 EGSB 反应器的处理效能

Lettinga 等对以乙醇为主要基质的低浓度废水（COD_{Cr}=100～700mg/L）的研究表明，当 EGSB 反应器的水力停留时间（HRT）仅为 0.4～1.5h、进水 COD_{Cr} 容积负荷为 12kg/(m^3・d)时，COD_{Cr} 的去除率可达 80%～97%。此外，当混合液上升速度大于 2.5m/h 时，污泥床可得到有效膨胀并实现充分的混合接触。如当混合液上升速度小于 2.5m/h 时，研究所得到的 VSS 中最大比 COD_{Cr} 去除速率和饱和常数分别为 1.28g/(g・d)和 28.3mg/L，当混合液上升速度大于 2.5m/h 时，最大比 COD_{Cr} 去除速率和饱和常数分别为 1.16g/(g・d)和 9.8mg/L。由此可知，颗粒污泥床的有效膨胀将有效地促进基质与污泥间的混合接触和传质作用，利于其处理效能的提高。研究亦同时表明，当混合液上升速度在 2.5～5.5m/h 之间时，EGSB 反应器的处理效果随流速的提高而提高，但当超过 5.5m/h 时，COD_{Cr} 去除率将不再上升，说明 EGSB 应用于处理低浓度废水时，合理控制反应器中的上升速度及污泥床的膨胀率是 EGSB 反应器有效运行的控制条件之一。

10.8.3 EGSB 反应器的研究与应用

目前，EGSB 反应器工艺的应用已由欧洲逐步向全世界推广应用，并已有近 30 座该反应器工艺应用于不同废水的处理，其中有著名的荷兰喜力（Heineken）啤酒公司和丹麦嘉士伯（Carlsberg）啤酒公司和我国深圳金威（Kingway）啤酒公司等，并已在啤酒废水、食品废水、制糖废水、制药废水和化工废水的处理中得到应用。表 10-14 所列为 EGSB 反应器应用于处理不同废水的研究和实际运行情况。图 10-28 为荷兰某啤酒厂废水处理中应用的 EGSB 反应器。

表 10-14　EGSB 反应器应用于处理不同废水的运行情况

废水类型	反应器容积/m^3	运行温度/℃	进水 COD_{Cr}/（mg/L）	COD_{Cr} 容积负荷/(kg/(m^3・d))	HRT/h	COD_{Cr} 去除率/%
酒精废水	2.5	30±2	100～200	4.7～39.2	0.09～2.1	83～98
啤酒废水	225.5	15～20	666～886	9～10.1	1.6～2.4	70～91
屠宰废水	2.7	35	1 440～4 200	15	0.2	70
蔗糖 VFA 废水	8.6	8	550～1 100	5.1～6.7	4	90～97
化工废水	275	30	40 000	17	1.8	>98

图 10-28　荷兰某啤酒厂废水处理中应用的 EGSB 反应器

10.9 结语

UASB 反应器作为目前已广泛应用于高浓度有机废水处理的第二代高效厌氧处理工艺，因其首开悬浮生长系统中水力停留时间与生物固体停留时间完全分离之先河而一当其出现便受到极为广泛的关注，并在废水厌氧生物处理领域的应用中独占鳌头。其之所以如此得到广泛应用，除将 SRT 与 HRT 分离外，重要的是其具有独特的形成颗粒污泥、在反应器中大大富集生物固体而使其具有处理效能远优于传统厌氧处理工艺的特性，不仅使 HRT 大大缩短，容积大大减小，而且大大降低了能耗。但 UASB 工艺仍有需要进一步研究之处，如何进一步改善其对进水中 SS 的适应性，如何进一步缩短其启动所需要的时间、如何建立更合理可靠的三相分离器工艺设计方法以及优化其处理过程中的水力流态及生物相的分布等，这也是目前国内研究者较为关心的问题。

IC 和 EGSB 反应器工艺是在 UASB 反应器工艺的基础上，通过从上述不同方面的改进而开发的第三代高效厌氧处理工艺，不仅保留了 UASB 工艺的优良特点，同时具有比 UASB 更强的处理能力和适应性。其中 IC 反应器通过内部反应过程的相分离及由沼气动能所产生的内循环，不仅强化了泥水的接触和传质效果，同时亦大大提高了反应器的容积利用率，与 EGSB 相同，它们均通过循环（EGSB 为强制外循环）提高反应器中水流的上升速度、对进水的稀释、强化混合等，实现了比 UASB 更好的处理效能，其短至数小时的 HRT 及其高的高径比使其占地更少。

对此，国内外近几年对上述工艺的研究此起彼伏、方兴未艾。但著者认为，IC

和 EGSB 过大的高径比必将导致其建设费用的提高，EGSB 的高效能（即极短的 HRT）是以强制的外循环所耗的大量运行费用为代价的，而 IC 反应器独特的内循环则是以其比 UASB 更为复杂的结构为代价的。因而，在介绍、研究和应用上述工艺的过程中，应综合分析、全面考虑。目前，对 IC 和 EGSB 反应器的研究应注重其结构的优化，包括控制其高度、合理设计内循环的提升高度、开发实用新型的三相分离器等，以发挥它们在废水处理中的更大效能。

参考文献

[1] 常海荣，张振家，王欣泽．厌氧膨胀颗粒污泥床（EGSB）在高浓度工业废水处理中的应用．环境工程，2004，22（3）：14～16.

[2] 陈敏，吴静，陆正禹等．内循环厌氧膨胀床反应器颗粒污泥特性．环境科学，2004，25（6）：127～131.

[3] 龚钢明，邵希豪，蔡宝国．IC 厌氧反应器的内循环装置．中国沼气，2002，20（1）：23～25.

[4] 郭晓燕，张振家，黄广宇．厌氧膨胀颗粒污泥床反应器的工艺运行性能．环境污染与防治，2004，（5）：336～337（368）.

[5] 郭养浩，孟春，石贤爱等．UASB 反应中影响污泥颗粒化的工程因素．生物工程学报，1997，13（1）：76～82.

[6] 郝晓地，张临新．颗粒状厌氧污泥膨胀床 Biobed® EGSB 污水处理工艺．给水排水，1998，24（6）：18～22.

[7] 何连生，朱迎波．高效厌氧生物反应器研究动态及趋势．环境工程，2004，22（1）：7～11.

[8] 贺延龄编著．废水的厌氧生物处理．北京：中国轻工业出版社，1998.

[9] 胡纪萃．试论内循环厌氧反应器．中国沼气，1999，17（2）：3～6.

[10] 胡纪萃编著．废水厌氧生物处理理论与技术．北京：中国建筑工业出版社，2003.

[11] 江瀚，王凯军，倪文等．有机负荷及水力条件对 EGSB 运行效果影响的研究．环境污染治理技术与设备，2005，6（1）：40～43.

[12] 康晶，王建龙．EGSB 反应器中厌氧颗粒污泥的脱氮特性研究．环境科学学报，2005，25（2）：208～213.

[13] 李克勤，徐智华，张振家．水力作用对颗粒污泥形成的影响．中国沼气，2003，21（1）：12～14.

[14] 李亮，黄丽，刘燕．城市生活污水厌氧处理发展现状．环境污染治理技术与设备，2004，5（12）：1～6.

[15] 李宗义，王海磊，王鸿磊等．强化反应器中厌氧颗粒污泥的形成过程．水处理技术，2004，30（2）：92～94.

[16] 刘永红，贺延龄，李耀中等．UASB 反应器中颗粒污泥的沉降性能与终端沉降速度．环境科学学报，2005，25（2）：176～179.

[17] 任南琪，王爱杰等编著．厌氧生物技术原理与应用．北京：化学工业出版社，2004.

[18] 石宪奎，倪文，江瀚．升流式厌氧污泥床反应器工程启动研究．环境污染与防治，2004，26（5）：363～365.

[19] 石宪奎，倪文．EGSB 处理玉米淀粉生产废水中试研究．环境工程，2005，23（1）：17～19.

[20] 斯皮思 R E 著．工业废水的厌氧生物技术（中译本）．北京：中国建筑工业出版社，2001.

[21] 孙振世，陈英旭，杨晔．UASB 的启动及其影响因素．中国沼气，2000，18（2）：17～19（31）.

[22] 涂保华，王建芳，张雁秋．UASB 反应器中颗粒污泥的培养．污染防治技术，2003，16（3）：65～67.

[23] 王宝贞，王琳主编．水污染治理新技术——新工艺、新概念、新理论．北京：科学出版社，2004.

[24] 王凯军，王晓惠，柯建明等．厌氧处理技术发展现状与未来发展领域．中国沼气，1999，17（4）：14～17.

[25] 王凯军，左剑恶，甘海南等编著．UASB 工艺的理论与工程实践．北京：中国环境科学出版社，2000.

[26] 王妍春，左剑恶，肖晶华．EGSB 反应器内厌氧颗粒污泥性质的研究．中国沼气，2002，20（4）：3～7.

[27] 杨世关，张杰，张百良等．IC 反应器基质降解动力学特性研究．中国沼气，2004，22（2）：18～21.

[28] 于宏兵，黄涛，吴睿等．超高温两相厌氧反应器处理黄浆废水．中国给水排水，2005，21（3）：46～48.

[29] 袁秋笙．UASB 反应器的结构与设计方法．江苏环境科技，1999，12（2）：17～21.

[30] 张希衡等编著．废水厌氧生物处理工程．北京：中国环境科学出版社，1996.

[31] 张忠祥，钱易主编．废水生物处理新技术．北京：清华大学出版社，2004.

[32] 周洪波，陈坚，任洪强等．UASB 和 EGSB 反应器中厌氧颗粒污泥生物学特性的比较．应用与环境生物学报，2000，6（5）：473～476.

[33] Ahn Y-H. Physicochemical and microbial aspects of anaerobic granular sludge pellets. *Jour. of Environ. Sci. and Health*，2000，A35（9）：1617～1635

[34] Annachhatre A P，Amatya P L. UASB treatment of tapioca starch wastewater. *JEE*，2000，126（12）：1149～1152.

[35] Azbar N，Ursillo P，Speece R E. Effect of process configuration and substrate complexity on the performance of anaerobic processes. *Water Res.*，2001，35（3）：817～829.

[36] Batstone D J，keller J，Blackll L L. The influence of substrate kinetics on the microbial community structure in granular anaerobic biomass. *Water Res.*，2004，38（6）：1390～1404.

[37] Cavalcanti P F F，Medeiros E J S，Silva J K M，et al. Excess sludge discharge frequency for UASB reactors. *Water Sci. and Technol.*，1999，40（8）：211～220.

[38] Chisti M Y，Moo-Young H B. Liquid circulation in airlift reactors. *Chemical Eng. Sci.*，1988，43（3）：451～457.

[39] Dinsdale R M, Hawkes F R, Hawkes D L. Anaerobic digestion of short chain organic acids in an expanded granular sludge bed reactor. *Water Res.*, 2000, 34 (9): 2433～2438.

[40] Fang H H P, Li Y Y, Chui H K. Performance and sludge characteristics of UASB process treating propionate-rich wastewater. *Water Res.*, 1995, 29 (3): 895～898.

[41] Fang H H P, Chui H K, Li Y Y. Effect of degradation kinetics on the microstructures of anaerobic biogranules. *Water Sci. and Technol.*, 1995, 32 (8): 165～172.

[42] Guiot S R, Pauss A, Costerton J W. A structured model of the anaerobic granule consortium. *Water Sci. and Technol.*, 1992, 25 (7): 1～110.

[43] Grady C P L Jr., Daigger G T, Lim H C. Biological wastewater treatment (second edition). New York, USA: Marcel Dekker, Inc., 1999.

[44] Hendriksen H V, Ahring B K. Integrated removal of nitrate and carbon in an upflow anaerobic sludge blanket (UASB) reactor: operating performance. *Water Res.*, 1996, 30 (6): 1415～1458

[45] Hulshoff Pul L W, de Castro Lopes S I, Lettinga G, et al. Anaerobic sludge granulation. *Water Res.*, 2004, 38 (6): 1376～1389.

[46] Hwu C, Tseng S, Yuan C, et al. Biosorption of long-chain fatty acids in UASB treatment process. *Water Res.*, 1998, 32 (5): 1571～1579.

[47] Jeison D, Chamy R. Comparison of the behaviour of expanded granular sludge bed (EGSB) and upflow anaerobic sludge blanket (UASB) reactors in dilute and concentrated wastewater treatment. *Water Sci. and Technol.*, 1999, 40 (8): 91～98.

[48] Jih C, Huang J, Huang S. Process kinetics of Upflow Anaerobic Sludge Bed Reactors treating inhibitory substrate. *Water Environ. Res.*, 2003, 75 (1): 5～14.

[49] Kansal A, Rajeshwari K V, Balakrishnan M, et al. Anaerobic digestion technologies for energy recovery from industrial wastewater-a study in Indian context. *TERI Information Monitor on Environ. Sci.*, 1998, 3 (2): 67～75.

[50] Kettunen R H, Rintala J A. Performance of an on-site UASB reactor treating leachate at low temperature. *Water Res.*, 1998, 32 (3): 537～546.

[51] Laguna A, Ouattara A, Gonzalez R O, et al. A simple and low cost technique for determining the granulometry of upflow anaerobic sludge blanket reactor sludge. *Water Sci. and Technol.*, 1999, 40 (8): 1～8.

[52] Lettinga G, van Velson A F M, Hobmas S W, et al. Use of the upflow sludge blanket (USB) reactor concept for biological wastewater treatment, especially for anaerobic treatment. *Biotechnol. And Bioeng.*, 1980, 22 (2): 699～734.

[53] Lettinga G, Hulshoff Pol L. Advanced reactor design, operation and economy. *Water Sci. and Technol.*, 1986, 18 (12): 99～108.

[54] Lettinga G，Field J，van Lier J，et al. Advanced anaerobic wastewater treatment in the near future. *Water Sci. and Technol.*，1997，35（10）：5～12.

[55] Lin C，Chen C. Effect of heavy metals on the methanogenic UASB granule. *Water Res.*，1999，33（2）：409～416.

[56] Liu Y，Xu H，Yang S，et al. Mechanisms and models for anaerobic granulation in upflow anaerobic sludge blanket reactor. *Water Res.*，2003，37（3）：661～673.

[57] Luostarinen S A，Rintala J A. Anaerobic on-site treatment of black water and dairy parlour wastewater in UASB-septic tanks at low temperature. *Water Res.*，2005，39（2/3）：436～448.

[58] Mahmoud N，Zeeman G，Gijzen H，et al. Anaerobic sewage treatment in a one-stage UASB reactor and a combined UASB-digester system. *Water Res.*，2004，38（9）：2359～2367.

[59] Malina J F Jr.，Pohland F G. Design of anaerobic processes for the treatment of industrial and municipal wastes. *Water Quality Management Library- Volume* 7，Pennsylvania，USA：Technomic Publishing Company，Inc.，1992.

[60] Marsili-Libelli S，Beni S. Shock load modeling in the anaerobic digestion process. *Ecological Modelling*，1996，84（1/3）：215～232.

[61] Monroy O，Famá G，Meraz M，et al. Anaerobic digestion for wastewater treatment in Mexico：state of the technology. *Water Res.*，2000，34（6）：1803～1816.

[62] Narnoli S K，Mehrotra I. Sludge blanket of UASB reactor：mathematical simulation. *Water Res.*，1997，31（4）：715～726.

[63] Pender S，Toomey M，Carton M，et al. Long-term effects of operating temperature and sulphate addition on the methanogenic community structure of anaerobic hybrid reactors. *Water Res.*，2004，38（3）：619～630.

[64] Pereboom J H F，Vereijken T L F M. Methanogenic granule development in full scale internal circulation reactors. *Water Sci. and Technol.*，1994，30（8）：9～21.

[65] Pereboom J H F. Size distribution model for methanogenic granules from full-scale UASB and IC reactors. *Water Sci. and Technol.*，1994，30（12）：211～212.

[66] Quarmby J，Forster C F. An examination of the structure of UASB granules. *Water Res.*，1995，29（11）：2449～2454.

[67] Quarmby J，Forster C F. A comparative study of the structure of thermophilic and mesophilic anaerobic granules. *Enzyme and microbial Technol.*，1995，17（6）：493～498.

[68] Rajeshwari K V，Balakrishnan M，Kansal A，et al. State-of-the-art of anaerobic digestion technology for industrial wastewater treatment. *Reneable&Sustainable Energy Reviews*，2000，4（2）：135～156.

[69] Rouse J D, Nakahiro T, Furukawa K. maintaining Granulation in a denitrifying Upflow Sludge-Blanket Reactor treating groundwater with low hardness. *Water Environ. Res.*, 2003, 75（5）: 406～411.

[70] Show K, Wang Y, Foong S, etal. Accelerated start-up and enhanced granulation in upflow ananerobic sludge blanket reactors. *Water Res.*, 2004, 38（9）: 2293～2304.

[71] Speece R E. Anaerobic biotechnology for industrial wastewater treatment. *Environ. Sci.&Technol.*, 1983, 17（9）: 416A～427A.

[72] Tay J H, Xu H L, Teo K C. Molecular mechanism of granulation. I: H+ translocation-dehydration theory. *JEE*, 2000, 126（3）: 403～410.

[73] Veeresh G S, Kumar P, Mehrotra I. Treatment of phenol and cresols in upflow anaerobic sludge blanket（UASB）process: a review. *Water Res.*, 2005, 39（1）: 154～170.

[74] Wang Q, Kuninobu M, Ogawa H I, et al. Degradation of volatile fatty acids in highly efficient anaerobic digestion. *Biomass&Bioenergy*, 1999, 16（6）: 407～416.

[75] Yan Y, Tay J. Characterisation of the granulation process during UASB start-up. *Water Res.*, 1997, 31（7）: 1573～1580.

[76] Zehnder A J B. Biology of anaerobic microorganisms. John Wiley & Sons, 1988.

[77] Zoutberg G R, Frankin R. Anaerobic treatment of chemical and brewery waste water with a new type of anaerobic reactor: the biobed® EGSB reactor. *Water Sci. and Technol.*, 1996, 94（5/6）: 375～381.

[78] Zoutberg G R. The Biobed EGSB（Expanded Granular Sludge Bed）system covers shortcomings of the upflow anaerobic sludge blanket reactor in the chemical industry. *Water Sci. and Technol.*, 1997, 35（10）: 183～188.